Analytische Geometrie

Leistungskurs

Lehrbuch
für die Sekundarstufe II

Gymnasium

Volk und Wissen Verlag

Autoren:
Dr. Christa Dürr, Dr. Andreas Filler, Prof. Dr. Marianne Grassmann, Dr. Karin Kimel,
Dr. Ingmar Lehmann, Klaus-Jürgen Schulz
unter Mitarbeit der Verlagsredaktion Mathematik

Herausgeber:
Prof. Dr. Wolfgang Schulz
Prof. Dr. Werner Stoye

Redaktion:
Grit Weber

Dieses Werk folgt der reformierten Rechtschreibung und Zeichensetzung.

Das Umschlagbild zeigt René Descartes (1596 bis 1650).

ISBN 3-06-001173-7

1. Auflage
5 4 3 2 1 / 02 01 00 99 98
Alle Drucke dieser Auflage sind im Unterricht parallel nutzbar.
Die letzte Zahl bedeutet das Jahr dieses Druckes.

Printed in Germany
Satz: Universitätsdruckerei H. Stürtz AG, Würzburg
Druck und Binden: Druckerei zu Altenburg GmbH
Illustrationen: Klaus Vonderwerth, Karl-Heinz Wieland
Zeichnungen: Rita Schüler, Axel Siebert
Einband und Typografie: Wolfgang Lorenz

Inhalt

A

Koordinatengeometrie 5

1. Koordinatensysteme in der Ebene und im Raum 5
2. Abstand von Punkten; Länge einer Strecke 11
3. Geraden in der Ebene und im Raum 14
4. Steigungswinkel und Schnittwinkel von Geraden in der Ebene; Orthogonalität von Geraden 18
5. Kreise 22
6. Andere Koordinatensysteme 28

B

Vektoren 31

1. Darstellung von Vektoren 31
2. Vektoren in Koordinatensystemen 34
3. Operieren mit Vektoren 38
4. Vektorräume 47
5. Linearkombination und lineare Unabhängigkeit von Vektoren 52

C

Beschreiben von Geraden und Ebenen mithilfe von Vektoren 63

1. Parametergleichungen von Geraden in Vektorschreibweise 64
2. Parameterfreie Beschreibung von Geraden 71
3. Parametergleichungen und Koordinatengleichungen von Ebenen 74
4. Parameterfreie Beschreibung von Ebenen 92

D

Lineare Gleichungssysteme 83

1. Wiederholung 83
2. Der Gauß'sche Algorithmus 96
3. Lösungsmenge eines linearen Gleichungssystems 107
4. Die Cramer'sche Regel 118
5. Systeme von linearen Ungleichungen (mit zwei Variablen) 125
6. Grundgedanken der linearen Optimierung 128

E

Untersuchung von Lagebeziehungen mithilfe von Vektoren 141

1. Lagebeziehungen zwischen Geraden 141
2. Lagebeziehungen zwischen Geraden und Ebenen 150
3. Lagebeziehungen zwischen Ebenen 158

F

Skalarprodukt und Vektorprodukt 165

1. Definition des Skalarproduktes 165
2. Berechnung von Längen und Winkeln mithilfe des Skalarproduktes 167
3. Geometrische Interpretation des Skalarproduktes 172
4. Weitere Anwendungen des Skalarproduktes 173
5. Definition des Vektorproduktes 176
6. Geometrische Interpretation des Vektorproduktes 178

G

Geraden und Ebenen des Raumes unter Nutzung des Skalar- und Vektorproduktes 181
1. Normalengleichungen von Geraden und Ebenen 181
2. Schnittwinkel von Geraden und Ebenen im Raum 186
3. Abstände von Punkten, Geraden und Ebenen im Raum – Die Hesse'sche Normalform 192
4. Aufgaben zu Abstands- und Winkelberechnungen 199

H

Kreise und Kugeln 201
1. Kreise in der Ebene 201
2. Tangenten an Kreise 203
3. Gleichungen der Kugel 206
4. Kugelkoordinaten, Parametergleichung der Kugel 209
5. Lagebeziehungen von Kugel und Ebene 211
6. Tangentialebenen an Kugeln 215
7. Die gegenseitige Lage zweier Kugeln 219
8. Kugeln und Geraden 221

I

Kegelschnitte 223
1. Schnittfiguren einer Ebene und eines Kreiskegels 224
2. Die Kegelschnitte als Abstandskurven 226
3. Gleichungen der Kegelschnitte in spezieller Lage 230
4. Tangenten an Kegelschnitte 235
5. Besondere Eigenschaften der Kegelschnitte 238
6. Allgemeine Scheitelgleichung der regulären Kegelschnitte 242

J

Lineare und affine Abbildungen 245
1. Abbildungen 245
2. Lineare Abbildungen 248
3. Affine Abbildungen 255

K

Vermischte Aufgaben 268

Anhang 280
1. Grafikfähige Taschenrechner und Taschencomputer 280
2. Analytische Geometrie und Computergrafik 288

Register 294

A

Koordinatengeometrie

Geometrische Gebilde wie Punkte, Geraden und Ebenen möglichst umfassend und genau zu beschreiben und zu charakterisieren, war spätestens seit ARCHIMEDES (etwa 287 bis 212 v. Chr.) Gegenstand geometrischer Untersuchungen.

Bereits in der Antike wurden geographische Daten mathematisch mithilfe der Angabe von Koordinaten für Punkte notiert. Der Gedanke, rechnerische Methoden und geometrische Betrachtungen eng zu verbinden, wurde 1637 von RENÉ DESCARTES (1596–1650) zu Papier gebracht. Er und unabhängig von ihm auch PIERRE DE FERMAT (1601–1665) fassten geometrische Gebilde als Punktmengen auf und ordneten jedem Punkt Zahlen zu. Eine Kurve als Gesamtheit von Punkten, für deren jeweils zugeordnete Zahlen bestimmte Beziehungen gelten, konnte somit oft durch eine Gleichung beschrieben werden.

Mit den sich gleichzeitig herausbildenden Methoden der Differenzial- und Integralrechnung, also einem Teilgebiet der Analysis, konnten diese Gleichungen und damit die entsprechenden Kurven nun untersucht werden. Die Ausarbeitung der **Koordinatengeometrie** oder **Analytischen Geometrie** hatte begonnen.

1 Koordinatensysteme in der Ebene und im Raum

Koordinatensysteme werden vielfältig genutzt, um Sachverhalte, die durch Zahlenmaterial gegeben sind, zu veranschaulichen.

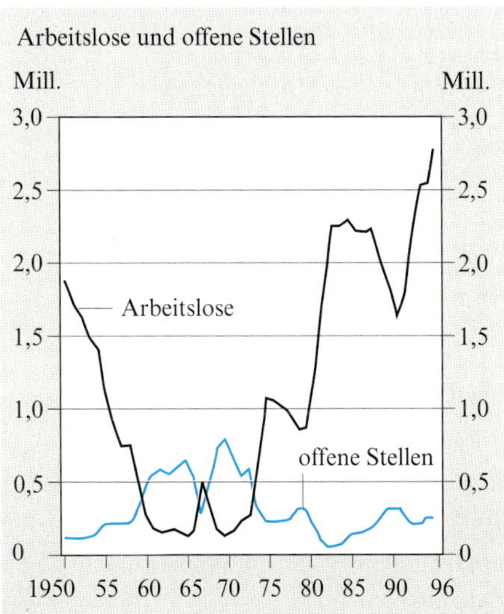

1

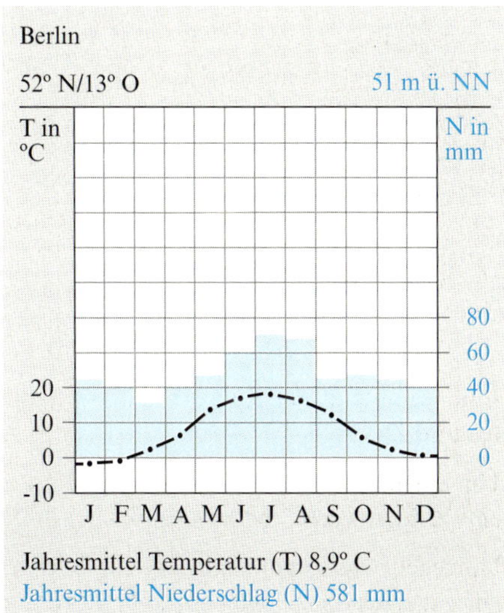

2

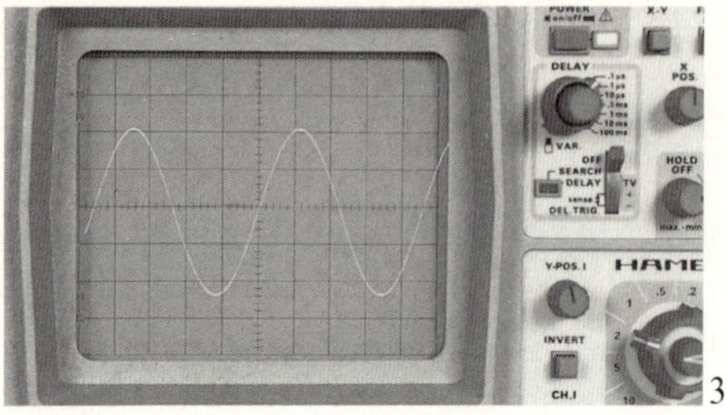

3

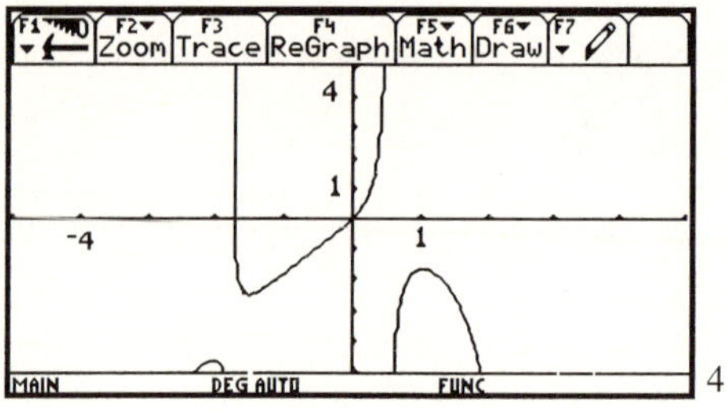

4

1. a) Welche Informationen können Sie den Koordinatensystemen der Bilder 1–4 entnehmen?
   b) Nennen und erläutern Sie weitere Beispiele, in denen (ebene) Koordinatensysteme verwendet werden, um praktische Sachverhalte zu verdeutlichen.
   c) Welche anderen Arten von Diagrammen kennen Sie? Diskutieren Sie Vor- und Nachteile verschiedener Diagramme sowie deren Einsatzmöglichkeiten.

2. a) Zeichnen Sie den Graphen der quadratischen Funktion f mit $f(x) = x^2 + 4x - 3$. In welchem **Quadranten** des Koordinatensystems liegt der Scheitelpunkt der Parabel? Geben Sie die Koordinaten des Scheitelpunktes an.
   b) Der Scheitelpunkt der Normalparabel aus a) wird -3 Einheiten in x-Richtung und 4 Einheiten in y-Richtung verschoben. Zeichnen Sie den neuen Graphen. Lesen Sie die Koordinaten des neuen Scheitelpunktes ab und geben Sie eine Gleichung der Normalparabel an.

3. Betrachten Sie die Punktmengen in den Bildern 5a–c. Beschreiben Sie jeweils die Lage der lokalen und globalen Extrema so genau wie möglich. Was fällt Ihnen auf?

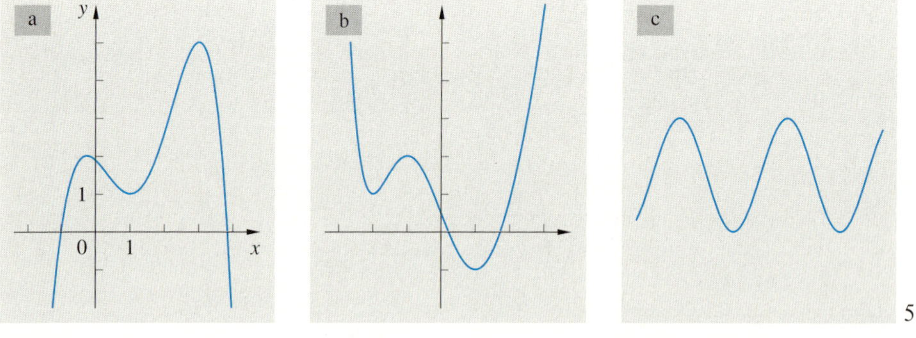

5

Eine Grundlage der Koordinatengeometrie ist eine eineindeutige Zuordung zwischen Punkten und Zahlen.

Um einen Punkt eindeutig festzulegen genügt auf einer Geraden oder allgemein einer Kurve eine Zahl, in einer Ebene oder Fläche ein Zahlenpaar und im Raum ein Zahlentripel.

Umgekehrt bestimmt ein Punkt auf einer Kurve eindeutig eine Zahl, ein Punkt auf einer Fläche ein Zahlenpaar und ein Punkt im Raum ein Zahlentripel.

Diese Zahlen werden **Koordinaten** genannt. Sie beziehen sich meist auf einen festgelegten **Nullpunkt** bzw. **Koordinatenursprung** O und eine Achseneinteilung mittels **Einheitsstrecke** (siehe Bilder 6a–c), also ein **Koordinatenssystem**. Ändert sich das Koordinatensystem, so ändern sich im Allgemeinen auch die Koordinaten der Punkte, eine geometrische Figur wird nun durch eine andere Gleichung beschrieben.

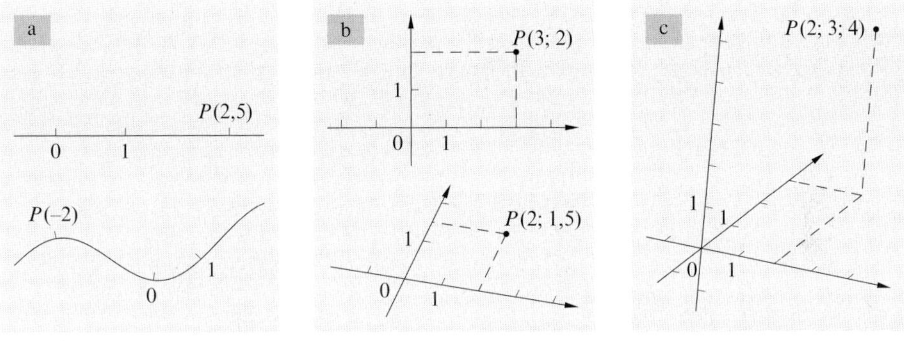

6

Aus dem Mathematikunterricht sind uns als Koordinatensysteme bisher die Zahlengerade und ein ebenes rechtwinkliges (kartesisches[1]) Koordinatensystem bekannt.

4. a) Geben Sie die Koordinaten der Punkte der Figur aus Bild 7 an.

b) Berechnen Sie die Länge der Strecken $\overline{AB}$, $\overline{BC}$ und $\overline{CD}$.

c) Geben Sie die Koordinaten der Mittelpunkte der Strecken $\overline{AB}$, $\overline{BC}$, $\overline{CD}$ an.

d) Geben Sie die Koordinaten von jeweils zwei weiteren Punkten an, die auf $\overline{AB}$, $\overline{BC}$ bzw. $\overline{CD}$ liegen.

e) Spiegeln Sie die Figur gedanklich an der y-Achse (an der Geraden $y = x$) und geben Sie die Koordinaten der Bildpunkte der Figur an.

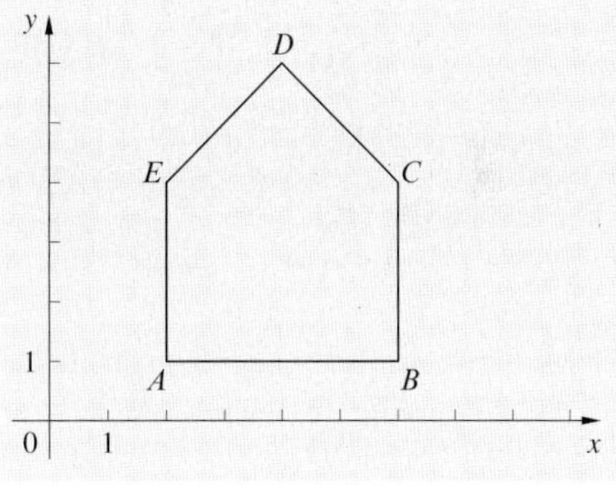

7

f) Zeichnen Sie ein zweites Koordinatensystem, bei dem im Vergleich zum ersten die x- und die y-Achse vertauscht wurden, und ein drittes Koordinatensystem, bei dem der Winkel zwischen x- und y-Achse 45° beträgt. Tragen Sie die Koordinaten der Punkte der Figur in Bild 7 in diese Koordinatensysteme ein. Vergleichen Sie die Eigenschaften der entstehenden Figuren.

5. Gegeben sind die Punkte $A(-3; -1)$, $B(1; 0)$ und $C(0; 4)$.

a) Zeichnen Sie A, B und C in ein Koordinatensystem ein. Wie viele Möglichkeiten finden Sie, die Koordinaten eines Punktes D anzugeben, so dass A, B, C und D die Eckpunkte eines Parallelogramms sind?

b) Wie kann man die Koordinaten von D bestimmen, ohne D einzuzeichnen?

c) Berechnen Sie den Umfang und den Flächeninhalt der entstandenen Parallelogramme.

[1] kartesisch = rechtwinklig, benannt nach RENÉ DESCARTES (latinisiert: Cartesius)

Ein räumliches (kartesisches) Koordinatensystem besteht aus drei Geraden, die sich im Koordinatenursprung schneiden und paarweise senkrecht aufeinander stehen.
Die drei Geraden werden als x-Achse, y-Achse bzw. z-Achse bezeichnet und stellen jeweils eine Zahlengerade dar, deren Nullpunkt im Ursprung liegt.

Je zwei Achsen bestimmen eine Koordinatenebene, die x-y-Ebene, die x-z-Ebene bzw. die y-z-Ebene. Im Allgemeinen sind verschiedene ebene Darstellungen eines räumlichen Koordinatensystems üblich (siehe Bilder 8a–d, auf den Bildern sind nur die „positiven" Teile der Achsen eingezeichnet); wir verwenden im Weiteren die Darstellung aus Bild 8a.

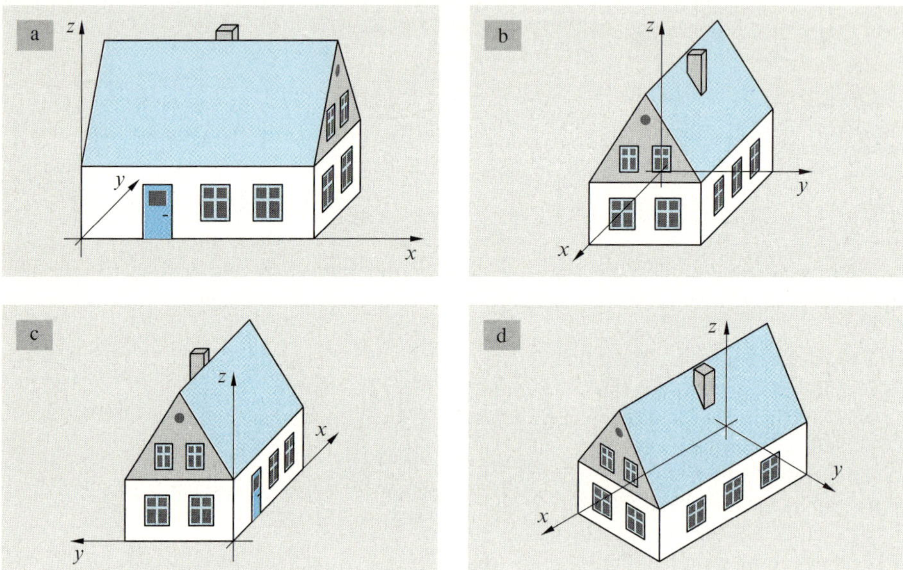

8

Einem Punkt im Raum kann nun ein Tripel reeller Zahlen zugeordnet werden, das bezogen auf ein räumliches Koordinatensystem eineindeutig die Lage dieses Punktes bestimmt.
Die Komponenten des Zahlentripels sind die Koordinaten des Punktes.

Beispiel 1 *Darstellung eines Punktes im Raum*

In Bild 9 ist der Punkt $Q(2; 4; 3)$ mit der x-Koordinate 2, der y-Koordinate 4 und der z-Koordinate 3 gegeben.

Man erreicht ihn, indem man sich vom Koordinatenursprung aus

2 Einheiten in x-Richtung, danach
4 Einheiten in y-Richtung und schließlich
3 Einheiten in z-Richtung bewegt.

Dabei ist die Reihenfolge der Schritte vertauschbar.

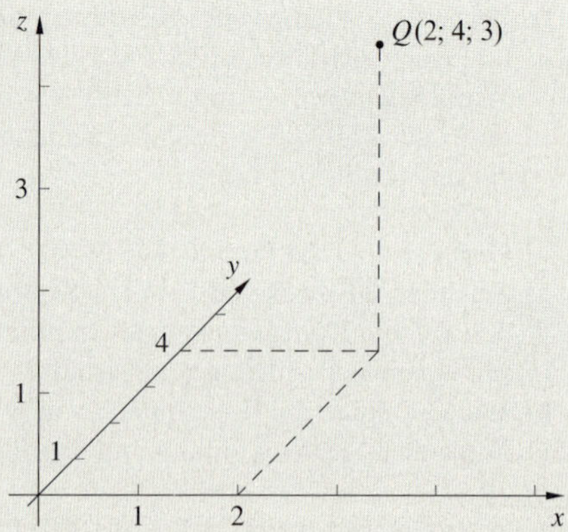

9

6. Bild 10 zeigt die Umrisse eines Gebäudes.

a) Geben Sie die Koordinaten der Punkte A bis H an.

b) Geben Sie die Koordinaten des Mittelpunktes der Strecke $\overline{GH}$ ($\overline{GF}$, $\overline{FB}$, $\overline{GE}$, $\overline{GA}$) an.

c) Vergleichen Sie die Koordinaten der Punkte, die mit G auf einer Geraden parallel zur x-Achse (in einer Ebene parallel zur x-z-Ebene) liegen. Was stellen Sie fest?

d) Geben Sie die Koordinaten zweier weiterer Punkte R und S an, die auf der Geraden GH (in der Ebene GHE) liegen.

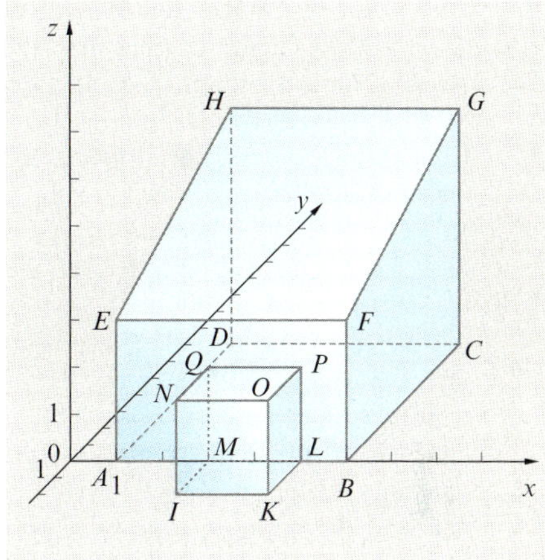

10

e) Ermitteln Sie die Koordinaten zweier weiterer Punkte T und U, die auf der Geraden GF (auf der Geraden AB) liegen.

f) Bestimmen Sie die Koordinaten zweier weiterer Punkte V und W, die in der Ebene GFB (in der Ebene ABE) liegen.

Die Punkte der x-Achse kann man als Punkte im Raum beschreiben, deren y- und z-Koordinate null ist, d. h. die x-Achse wird durch die Punktmenge $\{(x; 0; 0) \mid x \in \mathbb{R}\}$ beschrieben.
Die x-y-Ebene umfasst alle Punkte des Raumes, deren z-Koordinate null ist; sie wird durch die Punktmenge $\{(x; y; 0) \mid x, y \in \mathbb{R}\}$ bestimmt.

7. **a)** Geben Sie die Koordinaten der Punkte der y-Achse, der z-Achse, der x-z-Ebene und der y-z-Ebene an.

b) Ermitteln Sie die Koordinaten der Punkte, die auf einer Geraden parallel zur y-Achse durch den Punkt $P_1(2; 3; 0)$ ($P_2(0; 4; 5)$; $P_3(2; 6; 5)$) liegen.

c) Geben Sie die Koordinaten der Punkte an, die in einer Ebene parallel zur x-z-Ebene durch den Punkt P_1, P_2 bzw. P_3 aus b) verlaufen.

8. Wo liegen alle Punkte des Raumes, deren **a)** x-Koordinate 0; **b)** z-Koordinate -5; **c)** x- und y-Koordinate 1; **d)** y-Koordinate 2 und z-Koordinate -3 ist?

9. In Bild 11 ist ein Würfel in einem dreidimensionalen Koordinatensystem dargestellt.

a) Geben Sie die Koordinaten der Eckpunkte D bis H an.

b) Geben Sie die Koordinaten der Schnittpunkte der Diagonalen der Begrenzungsflächen an.

c) Geben Sie die Koordinaten des Schnittpunktes der Raumdiagonalen an.

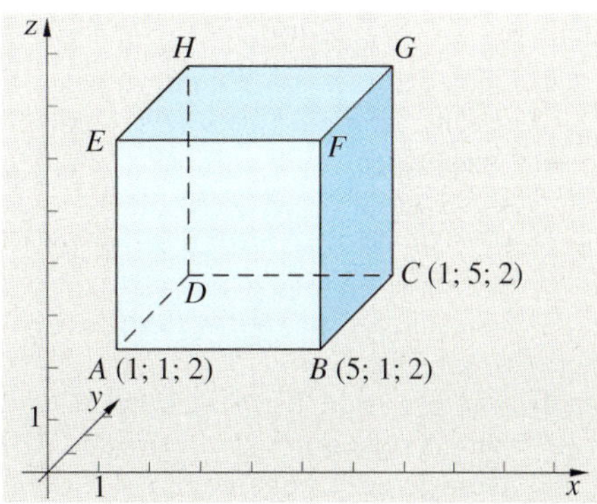

11

10. Stellen Sie den Würfel aus Bild 11 in den Koordinatensystemen aus Bild 8b, c und d dar. In Bild 11 liegen die Flächen *ABEF* „vorn" und *ABCD* „unten".
Wie liegen diese beiden Flächen in den genannten Koordinatensystemen?

11. Betrachten Sie den Würfel in Aufgabe 9 als Spielwürfel. Dabei liege die Eins (⚀) im Quadrat *EFGH*, die Vier (⚃) im Quadrat *ABEF* und die Fünf (⚄) im Quadrat *BCFG*.

a) In welchem Quadrat befindet sich die Zwei (⚁), die Drei (⚂), die Sechs (⚅)?

b) Der Würfel wird um 90° nach vorn gekippt.
Skizzieren Sie die neue Lage des Würfels samt Augen.
Geben Sie die Koordinaten der Eckpunkte an.

12. Um seinen Arbeitsplatz im Grubenbau eines Erzbergwerkes zu erreichen, muss der Bergmann erst im angegebenen Schacht bis zum gewünschten Querschlag einfahren, im Querschlag zur erforderlichen Strecke weitergehen und dort sein Abbaurevier aufsuchen. Die Nummer des Querschlages, die Nummer der Strecke und die Nummer des Abbaureviers sind drei Zahlen, die im Arbeitsauftrag des Bergmanns stehen, wenn er zur Schicht einfährt (Bild 12).

a) Skizzieren Sie in einem Schrägbild eines Koordinatensystems die Anlage eines Grubenbaus, wenn bekannt ist, dass der Schacht alle Punkte der Punktmenge $\{(1; 2; t) \mid t \in \mathbb{R},\ t < 0\}$ umfasst, die Querschläge durch die Punktmengen $\{(1; s; -4) \mid s \in \mathbb{R}\}$ bzw. $\{(1; s; -7) \mid s \in \mathbb{R}\}$ bestimmt sind und die Strecken senkrecht zu Schacht und Querschlägen im Abstand von 2 bzw. 4 Einheiten vom Schacht verlaufen.

b) Geben Sie die vier Punktmengen an, entlang derer die Strecken verlaufen.

c) Entscheiden Sie, ob die Punkte $A(5; 3; -4)$, $B(1; 2; -9)$ und $C(7; 2; -5)$ als Abbaureviere erreichbar sind.
Zeichnen Sie sie in das Koordinatensystem ein.

d) Wie lang sind die Streckenzüge, die vom Ausgangspunkt O zu den Abbaurevieren aus c) führen?

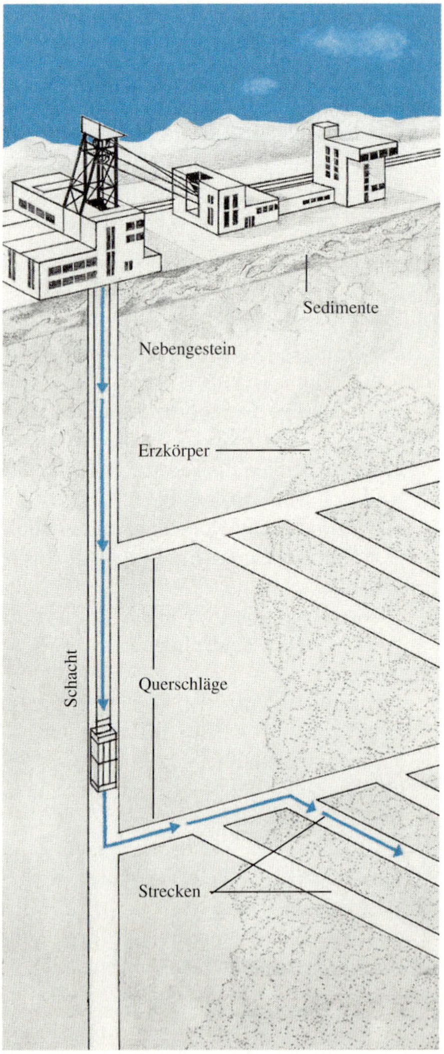

12

2 Abstand von Punkten; Länge einer Strecke

1. Der räumliche Streckenzug $\overline{OPQ}$ ist Teil einer Hochspannungsleitung (Bild 1a). Durch Messung auf der Landkarte und durch maßstäbliche Umrechnung erhält man für die Entfernung der Punkte O und P bzw. P und Q die ungefähren Werte $|\overline{OP}| = 2450\,\text{m}$ und $|\overline{PQ}| = 750\,\text{m}$. Diese Werte vernachlässigen jedoch den Höhenunterschied zwischen den Punkten O, P und Q. Legt man ein örtliches kartesisches Koordinatensystem mit dem Punkt O als Koordinatenursprung fest und nutzt die Koordinatenangaben der Punkte $P(1980;\ 1425;\ 677)$ und $Q(2680;\ 1685;\ 1029)$ bezüglich dieses Koordinatensystems, so kann man sowohl die Entfernung der Punkte auf der Karte mit größerer Genauigkeit berechnen als auch den wahren Abstand der Punkte in der Natur bestimmen.

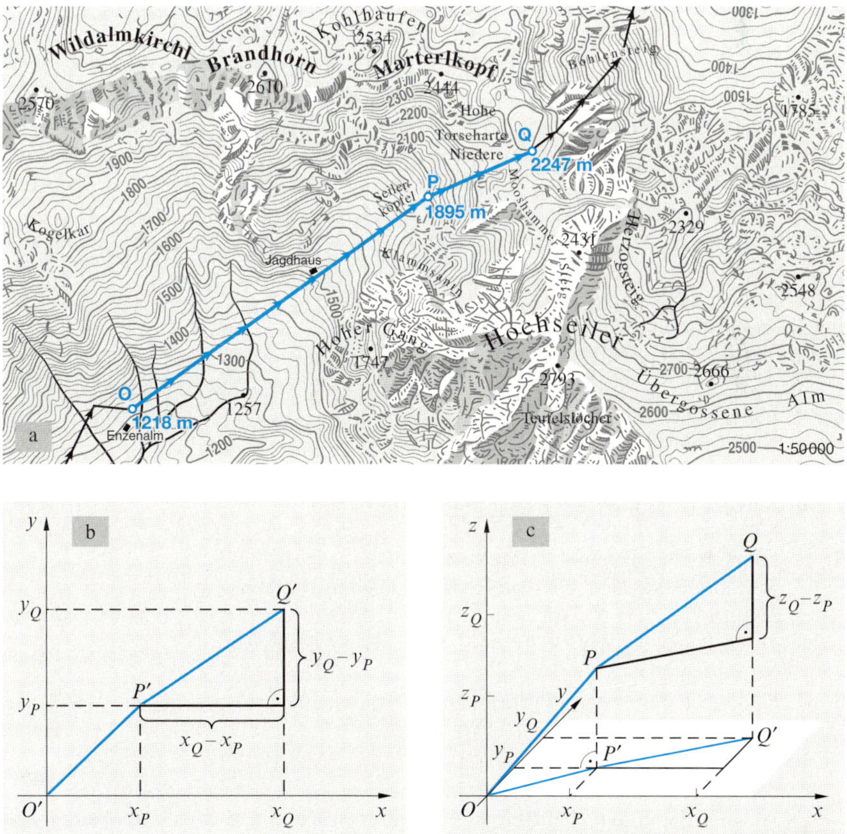

1

a) Wie könnte man die „Kartenentfernung“ der Punkte O und P bzw. P und Q unter Verwendung der Koordinatenangaben der Punkte berechnen ohne zu messen (vgl. Bild 1b)?

b) Berechnen Sie den wahren Abstand des Punktes P vom Ursprung O bzw. von P nach Q (vgl. Bild 1c).

c) Warum wird in der Praxis mehr Leitungsmaterial benötigt als unter b) berechnet? Erkundigen Sie sich, wie viel Prozent des Abstandes zugeschlagen werden müssen.

SATZ 1 Zwei Punkte $P(x_1; y_1)$ und $Q(x_2; y_2)$ der Ebene bzw. $P(x_1; y_1; z_1)$ und $Q(x_2; y_2; z_2)$ des Raumes haben voneinander den Abstand

$|\overline{PQ}| = \sqrt{(x_1 - x_2)^2 + (y_1 - y_2)^2}$ bzw. $|\overline{PQ}| = \sqrt{(x_1 - x_2)^2 + (y_1 - y_2)^2 + (z_1 - z_2)^2}$.

Insbesondere gilt für den Abstand eines Punktes $P(x; y)$ bzw. $P(x; y; z)$ vom Koordinatenursprung O:

$|\overline{OP}| = \sqrt{x^2 + y^2}$ bzw. $|\overline{OP}| = \sqrt{x^2 + y^2 + z^2}$.

2. Beweisen Sie Satz 1.
Hinweis: Fassen Sie die Punkte P und Q als Endpunkte der Raumdiagonalen eines Quaders auf, dessen Kanten parallel zu den Koordinatenachsen sind.

3. Berechnen Sie den Abstand des Punktes A vom Koordinatenursprung.
a) $A(5; 3; 2)$ **b)** $A(-5; -3; -2)$ **c)** $A(2{,}6; -4{,}2; 3{,}5)$ **d)** $A(450; 560; -430)$

4. Bestimmen Sie den Abstand des Punktes P von Q.
Geben Sie die Koordinaten des Mittelpunktes von $\overline{PQ}$ an.
a) $P(3; 4; 5)$, $Q(1; 1; 1)$ **b)** $P(3{,}4; 4{,}5; -5{,}6)$, $Q(8{,}7; -7{,}6; -6{,}5)$
c) $P(-3; -4; -5)$, $Q(1; 1; 1)$ **d)** $P(-4530; 13445; 220)$, $Q(-1530; -255; -330)$

5. Ermitteln Sie jeweils die fehlende Koordinate.
a) $A(1; 4; -3)$, $B(-2; y; 3)$, $|\overline{AB}| = 6{,}78$
b) $A(83{,}5; -12{,}5; z)$, $B(11{,}5; -70{,}5; 25{,}0)$, $|\overline{AB}| = 110$

6. Unter welcher Bedingung für die Koordinate k ist der Punkt $A(1; 2; 3)$ vom Punkt $B(-2; 0{,}5; 4)$
a) weiter entfernt als vom Punkt $C(0; -1; k)$ bzw. vom Punkt $D(-0{,}5; k; 2)$;
b) weniger weit entfernt als vom Punkt $E(k; 1; 6)$?

7. Es sei M der Mittelpunkt der Strecke $\overline{PQ}$.
Bestimmen Sie die fehlenden Koordinaten von P, Q bzw. M.
a) $P(3; 5)$, $Q(-2; -8)$, $M(x; y)$ **b)** $P(-4; 7)$, $Q(x; y)$, $M(2; -3)$
c) $P(x; y)$, $Q(5; 5)$, $M(-9; 4)$ **d)** $P(x; 8)$, $Q(-4; y)$, $M(1; -1)$

8. Geben Sie mindestens 6 verschiedene Punkte der x-y-Ebene an, die
a) vom Punkt $O(0; 0)$
b) vom Punkt $M(1; 2)$
den Abstand 3 haben.
Welcher Bedingung genügen die Koordinaten x und y aller Punkte der x-y-Ebene, die von O bzw. M den Abstand 3 haben?
Was für eine geometrische Figur wird von allen Punkten aus a) bzw. b) gebildet?

9. Berechnen Sie die Koordinaten des Umkreismittelpunktes M eines Dreiecks ABC mit den Eckpunkten $A(-3; -4)$, $B(4; -3)$ und $C(0; 5)$.
Geben Sie den Radius des Umkreises an und kontrollieren Sie Ihre Rechnung mithilfe einer Zeichnung.

10. Geben Sie mindestens 8 verschiedene Punkte des Raumes an, die

a) vom Punkt $O(0; 0; 0)$;

b) vom Punkt $M(1; 2; 3)$

den Abstand 5 haben.

Welche Bedingung gilt für die Koordinaten x, y und z aller Punkte des Raumes, die von O bzw. M den Abstand 5 haben?

Was für einen Körper bilden diese Punktmengen?

11. a) Von einem gleichseitigen Dreieck mit der Seitenlänge $a = 7$ liege der Punkt A im Ursprung eines kartesischen Koordinatensystems und der Punkt B auf der x-Achse. Geben Sie die Koordinaten der Eckpunkte des Dreiecks an, wenn der Punkt C in der x-y-Ebene (bzw. im Raum) liegt.

b) Wie viele solcher Punkte C gibt es in der x-y-Ebene (bzw. im Raum)? Beschreiben Sie die Kurve, auf der alle diese Punkte C liegen.

c) Die Punkte A und B können als „Ecken", die Menge aller Punkte C im Raum als „Kante" eines Rotationskörpers aufgefasst werden. Charakterisieren Sie diesen Körper und berechnen Sie sein Volumen und seinen Oberflächeninhalt.

12. Ermitteln Sie die Koordinaten x_i und y_i aller Punkte R_i, sodass $P(0; 0)$, $Q(2; 2)$ und R_i ein gleichseitiges Dreieck bilden.

13. Gegeben ist ein Dreieck ABC mit $A(3; -2; 7)$, $B(-1; 2; 5)$ und $C(6; 8; -9)$.

a) Berechnen Sie den Umfang des Dreiecks.

b) Ermitteln Sie die Größe der Innenwinkel des Dreiecks.

c) Bestimmen Sie den Flächeninhalt des Dreiecks.

14.* Bild 2 zeigt ein Schrägbild eines geraden Prismas.

Hinweis: Das Rechteck $ABCD$ liegt hierbei in der x-y-Ebene, der Koordinatenursprung ist der Schnittpunkt der Diagonalen dieses Rechtecks.

a) Ermitteln Sie die Koordinaten der im Bild gekennzeichneten Punkte.

b) Berechnen Sie die Kantenlängen des Prismas sowie die Längen der eingezeichneten Diagonalen.

c) Stellen Sie das Prisma in Zweitafelprojektion dar und berechnen Sie sein Volumen.

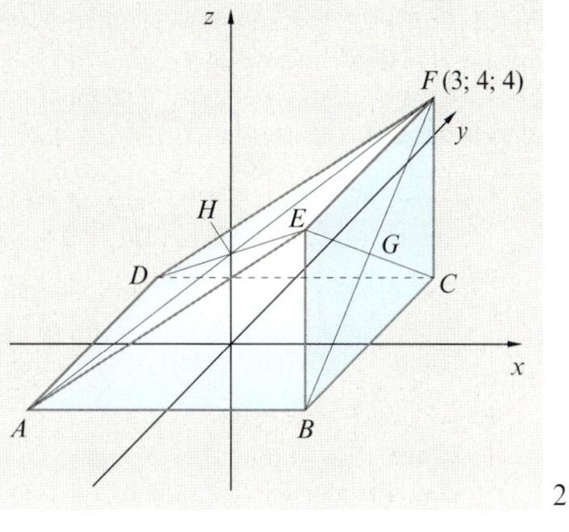

2

15. Zur Herstellung einer Landkarte wird in drei Orten je ein Punkt bezüglich eines Koordinatensystems vermessen (Angabe in Metern; die y-Achse zeigt nach Norden):

Adorf (3730,7; –848,3; –205,6),

Bergfeld (–79,4; –2354,8; 1026,2),

Ceburg (–1949,6; 2044,9; 2195,5).

a) Wie weit sind die Punkte nach der Karte voneinander entfernt?

b) Wie groß ist die wahre Entfernung der Punkte voneinander?

3 Geraden in der Ebene und im Raum

Von einer Flugmeldestation F wird ein Flugkörper im Punkt Z mit den Koordinaten (2500; 700; 1200) bezüglich eines örtlichen Koordinatensystems mit dem Ursprung F aufgefasst (siehe Bild 1). Nach 40 Sekunden befindet sich der Flugkörper im Punkt Z_1 mit den Koordinaten (1600; 900; 1100). Der Computer des Flugmeldezentrums kann blitzschnell die Gleichung der (geradlinigen) Flugbahn ermitteln und berechnen, welchen Punkt der Flugkörper zu welchem Zeitpunkt erreicht, wenn er von Z_1 aus mit gleich bleibender Richtung und gleich bleibender Geschwindigkeit weiterfliegen wird.

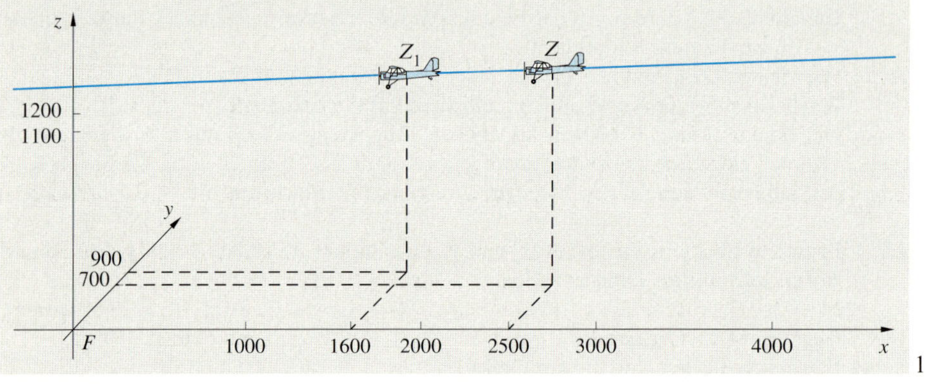

1

Bei vielen Anwendungsproblemen ist die Funktionsgleichung einer Geraden zu ermitteln, die durch zwei Punkte gegeben ist.
Es wird also ein geometrisches Gebilde algebraisch durch eine Gleichung beschrieben.
Auf diese Gleichung können Verfahrensweisen der Analysis angewendet werden. Die Ergebnisse dieser Berechnungen werden dann in geometrische Aussagen „rückübersetzt".
Dieses Vorgehen der Analytischen Geometrie soll im Folgenden am Beispiel der Geradengleichungen gezeigt werden.

1. Geben Sie die Gleichungen der Geraden g, h, i, j und k aus Bild 2 an.

Suchen Sie sich hierfür jeweils zwei Punkte einer Geraden und setzen Sie beide in die Geradengleichung $y = mx + n$ ein.

Lösen Sie dann das lineare Gleichungssystem.

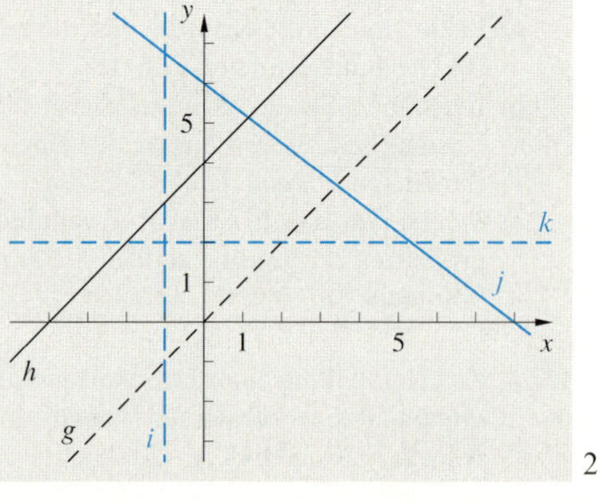

2

2. **a)** Eine Gerade schneide die x-Achse im Punkt $S_x(a;\ 0)$ und die y-Achse im Punkt $S_y(0;\ b)$. Bestimmen Sie für diese Gerade eine Geradengleichung.

b) Für welche Werte a und b kann man keine Geradengleichung aufstellen?

3. **a)** Wiederholen Sie mithilfe einer Formelsammlung die verschiedenen Formen einer Geradengleichung in der Ebene.

b) Leiten Sie die Punktrichtungsform, die Zweipunkteform und die Achsenabschnittsgleichung der Geradengleichung aus der Normalform der Geradengleichung her.

SATZ 1 Die Beziehungen zwischen den Koordinaten x und y der Punkte $P(x; y)$ einer Geraden der x-y-Ebene kann man durch folgende Geradengleichungen darstellen:

$y = mx + n$	*Normalform*
$y - y_1 = m(x - x_1)$	*Punktrichtungsform*
$y - y_1 = \frac{y_2 - y_1}{x_2 - x_1}(x - x_1)$	*Zweipunkteform*
$\frac{x}{a} + \frac{y}{b} = 1$	*Achsenabschnittsform*

wobei mit m der Anstieg der Geraden, mit n bzw. b ihre Schnittstelle mit der y-Achse, mit a ihre Schnittstelle mit der x-Achse sowie mit x_1, y_1 bzw. x_2, y_2 die Koordinaten zweier Punkte der Geraden bezeichnet werden.

4. Zeigen Sie, dass jede Gleichung der Form $ax + by + c = 0$ ($a \neq 0$ oder $b \neq 0$) in der x-y-Ebene eine Gleichung einer Geraden der x-y-Ebene darstellt.
Hinweis: Aus diesem Grund nennt man die Gleichung $ax + by + c = 0$ die **allgemeine Form** der Geradengleichung.

5. **a)** Zeichnen Sie die Geraden g, h, i und k, über die folgende Angaben existieren, in ein Koordinatensystem ein.
g: $6x - 4y + 3 = 0$, h: $y = 3x + 2$, i: $P_1(1; 1)$, $m = -2$, k: $P_1(-2; 3)$, $P_2(4; 3)$

b) Überlegen Sie, woher die Bezeichnungen Punktrichtungsform bzw. Zweipunkteform der Geradengleichung kommen.

6. Bestimmen Sie eine Gleichung der Geraden, die durch P_1 und P_2 festgelegt wird.

a) $P_1(4; 6)$, $P_2(7; 10)$ **b)** $P_1(6; 3)$, $P_2(4; 7)$ **c)** $P_1(-2; 4)$, $P_2(-3; -4)$

d) $P_1(1; -3)$, $P_2(3; -6)$ **e)** $P_1(2{,}5; 3{,}5)$, $P_2(-4{,}5; 6{,}5)$ **f)** $P_1\left(1{,}7; \frac{2}{3}\right)$, $P_2\left(-4{,}3; \frac{7}{6}\right)$

7. Bestimmen Sie eine Gleichung der Geraden, die durch ihren Anstieg und einen ihrer Punkte gegeben ist.

a) $m = 2$, $P(3; 5)$ **b)** $m = -2$, $P(2; -6)$ **c)** $m = -\frac{3}{5}$, $P(-4; 7)$

d) $m = 1{,}3$, $P(-2; -5{,}4)$ **e)** $m = \frac{7}{4}$, $P(-1; -1)$ **f)** $m = -0{,}6$, $P(3{,}5; 5{,}5)$

Ein Punkt liegt auf der Geraden P_1P_2 genau dann, wenn seine Koordinaten die Gleichung der Geraden erfüllen. Die entsprechende Untersuchung heißt **Punktprobe**.

8. Überprüfen Sie zeichnerisch und rechnerisch, ob die Punkte $A(2; -4)$ und $B(-4; 11)$ auf der Geraden liegen, die durch die Punkte $P_1(-2; 6)$ und $P_2(3; -5)$ geht.

9. Überprüfen Sie rechnerisch, ob der Punkt A auf der Geraden durch die Punkte $P_1(4; 3)$ und $P_2(-3; -4)$ liegt.

a) $A(-6; -8)$ **b)** $A(2{,}5; 1{,}5)$ **c)** $A(-19; -18)$

10. a) Prüfen Sie, für welche Werte von x bzw. y der Punkt P auf der Geraden durch die Punkte A und B liegt.
(1) $P(x; 5)$, $A(3; 13)$, $B(-1; -7)$ (2) $P(0; y)$, $A(-3; 3{,}5)$, $B(2; 5)$

***b)** Prüfen Sie jeweils, für welche Werte von x bzw. y der Punkt P oberhalb der entsprechenden Geraden AB liegt.

***c)** Prüfen Sie jeweils, für welche Werte x, y ein Punkt $Q(x; y)$ unterhalb der entsprechenden Geraden AB liegt.

11. a) Geben Sie drei Punkte an, die auf derselben Geraden wie $P_1(2; -4)$ und $P_2(3; -2)$ liegen.

b) Geben Sie drei Punkte an, die auf der Geraden mit dem Anstieg $m = 2$ durch den Punkt $P(-4; 3)$ liegen.

***c)** Wie viele Punkte gibt es, die auf derselben Geraden wie $P_1(1; 5)$ und $P_2(-3; -6)$ liegen und von P_1 den Abstand 2 haben? Geben Sie deren Koordinaten an.

***d)** Wie viele Punkte gibt es (in der x-y-Ebene), die vom Koordinatenursprung $O(0; 0)$ den Abstand 2 haben? Welcher Zusammenhang gilt für deren Koordinaten?

12. Geben Sie eine Gleichung für eine Gerade an, die durch den Punkt $P(-1; 2)$ geht und

a) parallel zur x-Achse; **b)** parallel zur y-Achse;

c) parallel zur Geraden mit der Gleichung $y = -2x + 3$ verläuft.

13. a) Gegeben seien zwei Geraden durch die Punkte $P_1(4; 9)$ und $P_2(3; 5)$ bzw. $Q_1(1; 2)$ und $Q_2(-4; 7)$. Überprüfen Sie, welche der folgenden Punkte keiner, einer oder beiden Geraden angehören: $A(6; 17)$, $B(1; 3)$, $C(1{,}5; 1{,}5)$, $D(2{,}5; -2{,}5)$.

b) Wie viele gemeinsame Punkte beider Geraden können existieren?

c) Geben Sie die Koordinaten eines gemeinsamen Punktes beider Geraden an.

14. Welche Bedingungen müssen die Koordinaten des Schnittpunktes zweier Geraden erfüllen? Beweisen Sie Ihre Aussage. Gilt auch die Umkehrung des Satzes?

Zwei Geraden einer Ebene schneiden sich entweder in genau einem Punkt $S(x_s; y_s)$ oder sie sind parallel zueinander bzw. (als Spezialfall der Parallelität) fallen zusammen.

g_1: $y - y_1 = m_1(x - x_1)$ bzw. $y = m_1x + n_1$ und g_2: $y - y_1 = m_2(x - x_1)$ bzw. $y = m_2x + n_2$

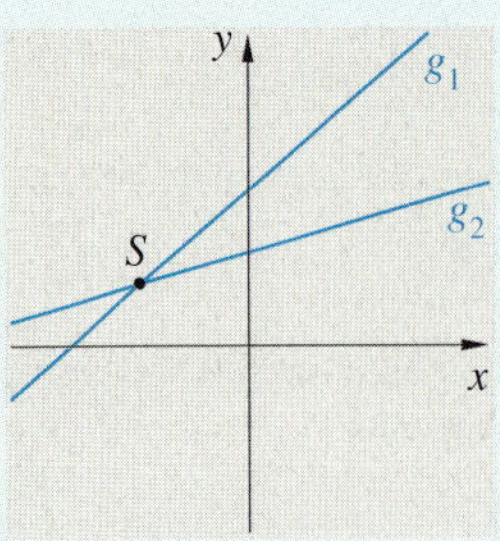

3

$m_1 \neq m_2$

$L = \{(x_s; y_s)\}$

mit $x_s = \dfrac{n_2 - n_1}{m_1 - m_2}$ und $y_s = m_1 x_s + n_1$

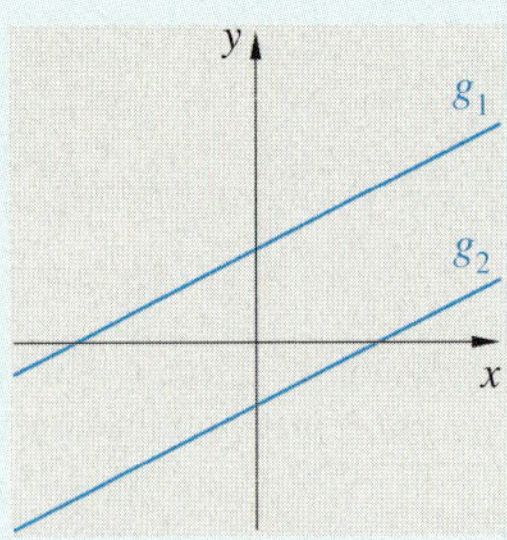

4

$m_1 = m_2$

$n_1 \neq n_2$

$L = \emptyset$

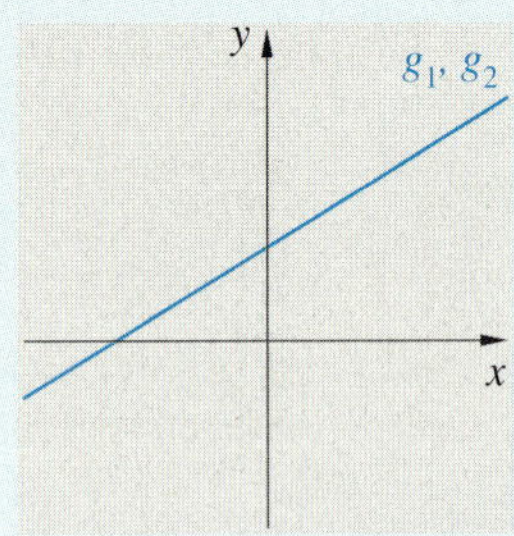

5

$m_1 = m_2$

$n_1 = n_2$

$L = \{(x; m_1x + n_1) \mid x \in \mathbb{R}\}$

15. Gegeben sind die Gerade g_1 durch die Punkte A und B sowie die Gerade g_2 durch die Punkte P und Q bzw. durch ihren Anstieg und einen ihrer Punkte. Untersuchen Sie die gegenseitige Lage der Geraden g_1 und g_2 und berechnen Sie gegebenenfalls den Schnittpunkt.

a) $A(1; 1)$, $B(-1; -7)$, $P(0; 2)$, $Q(2; -4)$ **b)** $A(3; 11)$, $B(-2; -9)$, $P(4; 4)$, $Q(-4; 2)$

c) $A(2; -4)$, $B(8; -2)$; $m = -3$, $P(1; 1)$ **d)** $A(a; 4)$, $B(-2; 8)$; $m = 2$, $P(5; b)$ mit $a, b \in \mathbb{R}$

16. Gegeben sind die Geraden g_1 mit $y - 3 = 2(x + 2)$ und g_2 durch die Punkte $P(4; 7)$ und $Q(q; -3)$, $q \in \mathbb{R}$.

a) Für welchen Wert von q sind die beiden Geraden parallel zueinander? Sind sie dann sogar identisch?

b) Zeigen Sie, dass die beiden Geraden sich für jeden anderen Wert von q schneiden und geben Sie den Schnittpunkt in Abhängigkeit von q an.

17. Zeichnen Sie in ein räumliches Koordinatensystem die Punkte $A(5; 4; 6)$ und $B(5; 2; -6)$ sowie die Punkte $P(-1; 1; 0)$ und $Q(3; 3; 0)$ und verbinden Sie jeweils A und B bzw. P und Q durch Geraden.

a) Versuchen Sie, für die Geraden AB und PQ Gleichungen anzugeben. In welchem Fall haben Sie größere Schwierigkeiten? Beschreiben Sie diese.

b) Was können Sie über die gegenseitige Lage der beiden Geraden aussagen?

Zwischen zwei Geraden des Raumes sind drei verschiedene Lagebeziehungen denkbar.

Die beiden Geraden können parallel zueinander (bzw. im Spezialfall identisch) sein. Sie können einander schneiden oder zueinander windschief sein (d. h. sich weder schneiden, noch parallel liegen).

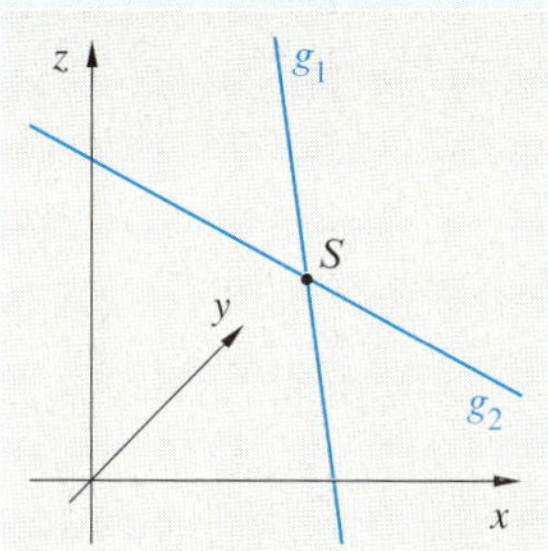

6

sich schneidende Geraden

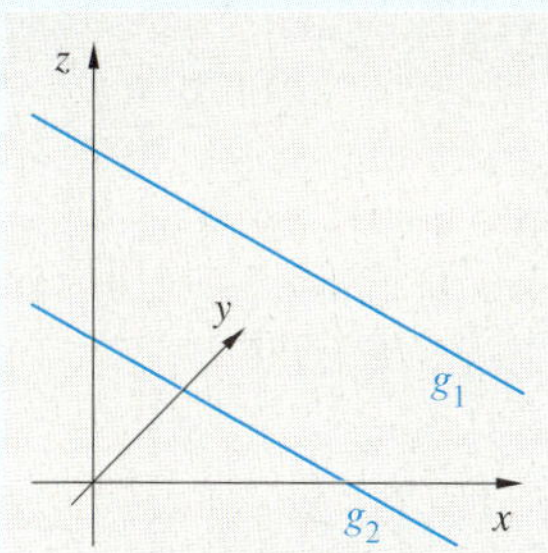

7

parallele Geraden

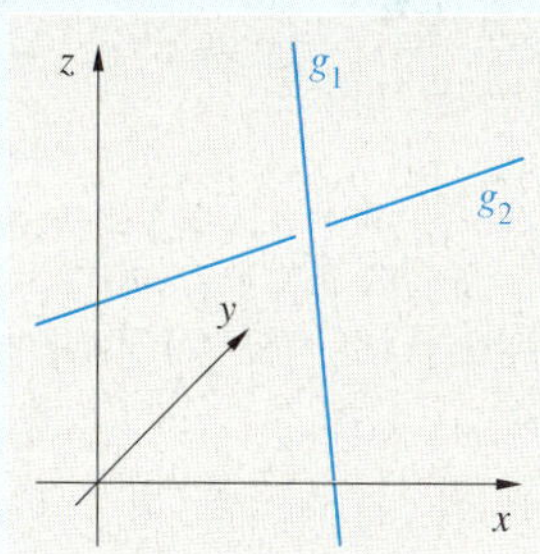

8

windschiefe Geraden

18. Diskutieren Sie verschiedene Ideen und Vorschläge, wie man die Richtung einer Geraden im Raum bestimmen oder beschreiben könnte und wie man feststellen kann, ob ein gegebener Punkt auf einer Geraden liegt oder nicht.

Verlaufen Geraden im Raum nicht parallel zu einer der Koordinatenebenen, so ist es mit unseren bisherigen Mitteln nicht möglich, sie durch Gleichungen zu beschreiben und ihre Lagebeziehung rechnerisch festzustellen.
Das dazu notwendige mathematische Rüstzeug wird erst in den Kapiteln B und C dieses Buches mithilfe der Vektorrechnung erarbeitet.
Wir beschränken uns hier also im Weiteren auf Problemstellungen in der x-y-Ebene.

4 Steigungswinkel und Schnittwinkel von Geraden in der Ebene; Orthogonalität von Geraden

1. Am Ortsausgang eines Dorfes am Fuße eines Berges wurde ein Verkehrsschild aufgestellt, welches auf die starke Steigung der Straße aufmerksam machen soll.
Mit welchem maximalen Anstiegswinkel ist zu rechnen (siehe Bild 1)?

1

Der **Steigungswinkel** einer Geraden in einem (ebenen) Koordinatensystem ist gegeben durch den Winkel α ($0° \leq \alpha < 180°$), den die Gerade und eine Parallele zur x-Achse miteinander einschließen. Dabei wird die Winkelgröße ausgehend von der positiven Richtung der x-Achse in positivem Drehsinn gemessen.
Ist eine Gerade durch die Koordinaten zweier ihrer Punkte $P(x_1; y_1)$ und $Q(x_2; y_2)$ mit $x_1 \neq x_2$ gegeben, so lässt sich der Steigungswinkel α leicht mithilfe eines Steigungsdreiecks ermitteln. Der Quotient $\frac{y_2 - y_1}{x_2 - x_1}$ entspricht dem Tangens des Winkels α und ist gleich der **Steigung** bzw. dem **Anstieg** der Geraden (Bild 2).
Es gilt: $m = \tan\alpha = \frac{y_2 - y_1}{x_2 - x_1}$ für $x_2 - x_1 \neq 0$.

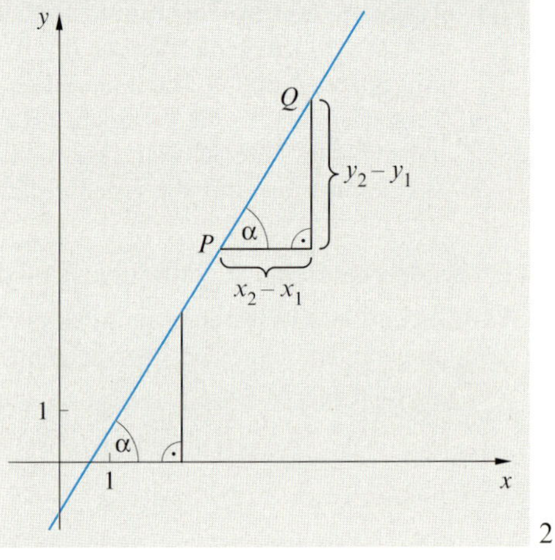

2

Beispiel 1 *Steigung und Steigungswinkel einer Geraden*

Zum Winkel $\alpha = 30°$ gehört die Steigung $\tan 30° = \frac{1}{3}\sqrt{3} \approx 0{,}577$.

Für die Gerade g durch die Punkte $P(2; 5)$ und $Q(4; -3)$ erhält man
$m = \frac{-3-5}{4-2} = \frac{-8}{2} = -4$, also
$\tan\alpha = -4$ und damit $\alpha = 104°$ (Bild 3).

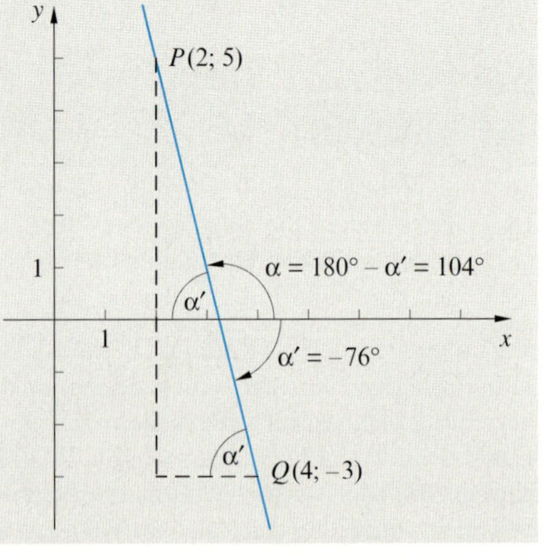

3

2. **a)** Geben Sie eine Gleichung für die Gerade an, die parallel zur y-Achse ($\alpha = 90°$) durch den Punkt $A(3; 4)$ verläuft. Wie groß ist die Steigung der Geraden?

b) Geben Sie eine Gleichung für eine Gerade mit dem Anstieg 0 an, die durch den Punkt $B(-2; -1)$ verläuft. Beschreiben Sie die Lage der Geraden im Koordinatensystem.

c) Geben Sie eine Gleichung für die Gerade an, die die y-Achse bei $y = 2$ unter einem Winkel von 30° schneidet.

d) Geben Sie eine Gleichung für die Gerade an, die die x-Achse bei $x = -4$ und die y-Achse bei $y = -5$ schneidet. Wie groß ist der Steigungswinkel der Geraden?

3. Berechnen Sie die Steigung der Geraden durch die Punkte P und Q.
Welchen Abstand haben P und Q voneinander?

a) $P(-1; 2)$, $Q(5; 5)$ **b)** $P(-2; -5)$, $Q(4; 4)$ **c)** $P(3; -3)$, $Q(4; 3)$

d) $P(3; 0)$, $Q(3; 6)$ **e)** $P(-4; 5)$, $Q(2; 5)$ **f)** $P(-\frac{1}{2}; \frac{1}{3})$, $Q(-2; \frac{3}{4})$

4. Berechnen Sie für die Dreiecke ABC die Seitenlängen, die Koordinaten der Mittelpunkte der Dreiecksseiten sowie die Größe der Innenwinkel.

a) $A(0; 0)$, $B(0; 8)$, $C(3; 5)$ **b)** $A(-2; -2)$, $B(4; -2)$, $C(1; 2)$

c) $A(0; 5)$, $B(4; 0)$, $C(4; 5)$ **d)** $A(1{,}5; 3{,}5)$, $B(-2; 2{,}5)$, $C(-3; -4)$

5. Berechnen Sie die Steigungswinkel und den Schnittpunkt der folgenden Geradenpaare. Kontrollieren Sie Ihre Ergebnisse durch Zeichnungen und ermitteln Sie jeweils den Schnittwinkel der beiden Geraden.

a) g: $3x - y - 9 = 0$
h: $y = x - 1$

b) g: $y = -0{,}5x - 0{,}75$
h: $P(3; 1)$; $Q(-1; 0{,}5)$

c) g: $y = 1$
h: $y + 0{,}5 = 0{,}5(x - 2)$

Zwei Geraden g und h, die einander schneiden, bilden zwei Paare kongruenter Winkel δ und ε (Bild 4a).
Als **Schnittwinkel** wird einer der Winkel ausgewählt, der nicht größer als 90° ist.

Sind g und h zwei einander schneidende Geraden und ist α der Steigungswinkel von g und β der Steigungswinkel von h, so gilt für den Schnittwinkel δ von g und h (Bild 4b):

$\delta = |\alpha - \beta|$ oder $\delta = 180° - |\alpha - \beta|$.

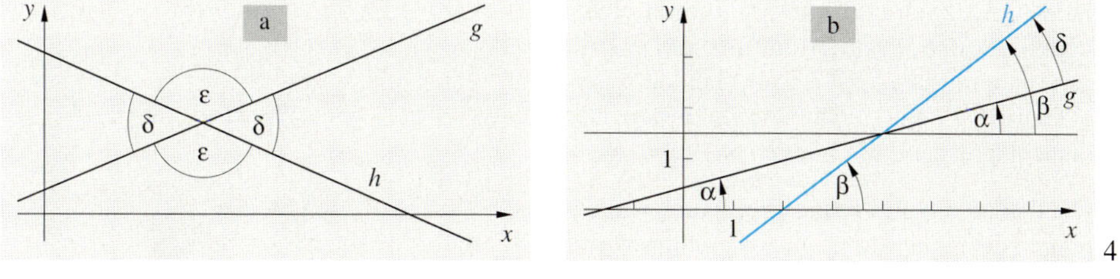

4

Mithilfe des Additionstheorems der Tangensfunktion lässt sich der Schnittwinkel δ leicht aus den Anstiegen der Geraden g und h berechnen:

$\tan\delta = \tan(\alpha - \beta) = \dfrac{\tan\alpha - \tan\beta}{1 + \tan\alpha \cdot \tan\beta}$, falls $\tan\alpha \cdot \tan\beta \neq -1$,

also wegen $m_g = \tan\alpha$ bzw. $m_h = \tan\beta$ gilt: $\tan\delta = \dfrac{m_g - m_h}{1 + m_g m_h}$.

Man kann jedoch auch den Schnittpunkt S der beiden Geraden g und h sowie jeweils noch einen Punkt A auf g bzw. B auf h bestimmen und dann mithilfe des Kosinussatzes den Schnittwinkel zwischen g und h berechnen.
Es gilt dann:

$c^2 = a^2 + b^2 - 2ab\cos\delta$ bzw.

$\cos\delta = \frac{a^2 + b^2 - c^2}{2ab}$ (Bild 5).

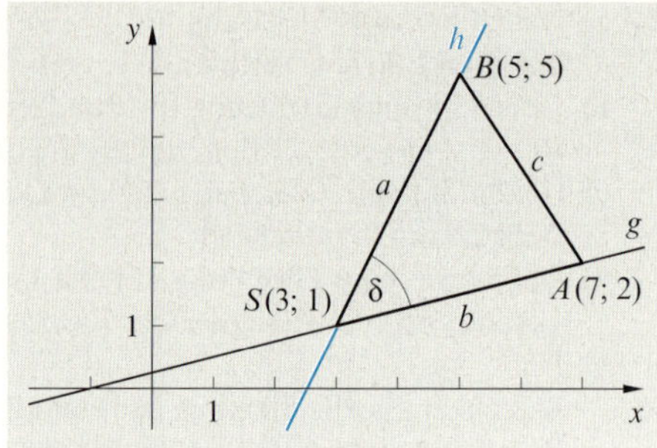

5

6. **a)** Berechnen Sie den Schnittwinkel der beiden Geraden aus Bild 5.
b) Gegeben ist die Gerade g: $y = 2x - 3$. Geben Sie eine Gerade h an, die g im Punkt $S(1; -1)$ unter einem Winkel von 30°, 45°, 60°, 120° bzw. 90° schneidet.

7. Prüfen Sie die gegenseitige Lage der Geradenpaare. Berechnen Sie gegebenenfalls die Koordinaten des Schnittpunktes und den Schnittwinkel. Was fällt Ihnen auf?

a) g: $y = \frac{2}{3}x - 3$; h: $6x - 9y + 4{,}5 = 0$
b) g: $y - 1 = 0{,}5\,(x - 2{,}5)$; h: $y = -2x - 1$
c) g: $y = 4x - 3$; h: $y = x + 5$

SATZ 1 Zwei Geraden g und h sind genau dann **orthogonal**[1], wenn für ihre Steigungen m_g und m_h gilt: $m_g = -\frac{1}{m_h}$.

Beweis: Es seien g und h zwei einander schneidende Geraden mit den Anstiegen m_g bzw. m_h und den Steigungswinkeln α bzw. β.

Wir zeichnen im Schnittpunkt S der beiden Geraden jeweils ein Anstiegsdreieck der Länge 1 in x-Richtung (Bild 6).

Beide Anstiegsdreiecke sind natürlich rechtwinklige Dreiecke, die Ankathete des jeweiligen Steigungswinkels hat in beiden Dreiecken die Länge 1, die Gegenkathete hat dementsprechend die Längen $|m_g|$ bzw. $|m_h|$.

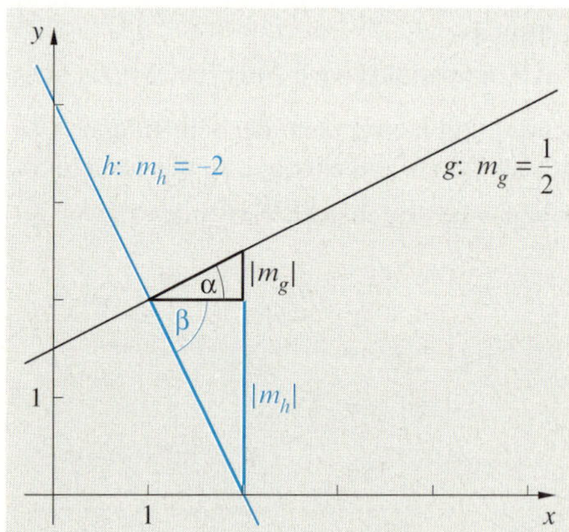

6

Die Geraden g und h sind genau dann orthogonal zueinander, wenn ihre Steigungswinkel α und β sich gegenseitig zu 90° ergänzen und damit beide Dreiecke in allen Winkeln übereinstimmen. Sie sind also genau dann orthogonal zueinander, wenn beide Dreiecke (nach dem Hauptähnlichkeitssatz) zueinander ähnlich sind und dementsprechend ihre Kathetenlängen im gleichen Verhältnis stehen, nämlich $\frac{|m_g|}{1} = \frac{1}{|m_h|}$. Berücksichtigt man nun noch, dass die eine Gerade monoton steigend, die andere jedoch monoton fallend ist, so ergibt sich $m_g = -\frac{1}{m_h}$.

[1] orthogonal = rechtwinklig, abgeleitet von orthogonion (griech.)

8. Geben Sie eine Gleichung einer Orthogonalen (Senkrechten) zu g an.

a) g: $y = 5x - 3$ **b)** g: $y = 0{,}4x - 2$ **c)** g: $3x + 4y = 2$

9. Geben Sie eine Gleichung der Orthogonalen zu g durch den Punkt P an.

a) g: $y = 5x - 2$, $P(3; -1)$ **b)** g: $y - 4 = -2{,}5x - 3$, $P(-2; -3)$

10. Untersuchen Sie zeichnerisch und rechnerisch, ob der Punkt P auf der Geraden g liegt, die durch den Koordinatenursprung und orthogonal zur Geraden AB verläuft. Bestimmen sie in jedem Fall den Abstand des Punktes P von AB.
Erläutern Sie, wie Sie dabei vorgehen.

a) $P(2; -1)$, $A(1; -3)$, $B(-2; -9)$ **b)** $P(0{,}3; 1)$, $A(3; 5)$, $B(-6; 8)$

Der **Abstand eines Punktes A von einer Geraden a** ist gleich der Länge des Lotes von A auf a.

Bemerkung: Um den Abstand zwischen zwei geometrischen Objekten A und B anzugeben, ist die Schreibweise $d(A, B)$ üblich.
Die Abkürzung d steht für distantia (lat.) = Abstand.
Für den Abstand zwischen dem Punkt A und der Geraden a in Bild 7 gilt z. B.:
$d(A, a) = |\overline{AF}|$.

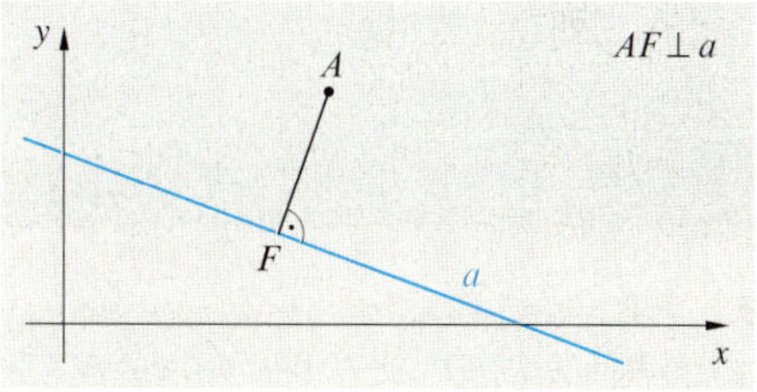

7

11. Berechnen Sie den Abstand des Punktes A von der Geraden a.

a) $A(1; 2)$, a: $y + 1 = -0{,}75(x - 6)$ **b)** $A(3; -4)$, a: $y = 2x - 1$

c) $A(0{,}6; -1{,}5)$, a: $3x - 2y - 4 = 0$ **d)** $A(3; 5)$, a: $y = 3x - 4$

12. Geben sie alle Punkte an, die von der Geraden g: $y = 2x + 3$ den Abstand 4 haben.

SATZ 2 Der Mittelpunkt des Inkreises eines Dreiecks ist der Schnittpunkt der Winkelhalbierenden der Innenwinkel des Dreiecks.

13. Beweisen Sie die Aussage des Satzes 2. Zeigen Sie dazu, dass der Schnittpunkt der Winkelhalbierenden der Innenwinkel eines Dreiecks von allen Seiten des Dreiecks den gleichen Abstand hat.

14. a) Gegeben sei das Dreieck ABC mit $A(-11; 1)$, $B(6; 8)$ und $C(13; -9)$. Berechnen Sie die Koordinaten des Schnittpunktes der Mittelsenkrechten des Dreiecks.

b) Berechnen Sie die Koordinaten des Schnittpunktes der Höhen im Dreieck ABC.

c) Berechnen Sie die Koordinaten des Inkreismittelpunktes.
Hinweis: Verwenden Sie Satz 2.

15. Zeichnen Sie folgende Paare paralleler Geraden und bestimmen Sie ihren Abstand voneinander. Diskutieren Sie Ideen, wie Sie den Abstand der Geraden berechnen können. Berechnen Sie den Abstand.

a) g: $y = 3x + 2$
h: $y = 3x - 1$

b) g: $y - 4 = 2x - 8$
h geht durch $P(3; 3)$

c) g: $3x - 2y = 6$
h: $6x - 4y = 8$

5 Kreise

In ihrem nächtlichen Lauf am Himmelsgewölbe scheinen sich die Sterne auf Kreisbahnen zu bewegen. Sie gehen im Osten auf, erreichen ihren höchsten Stand im Süden und gehen im Westen wieder unter. Wir wissen heute, dass diese tägliche Veränderung des Sternenhimmels nur eine Relativbewegung widerspiegelt, die sich aus der Rotation der Erde um ihre Achse ergibt. Fotografiert man jedoch die Sternenspuren mit einer auf den Himmelspol (in der Nähe des Polarsterns) gerichteten Kamera, so zeigen die Fotos diese konzentrischen Kreisbahnen (Bilder 1 und 2).

1

2

1. Bei einem Definitionsversuch für einen Kreis einigten sich die Schüler eines Kurses auf folgende Erklärung: „Ein Kreis ist eine Menge von Punkten, die von einem Punkt M den gleichen Abstand r haben“.

a) Auf welche der blau eingezeichneten Figuren in Bild 3 trifft diese Beschreibung zu?

b) Welche der Figuren würden Sie als Kreis bezeichnen?

c) Geben Sie eine Definition eines Kreises (einer Kugel) an.

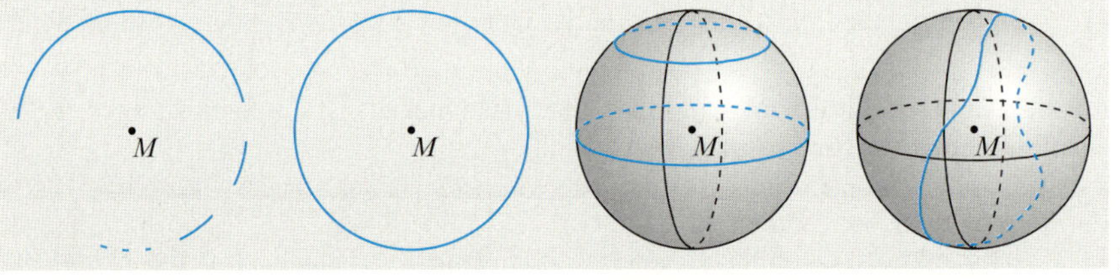

3

2. a) Geben Sie die Koordinaten x und y von fünf verschiedenen Punkten an, die vom Koordinatenursprung $O(0;\,0)$ den gleichen Abstand $r=3$ haben.
Welcher Zusammenhang besteht jeweils zwischen x, y und r?

b) Überprüfen Sie, ob die Punkte $P_1(4;\,0{,}3)$, $P_2(2;\,\sqrt{5})$, $P_3(-\sqrt{5};\,2)$ und $P_4(0{,}5;\,2{,}5)$ auf der Kreislinie um $M(0;\,0)$ mit dem Radius $r=3$ liegen.
Zeichnen Sie dazu den Kreis mit $r=3$ um $M(0;\,0)$ und berechnen Sie den Abstand der Punkte P_1 bis P_4 von M.
Beschreiben Sie die Lage der Punkte bezüglich des angegebenen Kreises.

c) Verschieben Sie den Kreis mit seinem Mittelpunkt $M(0;\,0)$ und den Punkten P_1 bis P_4 um zwei Einheiten in x-Richtung und um drei Einheiten in y-Richtung. Geben Sie die Koordinaten der Bildpunkte M' bzw. P_1' bis P_4' an.
Welcher Zusammenhang ergibt sich jeweils zwischen x und x' bzw. y und y' sowie zwischen x', y' und r?

SATZ 1 Ein Punkt $P(x; y)$ der Koordinatenebene liegt auf dem Kreis k um den Punkt $M(0; 0)$ mit dem Radius r genau dann, wenn für seine Koordinaten x und y gilt:
$x^2 + y^2 = r^2$.

Ein Punkt $P(x; y)$ der Koordinatenebene liegt auf dem Kreis k um den Punkt $M(c; d)$ mit dem Radius r genau dann, wenn für seine Koordinaten x und y gilt:
$(x - c)^2 + (y - d)^2 = r^2$.

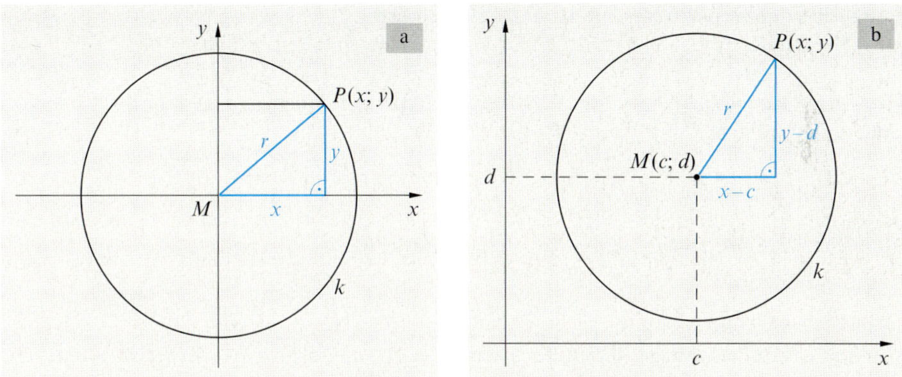

4

3. **a)** Beweisen Sie den obigen Satz mithilfe des Satzes 1 auf Seite 12.
b) Formulieren Sie einen entsprechenden Satz für die Koordinaten x, y und z eines Punktes $P(x; y; z)$ der Kugel mit dem Radius r um den Mittelpunkt M, wobei
- $M(0; 0; 0)$
- $M(-2; 1; 4)$
- $M(c; d; e)$.

4. Gegeben sei ein Kreis k durch seinen Mittelpunkt M und seinen Radius r.
Geben Sie eine Gleichung des Kreises an und untersuchen Sie die Lage des Punktes P bezüglich des Kreises.
a) $M(0; 0)$, $r = 4$, $P(2; 2)$
b) $M(0; 0)$, $r = \sqrt{6}$, $P(\sqrt{2}; \sqrt{3})$
c) $M(0; 0)$, $r = 0{,}5$, $P(0{,}1; 0{,}3)$
d) $M(3; 4)$, $r = 3$, $P(-1; 3)$

5. Geben Sie eine Gleichung eines Kreises k an,
a) der durch den Punkt $P(4; -3)$ geht und den Mittelpunkt $M(-2; 1)$ hat;
b) dessen Mittelpunkt auf der x-Achse liegt, dessen Radius 5 Einheiten lang ist und der die y-Achse berührt;
c) der den Kreis mit der Gleichung $x^2 + y^2 = 17$ von innen berührt;
***d)** der durch die drei Punkte $A(2; 7)$, $B(4; -7)$, $C(-12; 5)$ eindeutig bestimmt ist.
Hinweis: Dieser Kreis ist der Umkreis des Dreiecks ABC. Sein Mittelpunkt ist der Schnittpunkt der Mittelsenkrechten des Dreiecks ABC.

6. Durch die drei Punkte P, Q und R sei jeweils eindeutig ein Kreis k bestimmt. Berechnen Sie den Mittelpunkt M und den Radius r des Kreises k und geben Sie eine Gleichung für k an.
a) $P(1; 1)$; $Q(7; -7)$, $R(8; 0)$
b) $P(-20; 4)$, $Q(-3; 11)$, $R(4; -6)$
c) $P(7; 11)$, $Q(9; -3)$, $R(-7; 9)$
d) $P(4; 4; 4)$, $Q(10; -4; 4)$, $R(11; 3; 4)$

7. A und B seien Punkte desselben Kreises mit dem Mittelpunkt M. Bestimmen Sie die fehlenden Koordinaten von A bzw B.

a) $A(-2; 4)$, $B(x; -3)$, $M(0; 0)$ **b)** $A(-2; 5)$, $B(-1; y)$, $M(4; -3)$
c) $A(5; 2)$, $B(x; \sqrt{3})$, $M(-1; -1)$ **d)** $A(2\sqrt{5}; y)$, $B(-7; 4)$, $M(-5; 5)$

8. Geben Sie eine Gleichung eines Kreises k an,

a) der den Mittelpunkt $M(2; 2)$ hat und durch den Punkt $P(-3; 3)$ geht;
b) dessen Mittelpunkt auf der x-Achse liegt und der die y-Achse berührt;
c) der den Kreis k_1: $x^2 + y^2 = 9$ in zwei Punkten schneidet;
d) der den Kreis k_2: $x^2 + y^2 = 16$ von außen berührt;
e) der den Kreis k_3: $(x+3)^2 + (y-2)^2 = 4$ in seinem Inneren enthält.

Oft liegen Gleichungen mit zwei Variablen nicht in der Form $(x-c)^2+(y-d)^2=r^2$ vor, sondern in der Form $x^2+y^2+ax+by+e=0$.

Wir werden deshalb die Kreisgleichung in diese Form überführen.

Es gilt:
$$(x-c)^2+(y-d)^2 = r^2$$
$$x^2-2xc+c^2+y^2-2yd+d^2 = r^2$$
$$x^2+y^2-2cx-2dy+c^2+d^2-r^2 = 0$$
$$x^2+y^2+ax+by+e = 0,$$ wobei $a=-2c$, $b=-2d$ und $e=c^2+d^2-r^2$ ist.

Nun kann für Gleichungen, die in der Form $x^2+y^2+ax+by+e=0$ vorliegen, untersucht werden, ob sie Kreisgleichungen sind. Dazu müssen die obigen Umformungen „rückwärts" durchgeführt werden.

Beispiel 1 *Kreisgleichungen*

Die folgenden zwei Gleichungen werden daraufhin untersucht, ob sie Gleichungen eines Kreises sind. Der Mittelpunkt und der Radius des Kreises werden gegebenenfalls ermittelt.

a) $x^2+y^2-8x+6y+21=0$ **b)** $x^2+y^2+4x-2y+9=0$

Zu **a)** Wir suchen die quadratische Ergänzung zu den Termen x^2-8x bzw. y^2+6y:
$x^2-8x=x^2+2\cdot(-4)\cdot x+\mathbf{16-16}=(x-4)^2-16$ bzw.
$y^2+6y=y^2+2\cdot\ 3\ \cdot y+\ \mathbf{9-\ 9}=(y+3)^2-9.$
Dann ergibt sich:
$x^2+y^2-8x+6y+21=(x-4)^2+(y+3)^2-4=0$, also $(x-4)^2+(y+3)^2=4$.
Das ist die Gleichung eines Kreises mit $M(4; -3)$ und dem Radius $r=2$.

Zu **b)** In Analogie zum Vorgehen bei a) ergibt sich
$x^2+y^2+4x-2y+9=(x+2)^2+(y-1)^2+4=0$, also $(x+2)^2+(y-1)^2=-4$.

Für den Radius r müsste nun gelten: $r^2=-4$. Eine solche Zahl r existiert in $\mathbb{R}$ nicht. Somit ist die unter b) gegebene Gleichung keine Kreisgleichung.

9. Untersuchen Sie, ob die folgenden Gleichungen Kreise beschreiben. Bestimmen Sie gegebenenfalls die Koordinaten des Mittelpunktes und den Radius.

a) $x^2+y^2-4x+2y-8=0$ **b)** $x^2+y^2-2x-24=0$ **c)** $x^2+y^2-10x+2y-28=0$

In diesem Kapitel haben wir Geraden und Kreise analytisch beschrieben; als nächstes interessieren wir uns für die gegenseitige Lage dieser geometrischen Objekte.
Wir werden uns in diesem Buch immer wieder mit Lagebeziehungen beschäftigen, dabei allerdings unterschiedliche Methoden anwenden (vgl. Kapitel C bzw. E).

Lagebeziehungen zwischen Gerade und Kreis

Betrachtet man die gegenseitige Lage von Kreis und Gerade in einer gemeinsamen Ebene, so kann man drei verschiedene Fälle unterscheiden:

Die Gerade schneidet den Kreis in zwei Punkten **(Sekante).**	Die Gerade berührt den Kreis in genau einem Punkt **(Tangente).**	Die Gerade passiert den Kreis, ohne ihn zu berühren **(Passante).**

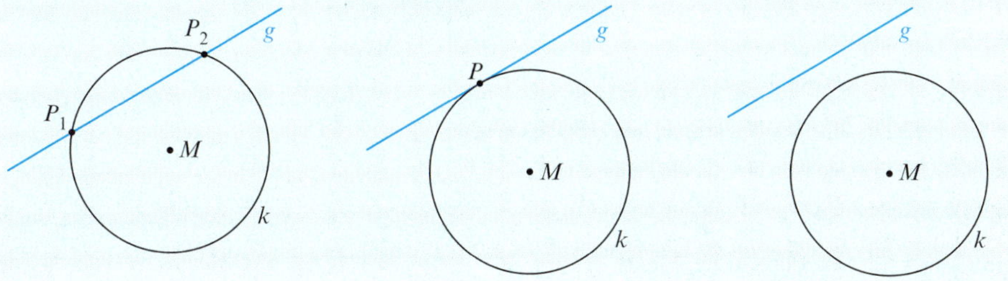

5

Kreisgleichung und Geradengleichung bilden je eine Gleichung eines Gleichungssystems mit zwei Gleichungen und zwei Variablen. Ist die Lösungsmenge dieses Gleichungssystems leer, so ist die betrachtete Gerade eine **Passante**. Hat das Gleichungssystem zwei Lösungen, so schneidet die Gerade den Kreis in zwei Punkten, ist also eine **Sekante**. Hat das Gleichungssystem genau eine Lösung, so berührt die betrachtete Gerade den Kreis in genau einem Punkt und wird **Tangente** an den Kreis in diesem Punkt genannt.

Beispiel 2 *Lagebeziehung zwischen Gerade und Kreis*

Gegeben sind die Gerade g: $y = 2x - 5$ und der Kreis k: $x^2 + y^2 = 25$.

Ist $S(x_s;\, y_s)$ ein gemeinsamer Punkt von g und k, so erfüllen seine Koordinaten die Gleichungen (I): $y_s = 2x_s - 5$ und (II): $x_s^2 + y_s^2 = 25$.

Löst man dieses Gleichungssystem mithilfe des Einsetzungsverfahrens, so ergeben sich folgende Werte für die Koordinaten der Schnittpunkte von g und k:
$x_1 = 0$ und $y_1 = -5$ bzw. $x_2 = 4$ und $y_2 = 3$, also $S_1(0;\, -5)$ und $S_2(4;\, 3)$.

Da wir zwei Lösungen erhalten haben, ist die Gerade g eine Sekante des Kreises k.

10. Untersuchen Sie die gegenseitige Lage der Geraden g und des Kreises k.
Berechnen Sie gegebenenfalls gemeinsame Punkte von g und k.
Handelt es sich bei den Geraden um Tangenten, Sekanten oder Passanten zum Kreis?

a) g: $y = 0{,}75\,x$, k: $x^2 + y^2 = 2$

b) g: $y = \frac{4}{3}\,x + 13$, k: $x^2 + y^2 = 121$

c) g: $y = 4$, k: $(x - 3)^2 + (y + 1)^2 = 25$

d) g: $y = -1{,}2\,x + 16{,}4$, k: $x^2 + y^2 = 100$

Tangenten an Kreise

SATZ 2 k sei ein Kreis mit dem Mittelpunkt M und P sei ein Punkt des Kreises. t ist die Tangente an k in P genau dann, wenn t orthogonal zum Berührungsradius $\overline{MP}$ des Kreises k ist und durch den Punkt P verläuft.

Beweis:
Sei t: $y = m_t x + n$, k: $(x-c)^2 + (y-d)^2 = r^2$ und $P(x_P; y_P)$ (vgl. Bild 6).

Für den Anstieg m der Geraden MP gilt:
$m = \frac{y_P - d}{x_P - c}$.
Ist t orthogonal zu MP, so gilt für den Anstieg m_t der Tangente t:
$m_t = -\frac{1}{m} = -\frac{x_P - c}{y_P - d}$.

Verläuft t darüber hinaus durch den Punkt P, so erfüllen die Koordinaten von P die Gleichung von t. Für die Variable n ergibt sich dadurch: $n = y_P + \frac{x_P - c}{y_P - d} \cdot x_P$
und damit für eine Gleichung von t:

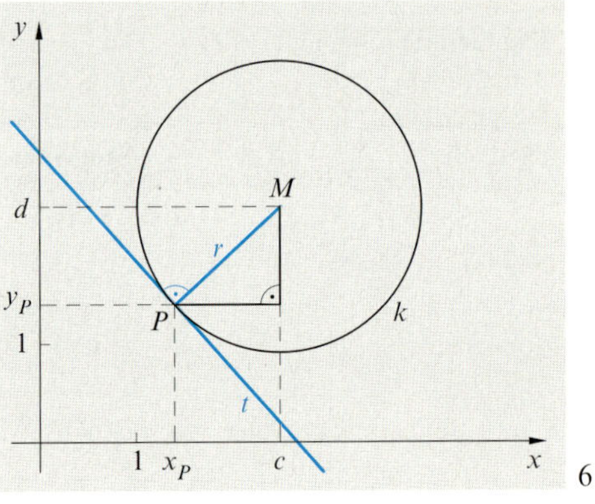

6

$$y = -\frac{x_P - c}{y_P - d} \cdot x + y_P + \frac{x_P - c}{y_P - d} \cdot x_P = -\frac{x_P - c}{y_P - d}(x - x_P) + y_P. \qquad (1)$$

Die Länge des Radius r ergibt sich aus der Länge der Strecke $\overline{MP}$: $r^2 = (x_P - c)^2 + (y_P - d)^2$.
k lässt sich also auch in folgender Form darstellen:
$$(x-c)^2 + (y-d)^2 = (x_P - c)^2 + (y_P - d)^2. \qquad (2)$$

Man kann nun zeigen, dass das Gleichungssystem
(1) $y = -\frac{x_P - c}{y_P - d} \cdot (x - x_P) + y_P$
(2) $(x-c)^2 + (y-d)^2 = (x_P - c)^2 + (y_P - d)^2$
nur die Lösung $P(x_P; y_P)$ hat. So ist bewiesen, dass t Tangente an den Kreis k ist (vgl. Bild 6).

Andererseits sei t die Tangente an k im Punkt P und wir nehmen an, der Radius $\overline{MP}$ stehe nicht senkrecht auf t.
Wir fällen das Lot von M auf t, erhalten dadurch den Lotfußpunkt L auf t und spiegeln den Kreis an der Geraden ML.

Das Bild P' von P liegt dann sowohl auf der Geraden t als auch auf dem Kreis, da t ja bei der Spiegelung auf sich selbst abgebildet wird. Die Gerade t hat damit zwei gemeinsame Punkte mit dem Kreis k, kann also nicht Tangente an den Kreis k sein. Daher muss unsere Annahme falsch sein. Folglich steht der Berührungsradius $\overline{MP}$ senkrecht auf der Tangenten an k im Punkt P (Bild 7).

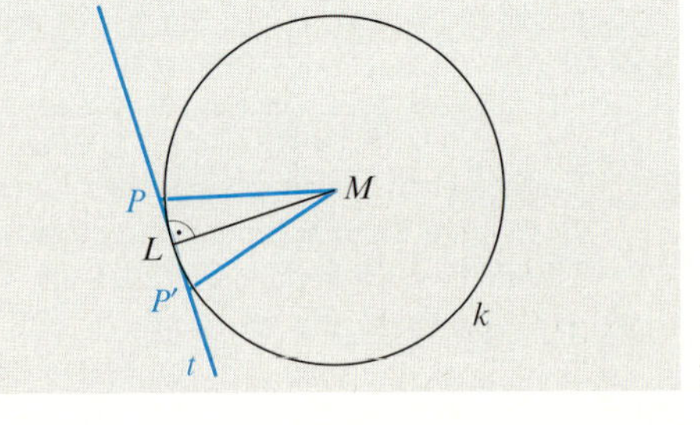

7

11. Beweisen Sie, dass das Gleichungssystem
(I) $y = -\dfrac{x_P - c}{y_P - d}\,(x - x_P) + y_P$ (II) $(x-c)^2 + (y-d)^2 = (x_P - c)^2 + (y_P - d)^2$
nur die Lösung $P(x_P; y_P)$ besitzt.

Mithilfe des Satzes 2 können wir die Konstruktion der Tangente an einen Kreis in einem Punkt P begründen. Wir führen sie nämlich sowohl zeichnerisch als auch rechnerisch auf die Konstruktion der Senkrechten im Punkt P auf die Gerade MP zurück.

12. Konstruieren Sie die Tangente in einem Punkt $P \in k$ an einen Kreis k mit $r = 3$ cm.

Beispiel 3 *Ermittlung der Gleichung einer Tangente an einen Kreis*

Gesucht ist die Gleichung der Tangente an den Kreis k mit k: $(x+2)^2 + (y-1)^2 = 24{,}25$ im Punkt $P(2{,}5; 3)$.

1) Bestimmung einer Geradengleichung von MP mit $M(-2; 1)$ in Zweipunkteform (siehe Seite 15):

$$y = \frac{y_1 - d}{x_1 - c}\,(x - x_1) + y_1$$

$$y = \frac{3-1}{2{,}5-(-2)}\,(x - 2{,}5) + 3$$

$$= \frac{2}{4{,}5}\,(x - 2{,}5) + 3.$$

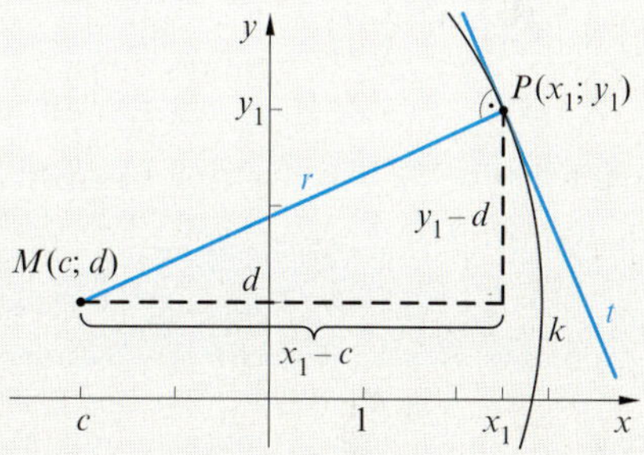

8

2) Bestimmung des Anstiegs der Senkrechten zu MP:

$$m_t = -\frac{1}{m}; \qquad m_t = -\frac{4{,}5}{2} = -2{,}25.$$

3) Bestimmung einer Geradengleichung der Senkrechten zu MP durch Einsetzen der Koordinaten von P:

$y_1 = m_t\,x_1 + n$; $\quad 3 = -2{,}25 \cdot 2{,}5 + n$;
$n = y_1 - m_t\,x_1$; $\quad n = 8{,}625$;
$y = m_t\,x + n$; $\quad y = -2{,}25\,x + 8{,}625$.

Die Gerade t: $y = -2{,}25\,x + 8{,}625$ ist Tangente an den Kreis k im Punkt $P(2{,}5; 3)$

13. Geben Sie je eine Gleichung der Tangenten an den Kreis k in P bzw. Q an.
a) k: $x^2 + y^2 = 25$, $P(3; 4)$, $Q(-3; 4)$ **b)** k: $(x-4)^2 + y^2 = 16$, $P(0; 0)$, $Q(7; \sqrt{7})$
c) k: $(x-1)^2 + (y+2)^2 = 36$, $P(0; y)$ **d)** k: $x^2 + y^2 - 4x + 2y - 30 = 0$, $Q(x; 0)$

14. Geben Sie Gleichungen der Tangenten an den Kreis k: $(x-4)^2 + (y+3)^2 = 49$ an, die jeweils
a) parallel zur x-Achse **b)** in 45°- Neigung zur x-Achse verlaufen.

15. Die Gerade g: $y = -2x + 5$ sei Tangente an einen Kreis k um den Koordinatenursprung. Ermitteln Sie den Radius des Kreises sowie die Koordinaten des Berührungspunktes von g und k.

16. Gegeben sei ein Kreis k: $x^2 + y^2 = 9$ und ein Punkt $A(5; 0)$ außerhalb von k. Bestimmen Sie je eine Gleichung für die Tangenten von A an den Kreis k. Konstruieren Sie vorher die gesuchten Tangenten mit Zirkel und Lineal.

6 Andere Koordinatensysteme

Die Bilder 1 und 2 zeigen Ausschnitte von Straßenplänen von Manhattan bzw. Moskau, die trotz ihrer ins Auge fallenden Unterschiedlichkeit den Eindruck hinterlassen, die Stadtplaner hätten ein spezielles Interesse für Mathematik gehabt.

1

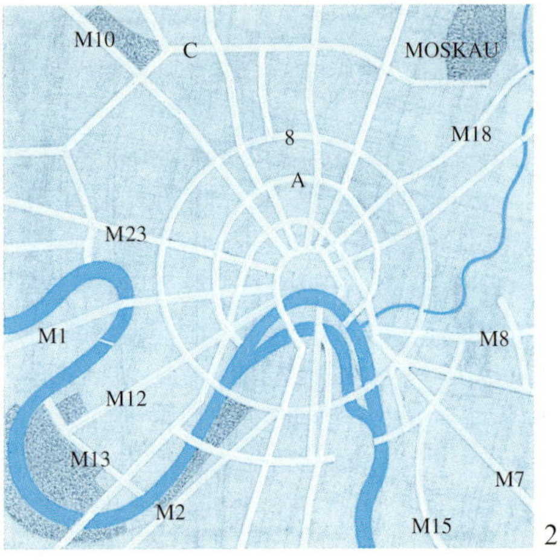

2

Dieser Eindruck wird mit Blick auf die Bebauung von Manhattan noch dadurch unterstrichen, dass die längs verlaufenden Avenues und die quer verlaufenden Streets oft keine Namen haben, sondern durch Nummern oder Buchstaben gekennzeichnet sind.

1. Betrachten Sie den Stadtplan von Manhattan. Welche Zahlen müssten die Avenues A bis D erhalten, wenn die Stadtplaner ihrer Idee der Straßennummerierung bis zum Ende treu geblieben wären? Welche Nummer könnte in diesem Falle die Madison Avenue erhalten?

In letzter Konsequenz könnte man jeden Punkt Manhattans als Kreuzung zweier Straßen oder eher Geraden beschreiben, die parallel zu den Avenues oder Streets verliefen und durch ihren Abstand zur nullten Avenue bzw. nullten Street charakterisiert wären.

Moskau entstand, nachdem der Fürst Jurij Dolgorukij im Jahre 1147 an der Moskwa eine Holzfestung bauen ließ und sich die ständig wachsende Bevölkerung nach und nach rings um diese Festung ansiedelte. Mit jedem neuen Ring entstanden neue ringförmige Straßen, die die nach allen Himmelsrichtungen verlaufenden alten Handelswege kreuzten und bis heute das charakteristische Straßennetz von Moskau bilden.

2. **a)** Legen Sie ein Koordinatensystem so in Bild 1, dass Sie die Lexington Avenue und die Madison Avenue möglichst leicht durch eine Gleichung ausdrücken können.

b) Legen Sie in Bild 2 ein günstiges Koordinatensystem. Drücken Sie den mit 8 bezeichneten Kreis durch eine Gleichung aus.

c) In Aufgabe 2a) erhalten Sie Gleichungen der Form $y = a$, d.h. alle Punkte einer Geraden haben dieselbe y-Koordinate. Sie unterscheiden sich nur in den x-Koordinaten. Bei Aufgabe 2b) ist der Radius des Kreises konstant. Welche 2. Größe müsste man einführen, um die einzelnen Punkte auf dem Kreis beschreiben zu können?

Ähnelt der Stadtplan Manhattans einem ebenen rechtwinkligen Koordinatensystem, so lässt sich die Straßenstruktur Moskaus durch ein System von **Polarkoordinaten** beschreiben.

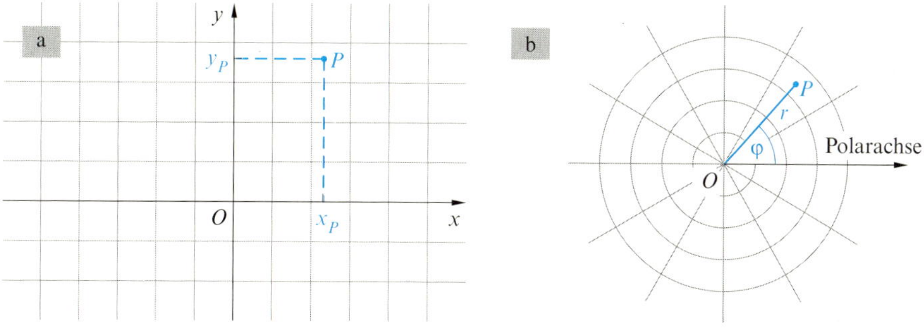

3

Im Polarkoordinatensystem lässt sich jeder Punkt der Ebene wie im kartesischen Koordinatensystem durch zwei Koordinaten festlegen:
Erstens durch den **Abstand r** des Punktes P vom Koordinatenursprung und zweitens durch den **Winkel φ**[1], den der Strahl OP mit der Polarachse einschließt.
Es wird also jedem Punkt der Ebene ein Paar $(r; \varphi)$ zugeordnet.

Beispiel 1 *Ermittlung der Polarkoordinaten eines Punktes*

Die Polarkoordinaten des Punktes A aus Bild 4 sind zu bestimmen.

Der Punkt A ist durch die Polarkoordinaten r_A und φ_A festgelegt.

Der Radius r_A ist gleich dem Abstand der Punkte O und A: $r_A = 2{,}2$.

Der Polarwinkel wird gemessen: $\varphi_A = 30°$.

Daraus ergibt sich $A(2{,}2; 30°)$.

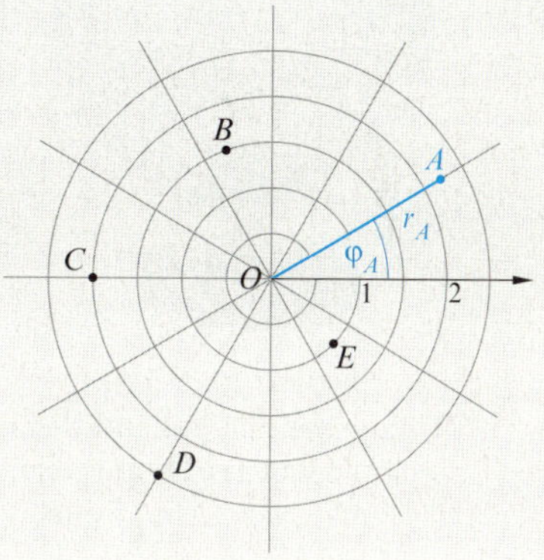

4

3. Geben Sie die Polarkoordinaten der Punkte B bis E aus Bild 4 an.

4. Erläutern Sie anhand von Bild 5, dass zwischen den kartesischen Koordinaten und den Polarkoordinaten eines Punktes P folgende Beziehungen gelten:
$x = r\cos\varphi$; $y = r\sin\varphi$; $x^2 + y^2 = r^2$.
Geben Sie für den Punkt $O(0; 0)$ Polarkoordinaten an.
Was fällt Ihnen im Vergleich zu einem beliebigen anderen Punkt auf?

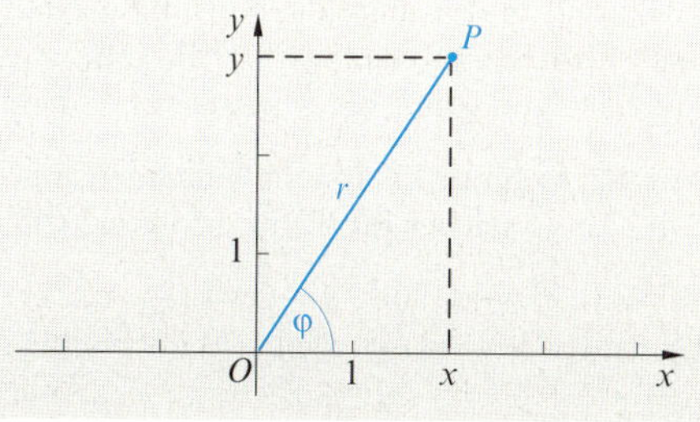

5

[1] Der Winkel φ heißt auch **Polarwinkel** und kann alle positiven Werte kleiner als 360° annehmen.

5. **a)** Geben Sie die kartesischen Koordinaten der Punkte aus Aufgabe 3 an.
b) Geben Sie die Polarkoordinaten der Punkte F bis K an, deren kartesische Koordinaten bekannt sind:
$F(3; 4)$, $G(0; 6)$, $H(-3; 3{,}3)$, $I(-2; -1{,}5)$, $J(2{,}5; -2{,}5)$, $K(0; 0)$.

Für bestimmte praktische Probleme, z. B. für solche, die sich auf der Oberfläche unserer Erdkugel abspielen, erweist es sich als zweckmäßig, anstelle eines räumlichen kartesischen Koordinatensystems und in Analogie zu den ebenen Polarkoordinaten **Kugelkoordinaten (bzw. räumliche Polarkoordinaten)** einzuführen.

Dazu wird ein Koordinatenursprung O festgelegt und es werden zwei aufeinander senkrecht stehende Strahlen, eine **Nordrichtung** und eine **Nullrichtung** ausgezeichnet.

Die auf der Nordrichtung senkrecht stehende und durch O gehende Ebene heißt **Äquatorialebene**; auf sie wird bei der Festlegung der Kugelkoordinaten die Verbindungsstrecke vom Punkt P zum Koordinatenursprung projiziert.

6

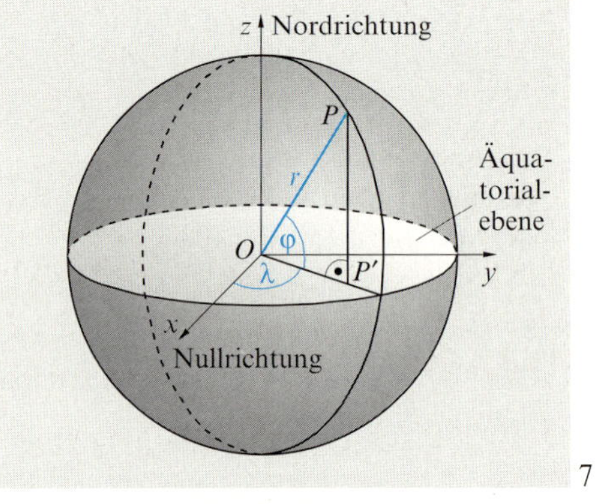

7

6. Beschreiben Sie anhand des Bildes 7 und auf Grundlage Ihrer Kenntnisse aus dem Erdkundeunterricht, auf welche Weise die Kugelkoordinaten r, φ und λ durch die Lage des Punkte P bestimmt sind.

7. Geben Sie die Kugelkoordinaten Ihres Heimatortes an. Vergleichen Sie die Koordinate r Ihres Heimatortes mit der Koordinate r anderer Orte auf der Erdoberfläche.

Leider helfen uns auch die Kugelkoordinaten im Raum nicht weiter, um beliebige Geraden oder Ebenen des Raumes und ihre Beziehungen untereinander durch Gleichungen zu beschreiben und somit Berechnungen zugänglich zu machen.

Mit den folgenden Kapiteln wollen wir uns das Handwerkszeug erarbeiten, mit dem wir uns der Lösung solcher Probleme erfolgreich nähern können.

Wir wollen unter anderem der Frage nachgehen, ob man bei der analytischen Untersuchung geometrischer Figuren vielleicht auch ohne Koordinatensysteme auskommt.

B

Vektoren

In der Physik haben Sie die Größen Kraft, Geschwindigkeit und Beschleunigung kennen gelernt. Diese Größen lassen sich im Gegensatz zu anderen physikalischen und mathematischen Objekten als gerichtete Strecken (Pfeile) veranschaulichen.

Schon in der Antike war man auf die Idee gekommen, für gerichtete physikalische Größen Pfeile zu zeichnen und mit diesen Pfeilen zu operieren. So wurde z. B. die Zusammensetzung gerichteter Größen nach der (heute aus dem Physikunterricht bekannten) Parallelogrammregel bestimmt und diese Methode bis ins 19. Jahrhundert immer wieder erfolgreich aufgegriffen. Der Vorteil eines solchen Vorgehens liegt darin, dass man geometrische Zusammenhänge ohne Nutzung von Koordinatensystemen beschreiben kann – dies war von WILLIAM ROWAN HAMILTON (1805–1865) erkannt worden. Er beschäftigte sich mit der Frage, ob man räumliche Sachverhalte mithilfe von Elementen, die unabhängig von Koordinatensystemen sind und die sich addieren und vervielfachen lassen, beschreiben könne. HAMILTON nannte solche Elemente **Vektoren** und erarbeitete eine **Vektorraumtheorie**, die zuerst Anwendung in der Physik fand, später aber die Entwicklung der modernen Mathematik wesentlich beeinflusste.
Wir werden den Weg von den Pfeilen zur Vektorrechnung in Grundzügen nachvollziehen.

1 Darstellung von Vektoren

Beobachtet man Fischschwärme über einen gewissen Zeitraum, so bemerkt man, dass sich alle Fische eines Schwarms nach für uns nicht auszumachenden Gegebenheiten auszurichten und zu bewegen scheinen (Bild 1).

Ein ähnliches Bild kann man erzeugen, wenn man Eisenfeilspäne gemeinsam einem homogenen magnetischen Feld aussetzt. Alle Späne im Inneren des Feldes nehmen dieselbe **Richtung** ein (Bild 2).

1

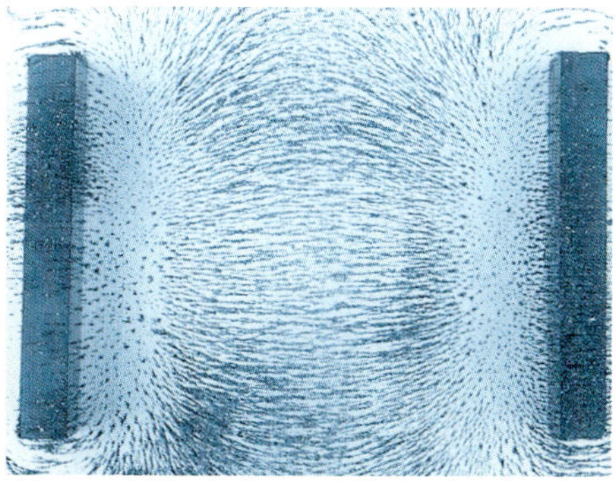

2

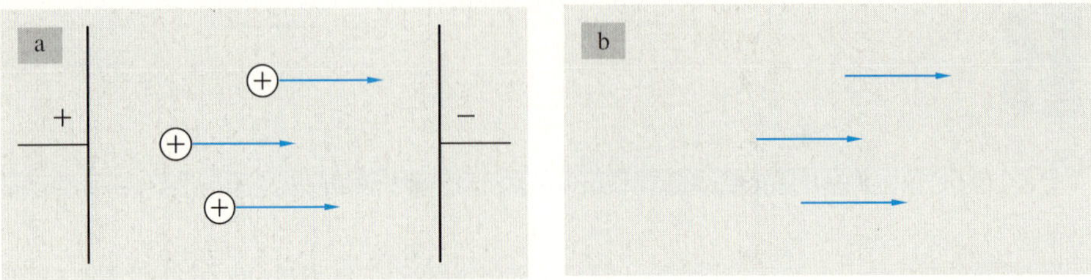

3

Befinden sich geladene Teilchen in einem homogenen elektrischen Feld, so werden in bestimmten Zeiträumen Teilchen gleicher Masse und gleicher Ladung in dieselbe **Richtung** und um denselben **Betrag** verschoben (Bild 3a).
Diese Verschiebung kann durch **parallele Pfeile** mit **gleicher Länge** und **gleichem Richtungssinn** dargestellt werden (Bild 3b).

Betrachtet man alle Pfeile der Ebene bzw. des Raumes, so kann man jeweils parallele Pfeile mit gleicher Länge und gleichem Richtungssinn zu einer **Pfeilklasse** zusammenfassen, d.h. jede Verschiebung legt genau eine Pfeilklasse fest und umgekehrt.
Eine solche Pfeilklasse wollen wir im Weiteren als einen **Vektor** der Ebene bzw. des Raumes bezeichnen.

DEFINITION Eine Klasse paralleler Pfeile mit gleicher Länge und gleichem Richtungssinn heißt **Vektor**. (Bezeichnung: $\vec{a}$)

Man kann einen Vektor nicht zeichnen, sondern nur einen **Repräsentanten** (Vertreter) des Vektors. Zu jedem Vektor gehören nämlich unendlich viele (parallele, gleich lange und gleich gerichtete) Pfeile. Jeder dieser Pfeile ist ein Repräsentant seiner Pfeilklasse. Die Menge aller Pfeile einer Pfeilklasse ist bereits durch einen einzigen ihrer Pfeile festgelegt, nämlich durch seine Richtung, seinen Richtungssinn und seine Länge.

Ein solcher Pfeil kann auch durch zwei Punkte der Ebene bzw. des Raumes und einen Richtungssinn gegeben sein.

Derartige Pfeile, die zwei Punkte einer Ebene oder eines Raumes verbinden, sind uns bereits aus dem Geometrieunterricht unterer Klassenstufen als **Verschiebungspfeile** bekannt.
Jeder Verschiebungspfeil ist ein Repräsentant einer Pfeilklasse, er charakterisiert eine Verschiebung, einen speziellen Vektor. [1]

[1] Wenn keine Verwechslungen möglich sind, werden im Folgenden die Begriffe Vektor und Repräsentant eines Vektors oft synonym verwendet; d.h. wenn z.B. in einer Aufgabe ein Vektor gezeichnet werden soll, so ist ein Repräsentant dieses Vektors gemeint.

1. Der Verschiebungspfeil von P nach Q sei Repräsentant eines Vektors. Welche der dargestellten Pfeile gehören zu diesem Vektor (Bild 4)?

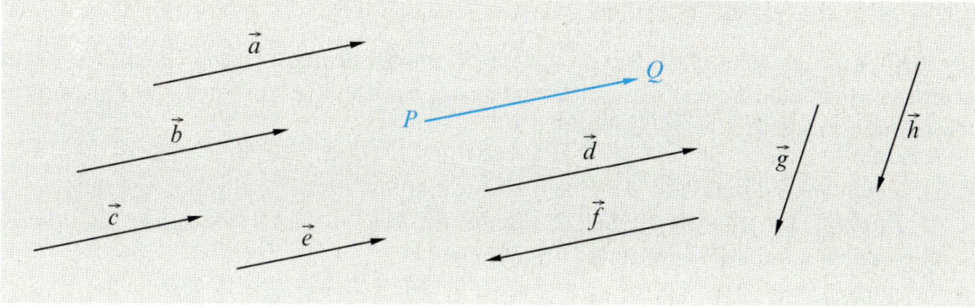

4

2. Durch die Verschiebung $\vec{v}$ der Ebene soll dem Rechteck $ABCD$ ein Bild zugeordnet werden. Konstruieren Sie die Bildpunkte A', B', C' und D'. Beschreiben Sie Ihre Konstruktion. Was können Sie über den Verschiebungspfeil $\overrightarrow{EE'}$ zwischen den beiden Diagonalenschnittpunkten E und E' aussagen (Bild 5)?

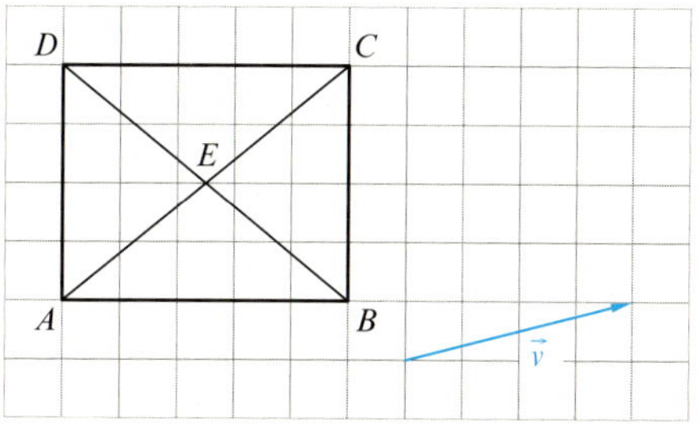

5

3. In dem regelmäßigen Sechseck $ABCDEF$ mit dem Mittelpunkt M sind die Pfeile $\overrightarrow{AB}$, $\overrightarrow{BM}$ und $\overrightarrow{MD}$ eingezeichnet (Bild 6).

a) Geben Sie Pfeile an, die zum Vektor $\vec{a} = \overrightarrow{AB}$ ($\vec{b} = \overrightarrow{BM}$, $\vec{c} = \overrightarrow{MD}$) gehören. Begründen Sie, warum der Pfeil $\overrightarrow{CM}$ nicht zum Vektor $\overrightarrow{AB}$ gehört.

b) Deuten Sie die Figur $ABCDEF$ zusammen mit M als Schrägbild eines Würfels, in dem M einen Eckpunkt N verdeckt. Welche Pfeile gehören nun zu den Vektoren $\vec{a}$, $\vec{b}$ bzw. $\vec{c}$?

c) Die Figur $ABCDEF$ sei zusammen mit M der Grundriß einer Pyramide. Wie viele und welche Vektoren sind durch die Kanten der Pyramide gegeben?

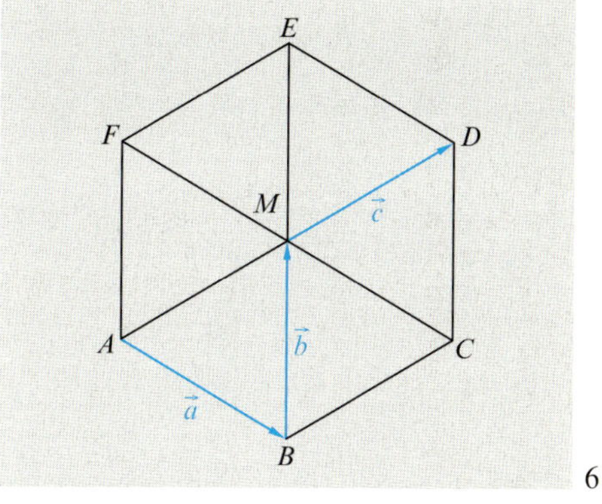

6

4. Geben Sie an, welche der auf dem Quader eingezeichneten Pfeile den Vektor $\vec{a}$ repräsentieren (Bild 7).

a) $\vec{a} = \overrightarrow{AB}$ **b)** $\vec{a} = \overrightarrow{BC}$
c) $\vec{a} = \overrightarrow{AE}$ **d)** $\vec{a} = \overrightarrow{AH}$
e) $\vec{a} = \overrightarrow{AF}$ **f)** $\vec{a} = \overrightarrow{HE}$
g) $\vec{a} = \overrightarrow{AA}$

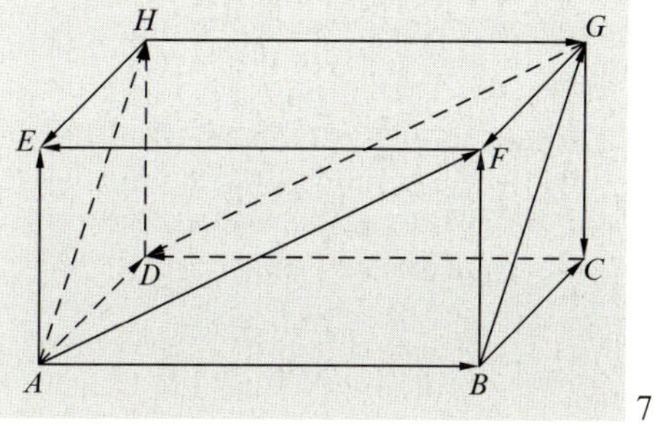

7

2 Vektoren in Koordinatensystemen

Koordinaten eines Vektors; Ortsvektor

In einem Koordinatensystem kann ein Vektor sowohl grafisch durch einen Pfeil als auch algebraisch durch die Koordinatendifferenzen des Endpunktes und des Anfangspunktes eines seiner Pfeile eindeutig festgelegt werden.

1. Zeichnen Sie den Pfeil $\overrightarrow{AB}$ in ein Koordinatensystem. Bestimmen Sie zeichnerisch den Punkt D so, dass der Pfeil $\overrightarrow{CD}$ demselben Vektor wie $\overrightarrow{AB}$ angehört. Können Sie die Koordinaten des Punktes D voraussagen?

a) $A(4;\ 2)$, $B(8;\ 5)$, $C(2;\ 6)$
b) $A(0;\ 4)$, $B(3;\ 1)$, $C(6;\ -2)$
c) $A(3;\ 3;\ 3)$, $B(5;\ 6;\ 7)$, $C(4;\ 7;\ 6)$
d) $A(0;\ 0;\ 0)$, $B(-2;\ 3;\ 4)$, $C(5;\ -2;\ 3)$

Beispiel 1 *Berechnung der Koordinaten eines Vektors*

In einem Koordinatensystem sei der Vektor $\vec{a}$ als Verbindungsvektor vom Punkt P zum Punkt Q gegeben. Zu einem Punkt A wird rechnerisch ein Punkt B ermittelt, sodass der Verbindungspfeil $\overrightarrow{AB}$ dem Vektor $\vec{a}$ angehört.

a) $P(2;\ 3)$, $Q(5;\ 5)$, $A(-1;\ 2)$
b) $P(1;\ 2;\ 4)$, $Q(5;\ 6;\ 2)$, $A(2;\ -2;\ 1)$

Wir veranschaulichen uns den Vektor $\vec{a}$ im Koordinatensystem.
Die Länge und die Richtung des Pfeils $\overrightarrow{PQ}$ ergeben sich aus den Koordinatendifferenzen der Endpunkte P und Q des Pfeils.

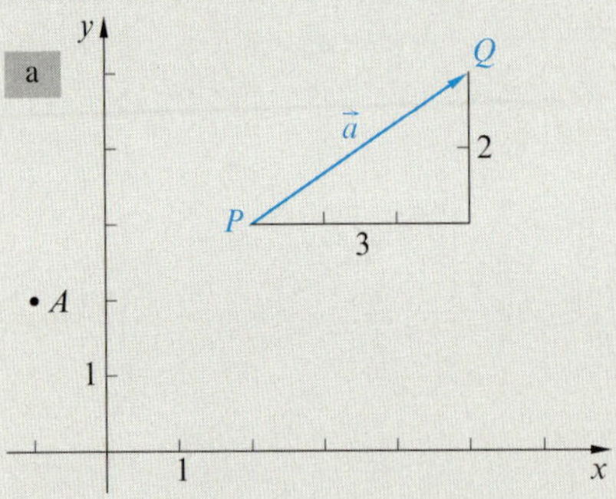

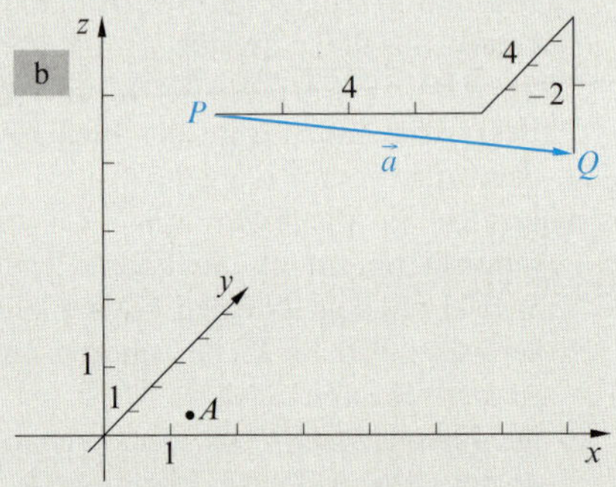

Um vom Punkt P zum Punkt Q zu gelangen, kann man sich 3 Einheiten in x-Richtung und 2 Einheiten in y-Richtung bewegen.

Die Koordinaten des Punktes B erhält man nun, indem man zur x-Koordinate des Punktes A 3 Einheiten und zu seiner y-Koordinate 2 Einheiten addiert.

Es ergibt sich der Punkt $B(2;\ 4)$.

Um vom Punkt P zum Punkt Q zu gelangen, kann man sich 4 Einheiten in x-Richtung, 4 Einheiten in y-Richtung und -2 Einheiten in z-Richtung bewegen.

Die Koordinaten des Punktes B erhält man nun, indem man zur x-Koordinate des Punktes A 4 Einheiten, zu seiner y-Koordinate 4 Einheiten und zu seiner z-Koordinate -2 Einheiten addiert.

Es ergibt sich der Punkt $B(6;\ 2;\ -1)$.

Zur Unterscheidung von Vektorkoordinaten gegenüber Punktkoordinaten wollen wir Zahlenpaare bzw. -tripel, die einen Vektor beschreiben, als Spalten notieren.

Beispielsweise schreiben wir für den Vektor $\vec{a} = \overrightarrow{PQ}$ mit $P(1;\,2;\,4)$ und $Q(5;\,6;\,2)$, der durch die Koordinatendifferenzen $x_Q - x_P = 4$, $y_Q - y_P = 4$ und $z_Q - z_P = -2$ festgelegt ist $\vec{a} = \begin{pmatrix} 4 \\ 4 \\ -2 \end{pmatrix}$ und bezeichnen 4, 4 und – 2 als **Koordinaten des Vektors $\vec{a}$** in x-, y- bzw. z-Richtung.

SATZ 1 Für zwei Punkte $P(x_P;\,y_P)$ und $Q(x_Q;\,y_Q)$ in der Ebene gilt: $\overrightarrow{PQ} = \begin{pmatrix} x_Q - x_P \\ y_Q - y_P \end{pmatrix}$,

für zwei Punkte $P(x_P;\,y_P;\,z_P)$ und $Q(x_Q;\,y_Q;\,z_Q)$ des Raumes gilt: $\overrightarrow{PQ} = \begin{pmatrix} x_Q - x_P \\ y_Q - y_P \\ z_Q - z_P \end{pmatrix}$.

2. Geben Sie die Koordinatendarstellung des Vektors $\vec{a} = \overrightarrow{PQ}$ an.

a) $P(3;\,6)$, $Q(4;\,9)$ **b)** $P(3;\,6)$, $Q(-4;\,7)$ **c)** $P(-4;\,8)$, $Q(0;\,0)$
d) $P(5;\,7;\,1)$, $Q(3;\,9;\,-2)$ **e)** $P(-8;\,13;\,5)$, $Q(-5;\,6;\,-11)$ **f)** $P(0;\,0;\,0)$, $Q(5;\,0;\,-3)$

3. Der Vektor $\vec{a} = \begin{pmatrix} 3 \\ 4 \\ -1 \end{pmatrix}$ sei Verbindungsvektor von P zu Q. Bestimmen Sie Q bzw. P.

a) $P(2;\,5;\,3)$ **b)** $P(-2;\,4;\,-3)$ **c)** $P(0;\,0;\,0)$ **d)** $Q(2;\,5;\,3)$ **e)** $Q(0;\,0;\,0)$

DEFINITION Zu einem Punkt $P(x_P;\,y_P)$ der Ebene bzw. $P(x_P;\,y_P;\,z_P)$ des Raumes gehört genau ein Vektor $\overrightarrow{OP} = \begin{pmatrix} x_P \\ y_P \end{pmatrix}$ bzw. $\overrightarrow{OP} = \begin{pmatrix} x_P \\ y_P \\ z_P \end{pmatrix}$.

Dieser Vektor hat die gleichen Koordinaten wie P und heißt **Ortsvektor** von P.

4. Geben Sie die Koordinaten des Punktes P an, der den Vektor $\vec{p} = \overrightarrow{AB}$ als Ortsvektor hat.

a) $A(3;\,5;\,-7)$, $B(2;\,5;\,-1)$ **b)** $A(-2;\,-3;\,6)$, $B(1;\,-3;\,3)$ **c)** $A(6;\,-2;\,4)$, $B(6;\,-2;\,4)$

5. Zeichnen Sie in ein ebenes Koordinatensystem den Graphen der Funktion f mit $f(x) = x^2$. Verschieben Sie den Graphen von f so, dass der Punkt P auf den Punkt P' abgebildet wird. Geben Sie jeweils den Vektor der Verschiebung und eine Funktionsgleichung des verschobenen Funktionsgraphen an. Was stellen Sie fest?

a) $P(1;\,1)$, $P'(1;\,3)$ **b)** $P(3;\,9)$, $P'(0;\,9)$ **c)** $P(-2;\,4)$, $P'(1;\,6)$ **d)** $P(0;\,0)$, $P'(-2;\,-4)$

6. Gegeben sind die Punkte $A(8;\,0;\,0)$, $B(0;\,0;\,5)$ und $C(2;\,-1;\,1{,}5)$ sowie $P(2;\,1;\,3{,}5)$ und $P'(5;\,3;\,0{,}5)$. Der Pfeil $\overrightarrow{PP'}$ bestimmt vollständig eine Verschiebung des Raumes.

a) Beschreiben Sie diese Verschiebung durch einen Vektor mit drei Koordinaten.

b) Berechnen Sie die Koordinaten der Bildpunkte von A, B und C sowie eines beliebigen Punktes $X(x_1;\,x_2;\,x_3)$.

Länge eines Vektors; Einheitsvektor; Nullvektor

Die **Länge** eines Vektors, man spricht auch vom **Betrag** $|\vec{a}|$ des Vektors $\vec{a}$, entspricht der Länge eines seiner Repräsentanten.
Für die Berechnung der Länge von Vektoren ist ihre Richtung unwichtig. Es kommt vielmehr auf den Abstand zweier Punkte an (vgl. Abschnitt A2).

Beispiel 2 *Berechnung der Länge eines Vektors*

Die Länge des Vektors $\overrightarrow{PP'}$ aus Aufgabe 6 soll berechnet werden.
Die Länge des Vektors $\overrightarrow{PP'}$ ist offensichtlich gleich dem Abstand der Punkte P und P' (Bild 2).
Nach Satz 1 auf Seite 12 gilt:
$|\overrightarrow{PP'}| = \sqrt{(x_{P'} - x_P)^2 + (y_{P'} - y_P)^2 + (z_{P'} - z_P)^2}$.

Also ergibt sich für die Länge von $\overrightarrow{PP'}$:
$|\overrightarrow{PP'}| = \sqrt{3^2 + 2^2 + (-3)^2} = \sqrt{22} \approx 4{,}7$.

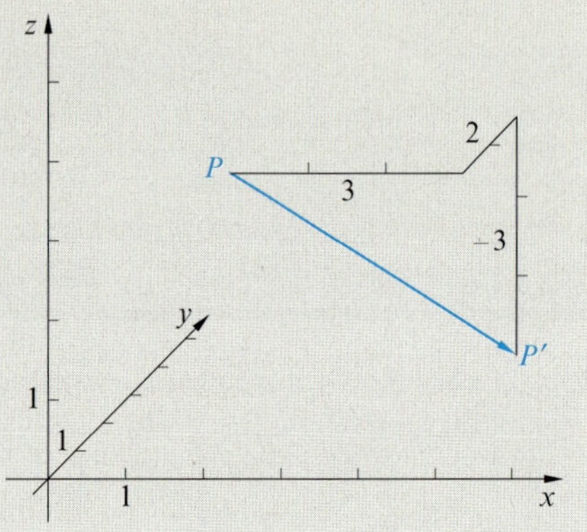

2

SATZ 2
Für die Länge eines Vektors in der Ebene mit $\vec{a} = \begin{pmatrix} a_1 \\ a_2 \end{pmatrix}$ gilt: $|\vec{a}| = \sqrt{a_1^2 + a_2^2}$.

Für die Länge eines Vektors im Raum mit $\vec{a} = \begin{pmatrix} a_1 \\ a_2 \\ a_3 \end{pmatrix}$ gilt $|\vec{a}| = \sqrt{a_1^2 + a_2^2 + a_3^2}$.

Sind die Koordinaten des Vektors $\vec{a}$ durch die Koordinatendifferenzen zweier Punkte P und Q gegeben, so gilt für den Betrag des Vektors $\vec{a} = \overrightarrow{PQ}$
in der Ebene: $|\overrightarrow{PQ}| = \sqrt{(x_Q - x_P)^2 + (y_Q - y_P)^2}$, falls $\overrightarrow{PQ} = \begin{pmatrix} x_Q - x_P \\ y_Q - y_P \end{pmatrix}$;

im Raum: $|\overrightarrow{PQ}| = \sqrt{(x_Q - x_P)^2 + (y_Q - y_P)^2 + (z_Q - z_P)^2}$, falls $\overrightarrow{PQ} = \begin{pmatrix} x_Q - x_P \\ y_Q - y_P \\ z_Q - z_P \end{pmatrix}$.

7. Ermitteln Sie den Betrag des Vektors $\vec{a}$ mit

a) $\vec{a} = \begin{pmatrix} 4 \\ -2 \end{pmatrix}$ **b)** $\vec{a} = \begin{pmatrix} -0{,}5 \\ -6 \end{pmatrix}$ **c)** $\vec{a} = \begin{pmatrix} \sqrt{2} \\ 5 \end{pmatrix}$ **d)** $\vec{a} = \begin{pmatrix} 5 \\ -1 \\ 7 \end{pmatrix}$ **e)** $\vec{a} = \begin{pmatrix} 3 \\ y \\ 1{,}5 \end{pmatrix}$

f) $\vec{a} = \overrightarrow{PQ}$ mit $P(2;\,3)$ und $Q(4;\,-5)$ **g)** $\vec{a} = \overrightarrow{PQ}$ mit $P(4;\,2;\,-5)$ und $Q(-3;\,8;\,0)$.

8. Für welche Zahlen $t \in \mathbb{R}$ sind jeweils die folgenden Bedingungen erfüllt?

a) $\vec{a} = \begin{pmatrix} t \\ 1 \end{pmatrix}$; $|\vec{a}| = \sqrt{5}$ **b)** $\vec{a} = \begin{pmatrix} 4 \\ 6t \end{pmatrix}$; $|\vec{a}| = 5$ **c)** $\vec{a} = \begin{pmatrix} 6t \\ 8t \end{pmatrix}$; $|\vec{a}| = 1$

d) $\vec{a} = \overrightarrow{PQ}$ mit $P(2;\,-1;\,3)$ und $Q(3;\,0;\,t)$; $|\vec{a}| = \sqrt{51}$

9. a) Überprüfen Sie, welche der folgenden Vektoren den Betrag 1 haben:

$$\vec{a}=\begin{pmatrix}1\\0\end{pmatrix},\ \vec{b}=\begin{pmatrix}0\\-1\end{pmatrix},\ \vec{c}=\begin{pmatrix}-1\\1\end{pmatrix},\ \vec{d}=\begin{pmatrix}\frac{1}{\sqrt{5}}\\-\frac{2}{\sqrt{5}}\end{pmatrix},\ \vec{e}=\begin{pmatrix}3a\\4a\end{pmatrix},\ \vec{f}=\begin{pmatrix}1\\-1\\1\end{pmatrix},\ \vec{g}=\begin{pmatrix}0\\1\\0\end{pmatrix}.$$

b) Geben Sie jeweils zwei weitere Vektoren der Ebene bzw. des Raumes mit dem Betrag 1 an. Was können Sie über die Richtung zweier solcher Vektoren der Ebene bzw. des Raumes aussagen?

c) Es sei $\{\vec{a}=\overrightarrow{OA} \mid |\vec{a}|=1;\ O=O(0;\ 0)\}$ die Menge aller Vektoren mit dem Betrag 1 der Ebene angetragen im Koordinatenursprung O. Wo liegen die Endpunkte dieser Vektoren $\vec{a}$? Geben Sie eine Koordinatengleichung dieser Punkte an.

Hat ein Vektor $\vec{a}$ den Betrag 1, so wird er **Einheitsvektor** genannt.

10. Bestimmen Sie die Variable a so, dass der Vektor zu einem Einheitsvektor wird.

a) $\begin{pmatrix}0\\a\end{pmatrix}$ **b)** $\begin{pmatrix}a\\1\end{pmatrix}$ **c)** $\begin{pmatrix}-a\\3\end{pmatrix}$ **d)** $\begin{pmatrix}-a\\a\end{pmatrix}$ **e)** $\begin{pmatrix}a+4\\a-4\end{pmatrix}$ **f)** $\begin{pmatrix}a\\2a\\-5a\end{pmatrix}$ **g)** $\begin{pmatrix}a^2\\0\\a\end{pmatrix}$

11.* Geben Sie alle Vektoren der Ebene bzw. des Raumes an, deren Betrag null ist. Beweisen Sie, dass Sie auch wirklich alle Vektoren mit dem Betrag null gefunden haben.

Ein Vektor mit dem Betrag 0 heißt **Nullvektor** und wird mit $\vec{o}$ bezeichnet.
Der Nullvektor lässt sich als Pfeil interpretieren, dessen Anfangspunkt und Endpunkt zusammenfallen. Ihm lässt sich somit zwar eine Länge, aber keine Richtung zuordnen.
Ist $\vec{o}=\overrightarrow{PQ}$ ein Repräsentant einer Verschiebung von P auf Q, so gilt $P=Q$.

12. a) Begründen Sie, dass zur eindeutigen Darstellung eines Vektors, der nicht gleich dem Nullvektor ist, neben dem Betrag auch die Richtung angegeben werden muss.

b) Bestimmen Sie den Winkel, den der Vektor $\vec{a}=\begin{pmatrix}4\\2\end{pmatrix}$ mit der x-Achse einschließt.

c) Erläutern Sie, wie die Richtung eines Vektors im Raum eindeutig bestimmt werden kann.

13. Kohlenstoff tritt in der Natur in zwei verschiedenen Modifikationen auf, als Grafit und als Diamant.
Bild 3 zeigt ein Modell der Anordnung der Kohlenstoffatome im Diamantkristall.

a) Geben Sie alle Pfeile zwischen zwei benachbarten Kohlenstoffatomen an, die zum selben Vektor gehören.
Geben Sie die Koordinaten aller auftretenden Vektoren an.

b) Berechnen Sie den Abstand benachbarter Kohlenstoffatome.

***c)** Bestimmen Sie den Winkel zwischen C_1, C_2 und C_3 (Bindungswinkel).

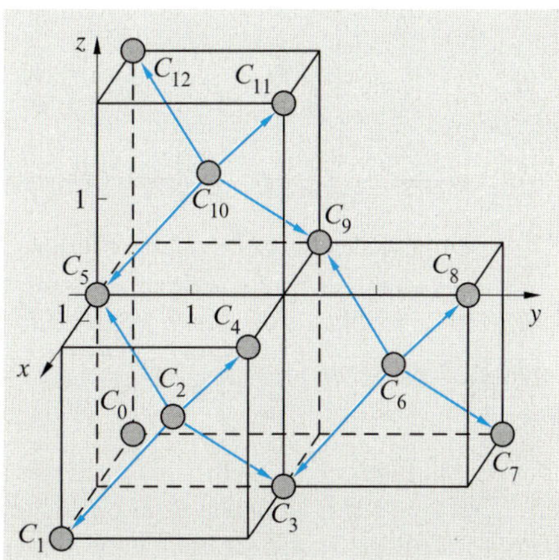

3

3 Operieren mit Vektoren

Mit Vektoren kann man – ähnlich wie mit Zahlen – „rechnen“.
Zahlreiche Gesetze, die für Zahlen gelten, sind auch für Vektoren gültig bzw. lassen sich leicht auf sie übertragen.

Addition von Vektoren; Gegenvektor

1. Gegeben seien das Quadrat $ABCD$ und die Verschiebungspfeile $\vec{a}$ und $\vec{b}$ (Bild 1).

Führen Sie die Verschiebungen $\vec{a}$ und $\vec{b}$ nacheinander aus und bezeichnen Sie die Bildpunkte des Quadrates mit A', B', C' und D' bzw. A'', B'', C'' und D''.

Durch welche Pfeile können Sie die Verschiebung des Quadrates $ABCD$ auf das Quadrat $A''B''C''D''$ angeben? In welcher Beziehung stehen diese Pfeile zueinander?

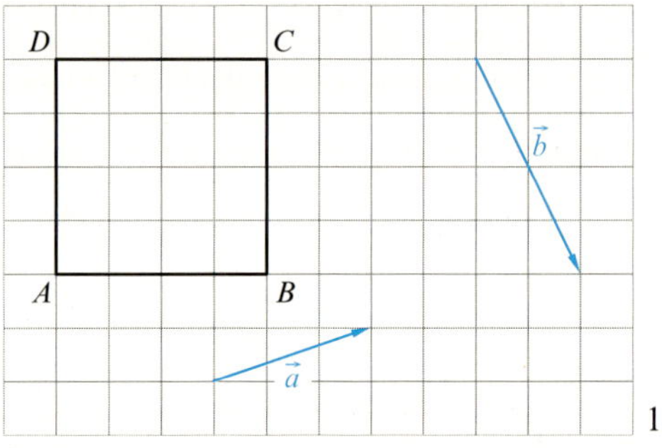

1

Beispiel 1 *Kräfteparallelogramm und Gegenkraft*

Auf ein Boot, das mit einem Seil am Ufer befestigt ist, wirkt die Strömung mit einer Kraft $\overrightarrow{F_S}$ von 400 N und der Wind, der quer zur Strömung weht, mit einer Kraft $\overrightarrow{F_W}$ von 300 N (siehe Bild 2a).

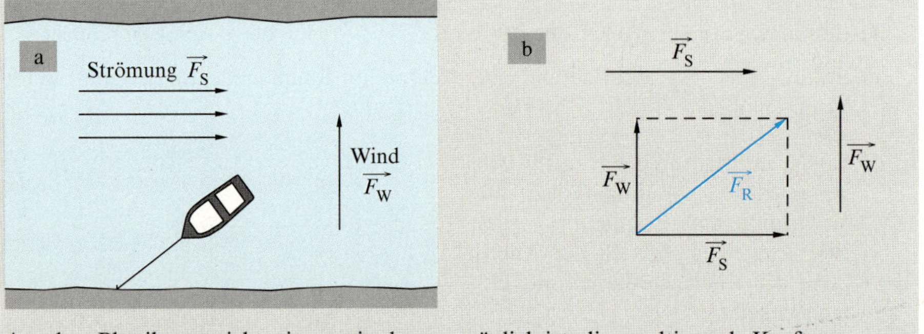

2

Aus dem Physikunterricht wissen wir, dass es möglich ist, die resultierende Kraft $\overrightarrow{F_R} = \overrightarrow{F_S} + \overrightarrow{F_W}$ mithilfe eines Kräfteparallelogramms geometrisch zu ermitteln (siehe Bild 2b). Der Betrag der Kraft ergibt sich aus der Länge des Kraftpfeils: $|\overrightarrow{F_R}| = 500$ N.

Die Gegenkraft zu einer Kraft $\vec{F}$ ist dieser entgegengerichtet, hat jedoch denselben Betrag.

Der physikalische Kraftvektor ist nach der Festlegung in Abschnitt B1 eigentlich kein Vektor, denn eine Kraft ist neben ihrer Größe und ihrer Richtung durch ihren Angriffspunkt eindeutig festgelegt. Trotzdem helfen uns die von der Kräfteaddition bekannten Verfahren beim Ergründen der Gesetze der Vektoraddition.

2. a) Bestimmen Sie zeichnerisch die resultierende Kraft $\overrightarrow{F_R}$.

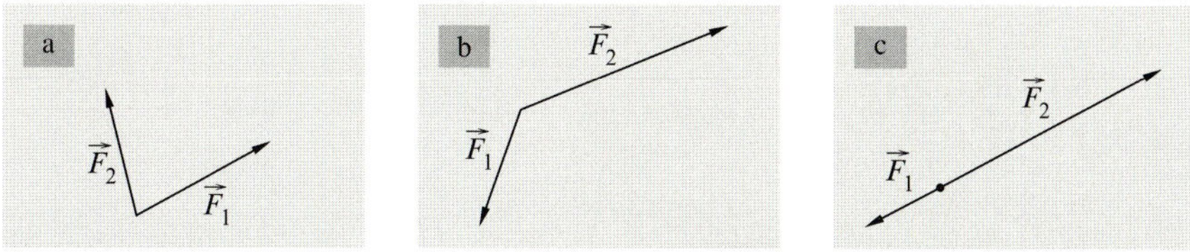

3

b) Formulieren Sie eine Regel zur zeichnerischen Addition von Vektoren.

DEFINITION Sind $\vec{a} = \overrightarrow{AB}$ und $\vec{b} = \overrightarrow{BC}$ zwei Vektoren, so heißt der Vektor $\vec{c} = \overrightarrow{AC}$ die **Summe** der Vektoren $\vec{a}$ und $\vec{b}$. Die Addition von $\vec{a}$ und $\vec{b}$ entspricht einer Verkettung von $\vec{a}$ und $\vec{b}$.

$\vec{c} = \vec{a} + \vec{b}$ [1] $\qquad \overrightarrow{AC} = \overrightarrow{AB} + \overrightarrow{BC}$ (Regel von CHASLES[2])

Der Summenvektor $\vec{c} = \vec{a} + \vec{b}$ lässt sich als Diagonalenvektor des von $\vec{a}$ und $\vec{b}$ aufgespannten Parallelogramms darstellen (siehe Bild 4a).
Die Konstruktion lässt sich mithilfe einer Dreiecksregel vereinfachen (siehe Bild 4b).

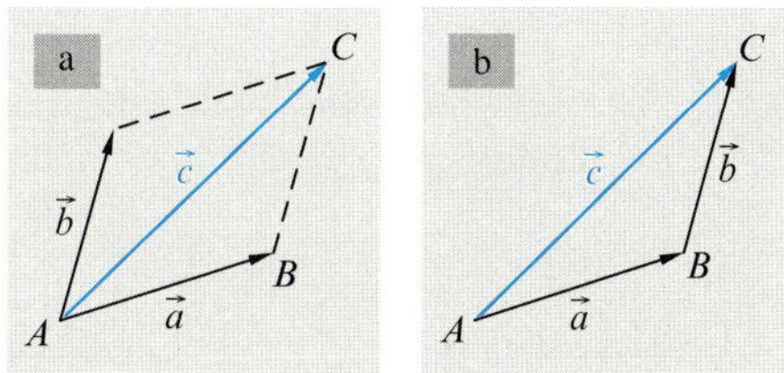

4

3. Zeichnen Sie zwei Pfeile $\vec{a}$ und $\vec{b}$ der Länge 3 bzw. 5, die einen Winkel von 30° einschließen. Zeichnen Sie den Summenvektor $\vec{c} = \vec{a} + \vec{b}$ und bestimmen Sie seine Länge. Wie können Sie seine Länge berechnen?

4. Die Pfeile $\vec{a}, \vec{b}, \vec{c}$ bilden ein „Haus des Nikolaus" (siehe Bild 5).
Drücken Sie die Vektoren $\vec{u}$, $\vec{v}$, $\vec{w}$ und $\vec{x}$ jeweils als Summe der Vektoren $\vec{a}, \vec{b}, \vec{c}$ aus.

5. Durch die Eckpunkte A, B, D und E eines Quaders seien die Vektoren $\overrightarrow{AB}$, $\overrightarrow{AD}$ und $\overrightarrow{AE}$ bestimmt.
Drücken Sie die Vektoren $\overrightarrow{AF}$, $\overrightarrow{AH}$ und $\overrightarrow{AG}$ jeweils als Summe der Vektoren $\overrightarrow{AB}$, $\overrightarrow{AD}$, $\overrightarrow{AE}$ aus (Bild 6).

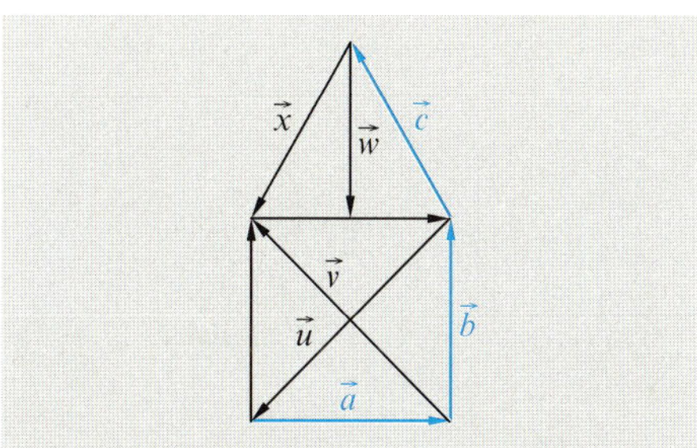

5

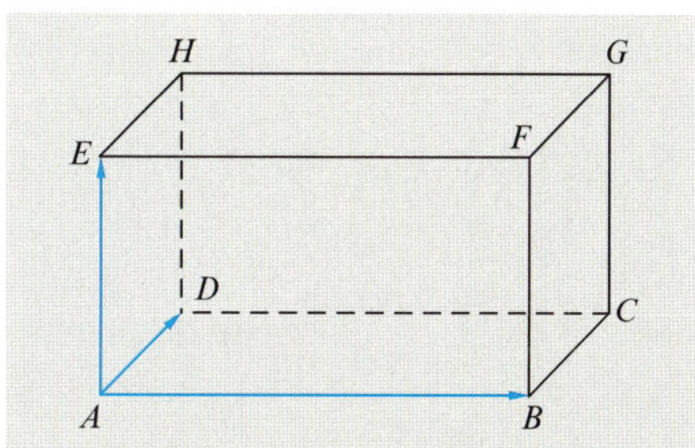

6

---

[1] Das Zeichen + steht hier für eine Operation zwischen Vektoren, die Vektoraddition. Aus dem jeweiligen Zusammenhang wird immer deutlich, ob das Zeichen für die Addition von Vektoren oder von Zahlen steht.

[2] MICHEL CHASLES [ʃa:l] (1793–1880)

6. Die Vektoren $\overrightarrow{PP'} = \vec{a}$ und $\overrightarrow{P'P''} = \vec{b}$ beschreiben Verschiebungen der Ebene, die nacheinander ausgeführt werden sollen (Bild 7).

a) Ermitteln Sie die Koordinaten der Punkte A, B, C und A', B', C' sowie A'', B'', C''. Geben Sie die Koordinaten der Vektoren $\vec{a}$ und $\vec{b}$ an.

b) Ermitteln Sie die Koordinaten des Vektors $\vec{c}$, der die Nacheinanderausführung beider Verschiebungen beschreibt.

c) Vergleichen Sie die Koordinaten von $\vec{c}$ mit denen der Vektoren $\vec{a}$ und $\vec{b}$. Was stellen Sie fest?

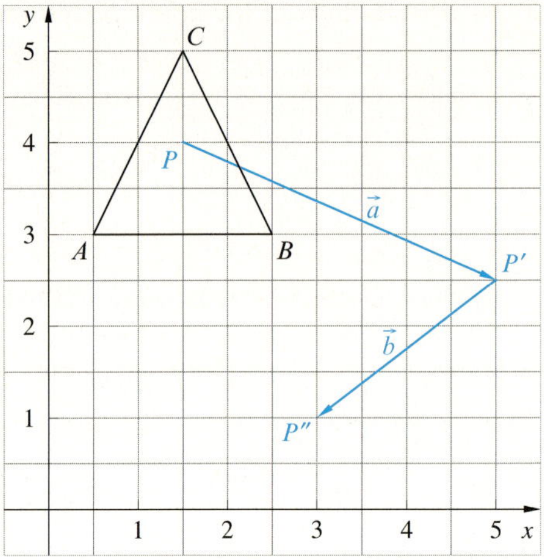

7

7. Wir betrachten die Verschiebungen des Raumes, beschrieben durch die Vektoren $\vec{a} = \begin{pmatrix} 1 \\ 2 \\ 2 \end{pmatrix}$ und $\vec{b} = \begin{pmatrix} -2 \\ 1 \\ -2 \end{pmatrix}$ (siehe Bild 8).

a) Bestimmen Sie die Koordinaten der Bildpunkte P' und P'' bei der Nacheinanderausführung der Verschiebungen $\vec{a}$ und $\vec{b}$.

b) Ermitteln Sie die Koordinaten des Vektors $\vec{c} = \overrightarrow{PP''}$.

c) Überprüfen Sie, ob für $\vec{c} = \begin{pmatrix} c_1 \\ c_2 \\ c_3 \end{pmatrix}$ gilt: $\begin{pmatrix} c_1 \\ c_2 \\ c_3 \end{pmatrix} = \begin{pmatrix} a_1 + b_1 \\ a_2 + b_2 \\ a_3 + b_3 \end{pmatrix}$.

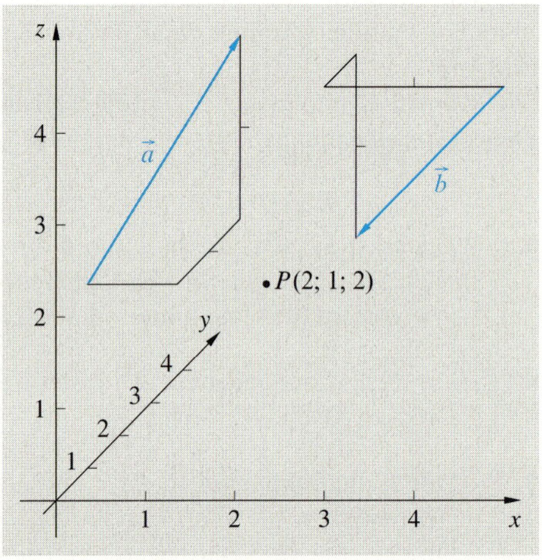

8

Aus dem Beispiel und den Aufgaben ergibt sich (mit Bezug auf die Definition der Vektoraddition auf Seite 39), dass folgende Rechenregel für die Addition von Vektoren sinnvoll ist:

Sei $\vec{a} = \begin{pmatrix} a_1 \\ a_2 \end{pmatrix}$ und $\vec{b} = \begin{pmatrix} b_1 \\ b_2 \end{pmatrix}$, so ist $\vec{a} + \vec{b} = \begin{pmatrix} a_1 + b_1 \\ a_2 + b_2 \end{pmatrix}$.

Für $\vec{a} = \begin{pmatrix} a_1 \\ a_2 \\ a_3 \end{pmatrix}$ und $\vec{b} = \begin{pmatrix} b_1 \\ b_2 \\ b_3 \end{pmatrix}$ gilt $\vec{a} + \vec{b} = \begin{pmatrix} a_1 + b_1 \\ a_2 + b_2 \\ a_3 + b_3 \end{pmatrix}$.

Sind zwei Vektoren $\vec{a}$ und $\vec{b}$ durch ihre Koordinaten bezüglich eines Koordinatensystems gegeben, so findet man die Summe $\vec{a} + \vec{b}$, indem man die entsprechenden Koordinaten der Vektoren addiert. Dies ist die Übersetzung der Regel von CHASLES (die geometrisch motiviert ist) in die Sprache der Algebra.

8. Berechnen Sie die Summe der Vektoren.

a) $\begin{pmatrix}3\\5\end{pmatrix}, \begin{pmatrix}-2\\4\end{pmatrix}$ **b)** $\begin{pmatrix}2\\-3\end{pmatrix}, \begin{pmatrix}-2\\-7\end{pmatrix}$ **c)** $\begin{pmatrix}2\\-1\end{pmatrix}, \begin{pmatrix}0\\0\end{pmatrix}$ **d)** $\begin{pmatrix}3\\-8\end{pmatrix}, \begin{pmatrix}-3\\8\end{pmatrix}$

e) $\begin{pmatrix}2\\1\\5\end{pmatrix}, \begin{pmatrix}4\\-2\\6\end{pmatrix}$ **f)** $\begin{pmatrix}-4\\3\\-8\end{pmatrix}, \begin{pmatrix}4\\0\\-5\end{pmatrix}$ **g)** $\begin{pmatrix}0\\0\\0\end{pmatrix}, \begin{pmatrix}5\\-3\\9\end{pmatrix}$ **h)** $\begin{pmatrix}3\\-2\\7\end{pmatrix}, \begin{pmatrix}-3\\2\\-7\end{pmatrix}, \begin{pmatrix}11\\-9\\-5\end{pmatrix}$

Für die Addition reeller Zahlen haben wir das Kommutativgesetz und das Assoziativgesetz sowie weitere Rechenregeln kennen gelernt. Da wir die Addition von Vektoren koordinatenweise mithilfe der Addition reeller Zahlen festgelegt haben, gelten diese Gesetze auch für die Vektoraddition.

SATZ 1 Für beliebige Vektoren $\vec{a}$, $\vec{b}$, $\vec{c}$ der Ebene bzw. des Raumes gilt:

$\vec{a}+\vec{b}=\vec{b}+\vec{a}$ (Kommutativgesetz);

$\vec{a}+(\vec{b}+\vec{c})=(\vec{a}+\vec{b})+\vec{c}$ (Assoziativgesetz).

Beweis des Kommutativgesetzes der Vektoraddition für Vektoren der Ebene (bezüglich eines Koordinatensystems):

Seien $\vec{a}=\begin{pmatrix}a_1\\a_2\end{pmatrix}$ und $\vec{b}=\begin{pmatrix}b_1\\b_2\end{pmatrix}$ zwei beliebige Vektoren der Ebene. Dann gilt:

$\vec{a}+\vec{b}=\begin{pmatrix}a_1\\a_2\end{pmatrix}+\begin{pmatrix}b_1\\b_2\end{pmatrix}$ (Koordinatendarstellung eines Vektors der Ebene)

$=\begin{pmatrix}a_1+b_1\\a_2+b_2\end{pmatrix}$ (Summe zweier Vektoren)

$=\begin{pmatrix}b_1+a_1\\b_2+a_2\end{pmatrix}$ (Kommutativgesetz der Addition reeller Zahlen)

$=\begin{pmatrix}b_1\\b_2\end{pmatrix}+\begin{pmatrix}a_1\\a_2\end{pmatrix}$ (Summe zweier Vektoren)

$=\vec{b}+\vec{a}$ (Koordinatendarstellung eines Vektors)

Die Rechengesetze der Vektoraddition lassen sich auch geometrisch interpretieren:

a

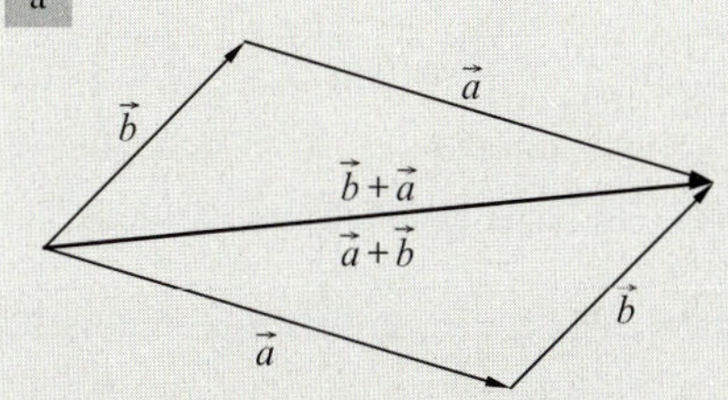

Kommutativgesetz:
$\vec{a}+\vec{b}=\vec{b}+\vec{a}$

b

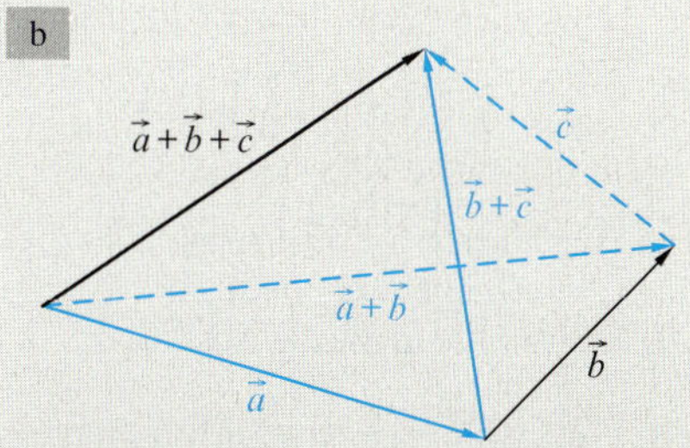

Assoziativgesetz:
$(\vec{a}+\vec{b})+\vec{c}=\vec{a}+(\vec{b}+\vec{c})=\vec{a}+\vec{b}+\vec{c}$ 9

9. Interpretieren Sie das Kommutativgesetz (das Assoziativgesetz) der Vektoraddition geometrisch. Nutzen Sie dazu die Bilder 9a und b auf Seite 41.

10. Zeichnen Sie drei Vektoren $\vec{a}$, $\vec{b}$ und $\vec{c}$ (Bild 10).
Ermitteln Sie zeichnerisch und rechnerisch die folgenden Summen und erläutern Sie anhand Ihrer Zeichnungen die Gesetze der Vektoraddition. Finden Sie weitere Rechenregeln?

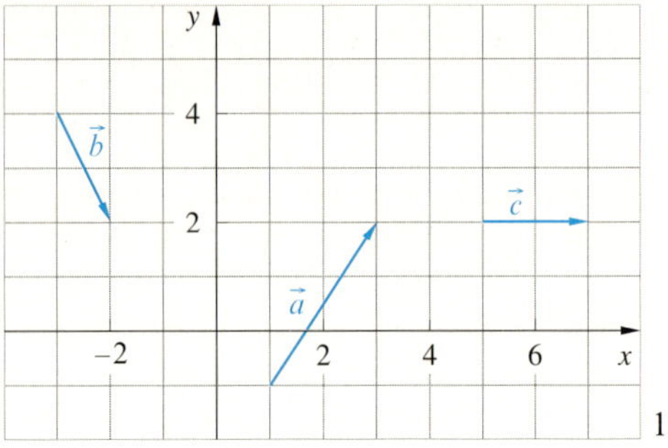

10

a) $\vec{a}+\vec{b}$ **b)** $\vec{b}+\vec{a}$ **c)** $\vec{a}+\vec{c}$ **d)** $\vec{c}+\vec{a}$ **e)** $(\vec{a}+\vec{b})+\vec{c}$
f) $\vec{a}+(\vec{b}+\vec{c})$ **g)** $\vec{a}+\vec{a}$ **h)** $\vec{b}+\vec{b}+\vec{b}$ **i)** $\vec{c}+\vec{c}+\vec{c}+\vec{c}$ **j)** $\vec{a}+\vec{a}+\vec{b}+\vec{b}$

11. Beweisen Sie das Assoziativgesetz der Addition von Vektoren des Raumes mithilfe der Koordinatenschreibweise. Orientieren Sie sich dazu am Beweis des Kommutativgesetzes der Vektoraddition auf Seite 41.

12. Die Eckpunkte der Pyramide $OABCS$ bestimmen eindeutig die Vektoren $\vec{a}=\overrightarrow{OA}$, $\vec{b}=\overrightarrow{OB}$ und $\vec{s}=\overrightarrow{OS}$ (Bild 11).

Stellen Sie die Vektoren $\overrightarrow{OC}$, $\overrightarrow{AB}$, $\overrightarrow{AC}$, $\overrightarrow{BC}$, $\overrightarrow{AS}$, $\overrightarrow{BS}$ und $\overrightarrow{CS}$ jeweils als Summe der Vektoren $\vec{a}$, $\vec{b}$ bzw. $\vec{s}$ dar.

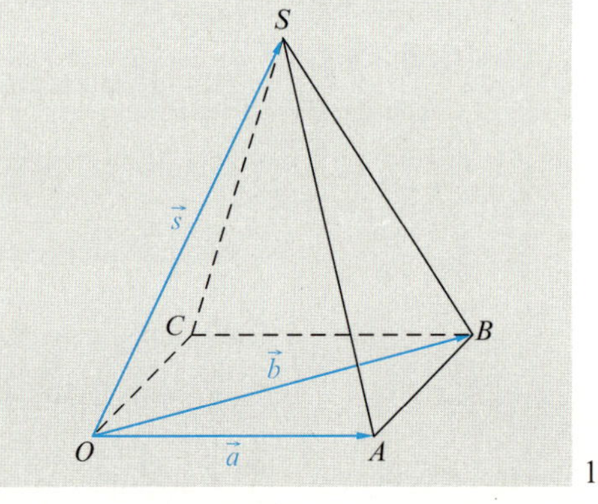

11

13. Berechnen Sie die Summe folgender Vektoren.

a) $\begin{pmatrix}3\\4\end{pmatrix}, \begin{pmatrix}0\\0\end{pmatrix}$ **b)** $\begin{pmatrix}0\\0\end{pmatrix}, \begin{pmatrix}-1\\5\end{pmatrix}$ **c)** $\begin{pmatrix}1\\0\\-2\end{pmatrix}, \begin{pmatrix}0\\0\\0\end{pmatrix}$ **d)** $\begin{pmatrix}x\\y\\z\end{pmatrix}, \begin{pmatrix}0\\0\\0\end{pmatrix}$

14. a) Formulieren Sie einen Satz über die Addition eines beliebigen Vektors mit dem Nullvektor und beweisen Sie ihn.

b) Interpretieren Sie die Aussage des in Teilaufgabe a) formulierten Satzes geometrisch.

15. Finden Sie zu jedem der folgenden Vektoren einen weiteren Vektor, sodass die Summe der beiden Vektoren den Nullvektor ergibt.

a) $\begin{pmatrix}17\\4\end{pmatrix}$ **b)** $\begin{pmatrix}0\\2\end{pmatrix}$ **c)** $\begin{pmatrix}-1\\3\end{pmatrix}$ **d)** $\begin{pmatrix}\sqrt{3}\\-\sqrt{2}\end{pmatrix}$ **e)** $\begin{pmatrix}1\\1\\1\end{pmatrix}$ **f)** $\begin{pmatrix}x\\y\\z\end{pmatrix}$

Einen Vektor, der zu einem vorgegebenen Vektor $\vec{a}$ addiert den Nullvektor ergibt, nennt man **Gegenvektor von $\vec{a}$** und bezeichnet ihn mit $-\vec{a}$.

16. Interpretieren Sie den Gegenvektor $-\vec{a}$ eines Vektors $\vec{a}$ geometrisch. Vergleichen Sie dabei Vektor und Gegenvektor.

17. Führen Sie mit dem Dreieck ABC die Verschiebung $\overrightarrow{PQ}$ aus. Führen Sie nun mit dem Dreieck $A'B'C'$ die Verschiebung $\overrightarrow{QP}$ aus.
Vergleichen Sie $\overrightarrow{PQ}$ und $\overrightarrow{QP}$ und beschreiben Sie das Ergebnis der Nacheinanderausführung beider Verschiebungen (Bild 12).

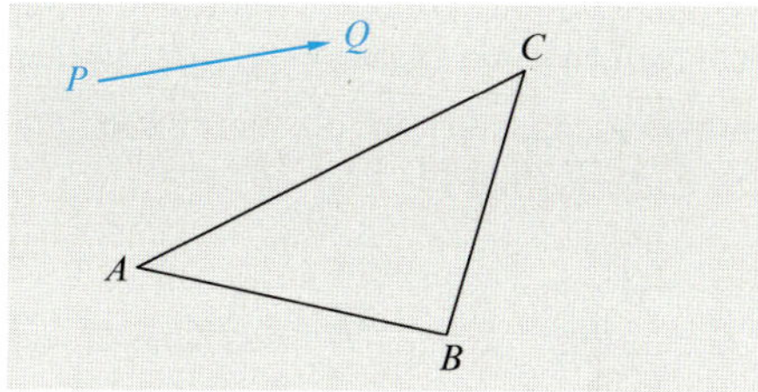

12

18. Wiederholen Sie das dritte Newtonsche Axiom der Mechanik (Wechselwirkungsprinzip). Erläutern Sie sowohl analoge als auch unterschiedliche Bedeutungen der Begriffe Gegenvektor und Gegenkraft.

19. a) Beim Start einer Rakete (Bild 13 a) muss man die Gewichtskraft der Rakete (die Erdanziehungskraft), die Schubkraft der Triebwerke und die Reibungskraft bei der Beschleunigung berücksichtigen.
Vergleichen Sie den Betrag und die Richtung der genannten Kräfte in verschiedenen Stadien des Startes (vor dem Start, beim Start der Triebwerke, im Moment des Schwebens ohne Beschleunigung, nach Beschleunigung).
Veranschaulichen Sie Ihre Überlegungen durch Pfeildiagramme.

b) Zwei Schlepper ziehen einen Lastkahn (Bild 13 b). Mit welcher Kraft wirkt der Lastkahn ihrer Bewegung entgegen?

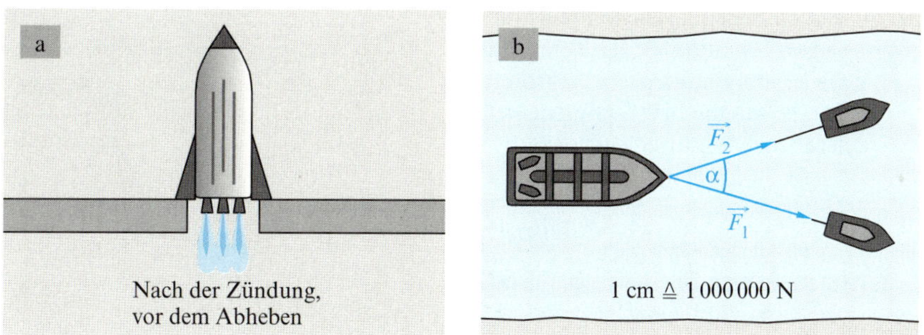

13

20. Bestimmen Sie jeweils einen Vektor $\vec{x}$, der die folgende Gleichung erfüllt. Begründen Sie, dass jeweils nur genau ein solcher Vektor existiert.

a) $\begin{pmatrix}3\\5\end{pmatrix}+\vec{x}=\begin{pmatrix}5\\9\end{pmatrix}$ **b)** $\begin{pmatrix}-4\\2\end{pmatrix}+\vec{x}=\begin{pmatrix}5\\3\end{pmatrix}$ **c)** $\begin{pmatrix}3\\-6\end{pmatrix}+\vec{x}=\begin{pmatrix}0\\0\end{pmatrix}$

d) $\begin{pmatrix}2\\-8\\-5\end{pmatrix}+\vec{x}=\begin{pmatrix}-3\\4\\-8\end{pmatrix}$ **e)** $\begin{pmatrix}2\\-8\\-5\end{pmatrix}+\vec{x}=\begin{pmatrix}0\\0\\0\end{pmatrix}$ **f)** $\begin{pmatrix}2\\-8\\-5\end{pmatrix}+\vec{x}=\begin{pmatrix}-3\\4\\-8\end{pmatrix}-\vec{x}+\begin{pmatrix}4\\-9\\3\end{pmatrix}$

21. Geben Sie die Koordinaten der Gegenvektoren zu folgenden Vektoren an.

a) $\begin{pmatrix} 3 \\ 5 \end{pmatrix}$ **b)** $\begin{pmatrix} -2 \\ 0 \end{pmatrix}$ **c)** $\begin{pmatrix} 4a \\ -1 \end{pmatrix}$ **d)** $\begin{pmatrix} 2 \\ 4 \\ 6 \end{pmatrix}$ **e)** $\begin{pmatrix} 7 \\ b \\ 0 \end{pmatrix}$ **f)** $\begin{pmatrix} 0 \\ 1{,}5 \\ -c \end{pmatrix}$

Die Einführung des Gegenvektors $-\vec{a}$ zu einem Vektor $\vec{a}$ ermöglicht eine einfache Festlegung der Subtraktion von Vektoren. Man bildet die **Differenz** zweier Vektoren $\vec{a}$ und $\vec{b}$, indem man zu $\vec{a}$ den Gegenvektor von $\vec{b}$ addiert: $\vec{a}-\vec{b}=\vec{a}+(-\vec{b})$.

Insbesondere folgt für drei Vektoren $\overrightarrow{PQ}$, $\overrightarrow{QR}$ und $\overrightarrow{PR}$ (Bild 14):

$$\begin{aligned} \overrightarrow{PQ}+\overrightarrow{QR} &= \overrightarrow{PR} \\ \overrightarrow{PQ}+(-\overrightarrow{PQ})+\overrightarrow{QR} &= \overrightarrow{PR}+(-\overrightarrow{PQ}) \\ \vec{o}\;+\overrightarrow{QR} &= \overrightarrow{PR}+(-\overrightarrow{PQ}), \text{ also} \\ \overrightarrow{QR} &= \overrightarrow{PR}-\overrightarrow{PQ}. \end{aligned}$$

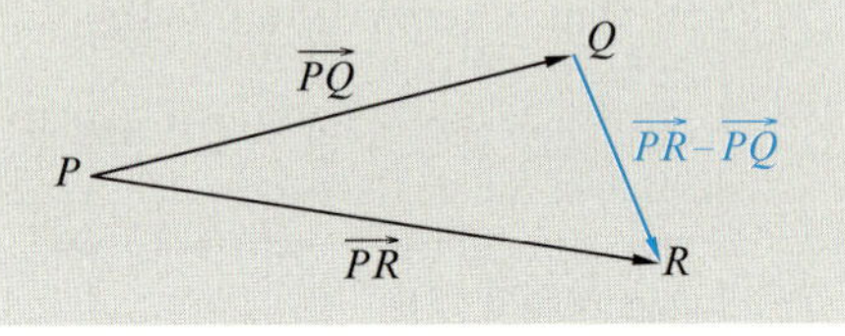

14

22. Vereinfachen Sie soweit wie möglich.

a) $\overrightarrow{PQ}-\overrightarrow{RQ}$ **b)** $\overrightarrow{MP}+\overrightarrow{PQ}+\overrightarrow{QR}$ **c)** $\overrightarrow{ML}-\overrightarrow{LK}+\overrightarrow{LM}$ **d)** $\overrightarrow{RS}-(\overrightarrow{TS}-\overrightarrow{TR})$

23. Bilden Sie rechnerisch die Differenz der folgenden Vektoren. Veranschaulichen Sie sich die Differenz der Vektoren aus a), b) und c) in einer Zeichnung und formulieren Sie eine Anleitung zur geometrischen Subtraktion von Vektoren.

a) $\begin{pmatrix} 3 \\ 5 \end{pmatrix}, \begin{pmatrix} 4 \\ 2 \end{pmatrix}$ **b)** $\begin{pmatrix} -4 \\ 7 \end{pmatrix}, \begin{pmatrix} 7 \\ -3 \end{pmatrix}$ **c)** $\begin{pmatrix} 9 \\ -8 \end{pmatrix}, \begin{pmatrix} 0 \\ 0 \end{pmatrix}$ **d)** $\begin{pmatrix} -5 \\ -6 \end{pmatrix}, \begin{pmatrix} -8 \\ 2 \end{pmatrix}-\begin{pmatrix} 3 \\ 5 \end{pmatrix}$

e) $\begin{pmatrix} 0 \\ -9 \\ 0 \end{pmatrix}, \begin{pmatrix} -5 \\ 8 \\ -3 \end{pmatrix}$ **f)** $\begin{pmatrix} -4 \\ -7 \\ 2 \end{pmatrix}, \begin{pmatrix} -4 \\ -7 \\ 2 \end{pmatrix}$ **g)** $\begin{pmatrix} 8 \\ 6 \\ a \end{pmatrix}, \begin{pmatrix} -5 \\ 8a \\ -4a \end{pmatrix}$ **h)** $\begin{pmatrix} b \\ 2b \\ 4 \end{pmatrix}, \begin{pmatrix} 7 \\ 1 \\ b \end{pmatrix}$

24. a) Bild 15 zeigt eine ebene Figur. Geben Sie mithilfe der Verbindungspfeile von Punkten die Vektoren an, die als Summe bzw. Differenz der angegebenen Vektoren entstehen:

$\vec{a}+\vec{b}$; $\vec{a}-\vec{b}$; $\vec{a}+\vec{c}$; $\vec{a}-\vec{c}$;
$\vec{b}+\vec{c}$; $\vec{b}-\vec{c}$; $\vec{a}+\vec{b}+\vec{c}$;
$\vec{a}-\vec{b}-\vec{c}$; $\vec{a}-(\vec{b}+\vec{c})$.

b) Interpretieren Sie die Figur in Bild 15 als Schrägbild eines Quaders. Überprüfen Sie, ob auch am Quader die von Ihnen ermittelten Beziehungen aus Aufgabe a) gelten. Begründen Sie.

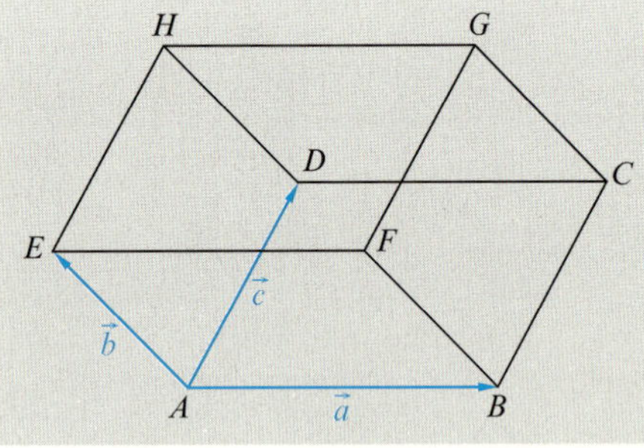

15

25. a) Lösen Sie noch einmal die letzten zwei Aufgaben aus Aufgabe 24 a) und formulieren sowie beweisen Sie eine Rechenregel zur Subtraktion einer Vektorsumme.

b) Untersuchen Sie folgende Aussagen auf Gültigkeit.
Für alle Vektoren $\vec{a}, \vec{b}, \vec{c}$ der Ebene oder des Raumes gilt:
(1) $\vec{a}-\vec{b}=\vec{b}-\vec{a}$; (2) $\vec{a}-(\vec{b}-\vec{c})=(\vec{a}-\vec{b})-\vec{c}$; (3) $-(-\vec{a})=\vec{a}$.

Die Verschiebung $\vec{a}+\vec{a}+\vec{a}$ kann durch einen Pfeil dargestellt werden, der die gleiche Richtung wie $\vec{a}$ hat, aber die dreifache Länge. Anstelle von $\vec{a}+\vec{a}+\vec{a}$ schreibt man $3\cdot\vec{a}$ und nennt $3\cdot\vec{a}$ das Dreifache von $\vec{a}$.

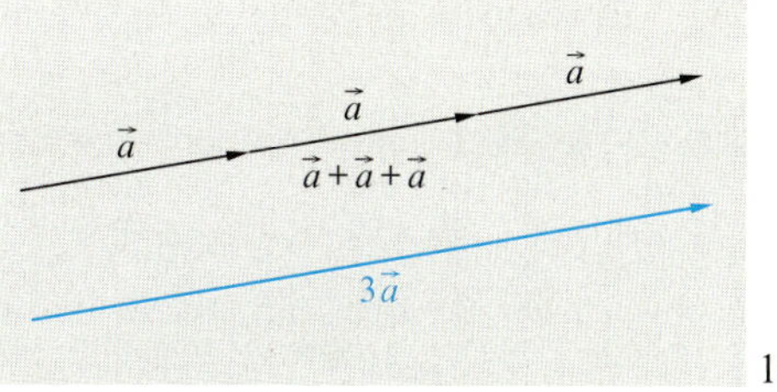

16

26. In der Ebene seien die Vektoren $\vec{a}=\overrightarrow{OA}$, $\vec{b}=\overrightarrow{OB}$ und $\vec{c}=\overrightarrow{OC}$ gegeben (Bild 17).

a) Geben Sie $\vec{a}$, $\vec{b}$ und $\vec{c}$ in Koordinatenschreibweise an.

b) Veranschaulichen Sie folgende Vektoren und ermitteln Sie ihre Koordinaten. Vergleichen Sie mit Ihren Ergebnissen aus a).

1) $\vec{a}+\vec{a}+\vec{a}+\vec{a}$
2) $\vec{b}+\vec{b}+\vec{b}+\vec{b}+\vec{b}+\vec{b}+\vec{b}$
3) $-\vec{c}-\vec{c}-\vec{c}$
4) $\vec{a}+\vec{a}+\vec{b}+\vec{b}$

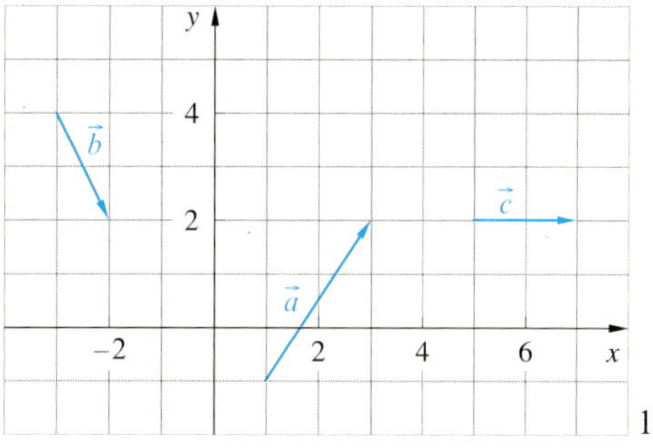

17

Wie könnten Sie die Konstruktion des **Vielfachen eines** gegebenen **Vektors** vereinfachen?

c) Konstruieren Sie den Vektor, der die gleiche Richtung wie $\vec{a}$ hat, jedoch den halben (den 3,5fachen) Betrag. Geben Sie jeweils seine Koordinaten an und vergleichen Sie sie mit denen von $\vec{a}$.

DEFINITION Ein Vektor $\vec{a}$ wird mit einer reellen Zahl r vervielfacht, indem man jede Koordinate von $\vec{a}$ mit r multipliziert.

Für jeden Vektor $\vec{a}=\begin{pmatrix}a_1\\a_2\end{pmatrix}$ der Ebene gilt: $r\cdot\vec{a}=r\begin{pmatrix}a_1\\a_2\end{pmatrix}=\begin{pmatrix}r\cdot a_1\\r\cdot a_2\end{pmatrix}$.

Für jeden Vektor $\vec{a}=\begin{pmatrix}a_1\\a_2\\a_3\end{pmatrix}$ des Raumes gilt: $r\cdot\vec{a}=r\begin{pmatrix}a_1\\a_2\\a_3\end{pmatrix}=\begin{pmatrix}r\cdot a_1\\r\cdot a_2\\r\cdot a_3\end{pmatrix}$.

Bemerkung: Statt $r\cdot\vec{a}$ schreibt man oft $r\vec{a}$.[1]

27. Es seien $\vec{a}=\begin{pmatrix}-4\\3\\2\end{pmatrix}$, $\vec{b}=\begin{pmatrix}1\\-13\\5\end{pmatrix}$ und $\vec{c}=\begin{pmatrix}-5\\-3\\0\end{pmatrix}$.

a) Bestimmen Sie $3\vec{a}$, $-2\vec{a}$, $5\vec{a}+2\vec{b}$, $4\vec{a}-\vec{b}$, $4\vec{a}-4\vec{b}$, $4(\vec{a}-\vec{b})$, $6\vec{a}+2\vec{a}$, $3\cdot(2\vec{a})$. In welchen Fällen könnten Sie Ihre Rechnungen vereinfachen?

b) Bestimmen Sie $0{,}5\vec{a}+0{,}3\vec{b}-1{,}2\vec{c}$; $-3{,}7\vec{a}+0{,}4\vec{a}-1{,}8\vec{a}$; $4{,}5\vec{b}-4{,}5\vec{b}$; $1\vec{a}$; $0\vec{a}$.

[1] Diese Operation · verknüpft also reelle Zahlen und Vektoren miteinander. Im Ergebnis erhält man einen Vektor. Da man Zahlen auch als Skalare bezeichnet, spricht man auch von Skalarmultiplikation.

28. Beweisen Sie die Gültigkeit des folgenden Satzes mithilfe der Koordinatenschreibweise.

SATZ 2 Sind $\vec{a}$ und $\vec{b}$ Vektoren der Ebene oder des Raumes und *r*, *s* reelle Zahlen, so gilt:

$r \cdot (\vec{a}+\vec{b}) = r \cdot \vec{a} + r \cdot \vec{b}$ (1. Distributivgesetz);

$(r+s) \cdot \vec{a} = r \cdot \vec{a} + s \cdot \vec{a}$ (2. Distributivgesetz);

$r \cdot (s \cdot \vec{a}) = (r \cdot s) \cdot \vec{a}$ (Assoziativgesetz).

In Anlehnung an das Rechnen mit Zahlen spricht man vom 1. und 2. Distributivgesetz bzw. Assoziativgesetz *der Skalarmultiplikation*.

29. Interpretieren Sie die Aussagen des Satzes 2 geometrisch.

30. Rechnen Sie vorteilhaft durch Anwendung der Rechenregeln: $\vec{a} = \begin{pmatrix} -4 \\ 3 \\ 2 \end{pmatrix}, \vec{b} = \begin{pmatrix} 1 \\ 2 \\ 3 \end{pmatrix}$.

a) $2(3\vec{a}-2\vec{b})+4\vec{a}+8(0{,}5\vec{a}-\vec{b})$

b) $\frac{4}{5}\left(\frac{10}{3}\vec{a}-\frac{5}{9}\vec{b}\right)-\left(-\frac{1}{3}\vec{a}\right)+\frac{5}{9}\vec{b}$

c) $3\vec{a}\left(1{,}5-\frac{9}{8}\right)+\frac{5}{24}\left(\frac{3}{2}\vec{a}\right)$

d) $2{,}5(2\vec{a}-3\vec{b})+(-4\vec{a})+\frac{15}{2}\vec{b}$

31. Welcher Vektor $\vec{x}$ erfüllt die folgende Gleichung, wenn die Vektoren $\vec{a}$, $\vec{b}$ und $\vec{c}$ gegeben sind?

a) $\vec{a}+\vec{b}-\vec{x}=\vec{c}$

b) $\vec{a}-(\vec{b}-\vec{x})=\vec{c}$

c) $2\vec{a}-(\vec{b}-\vec{x})=\vec{c}+\vec{a}-\vec{b}$

d) $4(3\vec{a}-2\vec{b}+3\vec{x})-3(-2\vec{b}+3\vec{c}-\vec{x})=0$

Der Mensch beobachtet seit Urzeiten mit Bewunderung das Fliegen der Vögel. Untersuchungen haben gezeigt, dass der Flügel eines Vogels in zwei Glieder geteilt werden kann. Das innere Glied reicht vom Flügelansatz bis zum „Ellenbogen" des Vogels und entwickelt ähnlich den Tragflächen der Flugzeuge Auftriebskraft. Das äußere Glied vom „Ellenbogen" zur Flügelkuppe bringt die Zugkraft auf und ersetzt damit die Luftschraube.

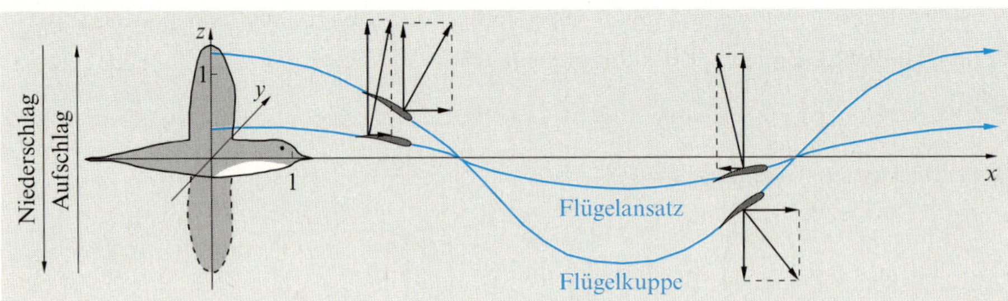

18

32. Ermitteln Sie die Koordinaten der Vektoren, die die Auftriebskraft oder Zugkraft sowie die resultierende Kraft in den verschiedenen Bewegungszuständen des Vogels beschreiben.
Vergleichen Sie die Koordinaten des Vektors der resultierenden Kraft mit der Summe der Koordinaten der entsprechenden Vektoren von Auftriebs- und Zugkraft.

4 Vektorräume

1. a) Im Bild 1 sind die Verschiebungspfeile $\vec{a}$ und $\vec{b}$ dargestellt. Die Verschiebung $\vec{c} = 4\vec{a} + 3\vec{b}$ kann wiederum durch einen Pfeil veranschaulicht werden.
Übernehmen Sie das Bild ins Heft und ermitteln Sie die Länge und die Richtung des Pfeils $\vec{c}$.

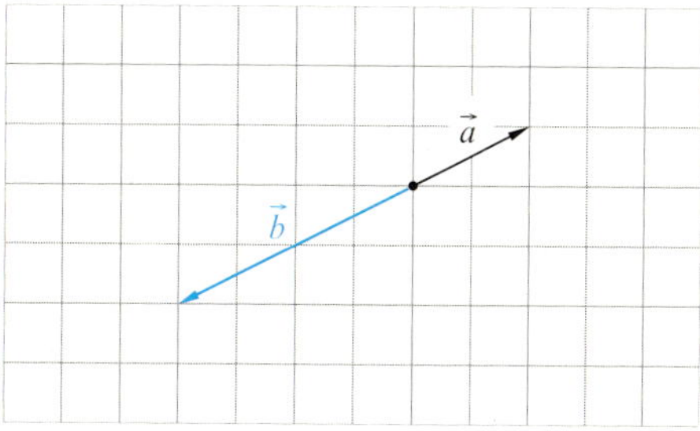

1

b) $\begin{pmatrix} 2 \\ 1 \end{pmatrix}$ und $\begin{pmatrix} -4 \\ -2 \end{pmatrix}$ sind Koordinatendarstellungen von Verschiebungen der Ebene. Auch die Nacheinanderausführung des Vierfachen der ersten Verschiebung und des Dreifachen der zweiten Verschiebung ist eine Verschiebung der Ebene.
Geben Sie die Koordinaten dieser Verschiebung an.

2. Es seien zwei Polynome $f(x) = 3x^3 - 5x^2 + 8$ und $g(x) = -3x^3 + 7x - 4$ gegeben.
a) Berechnen Sie die Summe und die Differenz der Polynome f und g.
b) Berechnen Sie das 3fache von f und das 0,5fache von g.
c) Berechnen Sie Summe und Differenz des 4fachen von f und des 3fachen von g.
d) Geben Sie für die Teilaufgaben a) bis c) jeweils den Grad der Ergebnispolynome an.

3. Vergleichen Sie die Aufgaben 1 und 2 miteinander und suchen Sie nach Gemeinsamkeiten und Unterschieden zwischen
a) der Nacheinanderausführung von Verschiebungen und der Addition von Polynomen höchstens 3. Grades;
b) dem Vervielfachen von Verschiebungen und von Polynomen.

4. a) Zeigen Sie, dass für die Addition von Polynomen höchstens 3. Grades Kommutativ- und Assoziativgesetz gelten.
b) Geben Sie ein (Null-)Element aus der Menge der Polynome höchstens 3. Grades an, das (wie der Nullvektor) die Eigenschaft hat, sich bei der Addition neutral zu verhalten. (Wenn man das Nullelement zu einem anderen Polynom addiert, bleibt dieses Polynom unverändert.)
c) Gibt es zu jedem Polynom f höchstens dritten Grades ein (Gegen-)Polynom f' höchstens dritten Grades, sodass die Summe dieser beiden Polynome gleich dem bei b) bestimmten Nullpolynom ist?
d) Geben Sie zu den Polynomen f und g aus Aufgabe 2 jeweils ein „Gegenpolynom“ an.

5. Weisen Sie nach, dass für das Vervielfachen von Polynomen höchstens 3. Grades mit reellen Zahlen auch die folgenden Gesetze für die Vervielfachung von Vektoren ($\vec{a}$, $\vec{b}$) mit reellen Zahlen (r, s) gelten:

a) $r \cdot \vec{a} + r \cdot \vec{b} = r \cdot (\vec{a} + \vec{b})$

b) $r \cdot \vec{a} + s \cdot \vec{a} = (r + s) \cdot \vec{a}$

c) $(r \cdot s) \cdot \vec{a} = r \cdot (s \cdot \vec{a})$

In der Menge der Verschiebungen der Ebene und des Raumes und in der Menge der Polynome eines bestimmten Grades gelten gleiche Rechengesetze, obwohl es sich um sehr unterschiedliche Objekte handelt. Sogar die Menge der Funktionen mit dem Definitionsbereich $\mathbb{R}$, die Menge der Folgen reeller Zahlen und die Menge der Lösungen von linearen Gleichungen der Form $a_1 x_1 + a_2 x_2 + \ldots + a_n x_n = 0$ gehorchen bezüglich der Addition und der Vervielfachung ihrer Elemente diesen Gesetzen.
Mengen, die bezüglich bestimmter Verknüpfungen ihrer Elemente dieselbe Struktur aufweisen, werden unter einem gemeinsamen Begriff zusammengefasst.

DEFINITION Es sei V eine Menge, $+$ sei eine Verknüpfung in V, die zwei beliebigen Elementen $\vec{a}, \vec{b} \in V$ eindeutig ein Element $\vec{a} + \vec{b} \in V$ zuordnet und $\cdot$ eine Verknüpfung, die jedem Element $\vec{a} \in V$ und jeder reellen Zahl r genau ein Element $r \cdot \vec{a} \in V$ zuordnet.
V mit + und $\cdot$ heißt genau dann **Vektorraum**, wenn folgende Gesetze gelten:

(1) Für alle $\vec{a}, \vec{b} \in V$ gilt: $\vec{a} + \vec{b} = \vec{b} + \vec{a}$. (Kommutativgesetz)

(2) Für alle $\vec{a}, \vec{b}, \vec{c} \in V$ gilt: $(\vec{a} + \vec{b}) + \vec{c} = \vec{a} + (\vec{b} + \vec{c})$. (Assoziativgesetz)

(3) Es gibt ein Element $\vec{o} \in V$, sodass für alle $\vec{a} \in V$ gilt: $\vec{a} + \vec{o} = \vec{a}$.

(4) Zu jedem $\vec{a} \in V$ existiert ein Element $\vec{a}\,' \in V$ mit $\vec{a} + \vec{a}\,' = \vec{o}$.

(5) Für alle $r, s \in \mathbb{R}$ und alle $\vec{a} \in V$ gilt: $(r \cdot s) \cdot \vec{a} = r \cdot (s \cdot \vec{a})$.

(6) Für alle $r \in \mathbb{R}$ und alle $\vec{a}, \vec{b} \in V$ gilt: $r \cdot (\vec{a} + \vec{b}) = r \cdot \vec{a} + r \cdot \vec{b}$.

(7) Für alle $r, s \in \mathbb{R}$ und alle $\vec{a} \in V$ gilt: $(r + s) \cdot \vec{a} = r \cdot \vec{a} + s \cdot \vec{a}$.

(8) Für alle $\vec{a} \in V$ gilt: $1 \cdot \vec{a} = \vec{a}$.

Anmerkungen:
Die Gesetze (1) bis (8) nennt man **Vektorraumaxiome**. Die Elemente von V heißen **Vektoren**.
Die Operationen + und $\cdot$ werden auch mit **Addition** bzw. **Vervielfachen** bezeichnet.
Das Element $\vec{o} \in V$ (Axiom (3)) nennt man **neutrales Element** oder **Nullvektor** von V.
Ein Element $\vec{a}\,'$ (Axiom (4)) nennt man **inverses Element zu $\vec{a} \in V$** oder **Gegenvektor zu $\vec{a}$**. Für $\vec{a}\,'$ schreibt man mitunter auch $-\vec{a}$.

Auch wenn das Axiom (8) trivial und überflüssig erscheint, können wir darauf nicht verzichten, denn es garantiert gemeinsam mit Axiom (7) einen Zusammenhang zwischen den beiden Operationen: $\vec{a} + \vec{a} = 1 \cdot \vec{a} + 1 \cdot \vec{a} = (1 + 1) \cdot \vec{a} = 2 \cdot \vec{a}$.

Beispiel 1 *Vektorraum $\mathbb{R}$ der reellen Zahlen*

Die Gültigkeit der Rechengesetze für die reellen Zahlen, wie
- Kommutativität und Assoziativität bzgl. Addition und Multiplikation;
- Distributivität der Multiplikation bzgl. der Addition;
- das Vorhandensein der Null als neutrales Element;
- die Existenz des Negativen einer jeden reellen Zahl als inverses Element zu dieser Zahl;
- die Gültigkeit von $1 \cdot a = a$

garantieren die Gültigkeit aller 8 Vektorraumaxiome in $\mathbb{R}$.
Damit bilden die reellen Zahlen mit ihrer Addition und Multiplikation einen Vektorraum.

Beispiel 2 *Vektorraum $\mathbb{R}^2$ der Paare reeller Zahlen*

Es sei V die Menge der Paare reeller Zahlen $\begin{pmatrix} x_1 \\ x_2 \end{pmatrix}$.

Für alle $\begin{pmatrix} a_1 \\ a_2 \end{pmatrix}, \begin{pmatrix} b_1 \\ b_2 \end{pmatrix} \in V$ wird definiert: $\begin{pmatrix} a_1 \\ a_2 \end{pmatrix} + \begin{pmatrix} b_1 \\ b_2 \end{pmatrix} = \begin{pmatrix} a_1 + b_1 \\ a_2 + b_2 \end{pmatrix}$.

Für alle $\begin{pmatrix} a_1 \\ a_2 \end{pmatrix} \in V$ und $r \in \mathbb{R}$ wird definiert: $r \cdot \begin{pmatrix} a_1 \\ a_2 \end{pmatrix} = \begin{pmatrix} r \cdot a_1 \\ r \cdot a_2 \end{pmatrix}$.

Für alle $\begin{pmatrix} a_1 \\ a_2 \end{pmatrix}, \begin{pmatrix} b_1 \\ b_2 \end{pmatrix}, \begin{pmatrix} c_1 \\ c_2 \end{pmatrix} \in V$ und alle $r, s \in \mathbb{R}$ gilt dann:

(1) $\begin{pmatrix} a_1 \\ a_2 \end{pmatrix} + \begin{pmatrix} b_1 \\ b_2 \end{pmatrix} = \begin{pmatrix} a_1 + b_1 \\ a_2 + b_2 \end{pmatrix} = \begin{pmatrix} b_1 + a_1 \\ b_2 + a_2 \end{pmatrix} = \begin{pmatrix} b_1 \\ b_2 \end{pmatrix} + \begin{pmatrix} a_1 \\ a_2 \end{pmatrix}$

(2) $\left(\begin{pmatrix} a_1 \\ a_2 \end{pmatrix} + \begin{pmatrix} b_1 \\ b_2 \end{pmatrix}\right) + \begin{pmatrix} c_1 \\ c_2 \end{pmatrix} = \begin{pmatrix} a_1 + b_1 \\ a_2 + b_2 \end{pmatrix} + \begin{pmatrix} c_1 \\ c_2 \end{pmatrix} = \begin{pmatrix} (a_1 + b_1) + c_1 \\ (a_2 + b_2) + c_2 \end{pmatrix}$

$= \begin{pmatrix} a_1 + (b_1 + c_1) \\ a_2 + (b_2 + c_2) \end{pmatrix} = \begin{pmatrix} a_1 \\ a_2 \end{pmatrix} + \begin{pmatrix} b_1 + c_1 \\ b_2 + c_2 \end{pmatrix} = \begin{pmatrix} a_1 \\ a_2 \end{pmatrix} + \left(\begin{pmatrix} b_1 \\ b_2 \end{pmatrix} + \begin{pmatrix} c_1 \\ c_2 \end{pmatrix}\right)$

(3) $\begin{pmatrix} 0 \\ 0 \end{pmatrix} \in V$ ist das neutrale Element, denn für alle $\begin{pmatrix} a_1 \\ a_2 \end{pmatrix} \in V$ gilt: $\begin{pmatrix} a_1 \\ a_2 \end{pmatrix} + \begin{pmatrix} 0 \\ 0 \end{pmatrix} = \begin{pmatrix} a_1 \\ a_2 \end{pmatrix}$.

(4) Für $\begin{pmatrix} a_1 \\ a_2 \end{pmatrix} \in V$ ist auch $\begin{pmatrix} -a_1 \\ -a_2 \end{pmatrix} \in V$ und da stets $\begin{pmatrix} a_1 \\ a_2 \end{pmatrix} + \begin{pmatrix} -a_1 \\ -a_2 \end{pmatrix} = \begin{pmatrix} 0 \\ 0 \end{pmatrix}$ gilt, ist also $\begin{pmatrix} -a_1 \\ -a_2 \end{pmatrix}$ inverses Element zu $\begin{pmatrix} a_1 \\ a_2 \end{pmatrix}$.

Auch die Vektorraumaxiome (5) bis (8) gelten für die beschriebene Menge V und die in V definierten Operationen $+$ und $\cdot$.
Die Menge V mit den Operationen $+$ und $\cdot$ bildet also einen Vektorraum.

6. Zeigen Sie, dass die Vektorraumaxiome (5) bis (8) für den in Beispiel 2 beschriebenen Vektorraum gelten.

Beispiel 3 *Gegenbeispiel für einen Vektorraum*

V sei die Menge der natürlichen Zahlen, inklusive der Zahl Null. Die Operation $+$ sei die Addition in den natürlichen Zahlen, $\cdot$ sei die Multiplikation einer reellen mit einer natürlichen Zahl.
Es gelten zwar die Axiome (1), (2) und (3), aber die Multiplikation mit einer reellen Zahl führt oft aus V heraus und bis auf die Null besitzt kein Element aus V ein inverses Element.

7. Welche der folgenden Mengen V bilden mit den angegebenen Operationen einen Vektorraum?

a) V: Menge der ganzen Zahlen, Operationen wie in $\mathbb{R}$
b) V: Menge aller gemeinen Brüche, Operationen wie in $\mathbb{R}$
c) V: Verschiebungen der Ebene,
$+$: Hintereinanderausführung der Verschiebungen,
$\cdot$: Vervielfachen eines Verschiebungspfeils.
d) V: Verschiebungen des Raumes, Operationen wie bei c)

Anmerkungen:
Der Vektorraum der Verschiebungen der Ebene soll mit V_2, der Vektorraum der Verschiebungen des Raumes mit V_3 und der Vektorraum der n-Tupel reeller Zahlen mit $\mathbb{R}^n$ bezeichnet werden. Die Gültigkeit der Vektorraumaxiome ist durch die Gültigkeit entsprechender Rechengesetze im Vektorraum der reellen Zahlen garantiert.

8. Es sei T die Menge aller Zahlentripel $(x_1; x_2; x_3)$ reeller Zahlen.
Für alle $(a_1; a_2; a_3), (b_1; b_2; b_3) \in T$ wird definiert:
$(a_1; a_2; a_3)+(b_1; b_2; b_3)=(\max(a_1, b_1), \max(a_2, b_2), \max(a_3, b_3))$ und
$r \cdot (a_1; a_2; a_3)=(r \cdot a_1; r \cdot a_2; r \cdot a_3)$, wobei
$\max(a, b)=a$, falls $a \geq b$ und $\max(a, b)=b$, falls $a < b$.

a) Berechnen Sie $(3; 8; -5)+(6; -2; 0)$ und $3{,}5 \cdot (-1; 0; 4)$ sowie $(1; 2; 3)+(-0{,}5) \cdot (4; -4; 1)$.

b) Geben Sie die Lösung der Gleichung $(1; -6; 100)+(x_1; x_2; x_3)=(1; -6; 100)$ an.

c) Untersuchen Sie, ob die Menge T mit den angegebenen Operationen die Vektorraumaxiome erfüllt.

9. a) Es seien $O=\{0\}$ und $+$ und $\cdot$ die aus $\mathbb{R}$ bekannten Operationen.
Zeigen Sie, dass O ein Vektorraum ist.

b) Begründen Sie, dass für jeden Vektorraum V gilt: Ist o neutrales Element von V, so bildet $O=\{o\}$ bezüglich der Addition und Multiplikation in V einen Vektorraum.

10. Untersuchen Sie, ob die gegebenen Strukturen einen Vektorraum bilden.

a) $V=\left\{\begin{pmatrix} a \\ a \end{pmatrix} \middle| a \in \mathbb{R}\right\}$, Operationen wie in $\mathbb{R}^2$

b) $V=\left\{\begin{pmatrix} a \\ 0 \end{pmatrix} \middle| a \in \mathbb{R}\right\}$, Operationen wie in $\mathbb{R}^2$

c) $V=\left\{\begin{pmatrix} a \\ 1 \end{pmatrix} \middle| a \in \mathbb{R}\right\}$, Operationen wie in $\mathbb{R}^2$

d) V: Menge der n-Tupel reeller Zahlen, Operationen analog zum Beispiel 2

e) V: Menge aller Funktionen mit dem Definitionsbereich $\mathbb{R}$,
$+: (f+g)(x)=f(x)+g(x)$, falls $f, g \in V$ und $x \in \mathbb{R}$
$\cdot: r \cdot (f(x))=r \cdot f(x)$, falls $f \in V$ und $r, x \in \mathbb{R}$

11. a) $(2; 1)$ und $(4; 2)$ sind zwei Lösungen der linearen Gleichung $x-2y=0$.
Ist auch die Summe aus dem 4fachen der ersten Lösung und dem 3fachen der zweiten Lösung eine Lösung der Gleichung $x-2y=0$?

b) $(1; 1; 1)$ und $(-2; -2; -2)$ sind zwei Lösungen des linearen Gleichungssystems
(I) $2x_1 - 5x_2 + 3x_3 = 0$
(II) $4x_1 - 12x_2 + 8x_3 = 0$
(III) $3x_1 - x_2 - 2x_3 = 0$
Ist auch die Summe aus dem (–2)fachen der ersten und dem 6fachen der zweiten Lösung eine Lösung des Gleichungssystems?

Für die Lösungen von homogenen linearen Gleichungssystemen[1] gelten ebenfalls die Vektorraumaxiome: Zunächst ist die Summe zweier Lösungen und auch das Vielfache einer Lösung stets wieder eine Lösung des homogenen linearen Gleichungssystems (vgl. Aufgabe 11). Alle übrigen Eigenschaften sind leicht zu beweisen.

---
[1] Homogene lineare Gleichungssysteme sind lineare Gleichungssysteme wie in Aufgabe 11 b), bei denen alle Absolutglieder gleich null sind (siehe auch Kapitel D, Abschnitt 3).

12. a) Geben Sie analog zu Beispiel 2 die Menge V und die Operationen $+$ und $\cdot$ des Vektorraums $\mathbb{R}^3$ an.

b) Untersuchen Sie, ob die Teilmenge $T = \{ \begin{pmatrix} 0 \\ 1 \\ a \end{pmatrix} | a \in \mathbb{R}\}$ des $\mathbb{R}^3$ bezüglich der Addition und der Vervielfachung im $\mathbb{R}^3$ einen Vektorraum bildet.

c) Zeigen Sie, dass die Teilmenge $S = \{ \begin{pmatrix} 2a \\ 3a \\ 4a \end{pmatrix} | a \in \mathbb{R}\}$ des $\mathbb{R}^3$ bezüglich der Addition und der Vervielfachung im $\mathbb{R}^3$ einen Vektorraum bildet.

DEFINITION Die Menge V bilde mit den Operationen $+$ und $\cdot$ einen Vektorraum. Gelten alle Vektorraumaxiome auch für eine Teilmenge U von V, so nennt man U mit $+$ und $\cdot$ **Unterraum von V.**

13. Die Menge V bilde mit den Operationen $+$ und $\cdot$ einen Vektorraum.

a) Begründen Sie ausführlich: Ist U eine Teilmenge von V und gilt für alle $\vec{a}, \vec{b} \in U$ und $r \in \mathbb{R}$ stets $\vec{a} + \vec{b} \in U$ und $r \cdot \vec{a} \in U$, so ist U ein Unterraum von V.

b) Beweisen Sie mithilfe der Vektorraumaxiome: Ist U eine Teilmenge von V mit dem neutralen Element $\vec{o}$ und gilt für alle $\vec{a}, \vec{b} \in U$ und $r \in \mathbb{R}$ stets $\vec{a} + \vec{b} \in U$ und $r \cdot \vec{a} \in U$, so ist auch $\vec{o} \in U$ und $-\vec{a} \in U$ für alle $\vec{a} \in U$.

14. Zwei Zahlenfolgen (a_n) und (b_n) kann man nach folgenden Regeln addieren bzw. vervielfachen: $(a_n) + (b_n) = (a_n + b_n)$ bzw. $r \cdot (a_n) = (r \cdot a_n)$.

a) Begründen Sie, dass die Menge F der Folgen reeller Zahlen mit der beschriebenen Addition und Vervielfachung einen Vektorraum bildet.

b) Untersuchen Sie, ob folgende Mengen bzgl. $+$ und $\cdot$ einen Unterraum von F bilden.
(1) Menge B der beschränkten Folgen reeller Zahlen
(2) Menge K der konvergenten Folgen reeller Zahlen

15. Zwei Hunde ziehen einen Schlitten, wobei die Pfeile ihrer Zugkräfte ($\vec{F_1} = 15$ N, $\vec{F_2} = 10$ N) einen Winkel von 30° bilden. Zur Ermittlung der resultierenden Kraft $\vec{F_R}$ werden die Kräfte als Pfeile mit festem Anfangspunkt (also nicht als Pfeilklassen) dargestellt und mithilfe der Konstruktion der Diagonalen im Kräfteparallelogramm addiert.

2

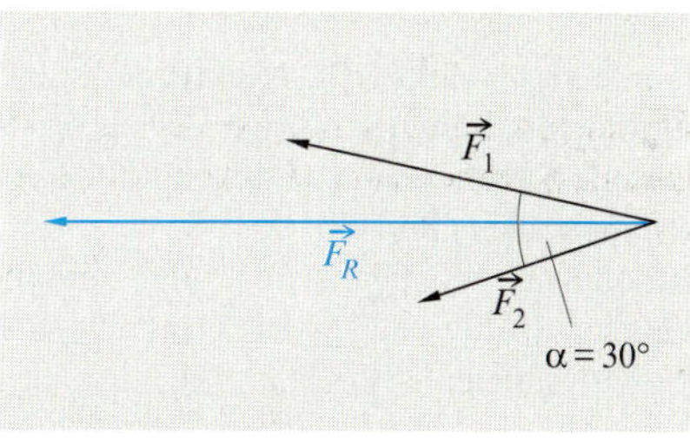

3

a) Ermitteln Sie den Betrag der resultierenden Kraft $\vec{F_R}$ mittels Konstruktion.

b) Zeigen Sie, dass die an einem festen Punkt angreifenden Kräfte einen Vektorraum bilden.

c) Suchen Sie nach weiteren Beispielen für vektorielle physikalische Größen und rechtfertigen Sie ihre Bezeichnung als Vektoren.

5 Linearkombination und lineare Unabhängigkeit von Vektoren

1. Ein Maler mischt Farben auf seiner Palette (Bild 1).

a) Mit welcher minimalen Anzahl von Farben kann er auskommen, um alle möglichen Farben zusammenzustellen? Welche Farben wird er dazu wählen?

b) Wie viele und welche „Basisfarben" liegen dem Buchdruck (dem Farbfernsehen) zugrunde?

1

2. Wählen Sie möglichst reine rote und gelbe Farbe aus Ihrem Farbkasten.
Stellen Sie verschiedene Farbtöne her, indem Sie einen Anteil (2, 3, 4 Anteile) roter Farbe mit einem Anteil (2, 3, 4 Anteilen) gelber Farbe mischen.
Beschreiben Sie Ihre Beobachtung. Diskutieren Sie verschiedene Möglichkeiten, Grün- oder Blautöne zu erhalten.

Die Farbenlehre, die Gesetzmäßigkeiten der Farbkombinationen, waren immer wieder Gegenstand der Forschung so bekannter Mathematiker und Physiker wie ISAAC NEWTON (1643–1727), HERMANN VON HELMHOLTZ (1821–1894) und JAMES CLERK MAXWELL (1831–1879). Auch JOHANN WOLFGANG VON GOETHE (1749–1832) hat sich eingehend mit der Farbenlehre beschäftigt.
HERMANN GRASSMANN (1809–1877), einer der Begründer der Vektorrechnung, formulierte die ersten Gesetze der Farbaddition. Er erkannte, dass man drei Farben so wählen kann, dass sich keine von ihnen als Mischung der beiden anderen darstellen lässt. Andererseits ist jede zusätzlich gewählte Farbe aus einer Kombination der ersten drei Farben erzeugbar.

Dies kann man auf die Vektorrechnung übertragen: es gibt stets Vektoren, die allen anderen Vektoren zugrunde liegen (wie die „Basisfarben").

Wenn man solche „Basisvektoren" zur Verfügung hat, kann man jeden Vektor des Raumes als Summe von Vielfachen dieser Vektoren darstellen (Bild 2).
Besonders günstig ist es, eine möglichst kleine Anzahl von „Basisvektoren" des Raumes zu finden.

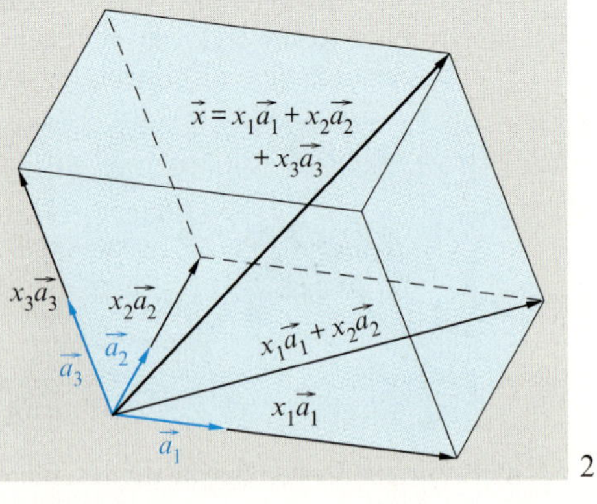

2

Wir wollen im Folgenden beliebige Vektoren als Summe von Vielfachen anderer Vektoren ausdrücken und uns so der Frage nähern, wie solche „Basisvektoren" aussehen könnten.

DEFINITION Sind $\vec{a_1}, \vec{a_2}, \vec{a_3}, \ldots, \vec{a_n}$ Vektoren der Ebene bzw. des Raumes und $x_1, x_2, \ldots, x_n$ reelle Zahlen, dann heißt der Vektor $\vec{x}$ mit
$\vec{x} = x_1\vec{a_1} + x_2\vec{a_2} + x_3\vec{a_3} + \ldots + x_n\vec{a_n}$ **Linearkombination** der Vektoren $\vec{a_1}, \vec{a_2}, \vec{a_3}, \ldots, \vec{a_n}$.

Die reellen Zahlen $x_1, x_2, x_3, \ldots, x_n$ heißen **Koeffizienten** der Linearkombination.

Beispiel 1 *Linearkombination von Vektoren*

Der Vektor $\vec{x}$ ist eine Linearkombination der Vektoren $\vec{a_1}$ und $\vec{a_2}$, denn er ergibt sich aus der Summe des verdoppelten Vektors $\vec{a_1}$ und des verdreifachten Vektors $\vec{a_2}$ (Bild 3).

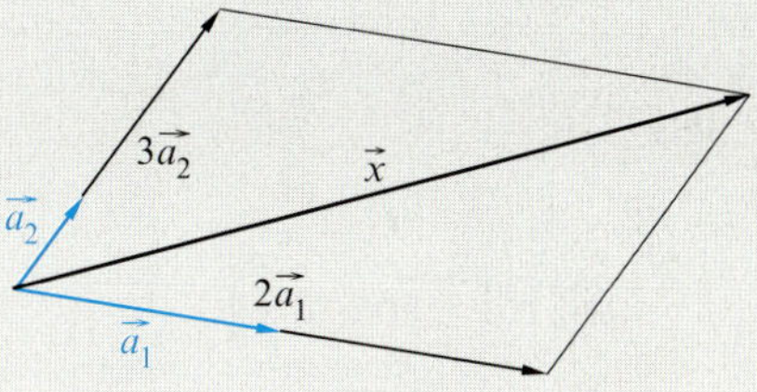

3

3. Erläutern Sie, wie man zeichnerisch feststellen kann, ob ein Vektor $\vec{x}$ einer Ebene als Linearkombination zweier gegebener Vektoren $\vec{a_1}$ und $\vec{a_2}$ dieser Ebene darstellbar ist.

4. M sei der Mittelpunkt der Strecke $\overline{AB}$. Stellen Sie die Verschiebung $\overrightarrow{CM}$ als Linearkombination der Verschiebungen $\vec{a}, \vec{b}$ und $\vec{c}$ dar (Bild 4).

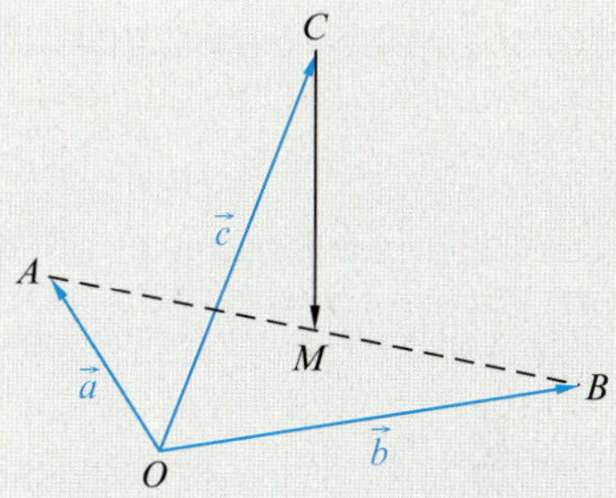

4

5. Die Pfeile dreier Vektoren des Raumes spannen im Allgemeinen einen Spat auf (Bild 5).
Geben Sie die Vektoren $\vec{a}, \vec{b}$ und $\vec{c}$ als Linearkombinationen der Vektoren $\vec{u}, \vec{v}$ und $\vec{w}$ an.
Hinweis: Ein Spat ist ein Prisma, dessen Grundfläche ein Parallelogramm ist.

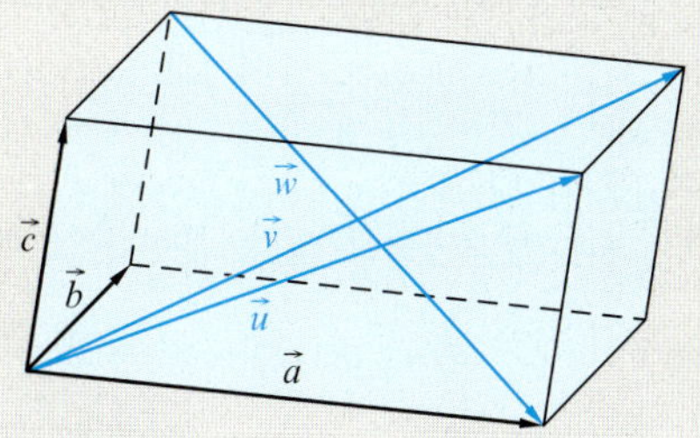

5

6. Stellen Sie, falls möglich, $\vec{x}$ zeichnerisch als Linearkombination der Vektoren $\vec{a_1}, \ldots, \vec{a_n}$ dar. Äußern Sie sich jeweils über die Existenz sowie die Eindeutigkeit der gesuchten Koeffizienten $x_1, \ldots, x_n$.

a) $\vec{x} = \begin{pmatrix} 8 \\ 4 \end{pmatrix}, \vec{a_1} = \begin{pmatrix} 4 \\ -6 \end{pmatrix}, \vec{a_2} = \begin{pmatrix} 2 \\ -8 \end{pmatrix}$ **b)** $\vec{x} = \begin{pmatrix} 5 \\ 2 \end{pmatrix}, \vec{a_1} = \begin{pmatrix} 1 \\ 0 \end{pmatrix}, \vec{a_2} = \begin{pmatrix} 0 \\ 1 \end{pmatrix}$

c) $\vec{x} = \begin{pmatrix} 5 \\ -3 \end{pmatrix}, \vec{a_1} = \begin{pmatrix} -1 \\ -1 \end{pmatrix}, \vec{a_2} = \begin{pmatrix} 0 \\ -2 \end{pmatrix}$ **d)** $\vec{x} = \begin{pmatrix} -3 \\ 8 \end{pmatrix}, \vec{a_1} = \begin{pmatrix} -1 \\ 3 \end{pmatrix}, \vec{a_2} = \begin{pmatrix} 2 \\ -6 \end{pmatrix}$

e) $\vec{x} = \begin{pmatrix} 0 \\ 0 \end{pmatrix}, \vec{a_1} = \begin{pmatrix} -1 \\ 3 \end{pmatrix}, \vec{a_2} = \begin{pmatrix} 4 \\ -2 \end{pmatrix}$ **f)** $\vec{x} = \begin{pmatrix} 6 \\ 3 \end{pmatrix}, \vec{a_1} = \begin{pmatrix} u \\ 0 \end{pmatrix}, \vec{a_2} = \begin{pmatrix} 1 \\ v \end{pmatrix}; u, v \neq 0$

Beispiel 2 *Ein Vektor $\vec{x}$ wird aus zwei vorgegebenen Vektoren linear kombiniert*

Es wird gezeigt, dass sich der Vektor $\vec{x} = \begin{pmatrix} 5 \\ 2 \end{pmatrix}$ als Linearkombination der Vektoren

$\vec{a} = \begin{pmatrix} -1 \\ 3 \end{pmatrix}$ und $\vec{b} = \begin{pmatrix} 4 \\ -2 \end{pmatrix}$ darstellen lässt (Bild 6).

Ist $\vec{x}$ eine Linearkombination der Vektoren $\vec{a}$ und $\vec{b}$, so existieren reelle Zahlen x_1 und x_2 so, dass gilt:

$\vec{x} = x_1 \vec{a} + x_2 \vec{b}$ bzw.

$$\begin{pmatrix} 5 \\ 2 \end{pmatrix} = x_1 \begin{pmatrix} -1 \\ 3 \end{pmatrix} + x_2 \begin{pmatrix} 4 \\ -2 \end{pmatrix}.$$

Dieser Ansatz führt auf:

(I) $\quad 5 = x_1 \cdot (-1) + x_2 \cdot 4$

(II) $\quad 2 = x_1 \cdot 3 + x_2 \cdot (-2)$.

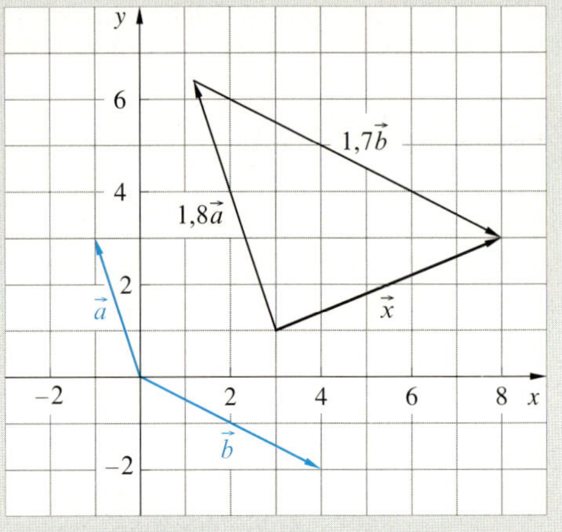

6

Dieses lineare Gleichungssystem hat das Paar $(x_1; x_2) = (1{,}8;\ 1{,}7)$ als Lösung.

Als Darstellung von $\vec{x}$ ergibt sich: $\begin{pmatrix} 5 \\ 2 \end{pmatrix} = 1{,}8 \begin{pmatrix} -1 \\ 3 \end{pmatrix} + 1{,}7 \begin{pmatrix} 4 \\ -2 \end{pmatrix}$,

d. h. $\vec{x}$ lässt sich als Linearkombination von $\vec{a}$ und $\vec{b}$ darstellen.

7. Ermitteln Sie rechnerisch, ob sich die Vektoren $\vec{x}$ in Aufgabe 6 jeweils aus den angegebenen Vektoren $\vec{a_1}$ und $\vec{a_2}$ linear kombinieren lassen und geben Sie die entsprechenden Koeffizienten an. Vergleichen Sie mit den Ergebnissen der Aufgabe 6.

Beispiel 3 *Darstellung eines Vektors als Linearkombination anderer Vektoren*

Ist $\begin{pmatrix} 7 \\ 3 \\ 2 \end{pmatrix}$ eine Linearkombination der Vektoren $\begin{pmatrix} 1 \\ 3 \\ 1 \end{pmatrix}$, $\begin{pmatrix} 0 \\ 1 \\ 0 \end{pmatrix}$, $\begin{pmatrix} 1 \\ 2 \\ 1 \end{pmatrix}$ und $\begin{pmatrix} 0 \\ 2 \\ 1 \end{pmatrix}$, so existieren reelle Zahlen $x_1, \ldots, x_4$ so, dass gilt:

$$\begin{pmatrix} 7 \\ 3 \\ 2 \end{pmatrix} = x_1 \begin{pmatrix} 1 \\ 3 \\ 1 \end{pmatrix} + x_2 \begin{pmatrix} 0 \\ 1 \\ 0 \end{pmatrix} + x_3 \begin{pmatrix} 1 \\ 2 \\ 1 \end{pmatrix} + x_4 \begin{pmatrix} 0 \\ 2 \\ 1 \end{pmatrix}.$$

Es ergibt sich das lineare Gleichungssystem

(I) $\quad x_1 + x_3 = 7$

(II) $\quad 3x_1 + x_2 + 2x_3 + 2x_4 = 3$

(III) $\quad x_1 + x_3 + x_4 = 2$

Dieses Gleichungssystem besitzt eine 1-parametrige Lösung: $L = \{(-t+7; t-8; t; -5) \mid t \in \mathbb{R}\}$ (vgl. Kapitel D).

Für die Darstellung des gegebenen Vektors als Linearkombination der anderen vier Vektoren gibt es also unendlich viele Möglichkeiten.

Die Frage, ob sich ein Vektor $\vec{x}$ als Linearkombination von vorgegebenen Vektoren $\vec{a}$ und $\vec{b}$ (oder auch $\vec{a}$, $\vec{b}$ und $\vec{c}$) darstellen lässt, ist, bezogen auf unser Eingangsbeispiel, gleichbedeutend mit der Frage, ob sich eine Farbe aus vorgegebenen anderen Farben mischen lässt.

8. Stellen Sie, falls möglich, $\vec{x}$ als Linearkombination der Vektoren $\vec{a_1}, \ldots, \vec{a_n}$ dar. Äußern Sie sich jeweils über Existenz und Eindeutigkeit der gesuchten Koeffizienten.

a) $\vec{x} = \begin{pmatrix} 2 \\ 3 \\ 4 \end{pmatrix}$, $\vec{a_1} = \begin{pmatrix} 0 \\ 1 \\ 2 \end{pmatrix}$, $\vec{a_2} = \begin{pmatrix} -3 \\ 0 \\ 1 \end{pmatrix}$, $\vec{a_3} = \begin{pmatrix} 7 \\ 3 \\ 2 \end{pmatrix}$

b) $\vec{x} = \begin{pmatrix} 2 \\ 2 \\ 2 \end{pmatrix}$, $\vec{a_1} = \begin{pmatrix} 1 \\ 0 \\ 0 \end{pmatrix}$, $\vec{a_2} = \begin{pmatrix} 0 \\ 1 \\ 0 \end{pmatrix}$, $\vec{a_3} = \begin{pmatrix} 0 \\ 0 \\ 1 \end{pmatrix}$, $\vec{a_4} = \begin{pmatrix} 1 \\ 1 \\ 1 \end{pmatrix}$

c) $\vec{x} = \begin{pmatrix} 2 \\ 2 \\ 2 \end{pmatrix}$, $\vec{a_1} = \begin{pmatrix} 1 \\ 0 \\ 0 \end{pmatrix}$, $\vec{a_2} = \begin{pmatrix} 0 \\ 1 \\ 0 \end{pmatrix}$, $\vec{a_3} = \begin{pmatrix} 0 \\ 0 \\ 1 \end{pmatrix}$

d) $\vec{x} = \begin{pmatrix} 2 \\ 2 \\ 2 \end{pmatrix}$, $\vec{a_1} = \begin{pmatrix} 1 \\ 0 \\ 0 \end{pmatrix}$, $\vec{a_2} = \begin{pmatrix} 0 \\ 1 \\ 0 \end{pmatrix}$ **e)** $\vec{x} = \begin{pmatrix} 2 \\ 0 \\ 2 \end{pmatrix}$, $\vec{a_1} = \begin{pmatrix} 1 \\ 0 \\ 0 \end{pmatrix}$, $\vec{a_2} = \begin{pmatrix} 0 \\ 0 \\ 1 \end{pmatrix}$

f) $\vec{x} = \begin{pmatrix} 0 \\ 0 \\ 0 \end{pmatrix}$, $\vec{a_1} = \begin{pmatrix} 1 \\ 0 \\ 0 \end{pmatrix}$, $\vec{a_2} = \begin{pmatrix} 0 \\ 1 \\ 0 \end{pmatrix}$, $\vec{a_3} = \begin{pmatrix} 0 \\ 0 \\ 1 \end{pmatrix}$, $\vec{a_4} = \begin{pmatrix} 1 \\ 1 \\ 1 \end{pmatrix}$.

Bei der Linearkombination von Vektoren können einige besondere Fälle auftreten, die sinnvoller Weise einen eigenen Namen haben.

DEFINITION

Zwei Vektoren $\vec{a}$ und $\vec{b}$ heißen **kollinear**, wenn einer der beiden Vektoren ein Vielfaches des anderen Vektors ist, also wenn eine reelle Zahl r existiert, sodass gilt: $\vec{a} = r\vec{b}$.

Drei Vektoren $\vec{a}$, $\vec{b}$ und $\vec{c}$ heißen **komplanar**, wenn sich einer von ihnen als Linearkombination der beiden anderen darstellen lässt, also wenn reelle Zahlen r und s existieren, sodass gilt: $\vec{c} = r\vec{a} + s\vec{b}$.

Anmerkungen:
Kollineare Vektoren stimmen in ihrer Richtung überein (Bild 7).
Komplanare Vektoren haben Repräsentanten in derselben Ebene (Bild 8).

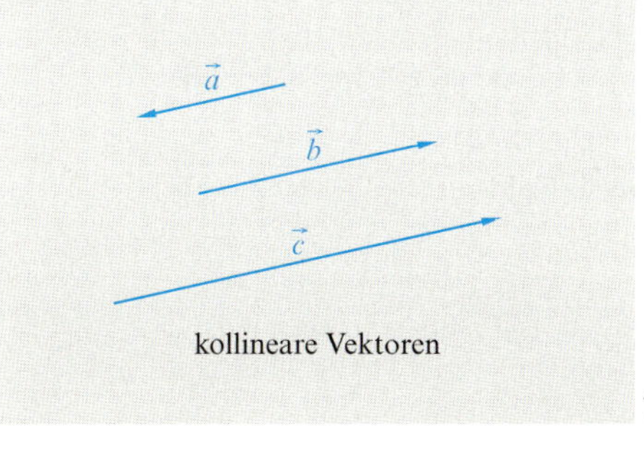

7

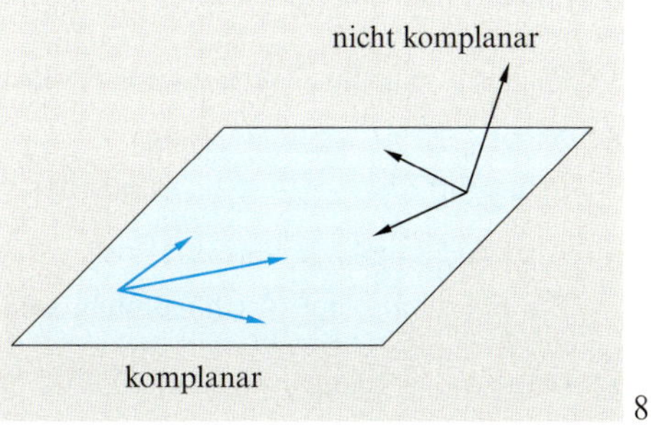

8

9. **a)** Geben Sie alle Vektoren an, die durch die Eckpunkte des Quaders in Bild 9 beschrieben werden und die mit dem Vektor $\overrightarrow{OA}$ ($\overrightarrow{MB}$, $\overrightarrow{DR}$) kollinear sind.

b) Geben Sie alle Vektoren an, die durch die Eckpunkte des Quaders beschrieben werden und die mit den Vektoren $\overrightarrow{OA}$ und $\overrightarrow{OB}$ ($\overrightarrow{MB}$ und $\overrightarrow{MS}$, $\overrightarrow{DR}$ und $\overrightarrow{RB}$) komplanar sind.

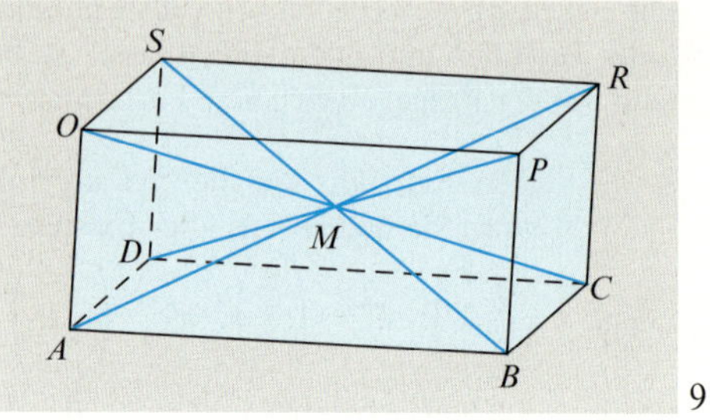

9

10. Untersuchen Sie, ob die beiden gegebenen Vektoren kollinear sind.

a) $\begin{pmatrix}4\\6\end{pmatrix}, \begin{pmatrix}8\\-12\end{pmatrix}$ **b)** $\begin{pmatrix}5\\-2\end{pmatrix}, \begin{pmatrix}6{,}5\\-0{,}5\end{pmatrix}$ **c)** $\begin{pmatrix}4\\7\end{pmatrix}, \begin{pmatrix}0\\0\end{pmatrix}$ **d)** $\begin{pmatrix}a\\8\end{pmatrix}, \begin{pmatrix}9\\-12\end{pmatrix}, a \in \mathbb{R}$

e) $\begin{pmatrix}3\\5\\-8\end{pmatrix}, \begin{pmatrix}-6\\-10\\-16\end{pmatrix}$ **f)** $\begin{pmatrix}3\\6\\-9\end{pmatrix}, \begin{pmatrix}0\\0\\0\end{pmatrix}$ **g)** $\begin{pmatrix}1\\0\\0\end{pmatrix}, \begin{pmatrix}0\\0\\1\end{pmatrix}$ **h)** $\begin{pmatrix}3{,}5\\5\\-8{,}5\end{pmatrix}, \begin{pmatrix}4{,}9\\7\\-11{,}9\end{pmatrix}$

11. Untersuchen Sie, ob die drei gegebenen Vektoren komplanar sind.

a) $\begin{pmatrix}3\\-5\end{pmatrix}, \begin{pmatrix}1\\0\end{pmatrix}, \begin{pmatrix}0\\1\end{pmatrix}$ **b)** $\begin{pmatrix}4\\6\end{pmatrix}, \begin{pmatrix}2\\-3\end{pmatrix}, \begin{pmatrix}-8\\-18\end{pmatrix}$ **c)** $\begin{pmatrix}23\\-15\end{pmatrix}, \begin{pmatrix}1{,}3\\2{,}5\end{pmatrix}, \begin{pmatrix}0\\0\end{pmatrix}$

d) $\begin{pmatrix}1\\0\\0\end{pmatrix}, \begin{pmatrix}0\\1\\0\end{pmatrix}, \begin{pmatrix}0\\0\\1\end{pmatrix}$ **e)** $\begin{pmatrix}4\\2\\3\end{pmatrix}, \begin{pmatrix}6\\2\\5\end{pmatrix}, \begin{pmatrix}1\\-1\\1\end{pmatrix}$ **f)** $\begin{pmatrix}1\\a\\0\end{pmatrix}, \begin{pmatrix}0\\1\\1\end{pmatrix}, \begin{pmatrix}1\\0\\1\end{pmatrix}, a \in \mathbb{R}$

SATZ 1 Zwei Vektoren $\vec{a}$ und $\vec{b}$ sind genau dann kollinear, wenn sich der Nullvektor als Linearkombination beider Vektoren darstellen lässt, d. h., wenn es zwei reelle Zahlen m und n gibt, die nicht beide gleich null sind, sodass gilt: $m\vec{a} + n\vec{b} = \vec{o}$.

SATZ 2 Drei Vektoren $\vec{a}$, $\vec{b}$ und $\vec{c}$ sind komplanar, wenn sich der Nullvektor als Linearkombination dieser Vektoren darstellen lässt, d. h., wenn es drei reelle Zahlen m, n und p gibt, die nicht alle gleich null sind, sodass gilt: $m\vec{a} + n\vec{b} + p\vec{c} = \vec{o}$.

Beweis zu Satz 1:

(1) Sind die Vektoren $\vec{a}$ und $\vec{b}$ kollinear, so gibt es eine reelle Zahl r, sodass gilt: $r\vec{a} = \vec{b}$.
Addiert man auf beiden Seiten der Gleichung das Entgegengesetzte von $\vec{b}$, so erhält man: $r\vec{a} + (-1)\vec{b} = \vec{o}$.
Es gibt also reelle Zahlen $m\,(m = r)$ und $n\,(n = -1)$, sodass gilt: $m\vec{a} + n\vec{b} = \vec{o}$.

(2) Es sei $m\vec{a} + n\vec{b} = \vec{o}$ und $m \neq 0$.
Dann gilt: $\vec{a} = -\frac{n}{m} \cdot \vec{b}$, d. h., es existiert eine reelle Zahl $r\,(r = -\frac{n}{m})$ mit $\vec{a} = r\vec{b}$.
Also sind $\vec{a}$ und $\vec{b}$ kollinear.
Für $m = 0$ (also $n \neq 0$) schließt man analog.

12.* Beweisen Sie Satz 2.

Der Nullvektor $\vec{o}$ lässt sich aus beliebigen Vektoren $\vec{a_1}, \ldots, \vec{a_n}$ linear kombinieren:
$\vec{o} = 0 \cdot \vec{a_1} + 0 \cdot \vec{a_2} + \ldots + 0 \cdot \vec{a_n}$.

Da alle Koeffizienten gleich null sind, heißt eine solche Linearkombination **triviale Linearkombination** von $\vec{o}$.

DEFINITION Die Vektoren $\vec{a_1}, \ldots, \vec{a_n}$ heißen genau dann **linear abhängig**, wenn sich aus ihnen der Nullvektor auf nichttriviale Weise linear kombinieren lässt.

Andernfalls heißen sie **linear unabhängig**.

Daraus ergeben sich anschaulich folgende Aussagen:

1. Zwei Vektoren sind genau dann linear unabhängig, wenn es keine Gerade gibt, zu der die Repräsentanten beider Vektoren parallel sind (Bild 10a).
2. Drei Vektoren sind genau dann linear unabhängig, wenn es keine Ebene gibt, zu der die Repräsentanten aller drei Vektoren parallel sind (Bild 10b).

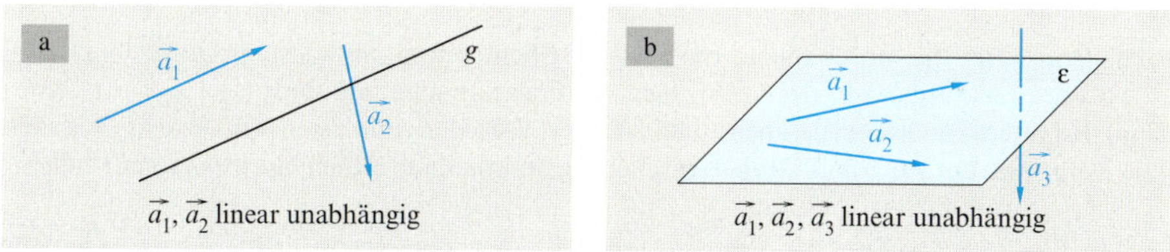

10

Beispiel 4 *Lineare Unabhängigkeit von drei Vektoren*

Die Vektoren $\begin{pmatrix}1\\3\\1\end{pmatrix}$, $\begin{pmatrix}1\\2\\1\end{pmatrix}$ und $\begin{pmatrix}0\\2\\1\end{pmatrix}$ werden auf lineare Unabhängigkeit überprüft.

Aus dem Ansatz $x_1\begin{pmatrix}1\\3\\1\end{pmatrix} + x_2\begin{pmatrix}1\\2\\1\end{pmatrix} + x_3\begin{pmatrix}0\\2\\1\end{pmatrix} = \begin{pmatrix}0\\0\\0\end{pmatrix}$ ergibt sich

$$\begin{aligned} x_1 + x_2 &= 0 \\ 3x_1 + 2x_2 + 2x_3 &= 0 \\ x_1 + x_2 + x_3 &= 0 \end{aligned} \quad \text{bzw.} \quad \begin{aligned} x_1 + x_2 &= 0 \\ x_2 - 2x_3 &= 0 \\ x_3 &= 0 \end{aligned}$$

und damit $x_1 = x_2 = x_3 = 0$. Also sind die drei Vektoren linear unabhängig.

13. Prüfen Sie die folgenden Tripel von Vektoren auf lineare Unabhängigkeit:

a) $\begin{pmatrix}3\\-5\end{pmatrix}, \begin{pmatrix}1\\0\end{pmatrix}, \begin{pmatrix}0\\1\end{pmatrix}$ **b)** $\begin{pmatrix}4\\6\end{pmatrix}, \begin{pmatrix}-2\\-3\end{pmatrix}, \begin{pmatrix}-8\\-18\end{pmatrix}$ **c)** $\begin{pmatrix}-23\\-15\end{pmatrix}, \begin{pmatrix}1{,}3\\2{,}5\end{pmatrix}, \begin{pmatrix}0\\0\end{pmatrix}$

d) $\begin{pmatrix}1\\0\\0\end{pmatrix}, \begin{pmatrix}0\\1\\0\end{pmatrix}, \begin{pmatrix}0\\0\\1\end{pmatrix}$ **e)** $\begin{pmatrix}4\\-2\\3\end{pmatrix}, \begin{pmatrix}6\\-2\\5\end{pmatrix}, \begin{pmatrix}1\\-1\\1\end{pmatrix}$ **f)** $\begin{pmatrix}1\\-a\\0\end{pmatrix}, \begin{pmatrix}0\\1\\1\end{pmatrix}, \begin{pmatrix}1\\0\\1\end{pmatrix}$; $a \in \mathbb{R}$.

14. Untersuchen Sie, ob die vier Vektoren $\begin{pmatrix}1\\3\\1\end{pmatrix}, \begin{pmatrix}0\\1\\0\end{pmatrix}, \begin{pmatrix}1\\2\\1\end{pmatrix}$ und $\begin{pmatrix}0\\2\\1\end{pmatrix}$ linear unabhängig sind.

15. Experimentieren Sie mit verschiedenen Vektoren und beantworten Sie folgende Fragen (siehe Bild 11):

a) Sind bereits zwei Vektoren des Raumes zur Darstellung aller Vektoren des Raumes ausreichend? Begründen Sie Ihre Antwort.

b) Welche Bedingungen müssen an drei Vektoren des Raumes gestellt werden, damit sich aus ihnen jeder Vektor des Raumes linear kombinieren lässt?

c) Wie viele und welche Art Vektoren sind notwendig, um mithilfe ihrer Vervielfachung bzw. Addition alle Vektoren einer Ebene darstellen zu können?

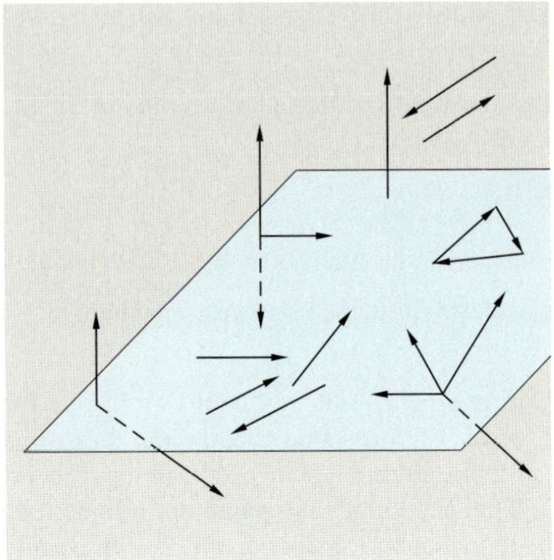

11

16. a) Begründen Sie anschaulich, dass in der Ebene jeweils mindestens (höchstens) zwei Vektoren ausgewählt werden können, die linear unabhängig sind.

b) Erläutern Sie, wie viele linear unabhängige Vektoren mindestens (höchstens) notwendig sind, um jeden Vektor des Anschauungsraumes aus diesen Vektoren darzustellen.

DEFINITION Linear unabhängige Vektoren, aus denen sich jeder Vektor eines Raumes bzw. einer Ebene erzeugen lässt, bilden eine **Basis des Raumes** bzw. **der Ebene**. Durch die Anzahl der Vektoren einer Basis wird die **Dimension** eines Vektorraumes bestimmt.

Anmerkungen:

Man bezeichnet eine Ebene auch als **zweidimensionalen Vektorraum**, unseren Anschauungsraum dagegen als **dreidimensionalen Vektorraum**.

Bilden z. B. die linear unabhängigen Vektoren $\vec{a}$, $\vec{b}$ und $\vec{c}$ eine Basis eines dreidimensionalen Vektorraumes, so gibt es für jeden Vektor $\vec{x}$ dieses Vektorraumes reelle Zahlen r, s und t mit $\vec{x} = r\vec{a} + s\vec{b} + t\vec{c}$.

Man nennt $r\vec{a}$, $s\vec{b}$ und $t\vec{c}$ die **Komponenten** des Vektors $\vec{x}$ bezüglich der Basis $\{\vec{a}, \vec{b}, \vec{c}\}$.

17. Welche Bedeutung haben die Komponenten, wenn Sie sie auf das Farbbeispiel (Aufgabe 1, Seite 52) übertragen?

18. a) Geben Sie wenigstens drei Paare verschiedener Vektoren (verschiedene Pfeile sind nicht ausreichend) an, die eine Basis der durch die Punkte A, B und D bestimmten Ebene bilden (Bild 12).

b) Geben Sie wenigstens drei Tripel verschiedener Vektoren an, die eine Basis des durch die Punkte A, B, D und J bestimmten Raumes bilden.

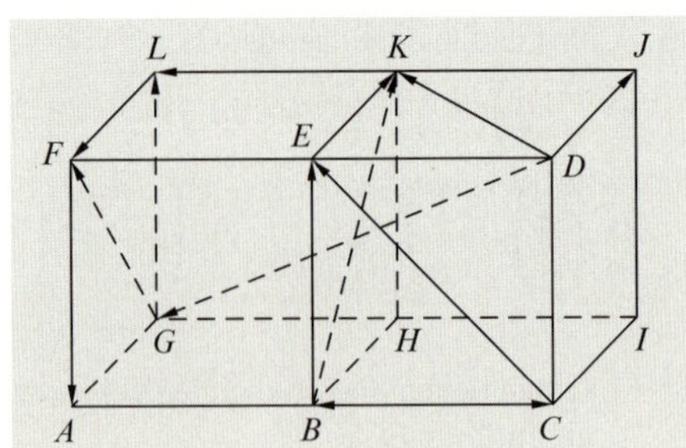

12

Beispiel 5 *Ist die Basis eines Raumes eindeutig bestimmt?*

Die drei Vektoren $\vec{a}$, $\vec{b}$ und $\vec{c}$ seien eine Basis des Raumes (Bild 13).

Es ist zu entscheiden, ob auch die Vektoren $\vec{x} = \vec{a} - \vec{b}$, $\vec{y} = \vec{a} - \vec{c}$ und $\vec{z} = \vec{b} + \vec{c}$ eine Basis dieses Raumes bilden.

Zur Veranschaulichung seien $\vec{a} = \overrightarrow{AB}$, $\vec{b} = \overrightarrow{AD}$ und $\vec{c} = \overrightarrow{AE}$ drei linear unabhängige Vektoren des Raumes.
Dann ist $\vec{x} = \overrightarrow{DB} = -\overrightarrow{BD}$, $\vec{y} = \overrightarrow{EB} = -\overrightarrow{BE}$ und $\vec{z} = \overrightarrow{AH}$.
Offenbar spannen die Vektoren $\overrightarrow{BD}$ und $\overrightarrow{BE}$ eine Ebene auf, die die Punkte B, D und E enthält, nicht jedoch den Punkt A.

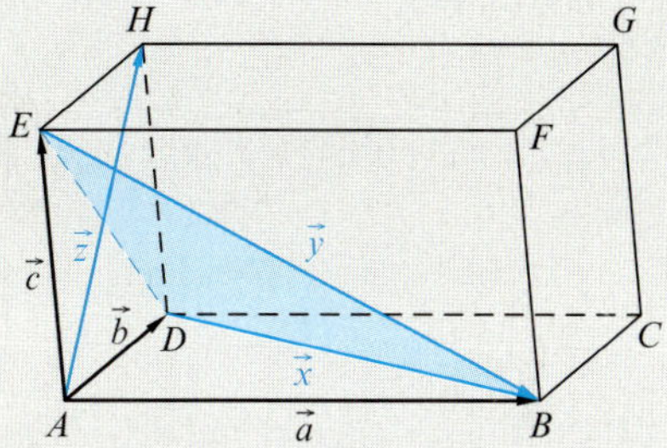

13

Wir müssen zeigen, dass sich der Nullvektor nur dann als Linearkombination von $\vec{x}$, $\vec{y}$ und $\vec{z}$ darstellen lässt, wenn die dabei auftretenden Koeffizienten r, s und t alle drei null sind.

Es gilt $\quad \vec{o} = r\vec{x} + s\vec{y} + t\vec{z} = r(\vec{a} - \vec{b}) + s(\vec{a} - \vec{c}) + t(\vec{b} + \vec{c}) = (r+s)\,\vec{a} + (t-r)\,\vec{b} + (t-s)\,\vec{c}$.

Da die Vektoren $\vec{a}$, $\vec{b}$ und $\vec{c}$ linear unabhängig sind, lässt sich der Nullvektor aus ihnen nur auf triviale Weise kombinieren, d. h. für die Koeffizienten von $\vec{a}$, $\vec{b}$ bzw. $\vec{c}$ gilt:

(I) $r + s = 0$
(II) $t - r = 0$ $\quad$ und damit $t = 0$, $s = 0$ und $r = 0$.
(III) $t - s = 0$

Also sind $\vec{x}$, $\vec{y}$, $\vec{z}$ linear unabhängig. Sie bilden somit eine Basis des Raumes.

19. Untersuchen Sie, ob die Vektoren $\vec{m} = \vec{a} + \vec{b}$, $\vec{n} = \vec{b} - \vec{c}$ und $\vec{q} = \vec{c} - \vec{a}$ ($\vec{x} = \vec{a} - \vec{b}$, $\vec{y} = \vec{a} - \vec{c}$ und $\vec{z} = \vec{b} - \vec{c}$) eine Basis des Raumes darstellen, wenn $\{\vec{a}, \vec{b}, \vec{c}\}$ eine Basis des Raumes bildet.
Veranschaulichen Sie sich den Sachverhalt vorher an einem Quader.

Nach den Aufgaben 15–19 und Beispiel 5 gilt also zusammenfassend:

Die Basis eines Vektorraumes ist nicht eindeutig bestimmt.
Je n linear abhängige Vektoren bilden eine Basis eines n-dimensionalen Vektorraumes.

20. Untersuchen Sie, ob folgende Paare von Vektoren eine Basis des $\mathbb{R}^2$ bilden.

a) $\begin{pmatrix} -1 \\ 4 \end{pmatrix}, \begin{pmatrix} 3 \\ 0 \end{pmatrix}$ $\quad$ **b)** $\begin{pmatrix} -6 \\ 2 \end{pmatrix}, \begin{pmatrix} 18 \\ -6 \end{pmatrix}$ $\quad$ **c)** $\begin{pmatrix} 0 \\ 0 \end{pmatrix}, \begin{pmatrix} 4 \\ 7 \end{pmatrix}$

21. Untersuchen Sie, ob die drei Vektoren eine Basis des $\mathbb{R}^3$ bilden.

a) $\begin{pmatrix} 6 \\ -2 \\ 8 \end{pmatrix}, \begin{pmatrix} 4 \\ 4 \\ 2 \end{pmatrix}, \begin{pmatrix} -2 \\ 4 \\ 8 \end{pmatrix}$ $\quad$ **b)** $\begin{pmatrix} 1 \\ 3 \\ 1 \end{pmatrix}, \begin{pmatrix} 0 \\ 1 \\ 0 \end{pmatrix}, \begin{pmatrix} 1 \\ 2 \\ 1 \end{pmatrix}$ $\quad$ **c)** $\begin{pmatrix} 6 \\ 0 \\ -4 \end{pmatrix}, \begin{pmatrix} 4 \\ -6 \\ -6 \end{pmatrix}, \begin{pmatrix} -4 \\ 0 \\ -6 \end{pmatrix}$

Beispiel 6 *Darstellung eines Vektors bezüglich einer vorgegebenen Basis*

Der Vektor $\vec{x} = \begin{pmatrix} 4 \\ 1 \\ 5 \end{pmatrix}$ soll bezüglich der Basis $\begin{pmatrix} 1 \\ 2 \\ 1 \end{pmatrix}, \begin{pmatrix} 0 \\ 1 \\ 1 \end{pmatrix}, \begin{pmatrix} -1 \\ 1 \\ 0 \end{pmatrix}$ des $\mathbb{R}^3$ dargestellt werden.

$\begin{pmatrix} 4 \\ 1 \\ 5 \end{pmatrix}$ ist Linearkombination der Vektoren $\begin{pmatrix} 1 \\ 2 \\ 1 \end{pmatrix}, \begin{pmatrix} 0 \\ 1 \\ 1 \end{pmatrix}, \begin{pmatrix} -1 \\ 1 \\ 0 \end{pmatrix}$ genau dann, wenn reelle Zahlen r, s und t existieren, sodass gilt: $\begin{pmatrix} 4 \\ 1 \\ 5 \end{pmatrix} = r \begin{pmatrix} 1 \\ 2 \\ 1 \end{pmatrix} + s \begin{pmatrix} 0 \\ 1 \\ 1 \end{pmatrix} + t \begin{pmatrix} -1 \\ 1 \\ 0 \end{pmatrix}$.

Es ergibt sich folgendes Gleichungssystem:

(I) $4 = r - t$

(II) $1 = 2r + s + t$

(III) $5 = r + s$ und damit $r = 0$, $s = 5$ und $t = -4$.

Also ist $\begin{pmatrix} 4 \\ 1 \\ 5 \end{pmatrix} = 0 \cdot \begin{pmatrix} 1 \\ 2 \\ 1 \end{pmatrix} + 5 \cdot \begin{pmatrix} 0 \\ 1 \\ 1 \end{pmatrix} - 4 \cdot \begin{pmatrix} -1 \\ 1 \\ 0 \end{pmatrix}$.

22. Bestimmen Sie die Koordinaten von $\vec{x}$ bezüglich der Basis $\left\{ \begin{pmatrix} 1 \\ 1 \\ 1 \end{pmatrix}, \begin{pmatrix} 0 \\ 1 \\ 0 \end{pmatrix}, \begin{pmatrix} 1 \\ 1 \\ 0 \end{pmatrix} \right\}$ des $\mathbb{R}^3$.

a) $\vec{x} = \begin{pmatrix} 3 \\ 2 \\ 6 \end{pmatrix}$ **b)** $\vec{x} = \begin{pmatrix} 3 \\ 4 \\ 5 \end{pmatrix}$ **c)** $\vec{x} = \begin{pmatrix} 1 \\ 0 \\ 0 \end{pmatrix}$ **d)** $\vec{x} = \begin{pmatrix} 13 \\ -21 \\ 17 \end{pmatrix}$

In der Ebene bzw. im Raum wählen wir als Basisvektoren oft paarweise aufeinander senkrecht stehende Einheitsvektoren $\vec{e_1}$ und $\vec{e_2}$ bzw. $\vec{e_1}$, $\vec{e_2}$ und $\vec{e_3}$. Diese bilden zusammen mit einem festen Punkt O das uns bekannte kartesische Koordinatensystem.

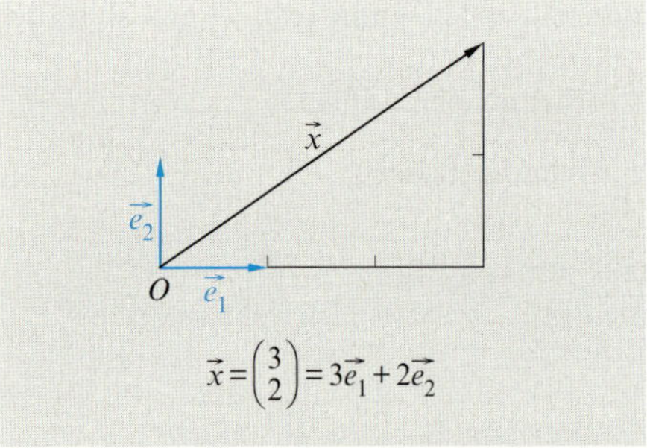

14

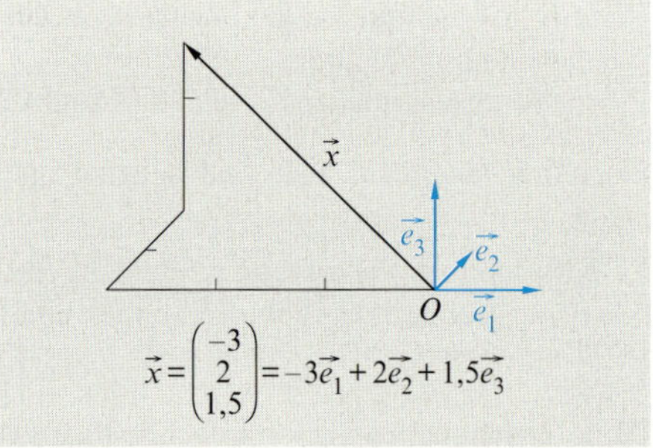

15

Man nennt $\left\{ \begin{pmatrix} 1 \\ 0 \end{pmatrix}, \begin{pmatrix} 0 \\ 1 \end{pmatrix} \right\}$ die **kanonische**[1] **Basis der Ebene** (Bild 14) bzw. $\left\{ \begin{pmatrix} 1 \\ 0 \\ 0 \end{pmatrix}, \begin{pmatrix} 0 \\ 1 \\ 0 \end{pmatrix}, \begin{pmatrix} 0 \\ 0 \\ 1 \end{pmatrix} \right\}$ die **kanonische Basis des Raumes** (Bild 15).

Bezüglich einer solchen Basis ist die Darstellung jedes Vektors als Linearkombination der Basisvektoren besonders einfach.

[1] aus canonicus (lat.) = regelmäßig bzw. kanonikós (griech.) = als Vorbild dienend

23. Stellen Sie folgende Vektoren als Linearkombination der kanonischen Basis dar.

a) $\begin{pmatrix}4\\7\end{pmatrix}, \begin{pmatrix}-8\\5\end{pmatrix}, \begin{pmatrix}-23\\11\end{pmatrix}, \begin{pmatrix}2{,}7\\1\end{pmatrix}$ **b)** $\begin{pmatrix}1\\2\\3\end{pmatrix}, \begin{pmatrix}-7\\3\\9\end{pmatrix}, \begin{pmatrix}-56\\-11\\2\end{pmatrix}, \begin{pmatrix}0{,}7\\4{,}9\\7{,}8\end{pmatrix}$

24. a) Bestimmen Sie für den Vektor $\vec{x}$ aus Beispiel 6 die Koordinaten bezüglich der kanonischen Basis und vergleichen Sie beide Koordinatendarstellungen.

b) Formulieren Sie eine Aussage über die Koordinatendarstellungen eines Vektors bezüglich verschiedener Basen des entsprechenden Vektorraumes.

Mithilfe von Vektoren lassen sich manche geometrische Beweise besonders elegant führen.

So kann man den Satz über die Diagonalen im Parallelogramm nicht nur elementargeometrisch unter Einbeziehung von Kongruenzsätzen, sondern auch vektoriell beweisen.

25. Beweisen Sie mithilfe der Kongruenzsätze von Dreiecken, dass die Diagonalen in einem Parallelogramm einander halbieren.

Beispiel 7 *Beweis aus Aufgabe 25 mithilfe der Eigenschaften von Vektoren*

Voraussetzung: Sei $ABCD$ ein Parallelogramm, also $\overrightarrow{AB} \parallel \overrightarrow{CD}$ und $\overrightarrow{AB} = -\overrightarrow{CD}$ bzw. $\overrightarrow{BC} \parallel \overrightarrow{AD}$ und $\overrightarrow{BC} = \overrightarrow{AD}$, sowie $\overrightarrow{AB} \nparallel \overrightarrow{BC}$ und M der Schnittpunkt der Diagonalen (Bild 16).

Behauptung: $\overrightarrow{AM} = \frac{1}{2}\overrightarrow{AC}$ und $\overrightarrow{BM} = \frac{1}{2}\overrightarrow{BD}$

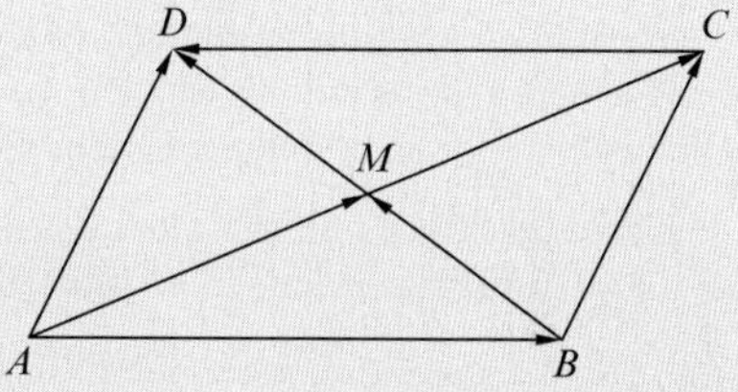

16

Beweis: Da M der Strecke $\overline{AC}$ und der Strecke $\overline{BD}$ angehört, sind $\overrightarrow{AM}$ und $\overrightarrow{AC}$ bzw. $\overrightarrow{BM}$ und $\overrightarrow{BD}$ linear abhängig. Es existieren also reelle Zahlen r und s so, dass gilt: $\overrightarrow{AM} = r \cdot \overrightarrow{AC}$ und $\overrightarrow{BM} = s \cdot \overrightarrow{BD}$. Diese Zahlen r und s werden ermittelt.

Der Vektor $\overrightarrow{AB}$ lässt sich als Linearkombination der Vektoren $\overrightarrow{AM}$ und $\overrightarrow{MB}$ darstellen.

Es gilt:

$$\overrightarrow{AB} = \overrightarrow{AM} + \overrightarrow{MB} = r\,\overrightarrow{AC} + (-s\,\overrightarrow{BD}) = r(\overrightarrow{AB} + \overrightarrow{BC}) - s(\overrightarrow{BC} + \overrightarrow{CD}) = r(\overrightarrow{AB} + \overrightarrow{BC}) - s(\overrightarrow{BC} - \overrightarrow{AB})$$

also:

$$\overrightarrow{AB} = (r+s)\,\overrightarrow{AB} + (r-s)\,\overrightarrow{BC} \quad \text{bzw.} \quad (r+s-1)\,\overrightarrow{AB} + (r-s)\,\overrightarrow{BC} = 0.$$

Da $\overrightarrow{AB}$ und $\overrightarrow{BC}$ linear unabhängig sind, muss in der obigen Gleichung gelten:

(I) $r+s-1=0$

(II) $r-s=0$

bzw. (I)+(II): $2r-1=0$ oder $r=\frac{1}{2}$ also auch $s=\frac{1}{2}$.

Damit ergibt sich $\overrightarrow{AM} = \frac{1}{2}\overrightarrow{AC}$ und $\overrightarrow{BM} = \frac{1}{2}\overrightarrow{BD}$, w.z.b.w.

26. a) Formulieren Sie die Umkehrung des Satzes aus Aufgabe 25.
b) Beweisen Sie die in a) formulierte Aussage vektoriell.

27. Beweisen Sie vektoriell:
a) Die Verbindungsstrecke der Mittelpunkte zweier Dreiecksseiten ist zur dritten Seite parallel und halb so lang wie diese.
b) Die Seitenhalbierenden eines Dreiecks teilen einander im Verhältnis 2 : 1.

ZUSAMMENFASSUNG

Der **Vektor $\vec{a}$** ist die Klasse aller Pfeile, die zum Pfeil $\vec{a}$ parallel, gleich lang und gleich gerichtet sind. Jeder Pfeil der Menge ist ein **Repräsentant** des Vektors.

Vektoren der Ebene bzw. des Raumes können bezüglich eines kartesischen Koordinatensystems eindeutig durch ihre **Koordinaten** beschrieben werden: $\vec{a} = \begin{pmatrix} a_1 \\ a_2 \end{pmatrix}$ und $\vec{a} = \begin{pmatrix} a_1 \\ a_2 \\ a_3 \end{pmatrix}$.

Ortsvektor des Punktes A heißt der Vektor, der den Pfeil $\overrightarrow{OA}$ als Repräsentanten enthält.

Betrag des Vektors $\vec{a}$ heißt die Länge eines beliebigen seiner Repräsentanten.

Eine Menge V, in der die Operationen $+$ (die zwei beliebigen Elemente $\vec{a}, \vec{b} \in V$ eindeutig ein Element $\vec{a} + \vec{b} \in V$ zuordnet) und $\cdot$ (die jedem Element $\vec{a} \in V$ und jeder reellen Zahl r genau ein Element $r \cdot \vec{a} \in V$ zuordnet) definiert sind, heißt genau dann **Vektorraum**, wenn bezüglich dieser Operationen bestimmte Gesetze (**Vektorraumaxiome**) gelten (vgl. dazu Seite 48).

Insbesondere muss es ein **neutrales Element** $\vec{o} \in V$ geben, sodass für alle $\vec{a} \in V$ gilt: $\vec{a} + \vec{o} = \vec{a}$ und für jedes $\vec{a} \in V$ muss es ein **inverses Element** $\vec{a}' \in V$ geben, sodass gilt: $\vec{a} + \vec{a}' = \vec{o}$.

Eine Teilmenge U eines Vektorraums V, die selbst einen Vektorraum bezüglich der Addition und der Vervielfachung von V bildet, nennt man einen **Unterraum von V**.

Der Vektor $\vec{x} = x_1 \overrightarrow{a_1} + x_2 \overrightarrow{a_2} + \ldots + x_n \overrightarrow{a_n}$ heißt **Linearkombination der Vektoren $\overrightarrow{a_1}, \overrightarrow{a_2}, \ldots, \overrightarrow{a_n}$**, wobei $x_1, x_2, \ldots, x_3$ reelle Zahlen sind.

Zwei Vektoren $\vec{a}$ und $\vec{b}$ heißen **kollinear**, wenn einer der beiden Vektoren ein Vielfaches des anderen Vektors ist.

Drei Vektoren $\vec{a}$, $\vec{b}$ und $\vec{c}$ heißen **komplanar**, wenn sich einer von ihnen als Linearkombination der beiden anderen darstellen lässt.

Die Vektoren $\overrightarrow{a_1}, \overrightarrow{a_2}, \ldots, \overrightarrow{a_n}$ heißen **linear unabhängig**, wenn sich aus ihnen der Nullvektor nur auf triviale Weise (d. h. alle Koeffizienten gleich null) kombinieren lässt.

Linear unabhängige Vektoren, aus denen sich jeder Vektor eines Raumes bzw. einer Ebene erzeugen lässt, bilden eine **Basis des Raumes** bzw. **der Ebene**.

kanonische Basis der Ebene: $\left\{ \begin{pmatrix} 1 \\ 0 \end{pmatrix}, \begin{pmatrix} 0 \\ 1 \end{pmatrix} \right\}$ bzw. des Raumes: $\left\{ \begin{pmatrix} 1 \\ 0 \\ 0 \end{pmatrix}, \begin{pmatrix} 0 \\ 1 \\ 0 \end{pmatrix}, \begin{pmatrix} 0 \\ 0 \\ 1 \end{pmatrix} \right\}$

Durch die Anzahl der Vektoren einer Basis wird die **Dimension eines Vektorraumes** bestimmt.

C

Beschreibung von Geraden und Ebenen mithilfe von Vektoren

Zwei Inseln sollen durch einen unterirdischen Eisenbahntunnel verbunden werden. Es ist vorgesehen, mit dem Bau von beiden Inseln aus zu beginnen, indem man an den Endpunkten *A* und *B* des geplanten Tunnels zwei geradlinige Trassen in den Meeresboden bohrt.

Wie lässt sich absichern, dass sich die beiden Trassen treffen?

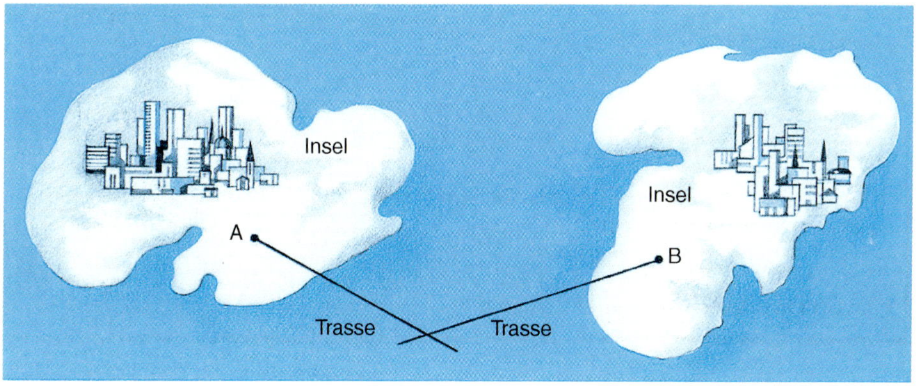

Wie lässt sich feststellen, ob zwei beliebige Geraden im Raum einander schneiden?

Bei den Untersuchungen zum Schnittverhalten von Geraden im Kapitel B traten Schwierigkeiten auf, wenn es um Geraden ging, die nicht in einer gemeinsamen Ebene liegen (siehe Aufgabe 18, Abschnitt A3).

Durch den Einsatz von Vektoren können diese Schwierigkeiten überwunden werden.

Vektoren eröffnen weitere Möglichkeiten, geometrische Objekte durch Gleichungen zu beschreiben. Der Nutzen vektorieller Beschreibungen von Punktmengen zeigt sich schon an den einfachsten geometrischen Objekten, den Geraden. Alle Geraden lassen sich durch eine Vektorgleichung derselben Form beschreiben und das macht es möglich, ihre gegenseitige Lage rechnerisch mit demselben mathematischen Handwerkszeug zu untersuchen.

Wir sprechen von **Geraden einer Ebene**, wenn die Geradenpunkte durch je ein Paar von Koordinaten festgelegt sind und von **Geraden im Raum**, wenn für die Angabe der Geradenpunkte je drei Koordinaten nötig sind. Es sind auch Geraden in höherdimensionalen Räumen denkbar, z. B. **Geraden in einem vierdimensionalen Raum**, wenn für jeden Geradenpunkt noch eine vierte Koordinate (etwa eine Zeitkoordinate) angegeben ist.

1 Parametergleichungen von Geraden in Vektorschreibweise

Parametergleichung einer Geraden in Punktrichtungsform

1. Ein Bagger, der sich im Punkt P mit dem Ortsvektor $\vec{p} = \overrightarrow{OP}$ befindet, wird um den Vektor $\vec{a}$ $(\vec{a} \neq \vec{o})$ verschoben. Er steht danach im Punkt Q mit dem Ortsvektor $\vec{q} = \vec{p} + \vec{a}$ (Bild 1).

a) Übertragen Sie Bild 1 in Ihr Heft und markieren Sie die Punkte, die der Bagger erreicht hat, wenn er um den Vektor $t\vec{a}$ mit $t = 2;\ -1;\ -0{,}5;\ \frac{1}{2};\ 1\frac{1}{2};\ 3$ verschoben wird.

b) Auf welcher Bahn würde sich der Bagger bei den Verschiebungen um den Vektor $t\vec{a}$ bewegen, wenn t die gesamte Menge $\mathbb{R}$ der reellen Zahlen durchliefe?

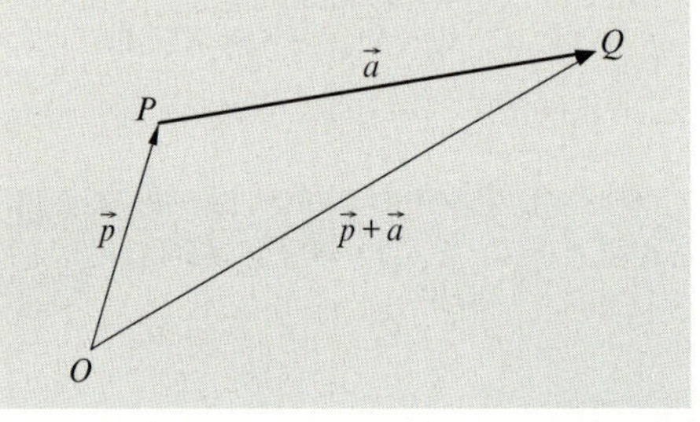

1

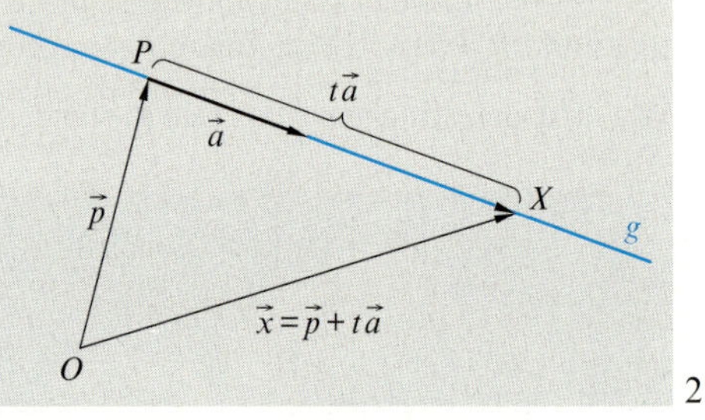

2

> **SATZ 1** Ist P ein Punkt mit dem Ortsvektor $\vec{p}$ und $\vec{a}$ ein vom Nullvektor verschiedener Vektor, so beschreibt die Vektorgleichung
>
> $\vec{x} = \vec{p} + t\vec{a}$ mit $t \in \mathbb{R}$ (1)
>
> eine **Gerade g durch den Punkt P** (vgl. Bild 2).

Die Variable t in der Gleichung (1) heißt **Parameter** der Gleichung.
Die Gleichung $\vec{x} = \vec{p} + t\vec{a}$ ist eine **Parametergleichung** in Vektorschreibweise.

2. Veranschaulichen Sie die folgenden Geraden in einem ebenen bzw. räumlichen Koordinatensystem.

a) $\vec{x} = t\begin{pmatrix}0\\1\end{pmatrix},\ t \in \mathbb{R}$ **b)** $\vec{x} = \begin{pmatrix}1\\1\end{pmatrix} + t\begin{pmatrix}1\\-1\end{pmatrix},\ t \in \mathbb{R}$ **c)** $\vec{x} = \begin{pmatrix}-1\\2\end{pmatrix} + t\begin{pmatrix}3\\-2\end{pmatrix},\ t \in \mathbb{R}$

d) $\vec{x} = t\begin{pmatrix}0\\1\\0\end{pmatrix},\ t \in \mathbb{R}$ **e)** $\vec{x} = \begin{pmatrix}0\\-1\\0\end{pmatrix} + t\begin{pmatrix}0\\0\\1\end{pmatrix},\ t \in \mathbb{R}$ **f)** $\vec{x} = \begin{pmatrix}1\\1\\1\end{pmatrix} + t\begin{pmatrix}1\\1\\0\end{pmatrix},\ t \in \mathbb{R}$

3. Beschreiben Sie die Lage der folgenden Geraden in einem räumlichen kartesischen Koordinatensystem.

a) $\vec{x} = t\begin{pmatrix}-1\\1\\0\end{pmatrix},\ t \in \mathbb{R}$ **b)** $\vec{x} = \begin{pmatrix}0\\0\\1\end{pmatrix} + t\begin{pmatrix}1\\0\\0\end{pmatrix},\ t \in \mathbb{R}$

c) $\vec{x} = \begin{pmatrix}0\\1\\1\end{pmatrix} + t\begin{pmatrix}-1\\1\\0\end{pmatrix},\ t \in \mathbb{R}$ **d)** $\vec{x} = \begin{pmatrix}1\\2\\3\end{pmatrix} + t\begin{pmatrix}0\\-1\\0\end{pmatrix},\ t \in \mathbb{R}$

4. Welche Punktmenge wird durch die Vektorgleichung $\vec{x} = \vec{p} + t\vec{a}$ beschrieben, wenn

a) der Parameter t das abgeschlossene Intervall $[0; 1]$ durchläuft;

b) der Parameter t durch die Bedingung $t \geq 0$ eingeschränkt ist;

c) für t nur der Wert -2 zugelassen ist?

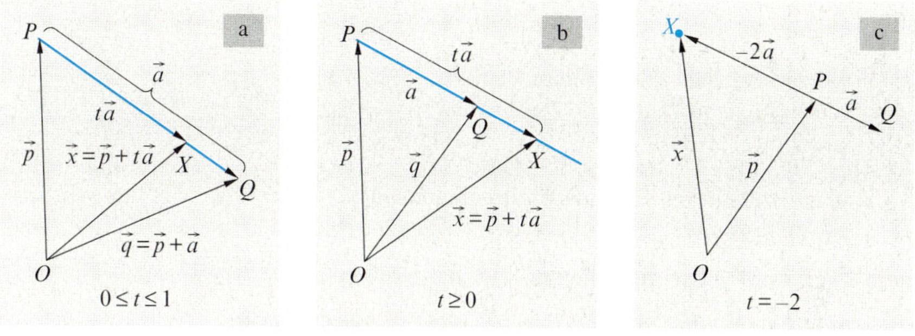

3

5. Stellen Sie die Punktmengen, die durch die folgenden Parametergleichungen beschrieben werden, in einem ebenen bzw. räumlichen Koordinatensystem grafisch dar.

a) $\vec{x} = \begin{pmatrix} 3 \\ -2 \end{pmatrix} + t\begin{pmatrix} 1 \\ 1 \end{pmatrix},\ t \in \mathbb{R}$

b) $\vec{x} = \begin{pmatrix} 2 \\ 1 \end{pmatrix} + t\begin{pmatrix} -5 \\ 4 \end{pmatrix},\ t \in \mathbb{R},\ -1 \leq t \leq 2$

c) $\vec{x} = t\begin{pmatrix} 1 \\ 1 \\ 0 \end{pmatrix},\ t \in \mathbb{R},\ t \leq 0$

d) $\vec{x} = t\begin{pmatrix} 0 \\ -1 \\ 0 \end{pmatrix},\ t \in \mathbb{Z}$

6. Welche Punktmengen werden durch die folgenden Parametergleichungen beschrieben?

a) $\vec{x} = \vec{p} + 2t\vec{a},\ t \in \mathbb{R}$

b) $\vec{x} = \vec{p} - t\vec{a},\ t \in \mathbb{R}$

c) $\vec{x} = \vec{p} + \frac{1}{t}\vec{a},\ t \in \mathbb{R},\ t \neq 0$

d) $\vec{x} = \vec{p} + t^2\vec{a},\ t \in \mathbb{R}$

Ist nun umgekehrt zum Sachverhalt in Satz 1 eine Gerade g vorgegeben, so findet man zu g stets auch eine sie beschreibende Parametergleichung in Vektorschreibweise.

Jede Gerade g ist nämlich durch einen Geradenpunkt P und ihre Richtung eindeutig bestimmt. Die Richtung von g lässt sich durch einen vom Nullvektor verschiedenen Vektor $\vec{a}$ angeben, dessen Pfeile parallel zu g verlaufen. Man nennt ihn **Richtungsvektor von g**.

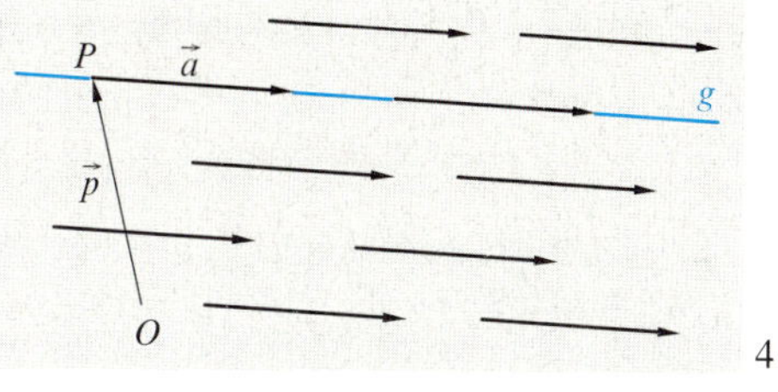

4

SATZ 2 Ist g eine Gerade, die durch den Punkt P mit dem Ortsvektor $\vec{p}$ verläuft und den Richtungsvektor $\vec{a}$ besitzt, so gibt es zum Ortsvektor $\vec{x}$ eines jeden Geradenpunktes X von g eine reelle Zahl t, die die Parametergleichung $\vec{x} = \vec{p} + t\vec{a}$ erfüllt.

Die Gleichung $\vec{x} = \vec{p} + t\vec{a}$ nennt man **Parametergleichung von g in Punktrichtungsform**.
Der Ortsvektor $\vec{p}$ des beliebig ausgewählten Punktes P von g heißt **Stützvektor von g**.
Die reelle Zahl t ist der zum Punkt X gehörende Parameterwert in der Gleichung $\vec{x} = \vec{p} + t\vec{a}$.

Begründung zu Satz 2:
Für jeden Punkt X von g ist der Vektor $\overrightarrow{PX}$ ein Vielfaches von $\vec{a}$. Also gibt es ein $t \in \mathbb{R}$ mit $\overrightarrow{PX} = \vec{x} - \vec{p} = t\vec{a}$.

7. Beschreiben Sie die Geraden g und h aus Bild 5 durch je eine Parametergleichung.

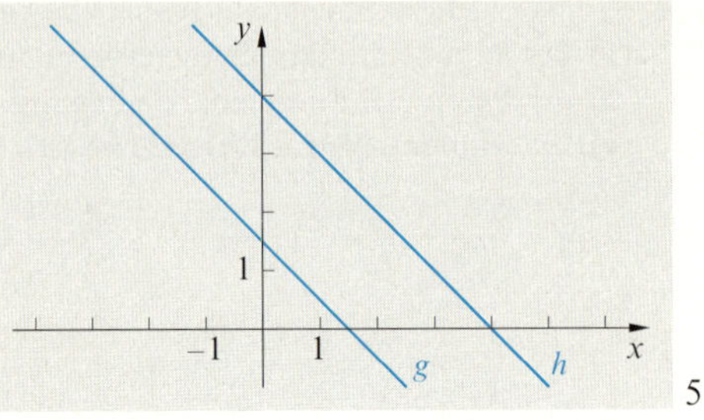

5

8. Veranschaulichen Sie die Gerade g in einem x-y-Koordinatensystem und beschreiben Sie diese Gerade anschließend durch eine Parametergleichung in Punktrichtungsform.

a) g geht durch den Koordinatenursprung und hat den Richtungsvektor $\begin{pmatrix} 1 \\ -1 \end{pmatrix}$.

b) g geht durch den Punkt $P(-2; -1)$ und hat dieselbe Richtung wie die y-Achse.

9. g sei die Gerade, die durch den Punkt P geht und den Richtungsvektor $\vec{a}$ besitzt. Geben Sie mindestens drei weitere Punkte von g an und beschreiben Sie die Gerade g durch eine Parametergleichung in Punktrichtungsform.

a) $P(3; -1), \vec{a} = \begin{pmatrix} -2 \\ 3 \end{pmatrix}$ **b)** $P(-6; 3; 2), \vec{a} = \begin{pmatrix} 1 \\ -1 \\ 1 \end{pmatrix}$

10. Begründen Sie: Parameterwerte, die zu verschiedenen Punkten von g in der Gleichung $\vec{x} = \vec{p} + t\vec{a}$ gehören, sind voneinander verschieden.

11. a) Gesucht ist eine Parameterdarstellung in Punktrichtungsform einer Geraden g, die durch den Punkt $P(8; 1; -5)$ geht und den Richtungsvektor $\vec{a} = \begin{pmatrix} -5 \\ 2 \\ 3 \end{pmatrix}$ besitzt.

b) Zu welchen Punkten von g gehören die Parameterwerte $t = -4; 1; 0{,}1; 3{,}5$?

c) Welcher Parameterwert gehört zum Punkt P?

12. Die Parametergleichung $\vec{x} = \begin{pmatrix} 2 \\ -5 \\ 3 \end{pmatrix} + t\begin{pmatrix} -1 \\ -2 \\ 6 \end{pmatrix}$ $(t \in \mathbb{R})$ beschreibt unter der einschränkenden Bedingung $-3 \leq t \leq 3$ eine Strecke $\overline{PQ}$.

a) Berechnen Sie die Endpunkte P, Q und den Mittelpunkt M der Strecke.

b) Drücken Sie den Ortsvektor $\vec{m}$ des Mittelpunktes M von $\overline{PQ}$ durch die Ortsvektoren $\vec{p}$ und $\vec{q}$ der Punkte P und Q aus.

c) Die Strecke $\overline{PQ}$ wird in drei gleiche Teile zerlegt. Die zwei Teilungspunkte seien A und B. Geben Sie für die Teilstrecke $\overline{AB}$ von $\overline{PQ}$ das zugehörige Parameterintervall an und berechnen Sie die Koordinaten der Punkte A und B.

Durch jede Gleichung der Form $\vec{x} = \vec{p} + t\vec{a}$ $(\vec{a} \neq \vec{o}, t \in \mathbb{R})$ ist genau eine Gerade festgelegt. Umgekehrt gibt es für jede Gerade g nicht nur eine Parametergleichung in Punktrichtungsform.

13. Begründen Sie, dass jede Gerade beliebig viele Parameterdarstellungen besitzt.

14. Gegeben ist die Gerade $g\colon \vec{x} = \begin{pmatrix} -1 \\ -2 \\ 5 \end{pmatrix} + t \begin{pmatrix} 19 \\ 0 \\ -4 \end{pmatrix}$ mit $t \in \mathbb{R}$.

a) Welche der folgenden Vektoren sind ebenfalls Richtungsvektoren von g?
$\begin{pmatrix} -19 \\ 0 \\ 4 \end{pmatrix}, \begin{pmatrix} -19 \\ 0 \\ -4 \end{pmatrix}, \begin{pmatrix} -38 \\ 0 \\ 8 \end{pmatrix}, \begin{pmatrix} 38 \\ 1 \\ -8 \end{pmatrix}$

b) Geben Sie zwei weitere Parametergleichungen für g an, indem Sie in der Vektorgleichung den Richtungsvektor durch einen anderen ersetzen.

c) Begründen Sie: Ist $\vec{a}$ ein Richtungsvektor einer Geraden g, so ist jeder Vektor $\vec{b} = r\vec{a}$ mit $r \neq 0$ ebenfalls ein Richtungsvektor von g und die Parametergleichungen $\vec{x} = \vec{p} + t\vec{a}$ $(t \in \mathbb{R})$ bzw. $\vec{x} = \vec{p} + s\vec{b}$ $(s \in \mathbb{R})$ beschreiben dieselbe Gerade (Bild 6).

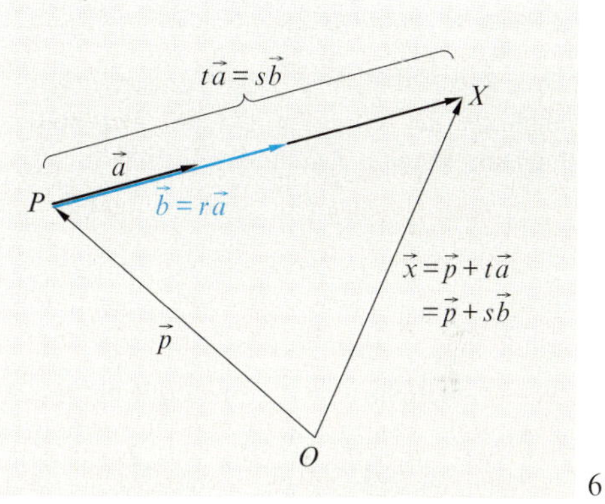

6

15. Begründen Sie: Wählt man in der Parameterdarstellung $\vec{x} = \vec{p} + t\vec{a}$ einer Geraden g statt des Stützvektors $\vec{p}$ den Ortsvektor eines anderen Geradenpunktes, so erhält man eine weitere Parameterdarstellung für g.

16. a) Zeigen Sie, dass für Gleichungen $\vec{x} = \begin{pmatrix} -2 \\ 3 \\ -5 \end{pmatrix} + t \begin{pmatrix} 4 \\ -5 \\ -3 \end{pmatrix}$ mit $t \in \mathbb{R}$ und $\vec{x} = \begin{pmatrix} -2 \\ 3 \\ -5 \end{pmatrix} + s \begin{pmatrix} -12 \\ 15 \\ 9 \end{pmatrix}$ mit $s \in \mathbb{R}$ dieselbe Gerade g beschreiben.

b) Q und R seien die Punkte der Geraden g aus a), die zu den Parameterwerten $t = 1$ bzw. $t = -2$ in der 1. Parametergleichung ($\vec{x} = \vec{p} + t\vec{a}$) gehören. Berechnen Sie die Parameterwerte s der beiden Punkte in der 2. Gleichung ($\vec{x} = \vec{p} + s\vec{b}$).

c) Der Punkt X habe in der Parametergleichung $\vec{x} = \vec{p} + s\vec{b}$ von g den Parameterwert $s = 3$. Welcher Parameterwert gehört zu X in der Gleichung $\vec{x} = \vec{p} + t\vec{a}$?

17. Geben Sie für die Gerade g mindestens vier weitere Parameterdarstellungen an.

a) $g\colon \vec{x} = \begin{pmatrix} -4 \\ 1 \end{pmatrix} + t \begin{pmatrix} 2 \\ -3 \end{pmatrix}, t \in \mathbb{R}$

b) $g\colon \vec{x} = \begin{pmatrix} 7 \\ 0 \\ -5 \end{pmatrix} + t \begin{pmatrix} 3 \\ -2 \\ 1 \end{pmatrix}, t \in \mathbb{R}$

c) $g\colon \vec{x} = t \begin{pmatrix} -8 \\ 6 \\ 12 \end{pmatrix}, t \in \mathbb{R}$

d) $g\colon \vec{x} = \begin{pmatrix} 0 \\ 2 \\ 5 \end{pmatrix} + t \begin{pmatrix} -1 \\ -4 \\ -9 \end{pmatrix}, t \in \mathbb{R}$

Parametergleichung einer Geraden in Zweipunkteform

Eine besondere Form der Beschreibung einer Geraden g durch eine Punktrichtungsgleichung erhält man, wenn von g zwei verschiedene Punkte gegeben sind.

18. Es seien P und Q zwei voneinander verschiedene Punkte. Beschreiben Sie die Verbindungsgerade der beiden Punkte P, Q durch eine Parametergleichung.

SATZ 3 Die Verbindungsgerade der beiden voneinander verschiedenen Punkte P und Q mit den Ortsvektoren $\vec{p}$ bzw. $\vec{q}$ lässt sich durch die Gleichung

$$\vec{x} = \vec{p} + t(\vec{q} - \vec{p}) \quad \text{mit } t \in \mathbb{R} \qquad (2)$$

beschreiben.

Diese spezielle Form (2) der Punktrichtungsgleichung der Geraden g heißt **Parametergleichung von g in Zweipunkteform** (Bild 7).

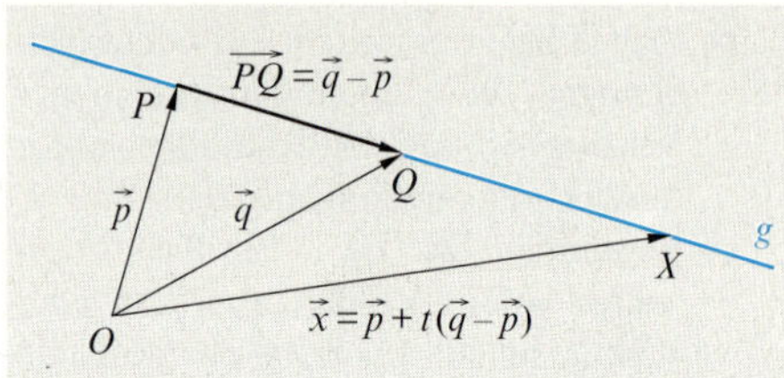

7

19. Geben Sie eine Parametergleichung für die Verbindungsgerade der Punkte P und Q an.

a) $P(1; -1)$, $Q(-4; 3)$ **b)** $P(0; 0)$, $Q(q_1; q_2)$ **c)** $P(p_1; p_2)$, $Q(q_1; q_2)$
d) $P(-2; 6; 1)$, $Q(3; -2; 4)$ **e)** $P(-7; 2; 3)$, $Q(0; 0; 0)$ **f)** $P(p_1; p_2; p_3)$, $Q(q_1; q_2; q_3)$

20. Gesucht ist eine Parametergleichung für die Gerade g.

a) g geht durch die Punkte $P(-3; p_2)$ und $Q(q_1; -1)$.
b) g geht durch den Punkt $P(2; 2; 1)$ und schneidet die y-Achse an der Stelle $y = 2$.
c) g schneidet die x-Achse an der Stelle $x = -7$ und die z-Achse an der Stelle $z = 11$.

21. g ist die Gerade durch die Punkte P und Q. Geben Sie mindestens vier verschiedene Parameterdarstellungen für g an, indem Sie unterschiedliche Stützvektoren und unterschiedliche Richtungsvektoren wählen.

a) $P(1; 0; -3)$, $Q(-2; 2; -2)$ **b)** $P(-1; 5; 3)$, $Q(1; 2; 3)$

Die Punktprobe an einer Geraden

22. Erläutern Sie mithilfe von Satz 3, wie man entscheiden kann, ob die Gerade

$$g: \vec{x} = \begin{pmatrix} 2 \\ 0 \\ -3 \end{pmatrix} + t \begin{pmatrix} 4 \\ -6 \\ 1 \end{pmatrix} \text{ mit } t \in \mathbb{R} \text{ durch den Punkt } Q(-5; 3; 6) \text{ geht.}$$

Das Überprüfen, ob ein Punkt zu einer Geraden gehört, nennt man **Punktprobe**.
Der Rechenaufwand für eine Punktprobe lässt sich reduzieren, wenn man bei der Durchführung in der Sprache der Vektorrechnung bleibt.

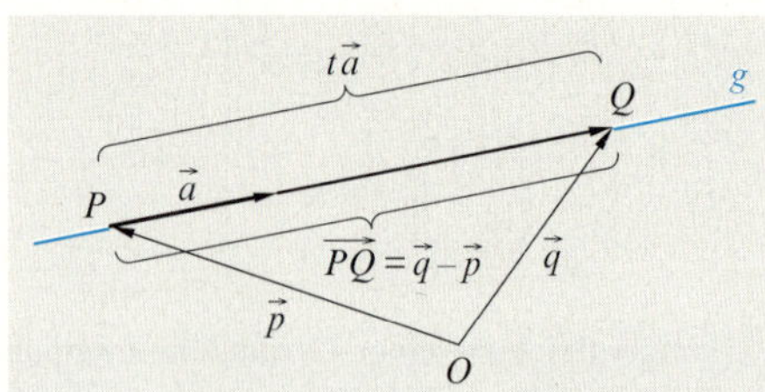

8

SATZ 4 Ein Punkt Q liegt genau dann auf der Geraden g, die durch den Punkt P geht und den Richtungsvektor $\vec{a}$ besitzt, wenn der Verbindungsvektor $\overrightarrow{PQ}$ der beiden Punkte P und Q ein Vielfaches des Richtungsvektors $\vec{a}$ der Geraden g ist.

23. Beweisen Sie Satz 4 mithilfe von Satz 2.

24. Entscheiden Sie mithilfe von Satz 4, welcher der Punkte A, B, C auf der Geraden g liegt. Berechnen Sie gegebenenfalls den zugehörigen Parameterwert.

$A(-5;\,3;\,6)$, $B(-10;\,22;\,12)$, $C(0;\,7;\,-5{,}5)$; $\quad g\colon \vec{x} = \begin{pmatrix} 2 \\ 4 \\ -3 \end{pmatrix} + t\begin{pmatrix} 4 \\ -6 \\ 5 \end{pmatrix},\ t \in \mathbb{R}$

25. Welche der folgenden Geraden (mit $t \in \mathbb{R}$) geht durch den Koordinatenursprung?

a) $\vec{x} = \begin{pmatrix} 2 \\ -9 \end{pmatrix} + t\begin{pmatrix} -56 \\ 252 \end{pmatrix}$ **b)** $\vec{x} = \begin{pmatrix} -2 \\ 3 \\ -5 \end{pmatrix} + t\begin{pmatrix} 4 \\ -6 \\ -10 \end{pmatrix}$ **c)** $\vec{x} = t\begin{pmatrix} 5 \\ 15 \\ -34 \end{pmatrix}$

26. Gegeben sind eine Gerade g und zwei Punkte A, B.
Bestimmen Sie die fehlenden Koordinaten so, dass A auf g liegt, die Gerade g aber nicht durch B geht.

a) $g\colon \vec{x} = \begin{pmatrix} -1 \\ -2 \\ 0 \end{pmatrix} + t\begin{pmatrix} 2 \\ -1 \\ -1 \end{pmatrix},\ t \in \mathbb{R};\ A(x;\,-3;\,-1),\ B(-1;\,y;\,0)$

b) $g\colon \vec{x} = \begin{pmatrix} 3 \\ -2 \\ 4 \end{pmatrix} + t\begin{pmatrix} 9 \\ 2 \\ 3 \end{pmatrix},\ t \in \mathbb{R};\ A(-3;\,y;\,z),\ B(x;\,-6;\,z)$

27. Die Gerade g geht durch die Punkte $P(2;\,-3)$ und $Q(6;\,-1)$.
Untersuchen Sie, ob g auch durch die Punkte $R(4;\,-9)$ und $S(-6;\,-7)$ geht.

Beispiel 1 *Punktprobe an einer Strecke*

Es soll geprüft werden, ob der Punkt $P(5;\,14;\,1)$ auf der Strecke mit den Endpunkten $A(1;\,5;\,3)$ und $B(-3;\,-4;\,5)$ liegt.

$\vec{x} = \begin{pmatrix} 1 \\ 5 \\ 3 \end{pmatrix} + t\begin{pmatrix} -4 \\ -9 \\ 2 \end{pmatrix}$ mit $t \in \mathbb{R}$ ist eine Parametergleichung der Geraden AB.

Unter der Einschränkung $0 \leq t \leq 1$ beschreibt diese Gleichung die Strecke $\overline{AB}$.
Wegen $\overrightarrow{AP} = -\overrightarrow{AB}$ liegt P auf der Geraden AB. Zu P gehört also in der angegebenen Parameterdarstellung der Geraden AB der Parameterwert $t = -1$.
Der Wert $t = -1$ liegt aber nicht im Parameterintervall für die Strecke $\overline{AB}$.
P ist also kein Punkt der Strecke $\overline{AB}$.

28. Entscheiden Sie, ob die Punkte $Q(1;\,\frac{1}{2};\,4)$, $R(-1;\,\frac{1}{2};\,4)$ im Inneren der Strecke $\overline{AB}$ aus Beispiel 1 liegen.

29. Untersuchen Sie, ob der Punkt R auf der Verbindungsgeraden g der beiden Punkte P und Q liegt. Prüfen Sie gegebenenfalls, ob R sogar auf der Strecke $\overline{PQ}$ liegt.

a) $P(5;\,1;\,4)$
$Q(2;\,7;\,0)$
$R(8;\,-5;\,8)$

b) $P(1;\,2;\,3)$
$Q(10;\,9;\,8)$
$R(2;\,1;\,-3)$

c) $P(7;\,0;\,5)$
$Q(3;\,-2;\,6)$
$R(5;\,-1;\,5{,}5)$

Liegen drei paarweise voneinander verschiedene Punkte A, B und C auf einer gemeinsamen Geraden, so sagt man: ***A*, *B* und *C* sind kollineare**[1] **Punkte.**

30. a) Beweisen Sie: Drei paarweise verschiedene Punkte A, B und C sind genau dann kollinear, wenn die Verbindungsvektoren $\overrightarrow{AB}$ und $\overrightarrow{AC}$ linear abhängig sind.

b) Die Reihenfolge der drei Punkte spielt in den Überlegungen zu a) keine Rolle; die drei Punkte sind gleichberechtigt. Welche anderen Möglichkeiten für die Formulierung des Kollinearitätskriteriums ergeben sich daraus?

31. Prüfen Sie die Punkte P, Q, R auf Kollinearität.

a) $P(-2;\,3)$, $Q(4;\,9)$, $R(0;\,6)$

b) $P(-2;\,3;\,1)$, $Q(-2;\,-3;\,-1)$, $R(-2;\,-6;\,-2)$

c) $P(1;\,0,\,1;\,-1)$, $Q(0;\,0;\,0)$, $R\left(-\frac{2}{10};\,6;\,\frac{1}{5}\right)$

d) $P\left(\frac{3}{4};\,-0{,}25\right)$, $Q\left(0;\,-\frac{1}{20}\right)$, $R(-1{,}5;\,-0{,}45)$

ZUSAMMENFASSUNG

Parametergleichungen von Geraden

Gegeben ist die Gerade g durch einen Punkt P mit dem Ortsvektor $\vec{p}$ und dem Richtungsvektor $\vec{a} \neq \vec{o}$.

Parametergleichung von g in Punktrichtungsform: $\vec{x} = \vec{p} + t\vec{a},\ t \in \mathbb{R}$.

Beschreibung von g in einem ebenen Koordinatensystem:
$P = P(p_1;\,p_2)$,

$$\vec{a} = \begin{pmatrix} a_1 \\ a_2 \end{pmatrix},$$

$$\begin{pmatrix} x \\ y \end{pmatrix} = \begin{pmatrix} p_1 \\ p_2 \end{pmatrix} + t\begin{pmatrix} a_1 \\ a_2 \end{pmatrix},\ t \in \mathbb{R}.$$

Beschreibung von g in einem räumlichen Koordinatensystem:
$P = P(p_1;\,p_2;\,p_3)$,

$$\vec{a} = \begin{pmatrix} a_1 \\ a_2 \\ a_3 \end{pmatrix},$$

$$\begin{pmatrix} x \\ y \\ z \end{pmatrix} = \begin{pmatrix} p_1 \\ p_2 \\ p_3 \end{pmatrix} + t\begin{pmatrix} a_1 \\ a_2 \\ a_3 \end{pmatrix},\ t \in \mathbb{R}.$$

Gegeben ist die Gerade g durch zwei Punkte P und Q mit den Ortsvektoren $\vec{p}$ bzw. $\vec{q}$.

Parametergleichung von g in Zweipunkteform: $\vec{x} = \vec{p} + t(\vec{q} - \vec{p}),\ t \in \mathbb{R}$.

Beschreibung von g in einem ebenen Koordinatensystem:

$P = P(p_1;\,p_2)$, $Q = Q(q_1;\,q_2)$,

$$\begin{pmatrix} x \\ y \end{pmatrix} = \begin{pmatrix} p_1 \\ p_2 \end{pmatrix} + t\begin{pmatrix} q_1 - p_1 \\ q_2 - p_2 \end{pmatrix},\ t \in \mathbb{R}.$$

Beschreibung von g in einem räumlichen Koordinatensystem:

$P = P(p_1;\,p_2;\,p_3)$, $Q = Q(q_1;\,q_2;\,q_3)$,

$$\begin{pmatrix} x \\ y \\ z \end{pmatrix} = \begin{pmatrix} p_1 \\ p_2 \\ p_3 \end{pmatrix} + t\begin{pmatrix} q_1 - p_1 \\ q_2 - p_2 \\ q_3 - p_3 \end{pmatrix},\ t \in \mathbb{R}.$$

[1] Das Adjektiv „kollinear“ bezieht sich auf die gegenseitige Lage der Punkte. Es ist vom lateinischen Wort „linea recta“ (gerade Linie) abgeleitet und bedeutet „auf derselben Linie liegend“.

2 Parameterfreie Beschreibungen von Geraden

Geraden in der x-y-Koordinatenebene

Jede der Gleichungen $y = -3x + 5$ und $5x - 4y = 1$ beschreibt eine Gerade in der x-y-Koordinatenebene. Die erste Gleichung ist eine **Geradengleichung in Normalform**, die andere ist eine **allgemeine Geradengleichung** (siehe Abschnitt A3, Seite 15).

Beide Gleichungen sind **parameterfrei**.

1. **a)** Geben Sie von den oben beschriebenen Geraden jeweils zwei Punkte und den Anstieg an.
b) Zeichnen Sie beide Geraden in ein ebenes Koordinatensystem.

2. Beschreiben Sie jede der beiden Geraden aus Aufgabe 1 durch eine Parametergleichung in Zweipunkteform. Verwenden Sie dazu die in Aufgabe 1 berechneten Geradenpunkte.

3. Überlegen Sie, wie man auch mithilfe nur eines Geradenpunktes und des Anstiegs der betreffenden Geraden zu einer Parameterdarstellung der gegebenen Geraden gelangt.
Hinweis: Bild 1 zeigt ein Steigungsdreieck der Geraden g mit der parameterfreien Gleichung $y = mx + n$. Erläutern Sie daran, dass der Vektor $\vec{a} = \begin{pmatrix} 1 \\ m \end{pmatrix}$ ein Richtungsvektor von g ist.

4. Geben Sie für die beiden Geraden aus Aufgabe 1 je eine Parametergleichung in Punktrichtungsform an.
Verwenden Sie dazu einen der bereits berechneten Geradenpunkte und den Anstieg der betreffenden Geraden.

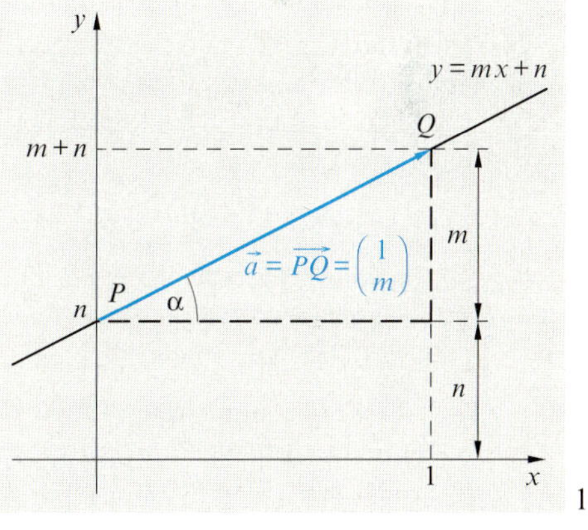

1

5. **a)** Begründen Sie, dass auch jeder Vektor $\vec{b} = \begin{pmatrix} r \\ rm \end{pmatrix}$ mit $r \neq 0$ ein Richtungsvektor der Geraden g mit der parameterfreien Gleichung $y = mx + n$ ist.
b) Geben Sie zwei weitere Parameterdarstellungen für die Geraden aus Aufgabe 1 an.

SATZ 1 Ist g eine Gerade in der x-y-Koordinatenebene mit dem Anstieg m, so ist der Vektor $\vec{a} = \begin{pmatrix} 1 \\ m \end{pmatrix}$ ein Richtungsvektor von g.

Jeder Vektor $\vec{b} = \begin{pmatrix} r \\ rm \end{pmatrix}$ mit $r \neq 0$ ist ebenfalls ein Richtungsvektor von g.

6. Gesucht ist jeweils eine Parameterdarstellung für die Gerade g.

a) $g\colon -3y+x+5=0$ **b)** $g\colon x-y=0$ **c)** $g\colon x+y-1=0$

d) $g\colon y=mx+n;\ m, n \in \mathbb{R}, m \neq 0$ **e)** $g\colon ax+by=c;\ a, b, c \in \mathbb{R}, a \neq 0$ oder $b \neq 0$

Nicht jede Gerade in der x-y-Koordinatenebene lässt sich durch eine Gleichung in Normalform beschreiben (siehe Abschnitt A3, Seite 15).

7. Es sei g die Gerade, die parallel zur y-Achse verläuft und die x-Achse an der Stelle $x=5$ schneidet.

a) Geben Sie einen Richtungsvektor von g an.

b) Beschreiben Sie g durch eine Parametergleichung in Punktrichtungsform.

8. Begründen Sie die folgende Aussage mithilfe einer Skizze.
Jede Gerade, die in der x-y-Koordinatenebene parallel zur y-Achse verläuft, besitzt den Richtungsvektor $\vec{a}=\begin{pmatrix}0\\1\end{pmatrix}$.

Ist die Gerade g in der x-y-Ebene nun umgekehrt durch eine Parameterdarstellung gegeben, so lässt sich daraus problemlos eine parameterfreie Beschreibung für g ermitteln.

Beispiel 1 *Übergang von einer Parametergleichung zu einer parameterfreien Gleichung*

Gesucht ist eine parameterfreie Beschreibung der Geraden $g\colon \vec{x}=\begin{pmatrix}3\\-14\end{pmatrix}+t\begin{pmatrix}-6\\7\end{pmatrix}, t \in \mathbb{R}$.

Wir stellen das zugehörige Gleichungssystem auf: (I) $x=3-6t$; (II) $y=-14+7t$ und **eliminieren den Parameter *t***, indem wir (II) nach t auflösen und den erhaltenen Term für t in (I) einsetzen. Das ergibt die Gleichung $7x+6y=-63$ und das ist eine parameterfreie Beschreibung der Geraden g.

Probe: Die Gerade $h\colon 7x+6y=-63$ hat den Anstieg $m=-\frac{7}{6}$. Also ist $\begin{pmatrix}-6\\7\end{pmatrix}$ ein Richtungsvektor von h. Außerdem liegt der Punkt $P(3; -14)$ von g auch auf h. (Seine Koordinaten erfüllen die Geradengleichung von h.) Folglich ist $g=h$.

9. Die Gerade h ist durch einen Punkt P und einen Richtungsvektor $\vec{a}$ gegeben. Beschreiben Sie h durch eine parameterfreie Gleichung.

a) $P(3; -5), \vec{a}=\begin{pmatrix}-7\\2\end{pmatrix}$ **b)** $P(-9; 3), \vec{a}=\begin{pmatrix}5\\-3\end{pmatrix}$ **c)** $P(0; 0), \vec{a}=\begin{pmatrix}6\\7\end{pmatrix}$

10. Beschreiben Sie die Gerade g durch eine parameterfreie Gleichung.

a) g geht durch den Koordinatenursprung und hat den Richtungsvektor $\begin{pmatrix}-2\\9\end{pmatrix}$.

b) $g\colon \vec{x}=\begin{pmatrix}-2\\3\end{pmatrix}+t\begin{pmatrix}11\\0\end{pmatrix}$ **c)** $g\colon \vec{x}=t\begin{pmatrix}0\\-2\end{pmatrix}$ **d)** $g\colon \vec{x}=\begin{pmatrix}-4\\3\end{pmatrix}+t\begin{pmatrix}2\\3\end{pmatrix}$

11. Zeigen Sie, dass die Gleichungen $3y=-x+21$ und $\vec{x}=\begin{pmatrix}6\\5\end{pmatrix}+t\begin{pmatrix}-12\\4\end{pmatrix}$ mit $t \in \mathbb{R}$ dieselbe Gerade beschreiben.

Geraden im Raum

Auch für Geraden, die durch eine Parameterdarstellung in einem räumlichen Koordinatensystem gegeben sind, gibt es parameterfreie Beschreibungen.

Beispiel 2 *Übergang zu einer parameterfreien Beschreibung für Geraden im Raum*

g sei die Gerade, die durch die beiden Punkte $A(2;\,5;\,3)$ und $B(-2;\,8;\,5)$ geht.
Wir suchen eine parameterfreie Beschreibung für g.

$\begin{pmatrix} x \\ y \\ z \end{pmatrix} = \begin{pmatrix} 2 \\ 5 \\ 3 \end{pmatrix} + t \begin{pmatrix} -4 \\ 3 \\ 2 \end{pmatrix}$ mit $t \in \mathbb{R}$ ist eine Parametergleichung für g in Zweipunkteform.

Das zugehörige Gleichungssystem lautet: (I) $x = 2 - 4t$; (II) $y = 5 + 3t$; (III) $z = 3 + 2t$.

Nun eliminieren wir den Parameter t, indem wir (I) nach t auflösen:

$t = -\frac{1}{4}x + \frac{1}{2}$

und den erhaltenen Term für t in (II) und (III) einsetzen:

$y = \frac{13}{2} - \frac{3}{4}x$ oder $3x + 4y = 26$; $z = 4 - \frac{1}{2}x$ oder $x + 2z = 8$.

Das Ergebnis ist ein parameterfreies lineares Gleichungssystem

$$\begin{array}{ll} \text{(I)} & 3x + 4y \phantom{{}+2z} = 26 \\ \text{(II)} & x \phantom{{}+4y} + 2z = 8 \end{array}$$

mit zwei Gleichungen und drei Variablen.

Dieses Gleichungssystem beschreibt die gegebene Gerade g.

Die Hilfsmittel für eine Probe werden erst in Abschnitt C4 bereitgestellt.

Dort wird nämlich gezeigt, dass jede der beiden Gleichungen des erhaltenen Gleichungssystems eine Ebene beschreibt. Die beiden Ebenen sind voneinander verschieden, aber nicht parallel. Demzufolge ist ihre Schnittmenge eine Gerade. Die Punkte, deren Koordinatentripel Lösungen der beiden Gleichungen sind, liegen in beiden Ebenen. Sie bilden also eine Gerade.

Wir überzeugen uns hier nur davon, dass die Koordinatentripel der Punkte A, B Lösungen des erhaltenen Gleichungssystems sind. Die Schnittmenge der beiden Ebenen enthält folglich diese Punkte; sie ist also die Verbindungsgerade von A und B.

12. Geben Sie eine parameterfreie Beschreibung für die Gerade g an und prüfen Sie mit ihrer Hilfe, welcher der Punkte $A(4;\,3;\,9)$, $B(1;\,-1;\,2)$, $C(6;\,-1;\,2)$ auf g liegt.

a) $g\colon \begin{pmatrix} x \\ y \\ z \end{pmatrix} = \begin{pmatrix} 2 \\ -3 \\ 6 \end{pmatrix} + t \begin{pmatrix} -2 \\ 4 \\ -3 \end{pmatrix},\ t \in \mathbb{R}$

b) $g\colon \begin{pmatrix} x \\ y \\ z \end{pmatrix} = t \begin{pmatrix} 6 \\ -1 \\ 2 \end{pmatrix},\ t \in \mathbb{R}$

c) $g\colon \begin{pmatrix} x \\ y \\ z \end{pmatrix} = \begin{pmatrix} 6 \\ -7 \\ -8 \end{pmatrix} + t \begin{pmatrix} -3 \\ 4 \\ 5 \end{pmatrix},\ t \in \mathbb{R}$

d) $g\colon \begin{pmatrix} x \\ y \\ z \end{pmatrix} = \begin{pmatrix} 0 \\ 5 \\ -2 \end{pmatrix} + t \begin{pmatrix} 7 \\ -1 \\ 2 \end{pmatrix},\ t \in \mathbb{R}$

3 Parametergleichungen und Koordinatengleichungen von Ebenen

Parametergleichung einer Ebene in Dreipunkteform

1. Wie viele Finger sollte ein Kellner mindestens benutzen, um ein Tablett auf den Fingerspitzen sicher tragen zu können?

Eine Ebene ist durch drei paarweise verschiedene Punkte, die nicht auf einer gemeinsamen Geraden liegen, eindeutig bestimmt.
Bekanntlich heißen drei so gelagerte Punkte nicht kollineare Punkte (vgl. mit Seite 70).

2. a) Zeichnen Sie ein Dreieck mit den Eckpunkten P, Q und R und markieren Sie die Punkte S, T, U und V, für die gilt:

$$\overrightarrow{PS} = \overrightarrow{PQ} + \overrightarrow{PR};\ \overrightarrow{PT} = \frac{1}{2}\overrightarrow{PQ} + \frac{1}{2}\overrightarrow{PR};\ \overrightarrow{PU} = \frac{1}{3}\overrightarrow{PQ} + \frac{1}{2}\overrightarrow{PR};\ \overrightarrow{PV} = 2\overrightarrow{PQ} - \overrightarrow{PR}$$

b) Wählen Sie für s und t beliebige reelle Zahlen und markieren Sie in Ihrer Zeichnung von a) diejenigen Punkte X, für die $\overrightarrow{PX} = s\,\overrightarrow{PQ} + t\,\overrightarrow{PR}$ ist.

P, Q und R seien drei nicht kollineare Punkte und ε sei die durch P, Q und R bestimmte Ebene. Jeder weitere Punkt X der Ebene ε wird erreicht, wenn man die Gerade PQ in ε längs der Geraden PR verschiebt, d.h. jeder Punkt X von ε ist der Schnittpunkt einer Parallelen zur Geraden PQ mit einer Parallelen zur Geraden PR. Der Verbindungsvektor $\overrightarrow{PX}$ ist somit die Summe eines Vielfachen von $\overrightarrow{PQ}$ und eines Vielfachen von $\overrightarrow{PR}$, d.h. es gibt reelle Zahlen s und t, sodass $\overrightarrow{PX} = s\,\overrightarrow{PQ} + t\,\overrightarrow{PR}$ ist (vgl. Bild 1).

Ist umgekehrt X ein Punkt, für den es reelle Zahlen s und t gibt, sodass $\overrightarrow{PX} = s\,\overrightarrow{PQ} + t\,\overrightarrow{PR}$ ist, so liegt X in der Ebene ε. Bild 2 zeigt das für $s = 2$ und $t = -1$.
Ein Punkt X liegt demzufolge genau dann in der Ebene ε, wenn es reelle Zahlen s und t gibt, sodass $\overrightarrow{PX} = s\,\overrightarrow{PQ} + t\,\overrightarrow{PR}$ ist.

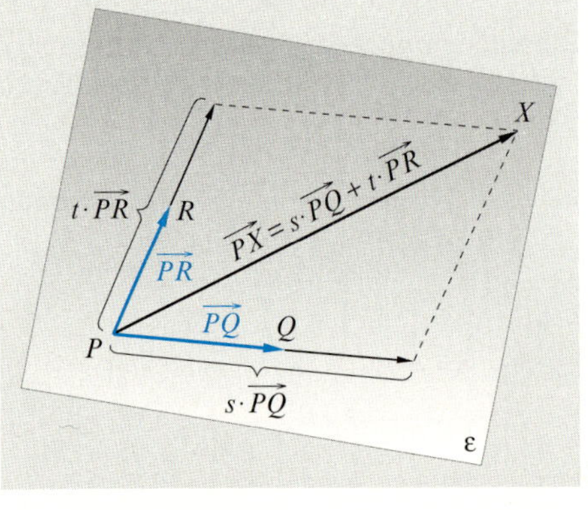

1

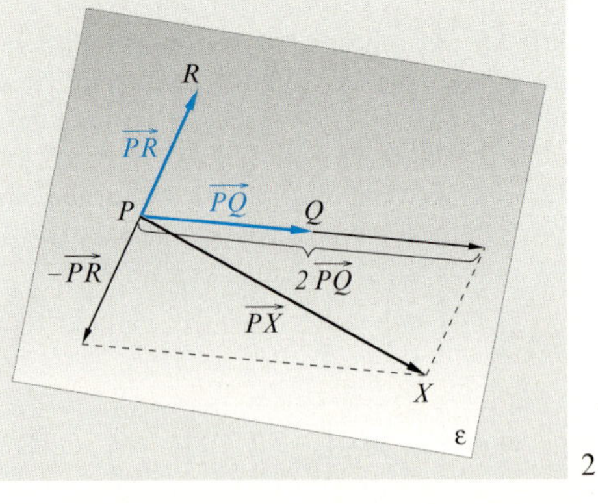

2

Durchlaufen die Parameter s und t unabhängig voneinander die gesamte Menge der reellen Zahlen, so wird jeder Punkt der Ebene ε erfasst. Man sagt deshalb: Die Vektoren $\overrightarrow{PQ}$ und $\overrightarrow{PR}$ spannen die Ebene ε auf.

Verwendet man anstelle der Ebenenpunkte P, Q, R und X deren Ortsvektoren $\vec{p}$, $\vec{q}$, $\vec{r}$ und $\vec{x}$, so erhält man die Gleichung $\vec{x} = \vec{p} + s(\vec{q} - \vec{p}) + t(\vec{r} - \vec{p})$ mit $s,\ t \in \mathbb{R}$ (vgl. Bild 3).

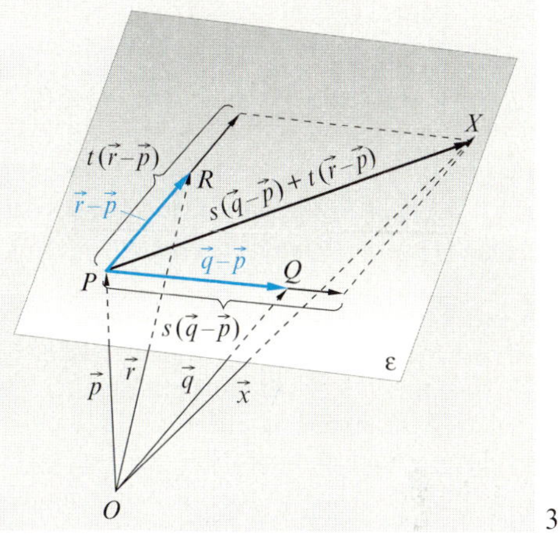

3

> **SATZ 1** ε sei die durch die nicht kollinearen Punkte P, Q, R mit den Ortsvektoren $\vec{p}$, $\vec{q}$, $\vec{r}$ bestimmte Ebene. Dann gibt es zum Ortsvektor $\vec{x}$ eines jeden Ebenenpunktes X ein Paar $(s;\ t)$ von reellen Zahlen, sodass gilt:
>
> $\vec{x} = \vec{p} + s(\vec{q} - \vec{p}) + t(\vec{r} - \vec{p}).$ (1)

Die Gleichung (1) heißt **Parametergleichung der Ebene ε in Dreipunkteform**.
Der Vektor $\vec{p}$ wird **Stützvektor von ε** genannt.
Die Vektoren $\overrightarrow{PQ} = \vec{q} - \vec{p}$ und $\overrightarrow{PR} = \vec{r} - \vec{p}$ heißen **Spann-** oder **Richtungsvektoren von ε**.

3. Begründen Sie, dass die Punkte $A(-1;\ 1;\ 2)$, $B(2;\ 3;\ -1)$ und $C(3;\ 3;\ 3)$ eine Ebene aufspannen und geben Sie für diese Ebene eine Parametergleichung an.

4. Welche Punktmenge wird durch die Parametergleichung (1) beschrieben, wenn s und t durch die folgenden Bedingungen eingeschränkt werden?
a) $s = 0$, t durchläuft $\mathbb{R}$ **b)** $s = t$ und s durchläuft $\mathbb{R}$
c) s und t durchlaufen unabhängig voneinander das Intervall $[0;\ 1]$

5. Auf welcher Seitenfläche des Tetraeders $PQRS$ (Bild 4) liegen die Punkte A, B, C, D, E, für die gilt:

$\vec{a} = \overrightarrow{OA} = \vec{p} + \frac{1}{2}\overrightarrow{PQ} + \frac{1}{3}\overrightarrow{PS}$,

$\vec{b} = \overrightarrow{OB} = \vec{p} + \frac{1}{4}\overrightarrow{PS} + \frac{1}{2}\overrightarrow{PR}$,

$\vec{c} = \overrightarrow{OC} = \vec{p} + \frac{1}{2}\overrightarrow{PR} + \frac{1}{2}\overrightarrow{PQ}$,

$\vec{d} = \overrightarrow{OD} = \vec{s} + 0{,}1\,\overrightarrow{SQ} + 0{,}7\,\overrightarrow{SR}$,

$\vec{e} = \overrightarrow{OE} = \vec{s} + 0{,}4\,\overrightarrow{SP} + 0{,}2\,\overrightarrow{SR}$?

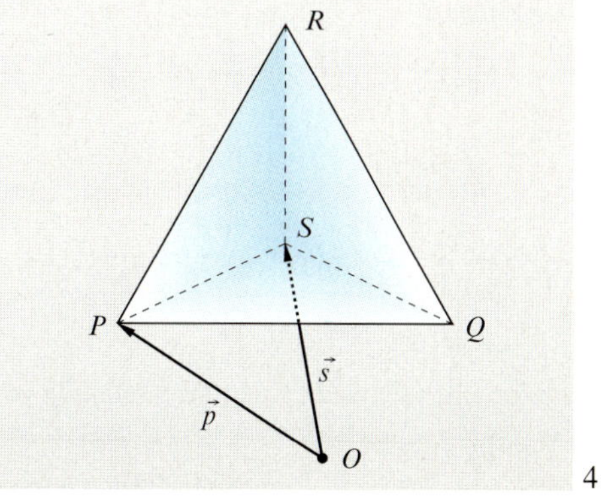

4

Jede Parametergleichung der Form (1) beschreibt genau eine Ebene. Es gibt aber umgekehrt zu jeder Ebene nicht nur eine sie beschreibende Parametergleichung der Form (1).

Die Ebene ε, die durch die drei Punkte P, Q und R aufgespannt wird (Bild 5), lässt sich z.B. sowohl durch die Gleichung $\overrightarrow{RX} = s\,\overrightarrow{RP} + t\,\overrightarrow{RQ}$ als auch durch die Gleichung $\overrightarrow{QX} = u\,\overrightarrow{QR} + v\,\overrightarrow{QP}$ beschreiben.

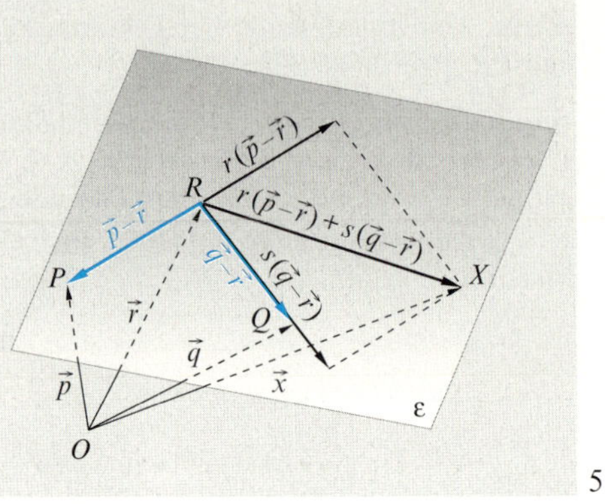

5

6. **a)** Geben Sie weitere Möglichkeiten für eine Beschreibung von ε (Bild 5) durch eine Parametergleichung in Dreipunkteform an.

b) Begründen Sie, dass die Vektoren $w\,\overrightarrow{PQ}$ und $z\,\overrightarrow{PR}$ bei beliebigem $w, z \in \mathbb{R}$ mit $w \neq 0$ und $z \neq 0$ ebenfalls die Ebene ε aufspannen.

7. Geben Sie für die Ebene ε: $\vec{x} = \begin{pmatrix} 5 \\ 4 \\ -3 \end{pmatrix} + s\begin{pmatrix} 0{,}08 \\ -1{,}2 \\ 0{,}36 \end{pmatrix} + t\begin{pmatrix} \frac{3}{8} \\ 0 \\ -9 \end{pmatrix}$, $s, t \in \mathbb{R}$ eine Parametergleichung an, in der die Spannvektoren nur ganzzahlige Koordinaten besitzen.

8. Geben Sie wenigstens zwei Parametergleichungen für die Ebene an, die durch die Punkte $P(3;\,-4;\,5)$, $Q(-1;\,-1;\,1)$ und den Koordinatenursprung geht.

Parametergleichung einer Ebene in Punktrichtungsform

Wählt man im Raum einen beliebigen Punkt P und zwei linear unabhängige Vektoren $\vec{a}$ und $\vec{b}$, so ist dadurch ebenfalls eine Ebene eindeutig festgelegt. Man kann nämlich zwei Punkte Q und R wählen, sodass $\vec{a} = \overrightarrow{PQ}$ und $\vec{b} = \overrightarrow{PR}$ ist. Die Punkte P, Q und R spannen eine Ebene ε auf, denn sie sind nicht kollinear, weil die Vektoren $\vec{a}$ und $\vec{b}$ linear unabhängig sind.

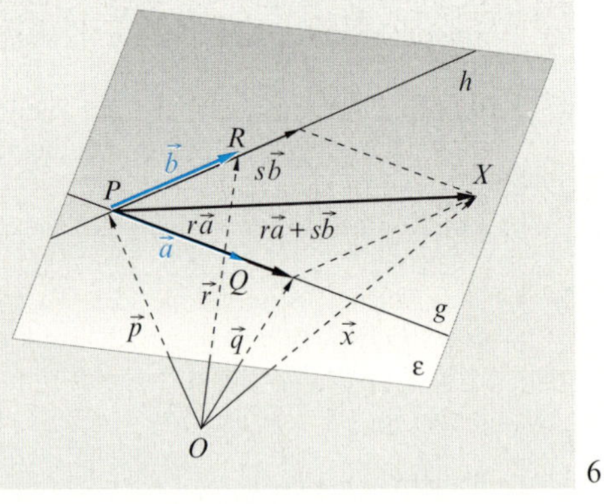

6

SATZ 2 Ist P ein Punkt mit dem Ortsvektor $\vec{p}$ und sind $\vec{a}, \vec{b}$ zwei linear unabhängige Vektoren, so beschreibt die Vektorgleichung

$$\vec{x} = \vec{p} + s\vec{a} + t\vec{b} \qquad (2)$$

eine Ebene ε, wenn s und t unabhängig voneinander die Menge $\mathbb{R}$ durchlaufen.

Gleichung (2) heißt **Parametergleichung von ε in Punktrichtungsform.**

9. **a)** Geben Sie eine Parametergleichung für die Ebene an, die durch den Punkt $P(-1{,}5;\, 1;\, 4{,}2)$ geht und von den Vektoren $\begin{pmatrix} 4 \\ -2 \\ 1 \end{pmatrix}$ und $\begin{pmatrix} 2 \\ 1 \\ -1 \end{pmatrix}$ aufgespannt wird.

b) Welcher Punkt der Ebene aus Teilaufgabe a) gehört zu den Parameterwerten $s = 2$ und $t = -3$?

c) Welches Parameterpaar ist durch die unter a) angegebene Parametergleichung dem Punkt P der Ebene zugeordnet?

10. Die Kantenmittelpunkte P, Q, R des Würfels mit der Seitenlänge 8 in Bild 7 und der Eckpunkt E dieses Würfels sind die Ecken einer dreiseitigen Pyramide.
Beschreiben Sie die Begrenzungsflächen dieser Pyramide durch je eine Parametergleichung.

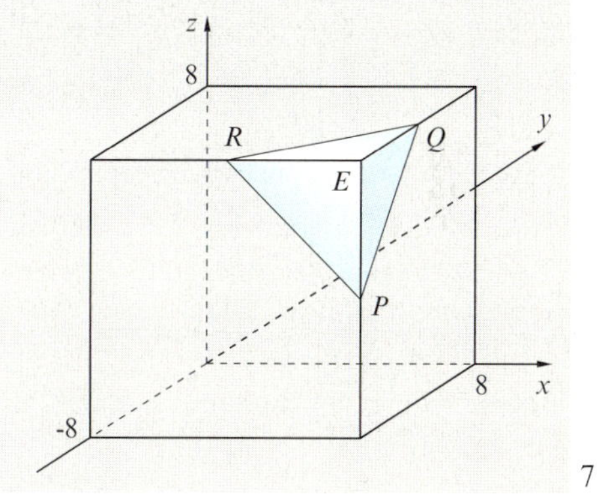

7

11. Unter welcher Bedingung geht durch eine Gerade g und durch einen Punkt P genau eine Ebene? Begründen Sie Ihre Antwort.

12. Begründen Sie, dass durch den Punkt A und die Gerade g genau eine Ebene geht und geben Sie für diese Ebene eine Parametergleichung an.

a) $A(1;\, -2;\, 3)$, $\quad g\colon \vec{x} = \begin{pmatrix} 2 \\ 3 \\ 1 \end{pmatrix} + t \begin{pmatrix} 1 \\ 1 \\ 1 \end{pmatrix}$ $\qquad$ **b)** $A(6;\, 0;\, -7)$, $\quad g\colon \vec{x} = \begin{pmatrix} 1 \\ -3 \\ 5 \end{pmatrix} + t \begin{pmatrix} 4 \\ -11 \\ 2 \end{pmatrix}$

13. Begründen Sie die folgende Aussage:
Durch zwei Geraden, die sich in genau einem Punkt schneiden oder die zueinander parallel aber nicht identisch sind, geht genau eine Ebene.

14. Begründen Sie, dass durch die Geraden g und h eine Ebene geht und geben Sie für diese Ebene eine Parametergleichung an.

a) $g\colon \vec{x} = \begin{pmatrix} 5 \\ -2 \\ 0 \end{pmatrix} + t \begin{pmatrix} 1 \\ 0 \\ 4 \end{pmatrix},\ t \in \mathbb{R};\qquad h\colon \vec{x} = \begin{pmatrix} 1 \\ 1 \\ 1 \end{pmatrix} + u \begin{pmatrix} 0{,}5 \\ 0 \\ 2 \end{pmatrix},\ u \in \mathbb{R}$

b) $g\colon \vec{x} = \begin{pmatrix} 2 \\ -1 \\ 2 \end{pmatrix} + t \begin{pmatrix} 0 \\ 1 \\ -3 \end{pmatrix},\ t \in \mathbb{R}\qquad h\colon \vec{x} = \begin{pmatrix} 3 \\ -1 \\ -1 \end{pmatrix} + u \begin{pmatrix} 2 \\ -2 \\ 0 \end{pmatrix},\ u \in \mathbb{R}$

c) $g\colon \vec{x} = \begin{pmatrix} 1 \\ -2 \\ 3 \end{pmatrix} + t \begin{pmatrix} 3 \\ -2 \\ 3 \end{pmatrix},\ t \in \mathbb{R};\qquad h\colon \vec{x} = \begin{pmatrix} -2 \\ 0 \\ 0 \end{pmatrix} + u \begin{pmatrix} -6 \\ 4 \\ 3 \end{pmatrix},\ u \in \mathbb{R}$

Die Punktprobe an einer Ebene

Gegeben sind die Ebene ε: $\vec{x} = \vec{p} + r\vec{a} + s\vec{b}$ ($r, s \in \mathbb{R}$; $\vec{a}, \vec{b}$ linear unabhängig) und ein Punkt Q mit dem Ortsvektor $\vec{q}$. Wie lässt sich entscheiden, ob Q in ε liegt?

Beispiel 1 *Durchführung einer Punktprobe an einer Ebene*

Es soll untersucht werden, ob der Punkt $Q(0{,}5;\ -3;\ 1)$ in der Ebene ε liegt, die durch den Punkt $P(0;\ 2;\ -2)$ geht und die Richtungsvektoren $\begin{pmatrix}1\\1\\1\end{pmatrix}, \begin{pmatrix}-1\\0\\1\end{pmatrix}$ hat.

$\vec{x} = \begin{pmatrix}0\\2\\-2\end{pmatrix} + r\begin{pmatrix}1\\1\\1\end{pmatrix} + s\begin{pmatrix}-1\\0\\1\end{pmatrix}$ ist eine Parametergleichung für ε. Wir setzen den Ortsvektor von Q in die Parametergleichung von ε ein $\begin{pmatrix}0{,}5\\-3\\1\end{pmatrix} = \begin{pmatrix}0\\2\\-2\end{pmatrix} + r\begin{pmatrix}1\\1\\1\end{pmatrix} + s\begin{pmatrix}-1\\0\\1\end{pmatrix}$.

Der Punkt Q liegt genau dann in der Ebene ε, wenn es Zahlen $r, s \in \mathbb{R}$ gibt, die diese Vektorgleichung erfüllen. Durch einen Koordinatenvergleich erhalten wir das zugehörige Gleichungssystem (I) $r - s = 0{,}5$; (II) $r = -5$; (III) $r + s = 3$.

Dieses System ist nicht lösbar, d. h. der Punkt Q liegt nicht in der Ebene ε.

15. Übertragen Sie die Überlegungen zum Beispiel 1 auf den allgemeinen Fall. Beschreiben Sie durch eine Schrittfolge, wie man überprüfen kann, ob ein Punkt in einer Ebene liegt.

16. Prüfen Sie, welcher der Punkte $A(4;\ -1;\ 6)$, $B(-6;\ 4;\ -3)$, $C(1;\ -11;\ 11)$, $D(3;\ 10;\ 4)$, $E(0;\ 0;\ 0)$ in der Ebene ε liegt und berechnen Sie gegebenenfalls das zum betreffenden Ebenenpunkt gehörende Parameterpaar.

a) ε: $\vec{x} = \begin{pmatrix}-2\\3\\4\end{pmatrix} + r\begin{pmatrix}6\\-4\\3\end{pmatrix} + s\begin{pmatrix}3\\10\\-4\end{pmatrix}$ **b)** ε: $\vec{x} = \begin{pmatrix}6\\-4\\-3\end{pmatrix} + r\begin{pmatrix}3\\-4\\-1\end{pmatrix} + s\begin{pmatrix}3\\0\\-2\end{pmatrix}$

17. Sind die Punkte $A(-1;\ -1;\ -7)$, $B(1;\ -2;\ -1)$, $C(0{,}5;\ -3;\ 1)$ und $D(1;\ 2;\ -3)$ die Eckpunkte eines ebenen Vierecks?

Vier paarweise verschiedene Punkte, die in einer gemeinsamen Ebene liegen, heißen **komplanare**[1] Punkte.

18. Formulieren und beweisen Sie ein Komplanaritätskriterium.

19. Untersuchen Sie, ob die Punkte A, B, C, D komplanar sind.

a) $A(0;\ 1;\ -1)$, $B(2;\ 3;\ 5)$, $C(3;\ 1;\ 3)$, $D(2;\ 9;\ 1)$

b) $A(1;\ 2;\ 4)$, $B(3;\ 0;\ 2)$, $C(-1;\ 0;\ 2)$, $D(1;\ -2;\ 0)$

c) $A(3;\ -2;\ 5)$, $B(-2;\ 1;\ 0)$, $C(4;\ -5;\ 6)$, $D(-3;\ -3;\ 9)$

[1] Wie im Falle von kollinearen Punkten soll das Wort „komplanar“ auf die gegenseitige Lage von Punkten aufmerksam machen. Das Wort „planum“ (lat.) bedeutet Ebene/Fläche. Das Adjektiv „komplanar“ ist davon abgeleitet und bedeutet „in derselben Ebene liegend“.

Parameterfreie Beschreibungen einer Ebene

Die Lösungsmenge einer linearen Gleichung mit zwei Variablen lässt sich geometrisch als Gerade in einer Ebene interpretieren und umgekehrt lässt sich jede Gerade in einer Ebene parameterfrei durch eine lineare Gleichung mit maximal zwei Variablen beschreiben (vgl. Abschnitt A3, C3 und D1). Eine geometrische Deutung ist auch im Falle einer linearen Gleichung mit drei Variablen möglich.

Beispiel 2 *Geometrische Deutung für die Lösungsmenge einer linearen Gleichung*

Gesucht sind alle Lösungen der Gleichung $3x-5y-2z=8$ und eine geometrische Deutung für die Lösungsmenge dieser Gleichung.

Die gegebene Gleichung besitzt unendlich viele Lösungen. Zwei der drei Variablen sind frei wählbar. Setzt man z. B. $x=0$ und $y=0$, so ergibt sich $z=4$, d. h. das Tripel (0; 0; 4) ist eine spezielle Lösung der Gleichung. Bei einer anderen Wahl von x und y erhält man weitere Lösungen. Wählen wir z. B. $x=r$ und $y=s$ ($r, s \in \mathbb{R}$) als freie Parameter, so ergibt sich durch Umstellen der Ausgangsgleichung $z=4-\frac{3}{2}r-\frac{5}{2}s$ und wir erhalten die Lösungsmenge $L=\{(r; s; 4-\frac{3}{2}r-\frac{5}{2}s) \mid r, s \in \mathbb{R}\}$.

Die Gleichung $3x-5y+2z=8$ besitzt eine zweiparametrige Lösungsmenge, die sich auch in Vektorschreibweise angeben lässt $\begin{pmatrix} x \\ y \\ z \end{pmatrix} = \begin{pmatrix} 0 \\ 0 \\ 4 \end{pmatrix} + r\begin{pmatrix} 1 \\ 0 \\ -\frac{3}{2} \end{pmatrix} + s\begin{pmatrix} 0 \\ 1 \\ -\frac{5}{2} \end{pmatrix}$, $r, s \in \mathbb{R}$.

Das bedeutet: Die Menge aller Punkte im Raum, deren Koordinaten die Gleichung $3x-5y-2z=8$ erfüllen, ist eine Ebene, die durch den Punkt $P(0; 0; 4)$ geht und von den Vektoren $\begin{pmatrix} 1 \\ 0 \\ -\frac{3}{2} \end{pmatrix}$, $\begin{pmatrix} 0 \\ 1 \\ -\frac{5}{2} \end{pmatrix}$ aufgespannt wird. Somit sind auch die Vektoren $\begin{pmatrix} 2 \\ 0 \\ -3 \end{pmatrix}$, $\begin{pmatrix} 0 \\ 2 \\ -5 \end{pmatrix}$ Spannvektoren und $\begin{pmatrix} x \\ y \\ z \end{pmatrix} = \begin{pmatrix} 0 \\ 0 \\ 4 \end{pmatrix} + r\begin{pmatrix} 2 \\ 0 \\ -3 \end{pmatrix} + s\begin{pmatrix} 0 \\ 2 \\ -5 \end{pmatrix}$ mit $r, s \in \mathbb{R}$ ist eine weitere Parametergleichung dieser Ebene.

Dieselben Überlegungen treffen auf jede lineare Gleichung $ax+by+cz=d$ zu, deren Koeffizienten a, b, c nicht alle gleich null sind. Beachten wir in diesem Zusammenhang, dass reelle Zahlen a, b, c genau dann nicht alle gleich null sind, wenn $a^2+b^2+c^2 \neq 0$ ist, so erhalten wir die folgende Aussage:

SATZ 3 Jede lineare Gleichung

$$ax+by+cz=d \quad \text{mit} \quad a, b, c, d \in \mathbb{R} \text{ und } a^2+b^2+c^2 \neq 0 \tag{3}$$

beschreibt eine Ebene ε.
Jedes Lösungstripel der Gleichung (3) liefert die Koordinaten eines Punktes von ε.

20. Welche Lösungsmenge hat die Gleichung (3) in Satz 3, wenn man die Forderung $a^2+b^2+c^2 \neq 0$ fallen lässt?
Lässt sich in diesen Fällen die Lösungsmenge ebenfalls geometrisch interpretieren?

Beispiel 3 *Übergang von einer Parametergleichung zu einer Koordinatengleichung*

Gesucht ist eine parameterfreie Beschreibung für die Ebene

$$\varepsilon\colon \vec{x} = \begin{pmatrix} 2 \\ 1 \\ -3 \end{pmatrix} + r\begin{pmatrix} -1 \\ 4 \\ 6 \end{pmatrix} + s\begin{pmatrix} 1 \\ -2 \\ 3 \end{pmatrix} \text{ mit } r, s \in \mathbb{R}.$$

Aus der Parametergleichung für ε erhalten wir das folgende Gleichungssystem:

(I) $x = 2 - r + s$
(II) $y = 1 + 4r - 2s$
(III) $z = -3 + 6r + 3s$

Wir eliminieren den Parameter s:

$2 \cdot \text{(I)} + \text{(II)}$ $\quad 2x + y = 5 + 2r$ (IV)
$\text{(III)} - 3 \cdot \text{(I)}$ $\quad -3x + z = -9 + 9r$ (V)

Nun eliminieren wir den Parameter r:

(IV) nach r auflösen: $r = x + \frac{1}{2}y - \frac{5}{2}$ (VI)
(VI) in (V) einsetzen: $-12x - 4{,}5y + z = -31{,}5$

$-12x - 4{,}5y + z = -31{,}5$ ist eine Koordinatengleichung von ε.

Zur Kontrolle führen wir eine Probe durch. Die Gleichung $-12x - 4{,}5y + z = -31{,}5$ beschreibt eine Ebene (Satz 3). Es ist zu zeigen, dass diese Ebene die Ebene ε ist.

ε geht durch die Punkte $P(2;\ 1;\ -3)$, $Q(3;\ -1;\ 0)$ und $R(1;\ 5;\ 3)$. Man erhält diese Punkte auf die bekannte Weise aus der Parametergleichung von ε. P, Q, R liegen aber auch in der durch die Gleichung $-12x - 4{,}5y + z = -31{,}5$ beschriebenen Ebene. P, Q, R sind nicht kollinear. Weil durch drei nicht kollineare Punkte genau eine Ebene bestimmt ist, beschreiben die beiden Gleichungen dieselbe Ebene.

Beispiel 3 zeigt: Die Umkehrung von Satz 3 gilt ebenfalls.

SATZ 4 Jede Ebene ε im Raum lässt sich durch eine lineare Gleichung
$ax + by + cz = d$ mit $a, b, c, d \in \mathbb{R}$ und $a^2 + b^2 + c^2 \neq 0$ (3)
beschreiben. Ein Punkt X liegt genau dann in der Ebene ε, wenn seine Koordinaten die Gleichung (3) erfüllen.

Die Gleichung (3) heißt **Koordinatengleichung der Ebene ε** oder **allgemeine Form der Ebenengleichung**.

21. Zeigen Sie, dass durch die Gleichungen $\vec{x} = \begin{pmatrix} 1 \\ 2 \\ -1 \end{pmatrix} + r\begin{pmatrix} 3 \\ -2 \\ 1 \end{pmatrix} + s\begin{pmatrix} 2 \\ 0 \\ -1 \end{pmatrix}$ und $2x + 5y + 4z = 8$ dieselbe Ebene beschrieben wird.

22. Gegeben ist die Ebene ε: $-3x+5y-z=7$. Bild 8 zeigt einen dreieckigen Ausschnitt dieser Ebene.

a) Geben Sie wenigstens drei Punkte von ε und zwei Paare von Richtungsvektoren für ε an.

b) Untersuchen Sie, welche der Punkte $A\left(-\frac{1}{3}; \frac{1}{5}; 9\right)$, $B(4; 0{,}1; -18{,}5)$, $C(-0{,}3; 1{,}2; -0{,}1)$ in ε liegen.

c) Bestimmen Sie die fehlenden Koordinaten so, dass die Punkte $P(-2; 5; z)$, $Q(x; -3; -6)$, $R(10; y; 2{,}5)$ in der Ebene ε liegen.

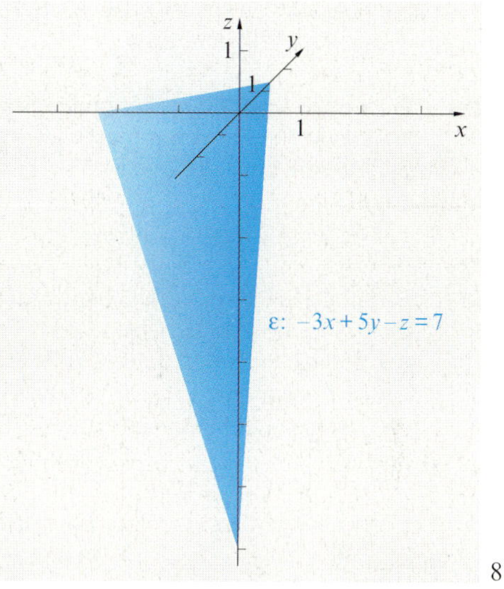

8

23. Die Ebene ε ist durch die Gleichung $2x+5y-6z=d$ gegeben. Wie muss d gewählt werden, wenn ε durch den Koordinatenursprung gehen soll?

24. Geben Sie eine Parametergleichung und eine Koordinatengleichung für die Ebene ε an.

a) ε ist eine Koordinatenebene in einem räumlichen kartesischen Koordinatensystem.

b) ε geht durch die Punkte $P(1; -1; 2)$, $Q(3; -3; 2)$, $R(-2; 2; 1)$.

c) ε geht durch die x-Achse und den Punkt $A(1; 1; -1)$. Begründen Sie zunächst, dass ε durch diese Angaben eindeutig bestimmt ist.

Wie bei der Beschreibung einer Ebene durch eine Vektorgleichung in Parameterform gibt es für jede Ebene **beliebig viele** sie beschreibende Koordinatengleichungen.

25. a) Begründen Sie, dass durch die Gleichungen $ax+by+cz=d$ $(a^2+b^2+c^2\neq 0)$ und $t\cdot ax+t\cdot by+t\cdot cz=t\cdot d$ für jedes $t\in\mathbb{R}$ mit $t\neq 0$ ein und dieselbe Ebene beschrieben wird.

b) In der Koordinatengleichung $ax+by+cz=d$ der Ebene ε seien alle Koeffizienten und das absolute Glied von null verschieden.
Erläutern Sie, dass sich die Koordinatengleichung von ε in die Form $\frac{x}{a_1}+\frac{y}{a_2}+\frac{z}{a_3}=1$ überführen lässt. Diese Koordinatengleichung heißt **Achsenabschnittsgleichung von ε**. Rechtfertigen Sie diese Bezeichnung, indem Sie die Zahlen a_1, a_2, a_3 geometrisch interpretieren.

26. Gegeben ist die Ebene ε. Überführen Sie die Koordinatengleichung der Ebene ε in eine Achsenabschnittsgleichung und lesen Sie daraus ab, an welchen Stellen die Ebene die Koordinatenachsen schneidet.

a) ε: $4x+3y+2z=12$ **b)** ε: $-24x+32y-72z=-8$ **c)** ε: $3x+0{,}5y-10z=15$

27. Die Ebene ε: $ax+by+cz=d$ $(a^2+b^2+c^2\neq 0)$ soll die x-Achse an der Stelle $x=2$, die y-Achse an der Stelle $y=3$ und die z-Achse an der Stelle $z=1$ schneiden.
Berechnen Sie die Koeffizienten a, b, c und das absolute Glied d in der Ebenengleichung.

Für den Übergang von einer Koordinatengleichung zu einer Parameterdarstellung einer Ebene gibt es mehrere Möglichkeiten.

28. Geben Sie jeweils eine Parametergleichung für die Ebene ε an, indem Sie drei nicht kollineare Punkte von ε berechnen und dann für ε eine Parametergleichung in Dreipunkteform aufstellen.

a) $\varepsilon\colon x+y+z=0$ **b)** $\varepsilon\colon 10x-y+4z=-5$ **c)** $\varepsilon\colon 3x-z=6$
d) $\varepsilon\colon 4x+7=0$ **e)** $\varepsilon\colon y-2z=12$ **f)** $\varepsilon\colon x-2y+z=4$

29. Ermitteln Sie jeweils die Lösungsmenge der folgenden linearen Gleichung, indem Sie die frei wählbaren Variablen durch Parameter ersetzen und dann die Gleichung nach der verbleibenden Variablen auflösen. Stellen Sie anschließend eine Parametergleichung für die durch die betreffende Gleichung beschriebene Ebene ε auf, indem Sie die Lösungen in Vektorschreibweise angeben.

a) $5x-y+2z=7$ **b)** $x-y+z=5$ **c)** $x+y-3z=-21$

30. Gesucht ist jeweils eine Parametergleichung für die Ebene ε.

a) $\varepsilon\colon z=0$ **b)** $\varepsilon\colon x-7=0$ **c)** $\varepsilon\colon -5y=18$
d) $\varepsilon\colon y-3=0$ **e)** $\varepsilon\colon -5z=9$ **f)** $\varepsilon\colon 4z+6=11$

ZUSAMMENFASSUNG

Parameter- und Koordinatengleichungen von Ebenen

ε sei diejenige Ebene, die durch den Punkt P mit dem Ortsvektor $\vec{p}$ geht und die linear unabhängigen Richtungsvektoren $\vec{a}$ und $\vec{b}$ besitzt.

Parametergleichung von ε in Punktrichtungsform: $\vec{x}=\vec{p}+s\vec{a}+t\vec{b},\ s, t \in \mathbb{R}$

$$\begin{pmatrix} x \\ y \\ z \end{pmatrix} = \begin{pmatrix} p_1 \\ p_2 \\ p_3 \end{pmatrix} + s\begin{pmatrix} a_1 \\ a_2 \\ a_3 \end{pmatrix} + t\begin{pmatrix} b_1 \\ b_2 \\ b_3 \end{pmatrix},\ s, t \in \mathbb{R}$$

ε sei diejenige Ebene, die durch die drei nicht kollinearen Punkte P, Q, R mit den Ortsvektoren $\vec{p}$, $\vec{q}$, $\vec{r}$ geht.

Parametergleichung von ε in Dreipunkteform: $\vec{x}=\vec{p}+s(\vec{q}-\vec{p})+t(\vec{r}-\vec{p}),\ s, t \in \mathbb{R}$

$$\begin{pmatrix} x \\ y \\ z \end{pmatrix} = \begin{pmatrix} p_1 \\ p_2 \\ p_3 \end{pmatrix} + s\begin{pmatrix} q_1-p_1 \\ q_2-p_2 \\ q_3-p_3 \end{pmatrix} + t\begin{pmatrix} r_1-p_1 \\ r_2-p_2 \\ r_3-p_3 \end{pmatrix},\ s, t \in \mathbb{R}$$

Koordinatengleichung einer Ebene (parameterfreie Ebenengleichung):

$ax+by+cz=d$; $a, b, c, d \in \mathbb{R}$; a, b, c, d konstant; $a^2+b^2+c^2 \neq 0$

D

Lineare Gleichungssysteme

Geometrische Objekte werden im Allgemeinen durch Gleichungen dargestellt. Will man ihre gegenseitige Lage erfassen, sucht man nach Schnittpunkten dieser geometrischen Objekte. Schnittpunkte erhält man als Lösungen des durch die entsprechenden Gleichungen gegebenen Gleichungssystems. Im Falle von Geraden und Ebenen sind dies lineare Gleichungssysteme. Schneiden sich z. B. zwei Geraden in genau einem Punkt, so hat das entsprechende lineare Gleichungssystem genau eine Lösung (Kapitel C).
Die Bestimmung der Koordinaten eines Vektors bezüglich einer vorgegebenen Basis und auch die Untersuchung einer vorgegebenen Menge von Vektoren auf lineare Abhängigkeit führen auf lineare Gleichungssysteme (Kapitel B).
Um solche linearen Gleichungssysteme systematisch behandeln zu können, insbesondere alle Lösungen übersichtlich zu erfassen, erweist es sich als sinnvoll und hilfreich, ausgewählte Teile aus der Theorie der Vektorräume (Kapitel B) einzubeziehen.
Die linearen Gleichungssysteme sind also im Rahmen der Analytischen Geometrie, aber auch in anderen Teilgebieten der Mathematik und ihren Anwendungen ein wichtiges Hilfsmittel. In der Praxis sind solche linearen Gleichungssysteme mitunter so groß, dass sie nur noch mithilfe von Computern gelöst werden können.

1 Wiederholung

1. Ermitteln Sie eine Gleichung derjenigen linearen Funktion, deren Graph durch die Punkte $P(1;2)$ und $Q(4;3)$ geht.

2. Zwei Stahlsorten enthalten 12% bzw. 30% Nickel. Man will aus beiden Stählen einen Stahl mit einem Nickelgehalt von 25% und einer Masse von 180 kg schmelzen. Wie viel Kilogramm Stahl jeder Sorte werden benötigt, wenn man bei der Rechnung von Verlusten beim Schmelzen absieht?

3. Die Aufgaben 1 und 2 lassen sich mithilfe linearer Gleichungssysteme lösen.
Welche Verfahren zum Lösen solcher Systeme haben Sie bereits kennengelernt?

4. Lösen Sie die linearen Gleichungssysteme.

a) (I) $2x + y = 5$
(II) $x - 3y = -3$

b) (I) $2x + y = 5$
(II) $-x - 3y = -3$

c) (I) $2x + y = 5$
(II) $-x - 0{,}5y = -2{,}5$

5. Weisen Sie nach, dass das Tripel $(-2; 3; 5)$ eine Lösung sowohl des linearen Gleichungssystems a) als auch b) ist.

a) (I) $2x_1 + 3x_2 - 5x_3 = -20$
(II) $3x_1 - x_2 + 4x_3 = 11$
(III) $x_1 + 7x_2 - 14x_3 = -51$

b) (I) $2x_1 + 3x_2 - 5x_3 = -20$
(II) $3x_1 - x_2 + 4x_3 = 11$
(III) $x_1 + 7x_2 - x_3 = 14$

Bezeichnungen:
In der Gleichung $2x_1+3x_2-5x_3=-20$ treten die drei **Variablen** x_1, x_2 und x_3 nur in der ersten Potenz auf. Eine solche Gleichung nennt man eine **lineare Gleichung**.

Die Zahlen 2, 3 und -5 heißen die **Koeffizienten**, die Zahl -20 das **absolute Glied** der linearen Gleichung. Betrachtet man mehrere lineare Gleichungen gleichzeitig, spricht man von einem **linearen Gleichungssystem** (kurz: LGS). Eine **Lösung** eines linearen Gleichungssystems mit drei Variablen ist ein **Tripel** reeller Zahlen, das allen Gleichungen des Systems genügt.

Eine Lösung eines linearen Gleichungssystems mit n Variablen nennt man ein ***n*-Tupel** reeller Zahlen.

6. **a)** Geben Sie für das lineare Gleichungssystem

(I) $25x-13y=-140$

(II) $-18x-7y=19$

die Variablen, die Koeffizienten und die absoluten Glieder an.

b) Vorausgesetzt, dieses Gleichungssystem besitzt eine Lösung: Welche Gestalt muss dann eine solche Lösung haben?

c) Lösen Sie dieses Gleichungssystem nacheinander mithilfe des Einsetzungsverfahrens, des Gleichsetzungsverfahrens und des Additions- bzw. Subtraktionsverfahrens.

Verfahren zur Lösung von linearen Gleichungssystemen

Beispiel 1 *Lösung eines LGS mit 2 Gleichungen und 2 Variablen*

Herr Anton kauft 8 Flaschen Saft. Die 8 Flaschen kosten mit Pfand 19,60 DM.
Beim nächsten Einkauf gibt Herr Anton 12 leere Flaschen zurück und kauft wieder 5 neue Flaschen desselben Saftes. Er bezahlt 8,05 DM.

Wie teuer ist der Saft und wie hoch ist das Pfand?

a sei der Preis des Saftes (in DM), b das Pfand (in DM), dann gilt:

(I) $8a+8b=19{,}60$

(II) $5a-7b=8{,}05$

1. Verfahren: **Einsetzungsverfahren**

Eine der beiden Gleichungen wird nach einer Variablen aufgelöst, so dass dieser Term in die andere Gleichung **eingesetzt** werden kann.

(I′) $a=\frac{19{,}6-8b}{8}=2{,}45-b$

(I′) in (II): $5(2{,}45-b)-7b=8{,}05$

$$12{,}25-5b-7b=8{,}05$$
$$4{,}20=12b$$
$$b=0{,}35$$

Dies in (I′) eingesetzt, liefert $a=2{,}1$.

Durch Einsetzen in die Ausgangsgleichungen kann man zeigen, dass das geordnete Paar (2,1; 0,35) eine Lösung des linearen Gleichungssystems ist.
Die Flasche Saft kostet also 2,10 DM, das Pfand beträgt 0,35 DM.

2. Verfahren: **Gleichsetzungsverfahren**

Beide Gleichungen werden nach derselben Variablen aufgelöst und dann **gleichgesetzt**.

(I′) $a = 2{,}45 - b$

(II′) $a = \frac{8{,}05 + 7b}{5}$

$$2{,}45 - b = \frac{8{,}05 + 7b}{5}$$
$$12{,}25 - 5b = 8{,}05 + 7b$$
$$4{,}2 = 12b$$
$$b = 0{,}35$$

Dies in (I′) eingesetzt, liefert $a = 2{,}1$.

Die Probe bestätigt, dass dieses geordnete Paar (2,1; 0,35) tatsächlich eine Lösung des linearen Gleichungssystems ist.

3. Verfahren: **Additions- oder Subtraktionsverfahren**

Auch bei diesem Verfahren besteht das Ziel darin, durch Umformungen aus zwei Gleichungen mit zwei Variablen eine Gleichung mit nur noch einer Variablen zu gewinnen.

Eine Variable verschwindet, wenn man eine der beiden Gleichungen mit einer geeigneten Zahl multipliziert und sie anschließend zur anderen Gleichung **addiert** (oder **subtrahiert**). (Man kann auch beide Gleichungen mit jeweils geeigneten Zahlen multiplizieren, um dann diese Gleichungen zu addieren bzw. zu subtrahieren.)

Zwei Möglichkeiten der Berechnung:

(I) $8a + 8b = 19{,}60$
(II) $5a - 7b = 8{,}05 \quad | \cdot \left(-\frac{8}{5}\right)$

(I) $8a + 8b = 19{,}60$
(II′) $-8a + 11{,}2b = -12{,}88$

(I)+(II′) $19{,}2b = 6{,}72$
$b = 0{,}35$

(I) $8a + 8b = 19{,}60 \quad | \cdot 5$
(II) $5a - 7b = 8{,}05 \quad | \cdot (-8)$

(I′) $40a + 40b = 98$
(II′) $-40a + 56b = -64{,}4$

(I′)+(II′) $96b = 33{,}6$
$b = 0{,}35$

Dies in (I) eingesetzt, liefert $a = 2{,}1$.

Die Probe bestätigt, dass das Paar (2,1; 0,35) eine Lösung des Gleichungssystems ist.

7. Diskutieren Sie an einem selbst gewählten linearen Gleichungssystem Vor- und Nachteile der drei verschiedenen Lösungsverfahren aus Beispiel 1.

8. Lösen Sie die linearen Gleichungssysteme mithilfe des Additions- oder Subtraktionsverfahrens.

a) $3x + 7y = 11$
$2x + 4y = 7$

b) $3x - 7y = 11$
$-2x + 4y = -7$

c) $3x - 7y = 12$
$2x - 4y = 9$

d) $22x + 15y = -226$
$-18x + 10y = 274$

Auch wenn mehr als zwei Variablen in einem linearen Gleichungssystem auftreten, lassen sich die Lösungsmethoden aus Beispiel 1 anwenden. Im Falle eines linearen Gleichungssystems mit 3 Gleichungen und 3 Variablen lässt sich dieses System durch jedes dieser Verfahren auf ein System mit 2 Gleichungen und 2 Variablen reduzieren.

9. Lösen Sie die linearen Gleichungssysteme mithilfe verschiedener Verfahren.

a)
$$\begin{array}{ll} \text{(I)} & x+y+z=0 \\ \text{(II)} & x+y=2 \\ \text{(III)} & 2x+2z=4 \end{array}$$

b)
$$\begin{array}{ll} \text{(I)} & 4x_1+x_2+7x_3=12 \\ \text{(II)} & 5x_1+10x_3=5 \\ \text{(III)} & -x_1-2x_2=-2 \end{array}$$

c)
$$\begin{array}{ll} \text{(I)} & x-y+z=-2 \\ \text{(II)} & x-y+2z=-5 \\ \text{(III)} & 5x+y+2z=1 \end{array}$$

d)
$$\begin{array}{ll} \text{(I)} & x-y+z=-2 \\ \text{(II)} & 4x+2y+z=-5 \\ \text{(III)} & 5x+y+2z=1 \end{array}$$

e)
$$\begin{array}{ll} \text{(I)} & x-y+z=-2 \\ \text{(II)} & x-y+2z=-5 \\ \text{(III)} & 6x+3z=-9 \end{array}$$

f)
$$\begin{array}{ll} \text{(I)} & x-y+z=-2 \\ \text{(II)} & 4x+2y+z=-5 \\ \text{(III)} & 6x+3z=-9 \end{array}$$

Vorgehen beim Lösen eines linearen Gleichungssystems

Alle zuvor genannten drei Lösungsverfahren für lineare Gleichungssysteme reduzieren schrittweise die Anzahl der Gleichungen und die Anzahl der Variablen.

Ein lineares Gleichungssystem mit 3 Gleichungen und 3 Variablen wird so umgeformt, dass ein Gleichungssystem mit nur noch 2 Gleichungen und 2 Variablen zu lösen ist.

Das wird wiederum auf eine Gleichung mit nur noch einer Variablen reduziert.

Die Lösung dieser Gleichung wird nun in das LGS mit 2 Gleichungen und 2 Variablen eingesetzt, um diese zu lösen.

Diese Lösung wird wiederum zur Lösung des LGS mit 3 Gleichungen und 3 Variablen genutzt.

Geometrische Veranschaulichung und grafisches Lösen eines LGS

10. Lösen Sie die linearen Gleichungssysteme grafisch. Überprüfen Sie jeweils durch Einsetzen, ob die Koordinaten des Schnittpunktes beide Gleichungen erfüllen.

a)
$$\begin{array}{ll} \text{(I)} & 2x+y=5 \\ \text{(II)} & x-3y=-3 \end{array}$$

b)
$$\begin{array}{ll} \text{(I)} & 9x+7{,}5y=11{,}25 \\ \text{(II)} & 3x+2{,}5y=3{,}75 \end{array}$$

c)
$$\begin{array}{ll} \text{(I)} & -2x+y=-5 \\ \text{(II)} & 4x-3y=3 \end{array}$$

d)
$$\begin{array}{ll} \text{(I)} & 9x-7{,}5y=8 \\ \text{(II)} & -3x+2{,}5y=1 \end{array}$$

Neben dem rechnerischen Lösen kann man lineare Gleichungssysteme mit 2 Gleichungen und 2 Variablen auch **geometrisch** interpretieren und **grafisch** lösen. Da sich die Lösungsmenge einer linearen Gleichung $ax+by=c$ (mit $a\neq 0$ oder $b\neq 0$) bei uneingeschränktem Variablengrundbereich $\mathbb{R}$ als eine **Gerade** veranschaulichen lässt, sagt man zu dieser Gleichung auch **allgemeine Geradengleichung** (vgl. Abschnitt C 3).
Die geometrische Interpretation eines linearen Gleichungssystems mit 3 Gleichungen und 3 Variablen folgt in Abschnitt E 2.

Beispiel 2 *Geometrische Interpretation der Lösungsmenge von LGS mit 2 Gleichungen und 2 Variablen*

Gegeben seien drei lineare Gleichungssysteme:

a) (I) $x - 2y = -2$
   (II) $3x + 2y = 6$

b) (I) $x - 2y = -2$
   (III) $-2x + 4y = -8$

c) (I) $x - 2y = -2$
   (IV) $-0{,}5x + y = 1$

Die Lösungsmenge L ergibt sich jeweils als Durchschnitt der Lösungsmengen der beiden gegebenen Gleichungen.

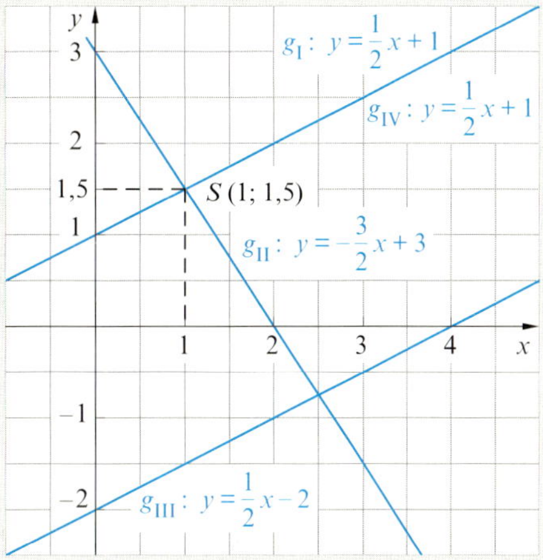

1

Fall a): Das LGS (a) hat **genau eine Lösung**, nämlich (1; 1,5), also $x = 1$ und $y = 1{,}5$.
Die Gleichung (I) hat die Lösungsmenge $L_{(I)} = \{(x;\, 0{,}5x + 1) \mid x \in \mathbb{R}\}$.
Die Gleichung (II) hat die Lösungsmenge $L_{(II)} = \{(x;\, -1{,}5x + 3) \mid x \in \mathbb{R}\}$.
$L = L_{(I)} \cap L_{(II)} = \{(1;\, 1{,}5)\}$
Geometrische Interpretation: Es gibt genau einen Schnittpunkt.
Der Schnittpunkt der beiden zu den Gleichungen (I) und (II) gehörenden Geraden g_I und g_{II} veranschaulicht die gesuchte Lösungsmenge L dieses LGS.

Fall b): Das LGS (b) hat **keine Lösung**.
$L = L_{(I)} \cap L_{(III)} = \emptyset$
Geometrische Interpretation: Es gibt keinen Schnittpunkt.
Die Geraden g_I und g_{III} sind parallel und fallen nicht zusammen.

Fall c): Das LGS (c) hat **unendlich viele Lösungen**.
Es ist $L = L_{(I)} = L_{(IV)} = \{(x;\, 0{,}5x + 1) \mid x \in \mathbb{R}\}$.
Geometrische Interpretation: Es gibt unendlich viele Schnittpunkte.
Die Geraden g_I und g_{IV} fallen zusammen.

Bei Fall c) ist von den beiden Variablen x und y eine Variable frei wählbar. Somit besitzt Gleichung (I) bzw. (IV) – und damit das LGS (c) – unendlich viele Lösungen. Wählt man z. B. x frei, durchläuft also x ganz $\mathbb{R}$, sind alle Paare $(x; y)$ mit $y = \frac{1}{2}x + 1$ Lösungen.

Oft führt man für die frei wählbare Variable einen **Parameter**, etwa t, ein und spricht dann von einer **1-parametrigen Lösungsmenge** des LGS: $L = \{(t;\, \frac{1}{2}t + 1) \mid t \in \mathbb{R}\}$.

Wird dagegen y als freie Variable gewählt, hat die 1-parametrige Lösungsmenge die Gestalt $L = \{(2t - 2;\, t) \mid t \in \mathbb{R}\}$.

Damit ist geometrisch klar, dass Folgendes gilt:

Ein lineares Gleichungssystem

(I) $a_1 x + b_1 y = c_1$ (mit $a_1 \neq 0$ oder $b_1 \neq 0$)
(II) $a_2 x + b_2 y = c_2$ (mit $a_2 \neq 0$ oder $b_2 \neq 0$)

hat entweder

a) **keine Lösung**, d. h. die Geraden sind parallel, fallen aber nicht zusammen,
oder

b) **genau eine Lösung**, also genau ein Zahlenpaar $(x;\, y)$, das beide Gleichungen erfüllt, d. h. die Geraden schneiden einander in genau einem Punkt, dem Schnittpunkt,
oder

c) **unendlich viele Lösungen**, d. h. die Geraden fallen zusammen, sind also identisch.

Bezeichnungen:
Die Variablen x und y, nach denen das lineare Gleichungssystem aufgelöst werden soll, heißen auch **Lösungsvariable**.
Die Variablen a_1, a_2, b_1, b_2, c_1 und c_2 nennt man **Parameter** (oder auch **Formvariable**).
Speziell heißen a_1, a_2, b_1 und b_2 die **Koeffizienten** und c_1 sowie c_2 die **Absolutglieder** (oder **absoluten Glieder**) des linearen Gleichungssystems.

11. Begründen Sie, warum ein lineares Gleichungssystem (bestehend aus 2 Gleichungen mit 2 Variablen) nicht genau 2, 3 oder etwa 12 Lösungen haben kann.

12. Stellen Sie fest, welches der folgenden Gleichungssysteme keine, genau eine bzw. unendlich viele Lösungen hat, indem Sie die Gleichungssysteme grafisch lösen.

a) $2x - y = 1$
$x + 2y = 8$

b) $5x + 3y = 19$
$6x - 2y = 6$

c) $y = -0{,}75x + 4$
$y = 0{,}5x - 1$

d) $x - y = 1$
$3x + y = 1$

e) $y = 2x + 3$
$2y = 4x + 4$

f) $6x - 3y = 6$
$2x - y = 2$

g) $-4x - 3y = 9$
$\frac{4}{3}x + y = 5$

h) $2x - y = 4$
$x = 2 + \frac{y}{2}$

i) $x + y = 1$
$x - y = 1$

13. Durch die Gleichungen
$a_1 x + b_1 y = c_1$ $(b_1 \neq 0)$ und
$a_2 x + b_2 y = c_2$ $(b_2 \neq 0)$
sind zwei Geraden gegeben.

a) Lösen Sie beide Gleichungen nach y auf.

b) Unter welchen Bedingungen schneiden die Geraden einander?

14. Lösen Sie das lineare Gleichungssystem
(I) $26x - 50y = -125$
(II) $49x - 100y = -240$
grafisch. Was stellen Sie fest?

In einem kartesischen x-y-z-Koordinatensystem wird jede Ebene durch eine Gleichung der Gestalt $ax + by + cz + d = 0$ mit den drei Variablen x, y und z sowie den Parametern a, b, c und d mit $a^2 + b^2 + c^2 \neq 0$[1] beschrieben (vgl. Kap. C). Eine solche Gleichung nennt man ebenfalls **lineare Gleichung** (auch wenn lineare Glieder und absolutes Glied auf derselben Seite der Gleichung stehen).
Umgekehrt beschreibt jede lineare Gleichung mit 3 Variablen (und dem Variablengrundbereich $\mathbb{R}$) eine Ebene.
Betrachtet man mehrere lineare Gleichungen gleichzeitig, spricht man wieder von einem **linearen Gleichungssystem**.

Beispiel 3 *Geometrische Interpretation der Lösungsmenge eines LGS mit 3 Gleichungen und 3 Variablen*

Das lineare Gleichungssystem

(I) $x + y + z = 12$
(II) $2x - y + 3z = 18$
(III) $3x + 3y - 2z = 6$

hat *genau eine Lösung*, nämlich das Tripel bzw. 3-Tupel (2; 4; 6), also $x = 2$, $y = 4$ und $z = 6$.

Mit
ε_1: $L_{(I)} = \{(x; y; z) \mid x, y, z \in \mathbb{R} \text{ und } x + y + z = 12\}$,
ε_2: $L_{(II)} = \{(x; y; z) \mid x, y, z \in \mathbb{R} \text{ und } 2x - y + 3z = 18\}$,
ε_3: $L_{(III)} = \{(x; y; z) \mid x, y, z \in \mathbb{R} \text{ und } 3x + 3y - 2z = 6\}$
erhält man als Schnittpunkt S der drei Ebenen $\varepsilon_1 \cap \varepsilon_2$, $\varepsilon_1 \cap \varepsilon_3$ und $\varepsilon_2 \cap \varepsilon_3$ die gesuchte Lösungsmenge des linearen Gleichungssystems: $L = L_{(I)} \cap L_{(II)} \cap L_{(III)} = \{(2; 4; 6)\}$.

Wie im Falle eines linearen Gleichungssystems mit 2 Gleichungen und 2 Variablen lassen sich mehrere Fälle unterscheiden:

Ein lineares Gleichungssystem

(I) $a_1 x + b_1 y + c_1 z = d_1$
(II) $a_2 x + b_2 y + c_2 z = d_2$
(III) $a_3 x + b_3 y + c_3 z = d_3$

(mit $a_i^2 + b_i^2 + c_i^2 \neq 0$, $i = 1, 2, 3$) hat entweder

a) **keine Lösung**, d. h. mindestens zwei Ebenen sind zueinander parallel, fallen aber nicht zusammen, oder
b) **genau eine Lösung**, d. h. die drei Ebenen haben genau einen Punkt gemeinsam, oder
c) **unendlich viele Lösungen**, d. h.,
  c₁) die drei Ebenen haben genau eine Gerade gemeinsam[2], d. h. ***L* ist einparametrig**, oder
  c₂) die drei Ebenen fallen zusammen[3], d. h. ***L* ist zweiparametrig**.

[1] Damit wird verhindert, dass alle drei Parameter gleichzeitig null sind und das LGS entartet.
[2] Den unendlich vielen Lösungen entsprechen geometrisch unendlich viele Punkte, die auf einer Geraden liegen.
[3] Den unendlich vielen Lösungen entsprechen geometrisch unendlich viele Punkte, die in einer Ebene liegen.

15. Lösen Sie die folgenden linearen Gleichungssysteme zuerst grafisch, dann rechnerisch. Vergleichen Sie vorher die entsprechenden Koeffizienten miteinander. Was erwarten Sie im Hinblick auf die jeweilige Lösung?

a) $\begin{aligned} 18{,}6x-38y&=-93\\ 8x-15y&=-37{,}5 \end{aligned}$ **b)** $\begin{aligned} 18{,}6x-38y&=-93\\ 8x-16y&=-37{,}5 \end{aligned}$ **c)** $\begin{aligned} 18{,}6x-40y&=-93\\ 8x-15y&=-37{,}5 \end{aligned}$

d) $\begin{aligned} 6x+0{,}02y&=12\\ 0{,}03x+5y&=10 \end{aligned}$ **e)** $\begin{aligned} 2{,}2x+y&=2\\ 5x+2{,}2y&=4{,}4 \end{aligned}$ **f)** $\begin{aligned} 2{,}236x+y&=2\\ 5x+2{,}236y&=4{,}4 \end{aligned}$

g) $\begin{aligned} 3{,}3x+1{,}2y&=1{,}1\\ 6{,}9x+2{,}6y&=2{,}7 \end{aligned}$ **h)** $\begin{aligned} 3{,}3x+1{,}2y&=1{,}1\\ 6{,}9x+2{,}5y&=2{,}7 \end{aligned}$ **i)** $\begin{aligned} 3{,}31x+1{,}2y&=1{,}1\\ 6{,}9x+2{,}5y&=2{,}7 \end{aligned}$

16. Stellen Sie fest, welches der folgenden linearen Gleichungssysteme keine, genau eine bzw. unendlich viele Lösungen besitzt, indem Sie sie rechnerisch lösen.

a) $\begin{aligned} 2x+y+z&=1\\ y+z&=-1\\ 5z&=5 \end{aligned}$ **b)** $\begin{aligned} x+y+z&=2\\ 2x+y&=5\\ 2y+3z&=0 \end{aligned}$ **c)** $\begin{aligned} x+2y-z+3&=0\\ 4x-y&=z\\ 4x+y+2z&=12 \end{aligned}$

d) $\begin{aligned} x-y+z&=-2\\ 4x+2y+z&=3\\ 5x+y+2z&=1 \end{aligned}$ **e)** $\begin{aligned} 0x+1y+1z&=1\\ 1x+1y+1z&=2\\ 2x+2y+2z&=4 \end{aligned}$ **f)** $\begin{aligned} 4x_1+x_2+7x_3&=12\\ 5x_1+10x_3&=5\\ x_1+3x_2-x_3&=4 \end{aligned}$

17. Vergleichen Sie die Lösungsmenge des linearen Gleichungssystems a) mit der des linearen Gleichungssystems b).

a) $\begin{aligned} x+y+z&=1{,}5\\ 2x-y+z&=0{,}8\\ x-2y-z&=-0{,}2 \end{aligned}$ **b)** $\begin{aligned} x+y+z&=1{,}5\\ 2x-y+z&=0{,}9\\ x-2y-z&=-0{,}2 \end{aligned}$

Beim grafischen Lösen eines linearen Gleichungssystems kann man häufig nur **Näherungswerte** für die gesuchten Lösungen ermitteln. Trotz sorgfältiger Zeichnung und günstig gewählter Einheiten im Koordinatensystem kann ein so genannter **„schleifender Schnitt"** der beiden Geraden vorliegen, so dass ein Ablesen tatsächlich schwierig ist (Bild 2).

Beispiel 4 *Schleifender Schnitt*

Wir versuchen, das lineare Gleichungssystem

(I) $8x-25y=-31$
(II) $9x-25y=-33$

grafisch zu lösen (Bild 2):

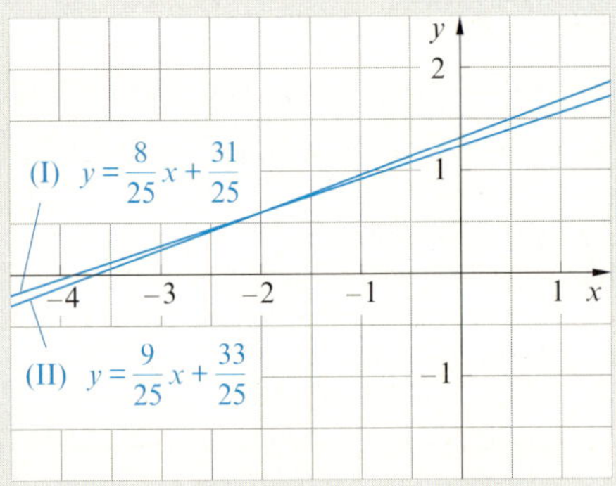

2

Man kann nur vermuten, wo der Schnittpunkt liegt. Die exakte Lösung ist $(-2;\, 0{,}6)$.

Mithilfe eines **grafikfähigen Taschenrechners** lässt sich die Genauigkeit einer grafisch ermittelten Lösung verbessern, indem per ZOOM-Technik der uns interessierende Teil der Grafik ausgewählt und (eventuell mehrfach) vergrößert wird.

(I) $8x - 25y = -31$
(II) $9x - 25y = -33$

Die Koordinaten des Cursors, den wir im vermuteten Schnittpunkt beider Geraden (des obigen Beispiels) plazieren, werden angezeigt (Bilder 3–6):

1. Schritt:

Cursor zum vermuteten Schnittpunkt verschieben.

x-Koordinate des Cursors: $x_c = -1{,}93277$

y-Koordinate des Cursors: $y_c = 0{,}588235$

1. Näherungslösung: $(-1{,}93277;\ 0{,}588235)$

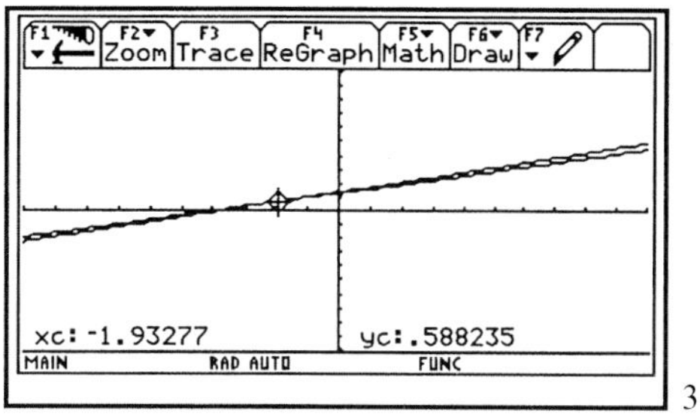

3

2. Schritt:

Mithilfe des Cursors wird zunächst die linke untere Ecke (siehe die Frage: 1st Corner? = First Corner?) des Rechteckes festgelegt, in dem der Schnittpunkt liegt und das vergrößert werden soll.

First Corner: $x_c = -5{,}04202$
$y_c = -1{,}37255$

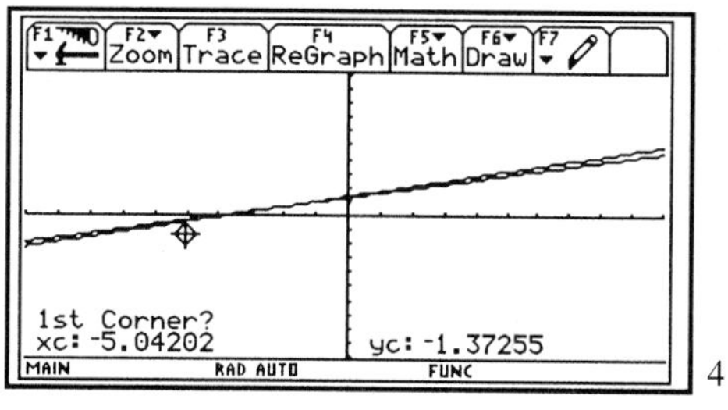

4

3. Schritt:

Mithilfe des Cursors wird jetzt die rechte obere Ecke (siehe die Frage: 2nd Corner? = Second Corner?) des gewünschten Rechteckes festgelegt.

Second Corner: $x_c = 2{,}60504$
$y_c = 3{,}72549$

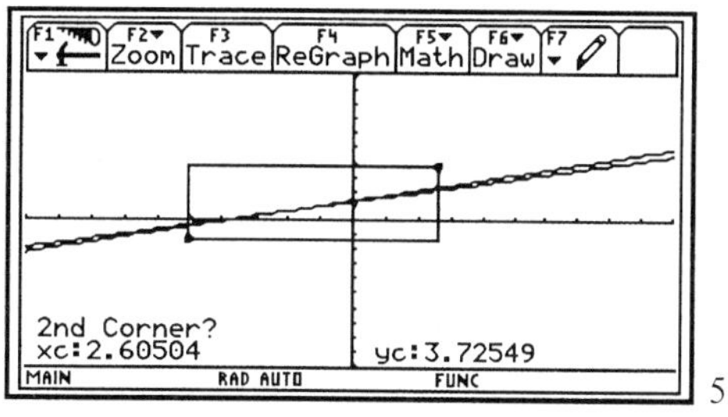

5

4. Schritt:

Cursor erneut zum vermuteten Schnittpunkt verschieben.

$x_c = -2{,}02175$

$y_c = 0{,}59304$

2. Näherungslösung: $(-2{,}02175;\ 0{,}59304)$

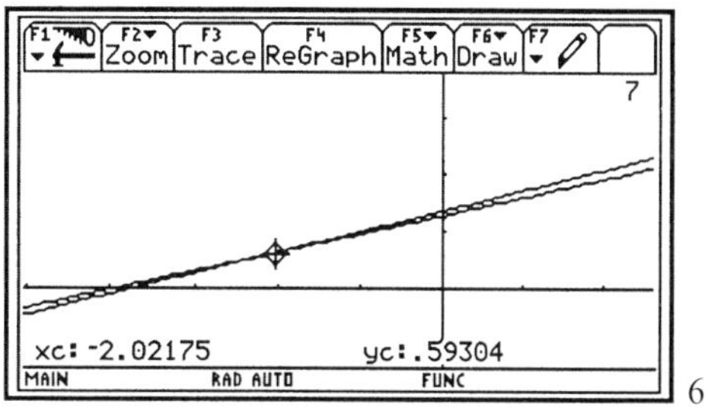

6

Lineare Gleichungssysteme im Zusammenhang mit Vektoren

Auch die Untersuchung von Vektoren auf lineare Abhängigkeit bzw. lineare Unabhängigkeit führt auf lineare Gleichungssysteme. Will man z. B. wissen, ob drei Vektoren $\vec{a}$, $\vec{b}$ und $\vec{c}$ linear abhängig sind, so ist zu untersuchen, ob es reelle Zahlen λ, μ und ν mit $\lambda^2+\mu^2+\nu^2 \neq 0$ gibt, sodass $\lambda\vec{a}+\mu\vec{b}+\nu\vec{c}=\vec{o}$ gilt (lineare Abhängigkeit)[1] bzw. ob für alle reellen Zahlen λ, μ und ν gilt: Wenn $\lambda\vec{a}+\mu\vec{b}+\nu\vec{c}=\vec{o}$, so ist $\lambda=\mu=\nu=0$ (lineare Unabhängigkeit)[2].

Beispiel 5 *Lineare Abhängigkeit von Vektoren*

Die Vektoren $\vec{a}=\begin{pmatrix}3\\1\\-\frac{1}{2}\end{pmatrix}$, $\vec{b}=\begin{pmatrix}2\\-1\\-\frac{1}{3}\end{pmatrix}$, $\vec{c}=\begin{pmatrix}-6\\2\\1\end{pmatrix}$ sind linear abhängig, denn das LGS

(I) $3\lambda+2\mu-6\nu=0$
(II) $\lambda-\mu+2\nu=0$
(III) $-\frac{1}{2}\lambda-\frac{1}{3}\mu+\nu=0$

besitzt unendlich viele Lösungen. Mit $\nu=t$ als freiem Parameter ist
$L=\{(0{,}4t;\ 2{,}4t;\ t) \mid t\in\mathbb{R}\}$ bzw. $\lambda=0{,}4t$, $\mu=2{,}4t$, $\nu=t$ $(t\in\mathbb{R})$.
Folglich gilt für jede reelle Zahl t: $0{,}4t\vec{a}+2{,}4t\vec{b}+t\vec{c}=\vec{o}$.

18. Untersuchen Sie, ob die Vektoren jeweils linear abhängig oder linear unabhängig sind.

a) $\vec{a}=\begin{pmatrix}1\\2\\3\end{pmatrix}$, $\vec{b}=\begin{pmatrix}2\\4\\7\end{pmatrix}$, $\vec{c}=\begin{pmatrix}9\\18\\30\end{pmatrix}$ **b)** $\vec{a}=\begin{pmatrix}-1\\-1\\2\end{pmatrix}$, $\vec{b}=\begin{pmatrix}2\\3\\-2\end{pmatrix}$, $\vec{c}=\begin{pmatrix}0\\1\\2\end{pmatrix}$

c) $\vec{a}=\begin{pmatrix}3\\1\\-1\end{pmatrix}$, $\vec{b}=\begin{pmatrix}-1\\1\\0\end{pmatrix}$, $\vec{c}=\begin{pmatrix}0\\2\\-1\end{pmatrix}$ **d)** $\vec{a}=\begin{pmatrix}\frac{1}{2}\\\frac{1}{3}\\-\frac{1}{5}\end{pmatrix}$, $\vec{b}=\begin{pmatrix}\frac{2}{3}\\-\frac{3}{5}\\1\end{pmatrix}$, $\vec{c}=\begin{pmatrix}0\\-\frac{1}{2}\\\frac{1}{2}\end{pmatrix}$

Zur Ermittlung der Koordinaten eines Vektors bezüglich einer vorgegebenen Basis stellt man ihn als Linearkombination der Basisvektoren dar. Dies führt wiederum auf ein lineares Gleichungssystem.

Beispiel 6 *Koordinaten eines Vektors*

Wir wollen den Vektor $\vec{b}=\begin{pmatrix}-2\\-8\end{pmatrix}$ als Linearkombination der Vektoren $\vec{a_1}=\begin{pmatrix}1\\3\end{pmatrix}$ und $\vec{a_2}=\begin{pmatrix}3\\5\end{pmatrix}$ darstellen, vgl. Kapitel B, Seite 53.

Der Ansatz $\vec{b}=x_1\vec{a_1}+x_2\vec{a_2}$, also $\begin{pmatrix}-2\\-8\end{pmatrix}=x_1\begin{pmatrix}1\\3\end{pmatrix}+x_2\begin{pmatrix}3\\5\end{pmatrix}$ führt auf ein LGS mit 2 Gleichungen und 2 Variablen:

(I) $x_1+3x_2=-2$
(II) $3x_1+5x_2=-8$

mit der Lösung $(-3{,}5;\ 0{,}5)$, also $\vec{b}=-3{,}5\vec{a_1}+0{,}5\vec{a_2}$.
Bezüglich der Vektoren $\vec{a_1}$ und $\vec{a_2}$ hat der Vektor $\vec{b}$ die Koordinaten $-3{,}5$ und $0{,}5$.

[1] Der Nullvektor lässt sich auf nichttriviale Weise aus den Vektoten $\vec{a}$, $\vec{b}$ und $\vec{c}$ linear kombinieren.
[2] Der Nullvektor lässt sich nur auf triviale Weise aus den Vektoten $\vec{a}$, $\vec{b}$ und $\vec{c}$ linear kombinieren.

19. Welche Koordinaten hat der Vektor $\vec{b} = \begin{pmatrix} 2 \\ -1 \\ 0 \end{pmatrix}$ bezüglich der gegebenen Basisvektoren?

a) $\begin{pmatrix} 3 \\ 2 \\ 2 \end{pmatrix}; \begin{pmatrix} 1 \\ 0 \\ 1 \end{pmatrix}; \begin{pmatrix} 2 \\ 1 \\ -1 \end{pmatrix}$ **b)** $\begin{pmatrix} 3 \\ 2 \\ -3 \end{pmatrix}; \begin{pmatrix} 1 \\ 0 \\ 1 \end{pmatrix}; \begin{pmatrix} 2 \\ 1 \\ -1 \end{pmatrix}$ **c)** $\begin{pmatrix} 3 \\ 2 \\ -1 \end{pmatrix}; \begin{pmatrix} 1 \\ 0 \\ 1 \end{pmatrix}; \begin{pmatrix} 2 \\ 1 \\ -1 \end{pmatrix}$

Lineare Gleichungssysteme mit Parametern

Mitunter sind in einem linearen Gleichungssystem nicht alle Koeffizienten oder absoluten Glieder bekannt. Sie sind dann als Parameter gegeben. Die Lösung muss dann in Abhängigkeit von diesem **Parameter** (oder diesen Parametern) ermittelt werden.

20. a) Lösen Sie das folgende lineare Gleichungssystem für $a=3$.

(I) $ax+2y=5$

(II) $6x-y=10$

b) Lösen Sie das lineare Gleichungssystem für $a=13$.

c) Gibt es ein a, für das dieses Gleichungssystem keine Lösung besitzt?

d) Welchen Wert muss a annehmen, damit $(-5; -40)$ eine Lösung des Systems ist?

e) Lösen Sie das Gleichungssystem in Abhängigkeit vom Parameter a ($a \in \mathbb{R}$).

Beispiel 7 *Abhängigkeit der Lösung eines LGS vom Parameter*

Das lineare Gleichungssystem

(I) $ax-y=4$

(II) $x-ay=6$ mit $a \in \mathbb{R}$

besitzt für $a^2 \neq 1$ die eindeutige Lösung $\left(\frac{4a-6}{a^2-1}; \frac{4-6a}{a^2-1}\right)$, während für $a^2=1$ keine Lösung existiert.

21. Lösen Sie die folgenden linearen Gleichungssysteme in Abhängigkeit von den jeweils auftretenden Parametern ($a_1, b_1, a_2, b_2, c_1, c_2 \in \mathbb{R}$).

a) $a_1 x + b_1 y = 0$; $x + y = 0$

b) $x + 3y = 12$; $2x - y = c_2$

c) $a_1 x - y = 2$; $a_2 x + y = 4$

d) $a_1 x + b_1 y = 0$; $a_2 x + b_2 y = 0$

e) $x + y = c_1$; $x - y = c_2$

f) $x + y = c_1$; $x + y = -c_1$

g) $x + 3y = c_1$; $2x - y = 3$

h) $3x + y = 2a_1$; $a_1 x + y = 3$

22. Wählen Sie für c_2 eine reelle Zahl so, dass das lineare Gleichungssystem

(I) $2x+10y=18$

(II) $x+5y=c_2$

a) keine Lösung, **b)** unendlich viele Lösungen, **c)** genau eine Lösung hat.

23. Wie muss a_1 gewählt werden, damit das folgende lineare Gleichungssystem das Paar $(-5; -4)$ als einzige Lösung besitzt.

(I) $a_1 x - \frac{1}{3}y = \frac{1}{3}$,

(II) $-x + \frac{1}{2}y = 3$

Sach- und Anwendungsaufgaben

Lineare Gleichungssysteme sind ein vielseitiges mathematisches Werkzeug. Mit ihrer Hilfe lassen sich neben geometrischen Beziehungen auch Probleme der Wirtschaft oder anderer Gebiete beschreiben und lösen.

24. Aus 35%igem Alkohol und 96%igem Alkohol sollen durch Mischen 3 Liter 45%igen Alkohols hergestellt werden. Wie viel Liter müssen von jeder Sorte genommen werden?

25. Ein 2,5 mm dickes Messingblech von 1 m^2 Größe wiegt 21 kg. Wie groß ist die Dichte (ρ) des Bleches? Wie viel kg Kupfer ($\rho = 8{,}8\ g \cdot cm^{-3}$ [bzw. $kg \cdot dm^{-3}$]) und Zink ($\rho = 7{,}1\ g \cdot cm^{-3}$ [bzw. $kg \cdot dm^{-3}$]) sind darin enthalten?

26. Aus einer Schmelze von Altmetall, die 70% Kupfer enthält, soll durch Zusatz von Messing mit 78% Kupfergehalt eine Messingsorte mit 75% Kupfergehalt hergestellt werden. In welchem Mengenverhältnis müssen die beiden Rohstoffe eingeschmolzen werden?

27. Unter den mehr als 1000 Stahlsorten spielen nicht rostende Chrom-Nickel-Stähle eine besonders wichtige Rolle. Aus ihnen werden Bestecke, chirurgische Instrumente, Waschmaschinen usw. hergestellt.
Aus zwei Stahllegierungen, die eine enthält 14% Chrom und 10% Nickel, die andere 24% Chrom und 5% Nickel, soll eine Tonne einer Edelstahllegierung mit 18% Chrom und 8% Nickel hergestellt werden.
Wie viel Tonnen der ersten und der zweiten Sorte müssen zusammengeschmolzen werden?

28. Zwei Autofahrer, A und B, fahren von zwei Orten, die 370 km voneinander entfernt sind, einander entgegen und treffen sich nach 4 Stunden. Würde B $\frac{1}{2}$ Stunde später als A abfahren, so wären sie 4 Stunden nach Aufbruch von A noch 20 km voneinander entfernt.
Wie viel km legt jeder in der Stunde zurück?

29. Aus Draht soll ein Kantenmodell eines Quaders hergestellt werden. Dabei sollen die folgenden Beziehungen zwischen Breite, Höhe und Tiefe gelten:

a) Die Breite sei viermal so lang wie die Höhe und 10 cm kürzer als die Tiefe, die Tiefe sei doppelt so lang wie die Breite.

b) Die Breite sei dreimal so lang wie die Höhe, die Tiefe halb so lang wie die Höhe.
Breite, Höhe und Tiefe sind zusammen 90 cm lang.
Wie lang müssen die Kanten jeweils gewählt werden? Wie viel Draht benötigt man insgesamt?

30. Der griechische Mathematiker METRODOR (3. Jh. v. Chr.) stellte folgende Aufgabe: „Die königliche Krone hat eine Masse von 60 Minen (1 Mine = 100 Drachmen = $\frac{1}{60}$ Talent; 1 altgriech. Drachme = 4,3 g). Sie besteht aus Gold, Kupfer, Blei und Eisen. Das Gold macht zusammen mit dem Kupfer $\frac{2}{3}$ der Masse, zusammen mit dem Blei $\frac{3}{4}$ der Masse, das Eisen macht zusammen mit dem Gold $\frac{3}{5}$ der Masse aus. Wie viel Minen von jedem Metall waren in der Krone enthalten?“

31. Gesucht sind drei Zahlen. Addiert man das Dreifache der ersten Zahl zum Zweifachen der zweiten Zahl und subtrahiert dann das Fünffache der dritten Zahl, erhält man 53. Subtrahiert man die zweite Zahl vom Doppelten der dritten Zahl, so ergibt sich – 17. Schließlich ist – 21 das Dreifache der dritten Zahl.

32. Aus der Coß von CHRISTOFF RUDOLFF (1525): Es synd zween Becher vnd ein vberlid (= Deckel). Legt man das vberlid auff den ersten becher so wigt er mit dem vberlid 3 mal so schwer als der ander. Legt mans aber auff den andern | so wigt der ander mit dem vberlid 4 mal so vil als der erst. Ist die frag wie schwer yeder Becher sey.

33. Eine Aufgabe des Rechenmeisters JACOB VON KOBURG (Frankfurt, 1599): Es mögen zwei Städte 260 Meilen voneinander entfernt sein. Aus jeder der Städte gehen mit gleichem Startzeitpunkt zwei Boten einander entgegen. Der eine geht täglich zwei Meilen mehr als der andere. Nach 12 Tagen treffen sie sich. Wie viele Meilen ist jeder Bote täglich gegangen?

34. Einige der Aufgaben 24 bis 33 lassen sich nur aufgrund vereinfachender Annahmen mithilfe von LGS lösen. Finden Sie solche Aufgaben.

Beispiel 8 *Anwendungen, die auf LGS mit mehr als 3 Gleichungen führen*

Auf einem Bauernhof werden Milchkühe (in drei Kategorien I, II, III) gehalten und Färsen aufgezogen. Eine Milchkuh der Kategorie I (E_1) braucht pro Jahr 10 t Grünfutter, 1,8 t Heu, 0,4 t Getreide und 5 t Silage, eine Milchkuh der Kategorie II (E_2) 10 t Grünfutter, 1,5 t Heu, 0,6 t Getreide und 5 t Silage, eine Milchkuh der Kategorie III (E_3) 12 t Grünfutter, 1,5 t Heu, 0,8 t Getreide und 6 t Silage. Für eine Färse (E_4) werden 15 t Grünfutter, 1,5 t Heu, 0,7 t Getreide und 5 t Silage benötigt.
Die Vorräte bestehen aus 4 150 t Grünfutter (A_1), aus 576 t Heu (A_2), aus 211 t Getreide (A_3) und aus 1 850 t Silage (A_4).

Zur übersichtlichen Darstellung aller Angaben stellen wir eine Tabelle auf:

Ausgangsstoff Erzeugnis	A_1	A_2	A_3	A_4
E_1	10	1,8	0,4	5
E_2	10	1,5	0,6	5
E_3	12	1,5	0,8	6
E_4	15	1,5	0,7	5
Vorrat	4 150	576	211	1 850

Für eine Kuh der Kategorie I (E_1) benötigt man also 10 ME (Mengeneinheiten) des Ausgangsstoffes A_1, 1,8 ME des Ausgangsstoffes A_2, 0,4 ME des Ausgangsstoffes A_3 und 5 ME des Ausgangsstoffes A_4 usw. Die Vorräte der Ausgangsstoffe bestehen laut Tabelle aus 4 150 ME für den Ausgangsstoff A_1, 576 ME für den Ausgangsstoff A_2, ... usw.

Bei diesem Beispiel interessiert die Frage: Wie viele Kühe der verschiedenen Sorten lassen sich mit den vorhandenen Vorräten versorgen?

35. Wie viele Kühe/Kat. I, wie viele Kühe/Kat. II, wie viele Kühe/Kat. III und wie viele Färsen können mit dem zur Verfügung stehenden Futter aus dem obigen Beispiel versorgt werden?

2 Der Gauß'sche Algorithmus

1. Welche Erfahrungen haben Sie mit Aufgabe 35 in Abschnitt D1 gemacht? Welche Probleme sind beim Lösen des linearen Gleichungssystems aufgetreten?

Wendet man das Einsetzungs-, das Gleichsetzungs- oder das Additions- bzw. Subtraktionsverfahren auf ein solches lineares Gleichungssystem wie

(I) $10x_1 + 10x_2 + 12x_3 + 15x_4 = 4150$
(II) $1{,}8x_1 + 1{,}5x_2 + 1{,}5x_3 + 1{,}5x_4 = 576$
(III) $0{,}4x_1 + 0{,}6x_2 + 0{,}8x_3 + 0{,}7x_4 = 211$
(IV) $5x_1 + 5x_2 + 6x_3 + 5x_4 = 1850$

an, wird das eine sehr aufwendige und zum Teil auch unübersichtliche „Rechnerei". In der Praxis treten manchmal lineare Gleichungssysteme mit mehr als 100 Variablen auf[1]. In solchen Fällen sind die in Abschnitt D1 wiederholten Lösungsmethoden für lineare Gleichungssysteme (Einsetzungs-, Gleichsetzungs-, Additions- bzw. Subtraktionsverfahren) zu unübersichtlich und deshalb unpraktisch.

Lineare Gleichungssysteme in Dreiecksgestalt

Einen Ausweg weist Aufgabe 31 (Abschnitt D1). Das Zahlenrätsel lässt sich in das folgende lineare Gleichungssystem übersetzen:

(I)	$3 \cdot x + 2 \cdot y - 5 \cdot z = 53$	bzw.	(I)	$3x + 2y - 5z = 53$
(II)	$\mathbf{0} \cdot x - 1 \cdot y + 2 \cdot z = -17$		(II)	$-y + 2z = -17$
(III)	$\mathbf{0} \cdot x + \mathbf{0} \cdot y + 3 \cdot z = -21$		(III)	$3z = -21.$

> Wenn ein lineares Gleichungssystem eine solche **„dreieckige" Gestalt** besitzt, lässt es sich problemlos lösen. Jede nachfolgende Gleichung enthält dann eine Variable weniger.

Arbeitet man die Zeilen *von unten nach oben* ab, so ergibt sich:

- Aus (III) folgt $z = -7$.
- Setzt man in (II) für z den gefundenen Wert ein und löst die Gleichung nach y auf, so ergibt sich $-y + 2 \cdot (-7) = -17$ und damit $y = 3$.
- Setzt man nun in (I) für z und y die gefundenen Werte ein und löst die Gleichung nach x auf, so ergibt sich $3x + 2 \cdot 3 - 5 \cdot (-7) = 53$ und damit $x = 4$.

Die Probe bestätigt, dass das Tripel (4; 3; −7) eine Lösung des Gleichungssystems ist.

2. Lösen Sie die linearen Gleichungssysteme auf die zuvor beschriebene Weise.

a) (I) $5x + y + z = 1$
(II) $-4y + z = -1$
(III) $5z = 5$

b) (I) $4x + y - z = 5$
(II) $3y - 2z = 6$
(III) $2z = 6$

c) (I) $-3x + 15y - 16z = 303$
(II) $-21y + 5z = -186$
(III) $-13z = 156$

d) (I) $8x - y - z = 4$
(II) $7y + 3z = 20$
(III) $y - 6z = 114$

[1] Deshalb ist es im Allgemeinen üblich, indizierte Variablen $x_1, x_2, x_3, x_4, \ldots$ anstelle von $x, y, z \ldots$ zu wählen.

Leider besitzt ein lineares Gleichungssystem nur selten eine solche dreieckige, also „lösungsfreundliche“ Gestalt. Nun gibt es ein Verfahren, das diese dreieckige Gestalt herstellt und zur Lösung eines gegebenen linearen Gleichungssystems führt.

Der **Gauß'sche Algorithmus**, benannt nach CARL FRIEDRICH GAUSS (1777 – 1855), ist ein solches Lösungsverfahren für lineare Gleichungssysteme und baut auf dem Additions- bzw. Subtraktionsverfahren auf[1].

Dieser Lösungsalgorithmus ist so angelegt, dass das lineare Gleichungssystem in eine Form gebracht wird, aus der man die Lösungen ablesen oder durch einfaches Umformen ermitteln kann. Eine solche Form bezeichnet man als **Dreiecksgestalt** oder **Dreiecksform**, d. h. unterhalb der „Diagonalen“ sind alle Koeffizienten null[2].

Mit anderen Worten: an diesen Stellen werden die Variablen eliminiert[3]. Man spricht deshalb mitunter auch vom **Gauß'schen Eliminationsverfahren**.

Will man ein beliebiges lineares Gleichungssystem in Dreiecksform überführen (vorausgesetzt, es geht), so muss man absichern, dass sich beim Umformen die Lösungsmenge des Gleichungssystems nicht ändert.

3. Welche Umformungsregeln für lineare Gleichungssysteme kennen Sie schon?

Für den Gauß'schen Algorithmus genügen drei Umformungsregeln.

Äquivalente Umformungen eines linearen Gleichungssystems

- Man darf eine Gleichung mit einer von null verschiedenen Zahl multiplizieren.
- Man darf eine Gleichung zu einer anderen Gleichung addieren. Genauer: Man darf eine Gleichung durch die Summe aus dieser und einer anderen Gleichung ersetzen.
- Man darf zwei Gleichungen miteinander vertauschen.

Die ersten beiden Umformungsregeln sind uns schon früher beim Additions- bzw. Subtraktionsverfahren begegnet. Die dritte Regel ist unmittelbar klar.
Die Tatsache, dass sich in allen drei Fällen die Lösungsmengen nicht ändern, müsste eigentlich bewiesen werden. Wir verzichten hier jedoch auf einen Beweis.

4. a) Das lineare Gleichungssystem
(I) $3x+2y=5$
(II) $2x-5y=1$
soll so umgeformt werden, dass die erste Gleichung erhalten bleibt, der Koeffizient von x in der neuen zweiten Gleichung aber gleich null ist. Durch welche äquivalente Umformung kann man das erreichen?

b) Lösen Sie a) noch einmal für den Fall, dass der Koeffizient von y in der zweiten Gleichung gleich null wird.

c) Lösen Sie das lineare Gleichungssystem.

---

[1] GAUSS benutzte diesen Algorithmus im Jahre 1810 bei seinen Berechnungen der Bahn des Planetoiden Pallas. Heute wissen wir, dass dieses Verfahren bereits den Chinesen vor rund 2000 Jahren bekannt war („Chiu Chang Suan Shu“, auf Deutsch „Neun Bücher arithmetischer Technik“).

[2] Es lässt sich allerdings nicht jedes Gleichungssystem in eine Dreiecksform verwandeln; es sei denn, man lässt in der Hauptdiagonalen auch Nullen als Koeffizienten zu (vgl. die späteren Ausführungen).

[3] eliminare (lat.) = über die Schwelle aus dem Haus treiben.

Beispiel 1 *Lösen eines LGS mithilfe des Gauß'schen Algorithmus*

Das LGS

$$\begin{array}{ll} \text{(I)} & 3x_1 - 6x_2 - 2x_3 = -2 \\ \text{(II)} & 2x_1 + 4x_2 + 3x_3 = 1 \\ \text{(III)} & -5x_1 + 8x_2 + 2x_3 = 4 \end{array}$$

soll gelöst werden.

Ziel der Umformungen: **Dreiecksgestalt des LGS**

1. Schritt: Variable x_1 in (II) und (III) eliminieren, d. h. der Koeffizient von x_1 soll null werden.

$$\begin{array}{lrcl|l|l} \text{(I)} & 3x_1 - 6x_2 - 2x_3 & = & -2 & \cdot 2 & \cdot 5 \\ \text{(II)} & 2x_1 + 4x_2 + 3x_3 & = & 1 & \cdot(-3) \;\rightarrow (\text{II}) & \\ \text{(III)} & -5x_1 + 8x_2 + 2x_3 & = & 4 & & \cdot 3 \;\rightarrow (\text{III}) \\ \hline \text{(I)} & 3x_1 - 6x_2 - 2x_3 & = & -2 & & \\ \text{(II')} & -24x_2 - 13x_3 & = & -7 & & \\ \text{(III')} & -6x_2 - 4x_3 & = & 2 & & \end{array}$$

2. Schritt: Variable x_2 in (III′) eliminieren, d. h. der Koeffizient von x_2 soll null werden.

$$\begin{array}{lrcl|l} \text{(I)} & 3x_1 - 6x_2 - 2x_3 & = & -2 & \\ \text{(II')} & -24x_2 - 13x_3 & = & -7 & \\ \text{(III')} & -6x_2 - 4x_3 & = & 2 & \cdot(-4) \;\rightarrow (\text{III'}) \\ \hline \text{(I)} & 3x_1 - 6x_2 - 2x_3 & = & -2 & \\ \text{(II')} & -24x_2 - 13x_3 & = & -7 & \\ \text{(III'')} & 3x_3 & = & -15 & \end{array}$$

Das ursprüngliche lineare Gleichungssystem ist auf diese Weise in ein hierzu äquivalentes Gleichungssystem umgewandelt worden, das **Dreiecksgestalt** besitzt. Hieraus lässt sich die **Lösung „rückwärts" ermitteln**:

(III″) liefert:	$x_3 = -5$
$x_3 = -5$ in (II′) eingesetzt liefert:	$x_2 = 3$
Die Werte für x_2 und x_3 in (I) eingesetzt liefern:	$x_1 = 2$

Da im Rahmen des Gauß'schen Algorithmus nur äquivalente Umformungen auftreten, wird die Lösungsmenge nicht verändert.

Ergebnis: Das System hat die Lösung (2; 3; –5).

Noch kürzer lässt sich die Anwendung des Gauß'schen Algorithmus jetzt wie folgt darstellen:

$$\begin{array}{lrcl|l|l} \text{(I)} & 3x_1 - 6x_2 - 2x_3 & = & -2 & \cdot 2 & \cdot 5 \\ \text{(II)} & 2x_1 + 4x_2 + 3x_3 & = & 1 & \cdot(-3) \;\rightarrow (\text{II}) & \\ \text{(III)} & -5x_1 + 8x_2 + 2x_3 & = & 4 & & \cdot 3 \;\rightarrow (\text{III}) \\ \hline \text{(I)} & 3x_1 - 6x_2 - 2x_3 & = & -2 & & \\ \text{(II')} & -24x_2 - 13x_3 & = & -7 & & \\ \text{(III')} & -6x_2 - 4x_3 & = & 2 & \cdot(-4) \;\rightarrow (\text{III'}) & \\ \hline \text{(I)} & 3x_1 - 6x_2 - 2x_3 & = & -2 & & x_1 = 2 \\ \text{(II')} & -24x_2 - 13x_3 & = & -7 & & x_2 = 3 \;\Uparrow \\ \text{(III'')} & 3x_3 & = & -15 & \Rightarrow & x_3 = -5 \;\Uparrow \end{array}$$

Lösung: (2; 3; –5)

5. Lösen Sie die folgenden LGS mithilfe des Gauß'schen Algorithmus.

a)
$$\begin{aligned} -2z &= -6 \\ 4y-6z &= -14 \\ 2x+y &= 5 \end{aligned}$$

b)
$$\begin{aligned} 3x_1+x_2+2x_3&=1 \\ x_1+2x_2+4x_3&=2 \\ 2x_1+x_2+3x_3&=0 \end{aligned}$$

c)
$$\begin{aligned} 3x-4y+z&=9 \\ x+y-5z&=-10 \\ 6x+2y+4z&=12 \end{aligned}$$

***d)**
$$\begin{aligned} 2x_1+3x_2-x_3+2x_4&=1 \\ -2x_2+3x_4&=2 \\ 2x_1+x_2-x_3+5x_4&=2 \end{aligned}$$

e)
$$\begin{aligned} 2x+y+z&=2 \\ x+2y+z&=4 \\ x+y+2z&=6 \end{aligned}$$

f)
$$\begin{aligned} x-2y+3z&=12 \\ -3x+6y-9z&=10 \\ 1{,}5x-3y+4{,}5z&=16 \end{aligned}$$

Für ein allgemeines lineares Gleichungssystem mit 3 Gleichungen und 3 Variablen läuft der Gaußsche Algorithmus damit folgendermaßen ab:

Gegeben: (I) $a_{11}x_1+a_{12}x_2+a_{13}x_3=b_1$
(II) $a_{21}x_1+a_{22}x_2+a_{23}x_3=b_2$
(III) $a_{31}x_1+a_{32}x_2+a_{33}x_3=b_3$

Ziel der Umformungen: **Dreiecksgestalt des LGS**
Vorab: Prüfen, ob $a_{11}\neq 0$ (andernfalls Gleichungen vertauschen)

1. Ziel: x_1 in (II) eliminieren
   1. Schritt: $(\text{I}')=(\text{I})\cdot\left(-\frac{a_{21}}{a_{11}}\right)$
   2. Schritt: $(\text{II}')=(\text{II})+(\text{I}')$ $\quad 0\cdot x_1+a'_{22}\cdot x_2+a'_{23}\cdot x_3=b'_2$
2. Ziel: x_1 in (III) eliminieren
   1. Schritt: $(\text{I}'')=(\text{I})\cdot\left(-\frac{a_{31}}{a_{11}}\right)$
   2. Schritt: $(\text{III}')=(\text{III})+(\text{I}'')$ $\quad 0\cdot x_1+a'_{32}\cdot x_2+a'_{33}\cdot x_3=b'_3$
3. Ziel: x_2 in (III') eliminieren
   1. Schritt: $(\text{II}'')=(\text{II}')\cdot\left(-\frac{a'_{23}}{a'_{22}}\right)$
   2. Schritt: $(\text{III}'')=(\text{III}')+(\text{II}'')$ $\quad 0\cdot x_1+0\cdot x_2+a''_{33}\cdot x_3=b''_3$

Dreiecksgestalt: (I) $a_{11}\cdot x_1+a_{12}\cdot x_2+a_{13}\cdot x_3=b_1$
(II') $0\cdot x_1+a'_{22}\cdot x_2+a'_{23}\cdot x_3=b'_2$
(III'') $0\cdot x_1+0\cdot x_2+a''_{33}\cdot x_3=b''_3$

Hieraus wird rückwärts die Lösung ermittelt.

6. Bestimmen Sie für den zuvor beschriebenen allgemeinen Fall eines linearen Gleichungssystems mit 3 Gleichungen und 3 Variablen die dort auftretenden Koeffizienten und absoluten Glieder.

a) $a'_{22},\ a'_{23},\ b'_2$ **b)** $a'_{32},\ a'_{33},\ b'_3$ **c)** $a''_{33},\ b''_3$

7. Lösen Sie die folgenden LGS.

a)
$$\begin{aligned} x-y+z&=20 \\ x-y+2z&=-5 \\ 5x+y+2z&=10 \end{aligned}$$

b)
$$\begin{aligned} x-y+z&=2 \\ x-y-z&=16 \\ 5x+y+2z&=-1 \end{aligned}$$

c)
$$\begin{aligned} 2x-y+3z&=-5 \\ -5x+3y-7z&=24 \\ -4x+3y-5z&=33 \end{aligned}$$

d)
$$\begin{aligned} 0x+5y+0z&=10 \\ 3x+0y+0z&=12 \\ 3x-5y+0z&=2 \end{aligned}$$

e)
$$\begin{aligned} 2x-y+3z&=-5 \\ -5x+3y-7z&=20 \\ -4x+3y-5z&=33 \end{aligned}$$

f)
$$\begin{aligned} 0{,}1x+0{,}6y-z&=0 \\ 0{,}3x+0{,}9y+1{,}2z&=4{,}5 \\ -0{,}6x-1{,}5y+z&=3 \end{aligned}$$

8. Ein Nahrungsmittel enthält eine Reihe verschiedener Schadstoffe $S1$, $S2$, $S3$, $S4$ und $S5$, die bei seiner Produktion und Lagerung als Bestandteile handelsüblicher Pflanzenschutzmittel auftreten. Auf den einzelnen Stationen werden die folgenden Pflanzenschutzmittel benutzt: 1. Landwirt (*A*), 2. Rohproduktlagerung (*B*), 3. Veredlungsbetrieb (*C*), 4. Grossist und Transport (*D*), 5. Einzelhändler (*E*).

Die prozentuale Zusammensetzung der verschiedenen Mittel ergibt sich wie folgt:

	$S1$	$S2$	$S3$	$S4$	$S5$	Trägersubstanz
A	0,03	0,02	0,01	0,04	–	0,9
B	0,02	0,05	–	0,02	0,01	0,9
C	0,01	0,01	0,06	0,02	–	0,9
D	0,01	0,02	0,02	0,02	0,03	0,9
E	–	–	0,02	0,03	0,05	0,9

Für das fertige Produkt ergibt die Nahrungsmittelanalyse die folgenden Werte:

$S1$	$S2$	$S3$	$S4$	$S5$
1,2	1,65	1,4	1,9	0,85

(Angaben in Gewichtseinheiten)

Um zu ermitteln, wie die einzelnen Stationen an der Schadstoffbelastung des Endproduktes beteiligt sind, führen wir die Variablen x_1, x_2, x_3, x_4, x_5 ein. Sie geben jeweils (in Gewichtseinheiten) an, welche Mengen des jeweiligen Pflanzenschutzmittels auf den einzelnen Stationen benutzt werden. D. h. x_1 gibt die Menge des Pflanzenschutzmittels *A* an, die auf der 1. Station (beim Landwirt) verwendet wurde. Der Beitrag des Landwirts zur Gesamtmenge des Schadstoffes $S1$ ist also $0{,}03\,x_1$ Gewichtseinheiten. Weiterhin kommen auf der 2. Station (Rohproduktlagerung) $0{,}02\,x_2$, auf der 3. Station (Veredlungsbetrieb) $0{,}01\,x_3$ und auf der 4. Station (Grossist und Transport) $0{,}01\,x_4$ Gewichtseinheiten $S1$ hinzu. Die 1,2 Gewichtseinheiten $S1$ im Endprodukt setzen sich also wie folgt zusammen:
$0{,}03\,x_1 + 0{,}02\,x_2 + 0{,}01\,x_3 + 0{,}01\,x_4 + 0 \cdot x_5 = 1{,}2.$

Analoge Gleichungen ergeben sich für die anderen Schadstoffe.
Damit entsteht das folgende lineare Gleichungssystem:

(I) $0{,}03\,x_1 + 0{,}02\,x_2 + 0{,}01\,x_3 + 0{,}01\,x_4 + 0 \cdot x_5 = 1{,}2$
(II) $0{,}02\,x_1 + 0{,}05\,x_2 + 0{,}01\,x_3 + 0{,}02\,x_4 + 0 \cdot x_5 = 1{,}65$
(III) $0{,}01\,x_1 + 0 \cdot x_2 + 0{,}06\,x_3 + 0{,}02\,x_4 + 0{,}02\,x_5 = 1{,}4$
(IV) $0{,}04\,x_1 + 0{,}02\,x_2 + 0{,}02\,x_3 + 0{,}02\,x_4 + 0{,}03\,x_5 = 1{,}9$
(V) $0 \cdot x_1 + 0{,}01\,x_2 + 0 \cdot x_3 + 0{,}03\,x_4 + 0{,}05\,x_5 = 0{,}85.$

a) Lösen Sie das LGS mithilfe des Gauß'schen Algorithmus. Interpretieren Sie das Ergebnis.
b) Welche Schadstoffbelastung tritt auf den einzelnen Stationen auf, wenn die prozentuale Zusammensetzung der verschiedenen Mittel wie folgt aussieht (der Anteil der Trägersubstanz liegt wieder bei 90%)?

	$S1$	$S2$	$S3$	$S4$	$S5$
A	0,02	0,05	–	0,03	–
B	0,01	0,06	0,03	–	–
C	0,01	0,02	0,02	0,03	0,02
D	–	–	0,01	0,04	0,05
E	–	0,01	0,03	0,03	0,03

$S1$	$S2$	$S3$	$S4$	$S5$
1,4	1,05	1	0,7	0,7

Lineare Gleichungssysteme in Matrizenschreibweise

Der Gauß'sche Algorithmus lässt sich auf beliebige lineare Gleichungssysteme anwenden, insbesondere muss die Anzahl m der Gleichungen nicht notwendig mit der Anzahl n der Variablen übereinstimmen.
Dieses Lösungsverfahren, kann Schritt für Schritt auch von einem Computer abgearbeitet werden. Da ein Computer mit hoher Geschwindigkeit arbeitet, sind dann selbst Gleichungssysteme mit mehr als 100 Variablen ohne Schwierigkeiten zu lösen.

Fasst man die Koeffizienten $a_{ik} \in \mathbb{R}$ $(i=1, 2, \ldots, m; k=1, 2, \ldots, n)$ eines linearen Gleichungssystems mit ***m* Gleichungen** und ***n* Variablen**

$$\begin{matrix} a_{11}\ x_1 + a_{12}\ x_2 + \ldots + a_{1n}\ x_n = b_1 \\ a_{21}\ x_1 + a_{22}\ x_2 + \ldots + a_{2n}\ x_n = b_2 \\ \vdots \qquad \vdots \qquad \vdots \\ a_{m1}\ x_1 + a_{m2}\ x_2 + \ldots + a_{mn}\ x_n = b_m \end{matrix}$$

zu dem folgenden rechteckigen Schema

$$A = \begin{pmatrix} a_{11} & a_{12} & \ldots & a_{1n} \\ a_{21} & a_{22} & \ldots & a_{2n} \\ \vdots & \vdots & & \vdots \\ a_{m1} & a_{m2} & \ldots & a_{mn} \end{pmatrix}$$

aus m Zeilen und n Spalten zusammen, spricht man von der **Koeffizientenmatrix** A des linearen Gleichungssystems.
Die Zahlen a_{ik} heißen die **Elemente** der Matrix.

Die Absolutglieder $b_i \in \mathbb{R}$ bilden eine **Matrix mit *m* Zeilen und *einer* Spalte (Spaltenmatrix)**:

$$B = \begin{pmatrix} b_1 \\ b_2 \\ \vdots \\ b_m \end{pmatrix}$$

Ergänzt man die Koeffizientenmatrix A um die Spaltenmatrix B der Absolutglieder, spricht man von der **erweiterten Matrix**. Sie besteht aus m Zeilen und $n+1$ Spalten.

$$\left(\begin{array}{cccc|c} a_{11} & a_{12} & \ldots & a_{1n} & b_1 \\ a_{21} & a_{22} & \ldots & a_{2n} & b_2 \\ \vdots & \vdots & & \vdots & \vdots \\ a_{m1} & a_{m2} & \ldots & a_{mn} & b_m \end{array}\right)$$

Die **Lösungen** dieses linearen Gleichungssystems sind dann ***n*-Tupel reeller Zahlen**, die als Matrizen mit ***n* Zeilen und einer Spalte** geschrieben werden können.

$$X = \begin{pmatrix} x_1 \\ x_2 \\ \vdots \\ x_n \end{pmatrix}$$

Mit Matrizen kann man zum Teil rechnen wie mit Zahlen:

Die Addition zweier Matrizen mit m Zeilen und n Spalten wird dabei folgendermaßen definiert:

$$\begin{pmatrix} a_{11} & a_{12} & \ldots & a_{1n} \\ a_{21} & a_{22} & \ldots & a_{2n} \\ \ldots & & & \\ a_{m1} & a_{m2} & \ldots & a_{mn} \end{pmatrix} + \begin{pmatrix} b_{11} & b_{12} & \ldots & b_{1n} \\ b_{21} & b_{22} & \ldots & b_{2n} \\ \ldots & & & \\ b_{m1} & b_{m2} & \ldots & b_{mn} \end{pmatrix} = \begin{pmatrix} a_{11}+b_{11} & a_{12}+b_{12} & \ldots & a_{1n}+b_{1n} \\ a_{21}+b_{21} & a_{22}+b_{22} & \ldots & a_{2n}+b_{2n} \\ \ldots & & & \\ a_{m1}+b_{m1} & a_{m2}+b_{m2} & \ldots & a_{mn}+b_{mn} \end{pmatrix}$$

Matrizen, die nicht in Zeilen- und Spaltenzahl übereinstimmen, lassen sich nicht addieren.

Die Vervielfachung einer Matrix mit einer reellen Zahl r sieht folgendermaßen aus:

$$r \cdot \begin{pmatrix} a_{11} & a_{12} & \ldots & a_{1n} \\ a_{21} & a_{22} & \ldots & a_{2n} \\ \ldots & & & \\ a_{m1} & a_{m2} & \ldots & a_{mn} \end{pmatrix} = \begin{pmatrix} r \cdot a_{11} & r \cdot a_{12} & \ldots & r \cdot a_{1n} \\ r \cdot a_{21} & r \cdot a_{22} & \ldots & r \cdot a_{2n} \\ \ldots & & & \\ r \cdot a_{m1} & r \cdot a_{m2} & \ldots & r \cdot a_{mn} \end{pmatrix}$$

Mithilfe von Matrizen kann der Gauß'sche Algorithmus noch kürzer formuliert werden:

Beispiel 2 *Matrizenschreibweise bei linearen Gleichungssystemen*

Das LGS (I) $3x - 7y = 11$
(II) $-2x + 4y = -7$ liefert folgende Matrizen:

Koeffizientenmatrix: $A = \begin{pmatrix} 3 & -7 \\ -2 & 4 \end{pmatrix}$; Spaltenmatrix der Absolutglieder: $B = \begin{pmatrix} 11 \\ -7 \end{pmatrix}$;

erweiterte Matrix: $\left(\begin{array}{cc|c} 3 & -7 & 11 \\ -2 & 4 & -7 \end{array}\right)$.

Lösung mithilfe des Gauß'schen Algorithmus:

$$\left(\begin{array}{cc|c} 3 & -7 & 11 \\ -2 & 4 & -7 \end{array}\right) \begin{array}{l} |\cdot 2 \\ |\cdot 3 \end{array} \rfloor + \Rightarrow \left(\begin{array}{cc|c} 3 & -7 & 11 \\ 0 & -2 & 1 \end{array}\right) \Rightarrow \begin{pmatrix} x \\ y \end{pmatrix} = \begin{pmatrix} 2{,}5 \\ -0{,}5 \end{pmatrix}.$$

Spaltenmatrix der Lösungen: $X = \begin{pmatrix} x \\ y \end{pmatrix} = \begin{pmatrix} 2{,}5 \\ -0{,}5 \end{pmatrix}$.

9. Lösen Sie das folgende lineare Gleichungssystem.
(I) $3x_1 - 6x_2 - 2x_3 = -2$
(II) $2x_1 + 4x_2 + 3x_3 = 1$
(III) $-5x_1 + 8x_2 + 2x_3 = 4$
Versuchen Sie dabei, Matrizen wie im Beispiel 2 zu nutzen.

Lösung eines LGS mithilfe eines Computers / Taschenrechners

Will man lineare Gleichungssysteme mithilfe eines Computers oder eines geeigneten Taschenrechners lösen, gibt man im Allgemeinen nur die beiden Matrizen A und B ein. Auch die Ausgabe des Computers reduziert sich zumeist auf diese Matrizenschreibweise.

Für das LGS aus Aufgabe 10 würde das z. B. so aussehen (Bilder 1, 2):

Variante 1: **Dreiecksform** *Variante 2:* **Diagonalform**

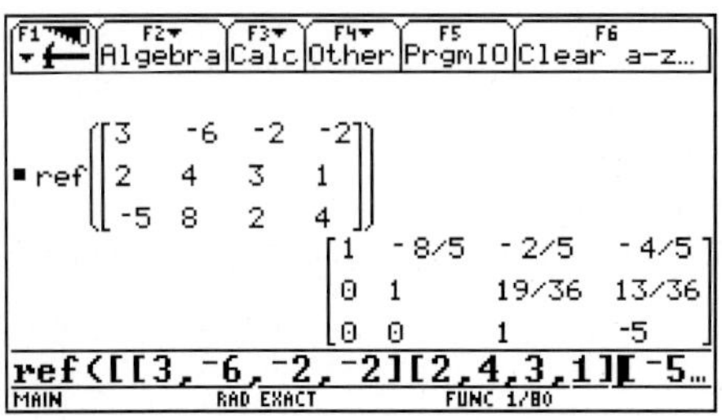

1

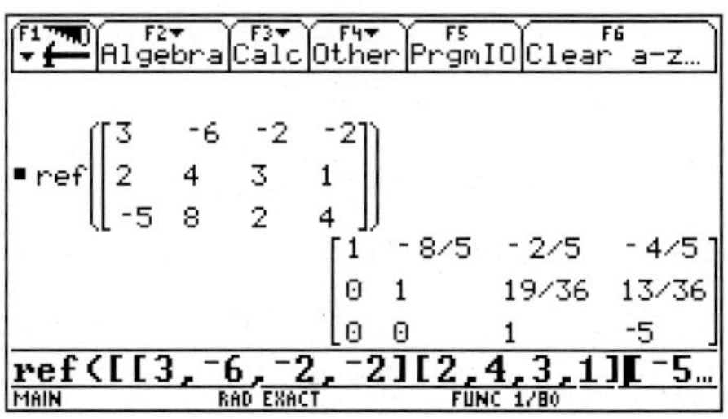

2

Die Operation **ref** (**r**ow **e**chelon **f**orm (engl.) = Zeilenstaffelform) bringt eine Matrix in einem Schritt auf **Dreiecksform**. Außerdem sind die Zeilen mit solchen Zahlen multipliziert worden, dass in der Diagonalen nur Einsen stehen.

Die Operation **rref** (**r**educed **r**ow **e**chelon **f**orm (engl.) = reduzierte Zeilenstaffelform) bringt eine Matrix in einem Schritt auf **Diagonalform**, d. h. diese Operation erzeugt nicht nur unterhalb, sondern auch oberhalb der Diagonalen Nullen. Der Vorteil dieser Operation besteht darin, dass sich die Lösung in der letzten Spalte unmittelbar ablesen lässt.

Mit dem Computer lassen sich lineare Gleichungssysteme ebenso schnell lösen, deren Koeffizienten oder auch Absolutglieder Zahlen sind, die mehrere Dezimalstellen nach dem Komma besitzen.

10. Lösen Sie das LGS aus Aufgabe 9, in dem aber als Koeffizientenmatrix anstelle der Matrix $A = \begin{pmatrix} 3 & -6 & -2 \\ 2 & 4 & 3 \\ -5 & 8 & 2 \end{pmatrix}$ jetzt die Matrix $A' = \begin{pmatrix} 3{,}1 & -6{,}1 & -2{,}1 \\ 2{,}1 & 4{,}1 & 3{,}1 \\ -5{,}1 & 8{,}1 & 2{,}1 \end{pmatrix}$ gewählt wird. Die Absolutglieder bleiben unverändert. Wie verändert sich die Lösung?

Die Z3, die erste programmgesteuerte Rechenmaschine der Welt, 1941 von KONRAD ZUSE (1910 – 1995) gebaut, hätte im übrigen zur Lösung eines linearen Gleichungssystems mit 10 Gleichungen und 10 Variablen noch knapp 20 Minuten benötigt. Heutige Computer sind unvergleichlich schneller. Sie erledigen eine solche Aufgabe im Nanosekundenbereich.

LGS mit m Gleichungen und n Variablen ($m < n$)

Wenn die Anzahl m der Gleichungen in einem linearen Gleichungssystem kleiner ist als die Anzahl n der Variablen, liefert der Gauß'sche Algorithmus anstelle der Dreiecksgestalt eine **Trapezgestalt**. Man nennt solche Gleichungssysteme auch **unterbestimmt**.

Beispiel 3 *Lösung eines unterbestimmten linearen Gleichungssystems*

$$\begin{array}{ll}
\text{(I)} & 2x_1 - x_2 + 3x_3 - 4x_4 = 10 \\
\text{(II)} & 3x_1 + 2x_2 - x_3 + x_4 = 5 \\
\text{(III)} & -x_1 - 3x_2 + 2x_3 + 3x_4 = -12 \\
\hline
\text{(I)} & 2x_1 - x_2 + 3x_3 - 4x_4 = 10 \\
\text{(II')} & 0 \cdot x_1 + 3{,}5x_2 - 5{,}5x_3 + 7x_4 = -10 \\
\text{(III'')} & 0 \cdot x_1 + 0 \cdot x_2 - 2x_3 + 8x_4 = -17
\end{array}$$

Auch jetzt geht man „von unten nach oben" vor:

Die letzte Gleichung (III″) hat unendlich viele Lösungen, denn eine der beiden Variablen (x_3 oder x_4) ist frei wählbar.
Das lineare Gleichungssystem besitzt also **unendlich viele Lösungen**.
Wählen wir z. B. $x_4 = t$ ($t \in \mathbb{R}$) als **freien Parameter**, so gilt:
$x_4 = t$; $x_3 = \frac{17}{2} + 4t$; $x_2 = \frac{21}{2} + \frac{30}{7}t$; $x_1 = -\frac{5}{2} - \frac{13}{7}t$.

In Matrizenschreibweise lassen sich damit diese unendlich vielen Lösungen folgendermaßen angeben:

$$\vec{x} = \begin{pmatrix} x_1 \\ x_2 \\ x_3 \\ x_4 \end{pmatrix} = \begin{pmatrix} -\frac{5}{2} + \left(-\frac{13}{7}\right) \cdot t \\ \frac{21}{2} + \frac{30}{7} \cdot t \\ \frac{17}{2} + 4 \cdot t \\ 0 + 1 \cdot t \end{pmatrix} = \begin{pmatrix} -\frac{5}{2} \\ \frac{21}{2} \\ \frac{17}{2} \\ 0 \end{pmatrix} + \begin{pmatrix} -\frac{13}{7}t \\ \frac{30}{7}t \\ 4t \\ 1t \end{pmatrix} = \begin{pmatrix} -\frac{5}{2} \\ \frac{21}{2} \\ \frac{17}{2} \\ 0 \end{pmatrix} + t \begin{pmatrix} -\frac{13}{7} \\ \frac{30}{7} \\ 4 \\ 1 \end{pmatrix}.$$

Dabei ist $t \in \mathbb{R}$. Da wir **einen freien Parameter wählen** konnten, spricht man von einer **1-parametrigen Lösung**.

11. Lösen Sie die linearen Gleichungssysteme.

a) $\begin{aligned} 2x+3y-4z &= 25 \\ 3x-4y+2z &= -4 \end{aligned}$

b) $\begin{aligned} 0{,}1x+0{,}6y-\phantom{1{,}2}z &= 0 \\ 0{,}3x+0{,}9y+1{,}2z &= 4{,}5 \end{aligned}$

c) $\begin{aligned} 2x+5y-\phantom{1{,}4}z &= 7 \\ 2{,}8x+7y-1{,}4z &= 11 \end{aligned}$

c) $\begin{aligned} 3x-4y+1{,}5z &= 21{,}750 \\ 7{,}5x-10y+3{,}75z &= 54{,}375 \end{aligned}$

d) $\begin{aligned} -6x+8{,}75y+2z &= 3{,}75 \\ 2{,}4x-3{,}5y-0{,}8z &= -1{,}5 \end{aligned}$

LGS mit *m* Gleichungen und *n* Variablen ($m > n$)

Wenn die Anzahl m der Gleichungen in einem linearen Gleichungssystem größer ist als die Anzahl n der Variablen, so spricht man von einem **überbestimmten** LGS.

12. Lösen Sie die linearen Gleichungssysteme.

a) $\begin{array}{ll} \text{(I)} & x-y=-2 \\ \text{(II)} & x+y=3 \\ \text{(III)} & 5x-y=0 \end{array}$

b) $\begin{array}{ll} \text{(I)} & x-y=-2 \\ \text{(II)} & -2x+2y=4 \\ \text{(III)} & \frac{1}{6}x-\frac{1}{6}y=-\frac{1}{3} \end{array}$

c) $\begin{array}{ll} \text{(I)} & x-y=-2 \\ \text{(II)} & x+y=3 \\ \text{(III)} & 5x-y=-1 \end{array}$

Beispiel 4 *Lösung eines überbestimmten linearen Gleichungssystems*

$$\begin{array}{ll|l} \text{(I)} & x_1+3x_2-x_3=-2 & \cdot(-4)\text{ zu (II) addieren};\ \text{zu (III) addieren};\ \cdot(-5)\text{ zu (IV) addieren} \\ \text{(II)} & 4x_1+x_2+7x_3=25 & \\ \text{(III)} & -x_1-3x_2=-1 & \\ \text{(IV)} & 5x_1+10x_3=35 & \\ \hline \text{(I)} & x_1+3x_2-x_3=-2 & \\ \text{(II')} & -11x_2+11x_3=33 & :(-11) \\ \text{(III')} & -x_3=-3 & :(-1) \\ \text{(IV')} & -15x_2+15x_3=45 & :(-15) \\ \hline \text{(I)} & x_1+3x_2-x_3=-2 & \\ \text{(II'')} & x_2-x_3=-3 & \\ \text{(III'')} & x_3=3 & \\ \text{(IV'')} & x_2-x_3=-3 & \end{array}$$

Da die 4. Gleichung mit der 2. Gleichung übereinstimmt, liefert sie keine zusätzliche Information. Wir können sie also auch weglassen. Wir erhalten als einzige Lösung das Tripel (1; 0; 3).

13. Lösen Sie die linearen Gleichungssysteme.

a) $\begin{array}{ll} \text{(I)} & 2x-y=6 \\ \text{(II)} & 0{,}5x-0{,}25y=1{,}5 \\ \text{(III)} & -4x+2y=-12 \end{array}$

b) $\begin{array}{ll} \text{(I)} & 2x-y=6 \\ \text{(II)} & 0{,}5x-0{,}25y=1{,}5 \\ \text{(III)} & -4x+3y=2 \end{array}$

c) $\begin{array}{ll} \text{(I)} & 2x-y=6 \\ \text{(II)} & x-y=2 \\ \text{(III)} & 3x+y=1 \end{array}$

d) $\begin{array}{ll} \text{(I)} & 2x-y=5 \\ \text{(II)} & -2x+y=-5 \end{array}$

e) $\begin{array}{ll} \text{(I)} & x_1+3x_2-x_3=-2 \\ \text{(II)} & 4x_1+x_2+7x_3=25 \\ \text{(III)} & -x_1-2x_2=-1 \\ \text{(IV)} & 5x_1+10x_3=35 \end{array}$

f) $\begin{array}{ll} \text{(I)} & x=1 \\ \text{(II)} & 2x=3 \end{array}$

Aufgabe 13 zeigt, dass ein überbestimmtes lineares Gleichungssystem keine, genau eine oder aber unendlich viele Lösungen besitzen kann.

14. Lösen Sie die linearen Gleichungssysteme.

a)
$$\begin{array}{ll}
\text{(I)} & x_1+3x_2+5x_3+2x_4=7\\
\text{(II)} & 2x_2+3x_3+x_4=4\\
\text{(III)} & x_1-3x_2-4x_3-x_4=-5\\
\text{(IV)} & 4x_1+6x_2+11x_3+5x_4=16
\end{array}$$

b)
$$\begin{array}{ll}
\text{(I)} & 2x_1+4x_2=2\\
\text{(II)} & 2x_1+4x_2+x_3=4\\
\text{(III)} & 4x_1+8x_2+x_3+2x_4+2x_5=2\\
\text{(IV)} & 2x_1+4x_2+x_3+x_4+x_5=2
\end{array}$$

c)
$$\begin{array}{ll}
\text{(I)} & -1x_1+5x_2+2x_3-3x_4=1\\
\text{(II)} & 3x_1-2x_2-2x_3+4x_4=-1\\
\text{(III)} & 4x_1-2x_2+1x_3+4x_4=-2\\
\text{(IV)} & 2x_1+5x_2-4x_3+1x_4=2
\end{array}$$

d)
$$\begin{array}{ll}
\text{(I)} & 1{,}2x_1-0{,}2x_2+4{,}2x_3-x_4=9{,}6\\
\text{(II)} & -1{,}6x_1-0{,}4x_2+2{,}4x_3+2{,}2x_4=-1{,}4\\
\text{(III)} & 1{,}8x_1+2{,}4x_2+2{,}6x_3-2{,}4x_4=17{,}8\\
\text{(IV)} & 0{,}2x_1+0{,}6x_2-1{,}6x_3+x_4=-4{,}6
\end{array}$$

e)
$$\begin{array}{ll}
\text{(I)} & -1x_1+5x_2+2x_3-3x_4=10\\
\text{(II)} & 3x_1+3x_2+3x_3+1x_4=-2\\
\text{(III)} & 4x_1-2x_2+1x_3+4x_4=-12\\
\text{(IV)} & 2x_1+5x_2-4x_3+1x_4=20
\end{array}$$

f)
$$\begin{array}{ll}
\text{(I)} & -1x_1+5x_2+2x_3-3x_4=10\\
\text{(II)} & 3x_1+3x_2+3x_3+1x_4=2\\
\text{(III)} & 4x_1-2x_2+1x_3+4x_4=-12\\
\text{(IV)} & 2x_1+5x_2-4x_3+1x_4=20
\end{array}$$

Beispiel 5 *Ermittlung der Koeffizienten einer ganzrationalen Funktion f*

Der Graph der Funktion f mit $f(x)=ax^2+bx+c$ geht durch die Punkte $P_1(-2;-9)$, $P_2(2;3)$ und $P_3(3;-4)$.

Die Bedingung, dass P_1, P_2 und P_3 auf dem Graphen von f liegen, liefert das LGS:

$$\begin{array}{lll}
\text{(I)} & a\cdot(-2)^2+b\cdot(-2)+c=-9 & \\
\text{(II)} & a\cdot 2^2+b\cdot 2+c=3 & \text{bzw.}\\
\text{(III)} & a\cdot 3^2+b\cdot 3+c=4 &
\end{array}
\qquad
\begin{array}{ll}
\text{(I)} & 4a-2b+c=-9\\
\text{(II)} & 4a+2b+c=3\\
\text{(III)} & 9a+3b+c=4
\end{array}$$

mit der Lösung $a=-2$, $b=3$, $c=5$.

15. Ermitteln Sie die Koeffizienten einer ganzrationalen Funktion f mit $f(x)=ax^3+bx^2+cx+d$ so, dass der Graph von f an der Stelle $x_0=-2$ das lokale Extremum $f(x_0)=11$ hat und die Tangente an den Graphen im Punkt $P(1;2)$ den Anstieg 3 besitzt (Bild 4).

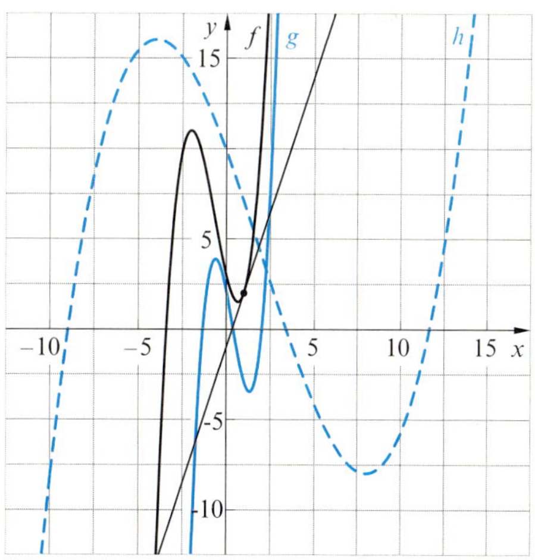

4

16. Ermitteln Sie die Koeffizienten derjenigen ganzrationalen Funktion g mit $g(x)=ax^3+bx^2+cx+d$, deren Graph durch die Punkte $P_1(1;-3)$, $P_2(2;0)$, $P_3(-1;3)$ und $P_4(-2;-12)$ geht (Bild 4).

17. Ermitteln Sie die Koeffizienten einer Funktion h mit $h(x)=ax^3+bx^2+cx+d$ so, dass der Graph von h den Punkt $W(2;4)$ als Wendepunkt und an der Stelle $x_0=-4$ das lokale Extremum $f(x_0)=16$ besitzt (Bild 4).

18. Lösen Sie die linearen Gleichungssysteme.

a)
$$\begin{array}{ll} \text{(I)} & \frac{1}{3}x-\frac{1}{4}y+\frac{2}{5}z=\frac{19}{60} \\ \text{(II)} & -\frac{3}{5}x-\frac{1}{2}y+\frac{5}{6}z=-\frac{11}{100} \\ \text{(III)} & -\frac{2}{3}x+\frac{1}{5}y-\frac{3}{4}z=-\frac{17}{24} \end{array}$$

b)
$$\begin{array}{ll} \text{(I)} & 0{,}125x-4{,}753y+31{,}208z=8952{,}23 \\ \text{(II)} & -0{,}253x-1{,}507y+8{,}04z=2105{,}36 \\ \text{(III)} & 4{,}002x-3{,}616y-5{,}891z=2617{,}33 \end{array}$$

c)
$$\begin{array}{ll} \text{(I)} & \frac{1}{3}x-\frac{1}{4}y+\frac{2}{5}z=\frac{19}{60} \\ \text{(II)} & -\frac{1}{3}x-\frac{1}{20}y+\frac{7}{20}z=-\frac{47}{120} \\ \text{(III)} & -\frac{2}{3}x+\frac{1}{5}y-\frac{3}{4}z=-\frac{17}{24} \end{array}$$

d)
$$\begin{array}{ll} \text{(I)} & \frac{1}{3}x-\frac{1}{4}y+\frac{2}{5}z=-\frac{283}{10} \\ \text{(II)} & -\frac{3}{5}x-\frac{1}{2}y+\frac{5}{6}z=-\frac{214}{5} \\ \text{(III)} & -\frac{2}{3}x+\frac{1}{5}y-\frac{3}{4}z=\frac{91}{2} \end{array}$$

ZUSAMMENFASSUNG

Der Gauß'sche Algorithmus

Gegeben: Lineares Gleichungssystem mit 3 Gleichungen und 3 Variablen

$$\begin{array}{lrcl} \text{(I)} & 3x_1-6x_2-2x_3 & = & -2 \quad |\cdot 2 \;\;\; |\cdot 5 \\ \text{(II)} & 2x_1+4x_2+3x_3 & = & 1 \quad |\cdot(-3) \;\; \text{(I)}+\text{(II)} \\ \text{(III)} & -5x_1+8x_2+2x_3 & = & 4 \quad |\cdot 3 \;\; \text{(I)}+\text{(III)} \\ \hline \text{(I)} & 3x_1-6x_2-2x_3 & = & -2 \\ \text{(II}') & -24x_2-13x_3 & = & -7 \quad | \\ \text{(III}') & -6x_2-4x_3 & = & 2 \quad |\cdot(-4) \;\; \text{(II}')+\text{(III}') \\ \hline \text{(I)} & 3x_1-6x_2-2x_3 & = & -2 \qquad x_1=2 \\ \text{(II}') & -24x_2-13x_3 & = & -7 \qquad x_2=3 \;\Uparrow \\ \text{(III}'') & 3x_3 & = & -15 \;\Rightarrow\; x_3=-5 \;\Uparrow \end{array}$$

Lösung: (2; 3; – 5)

In Anlehnung an die **Matrizenschreibweise** lässt sich noch kürzer das folgende Schema benutzen:

$$\left(\begin{array}{rrr|r} 3 & -6 & -2 & -2 \\ 2 & 4 & 3 & 1 \\ -5 & 8 & 2 & 4 \end{array}\right) \begin{array}{l} |\cdot 2 \\ |\cdot(-3) \\ \end{array} \;+\; \Rightarrow \left(\begin{array}{rrr|r} 3 & -6 & -2 & -2 \\ 0 & -24 & -13 & -7 \\ 0 & -6 & -4 & 2 \end{array}\right) \begin{array}{l} \\ \\ |\cdot(-4) \end{array} \;+\; \Rightarrow$$

$$\left(\begin{array}{rrr|r} 3 & -6 & -2 & -2 \\ 0 & -24 & -13 & -7 \\ 0 & 0 & 3 & -15 \end{array}\right) \Rightarrow \begin{pmatrix} x_1 \\ x_2 \\ x_3 \end{pmatrix} = \begin{pmatrix} 2 \\ 3 \\ -5 \end{pmatrix}$$

Wenn die Anzahl m der Gleichungen in einem linearen Gleichungssystem kleiner ist als die Anzahl n der Variablen, ist das lineare Gleichungssystem **unterbestimmt**.
Der Gauß'sche Algorithmus liefert anstelle der **Dreiecksgestalt** nur eine **Trapezgestalt**.
Das lineare Gleichungssystem besitzt dann **unendlich viele Lösungen**.

Wenn die Anzahl m der Gleichungen in einem linearen Gleichungssystem größer ist als die Anzahl n der Variablen, ist das LGS **überbestimmt**. Es besitzt dann entweder **keine** oder **genau eine Lösung** oder **unendlich viele Lösungen.**

3 Lösungsmenge eines linearen Gleichungssystems

Die Beispiele und Aufgaben in Abschnitt D2 haben bereits gezeigt, dass der Gauß'sche Algorithmus auch dann funktioniert, wenn das lineare Gleichungssystem unendlich viele Lösungen besitzt.
Was passiert, wenn man mithilfe des Gauß'schen Algorithmus ein Gleichungssystem zu lösen versucht, das nicht lösbar ist?

1. Wenden Sie zur Lösung der folgenden linearen Gleichungssysteme den Gauß'schen Algorithmus an und treffen Sie eine Aussage über die Anzahl der Lösungen.

a)
$$\begin{aligned} 3x_1 - 2x_2 + x_3 &= 15 \\ 2x_1 + 3x_2 - 2x_3 &= -12 \\ -4x_1 - 5x_2 + x_3 &= 7 \end{aligned}$$

b)
$$\begin{aligned} 3x_1 - 2x_2 + x_3 &= 15 \\ -x_1 - 7x_2 + 2x_3 &= 2 \\ -4x_1 - 5x_2 + x_3 &= 7 \end{aligned}$$

c)
$$\begin{aligned} 3x_1 - 2x_2 + x_3 &= 15 \\ 8x_1 + 10x_2 - 2x_3 &= -14 \\ -4x_1 - 5x_2 + x_3 &= 7 \end{aligned}$$

d)
$$\begin{aligned} x_1 + 2x_2 + 3x_3 &= 0 \\ 2x_1 + x_2 + 3x_3 &= 1 \\ x_1 + x_2 + 2x_3 &= 2 \end{aligned}$$

e)
$$\begin{aligned} x_1 + 2x_2 + 3x_3 &= 0 \\ 2x_1 + x_2 + 3x_3 &= 0 \\ x_1 + x_2 + 2x_3 &= 0 \end{aligned}$$

f)
$$\begin{aligned} x_1 + 2x_2 + 3x_3 &= 1 \\ 2x_1 + x_2 + 3x_3 &= 2 \\ x_1 + x_2 - 2x_3 &= 4 \end{aligned}$$

2. a) Zwei der sechs Gleichungssysteme in Aufgabe 1 besitzen eine 1-parametrige Lösung. Wählen Sie nacheinander jede der drei Variablen als freien Parameter t und geben Sie die vollständige Lösung des linearen Gleichungssystems an.

b) Begründen Sie (ohne eines der Lösungsverfahren zu benutzen), warum das lineare Gleichungssystem

$$\begin{aligned} 2x_1 + 3x_2 + x_3 &= 5 \\ x_1 - x_2 - 6x_3 &= 7 \\ 3x_1 + 2x_2 - 5x_3 &= 12 \end{aligned}$$

unendlich viele Lösungen besitzt.

Die Frage nach der **Anzahl der Lösungen eines linearen Gleichungssystems** mit m Gleichungen und n Variablen (vgl. auch Abschnitte D1 und D2) untersuchen wir jetzt mithilfe des Gauß'schen Algorithmus.

Stellvertretend wählen wir $m = 3$ und $n = 3$.

Dabei hat es sich als sinnvoll erwiesen, die folgende Unterteilung der linearen Gleichungssysteme vorzunehmen:

DEFINITION
Ein lineares Gleichungssystem heißt **homogen**, wenn alle Absolutglieder gleich null sind.

Ein lineares Gleichungssystem heißt **inhomogen**, wenn mindestens ein Absolutglied verschieden von null ist.

Setzt man in einem inhomogenen linearen Gleichungssystem alle Absolutglieder gleich null, erhält man das *zugehörige* homogene lineare Gleichungssystem.

Die linearen Gleichungssysteme in Aufgabe 1 a) bis d) und f) sind inhomogen, das lineare Gleichungssystem in Aufgabe 1 e) ist das zu 1 d) zugehörige homogene System.

3. Beim Lösen der drei folgenden LGS ergeben sich drei unterschiedliche Fälle.
Stellen Sie sowohl für die inhomogenen als auch für die zugehörigen homogenen Systeme die jeweiligen Lösungsmengen einander gegenüber.

a) (I) $4x - y = 1$
(II) $-2x + 3y = 17$

b) (I) $3x - y = 2$
(II) $-6x + 2y = -4$

c) (I) $3x - y = 2$
(II) $-6x + 2y = 5$

4. a) Lösen Sie das lineare Gleichungssystem.
(I) $a_1 x + b_1 y = c_1$ (mit $a_1 \neq 0$ oder $b_1 \neq 0$)
(II) $a_2 x + b_2 y = c_2$ (mit $a_2 \neq 0$ oder $b_2 \neq 0$)

b) Geben Sie eine Bedingung an, unter der das inhomogene LGS
– genau eine Lösung,
– unendlich viele Lösungen,
– keine Lösung besitzt.

c) Lösen Sie das zugehörige homogene System.

d) Geben Sie eine Bedingung an, unter der das homogene LGS
– genau eine Lösung,
– unendlich viele Lösungen besitzt.

5. a) Unter welcher Bedingung lässt sich eine Gleichung des linearen Gleichungssystems aus Aufgabe 4 auf die (Normal-)Form $y = mx + n$ bringen?

b) Diskutieren Sie, welchen Einfluss die Parameter a_i, b_i, c_i ($i = 1, 2$) aus dem LGS aus Aufgabe 4 auf die Lage der Geraden mit der Geradengleichung $y = m_i x + n_i$ haben.

Der Graph der linearen Funktion f mit $f(x) = y = mx + n$ ($x \in \mathbb{R}$) ist eine Gerade.
Die Gleichungen aus dem linearen Gleichungssystem aus Aufgabe 4 liefern die folgenden zwei linearen Funktionen f_1 und f_2:

$$f_1(x) = y = -\frac{a_1}{b_1}x + \frac{c_1}{b_1} = m_1 x + n_1 \text{ und } f_2(x) = y = -\frac{a_2}{b_2}x + \frac{c_2}{b_2} = m_2 x + n_1.$$

6. Geben Sie an, welchen Bedingungen die Parameter m_1, m_2 (Anstiege) sowie n_1, n_2 (absolute Glieder) genügen müssen, damit das lineare Gleichungssystem aus Aufgabe 4

a) keine, **b)** genau eine, **c)** unendlich viele Lösungen besitzt.

7. Interpretieren Sie die in Aufgabe 4 diskutierten Fälle der Lösungen des linearen Gleichungssystems geometrisch für das

a) homogene, **b)** inhomogene lineare Gleichungssystem.

8. a) Lösen Sie das lineare Gleichungssystem
(I) $3x + y = 8$
(II) $-x - 3y = 0$.

b) Welche Lösung(en) hat das zugehörige homogene lineare Gleichungssystem?

9. Lösen Sie das lineare Gleichungssystem
(I) $(p+q)x - (p-q)y = 4pq$
(II) $(p-q)x - (p+q)y = 0$,
wobei p und q ($p, q \in \mathbb{R}$) Parameter sind.
Diskutieren Sie alle denkbaren Fälle des homogenen und des inhomogenen linearen Gleichungssystems.

Lineare Gleichungssysteme mit 3 Gleichungen und 3 Variablen

Beispiel 1 *Lösung eines inhomogenen Systems*

1. Fall:

$$\begin{array}{ll} \text{(I)} & 2x_1 - 5x_2 + 3x_3 = 3 \\ \text{(II)} & 4x_1 - 12x_2 + 8x_3 = 4 \\ \text{(III)} & 3x_1 + x_2 - 2x_3 = 9 \end{array}$$

…

$$\begin{array}{ll} \text{(I)} & 2x_1 - 5x_2 + 3x_3 = 3 \\ \text{(II')} & -2x_2 + 2x_3 = -2 \\ \text{(III'')} & 2x_3 = -4 \end{array}$$

$x_1 = 2,\ x_2 = -1,\ x_3 = -2$

Man erhält eine **Dreiecksform**, also ist das Gleichungssystem **eindeutig lösbar**.

$L = \{(2;\ -1;\ -2)\}$
bzw. in Matrizenschreibweise

$$X = \begin{pmatrix} x_1 \\ x_2 \\ x_3 \end{pmatrix} = \begin{pmatrix} 2 \\ -1 \\ -2 \end{pmatrix}.$$

2. Fall:

$$\begin{array}{ll} \text{(I)} & x_1 - 2x_2 + 3x_3 = 4 \\ \text{(II)} & 3x_1 + x_2 - 5x_3 = 5 \\ \text{(III)} & 2x_1 - 3x_2 + 4x_3 = 7 \end{array}$$

…

$$\begin{array}{ll} \text{(I)} & x_1 - 2x_2 + 3x_3 = 4 \\ \text{(II')} & 7x_2 - 14x_3 = -7 \\ \text{(III'')} & 0 = 0 \end{array}$$

$x_1 = 2 + t,\ x_2 = -1 + 2t,\ x_3 = t$

Man erhält eine **Trapezform**, also besitzt das Gleichungssystem **unendlich viele Lösungen**.

$L = \{(2 + t;\ -1 + 2t;\ t)\}$
bzw. in Matrizenschreibweise

$$X = \begin{pmatrix} x_1 \\ x_2 \\ x_3 \end{pmatrix} = \begin{pmatrix} 2 + t \\ -1 + 2t \\ t \end{pmatrix}$$

mit $t \in \mathbb{R}$.

3. Fall:

$$\begin{array}{ll} \text{(I)} & 3x_1 - x_2 + 2x_3 = 1 \\ \text{(II)} & 7x_1 - 4x_2 - x_3 = -2 \\ \text{(III)} & -x_1 - 3x_2 - 12x_3 = -5 \end{array}$$

…

$$\begin{array}{ll} \text{(I)} & 3x_1 - x_2 + 2x_3 = 1 \\ \text{(II')} & -\frac{5}{3}x_2 - \frac{17}{3}x_3 = -\frac{13}{3} \\ \text{(III'')} & 0 = 4 \end{array}$$

$0 = 4$

Man erhält einen **Widerspruch**, also existiert **keine Lösung**.

$L = \emptyset$.

10. Bestimmen Sie jeweils die Lösungsmenge der linearen Gleichungssysteme. Machen Sie sich möglichst vorab klar, welcher der zuvor genannten drei Fälle vorliegt.
Wie kann man die Lösungsmenge geometrisch deuten?

a)

$$\begin{array}{ll} \text{(I)} & 3x + 5y - z = 2 \\ \text{(II)} & -3x + 5y + z = 2 \\ \text{(III)} & 2x + y - z = 5 \end{array}$$

$$\begin{array}{ll} \text{(I)} & 3x + 5y - z = 2 \\ \text{(II)} & -3x - 5y + z = 2 \\ \text{(III)} & 2x + y - z = 5 \end{array}$$

$$\begin{array}{ll} \text{(I)} & 3x + 5y - z = 2 \\ \text{(II)} & -3x - 5y + z = -2 \\ \text{(III)} & 2x + y - z = 5 \end{array}$$

$$\begin{array}{ll} \text{(I)} & 3x + 5y - z = 2 \\ \text{(II)} & x + \frac{5}{3}y - \frac{1}{3}z = \frac{2}{3} \\ \text{(III)} & -\frac{3}{5}x - y + \frac{1}{5}z = -\frac{2}{5} \end{array}$$

b)

$$\begin{array}{ll} \text{(I)} & x + y = 1 \\ \text{(II)} & y + z = 1 \\ \text{(III)} & x + z = 1 \end{array}$$

$$\begin{array}{ll} \text{(I)} & x + y = 1 \\ \text{(II)} & y + z = 1 \\ \text{(III)} & x - z = 0 \end{array}$$

$$\begin{array}{ll} \text{(I)} & x - y = 1 \\ \text{(II)} & y - z = 1 \\ \text{(III)} & x - z = 2 \end{array}$$

$$\begin{array}{ll} \text{(I)} & x - y = 1 \\ \text{(II)} & y - z = 1 \\ \text{(III)} & x - z = 1 \end{array}$$

c)

$$\begin{array}{ll} \text{(I)} & 8x - 8y + 17z = 85 \\ \text{(II)} & 20x - 15y + 25z = 150 \\ \text{(III)} & -12x + 7y - 8z = -65 \end{array}$$

$$\begin{array}{ll} \text{(I)} & 8x - 8y + 17z = 0 \\ \text{(II)} & 20x - 15y + 25z = 150 \\ \text{(III)} & -12x + 7y - 8z = -65 \end{array}$$

$$\begin{array}{ll} \text{(I)} & 8x - 8y + 15z = 5 \\ \text{(II)} & 20x - 15y + 25z = 150 \\ \text{(III)} & -12x + 7y - 8z = -65 \end{array}$$

$$\begin{array}{ll} \text{(I)} & 24x - 14y + 16z = 130 \\ \text{(II)} & 36x - 21y + 24z = 195 \\ \text{(III)} & -12x + 7y - 8z = -65 \end{array}$$

11. Wie viele Lösungen besitzt das lineare Gleichungssystem? Geben Sie die Lösung an.

a)
$$\begin{array}{ll} \text{(I)} & x-y+z=0 \\ \text{(II)} & x-y=-5 \\ \text{(III)} & 5x+2z=10 \end{array}$$

b)
$$\begin{array}{ll} \text{(I)} & x-y+z=2 \\ \text{(II)} & x-y+2z=-5 \\ \text{(III)} & 5x+y+2z=1 \end{array}$$

c)
$$\begin{array}{ll} \text{(I)} & x-y+z=-2 \\ \text{(II)} & x-y+2z=-5 \\ \text{(III)} & 5x+y+2z=-1 \end{array}$$

d)
$$\begin{array}{ll} \text{(I)} & 0x+0y+1z=1 \\ \text{(II)} & 1x+1y+1z=2 \\ \text{(III)} & 2x+2y+2z=4 \end{array}$$

e)
$$\begin{array}{ll} \text{(I)} & 4x_1+x_2+7x_3=12 \\ \text{(II)} & 5x_1+10x_3=5 \\ \text{(III)} & -x_1+2x_2=8 \end{array}$$

f)
$$\begin{array}{ll} \text{(I)} & 2x-4y+z=2 \\ \text{(II)} & y=3 \\ \text{(III)} & -2x+5y-z=1 \end{array}$$

Wie sehen die Lösungen in den 3 Fällen aus, wenn anstelle des jeweiligen *inhomogenen* Systems das zugehörige *homogene* LGS betrachtet wird? Mit anderen Worten: Wie verändern sich die Lösungen, wenn die Absolutglieder sämtlich null sind?

Beispiel 2 *Lösung des jeweils zugehörigen homogenen Systems aus Beispiel 1*

1. Fall:
(Das inhomogene LGS besitzt eine eindeutige Lösung.)

$$\begin{array}{ll} \text{(I)} & 2x_1-5x_2+3x_3=0 \\ \text{(II)} & 4x_1-12x_2+8x_3=0 \\ \text{(III)} & 3x_1+x_2-2x_3=0 \end{array}$$

...

$$\begin{array}{ll} \text{(I)} & 2x_1-5x_2+3x_3=0 \\ \text{(II')} & -2x_2+2x_3=0 \\ \text{(III'')} & 2x_3=0 \end{array}$$

$x_1=0,\ x_2=0,\ x_3=0$

Auch das zugehörige homogene System besitzt **genau eine Lösung**. Diese Lösung nennt man die **triviale**[1] **Lösung**, da alle Komponenten null sind.

$L=\{(0;\ 0;\ 0)\}$ bzw. in Matrizenschreibweise

$$\vec{x}=\begin{pmatrix} x_1 \\ x_2 \\ x_3 \end{pmatrix}=\begin{pmatrix} 0 \\ 0 \\ 0 \end{pmatrix}.$$

2. Fall:
(Das inhomogene LGS besitzt unendlich viele Lösungen.)

$$\begin{array}{ll} \text{(I)} & x_1-2x_2+3x_3=0 \\ \text{(II)} & 3x_1+x_2-5x_3=0 \\ \text{(III)} & 2x_1-3x_2+4x_3=0 \end{array}$$

...

$$\begin{array}{ll} \text{(I)} & x_1-2x_2+3x_3=0 \\ \text{(II')} & 7x_2-14x_3=0 \\ \text{(III'')} & 0=0 \end{array}$$

$x_1=t,\ x_2=2t,\ x_3=t$

Auch das zugehörige homogene System besitzt **unendlich viele Lösungen** (mit ebenfalls einem freien Parameter).

$L=\{(t;\ 2t;\ t)\}$ bzw. in Matrizenschreibweise

$$\vec{x}=\begin{pmatrix} x_1 \\ x_2 \\ x_3 \end{pmatrix}=\begin{pmatrix} t \\ 2t \\ t \end{pmatrix}$$

mit $t\in\mathbb{R}$.

3. Fall:
(Das inhomogene LGS besitzt keine Lösung.)

$$\begin{array}{ll} \text{(I)} & 3x_1-x_2+2x_3=0 \\ \text{(II)} & 7x_1-4x_2-x_3=0 \\ \text{(III)} & -x_1-3x_2-12x_3=0 \end{array}$$

...

$$\begin{array}{ll} \text{(I)} & 3x_1-x_2+2x_3=0 \\ \text{(II')} & -\frac{5}{3}x_2-\frac{17}{3}x_3=0 \\ \text{(III'')} & 0=0 \end{array}$$

$x_1=-\frac{9}{5}t,\ x_2=-\frac{17}{5}t,\ x_3=t$

Das zugehörige homogene System ist – im Gegensatz zum inhomogenen System – lösbar. Es besitzt sogar **unendlich viele Lösungen**.

$L=\{(-1{,}8\,t;\ -3{,}4\,t;\ t)\}$ bzw. in Matrizenschreibweise

$$\vec{x}=\begin{pmatrix} x_1 \\ x_2 \\ x_3 \end{pmatrix}=\begin{pmatrix} -1{,}8\,t \\ -3{,}4\,t \\ t \end{pmatrix}$$

mit $t\in\mathbb{R}$.

[1] *trivial* heißt soviel wie „allgemein bekannt, jedermann zugänglich, besonders einfach". Im Mittelalter hatten die Klosterschüler vor Beginn des Arithmetikunterrichtes erst das Trivium zu absolvieren, das sich über einen Zeitraum von 5 bis 9 Jahren erstreckte. Es bestand aus den Fächern Grammatik, Dialektik und Rhetorik. Die Arithmetik gehörte dann wie die Geometrie, die Astronomie und die Musik zum anspruchsvolleren Quadrivium.

12. Stellen Sie ein lineares Gleichungssystem auf, das
a) genau eine Lösung, **b)** unendlich viele Lösungen, **c)** keine Lösung
besitzt.

13. Lässt sich die dritte Gleichung so vervollständigen, dass das lineare Gleichungssystem
a) keine Lösung,
b) unendlich viele Lösungen,
c) eine zweiparametrige Lösungsmenge besitzt?

(I) $x + y - z = 1$	(I) $10x - 24y + 12z = 60$	(I) $0{,}2x - 0{,}25y + 1{,}5z = 4{,}5$
(II) $2x + 3y - 3z = 0$	(II) $5x - 12y - 3z = 20$	(II) $-x + 1{,}25y - 7{,}5z = -22{,}5$
(III) $3x \quad \ldots = \ldots$	(III) $-x \quad \ldots = \ldots$	(III) $0{,}8x \quad \ldots = \ldots$

Vergleich der Lösungsmengen von inhomogenen LGS mit den zugehörigen homogenen LGS

Inhomogenes System	**Homogenes System**
1. Fall:	
(I) $2x_1 - 5x_2 + 3x_3 = 3$ (II) $4x_1 - 12x_2 + 8x_3 = 4$ (III) $3x_1 + x_2 - 2x_3 = 9$	(I) $2x_1 - 5x_2 + 3x_3 = 0$ (II) $4x_1 - 12x_2 + 8x_3 = 0$ (III) $3x_1 + x_2 - 2x_3 = 0$
Eindeutige Lösung: $L = \{(2; -1; -2)\}$	Eindeutige Lösung: $L = \{(0; 0; 0)\}$
2. Fall:	
(I) $x_1 - 2x_2 + 3x_3 = 4$ (II) $3x_1 + x_2 - 5x_3 = 5$ (III) $2x_1 - 3x_2 + 4x_3 = 7$	(I) $x_1 - 2x_2 + 3x_3 = 0$ (II) $3x_1 + x_2 - 5x_3 = 0$ (III) $2x_1 - 3x_2 + 4x_3 = 0$
Unendlich viele Lösungen: $L = \{(2+t; -1+2t; t) \mid t \in \mathbb{R}\}$	Unendlich viele Lösungen: $L = \{(t; 2t; t) \mid t \in \mathbb{R}\}$
3. Fall:	
(I) $3x_1 - x_2 + 2x_3 = 1$ (II) $7x_1 - 4x_2 - x_3 = -2$ (III) $-x_1 - 3x_2 - 12x_3 = -5$	(I) $3x_1 - x_2 + 2x_3 = 0$ (II) $7x_1 - 4x_2 - x_3 = 0$ (III) $-x_1 - 3x_2 - 12x_3 = 0$
Keine Lösung: $L = \emptyset$	Unendlich viele Lösungen: $L = \{(-1{,}8t; -3{,}4t; t) \mid t \in \mathbb{R}\}$

Ergebnis: Ein **homogenes** lineares Gleichungssystem hat also stets mindestens eine Lösung.

Statt der 3 Fälle, die für inhomogene Systeme existieren, hat ein homogenes Gleichungssystem damit
- entweder **genau eine Lösung**, nämlich die triviale Lösung,
- oder **unendlich viele Lösungen**.

14. Geben Sie ein inhomogenes LGS an, das unendlich viele Lösungen besitzt.
Ermitteln Sie die Lösungsmenge Ihres LGS.
Bilden Sie die Differenz von zwei speziellen Lösungen des inhomogenen LGS und setzen Sie diese in das zugehörige homogene LGS ein. Was stellen Sie fest?
Überprüfen Sie Ihre Feststellung an weiteren Paaren von Lösungen dieses inhomogenen LGS.
Überprüfen Sie Ihre Feststellung an einem weiteren LGS mit unendlich vielen Lösungen.

15. Formulieren Sie Ihre Erkenntnis aus Aufgabe 14 als Satz und beweisen Sie diesen für LGS mit m Gleichungen und n Variablen.
Hinweis: Wählen Sie zwei Lösungen des inhomogenen Systems: $(p_1; p_2; \ldots; p_n)$ und $(q_1;\, q_2; \ldots;\, q_n)$. Setzen Sie die Lösungen in irgendeine der m Gleichungen des inhomogenen Systems ein und bilden Sie die Differenz.

Betrachten wir noch einmal den Fall 2 der Gegenüberstellung auf Seite 111.

Dort gilt: $\vec{x}_{\text{inhom}} = \begin{pmatrix} 2+t \\ -1+2t \\ t \end{pmatrix} = \begin{pmatrix} 2 \\ -1 \\ 0 \end{pmatrix} + t \cdot \begin{pmatrix} 1 \\ 2 \\ 1 \end{pmatrix}$ und $\vec{x}_{\text{hom}} = \begin{pmatrix} t \\ 2t \\ t \end{pmatrix} = t \cdot \begin{pmatrix} 1 \\ 2 \\ 1 \end{pmatrix}$.

Das bedeutet, man muss zu den Lösungen des homogenen Systems nur den festen Vektor $\begin{pmatrix} 2 \\ -1 \\ 0 \end{pmatrix}$ addieren, um die Lösungen des inhomogenen Systems zu erhalten.

Der Vektor $\begin{pmatrix} 2 \\ -1 \\ 0 \end{pmatrix}$ ist aber selbst eine spezielle Lösung des inhomogenen LGS (für $t = 0$), also $\vec{x}_{\text{inhom}} = \vec{x}_0 + \vec{x}_{\text{hom}}$.

16. Vergleichen Sie den obigen Gedankengang mit Ihrer Erkenntnis aus Aufgabe 14 bzw. 15.

SATZ 1 Man erhält alle Lösungen eines inhomogenen LGS, indem man zu einer speziellen Lösung dieses Systems (nacheinander) alle Lösungen des zugehörigen homogenen Systens addiert:
$\vec{x}_{\text{inhom}} = \vec{x}_0 + \vec{x}_{\text{hom}}$.

Beweis von Satz 1:
Wir betrachten ein inhomogenes LGS mit m Gleichungen und n Variablen:

$$a_{11}x_1 + a_{12}x_2 + \ldots + a_{1n}x_n = b_1$$
$$a_{21}x_1 + a_{22}x_2 + \ldots + a_{2n}x_n = b_2$$
$$\ldots$$
$$a_{m1}x_1 + a_{m2}x_2 + \ldots + a_{mn}x_n = b_m$$

Wir wählen eine spezielle Lösung des inhomogenen LGS: $\vec{x}_0 = (r_1;\, r_2; \ldots;\, r_n)$.
$(\vec{x}_{\text{inhom}})_i = (p_1; p_2; \ldots; p_n)$ sei eine beliebige Lösung des inhomogenen LGS.

Für eine beliebige der m Gleichungen des obigen inhomogenen LGS (etwa die k-te Gleichung, mit $k \in \mathbb{N}$ und $1 \leq k \leq m$) gilt:
$a_{k1}r_1 + a_{k2}r_2 + \ldots + a_{kn}r_n = b_k$ und auch $a_{k1}p_1 + a_{k2}p_2 + \ldots + a_{kn}p_n = b_k$.

Die Differenz dieser beiden Gleichungen ergibt:
$a_{k1}(p_1 - r_1) + a_{k2}(p_2 - r_2) + \ldots + a_{kn}(p_n - r_n) = b_k - b_k = 0.$

$(\vec{x}_{\text{hom}})_i = (p_1 - r_1; p_2 - r_2; \ldots; p_n - r_n)$ ist eine Lösung des zugehörigen homogenen LGS und es gilt:
$(p_1 - r_1; p_2 - r_2; \ldots; p_n - r_n) + (r_1; r_2; \ldots; r_n) = (p_1; p_2; \ldots; p_n),$
also $(\vec{x}_{\text{inhom}})_i = \vec{x}_0 + (\vec{x}_{\text{hom}})_i$.

Das bedeutet, jede Lösung des inhomogenen LGS lässt sich als Summe aus einer speziellen Lösung dieses inhomogenen LGS und einer Lösung des zugehörigen homogenen LGS darstellen.

17. Führen Sie den Beweis von Satz 1 für den Fall, dass $m = n = 3$ ist.

18. Sind die Aussage aus Satz 1 und Ihre Aussage aus Aufgabe 15 identisch?

19. Beweisen Sie: Ein inhomogenes LGS besitzt genau dann höchstens eine Lösung, wenn das zugehörige homogene System nur die triviale Lösung besitzt.

20. Beweisen Sie, dass für jedes homogene LGS gilt:
a) Die Summe zweier Lösungen ist stets wieder eine Lösung des Systems.
b) Das Vielfache einer Lösung ist stets wieder eine Lösung des Systems.

21. Prüfen Sie, ob die beiden Aussagen aus Aufgabe 20 auch für inhomogene LGS gelten.

22. Begründen Sie anhand der Betrachtungen vor Aufgabe 16 (S. 112) folgende Aussage: Die Absolutglieder b_i $(i = 1, \ldots, m)$ eines inhomogenen LGS haben keinen Einfluss auf den Parameterteil der Lösung dieses Systems, sie bestimmen ausschließlich den festen Vektor $\vec{x}_0$.

23. Wir betrachten das allgemeine LGS mit 3 Gleichungen und 3 Variablen:

(I) $a_1 x + b_1 y + c_1 z = d_1$ (mit $a_1 \neq 0$ oder $b_1 \neq 0$ oder $c_1 \neq 0$)
(II) $a_2 x + b_2 y + c_2 z = d_2$ (mit $a_2 \neq 0$ oder $b_2 \neq 0$ oder $c_2 \neq 0$)
(III) $a_3 x + b_3 y + c_3 z = d_3$ (mit $a_3 \neq 0$ oder $b_3 \neq 0$ oder $c_3 \neq 0$).

a) Zeigen Sie, dass das genannte lineare Gleichungssystem im Falle der eindeutigen Lösbarkeit die folgende (allgemeine) Lösung besitzt:

$$x = \frac{b_1(c_2 d_3 - c_3 d_2) + b_2(c_3 d_1 - c_1 d_3) + b_3(c_1 d_2 - c_2 d_1)}{a_1(b_2 c_3 - b_3 c_2) + a_2(b_3 c_1 - b_1 c_3) + a_3(b_1 c_2 - b_2 c_1)}$$

$$y = \frac{c_1(a_2 d_3 - a_3 d_2) + c_2(a_3 d_1 - a_1 d_3) + c_3(a_1 d_2 - a_2 d_1)}{a_1(b_2 c_3 - b_3 c_2) + a_2(b_3 c_1 - b_1 c_3) + a_3(b_1 c_2 - b_2 c_1)}$$

$$z = \frac{a_1(b_2 d_3 - b_3 d_2) + a_2(b_3 d_1 - b_1 d_3) + a_3(b_1 d_2 - b_2 d_1)}{a_1(b_2 c_3 - b_3 c_2) + a_2(b_3 c_1 - b_1 c_3) + a_3(b_1 c_2 - b_2 c_1)}$$

b) Was können Sie über die Lösung des obigen LGS aussagen, wenn gilt:
$a_i : a_j = b_i : b_j = c_i : c_j$ für $i, j \in \{1; 2; 3\}$ und $i \neq j$?

24. Lösen Sie das jeweils zugehörige homogene System der linearen Gleichungssysteme aus den Aufgaben 10 (Seite 109) und 11 (Seite 110).

25. Zeigen Sie, dass das folgende inhomogene lineare Gleichungssystem genau eine Lösung besitzt. Wie sieht die Lösung des zugehörigen homogenen Systems aus?

a) (I) $2x-2y+3z=7$
(II) $3x-3y+z=0$
(III) $4x+2y-3z=-1$

b) (I) $x+y-z=1$
(II) $2x+3y-3z=0$
(III) $3x-2y+z=6$

c) (I) $3x-3y+2z=9$
(II) $4x-4y+z=7$
(III) $-6x+2y-3z=-7$

26. Wie sieht die Lösung des inhomogenen Gleichungssystems
(I) $x_1-2x_2+3x_3=4$
(II) $3x_1+x_2-5x_3=5$
(III) $2x_1-3x_2+4x_3=7$
mit unendlich vielen Lösungen aus, wenn anstelle von x_3 die Variable x_1 (bzw. x_2) als freier Parameter gewählt wird?
Geben Sie darüber hinaus auch die Lösung des zugehörigen homogenen Systems an.

27. Zeigen Sie, dass das LGS unendlich viele Lösungen besitzt. Geben Sie die Lösungen sowohl des inhomogenen als auch des zugehörigen homogenen Systems an.

a) (I) $3x_1-2x_2+x_3=5$
(II) $-x_1-7x_2+2x_3=3$
(III) $-4x_1-5x_2+x_3=-2$

b) (I) $2x_1-x_2+3x_3=-2$
(II) $6x_1-3x_2+9x_3=-6$
(III) $-2x_1+x_2-3x_3=2$

c) (I) $x_1-2x_2-x_3=-2$
(II) $-3x_1+6x_2+3x_3=6$
(III) $2x_1-4x_2-2x_3=-4$

d) (I) $2x+3y-4z=25$
(II) $3x-4y+2z=-4$
(III) $-6x+8y-4z=8$

28. Zeigen Sie, dass das folgende inhomogene lineare Gleichungssystem keine Lösung besitzt. Wie sieht die Lösung des zugehörigen homogenen Systems aus?

a) (I) $x_1+x_2=3$
(II) $x_2+x_3=1$
(III) $x_3+x_4=1$
(IV) $x_1+x_3=1$
(V) $x_3+2x_4=3$
(VI) $x_1+x_2+x_3+x_4=0$

b) (I) $x_1+x_2+x_3=1$
(II) $2x_1-x_2+3x_3=0$
(III) $2x_1+2x_2+2x_3=3$

c) (I) $6x_1+15x_2=9$
(II) $4x_1+10x_2=8$

29. Untersuchen Sie, welches der folgenden linearen Gleichungssysteme
– lösbar ist,
– keine Lösung besitzt,
– genau eine Lösung besitzt,
– eine 1-parametrige Lösung besitzt,
– eine 2-parametrige Lösung besitzt.
Geben Sie jeweils die Lösungsmenge an und interpretieren Sie diese geometrisch.

a) (I) $2x+2y+4z=1$
(II) $4x+y-3z=2$
(III) $x-2y-2z=4$

b) (I) $2x+3y+4z=5$
(II) $4x+6y+8z=10$
(III) $6x+9y+12z=15$

c) (I) $2x+3y+4z=5$
(II) $4x+y-3z=2$
(III) $10x+5y-2z=9$

d) (I) $4x+y-3z=2$
(II) $8x+2y-6z=4$
(III) $-4x-y+3z=1$

30. Stellen Sie mithilfe des Gauß'schen Algorithmus fest, welches der folgenden linearen Gleichungssysteme keine, genau eine bzw. unendlich viele Lösungen besitzt.
Geben Sie die Lösungsmenge an.
Lösen Sie darüber hinaus auch die zugehörigen homogenen Gleichungssysteme.

a) $2x+2y-z=5$; $x-2y+z=3$; $-4x-4y+2z=6$

b) $2x+2y-z=5$; $x-2y+z=3$; $-4x-4y+2z=-10$

c) $2x+2y-z=5$; $x-2y-0{,}5z=3$; $-4x-4y+2z=-10$

d) $x-2y+z=0$; $2x-5y+2z=-2$; $2x-2y+3z=7$

e) $2{,}75x+1{,}78y+1{,}11z=15{,}71$; $3{,}28x+0{,}71y+1{,}15z=43{,}78$; $1{,}15x+2{,}70y+3{,}58z=37{,}11$

f) $6x-2y+3z=1$; $x+8y=0$; $2x-10z=4$

g) $2x-4y+z=2$; $2x-y+4z=5$; $-2x-2y-7z=8$

h) $2x-4y+z=2$; $2x-y+4z=5$; $-2x+5y-z=1$

i) $2x-4y+z=2$; $2x-y+4z=5$; $-2x-2y-7z=-8$

j) $x+y+z=1$; $x-y=2$; $y-z=-1$

k) $x+y+z=1$; $x-y=2$; $2y+z=-1$

l) $x+y+z=1$; $x-y=2$; $2y+z=-2$

Lineare Gleichungssysteme mit *m* Gleichungen und *n* Variablen

Die drei Fälle, die für inhomogene lineare Gleichungssysteme mit 3 Gleichungen und 3 Variablen auftreten, treten auch für inhomogene lineare Gleichungssysteme mit m Gleichungen und n Variablen auf:

Ein inhomogenes lineares Gleichungssystem besitzt entweder
- genau eine Lösung oder
- unendlich viele Lösungen oder
- keine Lösung.

In allen drei Fällen ist der Gauß'sche Algorithmus einsetzbar:
- Führt er zu einer *Dreiecksform*, ist das lineare Gleichungssystem *eindeutig lösbar*.
- Führt er zu einer *Trapezform*, besitzt das lineare Gleichungssystem *unendlich viele Lösungen*.
- Führt er auf einen *Widerspruch*, besitzt das lineare Gleichungssystem *keine Lösung*.

Im Falle unendlich vieler Lösungen unterscheidet man oft noch, ob es sich um eine 1-parametrige, 2-parametrige, ... Lösung handelt.

Man kann im Falle von m Gleichungen und n Variablen zeigen:

SATZ 2 Wenn ein LGS mit m Gleichungen und n Variablen und $n > m$ lösbar ist, so besitzt es eine mindestens $(n\text{-}m)$-parametrige Lösung.

31. Interpretieren Sie die mögliche Anzahl der Lösungen eines inhomogenen linearen Gleichungssystems geometrisch, wenn es aus
a) einer Gleichung mit 3 Variablen,
b) 2 Gleichungen mit 3 Variablen,
c) 3 Gleichungen mit 3 Variablen
besteht.

32. Bei der in Bild 1 gezeigten Schaltung folgt aus den Kirchhoffschen Gesetzen für die Ströme I_1, I_2 und I_3 das Gleichungssystem

(I) $I_1 - I_2 - I_3 = 0$
(II) $R_1 I_1 + R_2 I_2 = U_0$
(III) $R_2 I_2 - R_3 I_3 = 0$.

Berechnen Sie die Stromstärken I_1, I_2 und I_3 für

a) $R_1 = 0{,}2\,\Omega$, $R_2 = 0{,}1\,\Omega$, $R_3 = 0{,}2\,\Omega$ sowie $U_0 = 0{,}2$ V und
b) $R_1 = 0{,}12\,\Omega$, $R_2 = 0{,}24\,\Omega$, $R_3 = 0{,}36\,\Omega$ sowie $U_0 = 0{,}33$ V.

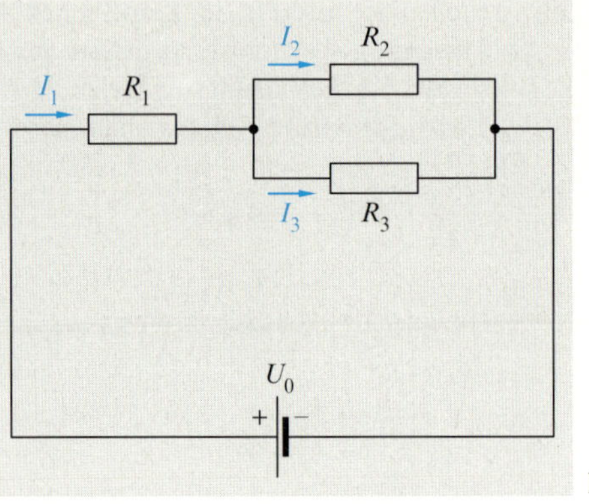

1

33.* Lösen Sie das lineare Gleichungssystem mit den Parametern $a, b \in \mathbb{R}$ und führen Sie eine Fallunterscheidung durch.

(I) $x_1 + a x_2 + x_3 = b$
(II) $x_2 + a x_3 + x_4 = b$
(III) $x_1 + x_3 + a x_4 = b$
(IV) $a x_1 + x_2 + x_4 = b$

34. Lösen Sie die folgenden inhomogenen linearen Gleichungssysteme sowie die zugehörigen homogenen Systeme.

a) (I) $2x_1 + 3x_2 + x_3 = 1$
(II) $4x_1 - x_2 + x_3 = 2$
(III) $8x_1 + 5x_2 + 3x_3 = 4$

b) (I) $x_1 + x_2 + x_3 = 2$
(II) $2x_1 + x_2 = 5$
(III) $2x_1 + 3x_3 = 0$

c) (I) $x + 2y - z + 3 = 0$
(II) $4x - y = z$
(III) $4x + y + 2z = 12$

d) (I) $3x_1 + 6x_2 + 2x_3 + x_4 = 9$
(II) $2x_1 + 1x_2 + 4x_3 + 3x_4 = 9$
(III) $1x_1 + 2x_2 + 0x_3 + 2x_4 = 9$
(IV) $4x_1 + 0x_2 + 3x_3 + 2x_4 = 9$

e) (I) $2x_1 - x_2 - x_3 + x_4 = 3$
(II) $6x_1 - 2x_2 + 3x_3 - x_4 = -3$
(III) $-4x_1 + 2x_2 + 3x_3 - 2x_4 = -2$
(IV) $2x_1 + 4x_3 - 3x_4 = -1$

f) (I) $2x_1 + x_2 - x_3 + 5x_4 = 2$
(II) $-2x_2 + 3x_4 = 2$
(III) $2x_1 + 3x_2 - x_3 + 2x_4 = 1$

g) (I) $0{,}1x + 0{,}6y - z = 1{,}2$
(II) $0{,}3x + 0{,}9y + 1{,}2z = -0{,}3$
(III) $-0{,}6x - 1{,}5y + z = -2$

35. Ermitteln Sie, für welchen Wert des Parameters a das lineare Gleichungssystem

(I) $3x + 7y = a$
(II) $2x + 5y = 20$

a) eine Lösung hat, in der die erste Komponente null ist ($x = 0$),
b) eine Lösung hat, in der die zweite Komponente null ist ($y = 0$),
c) eine positive Lösung hat (d. h. $x > 0$ und $y > 0$ gelten).
d) Geben Sie die allgemeine Lösung an, indem Sie x und y in Abhängigkeit des Parameters a angeben.

36. Für welchen Wert des Parameters a hat das lineare Gleichungssystem

(I) $(3 + a)x + 4y = 5 - a$
(II) $2x + (5 + a)y = 8$

genau eine Lösung (unendlich viele Lösungen bzw. keine Lösung)? Geben Sie gegebenenfalls diese Lösungen an. Wie heißen die Lösungen für $a = 0$, $a = 1$, $a = -2$?

37. Lösen Sie die linearen Gleichungssysteme.

a)
(I) $-\frac{1}{5}x - \frac{1}{3}y + \frac{3}{4}z = \frac{49}{60}$
(II) $-\frac{3}{4}x + \frac{1}{5}y + \frac{2}{5}z = -\frac{9}{4}$
(III) $-\frac{1}{3}x - \frac{1}{6}y - \frac{3}{8}z = -\frac{25}{24}$

b)
(I) $-\frac{1}{5}x - \frac{1}{3}y + \frac{3}{4}z = \frac{1}{40}$
(II) $-\frac{3}{4}x + \frac{1}{5}y + \frac{2}{5}z = -\frac{7}{8}$
(III) $-\frac{1}{3}x - \frac{1}{6}y - \frac{3}{8}z = \frac{13}{48}$

38.* Lösen Sie das lineare Gleichungssystem.

$$
\begin{aligned}
x_1 + 2x_2 + 2x_3b + 2x_4 + 2x_5 + \ldots + \quad 2x_{100} &= 1 \\
x_1 + 3x_2 + 4x_3b + 4x_4 + 4x_5 + \ldots + \quad 4x_{100} &= 2 \\
x_1 + 3x_2 + 5x_3b + 6x_4 + 6x_5 + \ldots + \quad 6x_{100} &= 3 \\
x_1 + 3x_2 + 5x_3b + 7x_4 + 8x_5 + \ldots + \quad 8x_{100} &= 4 \\
&\vdots \\
x_1 + 3x_2 + 5x_3b + 7x_4 + 9x_5 + \ldots + 199x_{100} &= 100
\end{aligned}
$$

Hinweis: Subtrahieren Sie von jeder Gleichung die vorhergehende (die erste Gleichung bleibt).

ZUSAMMENFASSUNG

Anzahl der Lösungen eines linearen Gleichungssystems

Für alle (inhomogenen) linearen Gleichungssysteme mit m Gleichungen und n Variablen kommt nur einer der 3 folgenden Fälle infrage:

Ein inhomogenes LGS besitzt

- genau eine Lösung
- unendlich viele Lösungen
- keine Lösung

In allen drei Fällen ist der Gauß'sche Algorithmus einsetzbar:

- Führt er zur Dreiecksform, ist das LGS eindeutig lösbar.
- Führt er zur Trapezform, besitzt das LGS unendlich viele Lösungen.
- Führt er auf einen Widerspruch, besitzt das LGS keine Lösung.

Im Falle unendlich vieler Lösungen unterscheidet man oft noch, ob es sich um eine 1-parametrige, 2-parametrige, … Lösung handelt.

Das zugehörige homogene System hat stets mindestens eine Lösung:

- Es besitzt entweder genau eine Lösung, nämlich die triviale Lösung (d.h. alle Komponenten sind null), wenn das inhomogene LGS eindeutig lösbar ist.
- Oder es besitzt unendlich viele Lösungen, wenn das inhomogene LGS keine Lösung oder unendlich viele Lösungen besitzt.

4 Die Cramer'sche Regel

1. Lösen Sie die folgenden linearen Gleichungssysteme. Welche unterschiedlichen Typen von LGS liegen hier vor ($m < n$, $m = n$, $m > n$)?

a)
(I) $2x - y + 3z = -5$
(II) $-5x + 3y - 7z = 24$
(III) $-4x + 3y - 3z = 15$

b)
(I) $2x - y + 3z = -5$
(II) $-5x + 3y - 7z = 24$

c)
(I) $2x - y + 3z = -5$
(II) $-5x + 3y - 7z = 24$
(III) $-x + y - z = 14$

d)
(I) $2x + 3y - 4z = 25$
(II) $3x - 4y + 2z = -4$
(III) $-6x + 8y - 4zs = 6$

e)
(I) $2x + 3y = -1$
(II) $3x + 4y = 9$
(III) $-15x - 21y = -24$

f)
(I) $2x - y + 3z = -5$
(II) $-4x + 2y - 6z = 11$

Wenn in einem linearen Gleichungssystem die Anzahl m der Gleichungen mit der Anzahl n der Variablen übereinstimmt ($m = n$) und das Gleichungssystem eindeutig lösbar ist, lässt sich diese Lösung mithilfe einer Formel berechnen, in die die Koeffizienten und die Absolutglieder eingesetzt werden und die im Ergebnis die Werte der Variablen x_i ($i = 1, 2, \ldots, n$) liefert.

Dieses Verfahren zur Lösung eines linearen Gleichungssystems heißt **Cramer'sche Regel**; benannt nach dem schweizerischen Mathematiker GABRIEL CRAMER (1704 – 1752).

Wenn ein lineares Gleichungssystem weniger oder mehr Gleichungen als Variablen enthält, gibt es keine solche Formel.

Der einfachste Fall eines linearen Gleichungssystems, das sich mithilfe der Cramer'schen Regel lösen lässt, besteht aus 2 Gleichungen mit 2 Variablen:

(I) $a_1 x + b_1 y = c_1$ (mit $a_1 \neq 0$ oder $b_1 \neq 0$) (*)
(II) $a_2 x + b_2 y = c_2$ (mit $a_2 \neq 0$ oder $b_2 \neq 0$).

2. Lösen Sie das lineare Gleichungssystem (*)
a) für den Fall $b_1 = a_2 = 1$ und
b) allgemein
mithilfe des Gauß'schen Algorithmus.

Die Cramer'sche Regel benutzt als entscheidendes Hilfsmittel **Determinanten**. Die Idee der Determinanten geht im Wesentlichen schon auf den deutschen Mathematiker und Universalgelehrten GOTTFRIED WILHELM LEIBNIZ (1646 – 1716) zurück, der Name selbst wurde jedoch erst von dem französischen Mathematiker AUGUSTIN LOUIS CAUCHY[1] (1789 – 1857) eingeführt.

Für den Fall $a_1 b_2 - a_2 b_1 \neq 0$ besitzt das LGS (*) **genau eine Lösung** $(x; y)$, nämlich:

$$x = \frac{b_2 c_1 - b_1 c_2}{a_1 b_2 - a_2 b_1} \quad \text{und} \quad y = \frac{a_1 c_2 - a_2 c_1}{a_1 b_2 - a_2 b_1}.$$

Auf der ersten Blick sehen beide Quotienten ziemlich „unfreundlich" aus. Dass beide aber eine ganz einfache Struktur besitzen, die man sich leicht merken kann, wird durch die Einführung von Determinanten deutlich.

[1] sprich: [ko'ʃi]

$$x = \frac{\det\begin{pmatrix} c_1 & b_1 \\ c_2 & b_2 \end{pmatrix}}{\det\begin{pmatrix} a_1 & b_1 \\ a_2 & b_2 \end{pmatrix}} \quad \text{und} \quad y = \frac{\det\begin{pmatrix} a_1 & c_1 \\ a_2 & c_2 \end{pmatrix}}{\det\begin{pmatrix} a_1 & b_1 \\ a_2 & b_2 \end{pmatrix}}. \qquad (**)$$

Beginnen wir mit den Nennern, die ja in beiden Quotienten übereinstimmen.

DEFINITION Die Zahl $a_1 b_2 - a_2 b_1$ heißt die **Determinante** der Matrix $A = \begin{pmatrix} a_1 & b_1 \\ a_2 & b_2 \end{pmatrix}$.
Man schreibt:

Nebendiagonale

$$\det\begin{pmatrix} a_1 & b_1 \\ a_2 & b_2 \end{pmatrix} = a_1 b_2 - a_2 b_1 \quad \text{oder} \quad \begin{vmatrix} a_1 & b_1 \\ a_2 & b_2 \end{vmatrix} = a_1 b_2 - a_2 b_1 .$$

Hauptdiagonale

Man bildet also das Produkt der Elemente a_1, b_2 in der Hauptdiagonalen $(a_1 \cdot b_2)$ und subtrahiert hiervon das Produkt der Elemente a_2, b_1 in der Nebendiagonalen $(a_2 \cdot b_1)$.

Bemerkung: Während also eine Matrix ein rechteckiges **Schema** von Zahlen ist, ist die Determinante einer solchen zweireihigen Matrix eine eindeutig bestimmte reelle **Zahl**. Die Determinante nennt man ebenfalls *zweireihig*.

Beispiel 1 *Berechnung einer Determinante*

$$\det\begin{pmatrix} 1 & 2 \\ 3 & 4 \end{pmatrix} = 1 \cdot 4 - 3 \cdot 2 = -2 \quad \text{und} \quad \det\begin{pmatrix} -5 & -3 \\ 10 & 6 \end{pmatrix} = (-5) \cdot 6 - 10 \cdot (-3) = 0.$$

3. Berechnen Sie die Determinanten.

a) $\det\begin{pmatrix} 1 & 0 \\ -1 & 1 \end{pmatrix}$ **b)** $\det\begin{pmatrix} -1 & -1 \\ -1 & -1 \end{pmatrix}$ **c)** $\det\begin{pmatrix} 2 & 4 \\ 0 & 6 \end{pmatrix}$ **d)** $\det\begin{pmatrix} 1 & 0 \\ 0 & 1 \end{pmatrix}$

4. a) Lösen Sie die folgenden drei linearen Gleichungssysteme.

(I) $15x - 12y = -105$ (I) $3x - 4{,}5y = -31{,}5$ (I) $3x - 4{,}5y = 20$
(II) $-6x + 9y = 63$ (II) $-6x + 9y = 63$ (II) $-6x + 9y = 63$

b) Berechnen Sie die Determinante der jeweiligen zugehörigen Koeffizientenmatrix.
c) Was vermuten Sie in Bezug auf die Lösung eines LGS mit 2 Gleichungen und 2 Variablen, wenn die Determinante der Koeffizientenmatrix null ist?
d) Geben Sie ein Beispiel für Ihre Vermutung(en) an.

Die Zähler der Quotienten in (**) sind ebenfalls Determinanten; sie unterscheiden sich von der Determinante im Nenner dadurch, dass hier die Absolutglieder zusätzlich mit im Spiel sind.

Für die **1. Variable** $(= x = x_1)$ stehen die **Absolutglieder** in der **1. Spalte**:

$$D_1 = \det\begin{pmatrix} c_1 & b_1 \\ c_2 & b_2 \end{pmatrix} = b_2 c_1 - b_1 c_2 .$$

Für die **2. Variable** ($=y=x_2$) stehen die **Absolutglieder** in der **2. Spalte**:

$$D_2 = \det\begin{pmatrix} a_1 & c_1 \\ a_2 & c_2 \end{pmatrix} = a_1\,c_2 - a_2\,c_1.$$

Cramer'sche Regel ($m=n=2$): Das lineare Gleichungssystem

(I) $a_1\,x + b_1\,y = c_1$ (mit $a_1 \neq 0$ oder $b_1 \neq 0$)

(II) $a_2\,x + b_2\,y = c_2$ (mit $a_2 \neq 0$ oder $b_2 \neq 0$)

ist genau dann eindeutig lösbar, wenn

$$\det A = \det\begin{pmatrix} a_1 & b_1 \\ a_2 & b_2 \end{pmatrix} \neq 0 \text{ ist.}$$

Die **Lösung** ist in diesem Fall das (geordnete) Paar $(x;\,y)$ mit

$$x = \frac{\det\begin{pmatrix} c_1 & b_1 \\ c_2 & b_2 \end{pmatrix}}{\det\begin{pmatrix} a_1 & b_1 \\ a_2 & b_2 \end{pmatrix}} = \frac{D_1}{\det A} \quad \text{und} \quad y = \frac{\det\begin{pmatrix} a_1 & c_1 \\ a_2 & c_2 \end{pmatrix}}{\det\begin{pmatrix} a_1 & b_1 \\ a_2 & b_2 \end{pmatrix}} = \frac{D_2}{\det A}.$$

Bemerkung: Wenn alle Absolutglieder c_i ($i=1,\,2$) null sind, wenn also ein **homogenes Gleichungssystem** vorliegt, dann sind auch alle Zähler der Lösung null. Das lineare Gleichungssystem besitzt in diesem Falle nur die **triviale Lösung** (0; 0). Ist aber mindestens ein Absolutglied $c_i \neq 0$, so besitzt das (inhomogene) lineare Gleichungssystem die von der trivialen Lösung verschiedene oben angegebene Lösung.

5. Lösen Sie das LGS (I) $-3x+4y=24$, (II) $5x-2y=-26$ mithilfe des Gauß'schen Algorithmus.

Beispiel 2 *Lösung eines LGS mithilfe der Cramer'schen Regel*

Für das lineare Gleichungssystem (I) $-3x+4y=\;\;24$

(II) $5x-2y=-26$

ist $\det\begin{pmatrix} -3 & 4 \\ 5 & -2 \end{pmatrix} \neq 0$. Nach der Cramer'schen Regel gilt damit:

$$x = \frac{\det\begin{pmatrix} 24 & 4 \\ -26 & -2 \end{pmatrix}}{\det\begin{pmatrix} -3 & 4 \\ 5 & -2 \end{pmatrix}} = \frac{-48+104}{6-20} = \frac{56}{-14} = -4 \quad \text{und} \quad y = \frac{\det\begin{pmatrix} -3 & 24 \\ 5 & -26 \end{pmatrix}}{\det\begin{pmatrix} -3 & 4 \\ 5 & -2 \end{pmatrix}} = \frac{78-120}{6-20} = \frac{-42}{-14} = 3.$$

$(-4;\,3)$ ist die einzige Lösung des Gleichungssystems.

6. Lösen Sie die linearen Gleichungssysteme mithilfe der Cramer'schen Regel.

a) (I) $2x + y = 4$
(II) $3x + y = 5$

b) (I) $0{,}2x - 0{,}3y = -0{,}17$
(II) $-1{,}3x + 0{,}7y = 0{,}73$

c) (I) $125x - 72y = -1057$
(II) $-75x + 53y = 693$

d) (I) $-10x - 18y = 42$
(II) $25x - 9y = -21$

Die Cramer'sche Regel lässt sich auf den Fall $m=n>2$ verallgemeinern. Wir beschränken uns aber darauf, sie nur noch für den Fall $\boldsymbol{m=n=3}$ anzugeben. Bei mehr als 3 Variablen wird der Rechenaufwand (ohne Computer oder progammierbaren Taschenrechner) unvertretbar hoch.

7. Welche Bedingung müssen die reellen Parameter a, b, c erfüllen, damit das LGS

a)		**b)**		**c)**	
(I)	$ax-\ y+2z=\ 15$	(I)	$ax+by+2z=\ 15$	(I)	$ax+by+cz=\ 15$
(II)	$-x+2y-\ z=-8$	(II)	$-x+2y-\ z=-8$	(II)	$-x+2y-\ z=-8$
(III)	$2x-4y+\ z=\ 25$	(III)	$2x-4y+\ z=\ 25$	(III)	$2x-4y+\ z=\ 25$

eindeutig lösbar ist?

Beispiel 3 *Lösung eines linearen Gleichungssystems mit 3 Gleichungen und 3 Variablen*

Wenn das lineare Gleichungssystem

(I) $a_1x+b_1y+c_1z=d_1$

(II) $a_2x+b_2y+c_2z=d_2$

(III) $a_3x+b_3y+c_3z=d_3$ (mit $a_i \neq 0$ oder $b_i \neq 0$ oder $c_i \neq 0$, $i=1, 2, 3$)

genau eine Lösung besitzt, so gilt für die Komponenten x, y und z:

$$x=\frac{b_1(c_2d_3-c_3d_2)+b_2(c_3d_1-c_1d_3)+b_3(c_1d_2-c_2d_1)}{a_1(b_2c_3-b_3c_2)+a_2(b_3c_1-b_1c_3)+a_3(b_1c_2-b_2c_1)};$$

$$y=\frac{c_1(a_2d_3-a_3d_2)+c_2(a_3d_1-a_1d_3)+c_3(a_1d_2-a_2d_1)}{a_1(b_2c_3-b_3c_2)+a_2(b_3c_1-b_1c_3)+a_3(b_1c_2-b_2c_1)};$$

$$z=\frac{a_1(b_2d_3-b_3d_2)+a_2(b_3d_1-b_1d_3)+a_3(b_1d_2-b_2d_1)}{a_1(b_2c_3-b_3c_2)+a_2(b_3c_1-b_1c_3)+a_3(b_1c_2-b_2c_1)}.$$

Diese drei Quotienten für x, y und z lassen sich ebenfalls wieder durch die Einführung von Determinanten übersichtlich gestalten:

$$x=\frac{\det\begin{pmatrix} d_1 & b_1 & c_1\\ d_2 & b_2 & c_2\\ d_3 & b_3 & c_3\end{pmatrix}}{\det\begin{pmatrix} a_1 & b_1 & c_1\\ a_2 & b_2 & c_2\\ a_3 & b_3 & c_3\end{pmatrix}},\quad y=\frac{\det\begin{pmatrix} a_1 & d_1 & c_1\\ a_2 & d_2 & c_2\\ a_3 & d_3 & c_3\end{pmatrix}}{\det\begin{pmatrix} a_1 & b_1 & c_1\\ a_2 & b_2 & c_2\\ a_3 & b_3 & c_3\end{pmatrix}}\quad\text{und}\quad z=\frac{\det\begin{pmatrix} a_1 & b_1 & d_1\\ a_2 & b_2 & d_2\\ a_3 & b_3 & d_3\end{pmatrix}}{\det\begin{pmatrix} a_1 & b_1 & c_1\\ a_2 & b_2 & c_2\\ a_3 & b_3 & c_3\end{pmatrix}}.$$

Allerdings ist die Definition einer 3-reihigen Determinante, das ist also die Determinante einer Matrix aus 3 Zeilen und 3 Spalten, dafür etwas „unbequemer".

DEFINITION Die Zahl **det** $\boldsymbol{A}$ mit

$$\det A=\det\begin{pmatrix} a_1 & b_1 & c_1\\ a_2 & b_2 & c_2\\ a_3 & b_3 & c_3\end{pmatrix}=(a_1b_2c_3+a_3b_1c_2+a_2b_3c_1)-(a_3b_2c_1+a_1b_3c_2+a_2b_1c_3)$$

heißt die **Determinante** der Matrix $A=\begin{pmatrix} a_1 & b_1 & c_1\\ a_2 & b_2 & c_2\\ a_3 & b_3 & c_3\end{pmatrix}$.

Die **Determinante** einer 3-reihigen Matrix ist also eine eindeutig bestimmte reelle **Zahl**.
Zu ihrer Berechnung nutzen wir einen Trick des französischen Mathematikers PIERRE FRÉDÉRIC SARRUS[1] (1798–1861), sodass sich die obige Definition ähnlich leicht merken lässt wie im Falle 2-reihiger Determinanten.

Regel von Sarrus: Man schreibt die 1. und 2. Spalte der Matrix noch einmal hinter die Determinante; jetzt werden die Produkte aus den Elementen der drei so genannten Hauptdiagonalen addiert und die Produkte aus den Elementen der drei so genannten Nebendiagonalen davon subtrahiert.

Hauptdiagonalen *Nebendiagonalen*

$$\det\begin{pmatrix} a_1 & b_1 & c_1 \\ a_2 & b_2 & c_2 \\ a_3 & b_3 & c_3 \end{pmatrix}\begin{vmatrix} a_1 & b_1 \\ a_2 & b_2 \\ a_3 & b_3 \end{vmatrix}$$

3 Hauptdiagonalen: $a_1 b_2 c_3 + a_3 b_1 c_2 + a_2 b_3 c_1$
(Summe der Produkte der Glieder in den 3 Hauptdiagonalen)

3 Nebendiagonalen: $a_3 b_2 c_1 + a_1 b_3 c_2 + a_2 b_1 c_3$
(Summe der Produkte der Glieder in den 3 Nebendiagonalen)

$$\det\begin{pmatrix} a_1 & b_1 & c_1 \\ a_2 & b_2 & c_2 \\ a_3 & b_3 & c_3 \end{pmatrix} = a_1 b_2 c_3 + a_3 b_1 c_2 + a_2 b_3 c_1 - (a_3 b_2 c_1 + a_1 b_3 c_2 + a_2 b_1 c_3)$$

Bemerkung: Die Regel von Sarrus gilt nur für 3-reihige Determinanten.

Beispiel 4 *Berechnung von Determinanten mit der Regel von Sarrus*

$\det A$ und $\det B$ mit $A = \begin{pmatrix} 1 & 4 & 3 \\ -1 & 2 & 5 \\ 2 & -1 & 3 \end{pmatrix}$ bzw. $B = \begin{pmatrix} 1 & 2 & 3 \\ -2 & -4 & -6 \\ 5 & 2 & 1 \end{pmatrix}$

sind nach der Regel von Sarrus

$\det A$: $\det\begin{pmatrix} 1 & 4 & 3 \\ -1 & 2 & 5 \\ 2 & -1 & 3 \end{pmatrix}\begin{vmatrix} 1 & 4 \\ -1 & 2 \\ 2 & -1 \end{vmatrix}$ $\det B$: $\det\begin{pmatrix} 1 & 2 & 3 \\ -2 & -4 & -6 \\ 5 & 2 & 1 \end{pmatrix}\begin{vmatrix} 1 & 2 \\ -2 & -4 \\ 5 & 2 \end{vmatrix}$

$\det A = 1\cdot 2\cdot 3 + 4\cdot 5\cdot 2 + 3\cdot(-1)\cdot(-1) - (2\cdot 2\cdot 3 + (-1)\cdot 5\cdot 1 + 3\cdot(-1)\cdot 4) = 54$ und
$\det B = 1\cdot(-4)\cdot 1 + 2\cdot(-6)\cdot 5 + 3\cdot(-2)\cdot 2 - (5\cdot(-4)\cdot 3 + 2\cdot(-6)\cdot 1 + 1\cdot(-2)\cdot 2) = 0.$

8. Zeigen Sie, dass in Beispiel 3 die Determinante der Koeffizientenmatrix der LGS mit dem jeweiligen Nenner in den Quotienten der Lösung übereinstimmt.

Aufgrund von Aufgabe 8 bleibt die Cramer'sche Regel auch für den Fall $m = n = 3$ gültig.

---
[1] sprich: [sa'rys]

9. Berechnen Sie die Determinanten.

a) $\det\begin{pmatrix} 1 & 4 & 7 \\ 8 & 2 & 5 \\ 6 & 9 & 3 \end{pmatrix}$ **b)** $\det\begin{pmatrix} 2 & -4 & 5 \\ -4 & 3 & -2 \\ -2 & -1 & -7 \end{pmatrix}$ **c)** $\det\begin{pmatrix} 2 & -4 & 5 \\ -4 & 3 & -2 \\ -2 & -1 & 5 \end{pmatrix}$

d) $\det\begin{pmatrix} 1 & 0 & 0 \\ 0 & 2 & 0 \\ 0 & 0 & 3 \end{pmatrix}$ **e)** $\det\begin{pmatrix} 1 & 2 & 2 \\ 0 & 2 & 2 \\ 0 & 0 & 3 \end{pmatrix}$ **f)** $\det\begin{pmatrix} 1 & 2 & 3 \\ 4 & 5 & 6 \\ 7 & 8 & 9 \end{pmatrix}$

g) $\det\begin{pmatrix} -1 & 2 & 3 \\ 4 & -5 & 6 \\ 7 & 8 & -9 \end{pmatrix}$ **h)** $\det\begin{pmatrix} 1 & 0 & 1 \\ 0 & 1 & 1 \\ 1 & 1 & 0 \end{pmatrix}$ **i)** $\det\begin{pmatrix} 1 & -2 & 3 \\ -4 & 5 & 6 \\ -7 & 8 & 9 \end{pmatrix}$

j) $\det\begin{pmatrix} 0 & 5 & 6 \\ 5 & 0 & 1 \\ 6 & 1 & 0 \end{pmatrix}$ **k)** $\det\begin{pmatrix} 0 & 0 & 0 \\ 1 & 1 & 1 \\ 1 & 1 & 1 \end{pmatrix}$ **l)** $\det\begin{pmatrix} -2 & -2 & -2 \\ -4 & -4 & -4 \\ -6 & -6 & -6 \end{pmatrix}$

m) $\det\begin{pmatrix} -2 & -3 & -4 \\ -4 & -5 & -6 \\ -6 & -7 & -8 \end{pmatrix}$ **n)** $\det\begin{pmatrix} 10 & 0 & 10 \\ -5 & 1 & -5 \\ 10 & 0 & 20 \end{pmatrix}$ **o)** $\det\begin{pmatrix} -18 & -2 & -3 \\ 7 & 50 & -20 \\ -15 & -80 & 9 \end{pmatrix}$

Für das LGS aus Beispiel 3 lautet die Cramer'sche Regel damit folgendermaßen:

> **Cramer'sche Regel ($m = n = 3$):** Das LGS ist genau dann eindeutig lösbar, wenn
>
> $\det A = \det\begin{pmatrix} a_1 & b_1 & c_1 \\ a_2 & b_2 & c_2 \\ a_3 & b_3 & c_3 \end{pmatrix} \neq 0$ ist.
>
> Die **Lösung** ist in diesem Fall das Tripel $(x; y; z)$ mit
>
> $x = \frac{D_1}{\det A}$, $y = \frac{D_2}{\det A}$ und $z = \frac{D_3}{\det A}$ sowie
>
> $D_1 = \det\begin{pmatrix} d_1 & b_1 & c_1 \\ d_2 & b_2 & c_2 \\ d_3 & b_3 & c_3 \end{pmatrix}$, $D_2 = \det\begin{pmatrix} a_1 & d_1 & c_1 \\ a_2 & d_2 & c_2 \\ a_3 & d_3 & c_3 \end{pmatrix}$ und $D_3 = \det\begin{pmatrix} a_1 & b_1 & d_1 \\ a_2 & b_2 & d_2 \\ a_3 & b_3 & d_3 \end{pmatrix}$.

Die Nenner der Lösung sind für alle 3 Variablen gleich.
Für die Zähler gilt wie bei $m = n = 2$:

Für die **1. Variable ($= x$)** stehen die **Absolutglieder** in der **1. Spalte**: $D_1 = \det\begin{pmatrix} d_1 & b_1 & c_1 \\ d_2 & b_2 & c_2 \\ d_3 & b_3 & c_3 \end{pmatrix}$;

für die **2. Variable ($= y$)** stehen die **Absolutglieder** in der **2. Spalte**: $D_2 = \det\begin{pmatrix} a_1 & d_1 & c_1 \\ a_2 & d_2 & c_2 \\ a_3 & d_3 & c_3 \end{pmatrix}$;

für die **3. Variable ($= z$)** stehen die **Absolutglieder** in der **3. Spalte**: $D_3 = \det\begin{pmatrix} a_1 & b_1 & d_1 \\ a_2 & b_2 & d_2 \\ a_3 & b_3 & d_3 \end{pmatrix}$.

10. Wie sieht die Lösung des linearen Gleichungssystems aus Beispiel 3 aus, wenn alle Absolutglieder d_i ($i=1, 2, 3$) null sind?

11. Lösen Sie die linearen Gleichungssysteme mithilfe der Cramer'schen Regel.

a)
(I) $2x-4y+5z=2$
(II) $-4x+3y-2z=6$
(III) $-2x-\ \ y+5z=4$

b)
(I) $x+4y+7z=-\ 25$
(II) $8x+2y+5z=-\ 44$
(III) $6x+9y+3z=-126$

c)
(I) $82x-48y-35z=-1018$
(II) $-42x+34y+56z=\ 234$
(III) $-21x+12y+54z=-\ 285$

d)
(I) $5x_1-\qquad x_3=\ 4$
(II) $4x_1+\ x_2+5x_3=10$
(III) $-x_1-2x_2+7x_3=\ 4$

e)
(I) $5x_1-\qquad x_3=\ 4$
(II) $4x_1+\ x_2+5x_3=10$
(III) $x_1+3x_2-2x_3=\ 2$

f)
(I) $5x_1-\qquad x_3=\ 4$
(II) $4x_1+\ x_2+\ 5x_3=10$
(III) $-3x_1-2x_2-11x_3=20$

g)
(I) $0{,}2x-0{,}5y-1{,}2z=-1{,}7$
(II) $3{,}6x-0{,}4y+2{,}4z=\ 8{,}8$
(III) $-4{,}8x+2{,}4y+3{,}6z=\ 0$

h)
(I) $0{,}2x-0{,}5y-1{,}2z=\ 5{,}5$
(II) $3{,}6x-0{,}4y+2{,}4z=\ 22$
(III) $-4{,}8x+2{,}4y+3{,}6z=-54$

i)
(I) $0{,}2x-0{,}5y-1{,}2z=-8{,}25$
(II) $3{,}6x-0{,}4y+2{,}4z=\ 8{,}12$
(III) $-4{,}8x+2{,}4y+3{,}6z=\ 31{,}44$

j)
(I) $-2x+\ y+4z=10$
(II) $2x+3y-4z=\ 6$
(III) $3x+4y-6z=\ 1$

12. Stahl mit 0,5% Kohlenstoff soll mit Grauguss, der einen Kohlenstoffanteil von 2,5% hat, verschmolzen werden.
Wie viel Tonnen dieses Stahls und wie viel Tonnen Grauguss ergeben beim Zusammenschmelzen 12 t Stahl mit 1,45% Kohlenstoff?

13. Die Quersumme einer dreistelligen Zahl ist 15. Die Zahl wird um 9 größer, wenn man Einer- und Zehnerziffer vertauscht, und um 99 kleiner, wenn man Einer- und Hunderterziffer vertauscht.
Wie lautet die Zahl?
Lösen Sie das aufzustellende lineare Gleichungssystem mit
a) dem Gauß'schen Algorithmus,
b) der Cramer'schen Regel.

14. Die folgende Aufgabe stammt von dem chinesischen Mathematiker ZHANG CANG, der im 2. Jahrhundert v. Chr. lebte.
Drei Garben einer guten Ernte, zwei Garben einer mittleren Ernte und eine Garbe einer schlechten Ernte ergeben 39 dou Korn (altes chinesisches Maß); zwei Garben einer guten Ernte, drei Garben von der mittleren Ernte und eine Garbe von der schlechten Ernte ergeben 34 dou; eine Garbe von der guten Ernte, zwei von der mittleren und drei von der schlechten liefern 26 dou.
Wie viel Korn liefert eine Garbe der guten, eine Garbe der mittleren und eine Garbe der schlechten Ernte?

15. Überzeugen Sie sich, dass das LGS aus Beispiel 3 genau dann keine Lösung besitzt, wenn $\det A=0$ und wenigstens eine der (Zähler-)Determinanten D_1, D_2 oder D_3 ungleich null ist.

5 Systeme von linearen Ungleichungen (mit zwei Variablen)

1. Ein Aufzug soll Säcke zu je 150 kg und Kisten zu je 175 kg befördern. Welche Lademöglichkeiten bestehen, wenn der Aufzug über eine Tragfähigkeit von höchstens 2,5 t verfügt?

a) Die Anzahl der Säcke sei x, die der Kisten sei y. Beschreiben Sie die zulässige Ladung durch eine Ungleichung.

b) Veranschaulichen Sie die durch die Lösungsmenge der Ungleichung bestimmte Halbebene in einem ebenen Koordinatensystem.

c) Erläutern Sie, wie man an der erhaltenen grafischen Darstellung die Lademöglichkeiten ablesen kann. Welche Forderungen an x und y muss man dabei beachten? Geben Sie einige dieser Möglichkeiten an.

2. Veranschaulichen Sie in einem ebenen Koordinatensystem die Menge aller Punkte $P(x; y)$, die durch die folgende Ungleichung festgelegt ist.

a) $-x+3y \leq 0$ **b)** $x-y \leq 2$ **c)** $5x-4y+3>0$ **d)** $0{,}2x \geq 0{,}5y$ **e)** $5y>-2$

3. Beschreiben Sie die im Bild 1 blau unterlegte Halbebene
– einschließlich,
– ausschließlich

der Begrenzungsgeraden durch eine lineare Ungleichung.

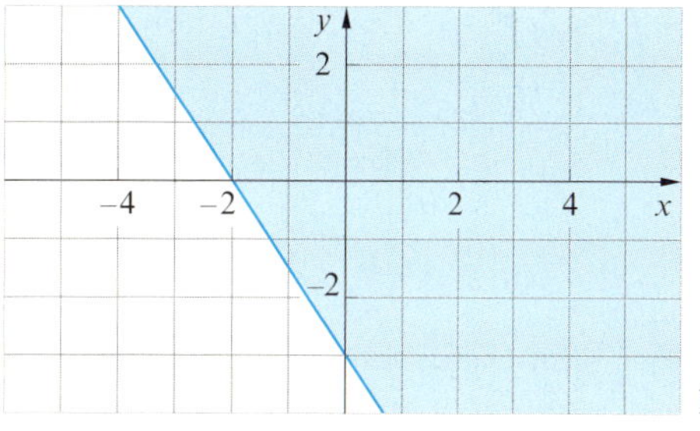

1

Jede Gerade g: $ax+by=c$ zerlegt die x-y-Koordinatenebene in zwei Halbebenen ε_1 und ε_2. Die Gerade g heißt **Begrenzungsgerade** oder **Randgerade** von ε_1 und von ε_2 (Bild 2). Die Lösungsmenge der Ungleichung $ax+by<c$ besteht aus den Koordinatenpaaren aller Punkte, die in einer der beiden durch die Gerade g festgelegten Halbebenen liegen; die Lösungsmenge der Ungleichung $ax+by>c$ besteht aus den Koordinatenpaaren aller Punkte der anderen Halbebene (jeweils mit Ausnahme der Punkte der Randgeraden g).

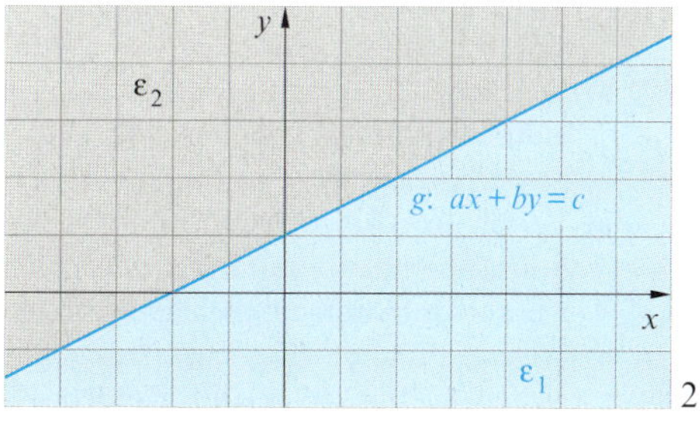

2

Die **abgeschlossenen** Halbebenen (das sind die Halbebenen einschließlich ihrer Begrenzungsgeraden) werden durch die beiden Ungleichungen $ax+by \leq c$ bzw. $ax+by \geq c$ beschrieben.

Welche der beiden Halbebenen durch die betrachtete Ungleichung beschrieben wird, lässt sich mit einem **Punkttest** entscheiden.

Beispiel 1 *Veranschaulichung einer Halbebene in einem ebenen Koordinatensystem*

Welche Halbebene wird durch die Ungleichung $-5x+6y>2$ beschrieben?

Wir zeichnen zuerst die Randgerade $g: -5x+6y=2$.

Anschließend führen wir mit einem nicht auf g liegenden Punkt einen Punkttest durch.

In diesem Falle wählen wir dazu den Koordinatenursprung $O(0;\,0)$.

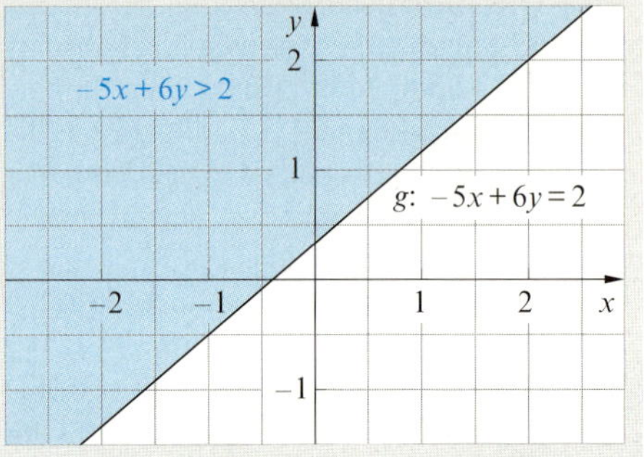

3

Es ist $-5\cdot 0+6\cdot 0<2$ und das bedeutet: Der Koordinatenursprung liegt in der durch die Ungleichung $-5x+6y<2$ beschriebenen Halbebene. Folglich beschreibt die gegebene Ungleichung $-5x+6y>2$ die andere der durch g festgelegten Halbebenen (Bild 3).

4. Überprüfen Sie, welcher der Punkte $A(-3;\,-7)$, $B(0;\,-12)$, $C(1;\,1)$, $D(2;\,3{,}2)$, $E(1;\,0)$ in der durch die Ungleichung $-\frac{14}{5}x+\frac{3}{10}y+2 \leq 0$ beschriebenen Halbebene liegt.

5. Beschreiben Sie diejenige Halbebene, die die Randgerade g besitzt und den Punkt P enthält, durch eine lineare Ungleichung.

a) $g: -4x+5y-6=0,\ P(3;\,-1)$ **b)** $g: 0{,}6x-8y=1,\ P(-1;\,-1)$

c) $g: -3y+4=0,\ P(-9;\,0{,}75)$ **d)** $g: 7x+12=0,\ P(-\frac{1}{6};8)$

6. Ein Gartenbesitzer möchte an der Grenze zum Nachbargrundstück eine Hecke aus Koniferen anlegen. Er entscheidet sich für Heckenzypressen, die zu 9,50 DM pro Stück angeboten werden, und für Lebensbäume zu 7,50 DM je Stück. Für den Einkauf stehen ihm nicht mehr als 150 DM zur Verfügung.

a) Welchen Betrag muss er zahlen, wenn er x Heckenzypressen und y Lebensbäume kauft? Beschreiben Sie anschließend die angegebene Bedingung für den Einkauf durch eine Ungleichung.

b) Verschaffen Sie sich mithilfe einer grafischen Darstellung einen Überblick, welche Stückzahlenpaare unter der gegebenen Bedingung gekauft werden können. Lesen Sie mehrere Einkaufsmöglichkeiten ab und berechnen Sie die jeweilige Einkaufssumme.

c) Welche Einkaufsmöglichkeiten hat der Gartenbesitzer, wenn von jeder Sorte mindestens 7 Pflanzen gekauft werden sollen? Wie hoch sind jetzt seine Ausgaben?

d) Der zur Verfügung stehende Betrag soll so gut wie möglich ausgeschöpft werden. Die Stückzahlen für die beiden Pflanzensorten sollen sich aber kaum voneinander unterscheiden. Welche Einkaufsmöglichkeiten ergeben sich unter diesen Bedingungen?

7. Die Gerade $g: 2x+2y=1$ zerlegt die x-y-Koordinatenebene in zwei Halbebenen.

a) Schraffieren Sie diejenige dieser Halbebenen, in der der Koordinatenursprung liegt und beschreiben Sie sie durch eine Ungleichung.

b) Untersuchen Sie, ob der Koordinatenursprung auch in der durch die Ungleichung $y \geq x-3$ beschriebenen Halbebene liegt.

c) Schraffieren Sie die Menge aller Punkte, die in jeder der unter a) und b) betrachteten Halbebenen liegt und geben Sie ein System von linearen Ungleichungen an, das diese Punktmenge beschreibt.

8. Welcher Teil der x-y-Ebene wird durch die folgenden linearen Ungleichungssysteme beschrieben? Veranschaulichen Sie ihn in einem x-y-Koordinatensystem.

a) $5-x \geq 0$, $x \geq y$

b) $x+y \geq 3$, $x \geq 0$

c) $2x-3y \leq 1$, $x \geq 0$, $y \geq 0$

d) $x+y \leq 5$, $2x+y \leq 8$, $0 \leq x \leq 4$, $5y \geq -2$

> Jede Ungleichung eines Systems von linearen Ungleichungen mit zwei Variablen beschreibt eine Halbebene. Die Lösungsmenge des Ungleichungssystems besteht aus den Koordinatenpaaren aller Punkte, die im Durchschnitt dieser Halbebenen liegen.

9. Zeigen Sie, dass die Punkte A, B, C nicht kollinear sind und beschreiben Sie das Innere des Dreiecks ABC durch ein System von linearen Ungleichungen.

a) $A(-2; 3)$, $B(0; 0)$, $C(4; 3)$ **b)** $A(3; 0)$, $B(0; 3)$, $C(1; 1)$

10. Ein Restaurant soll mit Energiesparlampen ausgestattet werden. Man entscheidet sich für Lampen mit 12 Watt, die für 8 DM pro Stück angeboten werden, und für Lampen mit 15 Watt, die 12 DM pro Stück kosten. Es werden mindestens 100 Lampen gebraucht. Dafür stehen insgesamt nicht mehr als 1000 DM zur Verfügung.

a) Beschreiben Sie die Einkaufsbedingungen durch Ungleichungen.
Hinweis: Die Stückzahlen müssen positive ganze Zahlen sein.

b) Verschaffen Sie sich mithilfe einer grafischen Darstellung einen Überblick, welche Stückzahlen unter den gegebenen Bedingungen von jeder Lampensorte gekauft werden können.

c) Geben Sie aus der Menge der zulässigen Stückzahlenpaare $(x; y)$ diejenigen an, bei denen x ein Vielfaches von 10 und y ein Vielfaches von 5 ist.

d) Berechnen Sie für jedes unter **c)** gefundene Stückzahlenpaar den Kaufpreis.

11. Geben Sie je ein System von linearen Ungleichungen mit zwei Variablen an,

a) dessen Lösungsmenge leer ist, **b)** das eine Gerade beschreibt,

c) das eine Halbebene beschreibt.

12. Begründen Sie am Beispiel des Ungleichungssystems (I) $x \geq 0$, (II) $y \geq 0$, dass sich der Gauß'sche Algorithmus zur Lösung von linearen Gleichungssystemen nicht auf lineare Ungleichungssysteme übertragen lässt.
Hinweis: Zeigen Sie, dass sich die Lösungsmenge des Ungleichungssystems ändert, wenn man eine der beiden Ungleichungen durch die Summe der beiden Ungleichungen ersetzt.

6 Grundgedanken der linearen Optimierung

Bei den meisten Optimierungsproblemen in der Praxis (Wirtschaft, Transport, Planung, ...) ist zunächst eine umfassende Beschreibung der Problemstellung erforderlich. Häufig ist das zu verarbeitende Datenmaterial ungewöhnlich umfangreich; das führt nicht selten zu Aufgaben mit Hunderten von Variablen.

Die unten diskutierten Beispiele und Aufgaben beziehen sich hingegen auf stark vereinfachte Sachverhalte mit reduziertem Datenmaterial. Sie besitzen deshalb keinen echten Realitätsbezug. Trotz dieser Vereinfachungen und Reduzierungen lassen sich wichtige Grundgedanken der linearen Optimierung auch an solchen Beispielen herausarbeiten. Das gilt insbesondere für die Vorgehensweise bei der mathematischen Formulierung von Optimierungsproblemen. Eine Beschränkung auf Aufgaben der linearen Optimierung mit nur zwei Variablen macht es darüber hinaus möglich, grafische Lösungsmethoden einzusetzen.

Mathematische Formulierung von Problemen der linearen Optimierung

Beispiel 1 *Gewinnmaximierung*

Eine Tischlerei stellt Schränke in zwei Ausführungen I und II her. Für einen Schrank in der Ausführung I erzielt die Firma einen Gewinn von 70 DM; für einen Schrank in der Ausführung II ergibt sich ein Gewinn von 90 DM. Die Tischlerei möchte mit der Schrankproduktion einen möglichst hohen Gewinn erzielen.

Doch die Lagermöglichkeiten sind begrenzt. Deshalb können pro Woche höchstens 100 Schränke produziert werden.

Vertraglich ist bereits festgelegt, dass pro Woche mindestens 20 Schränke in der Ausführung II geliefert werden müssen. Analysen der beobachteten Nachfrage raten, pro Woche nicht mehr als 70 Schränke dieser Ausführung zu produzieren.

Für einen Schrank in der Ausführung I sind 5 Arbeitsstunden und für einen Schrank in der Ausführung II sind 9 Arbeitsstunden erforderlich.

Die Tischlerei kann höchstens 18 Arbeitskräfte mit einer wöchentlichen Arbeitszeit von je 40 Stunden beschäftigen.

(1) Wie viele Schränke in der jeweiligen Ausführung können unter den gegebenen Bedingungen pro Woche produziert werden?

(2) Bei welchen unter den einschränkenden Bedingungen zulässigen Stückzahlen erzielt die Tischlerei mit der Schrankproduktion den größten Gewinn? Wie hoch ist er?

Hinweise und Aufgaben zur Beantwortung der Frage (1):

Bevor wir uns mithilfe einer grafischen Darstellung einen Überblick über die unter den gegebenen Bedingungen **zulässigen** Stückzahlen beschaffen, müssen wir die einschränkenden Bedingungen für die Schrankproduktion mithilfe von Ungleichungen formulieren. Um das zu ermöglichen, führen wir Variablen ein.

Wir bezeichnen mit x die Anzahl der Schränke in der Ausführung I und mit y die Anzahl der Schränke in der Ausführung II, die jeweils in einer Woche hergestellt werden.

Die Stückzahlen x und y unterliegen den folgenden **Einschränkungen**.

- Nichtnegativitätsbedingungen: $x \geq 0$ und $y \geq 0$. (Die produzierten Stückzahlen sind niemals negativ.) In diesem Falle ist außerdem zu beachten, dass die Stückzahlen ganze Zahlen sein müssen.
- Weitere einschränkende Bedingungen:
  $x + y \leq 100$ (Beschränkung der Gesamtstückzahl durch die Lagerkapazität),
  $y \geq 20$ (vertraglich festgelegte Mindestanzahl für Schränke in der Ausführung II),
  $y \leq 70$ (Beschränkung der Produktion durch den Kundenbedarf),
  $5x + 9y \leq 720$ (Produktionsbeschränkung durch die Zahl der vorhandenen Arbeitskräfte).

Wir erhalten ein **System von sechs linearen Ungleichungen mit zwei Variablen**.

Die unter den einschränkenden Bedingungen für die Schrankproduktion möglichen Stückzahlen müssen dieses Ungleichungssystem erfüllen.

Man nennt die durch das Ungleichungssystem beschriebene Punktmenge den **zulässigen Bereich *B*** (manchmal auch **Planungsbereich) des Optimierungsproblems**.

Ein Paar $(x; y)$ ist im vorliegenden Falle ein zulässiges Stückzahlenpaar, wenn der Punkt $P(x; y)$ im Inneren oder auf dem Rande von B liegt und wenn seine Koordinaten ganze Zahlen sind.

Der zulässige Bereich B veranschaulicht alle unter den einschränkenden Bedingungen gegebenen Produktionsmöglichkeiten ohne Rücksicht auf den Gewinn, der durch sie erzielt werden kann.

1. Veranschaulichen Sie die Lösungsmenge des erhaltenen Ungleichungssystems in einem x-y-Koordinatensystem.

2. Geben Sie wenigstens sechs zulässige Stückzahlenpaare für die Schrankproduktion an.

Ansatz zur Beantwortung der Frage (2):

Wir beziehen nun die gegebenen Informationen über den Gewinn in unsere Überlegungen ein.

3. a) Berechnen Sie für jedes zu Aufgabe 2 angegebene zulässige Stückzahlenpaar den Gewinn, den die Tischlerei beim Verkauf der betreffenden Anzahl von Schränken erzielt.

b) Das Paar $(x; y)$ sei ein zulässiges Stückzahlenpaar für die Schrankproduktion der Tischlerei. Geben Sie den Gewinn z an, den die Firma beim Verkauf von x Schränken in der Ausführung I und y Schränken in der Ausführung II erzielt.

Der Gewinn z, den die Tischlerei beim Verkauf von x Schränken in der Ausführung I und y Schränken in der Ausführung II erzielt, ist eine lineare Funktion mit den zwei Variablen x und y der Form $z = f(x; y)$.

Diese Funktion f heißt **Zielfunktion des Optimierungsproblems**.

Die Frage lautet nun: In welchem Punkt bzw. in welchen Punkten aus dem zulässigen Bereich B des Optimierungsproblems nimmt die Zielfunktion ein Maximum an und welchen Funktionswert besitzt die Zielfunktion an dieser Stelle bzw. an diesen Stellen?

Ist $(x; y)$ ein zulässiges Stückzahlenpaar, d. h. liegt der Punkt $P(x; y)$ im zulässigen Bereich B und besitzt die Zielfunktion f an der Stelle $(x; y)$ ein Maximum, dann bringen die Stückzahlen x und y der Tischlerei einen Höchstgewinn z ein. Das Maximum der Zielfunktion gibt den mit der Schrankproduktion erzielten Höchstgewinn an.

Auf den Seiten 133 bis 136 wird untersucht, wie man im vorliegenden Falle diese **Maximumaufgabe** mit grafischen Methoden lösen kann.

Beispiel 2 *Kostenminimierung*

Ein Ferienhotel in der Uckermark will durch einen Fahrradverleih die Erholungsmöglichkeiten für seine Gäste verbessern.
Es sollen insgesamt mindestens 12, aber nicht mehr als 25 Fahrräder gekauft werden. Die Wahl fällt auf Rennräder mit einem Stückpreis von 600 DM und auf Tourenräder, die 360 DM kosten. Der Nachfrage entsprechend sollen mindestens halb so viele Tourenräder wie Rennräder, aber höchstens 6 Tourenräder mehr als Rennräder im Verleih angeboten werden. Wie ist der Fahrradkauf zu gestalten, damit die Anschaffungskosten so niedrig wie möglich sind, und wie hoch sind die Minimalkosten?

Die ersten Schritte zur Lösung des Optimierungsproblems gelingen mithilfe der Bearbeitung der folgenden Aufgaben.

4. a) Beschreiben Sie diejenigen Bedingungen durch ein System von linearen Ungleichungen, die die Hotelleitung beim Fahrradkauf ohne Rücksicht auf die Kosten beachten muss.

b) Verschaffen Sie sich einen Überblick über die Möglichkeiten für den Fahrradkauf unter diesen einschränkenden Bedingungen. Stellen Sie dazu den zulässigen Bereich B des Optimierungsproblems in einem ebenen Koordinatensystem dar.

5. a) Geben Sie wenigstens sechs zulässige Stückzahlenpaare für den Fahrradkauf an.
b) Berechnen Sie die Kosten, die beim Kauf der zu a) angegebenen zulässigen Stückzahlen entstehen.
c) Die Anzahl der Rennräder sei x und die Anzahl der Tourenräder sei y. Welche Kosten entstehen, wenn ein zulässiges Stückzahlenpaar $(x; y)$ von Fahrrädern gekauft wird? Geben Sie die Zielfunktion des Optimierungsproblems an.

Die Optimierungsaufgabe aus Beispiel 2 ist eine **Minimumaufgabe**.

Gesucht sind alle Punkte $P(x; y)$ aus dem zulässigen Bereich B des Optimierungsproblems (vgl. Aufgabe 4b), für deren Koordinatenpaare $(x; y)$ die Zielfunktion f den **kleinstmöglichen (minimalen)** Wert annimmt.

Das sind die zulässigen Stückzahlenpaare $(x; y)$, die die niedrigsten Kosten verursachen.

Das Minimum der Zielfunktion gibt die minimalen Anschaffungskosten für den Fahrradverleih an.

Es handelt sich auch jetzt um ein Beispiel, das sich mit grafischen Mitteln lösen lässt. Beachten Sie dazu die Überlegungen auf den Seiten 133 bis 136.

Die Beispiele 1 und 2 zeigen: **Optimierungsaufgaben sind Extremwertaufgaben**.

Doch ist die Situation hier anders als bei den bisher bekannten Extremwertaufgaben. Optimierungsaufgaben sind Extremwertaufgaben mit Nebenbedingungen: Die Zielfunktion, deren Extrema zu bestimmen sind, hängt von mehreren Variablen ab und diese Variablen sind einschränkenden Nebenbedingungen in Form eines Systems von Ungleichungen unterworfen.

In beiden Beispielen hängen Zielfunktion und Nebenbedingungen von nur zwei Variablen x und y ab. Die Zielfunktion ist eine lineare Funktion der beiden Variablen und die Nebenbedingungen sind durch ein System von linearen Ungleichungen gegeben.

Optimierungsaufgaben, deren Zielfunktion linear ist und bei denen in den Nebenbedingungen nur lineare Ungleichungen auftreten, heißen lineare Optimierungsaufgaben.

Bei einem **linearen Optimierungsproblem** (mit zwei Variablen) sind

1. ein lineares Ungleichungssystem (mit zwei Variablen) und
2. eine lineare Funktion $z = f(x; y)$ (mit zwei Variablen)

gegeben.

Die Funktion f heißt **Zielfunktion des Optimierungsproblems**.

Gesucht sind alle Lösungen des linearen Ungleichungssystems, für die die Zielfunktion f einen optimalen Wert (ein Maximum oder ein Minimum) annimmt.

Bei vielen Optimierungsproblemen kommen – wie in den Beispielen – nur ganze Zahlen als Lösungen in Betracht. In solchen Fällen spricht man von **ganzzahliger Optimierung**.

Gesucht ist eine mathematische Formulierung für die zwei folgenden Optimierungsprobleme. Beschreiben Sie dazu die einschränkenden Nebenbedingungen durch ein lineares Ungleichungssystem und geben Sie die zugehörige lineare Zielfunktion an.

6. Ein Landwirt möchte einen Teil seiner Felder mit Weizen und Zuckerrüben bebauen. Dafür stehen höchstens 65 ha Anbaufläche zur Verfügung. Der Fruchtfolgeplan sieht für den Anbau von Zuckerrüben nicht mehr als 25 ha vor.
Die folgende Tabelle gibt Auskunft über die notwendigen Arbeitsstunden und über die zu erwartenden Einnahmen pro Hektar für die beiden Anbauprodukte.

	Arbeitszeit in Stunden pro Hektar	Einnahmen pro Hektar
Weizen	20	2000 DM
Zuckerrüben	60	5000 DM

Es stehen Arbeitskräfte für insgesamt nicht mehr als 2100 Stunden zur Verfügung.

a) Bei welcher Aufteilung der Anbaufläche sind unter den gegebenen Bedingungen die höchsten Einnahmen zu erwarten?

b) Wie hoch sind die zu erwartenden Maximaleinnahmen?

7. Aus zwei Sorten Fruchtsaft und Mineralwasser soll ein Mischgetränk hergestellt werden. Erfahrungen besagen, dass die Mischung am besten schmeckt, wenn sie höchstens zu einem Achtel aus Mineralwasser besteht und wenigstens halb so viel, aber höchstens ebenso viel Fruchtsaft der Sorte II wie Fruchtsaft der Sorte I enthält.
Mineralwasser steht in ausreichender Menge zur Verfügung, die Fruchtsäfte müssen eingekauft werden. Ein Liter Fruchtsaft der Sorte I kostet 1,20 DM; für die Sorte II sind 1,60 DM pro Liter zu zahlen.

a) Wie viel Fruchtsaft wird von jeder Sorte benötigt, wenn die Mischung unter den angegebenen Bedingungen so kostengünstig wie möglich sein soll?

b) Wie hoch sind die Kosten für die kostengünstigste Mischung?

Die folgende Aufgabe soll auf das grafische Lösen eines linearen Optimierungsproblems vorbereiten.

8. Gegeben sei ein Optimierungsproblem mit
dem linearen Ungleichungssystem $x+y \leq 5,\ 2x+y \leq 8,\ x \geq 0,\ x \leq 4,\ 5y \geq -2$
und der Zielfunktion $z = f(x;\ y) = -2x + 3y$.

a) Der zulässige Bereich des Optimierungsproblems wird von einem Fünfeck umrandet (siehe Abschnitt D 5, Aufgabe 8 d). Berechnen Sie die Koordinaten der Eckpunkte des Fünfecks.

b) Gesucht sind die Funktionswerte $z = f(x;\ y)$ der Zielfunktion f für die Eckpunkte des Fünfecks. Welchem Eckpunkt wird durch die Funktion f die größte Zahl z zugeordnet?

c) Begründen Sie, dass es unendlich viele Punkte des zulässigen Bereiches gibt, denen durch die Zielfunktion f der Wert 0 zugeordnet wird. Veranschaulichen Sie die Menge dieser Punkte und den zulässigen Bereich B in demselben ebenen Koordinatensystem.

d) Der größte Funktionswert der Zielfunktion auf der Menge der Eckpunkte des zulässigen Bereiches ist 15 (siehe Aufgabe b)). Untersuchen Sie, ob es noch weitere Punkte des zulässigen Bereiches gibt, denen durch f derselbe Funktionswert zugeordnet wird.

Ein grafisches Lösungsverfahren für lineare Optimierungsprobleme mit zwei Variablen

Lineare Optimierungsprobleme mit nur zwei Variablen sind ein Sonderfall, bei dem sich Nebenbedingungen und Zielfunktion geometrisch deuten und bei dem sich die Extremwerte für die Zielfunktion auf grafischem Wege bestimmen lassen.

Wir kommen auf die Beispiele 1 und 2 zurück.

Die in Beispiel 1 formulierte und noch offene Frage (2) nach dem maximalen Gewinn soll nun mit grafischen Mitteln beantwortet werden.

Der zulässige Bereich B ist durch das lineare Ungleichungssystem

(I) $x \geq 0$ (II) $y \geq 0$ (III) $x + y \leq 100$
(IV) $y \geq 20$ (V) $y \leq 70$ (VI) $5x + 9y \leq 720$

abgesteckt. Er ist in Bild 1 dargestellt (vgl. Aufgabe 1).

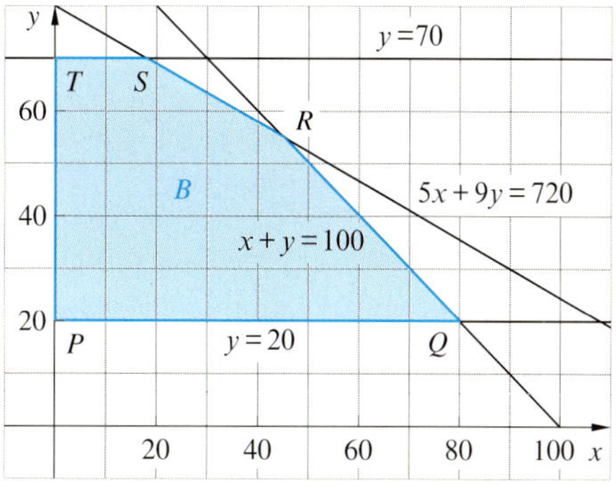

1

Die Zielfunktion f ist durch die Funktionsgleichung $z = f(x;\, y) = 70x + 90y$ gegeben (vgl. Aufgabe 3b).
Ferner ist aus Kapitel C bekannt: Die Gleichung $z = 70x + 90y$ beschreibt eine Ebene ε.

Gesucht sind alle Punkte $P(x;\, y;\, z) \in \varepsilon$, deren z-Koordinate über B maximal ist. Wegen der Nebenbedingungen für x und y interessieren dabei nur die Punkte von ε, deren x- und y-Koordinate ein zulässiges Paar $(x;\, y)$ bilden. Das sind diejenigen Punkte von ε, die über dem Bereich B liegen, d. h. deren senkrechte Parallelprojektion auf die x-y-Koordinatenebene einen Punkt aus B ergibt.

9. Berechnen Sie die Funktionswerte, die die Zielfunktion f in den Eckpunkten P, Q, R, S, T des zulässigen Bereiches annimmt.

Ordnet man jedem Eckpunkt des zulässigen Bereiches seinen Funktionswert als z-Koordinate zu, so erhält man 5 Punkte der Ebene ε.

Bild 2 zeigt den Teil von ε, der über dem Bereich von B liegt.

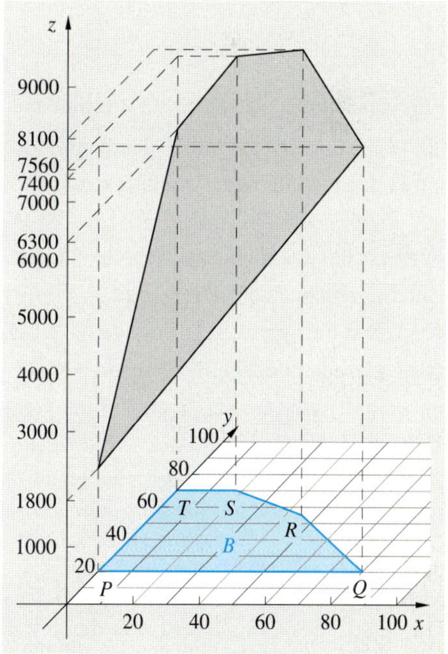

2

10. Machen Sie sich anschaulich klar, dass die Zielfunktion über dem Bereich B in einem der Eckpunkte ihr Maximum annimmt.

Der Punkt mit den Koordinaten (45; 55; 8100) ist der höchste Punkt unter den Punkten der Ebene ε, die über dem Bereich B liegen. Das bedeutet: In der Menge der zulässigen Paare nimmt die Zielfunktion f an der Stelle R (45; 55) das Maximum 8100 an. Folglich erzielt die Tischlerei beim Verkauf von 45 Schränken in der Ausführung I und 55 Schränken in der Ausführung II den höchsten Gewinn. Er beträgt 8100 DM.

Wie lässt sich das ohne Rückgriff auf ein räumliches Koordinatensystem begründen?

Es ist nützlich, zunächst nach allen Paaren $(x; y)$ zu fragen, denen durch f derselbe Wert c zugeordnet wird. Das sind diejenigen Stückzahlenpaare, die der Tischlerei denselben Gewinn, nämlich c DM, einbringen.

11. Erläutern Sie, dass die Menge aller zulässigen Stückzahlenpaare, die der Tischlerei einen Gewinn von c DM einbringen, eine Geradengleichung erfüllen. Geben Sie diese Geradengleichung in Normalform an.

12. Ergänzen Sie Ihre Darstellung des zulässigen Bereiches um die Geraden, die zu den Gewinnen 1800 DM, 4500 DM und 6300 DM gehören.

Wir erkennen: Alle Punkte des zulässigen Bereiches, die den gleichen Gewinn c DM bestimmen, liegen auf einer Geraden mit dem Anstieg $-\frac{7}{9}$. Im Falle $c=0$ ist das die Schnittgerade g_{xy} der Ebene ε mit der x-y-Koordinatenebene, die man auch Spurgerade nennt. Ist $c \neq 0$, so ist diese Gerade eine Parallele zur Spurgeraden g_{xy}.

13. Zeichnen Sie die Spurgerade g_{xy} in die Darstellung aus Aufgabe 12 ein.

Für voneinander verschiedene c erhält man Geraden, die alle denselben Anstieg wie die Spurgerade g_{xy} haben, nämlich den Anstieg $-\frac{7}{9}$. Sie bilden folglich eine Parallelenschar.

Unter den Geraden der Parallelenschar, die mit B gemeinsame Punkte besitzen, ist nun diejenige gesucht, die zum maximalen Gewinn gehört. Wie findet man sie?

Je zwei Geraden der Parallelenschar unterscheiden sich in dem Abschnitt, den sie auf der y-Achse abschneiden. Die Gerade $y=-\frac{7}{9}x+\frac{c}{90}$ aus der Parallelenschar, die dem Gewinn von c DM entspricht, schneidet die y-Achse im Punkte $S(0; \frac{c}{90})$. Der Übergang zu einer anderen Geraden der Parallelenschar bewirkt eine Änderung des Abschnittes $\frac{c}{90}$, den die Gerade auf der y-Achse abschneidet. Eine Vergrößerung dieses Achsenabschnittes bedeutet eine Vergrößerung des Wertes c.

Hieraus folgt: Man erhält den maximalen Wert der Zielfunktion f über dem zulässigen Bereich B, indem man aus der Parallelenschar diejenige Gerade auswählt, die mindestens noch einen Punkt mit dem zulässigen Bereich B gemeinsam hat, und deren Achsenabschnitt auf der y-Achse so groß wie möglich ist.
Mithilfe dieses y-Abschnittes kann man den zugehörigen Wert c der Zielfunktion berechnen. Die betreffende Gerade lässt sich durch Parallelverschiebung der Spurgeraden g_{xy} in Richtung wachsender Achsenabschnitte auf der y-Achse bestimmen.

14. Führen Sie eine solche Parallelverschiebung der Spurgeraden an Ihrer Zeichnung aus. Ermitteln Sie auf die oben beschriebene Weise das Maximum der Funktion.

Das Maximum der Zielfunktion lässt sich auch wie folgt ermitteln: Man bestimmt einen zulässigen Punkt der durch Parallelverschiebung erhaltenen Geraden und berechnet den Funktionswert von f an der betreffenden Stelle.

Im vorliegenden Beispiel ergibt sich die durch den Eckpunkt R von B gehende Parallele zur Spurgeraden $y = -\frac{7}{9}x$.

R ist der einzige Punkt auf der erhaltenen Geraden, der auch im zulässigen Bereich B liegt (Bild 3). Also nimmt die Zielfunktion f an genau einer Stelle ihr Maximum an.

Das ist beim vorliegenden Optimierungsproblem die Stelle $R\,(45;\,55)$.

Der Funktionswert von f an dieser Stelle ist das gesuchte Maximum.

Damit ist die Frage (2) von Beispiel 1 erneut beantwortet:
Das Stückzahlenpaar $x = 45$, $y = 55$ bringt der Tischlerei unter den angegebenen Einschränkungen den größtmöglichen Gewinn. Er beträgt 8100 DM.

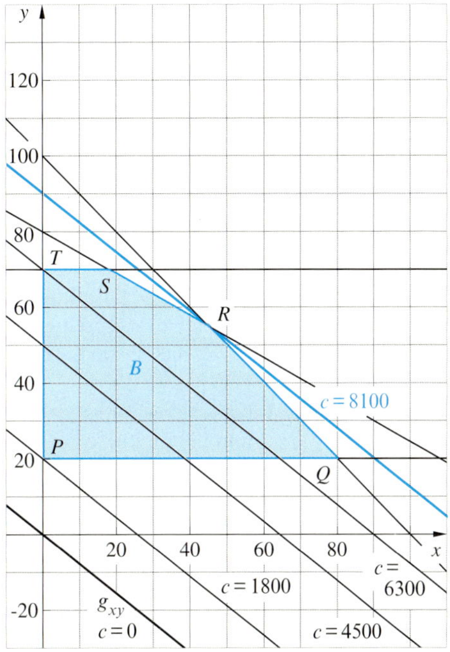

3

15. Welches Stückzahlenpaar bringt der Tischlerei den geringsten Gewinn, ist also am ungünstigsten?
Überlegen Sie, was diese Änderung der Fragestellung für die grafische Untersuchung bedeutet.

16. Lösen Sie das Optimierungsproblem in Aufgabe 6 grafisch.

In Beispiel 2 wurde ein lineares Optimierungsproblem mit zwei Variablen formuliert, in dem es um die **Minimierung von Kosten** geht.

Der **zulässige Bereich *B*** des Problems ist durch die Lösungsmenge des linearen Ungleichungssystems (I) $x \geq 0$, (II) $y \geq 0$, (III) $x + y \geq 12$, (IV) $x + y \leq 25$, (V) $y \geq \frac{1}{2}x$, (VI) $y \leq x + 6$ festgelegt.

17. Stellen Sie den zulässigen Bereich B des Optimierungsproblems aus Beispiel 2 in einem ebenen Koordinatensystem grafisch dar.

Die zugehörige Zielfunktion ist durch die Funktionsgleichung $z = f(x,\, y) = 600\,x + 360\,y$ gegeben.

Wie findet man die zulässigen Paare $(x;\, y)$, für die die Zielfunktion f den kleinstmöglichen Wert annimmt?

18. a) Die Zielfunktion *f* liefert die Spurgerade g_{xy}: $5x+3y=0$ der Ebene $z=600x+360y$. Ergänzen Sie Ihre Darstellung des zulässigen Bereiches um die Gerade g_{xy}.

b) Führen Sie eine Parallelverschiebung der Spurgeraden durch. An welcher Stelle des zulässigen Bereiches *B* nimmt die Zielfunktion *f* ihr Minimum an?

c) Berechnen Sie das Minimum von *f* auf *B* und geben Sie dann die Minimalkosten an.

19. Lösen Sie das Optimierungsproblem aus Aufgabe 7 grafisch.

In den Beispielen 1 und 2 und den anderen bisher formulierten Optimierungsaufgaben nimmt die Zielfunktion an genau einer Stelle aus dem Bereich *B* ihr Optimum an.
Geometrisch bedeutet das:
Die gesuchte Gerade aus der Parallelenschar hat mit dem zulässigen Bereich genau einen Eckpunkt gemeinsam. In diesen Fällen hat das Optimierungsproblem genau eine Lösung.

Es ist auch möglich, dass die Zielfunktion auf einer ganzen Kante von *B* ihr Optimum annimmt. In diesem Fall hat das Optimierungsproblem unendlich viele Lösungen, wenn als Lösungen auch Paare zugelassen sind, deren Komponenten keine ganzen Zahlen sind.

20. Gegeben ist das Ungleichungssystem (I) $x \geq 0$, (II) $y \geq 0$, (III) $x \leq 2$, (IV) $y \leq 2$, (V) $x+y \leq 3$ und die Zielfunktion $z=f(x;\, y)=2x+2y$.
Gesucht ist das Maximum von *f* auf der Lösungsmenge des gegebenen Ungleichungssystems. Lösen Sie das Optimierungsproblem grafisch.

21. Bestimmen Sie mit grafischen Mitteln das Minimum der Zielfunktion $z=f(x;\, y)=3x-6y$ auf der Lösungsmenge des Ungleichungssystems
(I) $x \geq 0$, (II) $y \geq 0$, (III) $y \leq 2$, (IV) $-x+2y \leq 3$, (V) $y+3x \geq 1$, (VI) $4x-y \leq 8$.

ZUSAMMENFASSUNG

Schrittfolge beim grafischen Lösen einer Aufgabe der linearen Optimierung

Ein lineares Optimierungsproblem sei durch ein System von linearen Ungleichungen und eine lineare Funktion $f(x;\, y)=ax+by$ $(a, b \in \mathbb{R})$ mit je zwei Variablen gegeben.

1. Schritt: Wir stellen den durch das lineare Ungleichungssystem abgesteckten zulässigen Bereich *B* in einem kartesischen Koordinatensystem grafisch dar.

2. Schritt: Wir zeichnen die durch die Gleichung $f(x;\, y)=ax+by=0$ $(a,\, b \in \mathbb{R})$ beschriebene Spurgerade g_{xy} der Ebene $z=ax+by$ in dasselbe Koordinatensystem.

3. Schritt: Wir überlegen, in welche Richtung die Spurgerade g_{xy} verschoben werden muss, um je nach Aufgabenstellung eine Parallele g_0: $ax+by=c$ $(c \in \mathbb{R},\, c \neq 0)$ mit möglichst großem bzw. möglichst kleinem *c* zu erhalten, die den zulässigen Bereich *B* nur noch in einem Eckpunkt oder in einer Kante berührt. Wir führen dann diese Parallelverschiebung aus.

4. Schritt: Wir ermitteln die Koordinaten $(x_0;\, y_0)$ eines Berührungspunktes von g_0 mit *B*.

5. Schritt: Wir berechnen das Optimum $z_0=f(x_0;\, y_0)$ der Zielfunktion *f*.

Weitere Aufgaben zur linearen Optimierung

In den bisherigen Beispielen und Aufgaben zur linearen Optimierung traten ausschließlich Zielfunktionen f mit einer Funktionsgleichung der Form $z=f(x;y)=ax+by\ (a,b\in\mathbb{R})$ auf. Solche Funktionen heißen lineare Funktionen mit zwei Variablen.

Die erläuterten grafischen Methoden lassen sich jedoch auch auf Optimierungsprobleme mit einer größeren Klasse von Zielfunktionen erfolgreich anwenden. Fügt man nämlich in der Funktionsgleichung für f eine Konstante c mit $c\in\mathbb{R}$, $c\neq 0$ hinzu, so erhält man die neue Zielfunktion $z=g(x;y)=ax+by+c$ und es zeigt sich, dass die Konstante c keinen Einfluss auf die Lösungsmenge des Optimierungsproblems hat.

22. Lösen Sie die Aufgabe 20 grafisch für die Zielfunktion $f_1(x;y)=2x+2y-1$ und die Aufgabe 21 für die Zielfunktion $f_2(x;y)=3x-6y-3$.

23. Gegeben ist ein lineares Optimierungsproblem mit den Nebenbedingungen $a_{i1}x+a_{i2}y\leq b_i$; $i=1,2,\ldots,m$ sowie den Nichtnegativitätsbedingungen $x\geq 0$; $y\geq 0$ und der Zielfunktion f mit $f(x;y)=ax+by$, $a,b\in\mathbb{R}$. (In den Ungleichungen des durch die Nebenbedingungen festgelegten Ungleichungssystems darf auch das Relationszeichen $\geq$ beliebig oft auftreten.)
Begründen Sie folgende Aussage:
Ersetzt man die Zielfunktion f durch die Funktion g mit der Funktionsgleichung $g(x;y)=ax+by+c$; $c\in\mathbb{R}$, $c\neq 0$, so besitzt das neu entstandene lineare Optimierungsproblem dieselben Lösungen wie das Ausgangsproblem.

Lösen Sie die folgenden Aufgaben grafisch.

Geben Sie dazu zunächst eine mathematische Formulierung für das betreffende Optimierungsproblem an, indem Sie die einschränkenden Nebenbedingungen durch ein lineares Ungleichungssystem erfassen und die Zielfunktion durch eine lineare Funktionsgleichung beschreiben.

Beachten Sie dann die auf der vorhergehenden Seite angegebene Schrittfolge beim grafischen Lösen eines linearen Optimierungsproblems mit zwei Variablen.

24. In einer Teppichfabrik werden Teppiche in zwei Qualitätsstufen hergestellt.
Ein Möbelhaus bestellt einen Posten Teppiche, der nicht mehr als 700 Teppiche der Qualitätsstufe II umfassen darf.
Für einen Teppich der Qualitätsstufe I benötigt man in der Weberei 6 Arbeitsstunden, für einen Teppich der Qualitätsstufe II nur 3 Arbeitsstunden.
Zum Verpacken braucht man unabhängig von der Qualitätsstufe für einen Teppich 30 Minuten Arbeitszeit.
In der Weberei stehen insgesamt 5250 Arbeitsstunden zur Verfügung; zum Verpacken können insgesamt 600 Arbeitsstunden eingeplant werden.
Der Preis für einen Teppich in der Qualitätsstufe I beträgt 1600 DM, für einen Teppich der Qualitätsstufe II zahlt das Möbelhaus 1000 DM.

a) Welche Verkaufsmöglichkeiten ergeben sich unter den gegebenen Bedingungen für die Teppichfabrik?

b) Welcher Posten Teppiche muss unter den gegebenen Bedingungen an das Möbelhaus verkauft werden, wenn der Auftrag einen maximalen Betrag einbringen soll?

c) Berechnen Sie den möglichen Maximalbetrag.

25. Eine Gardinennäherei übernimmt kurzfristig einen Auftrag. Es sollen Scheibengardinen und Kurzstores aus demselben Stoff genäht werden. Für eine Scheibengardine benötigt man 1,50 m^2 Stoff, für einen Kurzstore 4,50 m^2. Im Lager stehen insgesamt 300 m^2 Stoff zur Verfügung. Laut Auftrag sollen nicht mehr als 60 Scheibengardinen, aber mehr als 20 Kurzstores genäht werden.
Der Verkaufspreis für einen Kurzstore ist dreimal so hoch wie der für eine Scheibengardine.

a) Bei welchen unter den gegebenen Bedingungen zulässigen Stückzahlen erzielt die Näherei die höchsten Einnahmen?

b) Welches Stückzahlenpaar bringt in dem abgesteckten Rahmen die höchsten Einnahmen, wenn möglichst ebenso viele Kurzstores wie Scheibengardinen angefertigt werden sollen?

c) Wie hoch sind unter den gegebenen Bedingungen die maximalen Einnahmen, wenn der Auftraggeber für eine Scheibengardine 10 DM zahlt?

26. Eine Transportfirma soll eine Maschinenfabrik mit Großcontainern beliefern. Im Werk A werden 6 Container benötigt, im Werk B braucht man 4 Container. Die Transportfirma kann zur Zeit über insgesamt 13 Container verfügen. Im Lager L_1 stehen 5 und im Lager L_2 stehen 8 Container bereit. Der Transport eines Großcontainers kostet 4 DM pro Kilometer. Die Entfernungen zwischen den Lagern der Transportfirma und den Werkabteilungen der Maschinenfabrik sind in der folgenden Tabelle angegeben:

	Werk A	Werk B
Lager L_1	10 km	35 km
Lager L_2	25 km	15 km

a) Wie wird die Firma liefern, wenn die Transportkosten minimal ausfallen sollen?

b) Wie hoch sind die minimalen Transportkosten?
Hinweis: Überlegen Sie zunächst, wie viele Variablen Sie für die mathematische Beschreibung der Nebenbedingungen und der Zielfunktion benötigen. Beachten Sie dabei die Abhängigkeiten der Lieferzahlen voneinander. Ist z. B. x die Anzahl der Container, die von L_1 nach Werk A geliefert werden, so ist $6 - x$ die Anzahl der Container, die von L_2 nach Werk A geliefert werden müssen.

Ist jedes lineare Optimierungsproblem mit zwei Variablen lösbar?

Ein lineares Optimierungsproblem ist offensichtlich dann nicht lösbar, wenn der zulässige Bereich B leer ist. Dieser Fall tritt ein, wenn die einschränkenden Nebenbedingungen auf ein nicht lösbares Ungleichungssystem führen (siehe Abschnitt D 5, Aufgabe 12).

Das folgende Beispiel und die folgende Aufgabe zeigen, dass es noch andere Fälle von nicht lösbaren linearen Optimierungsproblemen mit zwei Variablen gibt.

Beispiel 3 *Ein unlösbares Optimierungsproblem*

Es wird gezeigt, dass die Zielfunktion $z = f(x;\, y) = x + 2y$ auf der Lösungsmenge des Ungleichungssystems
(I) $y - x \leq 1$, (II) $4x + 4y \geq 3$,
(III) $x - 2y \leq 1$
ein Minimum, aber kein Maximum besitzt.

Wir stellen die Lösungsmenge des gegebenen Ungleichungssystems in einem *x*-*y*-Koordinatensystem dar und zeichnen die durch die Gleichung $x + 2y = 0$ beschriebene Spurgerade g_{xy} der Ebene $\varepsilon\colon z = x + 2y$ in dasselbe Koordinatensystem ein (Bild 4).

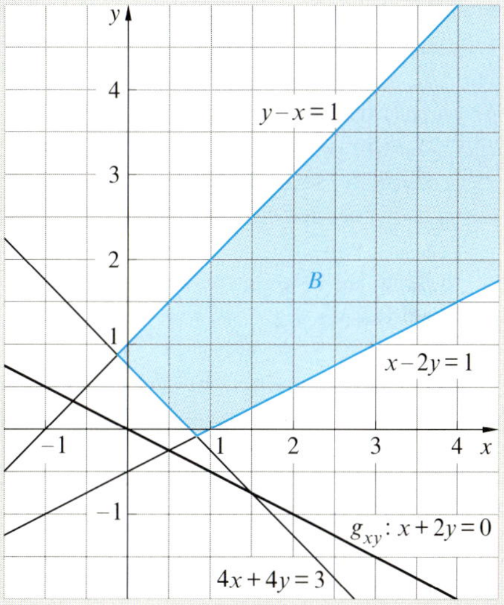

4

Die Spurgerade besitzt keine zulässigen Punkte, sie wird deshalb in den Bereich *B* hinein parallel verschoben. Wir erhalten eine Gerade $g\colon x + 2y = c$ $(c \in \mathbb{R})$, die die *y*-Achse an der Stelle $\frac{c}{2} > 0$ schneidet.

Nun verschieben wir die Gerade *g* in Richtung größer bzw. in Richtung kleiner werdender Abschnitte auf der *y*-Achse, bis wir eine Gerade g_0 gefunden haben, deren Achsenabschnitt so groß bzw. so klein wie möglich ist und die den Bereich *B* in noch mindestens einem Punkt berührt.

Wir erhalten Geraden mit beliebig großen Achsenabschnitten auf der *y*-Achse und eine Gerade g_0, die den Bereich *B* in einem Eckpunkt *E* berührt und die einen minimalen Abschnitt auf der *y*-Achse abschneidet.

Das bedeutet: Die Zielfunktion *f* besitzt auf der Lösungsmenge des Ungleichungssystems kein Maximum, aber in genau einem Eckpunkt *E* von *B* besitzt *f* ein Minimum (Bild 5).

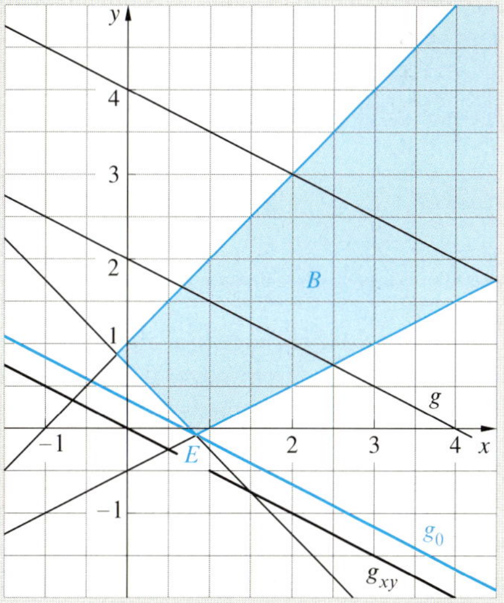

5

Die Koordinaten von *E* geben die Stelle $(x_0;\, y_0)$ an, an der *f* ihr Minimum annimmt. $(x_0;\, y_0)$ ist die einzige Lösung des als Minimumaufgabe formulierten Optimierungsproblems.

Das als Maximumaufgabe formulierte Optimierungsproblem ist nicht lösbar.

27. Berechnen Sie die Stelle $(x_0; y_0)$, an der die Zielfunktion aus Beispiel 3 ihr Minimum annimmt und geben Sie das Minimum an.
Anmerkung: Das grafische Lösungsverfahren liefert keine Lösung $(x; y)$ des Optimierungsproblems mit ganzzahligen Komponenten.

Bei vielen Optimierungsaufgaben sind jedoch ganzzahlige Lösungen gesucht. Würde man bei diesen Aufgaben die Komponenten des Lösungspaares $(x; y)$ zu ganzen Zahlen auf- oder abrunden, so könnte das eine Verletzung der einschränkenden Bedingungen bewirken oder aber einen Funktionswert liefern, der nicht optimal ist. Man geht deshalb den folgenden Weg: Das Problem wird zunächst gelöst, ohne die Forderung nach Ganzzahligkeit zu berücksichtigen. Sodann verschiebt man die zuletzt erhaltene Gerade g_0 parallel zur Spurgeraden g_{xy}, bis der erste Punkt mit ganzzahligen Koordinaten des Bereiches B erreicht ist.

28. Geben Sie eine ganzzahlige Lösung für das im letzten Beispiel untersuchte Minimumproblem an.

29. Gegeben sind das Ungleichungssystem (I) $2x + 3y \leq 15$, (II) $6x + 9y \geq -18$ und die Zielfunktionen $f_1(x; y) = x + 3y + 3$, $f_2(x; y) = 4x + 6y + 2$.
Begründen Sie, dass die Zielfunktion f_1 auf der Lösungsmenge des Ungleichungssystems kein Maximum, die Zielfunktion f_2 jedoch auf derselben Menge ein Maximum besitzt. Berechnen Sie das Maximum der Funktion f_2.

Die Beispiele und Aufgaben lassen vermuten, dass die Zielfunktion f eines linearen Optimierungsproblems (mit zwei Variablen) ihr Optimum, falls es existiert, stets auf dem Rand des zulässigen Bereiches B annimmt und zwar in einem Eckpunkt, wenn B Eckpunkte besitzt. Diese Vermutung ist wahr, sie soll hier aber nicht bewiesen werden.

HAUPTSATZ DER LINEAREN OPTIMIERUNG

Wenn der zulässige Bereich B eines linearen Optimierungsproblems einen Eckpunkt besitzt und wenn die Zielfunktion f des Optimierungsproblems ein Optimum auf B hat, so nimmt f das Optimum in einem Eckpunkt an.

30. Welche Möglichkeit für die Berechnung des Optimums der Zielfunktion ergibt sich mithilfe des Hauptsatzes der linearen Optimierung, wenn der Rand des zulässigen Bereiches B ein Polygon ist?

Wollte man ein grafisches Lösungsverfahren auch für Probleme mit drei Variablen nach dem Muster der hier für zwei Variablen geschilderten Vorgehensweise entwickeln, so hätte man anstelle von Halbebenen Halbräume und deren Durchschnitt grafisch darzustellen. Das ist in den meisten Fällen jedoch kaum durchführbar. Bei mehr als drei Variablen ist die Anwendung eines grafischen Verfahrens nicht mehr möglich.
In solchen Fällen greift man auf rechnerische Verfahren zurück, die in den Jahren um 1940 entwickelt wurden. Etwa zur gleichen Zeit wurde der Computer erfunden. Erst durch seinen Einsatz konnten die Schwierigkeiten überwunden werden, die bei der numerischen Bearbeitung von Optimierungsproblemen durch die große Zahl von Variablen und Nebenbedingungen verursacht werden.

E

Untersuchung von Lagebeziehungen mithilfe von Vektoren

1 Lagebeziehungen zwischen Geraden

Die gegenseitige Lage von Geraden einer Ebene

Für die gegenseitige Lage von zwei Geraden g und h in einer gemeinsamen Ebene gibt es die folgenden Möglichkeiten (siehe Kapitel A und B):
(1) g und h schneiden einander in genau einem Punkt;
(2) g und h fallen zusammen, d. h. g und h haben alle Punkte gemeinsam;
(3) g und h haben keinen Punkt gemeinsam.

In den Fällen (2) und (3) nennt man die Geraden (zueinander) **parallel**. Im Falle (2) sind die Geraden **identisch** und im Falle (3) sind die Geraden **parallel, fallen aber nicht zusammen**.[1]

1. Ermitteln Sie grafisch und rechnerisch die gegenseitige Lage der Geraden g und h.

a) $g\colon x-y=2;\ h\colon 5x+y=10$ **b)** $g\colon \frac{1}{3}x-\frac{1}{2}y=\frac{1}{4};\ h\colon -4x+6y=-3$

c) $g\colon 2x+y=3;\ h\colon -6x-3y=0$ **d)** $g\colon 3x+4y=8;\ h\colon 7x+y=-3$

Zur Untersuchung der gegenseitigen Lage zweier Geraden ist es günstig, zunächst ihre Richtungen zu vergleichen, denn wenn die Geraden die gleiche Richtung haben, so sind sie parallel. Zum Vergleich der Richtungen zweier Geraden (insbesondere im Raum) empfiehlt es sich, auf die Parametergleichungen der Geraden zurückzugreifen und ihre Richtungsvektoren auf lineare Abhängigkeit zu überprüfen.

Beispiel 1 *Untersuchung von Geraden auf Parallelität*

Es ist zu prüfen, ob die Geraden g und h parallel zueinander sind.

a) $g\colon \vec{x}=\begin{pmatrix}3\\-2\end{pmatrix}+t\begin{pmatrix}-2\\3\end{pmatrix}$ mit $t\in\mathbb{R}$, $h\colon \vec{x}=\begin{pmatrix}1\\1\end{pmatrix}+s\begin{pmatrix}1\\-1{,}5\end{pmatrix}$ mit $s\in\mathbb{R}$

b) $g\colon \vec{x}=t\begin{pmatrix}5\\0{,}2\end{pmatrix}$ mit $t\in\mathbb{R}$, $h\colon \vec{x}=\begin{pmatrix}2{,}5\\-1{,}25\end{pmatrix}+s\begin{pmatrix}25\\-1\end{pmatrix}$ mit $s\in\mathbb{R}$

Zu a): g und h sind parallel zueinander, denn es ist $\begin{pmatrix}-2\\3\end{pmatrix}=(-2)\begin{pmatrix}1\\-1{,}5\end{pmatrix}$.

Zu b): g und h haben verschiedene Richtungen, denn ihre Richtungsvektoren sind keine Vielfachen voneinander. Folglich sind die beiden Geraden nicht parallel zueinander; sie schneiden einander in genau einem Punkt.

[1] Man sagt in diesem Fall mitunter auch: g und h sind **echt parallel**.

2. Welche der folgenden Geraden[1] sind zueinander parallel?

$g_1\colon \vec{x}=\begin{pmatrix}-2\\3\end{pmatrix}+t\begin{pmatrix}-1\\2\end{pmatrix}$, $g_2\colon \vec{x}=\begin{pmatrix}1\\0\end{pmatrix}+t\begin{pmatrix}-3\\-6\end{pmatrix}$, $g_3\colon x+2y=4$,

g_4: die Gerade g_4 geht durch die beiden Punkte $A(-6;\,-18)$, $B(2;\,-2)$.

3. Zeigen Sie, dass der Punkt A nicht auf der Geraden g liegt und geben Sie eine Gerade h an, die durch den Punkt A geht und parallel zu g ist.

a) $g\colon 3x+2y=6$, $A(0;\,1)$ **b)** $g\colon \vec{x}=\begin{pmatrix}7\\1\end{pmatrix}+t\begin{pmatrix}-1\\2\end{pmatrix}$, $A(8;\,10)$

4. In welchen Fällen sind die Geraden g und h zueinander parallel? Untersuchen Sie im Falle der Parallelität, ob sogar Identität vorliegt.
Hinweis: Überprüfen Sie, ob ein beliebiger Punkt der einen Geraden auch zur anderen Geraden gehört (Punktprobe).

a) $g\colon \vec{x}=\begin{pmatrix}1\\-1\end{pmatrix}+t\begin{pmatrix}3\\0\end{pmatrix}$, $h\colon \vec{x}=\begin{pmatrix}1\\-1\end{pmatrix}+s\begin{pmatrix}0\\6\end{pmatrix}$

b) $g\colon \vec{x}=\begin{pmatrix}6\\-1\end{pmatrix}+t\begin{pmatrix}-2\\1\end{pmatrix}$, $h\colon \vec{x}=\begin{pmatrix}6\\-1\end{pmatrix}+s\begin{pmatrix}4\\-2\end{pmatrix}$

c) $g\colon \vec{x}=\begin{pmatrix}4\\-1\end{pmatrix}+t\begin{pmatrix}3\\1\end{pmatrix}$, $h\colon \vec{x}=\begin{pmatrix}3\\0\end{pmatrix}+s\begin{pmatrix}-3\\-1\end{pmatrix}$

d) $g\colon \vec{x}=\begin{pmatrix}-8\\13\end{pmatrix}+t\begin{pmatrix}2\\-1\end{pmatrix}$, $h\colon \vec{x}=\begin{pmatrix}4\\7\end{pmatrix}+s\begin{pmatrix}-4\\2\end{pmatrix}$

5. Überprüfen Sie, ob durch die beiden Gleichungen dieselbe Gerade beschrieben wird.

a) $2x-55y+20=0$, $x-2y+10=0$ **b)** $3x-2y=5$, $\begin{pmatrix}x\\y\end{pmatrix}=\begin{pmatrix}1\\-1\end{pmatrix}+t\begin{pmatrix}2\\3\end{pmatrix}$

c) $\begin{pmatrix}x\\y\end{pmatrix}=\begin{pmatrix}-2\\1\end{pmatrix}+t\begin{pmatrix}4\\1\end{pmatrix}$, $-x+4y-2=0$ **d)** $\begin{pmatrix}x\\y\end{pmatrix}=t\begin{pmatrix}4\\-3\end{pmatrix}$, $3x+5y=0$

6. Begründen Sie mithilfe der Richtungsvektoren bzw. des Anstiegs, dass die Geraden g und h in jedem der folgenden Fälle genau einen gemeinsamen Punkt haben.

a) $g\colon 3x+2y=5$
$h\colon y=\frac{1}{4}x-8$

b) $g\colon \vec{x}=\begin{pmatrix}1\\-1\end{pmatrix}+t\begin{pmatrix}3\\-2\end{pmatrix}$
$h\colon -2x+10y=1$

c) $g\colon \vec{x}=\begin{pmatrix}3\\-2\end{pmatrix}+t\begin{pmatrix}1\\-3\end{pmatrix}$
$h\colon \vec{x}=\begin{pmatrix}2\\-1\end{pmatrix}+u\begin{pmatrix}2\\-7\end{pmatrix}$

7. Geben Sie zur Geraden g eine Gerade h_1 an, die g in genau einem Punkt schneidet, und eine Gerade h_2, die parallel zu g ist.

a) $g\colon \vec{x}=\begin{pmatrix}4\\-5\end{pmatrix}+t\begin{pmatrix}-2\\-1\end{pmatrix}$ **b)** $g\colon -3x-4y=2$ **c)** $g\colon \vec{x}=t\begin{pmatrix}1{,}2\\-7\end{pmatrix}$

Soll im Falle von nicht parallelen Geraden auch deren Schnittpunkt berechnet werden, sind weitere Überlegungen notwendig.

[1] Im Folgenden durchlaufen alle auftretenden Parameter den gesamten Bereich der reellen Zahlen.

8. Berechnen Sie jeweils den Schnittpunkt der Geraden g und h aus Aufgabe 6a) und b).

Beispiel 2 *Schnittpunktberechnung bei Geraden in Parameterdarstellung*

Wir berechnen den Schnittpunkt der Geraden

$g\colon \vec{x} = \begin{pmatrix} 3 \\ -2 \end{pmatrix} + t\begin{pmatrix} 1 \\ -3 \end{pmatrix}$ und $h\colon \vec{x} = \begin{pmatrix} 2 \\ -1 \end{pmatrix} + u\begin{pmatrix} 2 \\ -7 \end{pmatrix}$.

Zum Ortsvektor $\vec{s}$ des Schnittpunktes S der beiden Geraden gibt es in jeder der beiden Parametergleichungen einen zugehörigen Parameterwert.

Ansatz: $\vec{s} = \begin{pmatrix} 3 \\ -2 \end{pmatrix} + t\begin{pmatrix} 1 \\ -3 \end{pmatrix}$ und $\vec{s} = \begin{pmatrix} 2 \\ -1 \end{pmatrix} + u\begin{pmatrix} 2 \\ -7 \end{pmatrix}$.

Durch **Gleichsetzen** $\begin{pmatrix} 3 \\ -2 \end{pmatrix} + t\begin{pmatrix} 1 \\ -3 \end{pmatrix} = \begin{pmatrix} 2 \\ -1 \end{pmatrix} + u\begin{pmatrix} 2 \\ -7 \end{pmatrix}$ erhält man eine Vektorgleichung mit zwei Parametern und aus ihr durch einen **Koordinatenvergleich** ein lineares Gleichungssystem mit den zwei Variablen t und u: (I) $t - 2u = -1$; (II) $-3t + 7u = 1$.

Dieses System hat genau eine Lösung: $t = -5$ und $u = -2$.

t ist der Parameterwert des Geradenschnittpunktes S in der Parametergleichung von g und u ist der Parameterwert von S in der Parametergleichung von h. Die Koordinaten des Schnittpunktes S lassen sich durch Einsetzen von einem dieser Werte in die entsprechende Parametergleichung berechnen:

$\vec{s} = \begin{pmatrix} 3 \\ -2 \end{pmatrix} + (-5)\begin{pmatrix} 1 \\ -3 \end{pmatrix} = \begin{pmatrix} -2 \\ 13 \end{pmatrix}$ oder $\vec{s} = \begin{pmatrix} 2 \\ -1 \end{pmatrix} + (-2)\begin{pmatrix} 2 \\ -7 \end{pmatrix} = \begin{pmatrix} -2 \\ 13 \end{pmatrix}$,

also ist $S(-2;\ 13)$ der Schnittpunkt der beiden Geraden.

Lageuntersuchungen an Geraden lassen sich dem Schnittproblem unterordnen.
Mit der **Methode „Gleichsetzen und Koordinatenvergleich"** erhält man aus den Parametergleichungen der beiden Geraden ein Gleichungssystem, dessen Lösungsmenge zu bestimmen ist.
Gibt es genau eine Lösung, so schneiden die Geraden einander in genau einem Punkt.
Gibt es unendlich viele Lösungen, so ist die Schnittmenge selbst eine Gerade, d. h. die beiden Geraden fallen zusammen.
Ist die Lösungsmenge leer, dann gibt es keine Schnittpunkte, d. h. im Falle von zwei Geraden der Ebene, dass die Geraden parallel und nicht identisch sind. Bei Geraden im Raum ist diese Schlussfolgerung nicht zulässig. Warum?

9. Untersuchen Sie die gegenseitige Lage der Geraden g, h, k und berechnen Sie gegebenenfalls vorhandene Schnittpunkte.

a) $g\colon \vec{x} = \begin{pmatrix} 0 \\ 1 \end{pmatrix} + t\begin{pmatrix} 2 \\ 1 \end{pmatrix}$, $h\colon \vec{x} = \begin{pmatrix} 3 \\ -5 \end{pmatrix} + u\begin{pmatrix} -\frac{1}{2} \\ 2 \end{pmatrix}$, $k\colon \vec{x} = s\begin{pmatrix} 1 \\ -4 \end{pmatrix}$,

b) $g\colon 2x - 3y = 1$, $h\colon 2x - 3y = 0$, $k\colon \vec{x} = \begin{pmatrix} 2 \\ 0 \end{pmatrix} + s\begin{pmatrix} -3 \\ 2 \end{pmatrix}$,

c) $g\colon \vec{x} = \begin{pmatrix} 3 \\ -7 \end{pmatrix} + t\begin{pmatrix} -3 \\ 1 \end{pmatrix}$, $h\colon \vec{x} = \begin{pmatrix} 2 \\ -9 \end{pmatrix} + u\begin{pmatrix} -2 \\ 3 \end{pmatrix}$, $k\colon \vec{x} = \begin{pmatrix} -5 \\ 4 \end{pmatrix} + s\begin{pmatrix} 1 \\ -2 \end{pmatrix}$

Lagebeziehungen zwischen Geraden im Raum

Um den Verkehrsfluss in einer Millionenstadt weitgehend störungsfrei zu halten, werden stark befahrene Straßen des Straßennetzes möglichst kreuzungsfrei angelegt.

Bild 1 zeigt einen solchen Knotenpunkt in einem Straßennetz. Auch Autobahnen werden aus Gründen der Verkehrssicherheit grundsätzlich kreuzungsfrei gestaltet.

Kreuzungen von Verkehrswegen lassen sich vermeiden, wenn man die Straßen und Bahnen in verschiedenen Ebenen baut.

Stellen wir uns eine Großstadt vor, in der die Verkehrswege Geraden sind. Dann finden wir im Straßennetz dieser Stadt Geraden, die keinen gemeinsamen Punkt haben und die dennoch nicht parallel zueinander sind. Man nennt solche Geraden windschief (zueinander) (Bild 2).

1

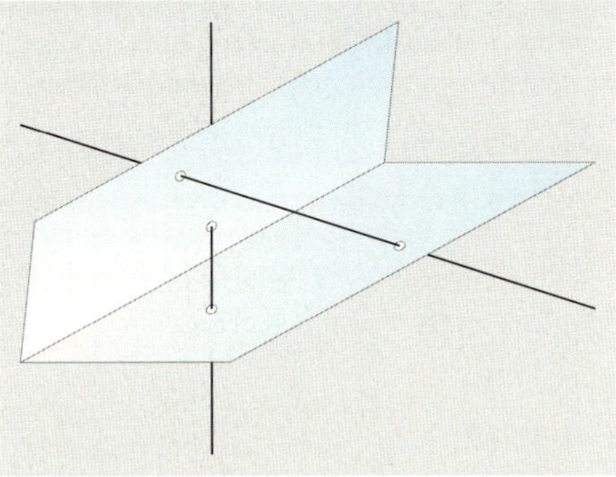
2

10. Begründen Sie: Zwei Geraden im Raum sind genau dann windschief (zueinander), wenn es keine Ebene gibt, die beide Geraden enthält.

11. Bild 3 zeigt ein dreiseitiges Prisma. Je zwei Eckpunkte bestimmen eine Gerade. Beschreiben Sie die gegenseitige Lage dieser Geraden.

12. In dem in Bild 4 dargestellten Körper sind alle Begrenzungsflächen Parallelogramme. Geben Sie Geraden durch je zwei Eckpunkte an, die
a) parallel zueinander sind, **b)** einander schneiden, **c)** windschief sind.

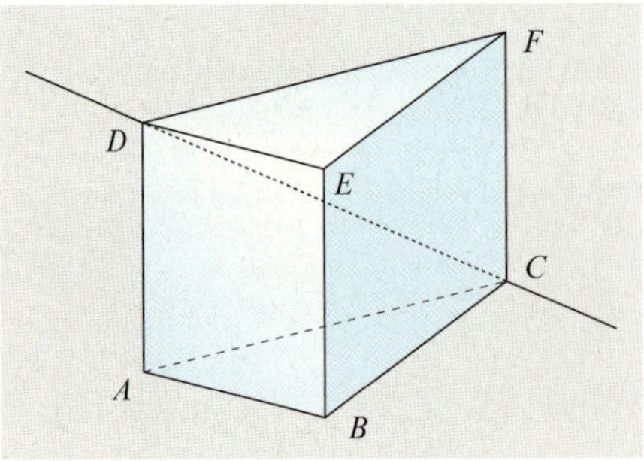

3

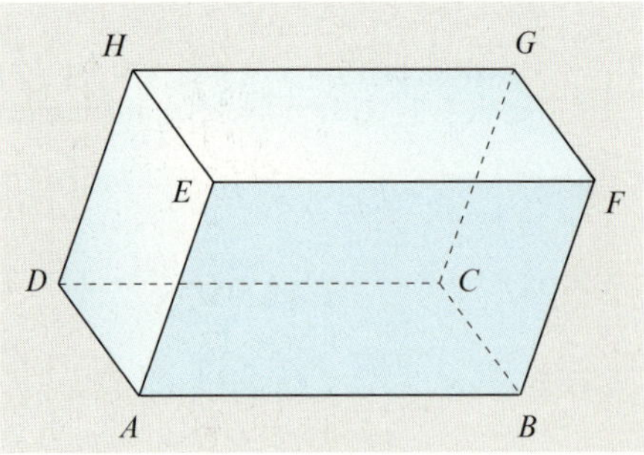

4

In den bisherigen Untersuchungen zur **Parallelität** und **Identität** von Geraden in Parameterdarstellung spielte es keine Rolle, dass es sich um Geraden handelte, die sich in einem ebenen Koordinatensystem beschreiben ließen. Parallelität und Identität von Geraden in Parameterdarstellung, für deren Beschreibung ein räumliches Koordinatensystem erforderlich ist, können infolgedessen mit denselben Methoden untersucht werden.

13. a) Erläutern Sie eine Strategie zur Untersuchung der Geraden $g\colon \vec{x} = \vec{p} + r\vec{a}$ und $h\colon \vec{x} = \vec{q} + s\vec{b}$ auf Parallelität.

b) Was ist zu tun, um im Falle der Parallelität zu entscheiden, ob die Geraden sogar identisch sind?

14. Beweisen Sie mithilfe von Satz 4, Seite 68: Die Geraden $g\colon \vec{x} = \vec{p} + r\vec{a}$ und $h\colon \vec{x} = \vec{q} + s\vec{b}$ sind genau dann identisch, wenn der Richtungsvektor $\vec{b}$ von h und die Differenz $\vec{q} - \vec{p}$ der Stützvektoren von h und g Vielfache des Richtungsvektors $\vec{a}$ von g sind (oder wenn der Richtungsvektor $\vec{a}$ von g und die Differenz $\vec{p} - \vec{q}$ der Stützvektoren von g und h Vielfache des Richtungsvektors $\vec{b}$ von h sind).

15. Welche der folgenden Geraden verlaufen parallel zueinander?
Liegt im Falle der Parallelität sogar Identität vor?

a) $g\colon \vec{x} = \begin{pmatrix} -4 \\ 2 \\ 11 \end{pmatrix} + t\begin{pmatrix} 1 \\ 0{,}5 \\ -2 \end{pmatrix}$, $h\colon \vec{x} = \begin{pmatrix} 0 \\ 4 \\ 3 \end{pmatrix} + u\begin{pmatrix} -2 \\ -1 \\ 4 \end{pmatrix}$, $k\colon \vec{x} = \begin{pmatrix} 3 \\ -4 \\ 5 \end{pmatrix} + s\begin{pmatrix} -2 \\ 3 \\ -1 \end{pmatrix}$

b) $g\colon \vec{x} = \begin{pmatrix} -0{,}2 \\ 1{,}1 \\ -0{,}4 \end{pmatrix} + t\begin{pmatrix} -3 \\ 2 \\ 1 \end{pmatrix}$, $h\colon \vec{x} = \begin{pmatrix} 1{,}6 \\ -0{,}1 \\ -1 \end{pmatrix} + u\begin{pmatrix} 1{,}5 \\ -1 \\ -0{,}5 \end{pmatrix}$, $k\colon \vec{x} = \begin{pmatrix} 1 \\ 0 \\ 0{,}2 \end{pmatrix} + s\begin{pmatrix} 1{,}8 \\ -1{,}2 \\ -0{,}6 \end{pmatrix}$

16. Gegeben ist die Gerade $g\colon \vec{x} = \begin{pmatrix} 1 \\ 0 \\ 1 \end{pmatrix} + t\begin{pmatrix} 1 \\ 0 \\ -2 \end{pmatrix}$.

a) Geben Sie zwei verschiedene Geraden an, die parallel zu g sind.

b) Zeigen Sie, dass der Punkt $A\,(-11;\ 0;\ 25)$ auf g liegt und geben Sie zwei Geraden an, die g im Punkt A schneiden.

17. Untersuchen Sie, ob g und h jeweils dieselbe Gerade beschreiben.

a) $g\colon \vec{x} = \begin{pmatrix} 3 \\ -4 \\ 5 \end{pmatrix} + t\begin{pmatrix} -2 \\ 3 \\ -1 \end{pmatrix}$, $h\colon \vec{x} = \begin{pmatrix} 2 \\ -2 \\ -3 \end{pmatrix} + u\begin{pmatrix} 1 \\ -1{,}5 \\ 0{,}5 \end{pmatrix}$

b) $g\colon \vec{x} = \begin{pmatrix} 5 \\ -15 \\ -3 \end{pmatrix} + t\begin{pmatrix} 1 \\ -4 \\ 2 \end{pmatrix}$, $h\colon \vec{x} = \begin{pmatrix} 2 \\ -3 \\ 3 \end{pmatrix} + u\begin{pmatrix} -1{,}5 \\ 6 \\ 3 \end{pmatrix}$

18. Zeigen Sie, dass die Gerade $g\colon \vec{x} = \begin{pmatrix} -2 \\ 1 \\ 2 \end{pmatrix} + t\begin{pmatrix} -1 \\ 3 \\ 2 \end{pmatrix}$ nicht durch $P(-5;\ 1;\ 10)$ geht und geben Sie eine Gerade an, die durch P geht und parallel zu g verläuft.

19. Gegeben sind $A(1;\ -1;\ 1)$, $B(-4;\ 3;\ 2)$, $C(3;\ -2;\ -1)$, $D(-4;\ 5;\ -4)$. Zeigen Sie, dass die Mittelpunkte der Strecken $\overline{AB}$, $\overline{BC}$, $\overline{CD}$ und $\overline{AD}$ ein Parallelogramm bilden.

Für die gegenseitige Lage von nicht parallelen Geraden g und h im Raum gibt es (im Gegensatz zu nicht parallelen Geraden einer Ebene) zwei Möglichkeiten:

(1) g und h schneiden einander in genau einem Punkt,
(2) g und h sind windschief.

Nicht parallele Geraden sind folglich genau dann windschief, wenn sie keinen Punkt gemeinsam haben.

Die Frage, ob zwei nicht parallele Geraden windschief sind, reduziert sich auf die Frage, ob die betreffenden Geraden einen Punkt gemeinsam haben. Darüber lässt sich mit dem uns schon bekannten Verfahren „Gleichsetzen und Koordinatenvergleich" entscheiden.

Beispiel 3 *Windschiefe oder einander schneidende Geraden?*

Die Geraden $g\colon \vec{x} = \begin{pmatrix} -4 \\ 2 \\ 11 \end{pmatrix} + t\begin{pmatrix} 1 \\ 0{,}5 \\ -2 \end{pmatrix}$ und $k\colon \vec{x} = \begin{pmatrix} 3 \\ -4 \\ 5 \end{pmatrix} + u\begin{pmatrix} -2 \\ 3 \\ -1 \end{pmatrix}$ sind nicht parallel, weil ihre Richtungsvektoren linear unabhängig sind.

Durch Gleichsetzen $t\begin{pmatrix} 1 \\ 0{,}5 \\ -2 \end{pmatrix} + u\begin{pmatrix} 2 \\ -3 \\ 1 \end{pmatrix} = \begin{pmatrix} 7 \\ -6 \\ -6 \end{pmatrix}$ und Koordinatenvergleich erhalten wir das Gleichungssystem

(I) $t + 2u = 7$
(II) $0{,}5t - 3u = -6$
(III) $-2t + u = -6.$

Aus (I) ergibt sich $t = 7 - 2u$. Setzen wir den erhaltenen Term für t in (II) und (III) ein, dann entsteht ein Widerspruch; das Gleichungssystem ist also nicht lösbar.
Die beiden Geraden g und k folglich sind windschief.

20. Zeigen Sie, dass die beiden Geraden g und h einander in genau einem Punkt schneiden und berechnen Sie diesen Punkt.

$$g\colon \vec{x} = \begin{pmatrix} 1 \\ 0 \\ 3 \end{pmatrix} + t\begin{pmatrix} 1 \\ -2 \\ 2 \end{pmatrix}, \quad h\colon \vec{x} = \begin{pmatrix} -1 \\ 4 \\ 4 \end{pmatrix} + u\begin{pmatrix} 2 \\ -4 \\ 3 \end{pmatrix}$$

21. a) Begründen Sie, dass $A(1;\,2;\,1)$, $B(3;\,2;\,4)$, $C(4;\,6;\,1)$ Eckpunkte eines Dreiecks sind.
b) Beschreiben Sie die Dreiecksseiten durch je eine Parametergleichung.
c) Berechnen Sie die Mittelpunkte der Dreiecksseiten.
d) Beschreiben Sie die Seitenhalbierenden durch je eine Parametergleichung.
e) Berechnen Sie den Schwerpunkt des Dreiecks ABC.

22. Zeigen Sie, dass die Geraden g, h, k durch denselben Punkt gehen und berechnen Sie diesen Punkt.

$$g\colon \vec{x} = \begin{pmatrix} 4 \\ 2 \\ -1 \end{pmatrix} + t\begin{pmatrix} 1 \\ 1 \\ 1 \end{pmatrix}, \quad h\colon \vec{x} = \begin{pmatrix} -2 \\ 4 \\ 1 \end{pmatrix} + u\begin{pmatrix} 1 \\ 2 \\ 2 \end{pmatrix}, \quad k\colon \vec{x} = \begin{pmatrix} 10 \\ 8 \\ -15 \end{pmatrix} + s\begin{pmatrix} 1 \\ 1 \\ 0 \end{pmatrix}$$

23. Welche gegenseitige Lage haben die Geraden g und h? Berechnen Sie gegebenenfalls ihren Schnittpunkt.

a) $g\colon \vec{x} = \begin{pmatrix} 3 \\ 11 \\ -5 \end{pmatrix} + t \begin{pmatrix} 3 \\ -1 \\ -2 \end{pmatrix}$, $h\colon \vec{x} = \begin{pmatrix} 1 \\ -2 \\ 3 \end{pmatrix} + u \begin{pmatrix} -1{,}5 \\ 0{,}5 \\ 1 \end{pmatrix}$

b) $g\colon \vec{x} = \begin{pmatrix} 1 \\ 2 \\ -3 \end{pmatrix} + t \begin{pmatrix} 2 \\ -1 \\ 1 \end{pmatrix}$, $h\colon \vec{x} = \begin{pmatrix} 3 \\ -1 \\ 1 \end{pmatrix} + u \begin{pmatrix} -1 \\ 2 \\ -6 \end{pmatrix}$

c) $g\colon \vec{x} = \begin{pmatrix} 0 \\ 0 \\ 4 \end{pmatrix} + t \begin{pmatrix} 4 \\ -1 \\ -2 \end{pmatrix}$, $h\colon \vec{x} = \begin{pmatrix} -4 \\ 1 \\ 2 \end{pmatrix} + u \begin{pmatrix} -1 \\ 1 \\ 4 \end{pmatrix}$

d) $g\colon \vec{x} = \begin{pmatrix} -1 \\ 3 \\ -3 \end{pmatrix} + t \begin{pmatrix} -2 \\ 4 \\ -1 \end{pmatrix}$, $h\colon \vec{x} = \begin{pmatrix} 1 \\ -1 \\ -2 \end{pmatrix} + u \begin{pmatrix} 0{,}5 \\ -1 \\ 0{,}25 \end{pmatrix}$

24. Geben Sie Parameterdarstellungen von zwei Geraden h_1 und h_2 an, die zur Geraden g windschief sind.

a) g ist die y-Achse eines räumlichen kartesischen Koordinatensystems.

b) $g\colon \vec{x} = t \begin{pmatrix} 1 \\ 1 \\ 0 \end{pmatrix}$

25. Welche gegenseitige Lage haben die Gerade g, die durch die Punkte A und B geht, und die Gerade h, die durch den Punkt P geht und den Richtungsvektor $\vec{a}$ besitzt?

a) $A(0;\ 4;\ -3)$, $B(-1;\ 1;\ -1)$, $P(3;\ -2;\ 5)$, $\vec{a} = \begin{pmatrix} 3 \\ 9 \\ -6 \end{pmatrix}$

b) $A(7;\ -2;\ 1)$, $B(4;\ 5;\ 5)$, $P(4;\ 2;\ 5)$, $\vec{a} = \begin{pmatrix} 1 \\ -1 \\ 1 \end{pmatrix}$

c) $A(8;\ -3;\ 1)$, $B(0;\ 0;\ 0)$, $P(2;\ -3;\ 5)$, $\vec{a} = \begin{pmatrix} 5 \\ -12 \\ 8 \end{pmatrix}$

26. Das nebenstehende Bild zeigt einen quadratischen Pyramidenstumpf mit den Eckpunkten $A(0;\ 0;\ 0)$, $B(6;\ 0;\ 0)$, $C(6;\ 6;\ 0)$, $D(0;\ 6;\ 0)$, $E(2;\ 2;\ 5)$, $F(4;\ 2;\ 5)$, $G(4;\ 4;\ 5)$, $H(2;\ 4;\ 5)$. Die Punkte P, Q, R, S, T und U sind Kantenmittelpunkte.
Untersuchen Sie die gegenseitige Lage der Geraden g, h, k und l und berechnen Sie eventuell vorhandene Schnittpunkte dieser Geraden.

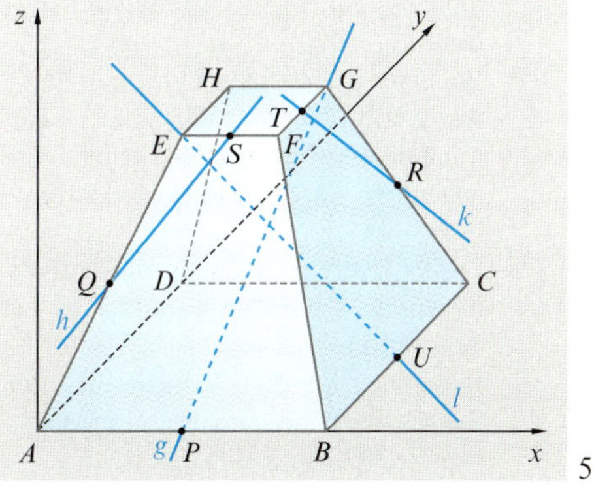

5

27. g sei die Gerade, die durch die Punkte $P(3;\ -1;\ -16)$ und $Q(-7;\ 4;\ 4)$ geht. Gesucht ist eine Parametergleichung für die Gerade h, die durch den Koordinatenursprung geht und parallel zu g verläuft.

28. Für welche reellen Zahlen a sind die Geraden g und h parallel? Für welche reellen Zahlen a schneiden die Geraden g und h einander in einem Punkt?

a) $g\colon \vec{x} = \begin{pmatrix} -4 \\ 8 \\ 2 \end{pmatrix} + t \begin{pmatrix} -1 \\ 3 \\ 4 \end{pmatrix}, \quad h\colon \vec{x} = \begin{pmatrix} 1 \\ -7 \\ 6 \end{pmatrix} + u \begin{pmatrix} 4 \\ -12 \\ a \end{pmatrix}$

b) $g\colon \vec{x} = \begin{pmatrix} 1 \\ a \\ 3 \end{pmatrix} + t \begin{pmatrix} -1 \\ 3 \\ 2 \end{pmatrix}, \quad h\colon \vec{x} = \begin{pmatrix} 2 \\ -2 \\ 2 \end{pmatrix} + u \begin{pmatrix} 1 \\ -3 \\ 2 \end{pmatrix}$

29. Die Vektoren $\vec{p}$ und $\vec{q}$ seien linear unabhängig. Untersuchen Sie die gegenseitige Lage der Geraden $g\colon \vec{x} = \vec{p} + t(\vec{q} - \vec{p})$, $h\colon \vec{x} = (\vec{p} + \vec{q}) + r(\frac{1}{2}\vec{p} - \vec{q})$ und $k\colon \vec{x} = (\vec{p} + \frac{1}{2}\vec{q}) + s(\vec{q} - \vec{p})$. Fertigen Sie dazu eine Skizze an.

30. Drei linear unabhängige Vektoren $\vec{a}$, $\vec{b}$ und $\vec{c}$ spannen einen Spat auf.

a) Untersuchen Sie die gegenseitige Lage der Raumdiagonalen des Spats im nebenstehenden Bild.

b) Beweisen Sie, dass in jedem Spat die Raumdiagonalen einander in einem Punkt schneiden.
Hinweis: Drücken Sie die Richtungsvektoren der Raumdiagonalen mithilfe der Vektoren $\vec{a}$, $\vec{b}$ und $\vec{c}$ aus.

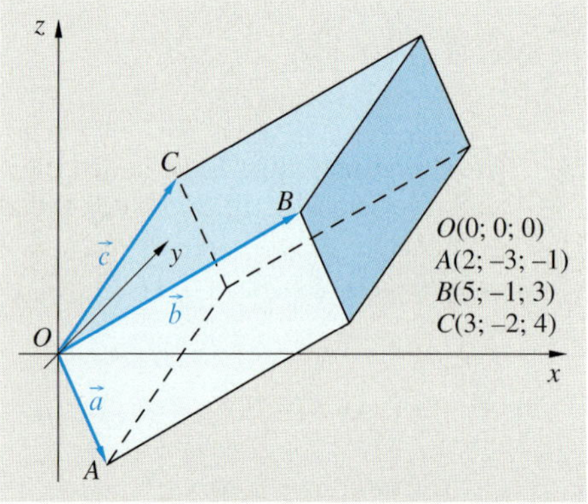

6

31. Die Ecken P, Q, R und S des Würfels mit der Seitenlänge 4 (Bild 7) sind die Eckpunkte einer dreiseitigen Pyramide.
Bei einer dreiseitigen Pyramide heißt die Verbindungsgerade einer Ecke mit dem Schwerpunkt der gegenüberliegenden Dreiecksfläche Schwerelinie.
Die Schwerelinien einer dreiseitigen Pyramide schneiden einander in einem Punkt.
Berechnen Sie den Schnittpunkt der Schwerlinien bei der dreiseitigen Pyramide $PQRS$ im Bild 7.

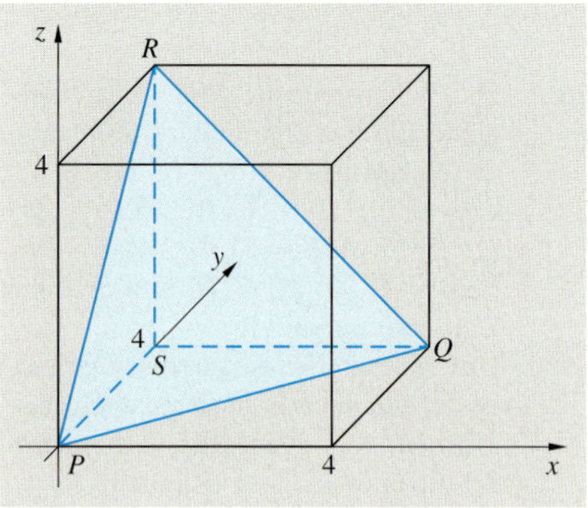

7

ZUSAMMENFASSUNG

Lageuntersuchungen für Geraden im Raum

Gegeben seien die Geraden $g\colon \vec{x} = \vec{p} + r\vec{a}$ ($r \in \mathbb{R}$, $\vec{a} \neq \vec{o}$) und $h\colon \vec{x} = \vec{q} + s\vec{b}$ ($s \in \mathbb{R}$, $\vec{b} \neq \vec{o}$).

Über die gegenseitige Lage von g und h kann man nach dem folgenden Schema entscheiden.

Richtungsvektoren auf lineare Abhängigkeit überprüfen.
Sind $\vec{a}$ und $\vec{b}$ Vielfache voneinander?

- **ja** → *Zwischenergebnis:* g und h sind parallel.
  - Punktprobe durchführen. Ist $\vec{q} - \vec{p}$ ein Vielfaches von $\vec{a}$?[1]
    - **ja** → *Ergebnis:* $g = h$
    - **nein** → *Ergebnis:* g und h sind parallel, aber nicht identisch.
- **nein** → *Zwischenergebnis:* g und h sind nicht parallel.
  - Methode „Gleichsetzen und Koordinatenvergleich“ durchführen. Gibt es $r, s \in \mathbb{R}$, sodass $\vec{p} + r\vec{a} = \vec{q} + s\vec{b}$ ist?[2]
    - **ja** → *Ergebnis:* g und h schneiden einander in einem Punkt[2].
    - **nein** → *Ergebnis:* g und h sind windschief.

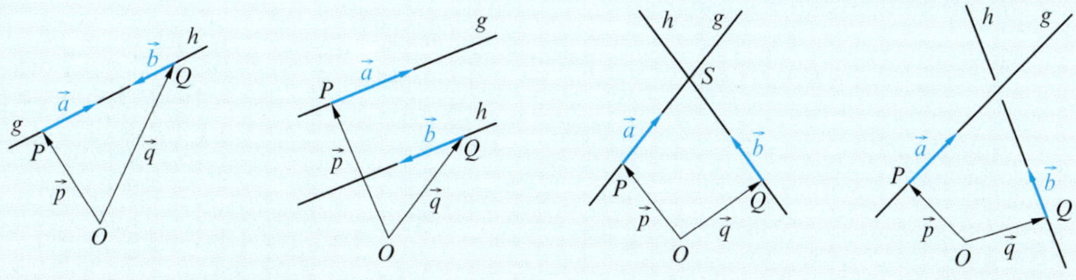

[1] Natürlich darf man die Punktprobe auch mit dem Ortsvektor des Punktes P an der Geradengleichung von h durchführen und untersuchen, ob $\vec{q} - \vec{p}$ ein Vielfaches von $\vec{b}$ ist.

[2] Die Lösung des zugehörigen Gleichungssystems liefert die Parameter, die zum Schnittpunkt von g und h in der Parametergleichung von g und von h gehören.

2 Lagebeziehungen zwischen Geraden und Ebenen

Untersuchung der Lage zwischen einer Geraden und einer Ebene

1. Bild 1 zeigt die Schnittfläche einer Ebene ε mit einem Würfel.
   a) Beschreiben Sie die Lage der Geraden *DF*, *HB* und *FG* zur Ebene ε.
   b) Untersuchen Sie die Lage der anderen Geraden durch je zwei Eckpunkte des Würfels zur Ebene ε.

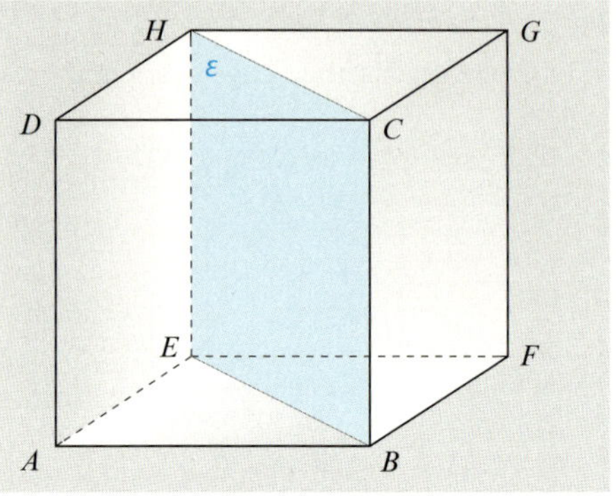

1

Am Bild 1 liest man drei verschiedene Möglichkeiten für die gegenseitige Lage einer Geraden g und einer Ebene ε ab:

(1) g schneidet die Ebene ε in genau einem Punkt. Dieser Punkt heißt **Durchstoßpunkt von g durch ε**.
(2) g liegt in ε, d. h. jeder Punkt von g ist auch ein Punkt von ε.
(3) g hat mit ε keinen Punkt gemeinsam.

In den Fällen (2) und (3) sagt man: **g und ε sind (zueinander) parallel**.
Zur Unterscheidung der Lagebeziehungen (2) und (3) sagt man im Fall (3): g ist parallel zu ε, liegt aber nicht in ε (mitunter sagt man auch: g ist echt parallel zu ε).

2. Begründen Sie, dass es keine weiteren Möglichkeiten für die gegenseitige Lage einer Geraden g und einer Ebene ε gibt.
Interpretieren Sie die auftretenden Möglichkeiten geometrisch mithilfe der Abbildungen 2, 3 und 4.
Hinweis: Beschreiben Sie die Gerade g und die Ebene ε durch je eine Parametergleichung und untersuchen Sie, ob der Richtungsvektor von g eine Linearkombination der Richtungsvektoren von ε ist.

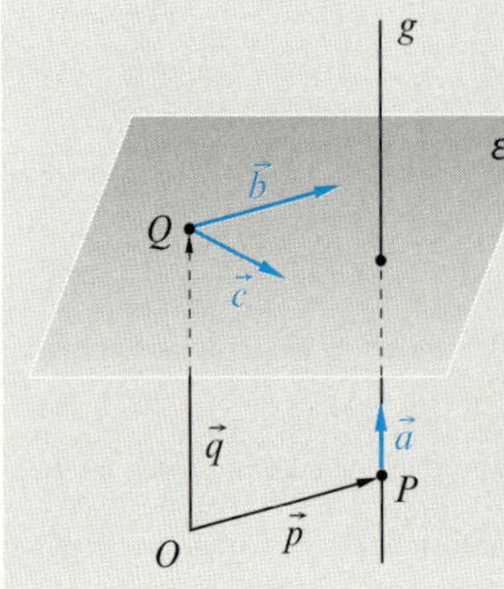

2

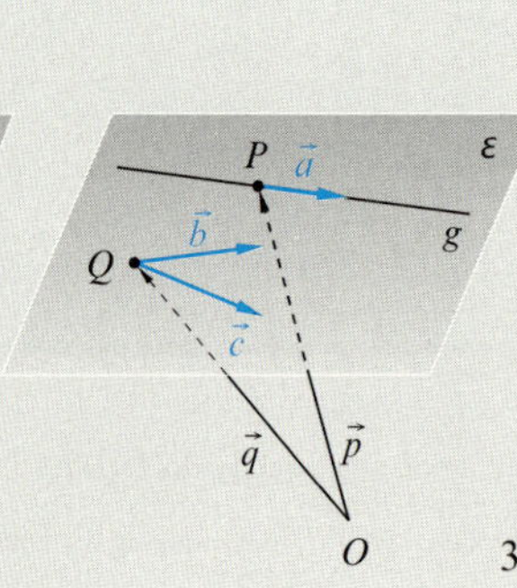

3

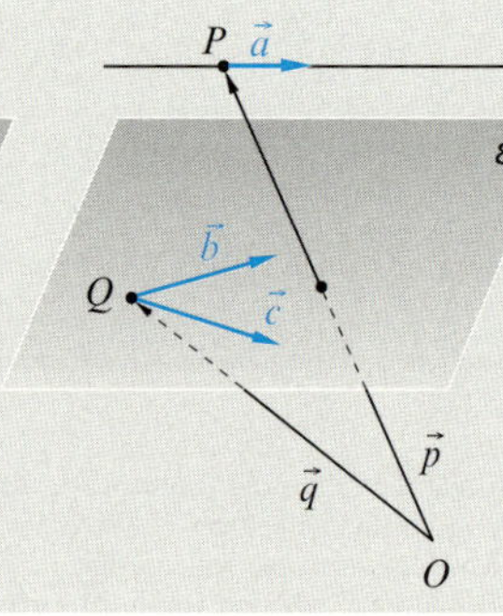

4

Die Gerade g: $\vec{x} = \vec{p} + t\vec{a}$ ($\vec{a} \neq \vec{0}$) und die Ebene ε: $\vec{x} = \vec{q} + r\vec{b} + s\vec{c}$ ($\vec{b}$ und $\vec{c}$ linear unabhängig) sind genau dann parallel, wenn $\vec{a}$ eine Linearkombination von $\vec{b}$ und $\vec{c}$ ist.
Ob g in ε liegt oder ob sie echt parallel sind, lässt sich mithilfe einer Punktprobe entscheiden.

3. Begründen Sie: Sind die Gerade g und die Ebene ε parallel zueinander, so liegt g genau dann in ε, wenn sich die Differenz $\vec{p} - \vec{q}$ der Stützvektoren von g und h durch die Richtungsvektoren $\vec{b}$ und $\vec{c}$ der Ebene ε linear kombinieren lässt.

Aus der Aussage in Aufgabe 3 ergibt sich folgende Strategie für die Untersuchung der gegenseitigen Lage von g und ε:

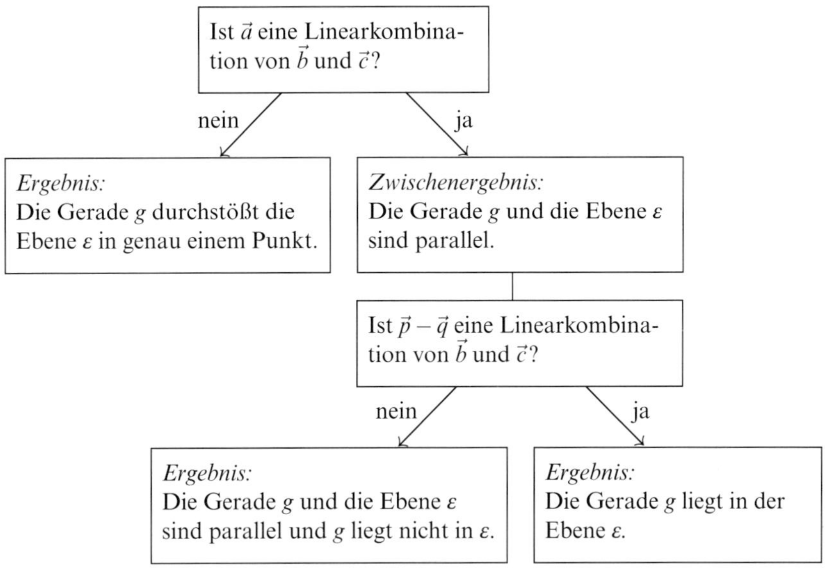

4. Untersuchen Sie die gegenseitige Lage der Geraden g und der Ebene ε.

a) g: $\vec{x} = \begin{pmatrix} 1 \\ 1 \\ 1 \end{pmatrix} + t\begin{pmatrix} -1 \\ 2 \\ 3 \end{pmatrix}$; $\quad \varepsilon$: $\vec{x} = \begin{pmatrix} 2 \\ -2 \\ 3 \end{pmatrix} + r\begin{pmatrix} 0 \\ 2 \\ -1 \end{pmatrix} + s\begin{pmatrix} -2 \\ 3 \\ 2 \end{pmatrix}$

b) g: $\vec{x} = \begin{pmatrix} 2 \\ 1 \\ 4 \end{pmatrix} + t\begin{pmatrix} 0 \\ 4 \\ -2 \end{pmatrix}$; $\quad \varepsilon$: $\vec{x} = \begin{pmatrix} -8 \\ 1 \\ 8 \end{pmatrix} + r\begin{pmatrix} 3 \\ 2 \\ 1 \end{pmatrix} + s\begin{pmatrix} 3 \\ -2 \\ 3 \end{pmatrix}$

c) g: $\vec{x} = \begin{pmatrix} 1 \\ 1 \\ 4 \end{pmatrix} + t\begin{pmatrix} 1 \\ -7 \\ -4 \end{pmatrix}$; $\quad \varepsilon$: $\vec{x} = \begin{pmatrix} 1 \\ -2 \\ 3 \end{pmatrix} + r\begin{pmatrix} 1 \\ 2 \\ -1 \end{pmatrix} + s\begin{pmatrix} 1 \\ -1 \\ -2 \end{pmatrix}$

5. Prüfen Sie, wie die Gerade g und die Ebene ε zueinander liegen.
g: $\vec{x} = \begin{pmatrix} -2 \\ -1 \\ 3 \end{pmatrix} + t\begin{pmatrix} 2 \\ 3 \\ 4 \end{pmatrix}$, ε enthält die Gerade h: $\vec{x} = \begin{pmatrix} 1 \\ 3 \\ 3 \end{pmatrix} + t\begin{pmatrix} -1 \\ -1 \\ 0 \end{pmatrix}$ und geht durch den Koordinatenursprung.

6. Geben Sie zwei Geraden an, die durch den Punkt P gehen und parallel zur Ebene ε sind.

a) $P\,(2; -1; 8)$, $\varepsilon\colon \vec{x} = \begin{pmatrix} 3 \\ 2 \\ 1 \end{pmatrix} + r \begin{pmatrix} 1 \\ -1 \\ 1 \end{pmatrix} + s \begin{pmatrix} -4 \\ 2 \\ 3 \end{pmatrix}$

b) $P\,(4; -1; -7)$, $\varepsilon\colon 3x - 2y + 2z = 0$

7. Gegeben sind die Gerade $g\colon \vec{x} = \begin{pmatrix} 1 \\ -3 \\ 1 \end{pmatrix} + t \begin{pmatrix} 2 \\ -2 \\ a_3 \end{pmatrix}$ und die Ebene $\varepsilon\colon \vec{x} = \begin{pmatrix} 1 \\ q_2 \\ 1 \end{pmatrix} + r \begin{pmatrix} 1 \\ 0 \\ -1 \end{pmatrix} + s \begin{pmatrix} 2 \\ 2 \\ 0 \end{pmatrix}$.

Bestimmen Sie die Koordinaten a_3 und q_2 so, dass die Gerade g

a) die Ebene ε durchstößt;

b) parallel zur Ebene ε ist, aber nicht in ε liegt;

c) in der Ebene ε liegt.

Die Frage nach der gegenseitigen Lage einer Geraden g und einer Ebene ε lässt sich auch (wie bei Lageuntersuchungen zwischen zwei Geraden) dem **Schnittproblem** unterordnen:

- g und ε sind genau dann parallel und g liegt nicht in ε, wenn die Menge ihrer Schnittpunkte leer ist.
- g liegt genau dann in der Ebene ε, wenn die Menge der Schnittpunkte von g und ε aus allen Punkten von g besteht.
- g durchstößt genau dann die Ebene ε, wenn die Schnittmenge aus nur einem Punkt besteht.

Beispiel 1 *Lageuntersuchung an einer Geraden und einer Ebene*

Um zu prüfen, wie $g\colon \vec{x} = \begin{pmatrix} 1 \\ 2 \\ -1 \end{pmatrix} + t \begin{pmatrix} -1 \\ 1 \\ 1 \end{pmatrix}$ und $\varepsilon\colon \vec{x} = \begin{pmatrix} 2 \\ 8 \\ -2 \end{pmatrix} + r \begin{pmatrix} -2 \\ 1 \\ 2 \end{pmatrix} + s \begin{pmatrix} 1 \\ 2 \\ -1 \end{pmatrix}$ zueinander liegen, berechnen wir ihre Schnittmenge.

Ansatz: Ein Punkt S liegt genau dann in der Schnittmenge von g und ε, wenn es zu seinem Ortsvektor $\vec{s}$ reelle Zahlen t, r und s gibt, sodass

$$\vec{s} = \begin{pmatrix} 1 \\ 2 \\ -1 \end{pmatrix} + t \begin{pmatrix} -1 \\ 1 \\ 1 \end{pmatrix} \quad \text{und} \quad \vec{s} = \begin{pmatrix} 2 \\ 8 \\ -2 \end{pmatrix} + r \begin{pmatrix} -2 \\ 1 \\ 2 \end{pmatrix} + s \begin{pmatrix} 1 \\ 2 \\ -1 \end{pmatrix} \text{ ist.}$$

Durch Gleichsetzen $\begin{pmatrix} 1 \\ 2 \\ -1 \end{pmatrix} + t \begin{pmatrix} -1 \\ 1 \\ 1 \end{pmatrix} = \begin{pmatrix} 2 \\ 8 \\ -2 \end{pmatrix} + r \begin{pmatrix} -2 \\ 1 \\ 2 \end{pmatrix} + s \begin{pmatrix} 1 \\ 2 \\ -1 \end{pmatrix}$ und Koordinatenvergleich erhalten wir das zugeordnete Gleichungssystem mit drei Gleichungen und drei Variablen:

(I) $\quad -s + 2r - t = 1$

(II) $\quad -2s - r + t = 6$

(III) $\quad s - 2r + t = -1.$

Das System ist lösbar; es besitzt unendlich viele Lösungen.
Die Gerade g liegt also in der Ebene ε.

8. Untersuchen Sie, ob die Gerade $g\colon \vec{x} = \begin{pmatrix} -8 \\ 1 \\ 19 \end{pmatrix} + t \begin{pmatrix} -1 \\ 2 \\ 13 \end{pmatrix}$ in der Ebene ε liegt.

a) $\varepsilon\colon -3x + 5y - z = 10$ **b)** $\varepsilon\colon 2x - 3y + z = -1$ **c)** $\varepsilon\colon -11x + y - z = 9$

9. Zeigen Sie: Die Gerade $g\colon \vec{x} = \begin{pmatrix} p_1 \\ p_2 \\ p_3 \end{pmatrix} + t \begin{pmatrix} a_1 \\ a_2 \\ a_3 \end{pmatrix}$ liegt genau dann in der Ebene $\varepsilon\colon ax + by + cz = d$, wenn die Koordinaten des Stützvektors $\vec{p}$ von g die Ebenengleichung erfüllen ($ap_1 + bp_2 + cp_3 = d$) und wenn die Koordinaten des Richtungsvektors $\vec{a}$ von g die zur Ebenengleichung gehörende homogene Gleichung erfüllen, wenn also $aa_1 + ba_2 + ca_3 = 0$ ist.

Die Berechnung des Durchstoßpunktes einer Geraden durch eine Ebene

Beispiel 2 *Numerische Ermittlung eines Durchstoßpunktes*

ε sei die Ebene, die durch die Eckpunkte B, E und G des Würfels mit der Kantenlänge 1 in Bild 5 geht.

Wir wählen ein Koordinatensystem so, dass gilt: $A(0; 0; 0)$, $B(1; 0; 0)$, $D(0; 0; 1)$, $E(0; 1; 0)$, $F(1; 1; 0)$, $G(1; 1; 1)$.

Gesucht sind die Koordinaten des Durchstoßpunktes S der Geraden DF durch die Ebene ε.

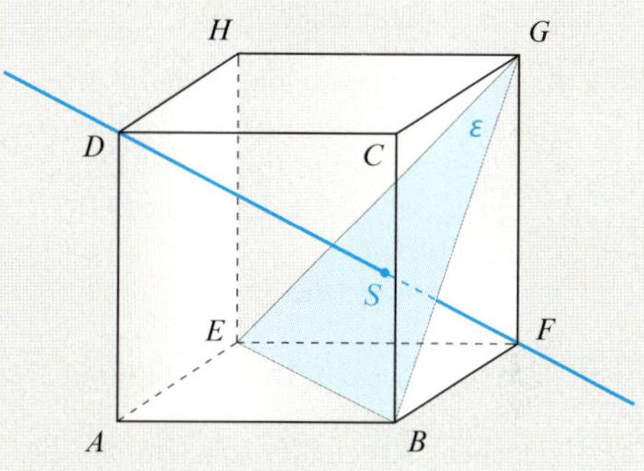

5

Wir beschreiben g und ε durch je eine Parametergleichung

$g\colon \vec{x} = \vec{d} + t\overrightarrow{DF}$ ($\vec{d}$ ist der Ortsvektor des Punktes D),

$\varepsilon\colon \vec{x} = \vec{b} + r\overrightarrow{BE} + s\overrightarrow{BG}$ ($\vec{b}$ ist der Ortsvektor des Punktes B) und erhalten

$$g\colon \vec{x} = \begin{pmatrix} 0 \\ 0 \\ 1 \end{pmatrix} + t \begin{pmatrix} 1 \\ 1 \\ -1 \end{pmatrix}; \quad \varepsilon\colon \vec{x} = \begin{pmatrix} 1 \\ 0 \\ 0 \end{pmatrix} + r \begin{pmatrix} -1 \\ 1 \\ 0 \end{pmatrix} + s \begin{pmatrix} 0 \\ 1 \\ 1 \end{pmatrix}.$$

Mit der Methode „Gleichsetzen und Koordinatenvergleich" berechnen wir den Durchstoßpunkt S von g und ε.

Wir erhalten das zugehörige Gleichungssystem

$$\begin{array}{ll} \text{(I)} & t + r = 1 \\ \text{(II)} & t - r - s = 0 \\ \text{(III)} & -t - s = -1. \end{array}$$

$t = \frac{2}{3}$, $r = \frac{1}{3}$ und $s = \frac{1}{3}$ ist einzige Lösung des Systems.

Durch Einsetzen des Wertes für t in die Geradengleichung (oder der Parameterwerte für r und s in die Ebenengleichung) ergibt sich der Ortsvektor des gesuchten Durchstoßpunktes. Er liefert uns die Koordinaten von S.

Die Gerade DF durchstößt die Ebene BEG im Punkt $S\left(\frac{2}{3}; \frac{2}{3}; \frac{1}{3}\right)$.

10. Untersuchen Sie die gegenseitige Lage der Geraden g und der Ebene ε. Berechnen Sie gegebenenfalls die Koordinaten des Durchstoßpunktes.

a) $g\colon \vec{x} = \begin{pmatrix} 1 \\ 2 \\ -1 \end{pmatrix} + t\begin{pmatrix} -1 \\ 1 \\ 1 \end{pmatrix}$; $\varepsilon\colon \vec{x} = \begin{pmatrix} 1 \\ 8 \\ -2 \end{pmatrix} + r\begin{pmatrix} -1 \\ 1 \\ 2 \end{pmatrix} + s\begin{pmatrix} 1 \\ 2 \\ -1 \end{pmatrix}$

b) $g\colon \vec{x} = \begin{pmatrix} 1 \\ 6 \\ -4 \end{pmatrix} + t\begin{pmatrix} 1 \\ -7 \\ -4 \end{pmatrix}$; $\varepsilon\colon \vec{x} = \begin{pmatrix} 1 \\ -2 \\ 3 \end{pmatrix} + r\begin{pmatrix} 2 \\ 2 \\ -1 \end{pmatrix} + s\begin{pmatrix} 1 \\ 6 \\ 1 \end{pmatrix}$

11. Wählen Sie ein Koordinatensystem so, dass sich die Eckpunkte des Würfels im Bild 6 durch ganzzahlige Koordinaten beschreiben lassen. Orientieren Sie sich dabei an Beispiel 2.

a) Welche Koordinaten haben die Punkte M_1, M_2, M_3?
- M_1 ist der Mittelpunkt der Würfelkante $\overline{EF}$.
- M_2 ist der Mittelpunkt der Würfelkante $\overline{FG}$.
- M_3 ist der Schnittpunkt der Diagonalen auf der Seitenfläche $ADHE$ des Würfels.

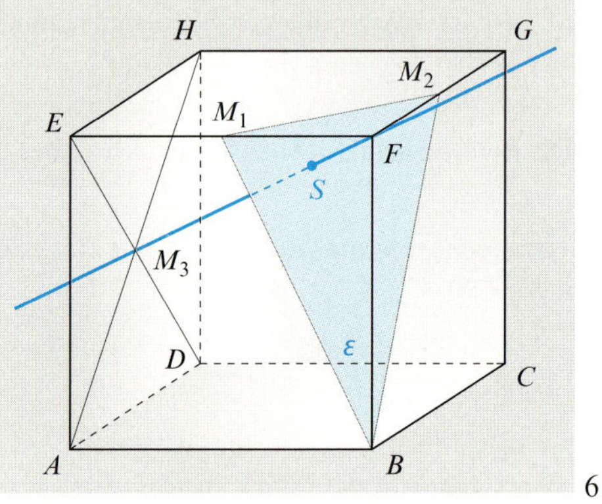

6

b) Beschreiben Sie die Ebene ε, die durch die Punkte B, M_1, M_2 geht, durch eine Parametergleichung.

c) Berechnen Sie den Durchstoßpunkt S der Geraden M_3F durch die Ebene ε.

12. Gegeben sei ein Prisma durch die Punkte $A\,(0;\ -8;\ 0)$, $B\,(10;\ -8;\ 0)$, $C\,(10;\ 0;\ 0)$, $D\,(0;\ 0;\ 0)$, $E\,(0;\ 0;\ 6)$ und $F\,(10;\ 0;\ 6)$ (vgl. Bild 7).
Die im Bild bezeichneten Punkte P, Q, R, S, T, U und M sind Kantenmittelpunkte.
In welchen Punkten durchstößt die Gerade g, die durch die Punkte E und M verläuft, die Ebenen PCF, BDQ bzw. $RSTU$?

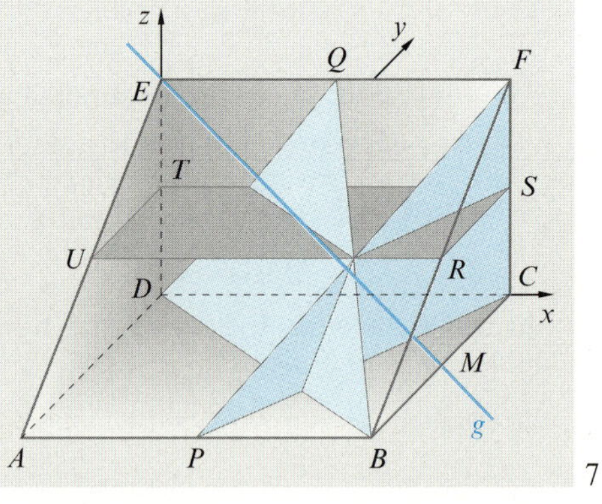

7

13. Begründen Sie, dass die Gerade $g\colon \vec{x} = \begin{pmatrix} 1 \\ -2 \\ 1 \end{pmatrix} + t\begin{pmatrix} 1 \\ 1 \\ 1 \end{pmatrix}$ die Ebene ε durchstößt und berechnen Sie den Durchstoßpunkt.

a) $\varepsilon\colon x = \begin{pmatrix} -2 \\ 4 \\ 5 \end{pmatrix} + r\begin{pmatrix} 0 \\ 1 \\ 0 \end{pmatrix} + s\begin{pmatrix} 0 \\ 0 \\ 1 \end{pmatrix}$ **b)** $\varepsilon\colon -9x - 2y + z = 6$ **c)** $\varepsilon\colon 5x + 7y - 5z = 0$

14. Untersuchen Sie die gegenseitige Lage der Ebene ε und der Koordinatenachsen. Geben Sie auch die Durchstoßpunkte an.

a) $\varepsilon\colon \vec{x} = \begin{pmatrix} 2 \\ -1 \\ 3 \end{pmatrix} + r\begin{pmatrix} -1 \\ 0 \\ 2 \end{pmatrix} + s\begin{pmatrix} 1 \\ -1 \\ 1 \end{pmatrix}$ **b)** $\varepsilon\colon \vec{x} = \begin{pmatrix} 2 \\ -1 \\ 3 \end{pmatrix} + r\begin{pmatrix} 0 \\ 0 \\ 1 \end{pmatrix} + s\begin{pmatrix} 1 \\ 1 \\ 0 \end{pmatrix}$

15. Untersuchen Sie die gegenseitige Lage der Geraden g und der Ebene ε und berechnen Sie gegebenenfalls den Durchstoßpunkt.

a) $g\colon \vec{x} = \begin{pmatrix} 6 \\ 2 \\ 5 \end{pmatrix} + t\begin{pmatrix} -3 \\ 4 \\ 2 \end{pmatrix}$, $\varepsilon\colon 2x - 2y - z = -3$

b) $g\colon \vec{x} = \begin{pmatrix} -8 \\ 1 \\ 8 \end{pmatrix} + t\begin{pmatrix} 0 \\ 2 \\ 1 \end{pmatrix}$, $\varepsilon\colon 4x - 7y + 14z = 73$

16. Begründen Sie, dass die Gerade g die Ebene ε durchstößt und berechnen Sie die Koordinaten des Durchstoßpunktes.

a) g ist die x-Achse, $\varepsilon\colon \vec{x} = \begin{pmatrix} -5 \\ 3 \\ -7 \end{pmatrix} + r\begin{pmatrix} 1 \\ 1 \\ 0 \end{pmatrix} + s\begin{pmatrix} 1 \\ 1 \\ 1 \end{pmatrix}$

b) g ist die z-Achse, $\varepsilon\colon 3x - 7y + 4z = -12$

c) g geht durch die Punkte $A(1; 1; 3)$, $B(3; 1; 2)$ und ε geht durch die Punkte $P(2; 1; 1)$, $Q(1; 0; 3)$, $R(2; 2; 1)$.

17. Die Ebene ε ist gegeben durch die Koordinatengleichung $ax + by + cz = d$; $a^2 + b^2 + c^2 \neq 0$ $(a, b, c, d \in \mathbb{R})$.
Beweisen Sie die folgenden Aussagen (vgl. Aufgabe 25, Seite 81).

a) ε geht genau dann durch den Koordinatenursprung, wenn $d = 0$ ist.

b) ε ist genau dann parallel zur x-Achse (y-Achse bzw. z-Achse), wenn $a = 0$ ($b = 0$ bzw. $c = 0$) ist.

c) Wenn $a \neq 0$, $b \neq 0$ und $c \neq 0$ ist, so durchstoßen die Koordinatenachsen die Ebene ε in den Punkten $X(\frac{d}{a}; 0; 0)$, $Y(0; \frac{d}{b}; 0)$, $Z(0; 0; \frac{d}{c})$.

18. Die Koordinatenachsen schneiden eine Ebene ε in den Punkten $P\,(3; 0; 0)$, $Q\,(0; 4; 0)$ und $R\,(0; 0; -1)$.
Geben Sie eine Koordinatengleichung für ε an.

19. Skizzieren Sie mithilfe der Aussagen in Aufgabe 17 die Lage der Ebene ε in einem räumlichen kartesischen Koordinatensystem.

a) $\varepsilon\colon 2x - 4y + 3z = 6$ **b)** $\varepsilon\colon 4x + z = 8$ **c)** $\varepsilon\colon 5x + 3y = 0$

20. Untersuchen Sie die gegenseitige Lage der Ebene ε und der Koordinatenachsen.

a) $\varepsilon\colon \vec{x} = \begin{pmatrix} 2 \\ -1 \\ 3 \end{pmatrix} + r\begin{pmatrix} 0 \\ 0 \\ 1 \end{pmatrix} + s\begin{pmatrix} 1 \\ 1 \\ 0 \end{pmatrix}$ **b)** $\varepsilon\colon \vec{x} = r\begin{pmatrix} -4 \\ 0 \\ 3 \end{pmatrix} + s\begin{pmatrix} 0 \\ 1 \\ 0 \end{pmatrix}$

c) $\varepsilon\colon -5x + 3y + 5z = -15$ **d)** $\varepsilon\colon y - 4z = 2$ **e)** $\varepsilon\colon 2x - 3y + 6z = 0$

Spurpunkte von Geraden

Die Koordinatenebenen eines räumlichen Koordinatensystems lassen sich durch besonders einfache Koordinatengleichungen beschreiben. Dadurch reduziert sich der rechnerische Aufwand bei der Ermittlung der Durchstoßpunkte einer Geraden durch die Koordinatenebenen.

DEFINITION Die Schnittpunkte einer Geraden mit den Koordinatenebenen heißen **Spurpunkte der Geraden.**

21. Überlegen Sie mithilfe von Bild 8, wie viele Spurpunkte eine Gerade haben kann.
Fertigen Sie sich dazu weitere Skizzen an.

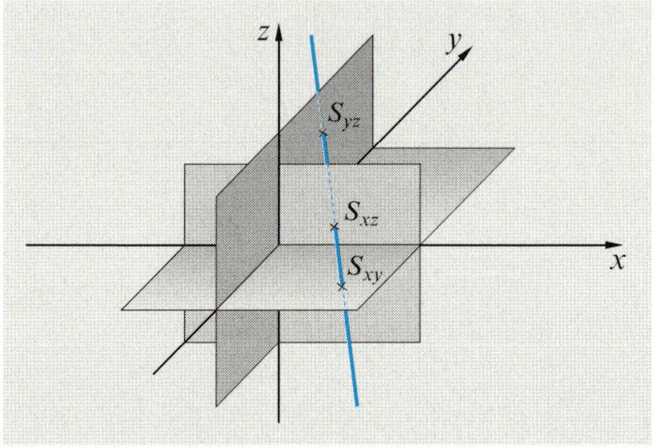

8

Beispiel 3 *Bestimmung eines Spurpunktes*

Gegeben ist die Gerade g, die durch die Punkte $A(1; 6; 9)$ und $B(5; -2; 5)$ geht.
Wir suchen den Spurpunkt der Geraden g mit der x-y-Koordinatenebene (falls vorhanden).

$\vec{x} = \begin{pmatrix} 1 \\ 6 \\ 9 \end{pmatrix} + t \begin{pmatrix} 4 \\ -8 \\ -4 \end{pmatrix}$ bzw. $\vec{x} = \begin{pmatrix} 1 \\ 6 \\ 9 \end{pmatrix} + t \begin{pmatrix} 1 \\ -2 \\ -1 \end{pmatrix}$ ist eine Parameterdarstellung von g.

Daraus erhalten wir das Gleichungssystem
(I) $x = 1 + t$
(II) $y = 6 - 2t$
(III) $z = 9 - t$.

$z = 0$ ist eine Koordinatengleichung der x-y-Koordinatenebene. Also muss die z-Koordinate des Durchstoßpunktes gleich null sein. Wir setzen somit die z-Koordinate im zugehörigen Gleichungssystem null und erhalten den Parameterwert $t = 9$ und damit den Spurpunkt $S_{xy}(10; -12; 0)$.

22. Untersuchen Sie, ob die Gerade g aus Beispiel 3 noch weitere Spurpunkte besitzt und berechnen Sie gegebenenfalls die noch fehlenden Spurpunkte von g.

23. Berechnen Sie alle Spurpunkte der Geraden g.

a) g geht durch den Punkt $P(6; 4; -1)$ und hat den Richtungsvektor $\begin{pmatrix} 3 \\ 2 \\ -1 \end{pmatrix}$.

b) $g\colon \vec{x} = \begin{pmatrix} -3 \\ 3 \\ 4 \end{pmatrix} + t \begin{pmatrix} 1 \\ 0 \\ 1 \end{pmatrix}$ **c)** $g\colon \vec{x} = \begin{pmatrix} -1 \\ 3 \\ 7 \end{pmatrix} + t \begin{pmatrix} 0 \\ 1 \\ 0 \end{pmatrix}$ **d)** $g\colon \vec{x} = \begin{pmatrix} 5 \\ -2 \\ 1 \end{pmatrix} + t \begin{pmatrix} 1 \\ 1 \\ 1 \end{pmatrix}$

24. Geben Sie eine Gerade an, die durch den Punkt $P(6; -7; -8)$ geht und genau einen Spurpunkt besitzt.

ZUSAMMENFASSUNG

Untersuchung der gegenseitigen Lage einer Geraden und einer Ebene

Gegeben seien die Gerade $g\colon \vec{x} = \vec{p} + t\vec{a}$ ($t \in \mathbb{R}$; $\vec{a} \neq \vec{o}$) und die Ebene $\varepsilon\colon \vec{x} = \vec{q} + r\vec{b} + s\vec{c}$ ($r, s \in \mathbb{R}$; $\vec{b}$, $\vec{c}$ linear unabhängig).

Ansatz: Gleichsetzen

$$\vec{p} + t\vec{a} = \vec{q} + r\vec{b} + s\vec{c}$$

oder in Koordinatenschreibweise:

$$\begin{pmatrix} p_1 \\ p_2 \\ p_3 \end{pmatrix} + t\begin{pmatrix} a_1 \\ a_2 \\ a_3 \end{pmatrix} = \begin{pmatrix} q_1 \\ q_2 \\ q_3 \end{pmatrix} + r\begin{pmatrix} b_1 \\ b_2 \\ b_3 \end{pmatrix} + s\begin{pmatrix} c_1 \\ c_2 \\ c_3 \end{pmatrix}$$

↓

Koordinatenvergleich: Zugehöriges Gleichungssystem aufstellen

$$\begin{aligned} rb_1 + sc_1 - ta_1 &= p_1 - q_1 \\ rb_2 + sc_2 - ta_2 &= p_2 - q_2 \\ rb_3 + sc_3 - ta_3 &= p_3 - q_3 \end{aligned}$$

↓

Gauß'schen Algorithmus anwenden und Anzahl der Lösungen des Gleichungssystems bestimmen

Das System ist nicht lösbar.	Das System hat genau eine Lösung.[1]	Das System hat unendlich viele Lösungen.
↓	↓	↓
Ergebnis: g und ε sind parallel und g liegt nicht in ε.	*Ergebnis:* g durchstößt ε in einem Punkt.	*Ergebnis:* g liegt in der Ebene ε.

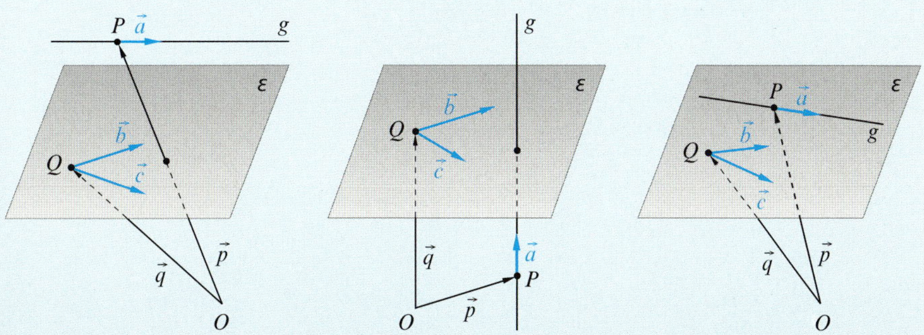

[1] Die Lösung des Systems liefert den zum Durchstoßpunkt in der Geradengleichung gehörenden Parameter t und auch das Parameterpaar $(r; s)$, das zum Durchstoßpunkt in der Ebenengleichung gehört.

3 Lagebeziehungen zwischen Ebenen

Untersuchung der gegenseitigen Lage von zwei Ebenen

1. Bild 1 zeigt einen Pyramidenstumpf.

a) Beschreiben Sie die gegenseitige Lage der Ebenen, die die Grund- bzw. Deckfläche des Pyramidenstumpfes enthalten.

b) ε_1 sei diejenige Ebene, die durch die Eckpunkte *A*, *D*, *F*, *G* geht, und ε_2 sei die durch die Eckpunkte *B*, *C*, *E*, *H* bestimmte Ebene.
Welches Schnittgebilde entsteht beim Schnitt von ε_1 und ε_2?

c) Wie liegen die Ebenen zueinander, die durch zwei gegenüberliegende Seitenflächen des Pyramidenstumpfes festgelegt sind?

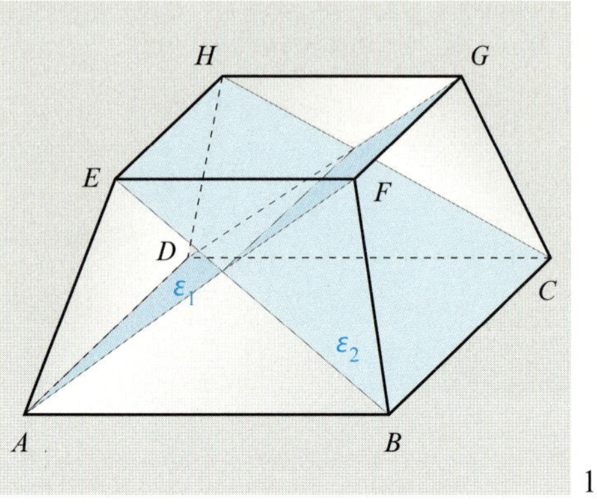

1

Für die gegenseitige Lage von zwei Ebenen ε_1 und ε_2 gibt es genau drei Möglichkeiten:

(1) ε_1 und ε_2 schneiden einander in einer Geraden;
(2) ε_1 und ε_2 haben keinen Punkt gemeinsam;
(3) ε_1 und ε_2 fallen zusammen, d. h. $\varepsilon_1 = \varepsilon_2$.

Die Identität von Ebenen ist wie bei Geraden ein Sonderfall der Parallelität, deshalb sagt man im Fall (2): ε_1 und ε_2 sind parallel zueinander, aber nicht identisch
oder auch: ε_1 und ε_2 sind echt parallel.

2. Untersuchen Sie die gegenseitige Lage der Ebenen[1] ε_1: $\vec{x} = \vec{p} + r\vec{a} + s\vec{b}$ ($\vec{a}$ und $\vec{b}$ linear unabhängig) und ε_2: $\vec{x} = \vec{q} + u\vec{c} + v\vec{d}$ ($\vec{c}$ und $\vec{d}$ linear unabhängig) in Abhängigkeit von ihren Richtungs- und Stützvektoren.
Interpretieren Sie die Fälle geometrisch mithilfe der Bilder 2, 3 und 4.
Hinweis: Unterscheiden Sie danach, ob $\vec{c}$ und $\vec{d}$ Linearkombinationen von $\vec{a}$ und $\vec{b}$ sind.

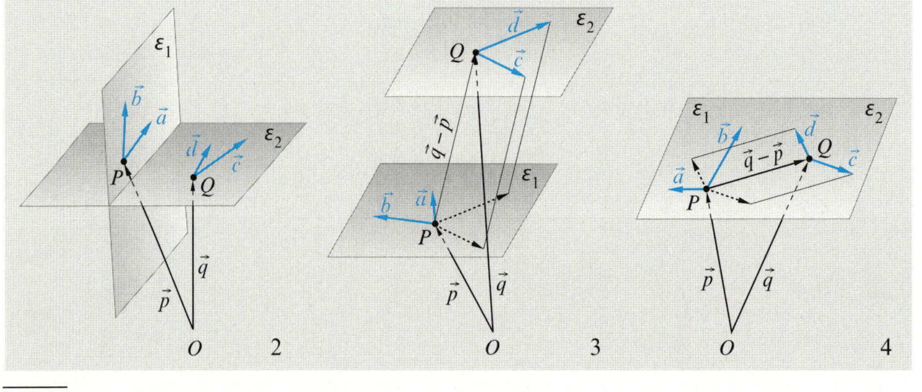

2 3 4

[1] Im Folgenden durchlaufen alle Parameter die gesamte Menge ℝ.

Die Ebenen ε_1 und ε_2 sind genau dann parallel zueinander, wenn beide Richtungsvektoren von ε_2 Linearkombinationen der Richtungsvektoren von ε_1 sind. (Da die Ebenen ε_1 und ε_2 bei den Lageuntersuchungen gleichberechtigt sind, kann man natürlich auch untersuchen, ob die Richtungsvektoren von ε_1 Linearkombinationen der Richtungsvektoren von ε_2 sind.)

3. Begründen Sie mithilfe einer Punktprobe: Parallele Ebenen ε_1 und ε_2 sind genau dann identisch, wenn die Differenz $\vec{q}-\vec{p}$ der Stützvektoren von ε_1 und ε_2 eine Linearkombination der Richtungsvektoren $\vec{a}$ und $\vec{b}$ von ε_1 ist, d. h. wenn die Vektoren $\vec{a}$, $\vec{b}$ und $\vec{q}-\vec{p}$ linear abhängig sind.

Aus der Aussage von Aufgabe 3 erhalten wir die folgende Strategie für Untersuchungen über die gegenseitige Lage der Ebenen ε_1: $\vec{x}=\vec{p}+r\vec{a}+s\vec{b}$ ($\vec{a}$ und $\vec{b}$ linear unabhängig) und ε_2: $\vec{x}=\vec{q}+u\vec{c}+v\vec{d}$ ($\vec{c}$ und $\vec{d}$ linear unabhängig):

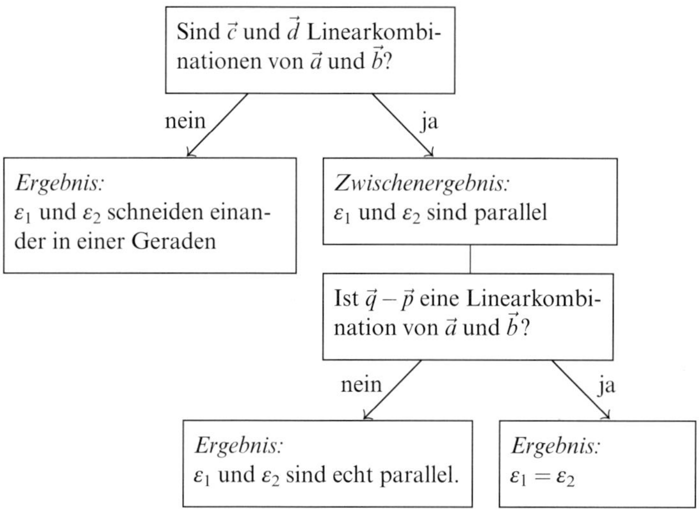

4. Untersuchen Sie die gegenseitige Lage der Ebenen ε_1 und ε_2.

$$\varepsilon_1\colon \vec{x}=\begin{pmatrix}5\\2\\0\end{pmatrix}+r\begin{pmatrix}2\\3\\6\end{pmatrix}+s\begin{pmatrix}4\\3\\8\end{pmatrix},\quad \varepsilon_2\colon \vec{x}=\begin{pmatrix}-7\\-7\\-24\end{pmatrix}+u\begin{pmatrix}6\\6\\14\end{pmatrix}+v\begin{pmatrix}-2\\0\\-2\end{pmatrix}$$

5. Gegeben ist die Ebene $\varepsilon\colon \vec{x}=\begin{pmatrix}5\\6\\-2\end{pmatrix}+r\begin{pmatrix}2\\3\\6\end{pmatrix}+s\begin{pmatrix}4\\-3\\8\end{pmatrix}$.

Zeigen Sie, dass ε nicht durch den Koordinatenursprung geht und geben Sie eine zu ε parallele Ebene an, die durch den Koordinatenursprung geht.

6. Bestimmen Sie die Koordinaten z, x und y so, dass die Ebenen

$$\varepsilon_1\colon \vec{x}=\begin{pmatrix}2\\0\\z\end{pmatrix}+r\begin{pmatrix}-1\\1\\-3\end{pmatrix}+s\begin{pmatrix}-5\\-3\\1\end{pmatrix}\quad\text{und}\quad \varepsilon_2\colon \vec{x}=\begin{pmatrix}2\\-1\\-1\end{pmatrix}+u\begin{pmatrix}x\\1\\-2\end{pmatrix}+v\begin{pmatrix}1\\y\\-2\end{pmatrix}$$

nicht parallel sind (zusammenfallen bzw. parallel sind und nicht zusammenfallen).

7. Gegeben seien die Punkte $A(3; -4; 0)$, $B(13; -7; 0)$, $C(11; -1; 0)$ und $D(7; -4; 6)$ und die Ebene ε, die den Punkt $P(1; 2; 2)$ enthält und parallel zur Grundfläche ABC der dreiseitigen Pyramide in Bild 5 verläuft.
Beim Schnitt von ε mit der Pyramide entsteht ein Pyramidenstumpf. Beschreiben Sie die Deckfläche des Pyramidenstumpfes durch eine Parametergleichung.
Übertragen Sie Bild 5 auf ein Blatt Papier und zeichnen Sie in Ihre Darstellung die Deckfläche des Pyramidenstumpfes ein.

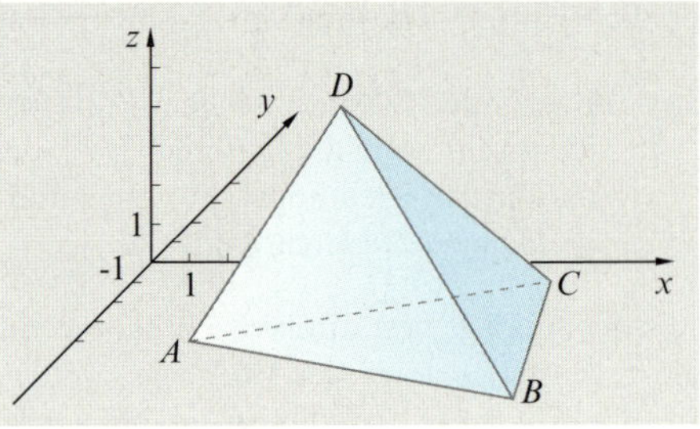

5

Berechnung der Schnittgeraden zweier nicht paralleler Ebenen

Die Frage nach der gegenseitigen Lage von zwei Ebenen lässt sich wie im Falle einer Geraden und einer Ebene oder wie im Falle von zwei Geraden auch mithilfe ihrer **Schnittmenge** beantworten. Dies ist besonders für die Berechnung der Schnittgeraden vorteilhaft.

Beispiel 1 *Lageuntersuchung zwischen Ebenen*

Gegeben seien die Ebenen ε_1 und ε_2 mit

$$\varepsilon_1\colon \vec{x} = \begin{pmatrix} 2 \\ 4 \\ 3 \end{pmatrix} + r\begin{pmatrix} 1 \\ 1 \\ 0 \end{pmatrix} + s\begin{pmatrix} 2 \\ 1 \\ 3 \end{pmatrix} \text{ und } \varepsilon_2\colon \vec{x} = \begin{pmatrix} 5 \\ 0 \\ 0 \end{pmatrix} + u\begin{pmatrix} 1 \\ 1 \\ 1 \end{pmatrix} + v\begin{pmatrix} 1 \\ 0 \\ 6 \end{pmatrix}.$$

Wir prüfen, welche gegenseitige Lage die Ebenen ε_1 und ε_2 zueinander einnehmen und berechnen die Schnittgerade, falls eine solche vorhanden ist.

Durch Gleichsetzen und Koordinatenvergleich erhalten wir das zugehörige LGS:

(I) $r + 2s - u - v = 3$
(II) $r + s - u = -4$
(III) $3s - u - 6v = -3.$

Dieses Gleichungssystem besitzt unendlich viele Lösungen und das bedeutet:
Die beiden Ebenen schneiden einander in einer Geraden oder sie sind identisch.

Eine der Variablen in dem Gleichungssystem ist frei wählbar.

Wir nehmen v als freien Parameter und erhalten die folgenden Abhängigkeiten der übrigen Parameter von v: $u = 24 - 3v$; $s = 7 + v$; $r = 13 - 4v$.

Setzen wir u und v in die Ebenengleichung von ε_1 ein, so erhalten wir die Parametergleichung $\vec{x} = \begin{pmatrix} 29 \\ 24 \\ 24 \end{pmatrix} + v\begin{pmatrix} -2 \\ -3 \\ 3 \end{pmatrix}$. Das ist eine Geradengleichung.

Folglich schneiden die beiden Ebenen einander in einer Geraden und die erhaltene Parametergleichung beschreibt die Schnittgerade von ε_1 und ε_2.

Mit der Methode „Gleichsetzen und Koordinatenvergleich“ lassen sich Lageuntersuchungen zwischen Geraden, zwischen Geraden und Ebenen oder zwischen Ebenen rein numerisch als Lösbarkeitsuntersuchungen an linearen Gleichungssystemen führen. Dabei genügt es i. Allg. zu entscheiden, ob das System lösbar ist und wie viele Parameter für eine Angabe der Lösung frei wählbar sind. Eine explizite Beschreibung der Lösungsmenge ist nur erforderlich, wenn es sich um nicht parallele Geraden, Ebenen usw. handelt und das Schnittgebilde angegeben werden soll.

8. Erläutern Sie, wie viele Gleichungen und Variablen das zugehörige Gleichungssystem besitzt, wenn man die gegenseitige Lage von zwei Geraden (einer Geraden und einer Ebene bzw. von zwei Ebenen) mithilfe der Methode „Gleichsetzen und Koordinatenvergleich“ untersucht und die geometrischen Gebilde durch Parametergleichungen gegeben sind.

9. a) Begründen Sie, warum ein lösbares lineares Gleichungssystem mit drei Gleichungen und vier Variablen nicht nur eine Lösung haben kann. Was bedeutet das geometrisch für das Schnittverhalten zweier Ebenen?

b) Welche Möglichkeiten gibt es für die Beschreibung der Lösungsmenge eines lösbaren LGS mit drei Gleichungen und zwei Variablen durch eine Parametergleichung? Interpretieren Sie jede dieser Möglichkeiten geometrisch mithilfe der gegenseitigen Lage zweier Geraden.

10. Welche Lage nimmt die Ebene $\varepsilon_1\colon \vec{x} = \begin{pmatrix} 0 \\ 8 \\ -1 \end{pmatrix} + r\begin{pmatrix} -3 \\ 2 \\ 2 \end{pmatrix} + s\begin{pmatrix} -1 \\ 1 \\ 1 \end{pmatrix}$ zur Ebene ε_2 ein? Beschreiben Sie gegebenenfalls die Schnittgerade der beiden Ebenen durch eine Parametergleichung.

a) ε_2 geht durch die Punkte $A(1; -2; 5)$, $B(2; 1; 1)$, $C(2; -1; 1)$.

b) $\varepsilon_2\colon \vec{x} = \begin{pmatrix} 2 \\ 3 \\ 6 \end{pmatrix} + u\begin{pmatrix} -1 \\ 1 \\ -1 \end{pmatrix} + v\begin{pmatrix} 1 \\ 0 \\ -4 \end{pmatrix}$ **c)** $\varepsilon_2\colon \vec{x} = \begin{pmatrix} -2 \\ 9 \\ 2 \end{pmatrix} + u\begin{pmatrix} -2 \\ 1 \\ 3 \end{pmatrix} + v\begin{pmatrix} -4 \\ 3 \\ 1 \end{pmatrix}$

d) ε_2 geht durch den Koordinatenursprung und wird aufgespannt von den Vektoren $\begin{pmatrix} -2 \\ 1 \\ 3 \end{pmatrix}$ und $\begin{pmatrix} 4 \\ -5 \\ -1 \end{pmatrix}$.

11. Die Punkte *P*, *Q*, *R* und *S* sind Kantenmittelpunkte des dreiseitigen Prismas in Bild 6 mit den Eckpunkten $A(0; -8; 0)$, $B(10; -8; 0)$, $C(10; 0; 0)$, $D(0; 0; 0)$, $E(0; 0; 6)$, $F(10; 0; 6)$. Berechnen Sie die Schnittgerade der beiden Ebenen *BDS* und *PQR*.

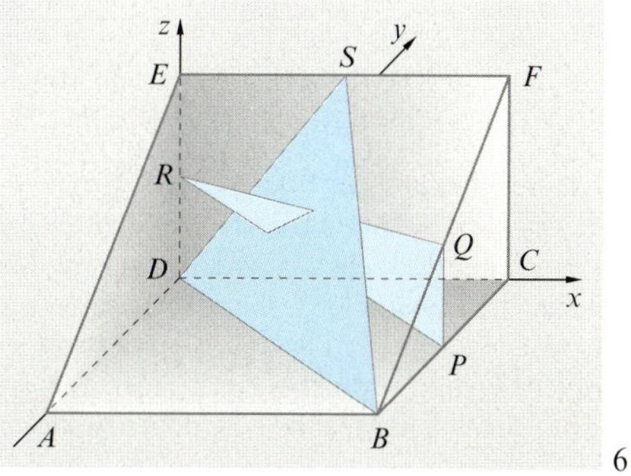

6

12. Erläutern Sie am Beispiel der beiden Ebenen $\varepsilon_1\colon -2x+4y-3z=5$ und $\varepsilon_2\colon x+5y+z=3$, wie man bei Lageuntersuchungen an Ebenen und bei der Berechnung der Schnittgeraden von zwei nicht parallelen Ebenen vorgeht, wenn beide Ebenen durch je eine Koordinatengleichung vorgegeben sind.

13. Untersuchen Sie die gegenseitige Lage der Ebenen ε_1 und ε_2 und geben Sie gegebenenfalls die Schnittgerade an.

a) $\varepsilon_1\colon -5x+3y-2z=1$; $\varepsilon_2\colon 4x-2{,}4\,y+1{,}6\,z=-0{,}8$
b) $\varepsilon_1\colon 2x-3y+5z=0$; $\varepsilon_2\colon -3x+9y-7{,}5\,z=9$
c) $\varepsilon_1\colon x-y+z=-5$; $\varepsilon_2\colon y-z=3$
d) $\varepsilon_1\colon x+y=0$; $\varepsilon_2\colon -4z=3$
e) $\varepsilon_1\colon 5x+y-4z=3$; $\varepsilon_2\colon x+y+z=-5$

Ist eine der beiden Ebenen durch eine Koordinatengleichung gegeben und die andere durch eine Parametergleichung, so übersetzt man die eine der beiden Gleichungen in die jeweils andere Form und verfährt danach so wie bei Aufgabe 13 oder wie in Beispiel 1.

14. Welche gegenseitige Lage nehmen die Ebenen ε_1 und ε_2 zueinander ein? Beschreiben Sie die Schnittgerade durch eine Parametergleichung, wenn die Ebenen nicht parallel sind.

a) $\varepsilon_1\colon \vec{x}=\begin{pmatrix}2\\4\\3\end{pmatrix}+r\begin{pmatrix}1\\-1\\1\end{pmatrix}+s\begin{pmatrix}-2\\3\\-1\end{pmatrix}$; $\varepsilon_2\colon 3x-2y-6z=-12$

b) $\varepsilon_1\colon 5x+y-4z=-3$; $\varepsilon_2\colon \vec{x}=\begin{pmatrix}3\\-2\\3\end{pmatrix}+r\begin{pmatrix}0\\4\\1\end{pmatrix}+s\begin{pmatrix}1\\-1\\1\end{pmatrix}$

c) $\varepsilon_1\colon \vec{x}=r\begin{pmatrix}3\\-1\\-2\end{pmatrix}+s\begin{pmatrix}0\\-1\\1\end{pmatrix}$; $\varepsilon_2\colon x+y+z=-5$

Schnitt einer Ebene mit den Koordinatenebenen; Spurgeraden von Ebenen

DEFINITION Die Schnittgerade einer Ebene ε mit einer Koordinatenebene nennt man **Spurgerade** von ε.

Bild 7 zeigt einen dreieckigen Ausschnitt einer Ebene mit drei Spurgeraden. Es vermittelt uns eine anschauliche Vorstellung von der Lage der betreffenden Ebene im räumlichen kartesischen Koordinatensystem.

Die Bestimmung der Spurgeraden einer Ebene erfordert i. Allg. weniger Aufwand als die Ermittlung der Schnittgeraden von zwei beliebigen Ebenen. Der Grund ist derselbe wie bei der Berechnung der Spurpunkte von Geraden: Die Koordinatengleichungen für die Koordinatenebenen sind besonders einfach.

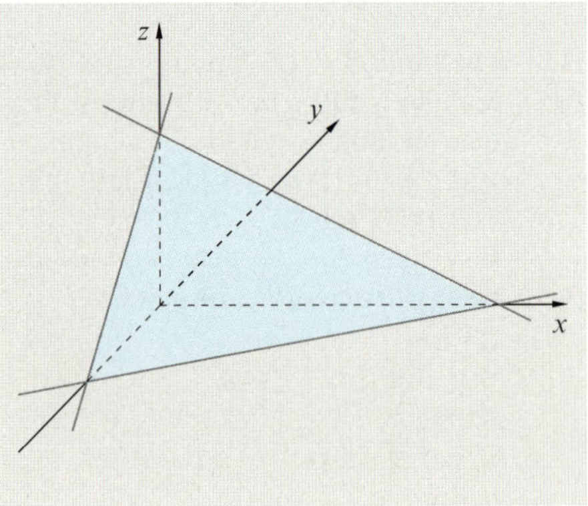

7

Beispiel 2 *Bestimmung von Spurgeraden einer Ebene*

Wir untersuchen, ob die Ebene $\varepsilon\colon \vec{x} = \begin{pmatrix} 1 \\ 6 \\ -1 \end{pmatrix} + r\begin{pmatrix} -3 \\ 2 \\ 1 \end{pmatrix} + s\begin{pmatrix} 1 \\ -2 \\ 4 \end{pmatrix}$ eine Spurgerade g_{xz} in der x-z-Koordinatenebene besitzt und wollen im Falle der Existenz die Spurgerade durch eine Gleichung beschreiben.

Aus der Parametergleichung von ε erhalten wir das zugehörige Gleichungssystem

(I) $x = 1 - 3r + s$

(II) $y = 6 + 2r - 2s$

(III) $z = -1 + r + 4s$.

$y = 0$ ist eine Koordinatengleichung der x-z-Ebene. Die Spurgerade g_{xz} besteht folglich aus allen Punkten von ε, deren y-Koordinate null ist. Im zugehörigen Gleichungssystem wird also $y = 0$ gesetzt. Wir erhalten eine Gleichung für die Parameter der Ebenenpunkte, die auf der Spurgeraden liegen.

Jeder der beiden Parameter lässt sich durch den anderen ausdrücken. Z. B. ist $2r = 2s - 6$, also ist $r = s - 3$.

Wir setzen den erhaltenen Term für den betreffenden Parameter in die Ebenengleichung ein. Das Ergebnis ist eine Parametergleichung für die Spurgerade

$$g_{xz}\colon \vec{x} = \begin{pmatrix} 1 \\ 6 \\ -1 \end{pmatrix} + (s-3)\begin{pmatrix} -3 \\ 2 \\ 1 \end{pmatrix} + s\begin{pmatrix} 1 \\ -2 \\ 4 \end{pmatrix} = \begin{pmatrix} 10 \\ 0 \\ -4 \end{pmatrix} + s\begin{pmatrix} -2 \\ 0 \\ 5 \end{pmatrix}.$$

Das ist eine Parametergleichung der Spurgeraden g_{xz} von ε.

Ist die Ebene in Koordinatendarstellung gegeben, so kann man nach einer entsprechenden Übersetzung der Koordinatengleichung in eine Parametergleichung wie im obigen Beispiel verfahren.

15. Gesucht sind alle Spurgeraden der Ebene ε.

a) $\varepsilon\colon 2x + 3y + 5z = 30$ **b)** $\varepsilon\colon x + y + z = 5$ **c)** $\varepsilon\colon x + y = 3$

d) $\varepsilon\colon \vec{x} = \begin{pmatrix} 3 \\ -2 \\ 3 \end{pmatrix} + r\begin{pmatrix} 0 \\ 1 \\ 0 \end{pmatrix} + s\begin{pmatrix} 1 \\ -1 \\ 1 \end{pmatrix}$ **e)** $\varepsilon\colon \vec{x} = r\begin{pmatrix} -2 \\ 3 \\ -1 \end{pmatrix} + s\begin{pmatrix} 1 \\ -1 \\ 1 \end{pmatrix}$

16. Von der Ebene ε sind die Spurgeraden $g\colon \vec{x} = \begin{pmatrix} 0 \\ -2 \\ 5 \end{pmatrix} + t\begin{pmatrix} 0 \\ 1 \\ -1 \end{pmatrix}$ und $h\colon \vec{x} = \begin{pmatrix} -3 \\ 0 \\ 2 \end{pmatrix} + t\begin{pmatrix} 3 \\ 0 \\ 1 \end{pmatrix}$ bekannt. Gesucht ist eine beschreibende Gleichung für ε.

17. a) Formulieren und beweisen Sie eine Aussage über die Anzahl der Spurgeraden einer Ebene.

b) Begründen Sie: Wenn die Spurgeraden einer Ebene einander schneiden, so liegt ihr Schnittpunkt auf einer Koordinatenachse.

c) Begründen Sie: Wenn eine Ebene ε drei Spurgeraten besitzt, so ist jede von ihnen bereits durch die anderen beiden festgelegt.

ZUSAMMENFASSUNG

Lageuntersuchungen an zwei Ebenen

Gegeben seien die Ebenen $\varepsilon_1\colon \vec{x} = \vec{p} + r\vec{a} + s\vec{b}$ (r, $s \in \mathbb{R}$; $\vec{a}$, $\vec{b}$ linear unabhängig) und $\varepsilon_2\colon \vec{x} = \vec{q} + u\vec{c} + v\vec{d}$ (u, $v \in \mathbb{R}$; $\vec{c}$, $\vec{d}$ linear unabhängig).

Ansatz: Gleichsetzen

$$\vec{p} + r\vec{a} + s\vec{b} = \vec{q} + u\vec{c} + v\vec{d}$$

oder in Koordinatenschreibweise:

$$\begin{pmatrix} p_1 \\ p_2 \\ p_3 \end{pmatrix} + r\begin{pmatrix} a_1 \\ a_2 \\ a_3 \end{pmatrix} + s\begin{pmatrix} b_1 \\ b_2 \\ b_3 \end{pmatrix} = \begin{pmatrix} q_1 \\ q_2 \\ q_3 \end{pmatrix} + u\begin{pmatrix} c_1 \\ c_2 \\ c_3 \end{pmatrix} + v\begin{pmatrix} d_1 \\ d_2 \\ d_3 \end{pmatrix}$$

↓

Koordinatenvergleich: Zugehöriges Gleichungssystem aufstellen

$$\begin{aligned} ra_1 + sb_1 - uc_1 - vd_1 &= q_1 - p_1 \\ ra_2 + sb_2 - uc_2 - vd_2 &= q_2 - p_2 \\ ra_3 + sb_3 - uc_3 - vd_3 &= q_3 - p_3 \end{aligned}$$

↓

Gauß'schen Algorithmus anwenden,
Gleichungssystem auf Lösbarkeit untersuchen
Ist das System lösbar?

nein →

Ergebnis:
ε_1 und ε_2 sind parallel aber nicht identisch.

ja (Das System hat unendlich viele Lösungen) →

Anzahl der frei wählbaren Variablen bestimmen

Das System besitzt eine einparametrige Lösungsmenge. →

Ergebnis:
ε_1 und ε_2 schneiden einander in einer Geraden[1].

Das System besitzt eine zweiparametrige Lösungsmenge. →

Ergebnis:
ε_1 und ε_2 sind identisch.

[1] Man erhält eine Parametergleichung für die Schnittgerade, wenn man die Lösungsmenge in Parameterdarstellung angibt.

F

Skalarprodukt und Vektorprodukt

Im Kapitel B haben wir Vektoren kennengelernt. In diesem Zusammenhang wurden auch einige Operationen mit Vektoren behandelt: Wir können Vektoren bisher addieren oder vervielfachen, d. h. mit reellen Zahlen multiplizieren.
In diesem Kapitel wollen wir uns weiteren Verknüpfungen von Vektoren zuwenden, nämlich einer skalaren und einer vektoriellen Multiplikation von Vektoren.

1 Definition des Skalarproduktes

Bei der skalaren Multiplikation zweier Vektoren werden die einander entsprechenden Koordinaten der beiden Vektoren multipliziert und die Produkte dann addiert. Dabei wird zwei Vektoren eine reelle Zahl, also eine skalare Größe zugeordnet.

DEFINITION
Sind $\vec{a}$ und $\vec{b}$ Vektoren der Ebene mit $\vec{a} = \begin{pmatrix} a_1 \\ a_2 \end{pmatrix}$ und $\vec{b} = \begin{pmatrix} b_1 \\ b_2 \end{pmatrix}$, so wird die Zahl $a_1 b_1 + a_2 b_2$ das **Skalarprodukt** der Vektoren $\vec{a}$ und $\vec{b}$ genannt und mit $\vec{a} \cdot \vec{b}$ bezeichnet.
Sind $\vec{a}$ und $\vec{b}$ Vektoren des Raumes mit $\vec{a} = \begin{pmatrix} a_1 \\ a_2 \\ a_3 \end{pmatrix}$ und $\vec{b} = \begin{pmatrix} b_1 \\ b_2 \\ b_3 \end{pmatrix}$, so wird die Zahl $a_1 b_1 + a_2 b_2 + a_3 b_3$ das **Skalarprodukt** der Vektoren $\vec{a}$ und $\vec{b}$ genannt und mit $\vec{a} \cdot \vec{b}$ bezeichnet.

Anmerkungen:
1. Für die **skalare Multiplikation** zweier Vektoren verwenden wir dasselbe Operationszeichen wie für die Multiplikation zweier Zahlen. Mit der Multiplikation von Zahlen hat sie einige Rechenregeln gemeinsam – wie wir noch sehen werden.
2. Statt der von uns verwendeten Bezeichnung $\vec{a} \cdot \vec{b}$ für das Skalarprodukt zweier Vektoren werden mitunter auch die Bezeichnungen $(\vec{a}, \vec{b})$ und $\langle \vec{a}, \vec{b} \rangle$ benutzt.

1. Ermitteln Sie die Skalarprodukte der folgenden Paare von Vektoren.

a) $\vec{a} = \begin{pmatrix} 4 \\ 7 \end{pmatrix}$, $\vec{b} = \begin{pmatrix} -1{,}5 \\ 3{,}5 \end{pmatrix}$ **b)** $\vec{c} = \begin{pmatrix} \sqrt{5} \\ \sqrt{11} \end{pmatrix}$, $\vec{d} = \frac{1}{3} \cdot \begin{pmatrix} -\sqrt{11} \\ \sqrt{5} \end{pmatrix}$ **c)** $\vec{x} = \begin{pmatrix} 0{,}8 \\ -1{,}6 \end{pmatrix}$, $\vec{y} = \begin{pmatrix} -3 \\ 6 \end{pmatrix}$

d) $\vec{a} = \begin{pmatrix} 1 \\ 2 \end{pmatrix}$, $\vec{b} = \begin{pmatrix} 1{,}5 \\ 3 \end{pmatrix}$ **e)** $\vec{u} = \frac{1}{5} \cdot \begin{pmatrix} 35 \\ 7 \end{pmatrix}$, $\vec{v} = \frac{1}{7} \cdot \begin{pmatrix} 16 \\ 80 \end{pmatrix}$ **f)** $\vec{a} = \begin{pmatrix} 5 \\ 11 \end{pmatrix}$, $\vec{b} = \begin{pmatrix} 13 \\ -9 \end{pmatrix}$

2. Ermitteln Sie für folgende Vektorenpaare jeweils das Skalarprodukt.

a) $\vec{x} = \begin{pmatrix} -1 \\ 1 \\ 3 \end{pmatrix}$, $\vec{y} = \begin{pmatrix} 1 \\ -2 \\ 4 \end{pmatrix}$ **b)** $\vec{a} = \begin{pmatrix} 4 \\ 0 \\ -2 \end{pmatrix}$, $\vec{b} = \begin{pmatrix} 3 \\ 2{,}5 \\ 1{,}2 \end{pmatrix}$ **c)** $\vec{u} = \begin{pmatrix} \sqrt{8} \\ 7 \\ 1{,}5 \end{pmatrix}$, $\vec{v} = \begin{pmatrix} -\sqrt{8} \\ 0 \\ 3 \end{pmatrix}$

3. Überprüfen Sie, ob folgende Terme sinnvoll sind und – falls ja – ob sich als Ergebnis ein Vektor oder eine Zahl ergibt. Begründen Sie Ihre Aussagen.

a) $7\vec{a}$ **b)** $\vec{a}\cdot\vec{b}$ **c)** $-\vec{a}+\vec{a}\cdot b$ **d)** $a+\vec{b}$ **e)** $\vec{a}+\vec{a}\cdot\vec{b}$

f) $\frac{\vec{a}}{b}$ **g)** $\frac{a}{\vec{b}}$ **h)** $\frac{1}{|\vec{a}|}\cdot\vec{a}$ **i)** $\frac{1}{\vec{a}}\cdot|\vec{a}|$ **k)** $\vec{a}\cdot(\vec{a}\cdot\vec{b})$

4. Vergleichen Sie die jeweils angegebenen Skalarprodukte und versuchen Sie eine allgemeine Aussage zu formulieren.

a) $\begin{pmatrix}2\\3\end{pmatrix}\cdot\begin{pmatrix}5\\6\end{pmatrix}$ und $\begin{pmatrix}5\\6\end{pmatrix}\cdot\begin{pmatrix}2\\3\end{pmatrix}$ **b)** $\begin{pmatrix}7\\2\end{pmatrix}\cdot\begin{pmatrix}3\\-8\end{pmatrix}$ und $\begin{pmatrix}3\\-8\end{pmatrix}\cdot\begin{pmatrix}7\\2\end{pmatrix}$

5. Berechnen Sie folgende Skalarprodukte und versuchen Sie für a) und b) jeweils eine allgemeine Aussage zu formulieren.

a) $\begin{pmatrix}1\\0\end{pmatrix}\cdot\begin{pmatrix}3\\0\end{pmatrix}$; $\begin{pmatrix}0\\4\end{pmatrix}\cdot\begin{pmatrix}0\\2\end{pmatrix}$; $\begin{pmatrix}2\\7\end{pmatrix}\cdot\begin{pmatrix}6\\21\end{pmatrix}$; $\begin{pmatrix}18\\9\end{pmatrix}\cdot\begin{pmatrix}2\\1\end{pmatrix}$; $\begin{pmatrix}9\\6\end{pmatrix}\cdot\begin{pmatrix}13{,}5\\9\end{pmatrix}$; $\begin{pmatrix}0\\0\\12\end{pmatrix}\cdot\begin{pmatrix}0\\0\\3\end{pmatrix}$

b) $\begin{pmatrix}1\\0\end{pmatrix}\cdot\begin{pmatrix}-2\\0\end{pmatrix}$; $\begin{pmatrix}0\\7\end{pmatrix}\cdot\begin{pmatrix}0\\-3{,}5\end{pmatrix}$; $\begin{pmatrix}-4\\-5\end{pmatrix}\cdot\begin{pmatrix}12\\15\end{pmatrix}$; $\begin{pmatrix}-3\\15\end{pmatrix}\cdot\begin{pmatrix}1\\-5\end{pmatrix}$; $\begin{pmatrix}2{,}2\\3{,}4\end{pmatrix}\cdot\begin{pmatrix}-5{,}5\\-8{,}5\end{pmatrix}$

SATZ 1 Für das Skalarprodukt von beliebigen Vektoren $\vec{a}$, $\vec{b}$, $\vec{c}$ gilt:

a) $\vec{a}\cdot\vec{b}=\vec{b}\cdot\vec{a}$ (Kommutativgesetz)

b) $(c\vec{a})\cdot\vec{b}=c(\vec{a}\cdot\vec{b})$ (wobei $c\in\mathbb{R}$)

c) $(\vec{a}+\vec{b})\cdot\vec{c}=\vec{a}\cdot\vec{c}+\vec{b}\cdot\vec{c}$ (Distributivgesetz)

d) $\vec{a}\cdot\vec{a}\geq 0$

e) $\vec{a}\cdot\vec{a}=0$ genau dann wenn $\vec{a}=\vec{0}$

6. Beweisen Sie die Aussagen a) bis e) des Satzes 1 mithilfe der Definition des Skalarproduktes.

7. Vereinfachen Sie für $\vec{a}=\begin{pmatrix}4\\-1\end{pmatrix}$, $\vec{b}=\begin{pmatrix}1\\2\end{pmatrix}$ und $\vec{c}=\begin{pmatrix}2\\-3\end{pmatrix}$ die folgenden Terme.

a) $\vec{a}\cdot\vec{a}+3(\vec{a}\cdot\vec{b})-2(\vec{b}\cdot\vec{c})+1$ **b)** $-\vec{a}\cdot\vec{a}+3(\vec{a}\cdot\vec{b})-2(\vec{b}\cdot\vec{c})+1$

8. Lösen Sie die Klammern so weit wie möglich auf.

a) $(2\vec{a}+\vec{b})\cdot\vec{a}$ **b)** $(\vec{x}+\vec{y})\cdot(\vec{x}+\vec{z})$ **c)** $(\vec{a}+\vec{b})^2$ **d)** $(\vec{a}-\vec{b})^2$ **e)** $(\vec{a}-2\vec{b})\cdot(2\vec{a}-\vec{b})$

9. Zeigen Sie, dass für beliebige Vektoren $\vec{a}$, $\vec{b}$, $\vec{c}$ und $\vec{d}$ gilt:
$(\vec{a}+\vec{b})\cdot(\vec{c}+\vec{d})=\vec{a}\cdot\vec{c}+\vec{b}\cdot\vec{c}+\vec{a}\cdot\vec{d}+\vec{b}\cdot\vec{d}$.

10. Finden Sie Beispiele dafür, dass die folgenden (vom Rechnen mit reellen Zahlen übernommenen) Regeln für die skalare Multiplikation von Vektoren nicht gelten.

a) $(\vec{a}\cdot\vec{b})\cdot\vec{c}=\vec{a}\cdot(\vec{b}\cdot\vec{c})$ („Assoziativgesetz") **b)** $(\vec{a}\cdot\vec{b})^2=\vec{a}^2\cdot\vec{b}^2$

11. $\vec{a}$, $\vec{b}$ und $\vec{c}$ seien beliebige Vektoren. Zeigen Sie, dass aus $\vec{a}\cdot\vec{c}=\vec{b}\cdot\vec{c}$ nicht unbedingt $\vec{a}=\vec{b}$ folgt. Geben Sie ein entsprechendes Gegenbeispiel an.

2 Berechnung von Längen und Winkeln mithilfe des Skalarproduktes

Länge eines Vektors

Bereits in Abschnitt B2 haben wir uns mit der Länge bzw. dem Betrag von Vektoren beschäftigt. Nun werden wir zur Berechnung des Betrages eines Vektors das Skalarprodukt zuhilfe nehmen.

1. **a)** Stellen Sie die Vektoren $\begin{pmatrix} 2 \\ 1 \end{pmatrix}$, $\begin{pmatrix} 3 \\ 5 \end{pmatrix}$ bzw. $\begin{pmatrix} 4 \\ 2 \end{pmatrix}$ in einem Koordinatensystem dar und messen Sie deren Länge. Berechnen Sie die Beträge dieser Vektoren (vgl. Seite 36).

b) Berechnen Sie die Länge des Vektors $\vec{a} = \begin{pmatrix} a_1 \\ a_2 \end{pmatrix}$ bzw. des Vektors $\vec{b} = \begin{pmatrix} b_1 \\ b_2 \\ b_3 \end{pmatrix}$.

c) Berechnen Sie jeweils das Skalarprodukt der Vektoren aus b) mit sich selbst.

> **SATZ 1** Der Betrag eines Vektors ist gleich der Wurzel aus dem Skalarprodukt dieses Vektors mit sich selbst: $|\vec{a}| = \sqrt{\vec{a} \cdot \vec{a}}$.

2. Beweisen Sie Satz 1 unter Berücksichtigung der Definition des Betrages eines Vektors (vgl. Seite 36).

3. Beweisen Sie: Für alle Vektoren $\vec{a}$ aus $\mathbb{R}^2$ bzw. $\mathbb{R}^3$ gilt:

a) $|\vec{a}| \geq 0$

b) Wenn $|\vec{a}| = 0$ ist, so ist $\vec{a} = \vec{o}$.

c) $|r \cdot \vec{a}| = |r| \cdot |\vec{a}|$, wobei $r \in \mathbb{R}$.

> **SATZ 2**
> **a)** **(Dreiecksungleichung für Vektoren)**
> Für alle Vektoren $\vec{a}$ und $\vec{b}$ aus $\mathbb{R}^2$ bzw. $\mathbb{R}^3$ gilt: $|\vec{a} + \vec{b}| \leq |\vec{a}| + |\vec{b}|$.
> **b)** Für alle Vektoren $\vec{a}$ und $\vec{b}$ aus $\mathbb{R}^2$ bzw. $\mathbb{R}^3$ gilt: $|\vec{a} \cdot \vec{b}| \leq |\vec{a}| \cdot |\vec{b}|$.

Beweis:

a) Die Dreiecksungleichung für Vektoren ergibt sich aus der Dreiecksungleichung für Strecken.

b) Wegen Satz 2a) gilt: $|\vec{a} + \vec{b}|^2 \leq (|\vec{a}| + |\vec{b}|)^2$ (*)

Es gilt: $|\vec{a} + \vec{b}|^2 = (\vec{a} + \vec{b}) \cdot (\vec{a} + \vec{b})$
$= \vec{a} \cdot \vec{a} + \vec{a} \cdot \vec{b} + \vec{b} \cdot \vec{a} + \vec{b} \cdot \vec{b}$
$= |\vec{a}|^2 + 2 \cdot \vec{a} \cdot b + |b|^2$

Wegen (*) folgt damit: $|\vec{a}|^2 + 2 \cdot \vec{a} \cdot \vec{b} + |\vec{b}|^2 \leq (|\vec{a}| + |\vec{b}|)^2$

Also: $|\vec{a}|^2 + 2 \cdot \vec{a} \cdot \vec{b} + |\vec{b}|^2 \leq |\vec{a}|^2 + 2|\vec{a}|\,|\vec{b}| + |\vec{b}|^2$

Daraus folgt: $\vec{a} \cdot \vec{b} \leq |\vec{a}| \cdot |\vec{b}|$. (**)

1. Fall: $\vec{a} \cdot \vec{b} \geq 0$, also $\vec{a} \cdot \vec{b} = |\vec{a} \cdot \vec{b}|$.
D.h. wegen (**): $|\vec{a} \cdot \vec{b}| \leq |\vec{a}| \cdot |\vec{b}|$.

2. Fall: $\vec{a} \cdot \vec{b} < 0$, also $-(\vec{a} \cdot \vec{b}) > 0$.
$|\vec{a} \cdot \vec{b}| = |-(\vec{a} \cdot \vec{b})| = |(-\vec{a}) \cdot \vec{b}| \leq |-\vec{a}| \cdot |\vec{b}| = |\vec{a}| \cdot |\vec{b}|$.

4. Berechnen Sie jeweils den Betrag der gegebenen Vektoren.

$\vec{a}=\begin{pmatrix}-3\\4\end{pmatrix}$, $\vec{b}=\begin{pmatrix}12\\-5\end{pmatrix}$, $\vec{c}=\frac{1}{3}\cdot\begin{pmatrix}\frac{3}{2}\\\frac{9}{4}\end{pmatrix}$, $\vec{d}=\begin{pmatrix}-8\\12\\9\end{pmatrix}$, $\vec{e}=\begin{pmatrix}\sqrt{12}\\-3\\-4\end{pmatrix}$, $\vec{f}=\begin{pmatrix}3\\8\\9\end{pmatrix}$

5. Überprüfen Sie, ob es sich bei den folgenden Vektoren um Einheitsvektoren (Vektoren der Länge 1) handelt.

$\vec{a}=\begin{pmatrix}0,5\\-0,5\end{pmatrix}$, $\vec{b}=\frac{1}{3}\cdot\begin{pmatrix}\sqrt{3}\\-\sqrt{3}\end{pmatrix}$, $\vec{c}=\frac{1}{6}\cdot\begin{pmatrix}\sqrt{12}\\-6\end{pmatrix}$, $\vec{d}=\frac{1}{13}\cdot\begin{pmatrix}-5\\3\\12\end{pmatrix}$, $\vec{e}=\frac{1}{3}\cdot\begin{pmatrix}-1\\2\\-2\end{pmatrix}$

6. Geben Sie zu jedem der folgenden Vektoren einen Einheitsvektor gleicher Richtung an.

$\vec{a}=\begin{pmatrix}4\\\sqrt{5}\end{pmatrix}$, $\vec{b}=\frac{1}{2}\cdot\begin{pmatrix}\sqrt{6}\\3\end{pmatrix}$, $\vec{c}=4\cdot\begin{pmatrix}\sqrt{12}\\-6\end{pmatrix}$, $\vec{d}=\begin{pmatrix}6\\3\\-6\end{pmatrix}$, $\vec{e}=\frac{3}{2}\cdot\begin{pmatrix}\frac{2}{5}\\\frac{1}{15}\\-\frac{1}{5}\end{pmatrix}$, $\vec{f}=\begin{pmatrix}2\\3\\4\end{pmatrix}$

7. Bestimmen Sie die Parameter c und d so, dass die Vektoren $\vec{c}$ und $\vec{d}$ jeweils die gleiche Länge haben wie der Vektor $\vec{a}$.

a) $\vec{a}=\begin{pmatrix}4\\-1\\2\end{pmatrix}$, $\vec{c}=\begin{pmatrix}c\\-4\\0{,}5\end{pmatrix}$, $\vec{d}=\begin{pmatrix}\sqrt{10}\\d\\3\end{pmatrix}$ **b)** $\vec{a}=\begin{pmatrix}1\\-1\\-\sqrt{7}\end{pmatrix}$, $\vec{c}=\begin{pmatrix}\sqrt{5}\\-2\\c\end{pmatrix}$, $\vec{d}=\begin{pmatrix}\sqrt{3}\\d\\0\end{pmatrix}$

8. Berechnen Sie die Seitenlängen des Vierecks $ABCD$.

a) $A(0;0)$, $B(4;0)$, $C(4;3)$, $D(1;4)$
b) $A(0;-1)$, $B(5;0)$, $C(6;2)$, $D(1;1)$
c) $A(-4;1)$, $B(-2;-2)$, $C(2;0)$, $D(0;3)$
d) $A(-2;-4)$, $B(1;-2)$, $C(0;1)$, $D(-1;1)$

Winkel zwischen zwei Vektoren

9. Berechnen Sie jeweils von den Vektoren $\vec{a}$ und $\vec{b}$ den Betrag sowie das Skalarprodukt $\vec{a}\cdot\vec{b}$. Tragen Sie die beiden Vektoren jeweils an den Ursprung eines Koordinatensystems an und messen Sie den Winkel zwischen den Vektoren. Vergleichen Sie anschließend die Ergebnisse der Teilaufgaben miteinander.

a) $\vec{a}=\begin{pmatrix}1\\2\end{pmatrix}$, $\vec{b}=\begin{pmatrix}3\\2\end{pmatrix}$ **b)** $\vec{a}=\begin{pmatrix}\sqrt{5}\\0\end{pmatrix}$, $\vec{b}=\begin{pmatrix}0\\\sqrt{13}\end{pmatrix}$ **c)** $\vec{a}=\begin{pmatrix}2\\-1\end{pmatrix}$, $\vec{b}=\begin{pmatrix}-1\\\sqrt{12}\end{pmatrix}$

Das Skalarprodukt von Vektoren ist offensichtlich nicht nur vom Betrag der Vektoren, sondern auch von der Größe des Winkels zwischen den Vektoren abhängig. Wir wollen also versuchen, das Skalarprodukt mithilfe der Beträge der Vektoren und einer Winkelfunktion auszudrücken.

Aus der in Satz 2 b) bewiesenen Ungleichung ergibt sich für zwei beliebige Vektoren $\vec{a}$ und $\vec{b}$ $(\vec{a},\vec{b}\neq\vec{0})$:

$$\frac{|\vec{a}\cdot\vec{b}|}{|\vec{a}|\cdot|\vec{b}|}\leq 1,\text{ also } -1\leq\frac{\vec{a}\cdot\vec{b}}{|\vec{a}|\cdot|\vec{b}|}\leq 1.$$

Die Kosinusfunktion könnte also eine geeignete Winkelfunktion sein, denn sie nimmt für Winkelgrößen zwischen 0° und 180° jeden Wert zwischen −1 und 1 genau einmal an.

10. Überprüfen Sie für die in Aufgabe 9 betrachteten Vektoren, ob sich das Skalarprodukt tatsächlich durch $\vec{a}\cdot\vec{b}=|\vec{a}|\cdot|\vec{b}|\cdot\cos\alpha$ ausdrücken lässt.

SATZ 3 Wenn zwei Vektoren $\vec{a}$ und $\vec{b}$ mit $\vec{a}, \vec{b} \neq \vec{0}$ in einem kartesischen Koordinatensystem den Winkel α ($0° \leq \alpha \leq 180°$) einschließen, so gilt für das Skalarprodukt der beiden Vektoren $\vec{a} \cdot \vec{b} = |\vec{a}| \cdot |\vec{b}| \cdot \cos\alpha$.

Beweis:

$\vec{a} = \begin{pmatrix} a_1 \\ a_2 \\ a_3 \end{pmatrix}$ und $\vec{b} = \begin{pmatrix} b_1 \\ b_2 \\ b_3 \end{pmatrix}$ seien Vektoren, die einen Winkel α ($0° < \alpha < 180°$) einschließen.

Tragen wir diese Vektoren im Koordinatenursprung an, ergibt sich ein Dreieck OAB (vgl. Bild 1), wobei $\sphericalangle AOB = \alpha$.

Für die Strecke $\overline{AB}$ gilt nach dem Satz des Pythagoras:

$$\begin{aligned} |\overline{AB}|^2 &= (a_1 - b_1)^2 + (a_2 - b_2)^2 + (a_3 - b_3)^2 \\ &= a_1^2 + a_2^2 + a_3^2 + b_1^2 + b_2^2 + b_3^2 \\ &\quad - 2(a_1 b_1 + a_2 b_2 + a_3 b_3) \\ &= |\vec{a}|^2 + |\vec{b}|^2 - 2\vec{a} \cdot \vec{b} \qquad (*) \end{aligned}$$

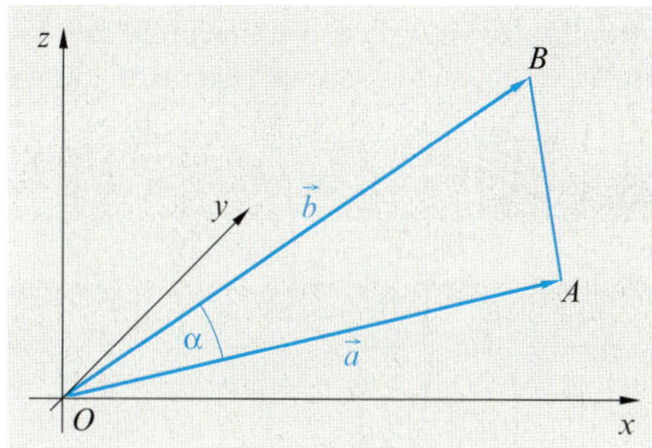

1

Andererseits gilt nach dem Kosinussatz:

$$|\overline{AB}|^2 = |\vec{a}|^2 + |\vec{b}|^2 - 2|\vec{a}| \cdot |\vec{b}| \cdot \cos\alpha. \qquad (**)$$

Die Gleichungen (*) und (**) liefern die Behauptung.

11. Zeigen Sie, dass die Gleichung in Satz 3 auch für $\alpha = 0°$ bzw. $\alpha = 180°$ gilt.

12. Berechnen Sie den Winkel zwischen den Vektoren $\vec{a}$ und $\vec{b}$.

a) $\vec{a} = \begin{pmatrix} 1 \\ 0 \end{pmatrix}, \vec{b} = \begin{pmatrix} 2 \\ 7 \end{pmatrix}$ **b)** $\vec{a} = \begin{pmatrix} 6 \\ -1 \end{pmatrix}, \vec{b} = \begin{pmatrix} 0 \\ 6 \end{pmatrix}$ **c)** $\vec{a} = \begin{pmatrix} 3 \\ -2 \end{pmatrix}, \vec{b} = \begin{pmatrix} 1 \\ 4 \end{pmatrix}$

13. Berechnen Sie für einen Würfel mit der Kantenlänge a den Winkel

a) zwischen einer Raumdiagonalen und einer anstoßenden Kante;

b) zwischen einer Raumdiagonalen und einer anstoßenden Flächendiagonalen.

14. Berechnen Sie für die in Bild 2 dargestellte Pyramide

a) die Kantenlängen,

b) die Höhen der Seitenflächen und

c) die Winkel zwischen den Vektoren $\overrightarrow{AB}$ und $\overrightarrow{AE}$, $\overrightarrow{AC}$ und $\overrightarrow{AE}$, $\overrightarrow{EA}$ und $\overrightarrow{EB}$, $\overrightarrow{M_1M_2}$ und $\overrightarrow{M_1E}$ sowie $\overrightarrow{EM_1}$ und $\overrightarrow{EM_2}$.

Welche geometrische Bedeutung haben die von Ihnen berechneten Winkel in der Pyramide?

(M_1 und M_2 sind die Mittelpunkte der Strecken $\overline{AB}$ bzw. $\overline{CD}$.)

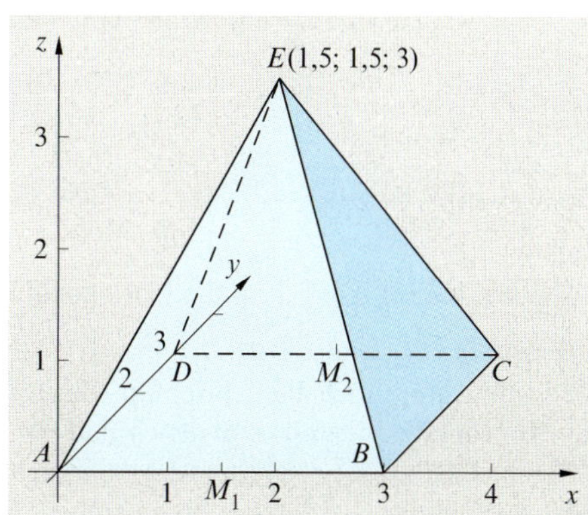

2

Orthogonalität von Vektoren

15. Beweisen Sie, dass das Viereck $ABCD$ mit den Eckpunkten $A(-3; 5; 6)$, $B(1; -5; 7)$, $C(8; -3; -1)$ und $D(4; 7; -2)$ ein Quadrat ist.

DEFINITION Vektoren $\vec{a}$ und $\vec{b}$ mit $\vec{a} \neq \vec{o}$ und $\vec{b} \neq \vec{o}$ werden genau dann als zueinander **orthogonal** bezeichnet, wenn sie senkrecht aufeinander stehen, also falls $\vec{a} \cdot \vec{b} = 0$ gilt. (Man schreibt: $\vec{a} \perp \vec{b}$).

Mithilfe der Koordinatendarstellung des Skalarproduktes lässt sich nun leicht überprüfen, ob Vektoren $\vec{a}$ und $\vec{b}$ zueinander orthogonal sind.

Beispiel 1 *Orthogonalitätsprüfung an Vektoren*

Die Vektoren $\begin{pmatrix} 4 \\ 2 \\ 3 \end{pmatrix}$ und $\begin{pmatrix} -1 \\ -1 \\ 2 \end{pmatrix}$ sind zueinander orthogonal, denn es gilt:

$\begin{pmatrix} 4 \\ 2 \\ 3 \end{pmatrix} \cdot \begin{pmatrix} -1 \\ -1 \\ 2 \end{pmatrix} = -4 - 2 + 6 = 0.$

16. Überprüfen Sie, ob die Vektoren $\vec{a}$ und $\vec{b}$ zueinander orthogonal sind.

a) $\vec{a} = \begin{pmatrix} 1 \\ 0 \end{pmatrix}$, $\vec{b} = \begin{pmatrix} 0 \\ 7 \end{pmatrix}$ **b)** $\vec{a} = \begin{pmatrix} 3 \\ 7 \end{pmatrix}$, $\vec{b} = \frac{4}{5}\begin{pmatrix} 14 \\ -6 \end{pmatrix}$ **c)** $\vec{a} = \begin{pmatrix} 9 \\ 5 \end{pmatrix}$, $\vec{b} = \begin{pmatrix} -4 \\ 11 \end{pmatrix}$

d) $\vec{a} = \begin{pmatrix} 7 \\ 4 \\ 8 \end{pmatrix}$, $\vec{b} = \begin{pmatrix} 4 \\ -3 \\ -2 \end{pmatrix}$ **e)** $\vec{a} = \begin{pmatrix} 2 \\ -6 \\ 3 \end{pmatrix}$, $\vec{b} = \begin{pmatrix} 4 \\ 6 \\ 9 \end{pmatrix}$ **f)** $\vec{a} = \begin{pmatrix} 1 \\ 2 \\ 3 \end{pmatrix}$, $\vec{b} = \begin{pmatrix} -3 \\ -2 \\ -1 \end{pmatrix}$

17. Überprüfen Sie, ob das Dreieck ABC rechtwinklig ist.

a) $A(1; 1)$, $B(2; -2)$, $C(-4; -4)$ **b)** $A(0; 5)$, $B(4; 7)$, $C(6; -3)$

SATZ 4 Zu jedem vom Nullvektor verschiedenen Vektor $\vec{a} = \begin{pmatrix} a_1 \\ a_2 \end{pmatrix}$ des $\mathbb{R}^2$ gibt es genau zwei Vektoren $\vec{b}$ und $\vec{c}$, die zu $\vec{a}$ orthogonal sind und die den gleichen Betrag wie $\vec{a}$ haben, nämlich $\vec{b} = \begin{pmatrix} -a_1 \\ a_2 \end{pmatrix}$ und $\vec{c} = \begin{pmatrix} a_1 \\ -a_2 \end{pmatrix}$.

Beweis:

Für einen Vektor $\vec{b} = \begin{pmatrix} b_1 \\ b_2 \end{pmatrix}$, der orthogonal zu $\vec{a}$ ist und den gleichen Betrag wie $\vec{a}$ hat, muss einerseits $\vec{a} \cdot \vec{b} = 0$, also $a_1 b_1 + a_2 b_2 = 0$ (*) und andererseits $a_1^2 + a_2^2 = b_1^2 + b_2^2$ (**) gelten. Wenn man nun noch berücksichtigt, dass $\vec{a}$ nicht der Nullvektor ist, also mindestens eine der Koordinaten a_1 und a_2 ungleich null ist, kann man aus den beiden Gleichungen (*) und (**) folgern, dass $b_1^2 = a_2^2$ bzw. $b_2^2 = a_1^2$ gelten muss.

Wegen (*) ergeben sich damit die Lösungen $b_1 = -a_2$ und $b_2 = a_1$ bzw. $b_1 = a_2$ und $b_2 = a_1$.

Beispiel 2 *Bestimmung eines zu einem vorgegebenen Vektor orthogonalen Vektors*

Es ist ein Vektor $\vec{b} = \begin{pmatrix} x \\ y \\ z \end{pmatrix}$ gesucht, der zu $\vec{a} = \begin{pmatrix} 1 \\ -2 \\ 3 \end{pmatrix}$ orthogonal ist.

Für $\vec{a} \perp \vec{b}$ muss nach Satz 1 gelten: $\vec{a} \cdot \vec{b} = \begin{pmatrix} 1 \\ -2 \\ 3 \end{pmatrix} \cdot \begin{pmatrix} x \\ y \\ z \end{pmatrix} = x - 2y + 3z = 0.$

Somit sind alle Vektoren $\vec{b}$, für deren Koordinaten die Gleichung $x - 2y + 3z = 0$ bzw. $z = -\frac{1}{3}x + \frac{2}{3}y$ erfüllt ist, orthogonal zu $\vec{a}$. (Wegen $\vec{b} \neq \vec{o}$ muss jedoch mindestens eine der Koordinaten x, y oder z von null verschieden sein.)

Ein zu $\vec{a}$ orthogonaler Vektor ist also z. B. der Vektor $\vec{b} = \begin{pmatrix} 0 \\ 3 \\ 2 \end{pmatrix}$.

18. Bestimmen Sie jeweils einen Vektor, der zum gegebenen Vektor orthogonal ist.

a) $\vec{a} = \begin{pmatrix} 3 \\ -8 \end{pmatrix}$ **b)** $\vec{b} = \begin{pmatrix} 7 \\ 7 \end{pmatrix}$ **c)** $\vec{c} = \begin{pmatrix} 3 \\ 0 \\ 6 \end{pmatrix}$ **d)** $\vec{d} = \begin{pmatrix} 5 \\ -9 \\ 6 \end{pmatrix}$ **e)** $\vec{e} = \begin{pmatrix} 3 \\ 2 \\ 1 \end{pmatrix}$

19. Gegeben sind eine Gerade g und ein Punkt P. Geben Sie eine Parametergleichung für eine Gerade h an, die durch den Punkt P verläuft und zu g senkrecht ist.

a) $g\colon \vec{x} = \begin{pmatrix} 3 \\ -1 \end{pmatrix} + t\begin{pmatrix} 4 \\ 3 \end{pmatrix}$, $P(3; -1)$ **b)** $g\colon \vec{x} = \begin{pmatrix} 1 \\ 2 \\ 4 \end{pmatrix} + t\begin{pmatrix} -1 \\ 6 \\ 8 \end{pmatrix}$, $P(1; 1; 9)$

20.* Bestimmen Sie den Abstand des Punktes Q von der Geraden $g\colon \vec{x} = \begin{pmatrix} 3 \\ -4 \end{pmatrix} + t\begin{pmatrix} 0{,}5 \\ 5 \end{pmatrix}$.

a) $Q(1; 0)$ **b)** $Q(4; 4)$ **c)** $Q(-1; -1)$ **d)** $Q(0{,}5; 3)$ **e)** $Q(-10; 9)$ **f)** $Q(68; -44)$

Beispiel 3 *Bestimmung eines Vektors, der zu zwei gegebenen Vektoren orthogonal ist*

Gesucht ist ein Vektor $\vec{n} = \begin{pmatrix} x \\ y \\ z \end{pmatrix}$, der zu den Vektoren $\vec{a} = \begin{pmatrix} 3 \\ -1 \\ 7 \end{pmatrix}$ und $\vec{b} = \begin{pmatrix} 2 \\ -5 \\ 9 \end{pmatrix}$ orthogonal ist.

Die Bedingungen $\vec{a} \perp \vec{n}$ und $\vec{b} \perp \vec{n}$ (bzw. $\vec{a} \cdot \vec{n} = 0$ und $\vec{b} \cdot \vec{n} = 0$) führen zu folgendem LGS: (I) $3x - y + 7z = 0$ und (II) $2x - 5y + 9z = 0$.

Die Lösungen dieses Gleichungssystems lassen sich in der Form $\begin{pmatrix} x \\ y \\ z \end{pmatrix} = t \cdot \begin{pmatrix} -2 \\ 1 \\ 1 \end{pmatrix}$ $(t \in \mathbb{R})$ darstellen. Alle Vektoren dieser Form (mit Ausnahme des Nullvektors) sind sowohl zu $\vec{a}$ als auch zu $\vec{b}$ orthogonal, so zum Beispiel (bei $t = 1$) der Vektor $\vec{n} = \begin{pmatrix} -2 \\ 1 \\ 1 \end{pmatrix}$.

21. Bestimmen Sie einen Vektor $\vec{c}$, der zu den Vektoren $\vec{a}$ und $\vec{b}$ orthogonal ist.

a) $\vec{a} = \begin{pmatrix} 6 \\ 0 \\ -1 \end{pmatrix}$, $\vec{b} = \begin{pmatrix} 0 \\ 1 \\ 6 \end{pmatrix}$ **b)** $\vec{a} = \begin{pmatrix} 2 \\ -3 \\ -5 \end{pmatrix}$, $\vec{b} = \begin{pmatrix} 2 \\ 7 \\ 0 \end{pmatrix}$ **c)** $\vec{a} = \begin{pmatrix} 2 \\ 6 \\ 6 \end{pmatrix}$, $\vec{b} = \begin{pmatrix} 3 \\ -6 \\ -9 \end{pmatrix}$

3 Geometrische Interpretation des Skalarproduktes

Gegeben seien Vektoren $\vec{a}$ und $\vec{b}$ ($\vec{a}, \vec{b} \neq \vec{0}$) des $\mathbb{R}^2$, die einen Winkel α einschließen.

Für die senkrechte Projektion $\overrightarrow{b_a}$ des Vektors $\vec{b}$ auf den Vektor $\vec{a}$ gilt:
$|\overrightarrow{b_a}| = |\vec{b}| \cos\alpha$, falls $\alpha \leq 90°$ bzw.
$|\overrightarrow{b_a}| = |\vec{b}|(-\cos\alpha)$, falls $90° < \alpha \leq 180°$.

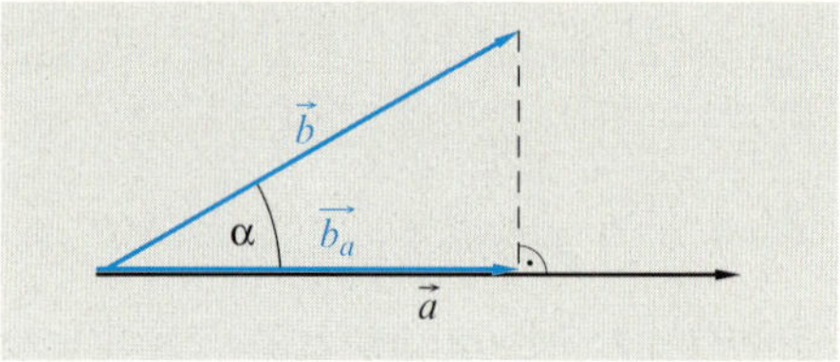

1

Betrachtet man nun ein Rechteck mit den Seitenlängen $|\vec{a}|$ und $|\overrightarrow{b_a}|$, so ergibt sich sein Flächeninhalt folgendermaßen:

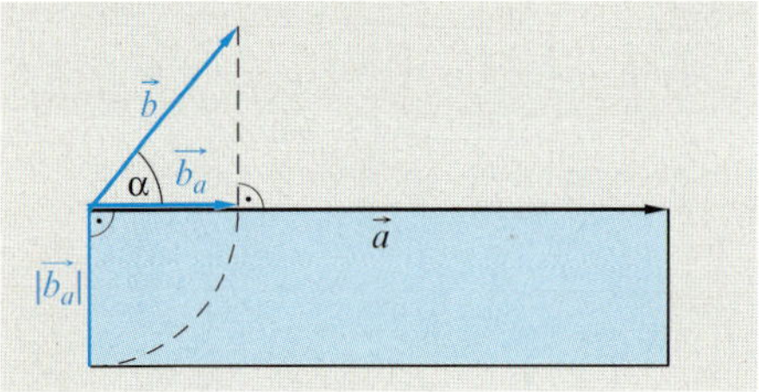

2

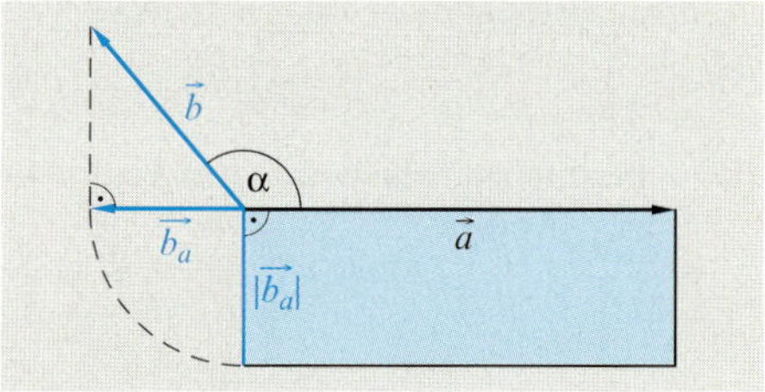

3

$A = |\vec{a}| \cdot |\overrightarrow{b_a}| = |\vec{a}| \cdot |\vec{b}| \cdot \cos\alpha$,
also $A = \vec{a} \cdot \vec{b}$, falls $\alpha \leq 90°$.

$A = |\vec{a}| \cdot |\overrightarrow{b_a}| = |\vec{a}| \cdot |\vec{b}| \cdot (-\cos\alpha)$,
also $A = -(\vec{a} \cdot \vec{b})$, falls $90° < \alpha \leq 180°$.

Das Skalarprodukt zweier Vektoren $\vec{a}$ und $\vec{b}$ kann also als Flächeninhalt eines Rechtecks interpretiert werden, das von $\vec{a}$ und der Projektion von $\vec{b}$ auf $\vec{a}$ aufgespannt wird.

1. a) Zeichnen Sie die Vektoren $\vec{a} = \begin{pmatrix} 5 \\ 2 \end{pmatrix}$ und $\vec{b} = \begin{pmatrix} 3 \\ 3 \end{pmatrix}$ in ein Koordinatensystem und ermitteln Sie zeichnerisch das Skalarprodukt von $\vec{a}$ und $\vec{b}$. Vergleichen Sie mit dem entsprechenden berechneten Wert.

b) Geben Sie mindestens drei weitere, von $\vec{b}$ verschiedene Vektoren $\vec{x}$ an, die mit $\vec{a}$ das gleiche Skalarprodukt bilden wie $\vec{b}$ mit $\vec{a}$. Begründen Sie Ihr Vorgehen.

Eine weitere Interpretation des Skalarproduktes erhalten wir im Zusammenhang mit linearen Gleichungen.

$\vec{x} = \begin{pmatrix} x_1 \\ x_2 \\ x_3 \end{pmatrix}$ sei eine Lösung der linearen Gleichung $a_1 x_1 + a_2 x_2 + a_3 x_3 = a_0$ und $\vec{a} = \begin{pmatrix} a_1 \\ a_2 \\ a_3 \end{pmatrix}$ der Vektor aus den Koeffizienten dieser linearen Gleichung.
Dann kann man auch schreiben $\vec{x} \cdot \vec{a} = a_0$.
Beim Lösen einer linearen Gleichung sucht man also Vektoren $\vec{x}$, die mit einem gegebenen Vektor $\vec{a}$ ein vorgegebenes Skalarprodukt bilden.
Wenn es verschiedene Lösungen $\vec{x}$ und $\vec{y}$ der linearen Gleichung gibt, so gilt also: $\vec{x} \cdot \vec{a} = a_0$ und $\vec{y} \cdot \vec{a} = a_0$ und demzufolge $\vec{x} \cdot \vec{a} = \vec{y} \cdot \vec{a}$ bzw. $\vec{a} \cdot (\vec{x} - \vec{y}) = 0$, d.h. $\vec{a}$ und $\vec{x} - \vec{y}$ sind orthogonal.

2. Stellen Sie eine lineare Gleichung mit drei Variablen auf und ermitteln Sie verschiedene Lösungen. Überprüfen Sie, ob für je zwei Lösungen $\vec{x}$ und $\vec{y}$ gilt $\vec{a} \cdot (\vec{x} - \vec{y}) = 0$, wobei $\vec{a}$ der Vektor aus den Koeffizienten der Gleichung ist.

4 Weitere Anwendungen des Skalarproduktes

Beweisen geometrischer Sätze mithilfe des Skalarproduktes

Viele bekannte Sätze der Geometrie lassen sich unter Anwendung der Vektorrechnung und speziell des Skalarproduktes auf einfache und elegante Art beweisen. Wichtig ist dabei zunächst, Voraussetzung und Behauptung des Satzes in die Vektorsprache zu übersetzen.

Beispiel 1 *Beweis des Satzes des Pythagoras mithilfe der Vektorrechnung*

Es ist zu zeigen, dass in jedem rechtwinkligen Dreieck das Quadrat über der Hypotenuse flächengleich der Summe der Quadrate über den Katheten ist bzw. dass in jedem bei C rechtwinkligen Dreieck ABC die Gleichung $|\overline{AC}|^2 + |\overline{CB}|^2 = |\overline{AB}|^2$ gilt.

Wir formulieren zunächst Voraussetzung und Behauptung des Satzes vektoriell:

Voraussetzungen: $\vec{c} = \vec{a} + \vec{b}$ und $\vec{a} \perp \vec{b}$, d.h. $\vec{a} \cdot \vec{b} = 0$

Behauptung: $\vec{a} \cdot \vec{a} + \vec{b} \cdot \vec{b} = \vec{c} \cdot \vec{c}$[1] bzw. $\vec{a}^2 + \vec{b}^2 = \vec{c}^2$

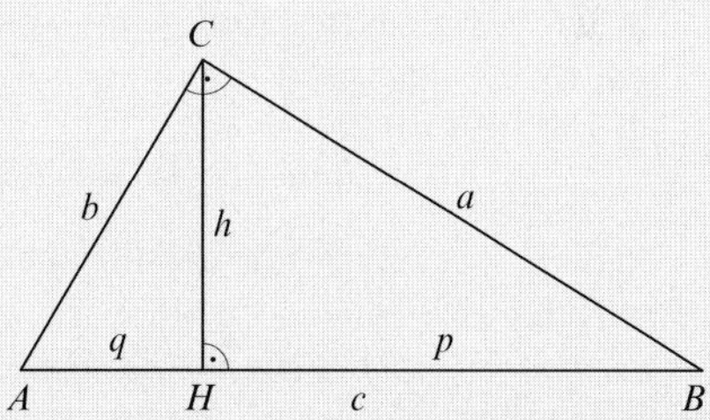

1

Beweis: Durch Anwendung der Rechenregeln für das Skalarprodukt (vgl. Seite 166, Satz 1) ergibt sich:

$$\vec{c}^2 = \vec{c} \cdot \vec{c} = (\vec{a} + \vec{b}) \cdot (\vec{a} + \vec{b}) = (\vec{a} + \vec{b}) \cdot \vec{a} + (\vec{a} + \vec{b}) \cdot \vec{b} = \vec{a} \cdot \vec{a} + \vec{b} \cdot \vec{a} + \vec{a} \cdot \vec{b} + \vec{b} \cdot \vec{b}.$$

Nach der Voraussetzung gilt $\vec{a} \cdot \vec{b} = \vec{b} \cdot \vec{a} = 0$, also ist $\vec{c}^2 = \vec{a} \cdot \vec{a} + \vec{b} \cdot \vec{b} = \vec{a}^2 + \vec{b}^2$.

1. Formulieren und beweisen Sie die Umkehrung des Satzes des Pythagoras.

2. Beweisen Sie vektoriell den Kathetensatz: In jedem rechtwinkligen Dreieck hat das Quadrat über einer Kathete den gleichen Flächeninhalt wie das Rechteck, das aus der Hypotenuse und dem der Kathete zugehörigen Hypotenusenabschnitt gebildet wird:
$a^2 = p \cdot c$ und $b^2 = q \cdot c$.

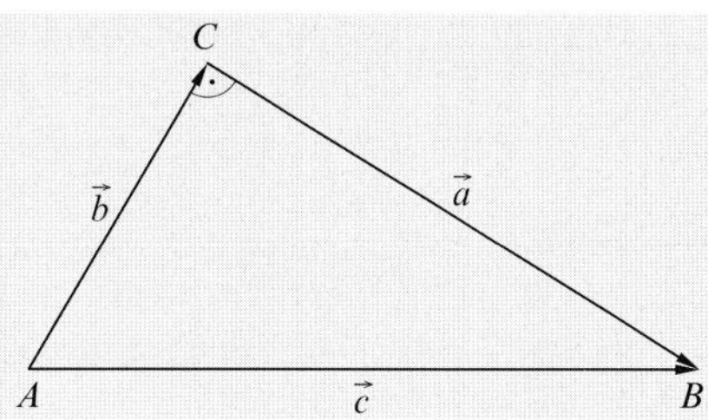

2

3. Beweisen Sie vektoriell den Höhensatz:
In jedem rechtwinkligen Dreieck ist der Flächeninhalt des Quadrates über der Höhe auf die Hypotenuse gleich dem Flächeninhalt des Rechtecks, das aus den beiden Hypotenusenabschnitten gebildet wird:
$h^2 = p \cdot q$.

[1] Es gilt $\vec{a} \cdot \vec{a} = |\vec{a}| \cdot |\vec{a}| \cdot \cos 0° = |\vec{a}|^2 \cdot 1 = |\vec{a}|^2 = |\overline{CB}|^2$.

4. Beweisen Sie folgenden Satz vektoriell:
In einem beliebigen Dreieck ABC mit den Seiten a, b und c sowie den jeweils gegenüberliegenden Innenwinkeln α, β und γ (Bild 3) gilt:
$c^2 = a^2 + b^2 - 2ab\cos\gamma$,
$b^2 = a^2 + c^2 - 2ac\cos\beta$ und
$a^2 = b^2 + c^2 - 2bc\cos\alpha$.

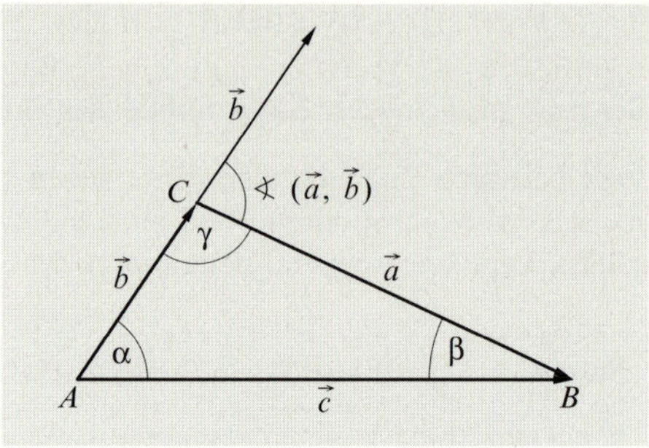

3

5. Beweisen Sie den Sinussatz vektoriell:
In jedem Dreieck ist der Quotient zweier Seitenlängen gleich dem Quotienten der Sinus der jeweils gegenüberliegenden Innenwinkel:
$\frac{a}{b} = \frac{\sin\alpha}{\sin\beta}$.
Hinweis: Verwenden Sie die Bezeichnungen aus Bild 4 und multiplizieren Sie die Vektorgleichung $\vec{a} + \vec{b} = \vec{c}$ auf beiden Seiten mit dem Höhenvektor $\vec{h}$.

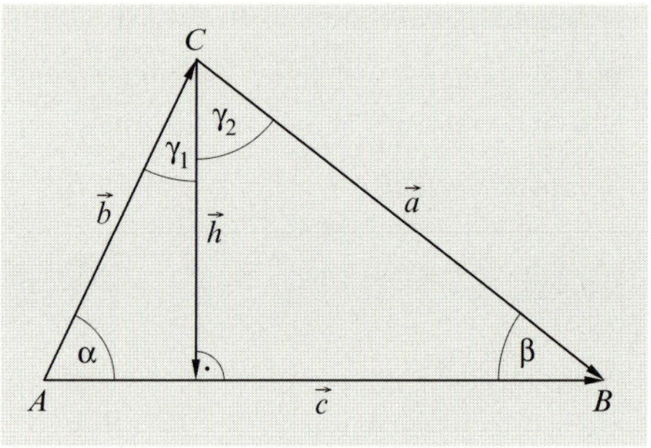

4

6. Beweisen Sie den Satz des Thales vektoriell:
Liegt ein Punkt C eines Dreiecks ABC auf dem Kreis mit dem Durchmesser $\overline{AB}$, so ist das Dreieck bei C rechtwinklig.
Hinweis: Formulieren Sie zunächst anhand der Bezeichnungen in Bild 5 die Behauptung vektoriell und beachten Sie, dass $\vec{r}$ und $\vec{m}$ Radiusvektoren des Kreises sind.

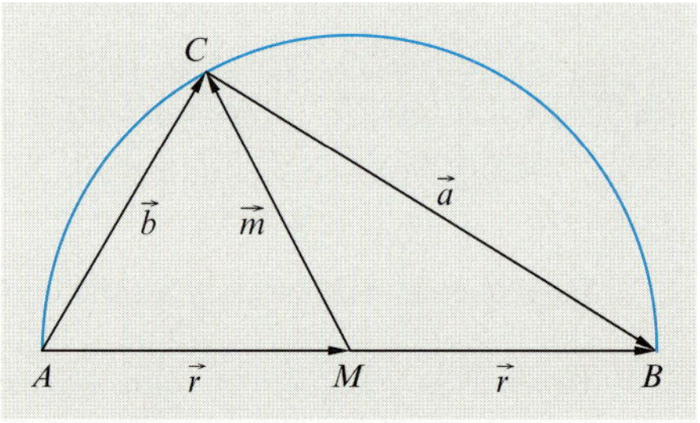

5

7.* Beweisen Sie folgenden Satz vektoriell:
In jedem Drachenviereck stehen die Diagonalen senkrecht aufeinander.
Hinweis: Berücksichtigen Sie, dass jede Seite eines Drachenvierecks eine benachbarte gleich lange Seite besitzt.

8. Beweisen Sie die folgenden Sätze vektoriell:
a) Wenn die Diagonalen eines Parallelogramms gleich lang sind, so ist es ein Rechteck.
b) In jedem Rechteck sind die Diagonalen gleich lang.
c) In einem Rhombus (einer Raute) stehen die Diagonalen senkrecht aufeinander.
d) Wenn in einem Parallelogramm die Diagonalen senkrecht aufeinander stehen, so ist es ein Rhombus.

Das Skalarprodukt in der Physik

Die **mechanische Arbeit** lässt sich aufgrund von Satz 3, Seite 169 als Skalarprodukt der Kraft mit dem Vektor des zurückgelegten Weges berechnen: $W = |\overrightarrow{F_G}| \cdot |\vec{s}| \cdot \cos(\overrightarrow{F_G}; \vec{s})$, also $W = \vec{F} \cdot \vec{s}$.

Beispiel 3 *Anwendung des Skalarproduktes in der Physik*

Gesucht ist die mechanische Arbeit, die verrichtet wird, wenn ein PKW der Masse 1300 kg (mit Insassen) eine 750 Meter lange Straße mit dem (konstanten) Anstieg 9 % hinauf fährt (Reibung und Luftwiderstand sollen dabei unberücksichtigt bleiben).

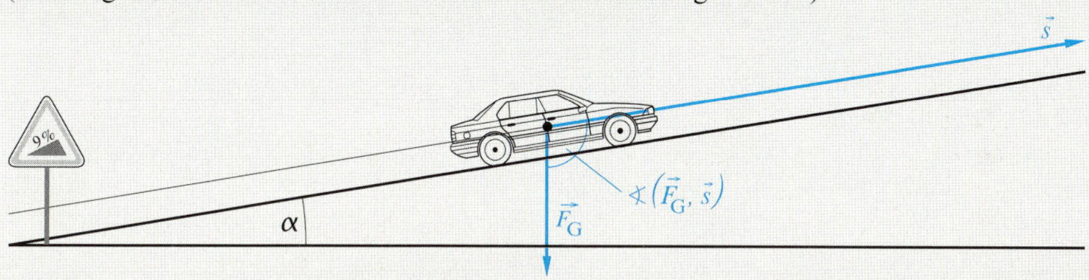

6

Wir berechnen zunächst aus dem gegebenen Anstieg von 9 % (d. h. $m = 0{,}09$) den Winkel α der geneigten Ebene: $\tan\alpha = m = 0{,}09$, also $\alpha \approx 5°$.

Die zu überwindende Kraft ist die Gewichtskraft $\overrightarrow{F_G}$. Der Winkel zwischen $\overrightarrow{F_G}$ und $\vec{s}$ ergibt sich aus α durch $\sphericalangle(\overrightarrow{F_G}, \vec{s}) = 90° + \alpha \approx 95°$.

Mit $|\overrightarrow{F_G}| = m \cdot g = 1300\,\text{kg} \cdot 9{,}81\,\frac{\text{m}}{\text{s}^2} = 12{,}75\,\text{kN}$ erhalten wir:

$W = \overrightarrow{F_G} \cdot \vec{s} = |\overrightarrow{F_G}| \cdot |\vec{s}| \cdot \cos\sphericalangle(\overrightarrow{F_G}, \vec{s}) = 12{,}75\,\text{kN} \cdot 750\,\text{m} \cdot \cos 95° = -857\,\text{kJ}.$

Das negative Vorzeichen hat die Bedeutung, dass eine Arbeit verrichtet (Energie zugeführt) werden muss. Die zu verrichtende Arbeit beträgt somit 857 kJ.

9. Ein Körper wird längs eines Weges $\vec{s}$ durch eine Kraft $\vec{F}$, die mit $\vec{s}$ den Winkel α einschließt, verschoben. Berechnen Sie die verrichtete Arbeit.

a) $|\vec{s}| = 3\,\text{m}$, $|\vec{F}| = 2\,\text{N}$, $\alpha = 0°$
b) $|\vec{s}| = 3{,}4\,\text{m}$, $|\vec{F}| = 5{,}6\,\text{N}$, $\alpha = 45°$
c) $|\vec{s}| = 2\,\text{m}$, $|\vec{F}| = 3\,\text{N}$, $\alpha = 30°$
d) $|\vec{s}| = 87\,\text{m}$, $|\vec{F}| = 120\,\text{N}$, $\alpha = 76°$

10. Welche Arbeit ist zu verrichten, wenn ein Bierfass der Masse 130 kg 8 m auf einer um 25° geneigten Ebene hinaufgerollt wird?

11. Ein Segelboot wird so gesteuert, dass der Wind mit einem Winkel von 25° zur Fahrtrichtung einfällt. Die Kraft, die der Wind auf das Boot ausübt, beträgt 1800 N.
Wie groß ist die vom Wind nach einer Strecke von 2 km am Boot verrichtete Arbeit?

12. Eine Last wird von zwei Zugmaschinen mit Seilen gezogen, die mit der Bewegungsrichtung Winkel von 15° bzw. 20° bilden. Die Zugkraft jeder der beiden Maschinen beträgt 50 kN. Welche Arbeit wird verrichtet, wenn die Last 100 m transportiert wird?

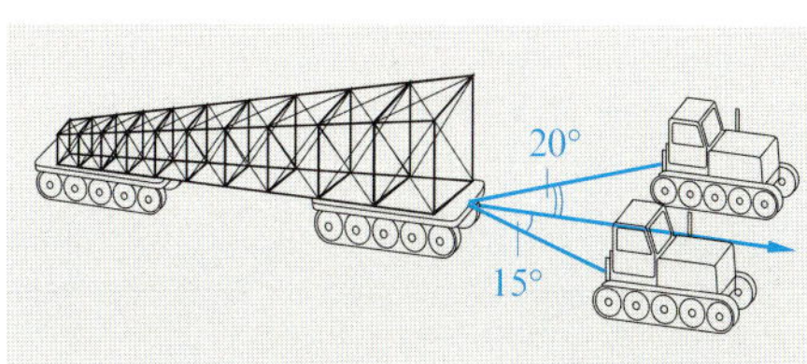

7

5 Definition des Vektorproduktes

Während durch das Skalarprodukt zwei Vektoren stets eine reelle Zahl, also ein Skalar, zugeordnet wird, wird durch das Vektorprodukt zwei Vektoren des $\mathbb{R}^3$ wieder ein Vektor des $\mathbb{R}^3$ zugeordnet. Dieser Vektor soll senkrecht auf den beiden vorgebenen Vektoren stehen.

1. Geben Sie einen Vektor $\vec{c}$ an, der zu den Vektoren $\vec{a}$ und $\vec{b}$ orthogonal ist (vgl. Beispiel 3, Seite 171).

a) $\vec{a}=\begin{pmatrix}0{,}5\\1{,}5\\-3\end{pmatrix},\ \vec{b}=\begin{pmatrix}-2\\5\\3{,}5\end{pmatrix}$ **b)** $\vec{a}=\begin{pmatrix}3{,}2\\7{,}1\\0{,}7\end{pmatrix},\ \vec{b}=\begin{pmatrix}-3\\7\\-9\end{pmatrix}$ **c)** $\vec{a}=\begin{pmatrix}2\\3\\2\end{pmatrix},\ \vec{b}=\begin{pmatrix}3\\-6\\-9\end{pmatrix}$

Wenn ein Vektor $\vec{c}$ senkrecht auf zwei Vektoren $\vec{a}$ und $\vec{b}$ stehen soll, so muss sowohl $\vec{a}\cdot\vec{c}=0$ als auch $\vec{b}\cdot\vec{c}=0$ gelten.

Haben die Vektoren $\vec{a}$, $\vec{b}$ und $\vec{c}$ die Form $\vec{a}=\begin{pmatrix}a_1\\a_2\\a_3\end{pmatrix}$, $\vec{b}=\begin{pmatrix}b_1\\b_2\\b_3\end{pmatrix}$ bzw. $\vec{c}=\begin{pmatrix}c_1\\c_2\\c_3\end{pmatrix}$, so muss also gelten: $a_1c_1+a_2c_2+a_3c_3=0$ und $b_1c_1+b_2c_2+b_3c_3=0$.

Eine Lösung dieses Gleichungssystems ist der Vektor

$$\vec{c}=\begin{pmatrix}c_1\\c_2\\c_3\end{pmatrix}=\begin{pmatrix}a_2b_3-a_3b_2\\a_3b_1-a_1b_3\\a_1b_2-a_2b_1\end{pmatrix}.$$

DEFINITION
Es seien $\vec{a}$ und $\vec{b}$ Vektoren des $\mathbb{R}^3$ mit $\vec{a}=\begin{pmatrix}a_1\\a_2\\a_3\end{pmatrix}$ und $\vec{b}=\begin{pmatrix}b_1\\b_2\\b_3\end{pmatrix}$.

Der Vektor $\begin{pmatrix}a_2b_3-a_3b_2\\a_3b_1-a_1b_3\\a_1b_2-a_2b_1\end{pmatrix}$ heißt **Vektorprodukt**[1] oder **Kreuzprodukt** der Vektoren $\vec{a}$ und $\vec{b}$ und wird mit $\vec{a}\times\vec{b}$ (gesprochen „a kreuz b") bezeichnet.

Anmerkung:
Das Vektorprodukt ist im Gegensatz zum Skalarprodukt nur für Vektoren des Raumes definiert.
Die drei Vektoren $\vec{a}$, $\vec{b}$ und $\vec{a}\times\vec{b}$ bilden ein „Rechtssystem":
Wenn man $\vec{a}$ und $\vec{b}$ durch den Daumen und den Zeigefinger der rechten Hand veranschaulicht, so zeigt $\vec{a}\times\vec{b}$ in die Richtung des Mittelfingers[2] (vgl. Bild 1).

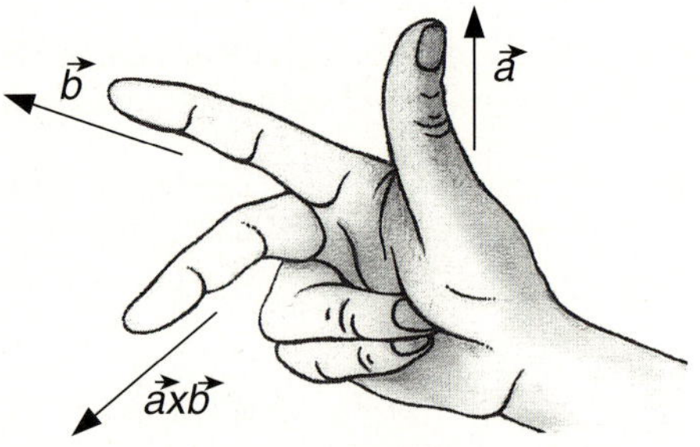

1

[1] Die Bezeichnung „Vektorprodukt" wird benutzt, weil das Ergebnis der Multiplikation zweier Vektoren ein Vektor ist.
[2] Daumen, Zeige- und Mittelfinger der linken Hand bilden ein „Linkssystem". Auch in der Natur finden wir Beispiele für Rechts- und Linkssysteme, z. B. gibt es rechts- und linkswindende Pflanzen, rechten und linken Spin in der Kernphysik.

2. Bestimmen Sie mithilfe des Vektorproduktes einen Vektor, der zu $\vec{a}$ und $\vec{b}$ orthogonal ist.

a) $\vec{a}=\begin{pmatrix}3\\1\\-1\end{pmatrix}, \vec{b}=\begin{pmatrix}4\\-2\\1\end{pmatrix}$ **b)** $\vec{a}=\begin{pmatrix}1\\2\\3\end{pmatrix}, \vec{b}=\begin{pmatrix}-4\\1\\-3\end{pmatrix}$ **c)** $\vec{a}=\begin{pmatrix}2\\3\\-1\end{pmatrix}, \vec{b}=\begin{pmatrix}5\\-1\\2\end{pmatrix}$

3. Berechnen Sie zunächst $\vec{a}\times\vec{b}$ und dann $\vec{b}\times\vec{a}$. Formulieren Sie eine allgemeine Aussage.

a) $\vec{a}=\begin{pmatrix}-5\\1\\0\end{pmatrix}, \vec{b}=\begin{pmatrix}0\\-3\\7\end{pmatrix}$ **b)** $\vec{a}=\begin{pmatrix}-6\\5\\-10\end{pmatrix}, \vec{b}=\begin{pmatrix}3\\-2{,}5\\5\end{pmatrix}$ **c)** $\vec{a}=\begin{pmatrix}3\\-2\\1\end{pmatrix}, \vec{b}=\begin{pmatrix}4\\5\\-2\end{pmatrix}$

SATZ 1 $\vec{a}$, $\vec{b}$ und $\vec{c}$ seien Vektoren aus dem $\mathbb{R}^3$ mit $\vec{a}, \vec{b}, \vec{c} \neq \vec{o}$ und r sei eine beliebige reelle Zahl. Dann gilt:

a) $\vec{a}\times\vec{b}=-\vec{b}\times\vec{a}$

b) $\vec{a}\times(\vec{b}+\vec{c})=\vec{a}\times\vec{c}+\vec{b}\times\vec{c}$ (1. Distributivgesetz)

c) $(\vec{a}+\vec{b})\times\vec{c}=\vec{a}\times\vec{c}+\vec{b}\times\vec{c}$ (2. Distributivgesetz)

d) $(r\cdot\vec{a})\times\vec{b}=r\cdot(\vec{a}\times\vec{b})=\vec{a}\times(r\cdot\vec{b})$

e) $\vec{a}\times\vec{o}=\vec{o}\times\vec{a}=\vec{o}$

f) $\vec{a}\times\vec{a}=\vec{o}$

4. Beweisen Sie die Eigenschaften a) bis f) aus Satz 1 mithilfe der Definition des Vektorproduktes.

5. Unter welchen Bedingungen gilt $\vec{a}\times\vec{b}=\vec{b}\times\vec{a}$?

6. Berechnen Sie alle möglichen Vektorprodukte zweier der Vektoren

$\vec{e_1}=\begin{pmatrix}1\\0\\0\end{pmatrix}, \vec{e_2}=\begin{pmatrix}0\\1\\0\end{pmatrix}, \vec{e_3}=\begin{pmatrix}0\\0\\1\end{pmatrix}$. Interpretieren Sie die Ergebnisse geometrisch.

7. Prüfen Sie, ob für beliebige Vektoren $\vec{a}$ und $\vec{b}$ aus $\mathbb{R}^3$ mit $\vec{a}, \vec{b}\neq\vec{o}$ folgende Aussagen sowie ihre Umkehrungen gelten:

a) Wenn $\vec{a}\times\vec{b}=\vec{o}$, so sind $\vec{a}$ und $\vec{b}$ linear abhängig.

b) Wenn die Vektoren $\vec{a}$ und $\vec{b}$ orthogonal sind, so ist $|\vec{a}\times\vec{b}|=|\vec{a}|\cdot|\vec{b}|$.

8. Bestimmen Sie den Vektor $\vec{a}$ so, dass $\vec{a}\times\vec{b}=\vec{c}$ gilt.

a) $\vec{b}=\begin{pmatrix}-1\\2\\0\end{pmatrix}, \vec{c}=\begin{pmatrix}-2\\-1\\8\end{pmatrix}$ **b)** $\vec{b}=\begin{pmatrix}0\\-1\\2\end{pmatrix}, \vec{c}=\begin{pmatrix}4\\-2\\1\end{pmatrix}$ **c)** $\vec{b}=\begin{pmatrix}-2\\0\\2\end{pmatrix}, \vec{c}=\begin{pmatrix}2\\-4\\2\end{pmatrix}$

9. a) Geben Sie drei Vektoren $\vec{a}, \vec{b}, \vec{c}$ an, die die Gleichung $(\vec{a}\times\vec{b})\times\vec{c}=\vec{a}\times(\vec{b}\times\vec{c})$ erfüllen.

b) Zeigen Sie durch ein Gegenbeispiel, dass die in a) gegebene Gleichung nicht allgemein gültig ist.

10. Zeigen Sie, dass folgende Gleichungen für beliebige Vektoren $\vec{a}, \vec{b}, \vec{c}$ und $\vec{d}$ des $\mathbb{R}^3$ gelten.

a) $\vec{a}\times(\vec{b}-\vec{c})=\vec{a}\times\vec{b}-\vec{a}\times\vec{c}$ **b)** $\vec{a}\times(\vec{b}+\vec{c}+\vec{d})=\vec{a}\times\vec{b}+\vec{a}\times\vec{c}+\vec{a}\times\vec{d}$

6 Geometrische Interpretation des Vektorproduktes

Flächeninhalt eines Parallelogramms bzw. Dreiecks

Wir wissen bereits, dass für zwei Vektoren $\vec{a}$ und $\vec{b}$ des $\mathbb{R}^3$ das Vektorprodukt $\vec{a} \times \vec{b}$ einen Vektor des $\mathbb{R}^3$ darstellt, der sowohl senkrecht zu $\vec{a}$ als auch senkrecht zu $\vec{b}$ steht.
Die Länge dieses Vektors lässt sich geometrisch interpretieren.

SATZ 1 Für beliebige Vektoren $\vec{a}$ und $\vec{b}$ des $\mathbb{R}^3$ gilt:
$|\vec{a} \times \vec{b}|^2 = |\vec{a}|^2 \cdot |\vec{b}|^2 - (\vec{a} \cdot \vec{b})^2.$ (*)

1. Beweisen Sie Satz 1 mithilfe der Definitionen des Skalar- und des Vektorproduktes.

Wir wollen nun versuchen, den Betrag des Vektors $\vec{a} \times \vec{b}$ in Abhängigkeit der Beträge der Vektoren $\vec{a}$ und $\vec{b}$ sowie des von $\vec{a}$ und $\vec{b}$ eingeschlossenen Winkels α auszudrücken.

Wegen Satz 3, Seite 169 gilt: $\vec{a} \cdot \vec{b} = |\vec{a}| \cdot |\vec{b}| \cdot \cos\alpha$, wobei α der von $\vec{a}$ und $\vec{b}$ eingeschlossene Winkel ist. Setzt man diese Beziehung in die Gleichung (*) ein, so ergibt sich:

$$\begin{aligned} |\vec{a} \times \vec{b}|^2 &= |\vec{a}|^2 \cdot |\vec{b}|^2 \cdot - |\vec{a}|^2 \cdot |\vec{b}|^2 \cdot \cos^2\alpha \\ &= |\vec{a}|^2 \cdot |\vec{b}|^2 \cdot (1 - \cos^2\alpha) \\ &= |\vec{a}|^2 \cdot |\vec{b}|^2 \cdot \sin^2\alpha, \end{aligned}$$

also $|\vec{a} \times \vec{b}| = |\vec{a}| \cdot |\vec{b}| \cdot \sin\alpha$, da $0 \leq \alpha \leq 180°$.

SATZ 2 Sind $\vec{a}$ und $\vec{b}$ beliebige Vektoren des $\mathbb{R}^3$ mit $\vec{a}, \vec{b} \neq \vec{o}$ und ist α der von diesen Vektoren eingeschlossene Winkel, so gilt:
$|\vec{a} \times \vec{b}| = |\vec{a}| \cdot |\vec{b}| \cdot \sin\alpha.$

Geometrisch interpretiert ist dies der Flächeninhalt $A_{\vec{a},\vec{b}}$ des von den Vektoren $\vec{a}$ und $\vec{b}$ aufgespannten Parallelogramms, denn für den Flächeninhalt des besagten Parallelogramms gilt $A_{\vec{a},\vec{b}} = |\vec{a}| \cdot h$ und für die Höhe h in diesem Parallelogramm gilt die Beziehung $h = |\vec{b}| \cdot \sin\alpha$, also $A_{\vec{a},\vec{b}} = |\vec{a}| \cdot |\vec{b}| \cdot \sin\alpha$ (Bild 1).

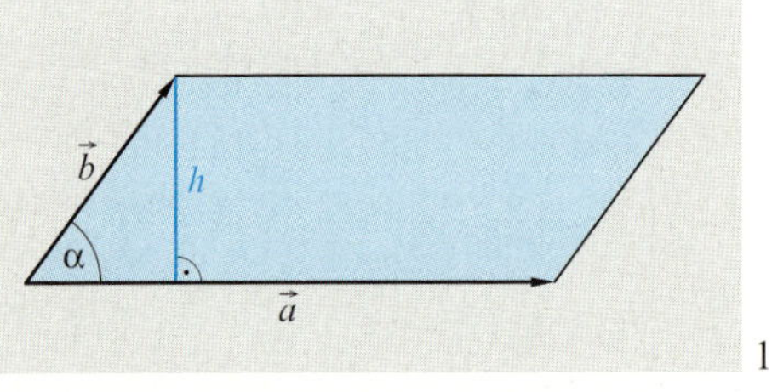

1

2. Berechnen Sie den Flächeninhalt des von den Vektoren $\vec{a}$ und $\vec{b}$ aufgespannten Parallelogramms und den Winkel, den die beiden Vektoren einschließen.

a) $\vec{a} = \begin{pmatrix} 3 \\ 2 \\ -1 \end{pmatrix}, \vec{b} = \begin{pmatrix} 4 \\ -2 \\ 1 \end{pmatrix}$ **b)** $\vec{a} = \begin{pmatrix} -4 \\ 2 \\ 3 \end{pmatrix}, \vec{b} = \begin{pmatrix} 4 \\ -2 \\ 1 \end{pmatrix}$ **c)** $\vec{a} = \begin{pmatrix} 1 \\ -2 \\ 5 \end{pmatrix}, \vec{b} = \begin{pmatrix} -2 \\ -5 \\ 2 \end{pmatrix}$

3. Berechnen Sie jeweils vektoriell den Flächeninhalt und die Größe der Innenwinkel des Dreiecks ABC.

a) $A(0; 1; 0), B(1; -2; 1), C(3; 0; -2)$ **b)** $A(-2; 1; 3), B(1; -1; 4), C(1; 2; -1)$

Volumen eines Spats bzw. einer Pyramide

Drei linear unabhängige Vektoren des $\mathbb{R}^3$ spannen einen Spat auf (vgl. Bild 2).
Ein Spat ist ein Körper, der durch 3 Paare von Parallelogrammen begrenzt wird, die jeweils parallel zueinander sind.
Das Volumen eines Spats ergibt sich aus dem Produkt seiner Grundfläche A_G und seiner Höhe h.

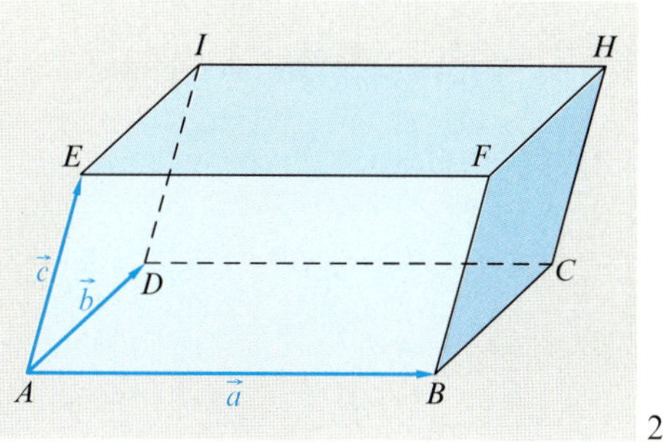

2

Die Grundfläche des Spats ist ein Parallelogramm, das von den Vektoren $\vec{a}$ und $\vec{b}$ gebildet wird. Für den Inhalt der Grundfläche ergibt sich also: $A_G = |\vec{a} \times \vec{b}|$.

Für die Höhe des Spats kann man die Beziehung $h = |\vec{c}| \cdot \cos\beta$ aufstellen, wobei β der Winkel zwischen $\vec{c}$ und $\vec{a} \times \vec{b}$ ist (vgl. Bild 2).

Für das Volumen des Spats ergibt sich also: $V_{\vec{a},\vec{b},\vec{c}} = |\vec{a} \times \vec{b}| \cdot |\vec{c}| \cdot |\cos\beta|$.
Nach Satz 3, Seite 169 ist dies aber das Skalarprodukt zwischen den Vektoren $\vec{a} \times \vec{b}$ und $\vec{c}$.
Es gilt also: $V_{\vec{a},\vec{b},\vec{c}} = |(\vec{a} \times \vec{b}) \cdot \vec{c}|$.

Den Ausdruck $(\vec{a} \times \vec{b}) \cdot \vec{c}$ nennt man auch **Spatprodukt**.

4. Berechnen Sie das Volumen des von den Vektoren $\vec{a}$, $\vec{b}$ und $\vec{c}$ aufgespannten Spats.

a) $\vec{a} = \begin{pmatrix} 2 \\ 8 \\ 3 \end{pmatrix}, \vec{b} = \begin{pmatrix} 3 \\ -4 \\ 4 \end{pmatrix}, \vec{c} = \begin{pmatrix} 3 \\ 2 \\ -1 \end{pmatrix}$ **b)** $\vec{a} = \begin{pmatrix} 1 \\ 6 \\ -2 \end{pmatrix}, \vec{b} = \begin{pmatrix} 5 \\ 3 \\ 6 \end{pmatrix}, \vec{c} = \begin{pmatrix} -3 \\ 2 \\ 1 \end{pmatrix}$

5. Begründen Sie folgende Aussage: Sind A, B, C und D die Eckpunkte eines Tetraeders, so gilt für das Volumen dieses Tetraeders (Bild 3)
$V = \frac{1}{6} \cdot |(\overrightarrow{AB} \times \overrightarrow{AC}) \cdot \overrightarrow{AD}|$.

6. Berechnen Sie das Volumen folgender durch die Punkte A, B, C und D gegebenen Tetraeder.

a) $A(-5; -6; 1)$, $B(8; 2; 1)$, $C(-4; 1; 5)$, $D(0; 0; -2)$

b) $A(7; 8; 3)$, $B(9; -6; 5)$, $C(2; 2; 5)$, $D(1; 2; 1)$

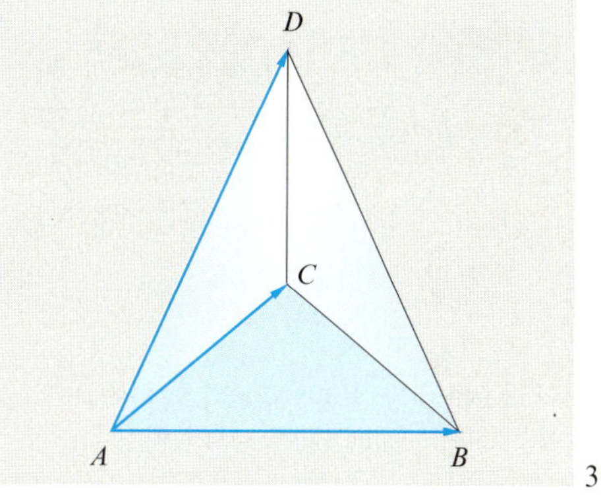

3

7. Berechnen Sie das Volumen des durch die 5 Punkte $A(2; 1; -4)$, $B(0; 1; 6)$, $C(6; 6; 4)$, $D(1; 1; 1)$ und $E(2; 10; 3)$ gegebenen Polyeders.

8. Beweisen Sie folgende Aussage: Wenn das Spatprodukt dreier Vektoren gleich null ist, so sind diese Vektoren komplanar, d. h. sie sind dann linear abhängig.

ZUSAMMENFASSUNG

Das Skalarprodukt zweier Vektoren $\vec{a}$ und $\vec{b}$

Definition: $\vec{a} \cdot \vec{b} = a_1 b_1 + a_2 b_2$ für $\vec{a} = \begin{pmatrix} a_1 \\ a_2 \end{pmatrix}$, $\vec{b} = \begin{pmatrix} b_1 \\ b_2 \end{pmatrix}$

$\vec{a} \cdot \vec{b} = a_1 b_1 + a_2 b_2 + a_3 b_3$ für $\vec{a} = \begin{pmatrix} a_1 \\ a_2 \\ a_3 \end{pmatrix}$, $\vec{b} = \begin{pmatrix} b_1 \\ b_2 \\ b_3 \end{pmatrix}$

Eigenschaften: $\vec{a} \cdot \vec{b} = \vec{b} \cdot \vec{a}$ (Kommutativgesetz)

$(c\vec{a}) \cdot \vec{b} = c(\vec{a} \cdot \vec{b})$; $\vec{a} \cdot (c\vec{b}) = c(\vec{a} \cdot \vec{b})$ $(c \in \mathbb{R})$

$(\vec{a} + \vec{b}) \cdot \vec{c} = \vec{a} \cdot \vec{c} + \vec{b} \cdot \vec{c}$ (Distributivgesetz)

$(\vec{a} + \vec{b}) \cdot (\vec{c} + \vec{d}) = \vec{a} \cdot \vec{c} + \vec{b} \cdot \vec{c} + \vec{a} \cdot \vec{d} + \vec{b} \cdot \vec{d}$

$\vec{a} \cdot \vec{a} \geq 0$

Orthogonalität von Vektoren: Zwei von $\vec{o}$ verschiedene Vektoren $\vec{a}$ und $\vec{b}$ sind genau dann orthogonal ($\vec{a} \perp \vec{b}$), wenn ihr Skalarprodukt null ist: $\vec{a} \cdot \vec{b} = 0$.

Winkel zwischen zwei Vektoren:

$$\cos \sphericalangle(\vec{a}, \vec{b}) = \frac{\vec{a} \cdot \vec{b}}{|\vec{a}| \cdot |\vec{b}|} = \frac{a_1 b_1 + a_2 b_2}{\sqrt{a_1^2 + a_2^2} \cdot \sqrt{b_1^2 + b_2^2}} \quad \text{für } \vec{a} = \begin{pmatrix} a_1 \\ a_2 \end{pmatrix},\ \vec{b} = \begin{pmatrix} b_1 \\ b_2 \end{pmatrix}$$

$$\cos \sphericalangle(\vec{a}, \vec{b}) = \frac{\vec{a} \cdot \vec{b}}{|\vec{a}| \cdot |\vec{b}|} = \frac{a_1 b_1 + a_2 b_2 + a_3 b_3}{\sqrt{a_1^2 + a_2^2 + a_3^2} \cdot \sqrt{b_1^2 + b_2^2 + b_3^2}} \quad \text{für } \vec{a} = \begin{pmatrix} a_1 \\ a_2 \\ a_3 \end{pmatrix},\ \vec{b} = \begin{pmatrix} b_1 \\ b_2 \\ b_3 \end{pmatrix}$$

Das Vektorprodukt zweier Vektoren $\vec{a}$ und $\vec{b}$ des $\mathbb{R}^3$

Definition: $\vec{a} \times \vec{b} = \begin{pmatrix} a_2 b_3 - a_3 b_2 \\ a_3 b_1 - a_1 b_3 \\ a_1 b_2 - a_2 b_1 \end{pmatrix}$ für $\vec{a} = \begin{pmatrix} a_1 \\ a_2 \\ a_3 \end{pmatrix}$ und $\vec{b} = \begin{pmatrix} b_1 \\ b_2 \\ b_3 \end{pmatrix}$

Eigenschaften: $\vec{a} \times \vec{b} = -\vec{b} \times \vec{a}$

$\vec{a} \times (\vec{b} + \vec{c}) = \vec{a} \times \vec{c} + \vec{b} \times \vec{c}$ (1. Distributivgesetz)

$(\vec{a} + \vec{b}) \times \vec{c} = \vec{a} \times \vec{c} + \vec{b} \times \vec{c}$ (2. Distributivgesetz)

$(r \cdot \vec{a}) \times \vec{b} = r \cdot (\vec{a} \times \vec{b}) = \vec{a} \times (r \cdot \vec{b})$

$\vec{a} \times \vec{o} = \vec{o} \times \vec{a} = \vec{o}$

$\vec{a} \times \vec{a} = \vec{o}$

Flächen- bzw. Rauminhalt geometrischer Figuren, die durch die Vektoren $\vec{a}$ und $\vec{b}$ bzw. $\vec{a}$, $\vec{b}$ und $\vec{c}$ aufgespannt werden:

Flächeninhalt eines Parallelogramms: $A = |\vec{a} \times \vec{b}|$

Flächeninhalt eines Dreiecks: $A = \frac{1}{2} |\vec{a} \times \vec{b}|$

Volumen eines Spats: $V = |(\vec{a} \times \vec{b}) \cdot \vec{c}|$

Volumen eines Tetraeders: $V = \frac{1}{6} |(\vec{a} \times \vec{b}) \cdot \vec{c}|$

G

Geraden und Ebenen des Raumes unter Nutzung des Skalarproduktes

Wir haben uns bereits in den Kapiteln A, C und E mit Geraden und Ebenen des Raumes auseinandergesetzt, einmal in Verbindung mit Koordinaten und einmal in Verbindung mit Vektoren. Das Skalarprodukt von Vektoren bietet uns eine weitere Möglichkeit, Lagebeziehungen zwischen Punkten, Geraden und Ebenen zu bestimmen bzw. Abstände und Winkel zu berechnen.

Zunächst benötigen wir für dieses Vorgehen besondere Gleichungen für Geraden und Ebenen, die so genannten **Normalengleichungen**.

1 Normalengleichungen von Geraden und Ebenen

Normalengleichungen von Geraden

1. Zeichnen Sie in ein Koordinatensystem den Punkt $P_0(2; 4)$ ein und tragen Sie an diesen Punkt den Vektor $\vec{n} = \begin{pmatrix} 3 \\ 2 \end{pmatrix}$ an.
Zeichnen Sie drei verschiedene Vektoren $\overrightarrow{P_0P}$, die senkrecht zu $\vec{n}$ verlaufen.
Beschreiben Sie die Lage der Endpunkte aller möglichen Vektoren.

SATZ 1 Sei P_0 ein Punkt und $\vec{n}$ ein Vektor einer Ebene ε.
Alle Punkte P der Ebene ε, für die der Vektor $\overrightarrow{P_0P}$ zu $\vec{n}$ orthogonal ist, liegen auf einer Geraden g.

Anmerkungen:
- Der Vektor $\vec{n}$ steht auf g senkrecht.
- Jeder Vektor $\vec{n}$, der auf einer Geraden g senkrecht steht, heißt **Normalenvektor** von g.
- Der Punkt P_0 selbst gehört auch zur Geraden g.
- Die Lage der Geraden g ist durch den Vektor $\vec{n}$ und den Punkt P_0 eindeutig bestimmt. Ein Punkt P liegt also genau dann auf g, wenn $\overrightarrow{P_0P}$ zu $\vec{n}$ orthogonal ist, also $\vec{n} \cdot \overrightarrow{P_0P} = 0$ ist.

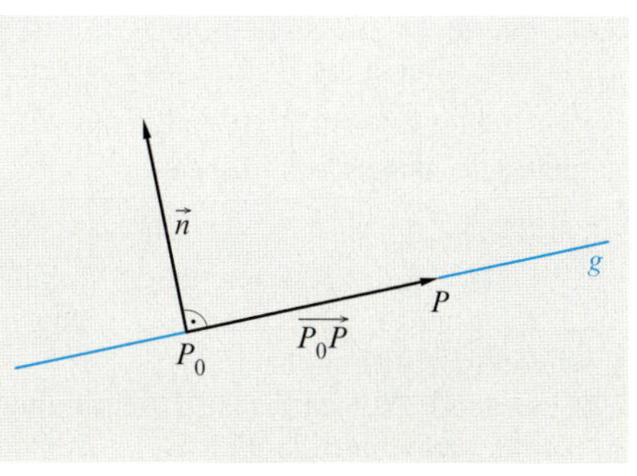

1

Unter Nutzung der Bedingung $\vec{n} \cdot \overrightarrow{P_0P} = 0$, also mithilfe des Skalarproduktes, lässt sich eine Gleichung der Geraden g in der Form $y = mx + n$ auch ohne Zeichnung bestimmen.

Beispiel 1 *Ermittlung einer Gleichung einer Geraden, wenn ein Punkt und ein Normalenvektor gegeben sind*

Gesucht sei eine Gleichung der Form $y = mx + n$ für die Gerade g, die durch den Punkt $P_0\,(4; 5)$ und den Normalenvektor $\vec{n} = \begin{pmatrix} 2 \\ 3 \end{pmatrix}$ gegeben ist.

Für jeden Punkt $P(x; y)$ der Geraden g muss gelten: $\vec{n} \cdot \overrightarrow{P_0P} = 0$, also $\begin{pmatrix} 2 \\ 3 \end{pmatrix} \cdot \begin{pmatrix} x-4 \\ y-5 \end{pmatrix} = 0$.

Daraus ergibt sich als Gleichung der Geraden g: $2x + 3y = 23$ bzw. $y = -\frac{2}{3}x + \frac{23}{3}$.

2. Bestimmen Sie eine Gleichung der Form $y = mx + n$ für die Gerade g, die durch den Punkt P_0 verläuft und für die der Vektor $\vec{n}$ ein Normalenvektor ist.

a) $P_0\,(5; 9)$, $\vec{n} = \begin{pmatrix} -2 \\ 8 \end{pmatrix}$ **b)** $P_0\,(0; 0)$, $\vec{n} = \begin{pmatrix} 3 \\ -6 \end{pmatrix}$ **c)** $P_0\left(\frac{2}{3}; \frac{3}{2}\right)$, $\vec{n} = \begin{pmatrix} 1{,}2 \\ 2{,}5 \end{pmatrix}$

Da die Gleichung $\vec{n} \cdot \overrightarrow{P_0P} = 0$ für einen gegebenen Punkt P_0 und einen Vektor $\vec{n} \neq \vec{o}$ eine Gerade g vollständig beschreibt, trägt sie auch einen besonderen Namen:

DEFINITION Ist g eine Gerade einer Ebene ε, P_0 ein Punkt der Geraden g und $\vec{n}$ ein Normalenvektor der Geraden g in der Ebene ε, dann heißt die Gleichung $\vec{n} \cdot \overrightarrow{P_0P} = 0$ **Normalengleichung der Geraden *g*.**

Wir kennen jetzt drei verschiedene Gleichungsformen, die Geraden beschreiben können:

- die Koordinatenform: $y = mx + n$ bzw. $ax + by = c$, z. B. $y = 3x + 2$;
- die Parameterform: $\vec{x} = \begin{pmatrix} p_1 \\ p_2 \end{pmatrix} + t\begin{pmatrix} a_1 \\ a_2 \end{pmatrix}$, z. B. $\vec{x} = \begin{pmatrix} 0 \\ 2 \end{pmatrix} + t\begin{pmatrix} 1 \\ 3 \end{pmatrix}$;
- die Normalenform: $\vec{n} \cdot \overrightarrow{P_0P} = 0$, z. B. $\begin{pmatrix} -3 \\ 1 \end{pmatrix} \cdot \begin{pmatrix} x \\ y-2 \end{pmatrix} = 0$.

3. Begründen Sie, dass es im Raum nicht möglich ist, eine Gerade durch eine Normalengleichung der Form $\vec{n} \cdot \overrightarrow{P_0P} = 0$ zu beschreiben.

Normalengleichungen von Ebenen

4. Welche Form hat die Menge aller Punkte P des Raumes, deren Verbindungsvektor $\overrightarrow{P_0P}$ zu einem gegebenen Vektor $\vec{n}$ orthogonal ist?
Hinweis: Nutzen Sie zur Orientierung das nebenstehende Bild.

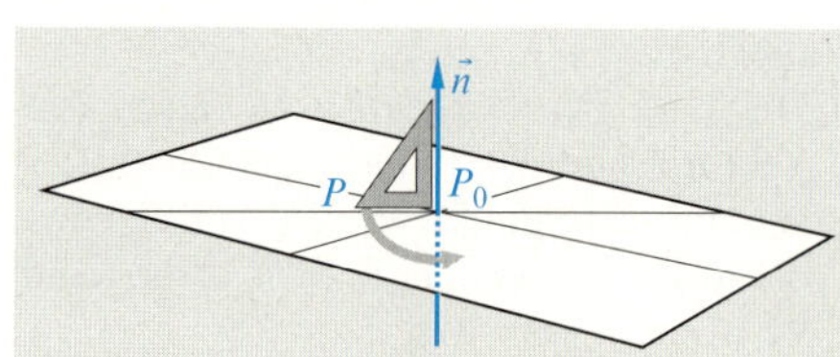

2

5. Gegeben sind ein Punkt $P_0(2;\,2;\,1)$ und ein Vektor $\vec{n} = \begin{pmatrix} -1 \\ 3 \\ 2 \end{pmatrix}$.

Bestimmen Sie die Menge aller Punkte $P(x;\,y;\,z)$, für die der Verbindungsvektor $\overrightarrow{P_0P}$ zu $\vec{n}$ orthogonal ist. *Hinweis*: Für diese Punkte gilt: $\vec{n} \cdot \overrightarrow{P_0P} = 0$.

Die Lage einer Ebene ε im Raum ist durch einen Punkt P_0 dieser Ebene und einen Vektor $\vec{n}$, der senkrecht zu ε verläuft (ein so genannter **Normalenvektor** von ε), eindeutig bestimmt.
Ein Punkt P liegt also genau dann in ε, wenn $\overrightarrow{P_0P}$ zu $\vec{n}$ orthogonal ist, also $\vec{n} \cdot \overrightarrow{P_0P} = 0$ ist.
Auf dieser Grundlage lassen sich Normalengleichungen für Ebenen definieren:

DEFINITION Ist ε eine Ebene, P_0 ein Punkt aus ε und $\vec{n}$ ein Normalenvektor von ε, so heißt die Gleichung $\vec{n} \cdot \overrightarrow{P_0P} = 0$ **Normalengleichung der Ebene** $\boldsymbol{\varepsilon}$.

Beispiel 2 *Ermittlung einer Normalengleichung einer Ebene*

Ist $P_0(1;\,-7;\,3)$ ein Punkt und $\vec{n} = \begin{pmatrix} -8 \\ 9 \\ 11 \end{pmatrix}$ ein Normalenvektor der Ebene ε, so erhalten wir als eine Normalengleichung von ε:

$$\begin{pmatrix} -8 \\ 9 \\ 11 \end{pmatrix} \cdot \begin{pmatrix} x-1 \\ y+7 \\ z-3 \end{pmatrix} = 0 \Leftrightarrow -8(x-1) + 9(y+7) + 11(z-3) = 0$$

bzw. $-8x + 9y + 11z = -38$.
Eine Normalengleichung einer Ebene lässt sich also in die Form $ax + by + cz = d$ bringen, man erhält eine Koordinatengleichung der Ebene.

6. Bestimmen Sie eine Normalengleichung für die Ebene ε, die durch P_0 verläuft und für die $\vec{n}$ ein Normalenvektor ist.

a) $P_0(-7;\,3;\,6)$, $\vec{n} = \begin{pmatrix} -5 \\ 5 \\ 8 \end{pmatrix}$

b) $P_0(0;\,9;\,4)$, $\vec{n} = \begin{pmatrix} -8{,}6 \\ -4{,}4 \\ 7{,}5 \end{pmatrix}$

c) $P_0\left(\frac{1}{3};\,\frac{7}{6};\,\frac{4}{3}\right)$, $\vec{n} = \begin{pmatrix} -2{,}5 \\ -3 \\ 1{,}5 \end{pmatrix}$

d) $P_0\left(-8;\,-\frac{5}{12};\,\frac{3}{2}\right)$, $\vec{n} = \begin{pmatrix} 3 \\ -18 \\ -4 \end{pmatrix}$

7. Bestimmen Sie für die durch P_0 und $\vec{n}$ gegebenen Ebenen aus Aufgabe 6 jeweils Koordinatengleichungen.

Wir kennen jetzt drei verschiedene Gleichungsformen, die Ebenen beschreiben können:

- die Koordinatenform: $ax + by + cz = d$, z. B. $2x + 3y + 4z = 5$;
- die Parameterform: $\vec{x} = \begin{pmatrix} p_1 \\ p_2 \\ p_3 \end{pmatrix} + s\begin{pmatrix} a_1 \\ a_2 \\ a_3 \end{pmatrix} + t\begin{pmatrix} b_1 \\ b_2 \\ b_3 \end{pmatrix}$, z. B. $\vec{x} = \begin{pmatrix} 1 \\ 1 \\ 0 \end{pmatrix} + s\begin{pmatrix} 2 \\ 0 \\ -1 \end{pmatrix} + t\begin{pmatrix} 0 \\ 4 \\ -3 \end{pmatrix}$;
- die Normalenform: $\vec{n} \cdot \overrightarrow{P_0P} = 0$, z. B. $\begin{pmatrix} 2 \\ 3 \\ 4 \end{pmatrix} \cdot \begin{pmatrix} x-1 \\ y-1 \\ z \end{pmatrix} = 0$.

Zusammenhang zwischen Normalengleichung und Koordinatengleichung

Wie man von einer Normalengleichung einer Geraden bzw. einer Ebene zu einer Koordinatengleichung kommt, wissen wir bereits (vgl. Beispiele auf S. 182 bzw. S. 183).

Um von der Koordinatenform zur Normalenform einer Geraden oder einer Ebene zu kommen, benötigt man einen Normalenvektor und einen Punkt der entsprechenden Geraden bzw. Ebene.

SATZ 2 Ist $ax+by+cz=d$ eine Gleichung der Ebene ε, so ist der Vektor $\vec{n}=\begin{pmatrix}a\\b\\c\end{pmatrix}$ ein Normalenvektor von ε.

8. Beweisen Sie Satz 2.

9. Überprüfen Sie mithilfe von Normalenvektoren, welche der Ebenen ε_1, ε_2 und ε_3 zueinander parallel sind.
ε_1: $7x-3y+4z=8$; ε_2: $-17{,}5x+7{,}5y-6z=-0{,}5$; ε_3: $14x-6y+9z=16$.

Zusammenhang zwischen Parametergleichung und Normalengleichung

Um von einer Parametergleichung zu einer Normalengleichung zu kommen, gibt es zwei Möglichkeiten: entweder man überführt die Parametergleichung in die Koordinatenform $ax+by+cz=d$ $(a^2+b^2+c^2\neq 0)$ und diese dann in die Normalenform, oder man sucht gleich einen Normalenvektor der entsprechenden Ebene, um daraus eine Normalengleichung aufzustellen.

Beispiel 3 *Von einer Parametergleichung einer Ebene zu einer Normalengleichung*

Gesucht ist eine Normalengleichung der in Parameterform gegebenen Ebene ε:

$$\vec{x}=\begin{pmatrix}2\\7\\8\end{pmatrix}+t\begin{pmatrix}5\\0\\3\end{pmatrix}+s\begin{pmatrix}-8\\-3\\0\end{pmatrix}.$$

Wir wissen, dass ein Normalenvektor zu beiden Richtungsvektoren von ε orthogonal ist:

$$\vec{n}\cdot\begin{pmatrix}5\\0\\3\end{pmatrix}=0;\quad \vec{n}\cdot\begin{pmatrix}-8\\-3\\0\end{pmatrix}=0.$$

Für die Koordinaten n_1, n_2 und n_3 von $\vec{n}$ gilt daher: $5n_1+3n_3=0$ und $-8n_1-3n_2=0$.

Die allgemeine Lösung dieses Gleichungssystems ist $\begin{pmatrix}n_1\\n_2\\n_3\end{pmatrix}=r\begin{pmatrix}3\\-8\\-5\end{pmatrix}$ mit $r\in\mathbb{R}$.

Ein Normalenvektor von ε ist also $\vec{n}=\begin{pmatrix}3\\-8\\-5\end{pmatrix}$.

Da weiterhin aus der Parametergleichung hervorgeht, dass $P_0\,(2;\,7;\,8)$ ein Punkt von ε ist, ergibt sich als eine Normalengleichung von ε: $\vec{n}\cdot\overrightarrow{P_0P}=\begin{pmatrix}3\\-8\\-5\end{pmatrix}\cdot\begin{pmatrix}x-2\\y-7\\z-8\end{pmatrix}=0.$

Offensichtlich gibt es zu jeder Ebene beliebig viele Normalenvektoren, die alle als Vielfache auseinander hervorgehen. Sind also $\vec{n_1}$ und $\vec{n_2}$ Normalenvektoren ein und derselben Ebene, so gilt $\vec{n_2} = c \cdot \vec{n_1}$ ($c \in \mathbb{R}$, $c \neq 0$). Somit existieren zu jeder Ebene auch unendlich viele Normalengleichungen.

10. Geben Sie jeweils eine Normalengleichung der Ebene an.

a) $\varepsilon\colon \vec{x} = \begin{pmatrix} -1 \\ 2 \\ 2 \end{pmatrix} + t \begin{pmatrix} 0 \\ 1 \\ 2 \end{pmatrix} + s \begin{pmatrix} -4 \\ 4 \\ 4 \end{pmatrix}$ **b)** $\varepsilon\colon \vec{x} = \begin{pmatrix} 3 \\ 2 \\ 4 \end{pmatrix} + t \begin{pmatrix} -4 \\ -3 \\ 2 \end{pmatrix} + s \begin{pmatrix} -1 \\ 2 \\ 2 \end{pmatrix}$

c) $\varepsilon\colon \vec{x} = \begin{pmatrix} 3 \\ 4 \\ -9 \end{pmatrix} + t \begin{pmatrix} -1 \\ -10 \\ 19 \end{pmatrix} + s \begin{pmatrix} -11 \\ 1 \\ 17 \end{pmatrix}$ **d)** $\varepsilon\colon \vec{x} = \begin{pmatrix} 4{,}5 \\ 3{,}5 \\ -3 \end{pmatrix} + t \begin{pmatrix} 1{,}5 \\ 3{,}5 \\ 12 \end{pmatrix} + s \begin{pmatrix} -0{,}5 \\ 4{,}5 \\ 6 \end{pmatrix}$

11. Bestimmen Sie eine Normalengleichung der Ebene ε, die A, B und C enthält.

a) $A(-5;\, 3;\, 4)$, $B(-7;\, 7;\, 7)$, $C(0;\, 3;\, 2)$ **b)** $A(5;\, 6;\, 8)$, $B\left(-\frac{1}{2};\, \frac{3}{2};\, \frac{5}{2}\right)$, $C\left(-\frac{3}{4};\, \frac{1}{2};\, \frac{5}{4}\right)$

c) $A(6;\, -7;\, 9)$, $B(-3;\, 5;\, 4)$, $C(11;\, 6;\, 0)$ **d)** $A(1;\, t;\, 0)$, $B(4;\, 3t;\, 6)$, $C(5;\, 2t;\, 0)$; $t \in \mathbb{R}$

Um von einer Normalengleichung zu einer Parametergleichung zu kommen, gibt es ebenfalls zwei Möglichkeiten: entweder man ermittelt aus der Normalenform die Koordinatenform $ax + by + cz = d$ und daraus – wie in Kapitel C – die Parameterform, oder man sucht gleich zwei linear unabhängige Richtungsvektoren der entsprechenden Ebene (vgl. folgendes Beispiel).

Beispiel 4 *Von einer Normalengleichung einer Ebene zu einer Parametergleichung*

Gegeben ist eine Normalengleichung einer Ebene ε: $\begin{pmatrix} -1 \\ 1 \\ 4 \end{pmatrix} \cdot \begin{pmatrix} x-4 \\ y+1 \\ z-2 \end{pmatrix} = 0.$

Um eine Parametergleichung $\vec{x} = \vec{x}_0 + t\vec{a} + s\vec{b}$ von ε zu ermitteln, sind zwei linear unabhängige Richtungsvektoren $\vec{a}$ und $\vec{b}$ der Ebene ε aus den Bedingungen $\vec{a} \perp \vec{n}$ und $\vec{b} \perp \vec{n}$ zu bestimmen. Es muss also gelten:

$\vec{a} \cdot \vec{n} = \begin{pmatrix} a_1 \\ a_2 \\ a_3 \end{pmatrix} \cdot \begin{pmatrix} -1 \\ 1 \\ 4 \end{pmatrix} = -a_1 + a_2 + 4a_3 = 0$ und $\vec{b} \cdot \vec{n} = \begin{pmatrix} b_1 \\ b_2 \\ b_3 \end{pmatrix} \cdot \begin{pmatrix} -1 \\ 1 \\ 4 \end{pmatrix} = -b_1 + b_2 + 4b_3 = 0.$

Als Richtungsvektoren von ε können somit z. B. $\vec{a} = \begin{pmatrix} -1 \\ 3 \\ -1 \end{pmatrix}$ und $\vec{b} = \begin{pmatrix} 5 \\ 1 \\ 1 \end{pmatrix}$ genutzt werden. Da weiterhin aus der Normalengleichung hervorgeht, dass $P_0(4;\, -1;\, 2)$ ein Punkt der Ebene ε ist, ergibt sich als eine geeignete Parametergleichung:

$$\vec{x} = \begin{pmatrix} 4 \\ -1 \\ 2 \end{pmatrix} + t \begin{pmatrix} -1 \\ 3 \\ -1 \end{pmatrix} + s \begin{pmatrix} 5 \\ 1 \\ 1 \end{pmatrix}.$$

12. Ermitteln Sie eine Parametergleichung für die Ebene ε.

a) $\varepsilon\colon \begin{pmatrix} -1 \\ -7 \\ 8 \end{pmatrix} \cdot \begin{pmatrix} x-9 \\ y+8 \\ z-6 \end{pmatrix} = 0$ **b)** $\varepsilon\colon \begin{pmatrix} -1{,}5 \\ -3 \\ -6 \end{pmatrix} \cdot \begin{pmatrix} x \\ y \\ z \end{pmatrix} = 0$ **c)** $\varepsilon\colon \begin{pmatrix} -4 \\ 12 \\ 20 \end{pmatrix} \cdot \begin{pmatrix} x+5 \\ y+8 \\ z+9 \end{pmatrix} = 0$

d) $\varepsilon\colon 33x - 7y - 15z = 22$ **e)** $\varepsilon\colon -18x + 20y - 8z = -12$ **f)** $\varepsilon\colon 4x + 55y - \frac{11}{2}z = 255$

2 Schnittwinkel von Geraden und Ebenen im Raum

Schnittwinkel zweier Geraden

Zwei einander schneidende Geraden g und h bilden zwei Paare kongruenter Winkel. Einer der vier Winkel, der nicht größer als 90° ist, heißt **Schnittwinkel der Geraden *g* und *h***.

1. Bestimmen Sie jeweils zeichnerisch den Schnittwinkel der Geraden g und h.

a) $g\colon x=1;\ h\colon y=-x$

b) $g\colon \vec{x}=\begin{pmatrix}3\\4\end{pmatrix}+t\begin{pmatrix}2\\2\end{pmatrix};\ h\colon \vec{x}=\begin{pmatrix}0\\-1\end{pmatrix}+r\begin{pmatrix}2\\-3\end{pmatrix}$

c) $g\colon y=3x+2;\ h\colon \vec{x}=\begin{pmatrix}0\\2\end{pmatrix}+t\begin{pmatrix}-6\\-2\end{pmatrix}$

d) $g\colon \vec{x}=\begin{pmatrix}1\\1\end{pmatrix}+p\begin{pmatrix}4\\5\end{pmatrix};\ h\colon \vec{x}=\begin{pmatrix}3\\4\end{pmatrix}+q\begin{pmatrix}2{,}4\\3\end{pmatrix}$

e) $g\colon 2x+y=0;\ h\colon x-y=2$

f) $g\colon 3x-4y=6;\ g\colon 12x+y=8$

Für Geraden im Raum lässt sich der Schnittwinkel (falls er existiert) meistens nicht zeichnerisch ermitteln. Hier kann das Skalarprodukt weiterhelfen.

Beispiel 1 *Schnittwinkel zweier Geraden im Raum*

Gesucht ist der Schnittwinkel folgender Geraden im Raum:

$$g\colon \vec{x}=\begin{pmatrix}-0{,}5\\-2\\3{,}5\end{pmatrix}+t\begin{pmatrix}1{,}25\\0{,}5\\-1\end{pmatrix}\quad\text{und}$$

$$h\colon \vec{x}=\begin{pmatrix}0{,}5\\1\\0\end{pmatrix}+s\begin{pmatrix}0{,}75\\-1\\0{,}75\end{pmatrix}.$$

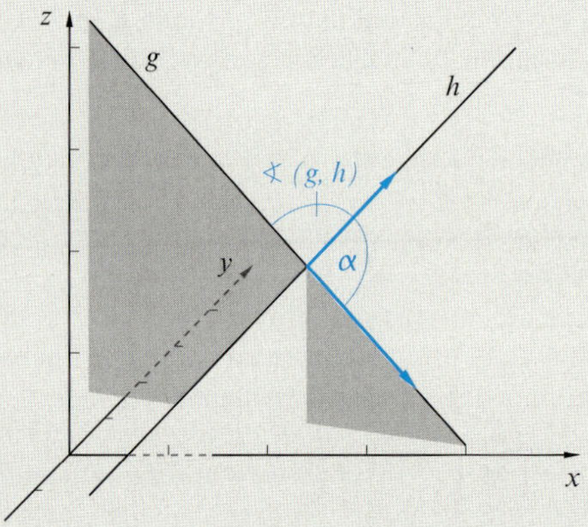

1

Die beiden Geraden g und h schneiden einander im Punkt $S(2;\,-1;\,1{,}5)$.

Für den Winkel α zwischen den Richtungsvektoren der Geraden g und h gilt:

$$\cos\alpha=\frac{1{,}25\cdot 0{,}75-0{,}5\cdot 1-1\cdot 0{,}75}{\sqrt{1{,}25^2+0{,}5^2+1}\cdot\sqrt{0{,}75^2+1+0{,}75^2}}$$

$$=\frac{-0{,}3125}{\sqrt{2{,}8125}\cdot\sqrt{2{,}125}}\approx -0{,}13 \text{ und somit } \alpha\approx 97{,}3°.$$

Der Schnittwinkel der Geraden g und h kann jedoch nicht größer als 90° sein. Er lässt sich als Differenz zwischen 180° und α berechnen:

$\sphericalangle(g,h)\approx 180°-97{,}3°=82{,}7°$.

Anstatt zunächst den Winkel zwischen den beiden Richtungsvektoren der Geraden g und h zu berechnen und diesen eventuell (wie oben) von 180° zu subtrahieren, kann auch der Absolutbetrag des Skalarproduktes für die Berechnung genutzt werden.

In unserem Beispiel ergibt sich dann:

$$\cos\sphericalangle(g,h)=\frac{|-0{,}3125|}{\sqrt{2{,}8125}\cdot\sqrt{2{,}125}}\approx 0{,}13 \text{ und damit gleich: } \sphericalangle(g,h)\approx 82{,}7°.$$

SATZ 1 Für den Schnittwinkel von zwei einander schneidenden Geraden $g\colon \vec{x} = \vec{p_1} + t\vec{a}$ und $h\colon \vec{x} = \vec{p_2} + s\vec{b}$ gilt:
$\cos \sphericalangle(g,h) = |\cos \sphericalangle(\vec{a} \cdot \vec{b})| = \frac{|\vec{a} \cdot \vec{b}|}{|\vec{a}| \cdot |\vec{b}|}$.

2. Überprüfen Sie, ob die Geraden g und h einander schneiden und berechnen Sie gegebenenfalls den Schnittpunkt und den Schnittwinkel von g und h.

a) $g\colon \vec{x} = \begin{pmatrix} 0 \\ 6 \\ 0 \end{pmatrix} + t\begin{pmatrix} 1 \\ 0 \\ 0 \end{pmatrix}$, $h\colon \vec{x} = \begin{pmatrix} 4 \\ 0 \\ 3 \end{pmatrix} + s\begin{pmatrix} 0 \\ -2 \\ 1 \end{pmatrix}$

b) $g\colon \vec{x} = \begin{pmatrix} 0{,}5 \\ 2 \\ 1 \end{pmatrix} + t\begin{pmatrix} 2 \\ 5 \\ 3 \end{pmatrix}$, $h\colon \vec{x} = \begin{pmatrix} 3 \\ 1{,}5 \\ 2{,}5 \end{pmatrix} + s\begin{pmatrix} -2 \\ -2 \\ 1 \end{pmatrix}$

c) $g\colon \vec{x} = \begin{pmatrix} 2 \\ 7 \\ 8 \end{pmatrix} + t\begin{pmatrix} 5 \\ 0 \\ 3 \end{pmatrix}$, $h\colon \vec{x} = \begin{pmatrix} 4 \\ 4 \\ 4 \end{pmatrix} + s\begin{pmatrix} 0 \\ 9 \\ 1 \end{pmatrix}$

3. Unter welchem Winkel schneidet die Gerade $g\colon \vec{x} = t\begin{pmatrix} -1 \\ 0{,}5 \\ 2 \end{pmatrix}$ die Koordinatenachsen?

4. Gegeben sind die Punkte $P(-2;\,5;\,6)$, $Q(3;\,4;\,-1)$ und $R(0;\,10;\,10)$.
Berechnen Sie die Schnittwinkel folgender Geraden:

a) PQ und PR; **b)** PQ und QR; **c)** PR und QR.

Beispiel 2 *Schnittwinkel zweier Geraden, die durch Koordinatengleichungen gegeben sind*

Gesucht ist der Schnittwinkel der Geraden g und h mit $g\colon 3x - 4y = 2$ und $h\colon -x + 0{,}5y = -0{,}5$.

Zunächst werden für die Geraden g und h Richtungsvektoren $\vec{a}$ und $\vec{b}$ bestimmt (siehe Abschnitt C2):

Mögliche Richtungsvektoren dieser Geraden sind: $\vec{a} = \begin{pmatrix} 4 \\ 3 \end{pmatrix}$ bzw. $\vec{b} = \begin{pmatrix} 0{,}5 \\ 1 \end{pmatrix}$.

Für den Schnittwinkel der Geraden g und h erhalten wir daraus:
$\cos \sphericalangle(g,h) = \frac{|\vec{a} \cdot \vec{b}|}{|\vec{a}| \cdot |\vec{b}|} = \frac{5}{5 \cdot \sqrt{1{,}25}} = \sqrt{0{,}8} \approx 0{,}89$; $\quad \sphericalangle(g,h) \approx 27°$.

5. Bestimmen Sie den Schnittwinkel der Geraden g und h.

a) $g\colon 11x + 8y = 12$, $h\colon x - 9y = 5$

b) $g\colon -2x - 6y = 19$, $h\colon 22x - y = 15$

c) $g\colon 0{,}3x + 0{,}7y = 1{,}2$, $h\colon 0{,}5x - 1{,}5y = 3{,}5$

6. Berechnen Sie den Schnittpunkt und den Schnittwinkel der Geraden g und h.

a) $g\colon y = 3x - 8$, $h\colon y = -x + 3$

b) $g\colon y = 0{,}1x + 0{,}7$, $h\colon y = 0{,}3x - 1$

c) $g\colon y = -3x + 9$, $h\colon y = 2x - 7$

7. Geben Sie eine Gleichung der Geraden h an, die durch den Punkt P geht und auf der Geraden g senkrecht steht.

a) $P(-3;\,4)$, $g\colon y = \frac{2}{3}x + 5$ **b)** $P(2;\,3)$, $g\colon 2x - 3y + 5 = 0$

8. Welche Winkel bilden die Seiten eines Dreiecks miteinander, das durch Geraden gebildet wird, die durch folgende Gleichungen gegeben sind:
$3x - 4y = 11; \quad 7x - 24y = 33; \quad 12x - 5y + 25 = 0.$

Schnittwinkel einer Geraden und einer Ebene

9. a) Die Gerade $g\colon \vec{x} = \begin{pmatrix} 3 \\ 2 \\ 4 \end{pmatrix} + t\begin{pmatrix} 1 \\ 1 \\ 2 \end{pmatrix}$ und die Ebene $\varepsilon\colon \vec{x} = \begin{pmatrix} 1 \\ 0 \\ 1 \end{pmatrix} + r\begin{pmatrix} 1 \\ 1 \\ 1 \end{pmatrix} + s\begin{pmatrix} -1 \\ 0 \\ 0 \end{pmatrix}$ sind gegeben.
Berechnen Sie jeweils den Winkel zwischen dem gegebenen Richtungsvektor der Geraden g und den gegebenen Richtungsvektoren der Ebene ε.

b) Ist das Vorgehen in Teilaufgabe a) sinnvoll für die Berechnung des Schnittwinkels zwischen der Geraden und der Ebene? Begründen Sie Ihre Aussage.

Sei g eine Gerade, die die Ebene ε im Punkt P schneidet. Steht g nicht senkrecht auf ε, versteht man unter dem Schnittwinkel zwischen g und ε den Winkel α zwischen g und derjenigen Geraden h in der Ebene ε, die von allen in ε liegenden Geraden den kleinsten Winkel mit g einschließt (Bild 2).

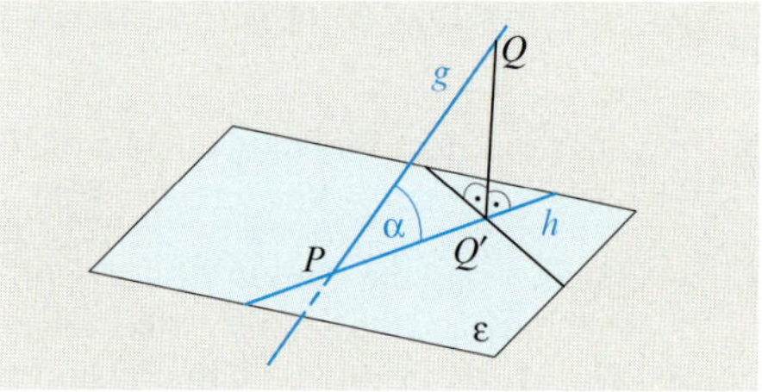

2

10. Veranschaulichen Sie sich mithilfe eines Stiftes eine Gerade, die eine Ebene (z. B. Tischplatte oder Wand) unter einem Winkel von 30° (45°; 75°; 90°) schneidet.
Wo liegt jeweils die Gerade h (vgl. Bild 2)?

Ein Richtungsvektor der Geraden h ist uns leider nicht bekannt, deshalb müssen wir uns mit einem Trick behelfen:
Der Schnittwinkel α zwischen der Geraden g und der Ebene ε und der Winkel β zwischen g und einer zu ε senkrechten Geraden ergänzen einander zu 90°.
Falls $\vec{n}$ ein Normalenvektor von ε (und somit Richtungsvektor einer zu ε senkrechten Geraden) und $\vec{a}$ Richtungsvektor von g ist, gilt nach der Formel für den Schnittwinkel zweier Geraden (vgl. S. 187):
$\cos\beta = \frac{|\vec{n}\cdot\vec{a}|}{|\vec{n}|\cdot|\vec{a}|}.$

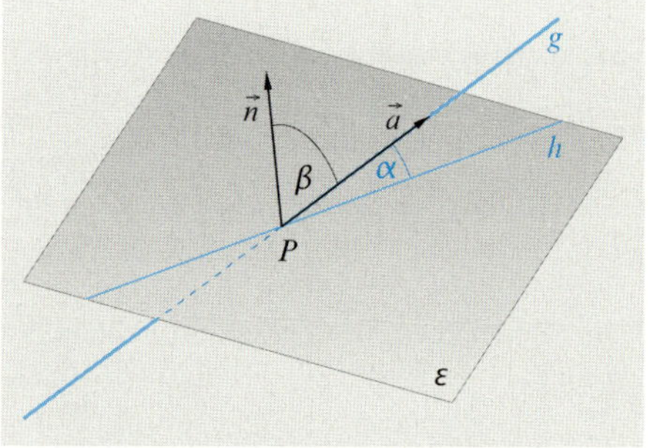

3

Da α und β einander zu 90° ergänzen und $\cos(90° - \alpha) = \sin\alpha$ ist, gilt der folgende Satz:

SATZ 2 Falls eine Gerade g mit einem Richtungsvektor $\vec{a}$ eine Ebene ε mit einem Normalenvektor $\vec{n}$ schneidet, so gilt für den Schnittwinkel α zwischen g und ε:

$\sin\alpha = \frac{|\vec{n}\cdot\vec{a}|}{|\vec{n}|\cdot|\vec{a}|}.$

Beispiel 3 *Schnittwinkel zwischen einer Geraden und einer Ebene*

Es soll der Schnittwinkel der Geraden $g\colon \vec{x} = \begin{pmatrix} -2 \\ 4 \\ -1 \end{pmatrix} + t\begin{pmatrix} 3 \\ 1 \\ 2 \end{pmatrix}$ mit der Ebene $\varepsilon\colon 2x - 7y + 4z = 21$ berechnet werden.

Nach Satz 2 auf Seite 184 ist $\vec{n} = \begin{pmatrix} 2 \\ -7 \\ 4 \end{pmatrix}$ ein Normalenvektor von ε.

Für den Schnittwinkel α zwischen g und ε gilt daher:

$$\sin\alpha = \frac{|2\cdot 3 - 7\cdot 1 + 4\cdot 2|}{|\sqrt{2^2+7^2+4^2}\cdot\sqrt{3^2+1^2+2^2}|} = \frac{7}{\sqrt{69}\cdot\sqrt{14}} \approx 0{,}2252 \quad \text{und somit } \alpha \approx 13^\circ.$$

11. In welchen Punkten und unter welchen Schnittwinkeln schneidet die in Beispiel 3 gegebene Gerade g die Koordinatenebenen (x-y-, x-z- und y-z-Ebene)?

12. Ermitteln Sie die Koordinaten des Schnittpunktes und den Schnittwinkel der Geraden g mit der Ebene ε.

a) $g\colon \vec{x} = \begin{pmatrix} 1 \\ 1 \\ 1 \end{pmatrix} + t\begin{pmatrix} 1 \\ -1 \\ 2 \end{pmatrix}$, $\quad \varepsilon\colon x + 2y - z = 1$

b) $g\colon \vec{x} = \begin{pmatrix} 2 \\ 2 \\ 1 \end{pmatrix} + t\begin{pmatrix} 1 \\ -1 \\ 1 \end{pmatrix}$, $\quad \varepsilon\colon \vec{x} = \begin{pmatrix} 1 \\ 1 \\ 5 \end{pmatrix} + r\begin{pmatrix} 2 \\ 0 \\ 1 \end{pmatrix} + s\begin{pmatrix} -1 \\ -1 \\ 3 \end{pmatrix}$

c) $g\colon \vec{x} = \begin{pmatrix} 2 \\ 3 \\ -1 \end{pmatrix} + t\begin{pmatrix} -3 \\ 2 \\ 15 \end{pmatrix}$, $\quad \varepsilon\colon \vec{x} = \begin{pmatrix} -1 \\ 8 \\ 6 \end{pmatrix} + r\begin{pmatrix} 1 \\ -2 \\ 0 \end{pmatrix} + s\begin{pmatrix} -2 \\ 3 \\ 4 \end{pmatrix}$

13. Berechnen Sie die Winkel zwischen der Ebene ε und den Koordinatenachsen.

a) $\varepsilon\colon -7x + 12y - z = 15$ **b)** $\varepsilon\colon 0{,}5x + y - 1{,}5z = 2{,}5$ **c)** $\varepsilon\colon -3x - 6y - z = 11$

14. Bestimmen Sie für die in Bild 4 abgebildeten Pyramiden die Winkel zwischen der Grundfläche und den Seitenkanten.

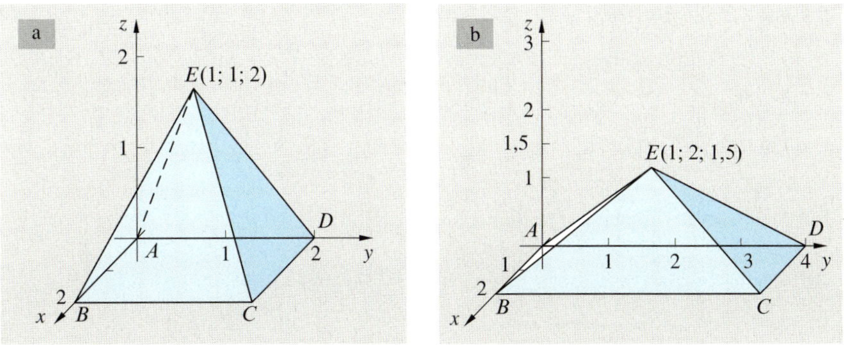

4

Schnittwinkel zweier Ebenen

Der Schnittwinkel zweier Ebenen ist nicht einfach der Winkel zwischen einem Richtungsvektor der einen Ebene und einem Richtungsvektor der anderen Ebene, denn es gibt viele solche Winkel.

Unter dem **Schnittwinkel α zweier Ebenen ε_1 und ε_2** (mit der Schnittgeraden g) versteht man den Winkel zwischen zwei einander schneidenden Geraden g_1 und g_2, die in ε_1 bzw. ε_2 liegen und auf der Schnittgeraden g senkrecht stehen (vgl. Bild 5).

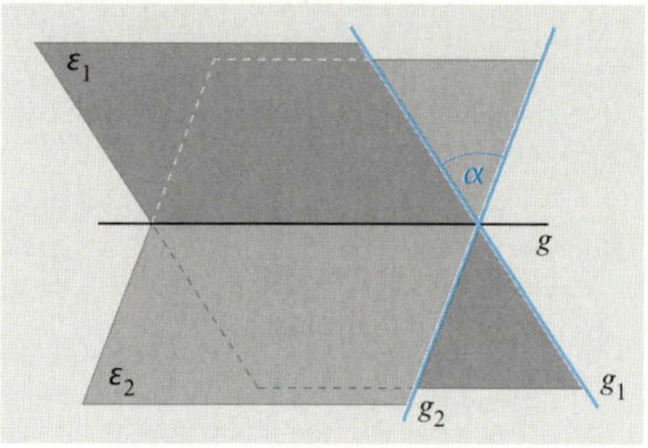

5

Da wir keine Richtungsvektoren solcher Geraden kennen, bedienen wir uns hier wieder zweier Normalenvektoren der beiden Ebenen.

Sind $\vec{n_1}$ und $\vec{n_2}$ Normalenvektoren der Ebenen ε_1 bzw. ε_2, so steht $\vec{n_1}$ auf ε_1 (und daher auch auf der in ε_1 liegenden Geraden g_1) sowie $\vec{n_2}$ auf ε_2 (und somit auf g_2) senkrecht. Der Winkel zwischen den Normalenvektoren $\vec{n_1}$ und $\vec{n_2}$ ist deshalb gleich dem Winkel α zwischen den beiden Ebenen (vgl. Bild 6).

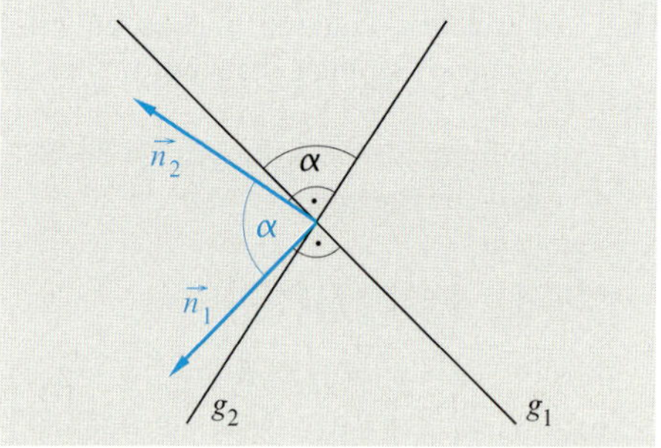

6

Der Winkel zweier Ebenen ε_1 und ε_2 lässt sich als Winkel zweier, auf diesen beiden Ebenen senkrecht stehender Geraden (mit $\vec{n_1}$ und $\vec{n_2}$ als Richtungsvektoren) berechnen.

Wegen Satz 1 auf Seite 187 gilt deshalb der folgende Satz:

SATZ 3 Für den Schnittwinkel α zweier sich schneidender Ebenen ε_1 und ε_2 mit den Normalenvektoren $\vec{n_1}$ und $\vec{n_2}$ gilt: $\cos\alpha = \frac{|\vec{n_1} \cdot \vec{n_2}|}{|\vec{n_1}| \cdot |\vec{n_2}|}$.

Beispiel 4 *Schnittwinkel zweier Ebenen*

Es soll der Schnittwinkel der Ebenen ε_1 und ε_2 mit $\varepsilon_1\colon 33x - 7y - 15z = 22$ und $\varepsilon_2\colon -18x + 20y - 8z = -12$ berechnet werden.

Die Vektoren $\vec{n_1} = \begin{pmatrix} 33 \\ -7 \\ -15 \end{pmatrix}$ und $\vec{n_2} = \begin{pmatrix} -18 \\ 20 \\ -8 \end{pmatrix}$ sind Normalenvektoren von ε_1 bzw. ε_2.

Für den Schnittwinkel α der beiden Ebenen ergibt sich:

$$\cos\alpha = \frac{|-33 \cdot 18 - 7 \cdot 20 + 15 \cdot 8|}{|\sqrt{33^2 + 7^2 + 15^2} \cdot \sqrt{18^2 + 20^2 + 8^2}|} \approx \frac{|-614|}{1036{,}4} \approx 0{,}5925 \text{ und somit } \alpha \approx 53{,}7°.$$

15. Berechnen Sie die Schnittwinkel zwischen den Ebenen ε_1 und ε_2, ε_2 und ε_3 sowie zwischen ε_1 und ε_3 mit den Normalengleichungen

$$\varepsilon_1\colon \begin{pmatrix}-1\\-7\\8\end{pmatrix}\cdot\begin{pmatrix}x-9\\y+8\\z-6\end{pmatrix}=0,\quad \varepsilon_2\colon \begin{pmatrix}-1{,}5\\-3\\-6\end{pmatrix}\cdot\begin{pmatrix}x\\y\\z\end{pmatrix}=0 \quad\text{und}\quad \varepsilon_3\colon \begin{pmatrix}-4\\12\\20\end{pmatrix}\cdot\begin{pmatrix}x+5\\y+8\\z+9\end{pmatrix}=0.$$

16. Überprüfen Sie, ob sich die Ebenen ε_1 und ε_2 schneiden und – falls ja – bestimmen Sie den Schnittwinkel zwischen ε_1 und ε_2.

a) $\varepsilon_1\colon 5x-5y+8z=34$
$\varepsilon_2\colon 3x-4y-z=21$

b) $\varepsilon_1\colon 3x+7y+12z=4$
$\varepsilon_2\colon 9x-8y-15z=12$

c) $\varepsilon_1\colon 8x-14y+6z=26$
$\varepsilon_2\colon -20x+35y+15z=-65$

d) $\varepsilon_1\colon 0{,}5x+7y+12z=2{,}5$
$\varepsilon_2\colon 11x+6y-1{,}5z=11{,}5$

17. Überprüfen Sie die gegenseitige Lage der Ebenen ε_1 und ε_2 und bestimmen Sie – falls vorhanden – die Schnittgerade und den Schnittwinkel.

a) $\varepsilon_1\colon \vec{x}=\begin{pmatrix}2\\2\\3\end{pmatrix}+t\begin{pmatrix}1\\2\\0\end{pmatrix}+s\begin{pmatrix}2\\2\\3\end{pmatrix},\qquad \varepsilon_2\colon \vec{x}=\begin{pmatrix}-1\\-1\\-1\end{pmatrix}+u\begin{pmatrix}-2\\0\\5\end{pmatrix}+v\begin{pmatrix}7\\7\\7\end{pmatrix}$

b) $\varepsilon_1\colon \vec{x}=\begin{pmatrix}2\\3\\1\end{pmatrix}+t\begin{pmatrix}3\\4\\3\end{pmatrix}+s\begin{pmatrix}4\\5\\7\end{pmatrix},\qquad \varepsilon_2\colon \vec{x}=\begin{pmatrix}2\\6\\3\end{pmatrix}+u\begin{pmatrix}-2\\-6\\3\end{pmatrix}+v\begin{pmatrix}-2\\0\\3\end{pmatrix}$

c) $\varepsilon_1\colon \vec{x}=\begin{pmatrix}-1\\2\\-2\end{pmatrix}+t\begin{pmatrix}3\\0\\4\end{pmatrix}+s\begin{pmatrix}4\\1\\6\end{pmatrix},\qquad \varepsilon_2\colon \vec{x}=\begin{pmatrix}1\\0\\0\end{pmatrix}+u\begin{pmatrix}2\\2\\3\end{pmatrix}+v\begin{pmatrix}4\\4\\2\end{pmatrix}$

18. Ermitteln Sie die Schnittgeraden und die Schnittwinkel zwischen der Ebene ε und den drei Koordinatenebenen (x-y-Ebene, x-z-Ebene und y-z-Ebene).

a) $\varepsilon\colon \vec{x}=\begin{pmatrix}3\\2\\4\end{pmatrix}+t\begin{pmatrix}-4\\-3\\2\end{pmatrix}+s\begin{pmatrix}-1\\2\\2\end{pmatrix}$ **b)** $\varepsilon\colon \begin{pmatrix}4\\2\\3\end{pmatrix}\cdot\begin{pmatrix}x+5\\y+8\\z+9\end{pmatrix}=0$ **c)** $-5x+17y+12z=25$

19. Bestimmen Sie den Schnittwinkel der Ebenen ε_1 und ε_2, welche die Punkte A, B und C bzw. P, Q und R enthalten.

a) $\varepsilon_1\colon A(-5;\,3;\,4),\ B(-7;\,7;\,7),\ C(0;\,3;\,2)$
$\varepsilon_2\colon P(6;\,-7;\,9),\ Q(-3;\,5;\,4),\ R(11;\,6;\,0)$

b) $\varepsilon_1\colon A(5;\,-3;\,9),\ B(18;\,1;\,7),\ C(-8;\,4;\,6)$
$\varepsilon_2\colon P(-6;\,12;\,0),\ Q(8;\,3;\,1),\ R(15;\,7;\,0)$

20. Berechnen Sie für die in Bild 4, Seite 189 abgebildeten Pyramiden die Winkel zwischen den Grund- und Seitenflächen sowie zwischen jeweils benachbarten Seitenflächen.

21. Gegeben sei ein Tetraeder $ABCD$ mit den Eckpunkten

$$A(0;\,0;\,0),\quad B(1;\,0;\,0),\quad C\left(\frac{1}{2};\,\frac{1}{2}\sqrt{3};\,0\right),\quad D\left(\frac{1}{2};\,\frac{1}{6}\sqrt{3};\,\frac{1}{3}\sqrt{6}\right).$$

a) Zeigen Sie, dass $ABCD$ ein Tetraeder ist, bei dem alle Kantenlängen 1 sind.

b) Berechnen sie den Winkel zwischen den Seitenflächen ABC und ABD des Tetraeders $ABCD$.

c) Warum sind die Winkel zwischen zwei beliebigen Seitenflächen des gegebenen Tetraeders genau so groß wie der in Aufgabe b) berechnete Winkel?

3 Abstände von Punkten, Geraden und Ebenen im Raum – Die Hesse'sche Normalform

Für Abstandsberechnungen ist es sinnvoll, Ebenen durch besondere Normalengleichungen darzustellen, bei denen der Normalenvektor ein Vektor der Länge 1 ist. Zu jedem (vom Nullvektor verschiedenen) Vektor $\vec{a}$ existiert genau ein Einheitsvektor, den man erhält, indem man $\vec{a}$ mit dem reziproken Wert seines Betrages multipliziert: $\overrightarrow{a_0} = \frac{1}{|\vec{a}|} \cdot \vec{a}$.

DEFINITION Ist $\vec{n}$ ein Normalenvektor einer Ebene ε und $\overrightarrow{n_0}$ der zugehörige Einheitsvektor, so heißt $\overrightarrow{n_0}$ **Normaleneinheitsvektor** der Ebene ε.

Anmerkung: Jede Ebene besitzt genau zwei Normaleneinheitsvektoren $\overrightarrow{n_{01}}$ und $\overrightarrow{n_{02}}$, die zueinander entgegengesetzte Vektoren sind: $\overrightarrow{n_{02}} = -\overrightarrow{n_{01}}$ (vgl. Bild 1).

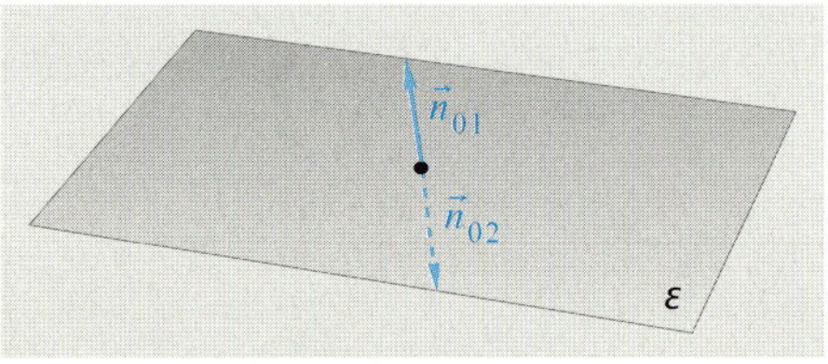

1

1. Geben Sie die beiden Normaleneinheitsvektoren der Ebene ε an.

a) $\varepsilon: \begin{pmatrix} -1 \\ 5 \\ 7 \end{pmatrix} \cdot \begin{pmatrix} x-4 \\ y+3 \\ z-2 \end{pmatrix} = 0$ **b)** $\varepsilon: \vec{x} = \begin{pmatrix} -3 \\ 11 \\ 8 \end{pmatrix} + s \begin{pmatrix} 3 \\ 0 \\ -6 \end{pmatrix} + t \begin{pmatrix} 0 \\ 5 \\ 1 \end{pmatrix}$ **c)** $\varepsilon: 3x + 2y - 5z = 7$

Der Sonderfall, dass der auftretende Normalenvektor in einer Normalengleichung einer Ebene ein Einheitsvektor ist, bringt für eine Reihe von Berechnungen Vorteile. Dieser Sonderfall wird benannt nach dem deutschen Mathematiker OTTO HESSE (1811–1874).

DEFINITION Eine Normalengleichung einer Ebene ε: $\overrightarrow{n_0} \cdot \overrightarrow{P_0P} = 0$ mit $|\overrightarrow{n_0}| = 1$ heißt **Ebenengleichung in Hesse'scher Normalform**.

Beispiel 1 *Ebenengleichung in Hesse'scher Normalform*

Gesucht ist eine Gleichung in Hesse'scher Normalform für die Ebene ε: $-2x + 6y - 3z = 14$.

Da $\vec{n} = \begin{pmatrix} -2 \\ 6 \\ -3 \end{pmatrix}$ ein Normalenvektor und $P_0(-7;\ 0;\ 0)$ ein Punkt dieser Ebene ist, ist die Gleichung $\begin{pmatrix} -2 \\ 6 \\ -3 \end{pmatrix} \cdot \begin{pmatrix} x+7 \\ y \\ z \end{pmatrix} = 0$ eine Normalengleichung der gegebenen Ebene.

Der zu $\vec{n}$ gehörende Normaleneinheitsvektor ist $\overrightarrow{n_0} = \frac{\vec{n}}{|\vec{n}|} = \frac{1}{7} \cdot \begin{pmatrix} -2 \\ 6 \\ -3 \end{pmatrix}$. Als Gleichung für die Ebene ε in Hesse'scher Normalform ergibt sich also: $\frac{1}{7} \cdot \begin{pmatrix} -2 \\ 6 \\ -3 \end{pmatrix} \cdot \begin{pmatrix} x+7 \\ y \\ z \end{pmatrix} = 0$.

2. Bringen Sie die gegebenen Ebenengleichungen in eine Hesse'sche Normalform.

a) $\varepsilon\colon \begin{pmatrix}1\\2\\3\end{pmatrix}\cdot\begin{pmatrix}x-2\\y-2\\z-2\end{pmatrix}=0$ **b)** $\varepsilon\colon \begin{pmatrix}-2\\0{,}5\\4{,}5\end{pmatrix}\cdot\begin{pmatrix}x\\y\\z\end{pmatrix}=0$ **c)** $\varepsilon\colon \begin{pmatrix}0\\1\\0\end{pmatrix}\cdot\begin{pmatrix}x-2{,}5\\y+5{,}9\\z-0{,}1\end{pmatrix}=0$

3. Geben Sie für die Ebene ε eine Gleichung in der Hesse'schen Normalform an.

a) $\varepsilon\colon 3x+2y+6z=24{,}5$ **b)** $\varepsilon\colon -6x+7y-6z=44$ **c)** $\varepsilon\colon 8x+y-7z=13$

4. Ermitteln Sie für die in Aufgabe 1 gegebenen Ebenen Gleichungen in der Hesse'schen Normalform.

5. Bringen Sie die Gleichungen in Hesse'scher Normalform, die Sie in Aufgabe 2 bestimmt haben, in die Koordinatenform $ax+by+cz=d$.

Abstand eines Punktes von einer Ebene

Unter dem Abstand $d(Q,\varepsilon)$ eines Punktes Q von einer Ebene ε versteht man die Länge der kürzesten Strecke von allen Strecken $\overline{QP}$, wobei P die Punkte der Ebene durchläuft. Diese kürzeste Strecke ist das Lot von Q auf ε (siehe Bild 2).

Ist eine Ebene ε durch eine Gleichung in der Hesse'schen Normalform gegeben, so lässt sich nach dem folgenden Satz leicht der Abstand eines beliebigen Punktes Q des Raumes von der Ebene ε bestimmen.

> **SATZ 1** Ein Punkt Q hat von einer durch die Gleichung $\vec{n_0}\cdot\overrightarrow{P_0P}=0$ mit $|\vec{n_0}|=1$ gegebenen Ebene ε den Abstand $d(Q,\varepsilon)=|\vec{n_0}\cdot\overrightarrow{P_0Q}|$.

Begründung:
Wir betrachten eine Ebene ε', in der die Punkte P_0 und Q liegen und die senkrecht zur Ebene ε verläuft. In dieser Ebene liegen dann auch der Normaleneinheitsvektor $\vec{n}_0$ sowie der Fußpunkt des Lotes von Q auf die Ebene ε, den wir hier mit L bezeichnen (vgl. Bild 2).

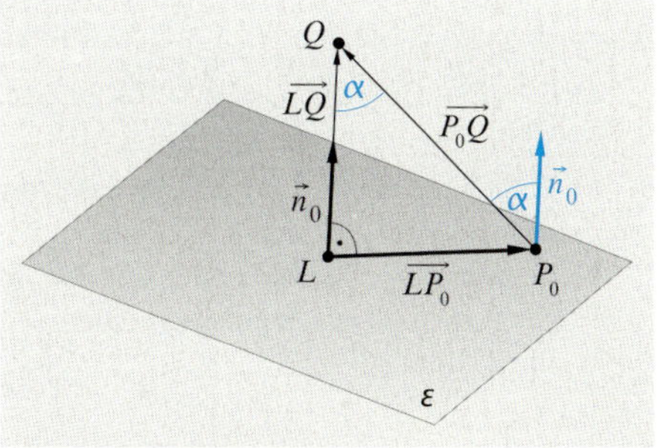

2

Für das Skalarprodukt der Vektoren $\vec{n}_0$ und $\overrightarrow{P_0Q}$ gilt laut Definition:

$$|\vec{n_0}\cdot\overrightarrow{P_0Q}|=|\vec{n_0}|\cdot|\overrightarrow{P_0Q}|\cdot\cos\alpha. \quad (1)$$

In dem rechtwinkligen Dreieck QLP_0 gilt:

$$\cos\alpha=\frac{|\overrightarrow{QL}|}{|\overrightarrow{P_0Q}|}. \quad (2)$$

Durch Einsetzen von (2) in (1) ergibt sich die Behauptung des Satzes:

$$d(Q,\varepsilon)=|\overrightarrow{QL}|=|\vec{n_0}\cdot\overrightarrow{P_0Q}|.$$

Beispiel 2 *Abstand eines Punktes von einer Ebene*

Gesucht ist der Abstand $d(Q,\ \varepsilon)$ des Punktes $Q(4;\ -7;\ 0)$ von der Ebene ε mit der Parametergleichung $\vec{x} = \begin{pmatrix} 2 \\ 1 \\ 1 \end{pmatrix} + t \begin{pmatrix} 2 \\ 0 \\ -6 \end{pmatrix} + s \begin{pmatrix} -2 \\ 2 \\ 3 \end{pmatrix}$.

1. Aufstellen einer Gleichung in Hesse'scher Normalform für ε:

   Durch Lösen des Gleichungssystems
   (I) $\quad 2n_1 \qquad - 6n_3 = 0$
   (II) $-2n_1 + 2n_2 + 3n_3 = 0$
   erhält man $\vec{n} = \begin{pmatrix} 6 \\ 3 \\ 2 \end{pmatrix}$ als Normalenvektor und $\vec{n_0} = \frac{1}{|\vec{n}|} \cdot \vec{n} = \frac{1}{7} \cdot \begin{pmatrix} 6 \\ 3 \\ 2 \end{pmatrix}$ als Normaleneinheitsvektor von ε.

   Eine Gleichung in Hesse'scher Normalform ist somit ε: $\frac{1}{7} \cdot \begin{pmatrix} 6 \\ 3 \\ 2 \end{pmatrix} \cdot \begin{pmatrix} x-2 \\ y-1 \\ z-1 \end{pmatrix} = 0.$

2. Einsetzen der Koordinaten des Punktes Q:

   $$d(Q,\varepsilon) = |\vec{n_0} \cdot \overrightarrow{P_0Q}| = \left| \frac{1}{7} \cdot \begin{pmatrix} 6 \\ 3 \\ 2 \end{pmatrix} \cdot \begin{pmatrix} 4-2 \\ -7-1 \\ 0-1 \end{pmatrix} \right| = \frac{|-14|}{7} = 2.$$

6. Berechnen Sie den Abstand des Punktes $Q(4;\ 1;\ -1)$ von der Ebene ε.

a) ε: $\begin{pmatrix} 6 \\ 6 \\ 7 \end{pmatrix} \cdot \begin{pmatrix} x-2 \\ y+1 \\ z-3 \end{pmatrix} = 0$ **b)** ε: $\begin{pmatrix} -3 \\ 5 \\ -1 \end{pmatrix} \cdot \begin{pmatrix} x \\ y \\ z \end{pmatrix} = 0$ **c)** ε: $\begin{pmatrix} 1 \\ -1 \\ 2 \end{pmatrix} \cdot \begin{pmatrix} x-2 \\ y-3 \\ z-1 \end{pmatrix} = 0$

7. Berechnen Sie den Abstand des Punktes $Q(7;\ -3;\ 11)$ von der Ebene ε.

a) ε: $-6x + 2y - 3z = -11$ **b)** ε: $12x - 5y + z = 45$ **c)** ε: $\frac{2}{3}x + \frac{1}{3}y - \frac{2}{9}z = 2$

8. **a)** Berechnen Sie die Abstände des Koordinatenursprungs von den in Aufgabe 7 a)–c) angegebenen Ebenen.

b) Bestimmen Sie jeweils eine Ebene ε' (durch eine Koordinatengleichung), die zu der in Aufgabe 7 a)–c) gegebenen Ebene ε parallel ist und vom Punkt $Q(1;\ 1;\ 1)$ den Abstand 5 hat.

9. Weisen Sie nach, dass ein Punkt $Q(q_1;\ q_2;\ q_3)$ von einer Ebene ε mit der Koordinatengleichung $ax + by + cz = d$ den Abstand $d(Q;\ \varepsilon) = \left| \frac{aq_1 + bq_2 + cq_3 - d}{\sqrt{a^2 + b^2 + c^2}} \right|$ hat.

10. **a)** Bestimmen Sie einen Punkt, der von den Ebenen ε_1: $-3x + y - 5z = -1$ und ε_2: $-5x - z = 3$ denselben (von null verschiedenen) Abstand hat.

b) Geben Sie eine (oder falls nötig mehrere) Gleichung(en) für die Menge aller Punkte an, die von den Ebenen ε_1 und ε_2 (aus a)) denselben Abstand haben. Überlegen Sie zunächst, welche geometrische Gestalt diese Punktmenge besitzen muss.

Abstand zweier zueinander paralleler Ebenen

11. Gegeben sind zwei Ebenen ε_1 und ε_2 durch jeweils drei ihrer Punkte:
ε_1: $P_1(2;\,3;\,3)$, $P_2(4;\,3;\,4)$, $P_3(4;\,5;\,6)$; ε_2: $Q_1(1;\,0;\,4)$, $Q_2(1;\,1;\,5)$, $Q_3(-1;\,1;\,4)$.

a) Untersuchen Sie die gegenseitige Lage der Ebenen ε_1 und ε_2.

b) Berechnen Sie die Abstände der Punkte Q_1, Q_2 und Q_3 von der Ebene ε_1 sowie die Abstände der Punkte P_1, P_2 und P_3 von ε_2.

Sind ε_1 und ε_2 zueinander parallele Ebenen, so haben alle Punkte der Ebene ε_1 denselben Abstand von ε_2 und umgekehrt alle Punkte der Ebene ε_2 denselben Abstand von ε_1.

Der Abstand der Ebenen ε_1 und ε_2 lässt sich also berechnen, indem der Abstand eines beliebigen Punktes $P \in \varepsilon_1$ von der Ebene ε_2 oder der Abstand eines beliebigen Punktes $Q \in \varepsilon_2$ von der Ebene ε_1 ermittelt wird.

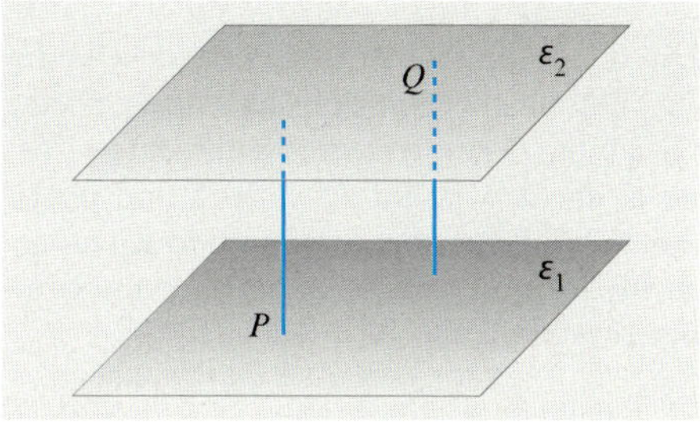

3

12. Bestimmen Sie den Abstand der zueinander parallelen Ebenen ε_1 und ε_2.

a) ε_1: $\begin{pmatrix}-2\\-6\\8\end{pmatrix}\cdot\begin{pmatrix}x-9\\y+8\\z-6\end{pmatrix}=0$ $\quad\varepsilon_2$: $\begin{pmatrix}1\\3\\-4\end{pmatrix}\cdot\begin{pmatrix}x-1\\y+2\\z-1\end{pmatrix}=0$

b) ε_1: $\begin{pmatrix}4\\10\\-6\end{pmatrix}\cdot\begin{pmatrix}x+2\\y-4\\z+3\end{pmatrix}=0$ $\quad\varepsilon_2$: $\begin{pmatrix}-10\\-25\\15\end{pmatrix}\cdot\begin{pmatrix}x\\y\\z\end{pmatrix}=0$

c) ε_1: $\vec{x}=\begin{pmatrix}-1\\2\\2\end{pmatrix}+t\begin{pmatrix}1\\0\\1\end{pmatrix}+s\begin{pmatrix}8\\-6\\1\end{pmatrix}$ $\quad\varepsilon_2$: $\vec{x}=\begin{pmatrix}0\\3\\3\end{pmatrix}+t\begin{pmatrix}14\\-12\\0\end{pmatrix}+s\begin{pmatrix}0\\6\\7\end{pmatrix}$

d) ε_1: $5x-3y+6z=-10$; ε_2: $-10x+6y-12z=-24$

e) ε_1: $-3x-4y+5z=-20$; ε_2: $4{,}5x+6y-7{,}5z=15$

13. Bestimmen Sie eine Ebene ε_3, die zu der in Aufgabe 12 a) bzw. b) gegebenen Ebene ε_1 parallel ist und von ε_1 den Abstand $d(\varepsilon_1, \varepsilon_3)=2$ hat.

Abstand einer Geraden zu einer parallelen Ebene

Ist ε eine Ebene und g eine zu ε parallele Gerade, so haben alle Punkte der Geraden g denselben Abstand von der Ebene ε.

Der Abstand der Geraden g zu der parallelen Ebene ε ergibt sich somit als Abstand eines beliebigen Punktes $P \in g$ von ε.

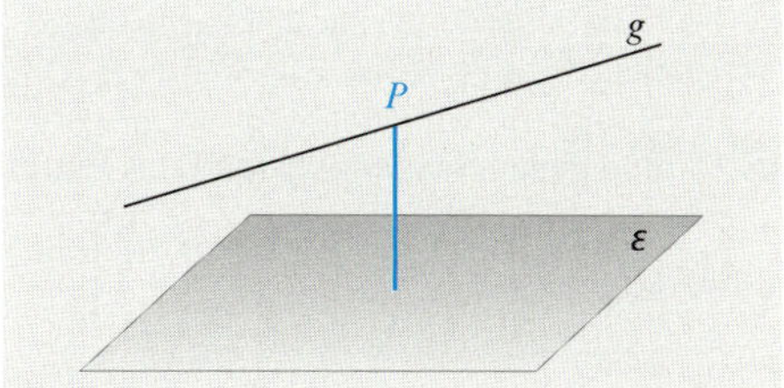

4

14. Zeigen Sie, dass g und ε parallel sind und bestimmen Sie den Abstand von g zu ε.

a) g: $\vec{x}=\begin{pmatrix}6\\6\\6\end{pmatrix}+t\begin{pmatrix}3\\2\\-1\end{pmatrix}$ $\quad\varepsilon$: $\begin{pmatrix}1\\1\\5\end{pmatrix}\cdot\begin{pmatrix}x-3\\y+1\\z-5\end{pmatrix}=0$

b) g: $\vec{x}=\begin{pmatrix}9\\-2\\0\end{pmatrix}+t\begin{pmatrix}12\\12\\-2\end{pmatrix}$ $\quad\varepsilon$: $\vec{x}=\begin{pmatrix}3\\8\\6\end{pmatrix}+r\begin{pmatrix}0\\1\\1\end{pmatrix}+s\begin{pmatrix}6\\7\\0\end{pmatrix}$

c) g: $\vec{x}=\begin{pmatrix}3\\-4\\1\end{pmatrix}+t\begin{pmatrix}5\\-7\\2\end{pmatrix}$ $\quad\varepsilon$: $x+y+z=-68$

Abstand eines Punktes von einer Geraden im Raum

Die Berechnung des Abstandes eines Punktes von einer Geraden nach dem in Abschnitt G 3, Seite 193 für die Ebene behandelten Verfahren ist im Raum nicht möglich, da sich Geraden im Raum nicht durch Normalengleichungen darstellen lassen.

Der Abstand $d(Q, g)$ eines Punktes Q von einer Geraden g ist die Länge $|\overline{QF}|$ des Lotes von Q auf g.

Um den Fußpunkt F des Lotes von Q auf g zu bestimmen, ermittelt man zuerst eine Gleichung derjenigen zu g senkrechten Ebene ε, die den Punkt Q enthält und erhält dann F als Schnittpunkt von ε und g. Der gesuchte Abstand $d(Q, g) = |\overline{QF}|$ kann dann berechnet werden.

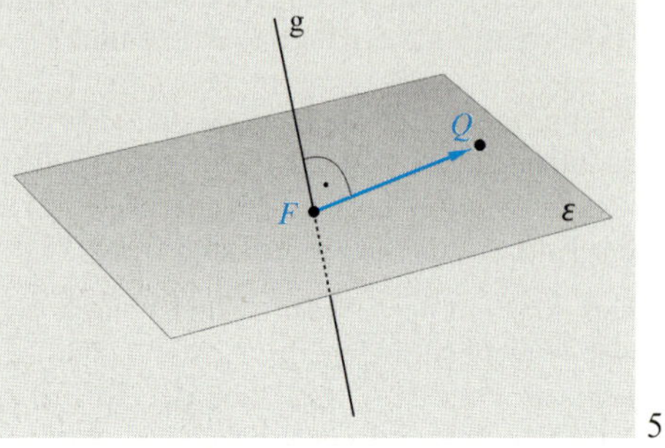

5

Beispiel 3 *Abstand eines Punktes von einer Geraden*

Gesucht ist der Abstand des Punktes $Q(4; 1; -2)$ von der Geraden $g\colon \vec{x} = \begin{pmatrix} 2 \\ 5 \\ 2 \end{pmatrix} + t \begin{pmatrix} 2 \\ -1 \\ -1 \end{pmatrix}$.

1. Bestimmung einer Normalengleichung der Ebene ε, die zu g senkrecht ist und Q enthält: Wegen $g \perp \varepsilon$ ist der Richtungsvektor von g ein Normalenvektor der gesuchten Ebene ε. Da weiterhin Q in ε liegen soll, erhalten wir für ε: $\begin{pmatrix} 2 \\ -1 \\ -1 \end{pmatrix} \cdot \begin{pmatrix} x-4 \\ y-1 \\ z+2 \end{pmatrix} = 0$.

2. Berechnung des Lotfußpunktes F von Q auf g: F ist der Schnittpunkt von g und ε. Die Berechnung dieses Schnittpunktes ergibt $F(6; 3; 0)$.

3. Der gesuchte Abstand von Q und g ergibt sich nun als Betrag des Vektors $\overrightarrow{QF}$:
$$d(Q, g) = |\overline{QF}| = |\overrightarrow{QF}| = \left| \begin{pmatrix} 6-4 \\ 3-1 \\ 0+2 \end{pmatrix} \right| = \sqrt{2^2 + 2^2 + 2^2} = \sqrt{12} \approx 3{,}5.$$

15. Berechnen Sie den Abstand des Punktes Q von der Geraden g.

a) $Q(11; 1; 6)$, $g\colon \vec{x} = \begin{pmatrix} 3 \\ 5 \\ 9 \end{pmatrix} + t \begin{pmatrix} 4 \\ -3 \\ -1 \end{pmatrix}$ **b)** $Q(2; -3; 5)$, $g\colon \vec{x} = \begin{pmatrix} 2 \\ 2 \\ 4 \end{pmatrix} + t \begin{pmatrix} 3 \\ 1 \\ -1 \end{pmatrix}$

c) $Q(7; 0; 5)$, $g\colon \vec{x} = \begin{pmatrix} 1 \\ -4 \\ 1 \end{pmatrix} + t \begin{pmatrix} 6 \\ 4 \\ 4 \end{pmatrix}$ **d)** $Q(3; 6; 10)$, $g\colon \vec{x} = \begin{pmatrix} -1 \\ 8 \\ 7 \end{pmatrix} + t \begin{pmatrix} 8 \\ -6 \\ 1 \end{pmatrix}$

16. Berechnen Sie den Flächeninhalt des Dreiecks ABC.

a) $A(-1; 6; -4)$, $B(-9; -2; -1)$, $C(0; 3; -8)$ **b)** $A(-6; 9; 11)$, $B(0; 8; 12)$, $C(-6; 10; 9)$

c) $A(4; -3; -7)$, $B(9; 0; 6)$, $C(1; 1; 4)$ **d)** $A(4; 0{,}5; 0{,}5)$, $B(9; 10; 11)$, $C(0{,}5; 0; 5{,}5)$

Hinweis: Ermitteln Sie eine Höhe des Dreiecks durch die Berechnung des Abstandes eines Eckpunktes von der gegenüberliegenden Seite.

17. Bild 6 zeigt eine dreiseitige Pyramide mit den Eckpunkten $A(0;\ 0;\ 0)$, $B(3;\ 0;\ 0)$, $C(2;\ 3;\ 0)$ und $D(1{,}5;\ 2;\ 3)$.

a) Berechnen Sie den Flächeninhalt A_G der Grundfläche ABC der Pyramide.

b) Berechnen Sie das Volumen der Pyramide.

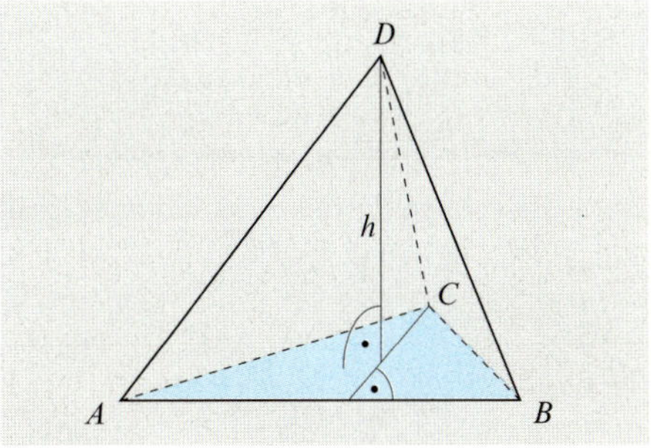

6

Abstand zweier zueinander paralleler Geraden im Raum

Sind g und h parallele Geraden, so hat jeder Punkt der Geraden g denselben Abstand von h und umgekehrt jeder Punkt von h denselben Abstand von g. Um den Abstand der Geraden g und h zu bestimmen, muss also lediglich der Abstand eines beliebigen Punktes $P \in g$ von h bzw. eines Punktes $Q \in h$ von g ermittelt werden: $d(g,\ h) = d(P,\ h) = d(Q,\ g);\ P \in g,\ Q \in h$.

18. Berechnen Sie den Abstand der zueinander parallelen Geraden g und h.

a) $g\colon \vec{x} = \begin{pmatrix} 3 \\ 2 \\ 0 \end{pmatrix} + t\begin{pmatrix} -2 \\ -1 \\ 2 \end{pmatrix}$ $h\colon \vec{x} = \begin{pmatrix} -1 \\ -3 \\ 7 \end{pmatrix} + s\begin{pmatrix} -4 \\ -2 \\ 4 \end{pmatrix}$

b) $g\colon \vec{x} = \begin{pmatrix} 5 \\ -1 \\ 6 \end{pmatrix} + t\begin{pmatrix} 3 \\ 1 \\ -1 \end{pmatrix}$ $h\colon \vec{x} = \begin{pmatrix} 1 \\ 1 \\ 1 \end{pmatrix} + s\begin{pmatrix} -6 \\ -2 \\ 2 \end{pmatrix}$

c) $g\colon \vec{x} = \begin{pmatrix} 5 \\ 1 \\ 0 \end{pmatrix} + t\begin{pmatrix} 9 \\ 6 \\ -3 \end{pmatrix}$ $h\colon \vec{x} = \begin{pmatrix} 4 \\ 4 \\ 4 \end{pmatrix} + s\begin{pmatrix} -3 \\ -2 \\ 1 \end{pmatrix}$

Abstand zweier zueinander windschiefer Geraden im Raum

Die Abstandsberechnung zweier windschiefer Geraden können wir auf die Berechnung des Abstandes zweier paralleler Ebenen zurückführen.

Gegeben seien die Geraden g und h durch $g\colon \vec{x} = \overrightarrow{p_0} + t\vec{a}$ und $h\colon \vec{x} = \overrightarrow{q_0} + s\vec{b}$.

Also ist $\varepsilon_1\colon \vec{x} = \overrightarrow{p_0} + t\vec{a} + s\vec{b}$ eine Ebene, die die Gerade g enthält und $\varepsilon_2\colon \vec{x} = \overrightarrow{q_0} + t\vec{a} + s\vec{b}$ eine Ebene, die die Gerade h enthält.

Dabei sind ε_1 und ε_2 parallel, da sie dieselben Richtungsvektoren haben.

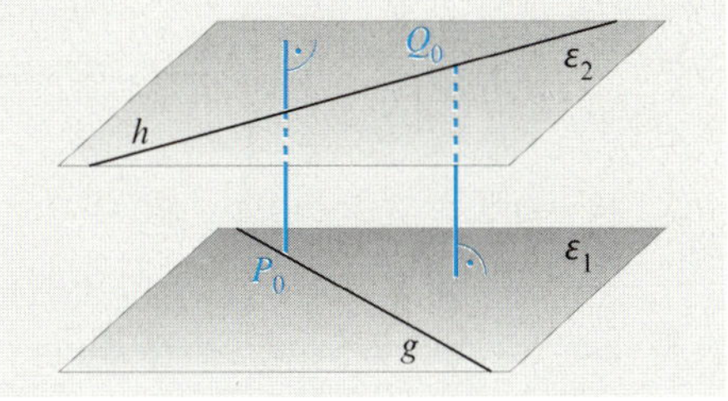

7

Der Abstand $d(g,\ h)$ der Geraden g und h ist gleich dem Abstand der Ebenen ε_1 und ε_2 und somit gleich dem Abstand des Punktes Q_0 von ε_1 bzw. des Punktes P_0 von ε_2.

19. a) Beweisen Sie: Ist $\overrightarrow{n_0}$ ein Einheitsvektor, der zu den Richtungsvektoren $\vec{a}$ und $\vec{b}$ der windschiefen Geraden $g\colon \vec{x} = \overrightarrow{p_0} + t\vec{a}$ und $h\colon \vec{x} = \overrightarrow{q_0} + s\vec{b}$ orthogonal ist, so gilt: $d(g;\ h) = |\overrightarrow{n_0} \cdot (\overrightarrow{q_0} - \overrightarrow{p_0})|$.

b) Beweisen Sie auf der Grundlage der Gleichung aus a) den folgenden Satz. (Vergleichen Sie dazu mit der Definition des Vektorproduktes auf Seite 176.)

SATZ 2 Sind $g\colon \vec{x} = \overrightarrow{p_0} + t\vec{a}$ und $h\colon \vec{x} = \overrightarrow{q_0} + s\vec{b}$ windschiefe Geraden, so gilt für den Abstand von g und h: $d(g;h) = \left|\frac{\vec{a}\times\vec{b}}{|\vec{a}\times\vec{b}|}\cdot(\overrightarrow{q_0} - \overrightarrow{p_0})\right|$.

20. Berechnen Sie den Abstand der Geraden g und h.

a) $g\colon \vec{x} = \begin{pmatrix} -1 \\ 0 \\ -1 \end{pmatrix} + t\begin{pmatrix} 2 \\ 1 \\ -2 \end{pmatrix}$ $h\colon \vec{x} = \begin{pmatrix} 0 \\ 11 \\ 7 \end{pmatrix} + s\begin{pmatrix} 1 \\ 2 \\ 2 \end{pmatrix}$

b) $g\colon \vec{x} = \begin{pmatrix} 3 \\ 2 \\ 5 \end{pmatrix} + t\begin{pmatrix} -3 \\ 1 \\ 1 \end{pmatrix}$ $h\colon \vec{x} = \begin{pmatrix} 6 \\ 5 \\ 11 \end{pmatrix} + s\begin{pmatrix} 1 \\ 1 \\ -2 \end{pmatrix}$

c) $g\colon \vec{x} = \begin{pmatrix} 7 \\ 7 \\ 7 \end{pmatrix} + t\begin{pmatrix} 5 \\ -2 \\ 3 \end{pmatrix}$ $h\colon \vec{x} = \begin{pmatrix} 3 \\ 4 \\ 7 \end{pmatrix} + s\begin{pmatrix} 3 \\ 1 \\ 2 \end{pmatrix}$

21. Berechnen Sie den Abstand der Geraden g von den drei Koordinatenachsen.

a) $g\colon \vec{x} = \begin{pmatrix} 1 \\ 1 \\ 1 \end{pmatrix} + t\begin{pmatrix} -2 \\ -7 \\ 3 \end{pmatrix}$ **b)** $g\colon \vec{x} = \begin{pmatrix} -2 \\ 4 \\ -4 \end{pmatrix} + t\begin{pmatrix} 1 \\ 1 \\ 11 \end{pmatrix}$ **c)** $\vec{x} = \begin{pmatrix} 0{,}5 \\ 2 \\ 1{,}5 \end{pmatrix} + t\begin{pmatrix} -1{,}5 \\ -1 \\ 0{,}5 \end{pmatrix}$

22. Zwei Geraden g und h sind durch jeweils zwei Punkte gegeben: $g = AB$ und $h = CD$. Untersuchen Sie die gegenseitige Lage der beiden Geraden und berechnen Sie den Abstand $d(g, h)$.

a) $A(-14; 6; -4)$, $B(-9; -2; -1)$, $C(0; 3; -8)$, $D(1; 0; 22)$
b) $A(4; -1; 5)$, $B(6; -3; -3)$, $C(10; 5; 18)$, $D(11; 4; 14)$
c) $A(6; 7; -7)$, $B(8; 3; -2)$, $C(13; -3; 7)$, $D(7; 1; -1)$

23. In Bild 8 ist ein Tetraeder mit den Eckpunkten $A(0; 0; 0)$, $B(\frac{1}{2}; -\frac{1}{2}\sqrt{3}; \sqrt{\frac{2}{3}})$ dargestellt.
Berechnen Sie den Abstand jeweils zweier gegenüberliegender Kanten des Tetraeders.

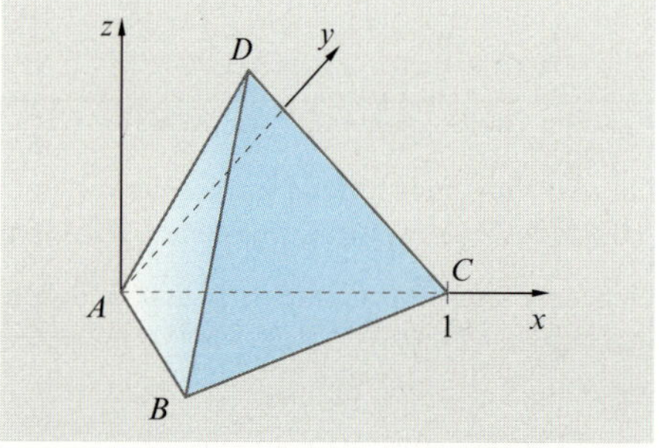

8

24. Bild 9 zeigt einen Würfel.
Die Geraden $g = AB$ (Gerade durch eine Seitenkante) und $h = OE$ (Raumdiagonale) sind windschief.
Bestimmen Sie den Abstand der Geraden g und h.

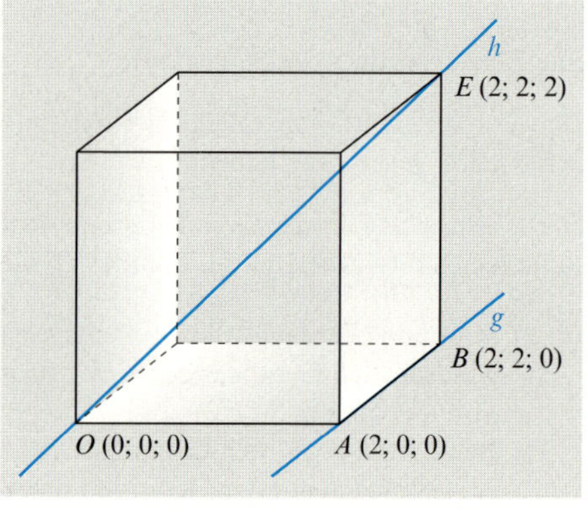

9

4 Aufgaben zu Abstands- und Winkelberechnungen

1. Gegeben sind eine Ebene ε und eine Gerade g durch:

$$\varepsilon\colon \vec{x} = \begin{pmatrix} 7 \\ -7 \\ 9 \end{pmatrix} + r\begin{pmatrix} 2 \\ 3 \\ 2 \end{pmatrix} + s\begin{pmatrix} 4 \\ -3 \\ 1 \end{pmatrix} \quad \text{und} \quad g\colon \vec{x} = \begin{pmatrix} 10 \\ -6 \\ 13 \end{pmatrix} + t\begin{pmatrix} 1 \\ -2 \\ 2 \end{pmatrix}.$$

a) Untersuchen Sie die gegenseitige Lage von g und ε und bestimmen Sie (falls vorhanden) die Koordinaten des Schnittpunktes.

b) Stellen Sie eine Normalengleichung für die Ebene ε auf.

c) Berechnen Sie den Schnittwinkel zwischen g und ε.

d) Berechnen Sie die Schnittwinkel zwischen g und den drei Koordinatenebenen.

e) Berechnen Sie die Schnittwinkel zwischen der Ebene ε und den Koordinatenachsen.

f) Stellen Sie für ε eine Gleichung in Hesse'scher Normalform auf.

g) Bestimmen Sie den Abstand des Koordinatenursprungs von der Geraden g und den von der Ebene ε.

2. Gegeben sind zwei Ebenen $\varepsilon_1\colon 3x - 4y + z = 12$ und $\varepsilon_2\colon -5x - y + 3z = 15$.

a) Untersuchen sie die gegenseitige Lage von ε_1 und ε_2 und geben Sie eine Parametergleichung der Schnittgeraden $g = \varepsilon_1 \cap \varepsilon_2$ an.

b) Berechnen Sie den Schnittwinkel von ε_1 und ε_2.

c) Stellen Sie für ε_1 und ε_2 Gleichungen in der Hesse'schen Normalform auf.

d) Berechnen Sie die Abstände des Koordinatenursprungs von ε_1 und ε_2.

3. Gegeben ist ein Tetraeder $ABCD$ mit den Eckpunkten $A(1;\ 1;\ 0)$; $B(4;\ 1;\ 0)$; $C(2;\ 4;\ 1)$ und $D(2;\ 3;\ 3)$.

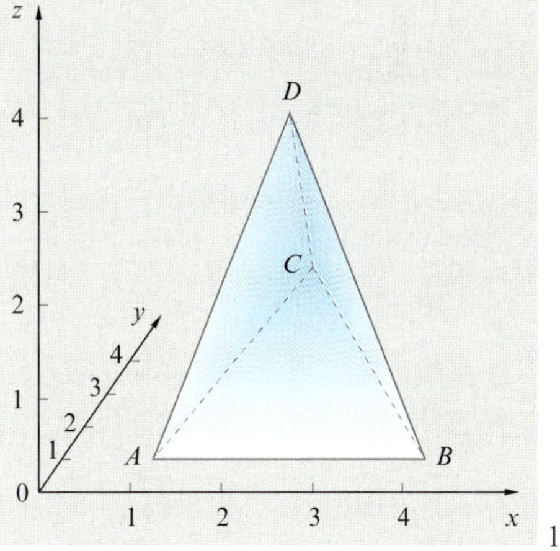

1

a) Geben Sie Parametergleichungen für die Geraden AB, BC, AC, AD, BD und CD an, auf denen die Kanten des Tetraeders liegen.

b) Stellen Sie für die Ebenen ABC, ABD, BCD und ACD Gleichungen in der Hesse'schen Normalform auf.

c) Berechnen Sie den Abstand jedes Eckpunktes des Tetraeders $ABCD$ von der jeweils gegenüberliegenden Seitenfläche.

d) Berechnen Sie die Abstände zwischen den jeweils gegenüberliegenden Kanten.

e) Bestimmen Sie den Flächeninhalt der Seitenfläche ACD.

f) Bestimmen Sie die Größen der Winkel zwischen der Ebene ABC und den Kanten AD, BD sowie CD.

g) Bestimmen Sie die Größen der Winkel zwischen der Ebene ABC und den Ebenen ABD, BCD sowie ACD.

h) Bestimmen Sie die Größen der Winkel zwischen den Kanten AD und BD, zwischen AD und CD sowie zwischen den Kanten BD und CD.

ZUSAMMENFASSUNG

Normalenvektor einer Ebene ε: Vektor $\vec{n}$, der auf ε senkrecht steht

Normalengleichung einer Ebene ε: Gleichung der Form $\vec{n} \cdot \overrightarrow{P_0P} = 0$, wobei $\vec{n}$ ein Normalenvektor, P_0 ein fester Punkt von ε und P ein beliebiger Punkt von ε ist

Normaleneinheitsvektor einer Ebene ε: Normalenvektor $\vec{n_0}$ der Ebene ε mit $|\vec{n_0}| = 1$

Hesse'sche Normalform der Ebenengleichung:
Normalengleichung einer Ebene ε: $\vec{n_0} \cdot \overrightarrow{P_0P} = 0$ mit $|\vec{n_0}| = 1$

Lösungsschritte zur Berechnung von Schnittwinkeln

zweier Ebenen ε_1 und ε_2
- Berechnung zweier Normalenvektoren $\vec{n_1}$ und $\vec{n_2}$ der sich schneidenden Ebenen ε_1 und ε_2
- Schnittwinkel α der Ebenen ε_1 und ε_2 ergibt sich aus: $\cos \alpha = \frac{|\vec{n_1} \cdot \vec{n_2}|}{|\vec{n_1}| \cdot |\vec{n_2}|}$

einer Ebene ε und einer Geraden g
- Bestimmung eines Richtungsvektors $\vec{a}$ der Geraden g und eines Normalenvektors $\vec{n}$ der Ebene ε
- Schnittwinkel α der Geraden g und der Ebene ε ergibt sich aus: $\sin \alpha = \frac{|\vec{n} \cdot \vec{a}|}{|\vec{n}| \cdot |\vec{a}|}$

Lösungsschritte zur Berechnung des Abstandes

eines Punktes Q von einer Ebene ε
- Überführung der Gleichung der Ebene in eine Hesse'sche Normalform mit dem Normaleneinheitsvektor $\vec{n_0}$
- Bestimmung eines Punktes P_0 der Ebene ε
- $d(Q, \varepsilon) = |\vec{n_0} \cdot \overrightarrow{P_0Q}|$

zweier paralleler Ebenen
- Bestimmung eines Punktes P_1 von ε_1 bzw. eines Punktes P_2 von ε_2
- $d(\varepsilon_1, \varepsilon_2) = d(P_1, \varepsilon_2) = d(P_2, \varepsilon_1)$

einer Geraden g zu einer parallelen Ebene ε
- Bestimmung eines Punktes P von g
- $d(g, \varepsilon) = d(P, \varepsilon)$

eines Punktes Q von einer Geraden g im Raum
- Bestimmung einer Ebene ε, die zu g senkrecht ist und Q enthält
- Berechnung des Lotfußpunktes F von Q auf g
- $d(Q, g) = |\overrightarrow{QF}| = |\overline{QF}|$

zweier paralleler Geraden g und h
- Bestimmung eines Punktes P von g bzw. eines Punktes Q von h
- $d(g, h) = d(P, h) = d(Q, g)$

zweier windschiefer Geraden g und h
- $d(g; h) = \left| \frac{\vec{a} \times \vec{b}}{|\vec{a} \times \vec{b}|} \cdot (\vec{q_0} - \vec{p_0}) \right|$, falls g: $\vec{x} = \vec{p_0} + t\,\vec{a}$ und h: $\vec{x} = \vec{q_0} + s\,\vec{b}$

H

Kreise und Kugeln

Mithilfe der Vektorrechnung können nicht nur lineare geometrische Objekte wie Geraden und Ebenen untersucht werden, sondern auch krummlinige Kurven und gekrümmte Flächen. Von besonderer Bedeutung sind dabei Kreise und Kugeln sowie Kegelschnitte, die in Kapitel I behandelt werden.

Bereits in Abschnitt A5 wurden Kreise und Kugeln durch Koordinatengleichungen beschrieben. Unter Nutzung des Skalarproduktes können vektorielle Gleichungen für Kreise und Kugeln aufgestellt werden, mit deren Hilfe Lageuntersuchungen sowie die Beschreibung von Tangenten und Tangentialebenen vereinfacht bzw. erst ermöglicht werden.

1 Kreise in der Ebene

SATZ 1 k sei ein Kreis in einer Ebene mit dem Radius r, dem Mittelpunkt $M(x_m; y_m)$ und dem Ortsvektor $\vec{m}$ des Mittelpunktes.

Für den Ortsvektor $\vec{p}$ eines beliebigen Punktes $P(x; y)$ des Kreises k gilt dann:

$(\vec{p}-\vec{m})^2 = r^2$ **(Vektorgleichung des Kreises k)** (1)

bzw.

$(x-x_m)^2+(y-y_m)^2 = r^2$ **(Koordinatengleichung des Kreises k)**. (2)

Bemerkung: Die Gleichungen (1) und (2) sind Gleichungen für die Punkte auf der Peripherie des Kreises, also Gleichungen der **Kreislinie**. Häufig wird auch die **Kreisfläche**, d.h. die Menge aller Punkte innerhalb des Kreises (samt Kreislinie) als „Kreis“ bezeichnet. Diese Auffassung entspricht nicht der in der Mathematik üblichen Definition des Begriffes „Kreis“. Wir werden in diesem Falle deshalb von der Kreisfläche sprechen.

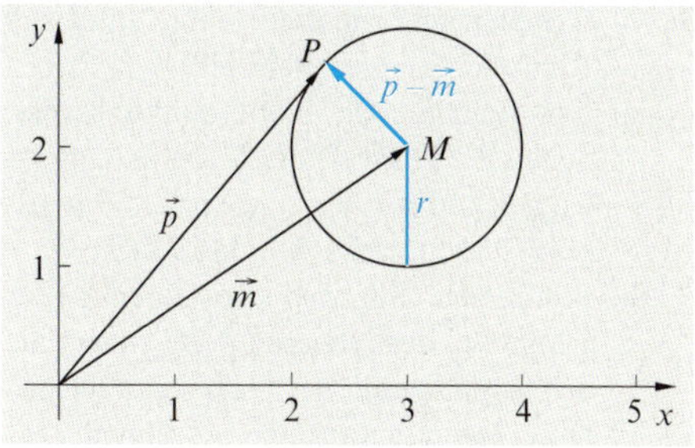

1

1. Zeigen Sie, dass die Gleichungen (1) und (2) äquivalent sind.

2. Geben Sie vektorielle Gleichungen für den Kreis k mit dem Mittelpunkt M und dem Radius r bzw. dem Punkt $P \in k$ an und formen Sie diese Gleichungen in die Koordinatenform um.

a) $M(2; -3), r = 4$ **b)** $M(0; 0), r = 10$ **c)** $M(0{,}5; -1{,}5), r = 1$
d) $M(0; 0), P(-1; -1)$ **e)** $M(1; 1), P(0; 0)$ **f)** $M(4; -5), P(8; 3)$

3. Wie viele Kreise mit dem Radius $r = \sqrt{50}$ existieren, die durch die Punkte $P(3;\ 5)$ und $Q(-1;\ -7)$ verlaufen? Geben Sie Mittelpunkt und Gleichung für jeden dieser Kreise an.

4. Der Kreis k berührt die x-Achse im Punkt $P(4;\ 0)$ und die y-Achse im Punkt $Q(0;\ -4)$. Bestimmen Sie den Mittelpunkt und den Radius des Kreises k.
Fertigen Sie dazu zunächst eine Skizze an.

Bereits aus der Mittelstufe ist bekannt, dass durch drei nicht auf einer Geraden liegende Punkte A, B und C genau ein Kreis verläuft, der **Umkreis des Dreiecks** $\boldsymbol{ABC}$.

Beispiel 1 *Bestimmung einer Gleichung eines Kreises durch drei gegebene Punkte*

Gesucht ist eine Gleichung des Kreises k, der durch die Punkte $A(-12;\ -4)$, $B(6;\ 2)$ und $C(-4;\ 12)$ verläuft.

Zu bestimmen sind der Radius r und die Koordinaten x_m und y_m des Mittelpunktes M von k. Dazu setzen wir die Koordinaten der drei gegebenen Punkte in die Koordinatengleichung des Kreises ein und erhalten folgendes quadratisches Gleichungssystem:

$$\begin{array}{llcll}
\text{(I)} & (-12-x_m)^2+(-4-y_m)^2=r^2 & & \text{(I)} & x_m^2+y_m^2+24x_m+8y_m=r^2-160 \\
\text{(II)} & (6-x_m)^2+(2-y_m)^2=r^2 & \text{bzw.} & \text{(II)} & x_m^2+y_m^2-12x_m-4y_m=r^2-40 \\
\text{(III)} & (-4-x_m)^2+(12-y_m)^2=r^2 & & \text{(III)} & x_m^2+y_m^2+8x_m-24y_m=r^2-160.
\end{array}$$

Durch Subtraktion der zweiten bzw. dritten von der ersten Gleichung ergibt sich ein LGS.

Die Lösung dieses Gleichungssystems liefert die Mittelpunktskoordinaten $x_m = -4$ und $y_m = 2$. Durch Einsetzen in (I) erhalten wir daraus $r^2 = 100$ bzw. $r = 10$.

Die Gleichung des Kreises k lautet also in vektorieller Form: $\begin{pmatrix} x+4 \\ y-2 \end{pmatrix}^2 = 100$

sowie in Koordinatenform: $(x+4)^2 + (y-2)^2 = 100$ bzw. $x^2 + y^2 + 8x - 4y = 80$.

5. Gegeben sind die drei Punkte A, B und C aus dem obigen Beispiel.

a) Ermitteln Sie die Mittelpunkte zweier Seiten des Dreiecks ABC sowie Normalengleichungen der zugehörigen Mittelsenkrechten (siehe Abschnitt G2).

b) Bestimmen Sie den Mittelpunkt des Umkreises des Dreiecks ABC, indem Sie den Schnittpunkt der beiden in a) ermittelten Mittelsenkrechten berechnen.

c) Ermitteln Sie für den Umkreis den Radius und eine Kreisgleichung.

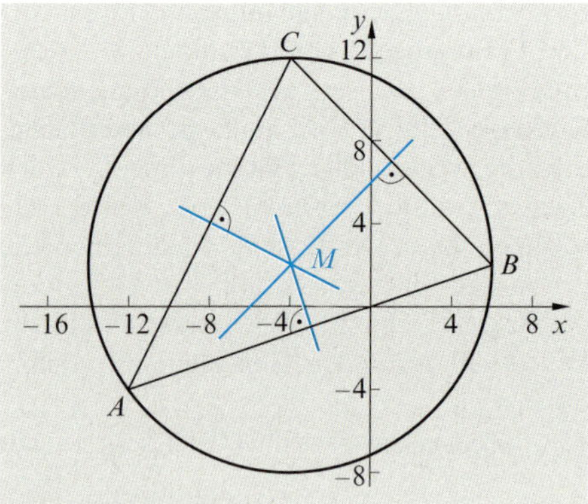

2

6. Bestimmen Sie den Mittelpunkt, den Radius sowie eine Gleichung des Kreises k, der durch die Punkte A, B und C verläuft.

a) $A(2;\ 3)$, $B(4;\ 1)$, $C(2;\ -1)$ **b)** $A(10;\ -9)$, $B(-4;\ 5)$, $C(-8;\ -3)$
c) $A(0;\ 2)$, $B(4;\ 8)$, $C(-6;\ 6)$ **d)** $A(0;\ -1)$, $B(2;\ 2)$, $C(-3;\ 1)$

2 Tangenten an Kreise

Kreistangenten[1] lassen sich im Vergleich zu Abschnitt A5 wesentlich einfacher unter Nutzung der Normalengleichungen von Geraden und Ebenen untersuchen.

Beispiel 1 *Gleichung einer Tangente an einen Kreis*

Gesucht ist eine Gleichung der Tangente t an den Kreis k mit der Gleichung $\begin{pmatrix} x+1 \\ y-7 \end{pmatrix}^2 = 26$ im Punkt $P_0(4;\ 8)$.

Wir benutzen die aus Satz 2, Abschnitt B5 bekannte Tatsache, dass die Tangente t an k in P_0 senkrecht auf dem zugehörigen Radiusvektor $\overrightarrow{MP_0}$ stehen muss (siehe Bild 1).

Somit ist $\overrightarrow{MP_0} = \begin{pmatrix} 4+1 \\ 8-7 \end{pmatrix} = \begin{pmatrix} 5 \\ 1 \end{pmatrix}$ ein Normalenvektor der Tangente t und wir erhalten eine Normalengleichung $\begin{pmatrix} 5 \\ 1 \end{pmatrix} \cdot \begin{pmatrix} x-4 \\ y-8 \end{pmatrix} = 0$ bzw. in Koordinatenform: $5x + y = 28$.

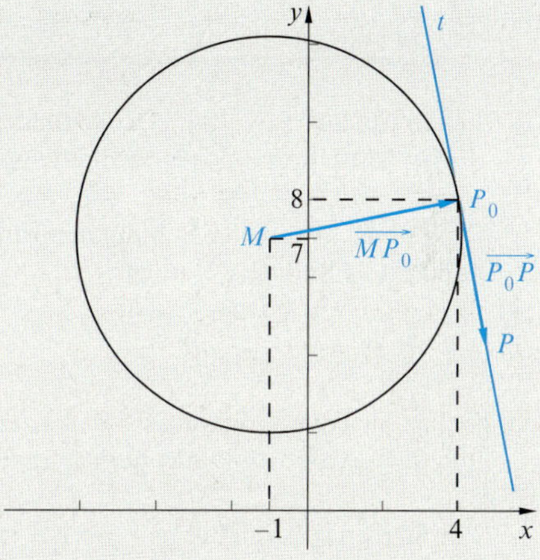

1

1. Bestimmen Sie eine Gleichung der Tangente t an den Kreis k im Punkt P_0.

a) k: $\begin{pmatrix} x-2 \\ y-1 \end{pmatrix}^2 = 4, \quad P_0(2;\ -1)$ **b)** k: $\begin{pmatrix} x-2 \\ y+3 \end{pmatrix}^2 = 100, \quad P_0(-8;\ -3)$

2. Bestimmen Sie eine Gleichung der Tangente an den Kreis aus Beispiel 1 im Punkt (0; 2).

Herleitung einer Gleichung der Tangente *t* an einen Kreis *k* in einem Punkt P_0

Es seien ein Kreis k mit dem Mittelpunkt $M(x_m;\ y_m)$ und ein beliebiger Punkt $P_0(x_0;\ y_0)$ dieses Kreises gegeben. Da die Tangente t senkrecht auf dem Radiusvektor (dem Verbindungsvektor zwischen M und P_0) steht (siehe Bild 1), muss für jeden Punkt $P(x;\ y)$ der Tangente die Gleichung $\overrightarrow{MP_0} \cdot \overrightarrow{P_0P} = 0$ erfüllt sein.

Um zu einer einfachen Koordinatengleichung der Tangente zu gelangen, ersetzen wir $\overrightarrow{P_0P}$ durch $\overrightarrow{MP} - \overrightarrow{MP_0}$ und erhalten:

$$\overrightarrow{MP_0} \cdot (\overrightarrow{MP} - \overrightarrow{MP_0}) = 0 \quad \text{bzw.} \quad \overrightarrow{MP_0} \cdot \overrightarrow{MP} - (\overrightarrow{MP_0})^2 = 0.$$

Da $\overrightarrow{MP_0}$ Radiusvektor des Kreises k ist, also $|\overrightarrow{MP_0}| = r$ gilt, erhalten wir für die Kreistangente die Gleichung $\overrightarrow{MP_0} \cdot \overrightarrow{MP} = r^2$ und nach Einsetzen der Koordinaten von M, P_0 und P:

$$\begin{pmatrix} x_0 - x_m \\ y_0 - y_m \end{pmatrix} \cdot \begin{pmatrix} x - x_m \\ y - y_m \end{pmatrix} = r^2.$$

Durch Ausrechnen des Skalarproduktes ergibt sich daraus:

$$(x - x_m)(x_0 - x_m) + (y - y_m)(y_0 - y_m) = r^2.$$

[1] Tangente (lat.): Berührende

SATZ 1 Die Tangente t im Punkt $P_0(x_0;\ y_0)$ an einen Kreis k mit dem Mittelpunkt $M(x_m;\ y_m)$ und dem Radius r lässt sich durch die vektorielle Gleichung

$\overrightarrow{MP_0} \cdot \overrightarrow{MP} = r^2$

oder durch die Koordinatengleichung

$(x - x_m)(x_0 - x_m) + (y - y_m)(y_0 - y_m) = r^2$

darstellen.

3. Leiten Sie aus Satz 1 eine Koordinatengleichung für die Tangente an einen Kreis ab, dessen Mittelpunkt der Koordinatenursprung ist.

4. Bestimmen Sie eine Gleichung der Tangente im Punkt P_0 an den Kreis k mit dem Mittelpunkt M und dem Radius r.

a) $M(5;\ -3),\ r = \sqrt{5},\ P_0(7;\ -4)$ **b)** $M(0;\ 0),\ r = 13,\ P_0(12;\ -5)$

c) $M(-1;\ 2),\ r = \sqrt{5},\ P_0(0;\ 0)$ **d)** $M(0{,}5;\ 5{,}5),\ r = 5,\ P_0(-2{,}5;\ 1{,}5)$

5. Geben Sie eine Gleichung für den Kreis k an, der durch den Punkt $P(-8;\ -6)$ verläuft und die y-Achse im Punkt $Q(0;\ -2)$ als Tangente hat.

6. Ein Kreis mit dem Radius $r = 5$ hat im Punkt $P_0(-1;\ 3)$ die Tangente $t\colon 3x + 4y = 9$. Welche Koordinaten hat der Mittelpunkt des Kreises?

7. Bestimmen Sie eine Gleichung des Kreises k mit dem Mittelpunkt $M(4;\ 7)$, der die Gerade $t\colon 3x - 4y = -1$ als Tangente hat.

Bestimmung von Kreistangenten mithilfe der Differenzialrechnung

Da ein Kreis so aus zwei Halbkreisen zusammengesetzt werden kann, dass diese Graphen von Funktionen sind, sollte es auch durch Ableitung dieser Funktionen möglich sein, Gleichungen von Kreistangenten zu bestimmen. Dabei müssten wir zu denselben Ergebnissen gelangen, die wir oben – mit den Mitteln der Analytischen Geometrie – erzielt haben.

Der Einfachheit halber betrachten wir zunächst einen Einheitskreis $(r = 1)$ mit dem Mittelpunkt $M(0;\ 0)$.
Dessen Gleichung lautet:

$x^2 + y^2 = 1$ bzw. $y^2 = 1 - x^2$.

Daraus erhalten wir die Funktionsgleichungen

$y = f_1(x) = \sqrt{1 - x^2}$

für den Halbkreis oberhalb der x-Achse sowie

$y = f_2(x) = -\sqrt{1 - x^2}$

für den Halbkreis unterhalb der x-Achse.

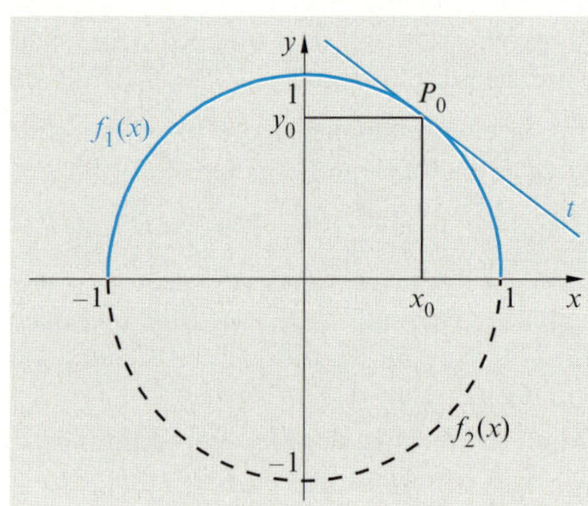

2

Durch Ableitung der Funktion f_1 ergibt sich für den Anstieg der Tangente an den oberen Halbkreis an der Stelle x_0 $(x_0 \neq 1, x_0 \neq -1)$:

$$m = f_1'(x_0) = -\frac{x_0}{\sqrt{1-x_0^2}} = -\frac{x_0}{y_0}.$$

Demnach ist

$$y = t(x) = mx + n = -\frac{x_0}{y_0}\,x + n \quad \text{bzw.} \quad x x_0 + y y_0 = n y_0$$

eine Gleichung der Tangente an k im Punkt $P_0(x_0; y_0)$, in der wir durch Einsetzen von x_0 für x und von y_0 für y noch n bestimmen:

$$n = \frac{x_0^2 + y_0^2}{y_0} = \frac{1}{y_0}.$$

Wir erhalten also als eine Gleichung der Tangente t an den Kreis k:

$x x_0 + y y_0 = 1$ für $x_0 \neq 1,\ x_0 \neq -1.$ (*)

8. Zeigen Sie, dass sich für einen Punkt des unteren Halbkreises dieselbe Tangentengleichung ergibt.

9. Bestimmen Sie mithilfe von Satz 1 eine Gleichung der Tangente an den Kreis mit dem Mittelpunkt $M(0;\,0)$und dem Radius $r = 1$ in einem Punkt $P_0(x_0;\ y_0)$ und vergleichen Sie Ihr Ergebnis mit dem oben durch Ableitung der Funktionen f_1 und f_2 erzielten Resultat.

10. Die Herleitung der Gleichung (*) gilt nur für Punkte $P_0(x_0; y_0)$ des Kreises mit $y_0 \neq 0$.
Stellen Sie fest, an welchen Stellen der Herleitung diese Voraussetzung benötigt wurde und zeigen Sie, dass die Tangentengleichung (*) auch für die Punkte des Kreises mit $y_0 = 0$ gilt.

11. Bestimmen Sie durch Bildung der Ableitungen geeigneter Funktionen Gleichungen der Tangenten in den Punkten $P_1(3;\,4)$ und $P_2(4;\,-3)$ an den Kreis k: $x^2 + y^2 = 25$.
Ermitteln Sie dazu zunächst Funktionsgleichungen für den oberen und den unteren Halbkreis von k und stellen Sie deren Graphen auf einem grafikfähigen Taschenrechner dar.
Stellen Sie zur Überprüfung Ihres Ergebnisses die Tangenten ebenfalls auf dem Taschenrechner dar.
Vergleichen Sie Ihr Ergebnis mit der in Bild 3 dargestellten Figur.

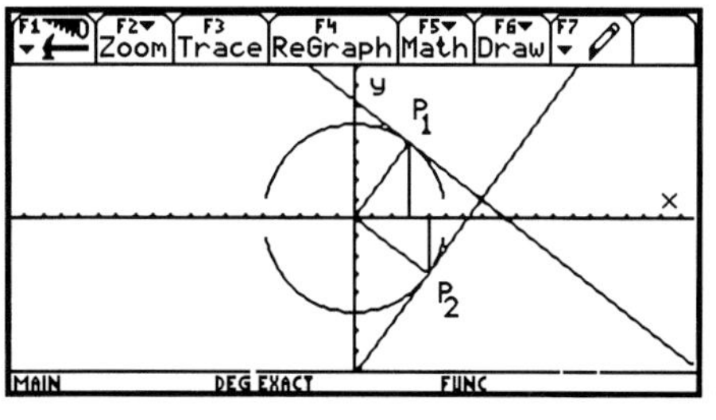

3

12. Leiten Sie mithilfe der Differenzialrechnung eine Gleichung der Tangente an den Kreis mit dem Mittelpunkt $M(0;\,0)$ und dem Radius r in einem beliebigen Punkt $P_0(x_0;\ y_0)$ des Kreises her.
Leiten Sie eine Gleichung derselben Tangente auch aus Satz 1 ab und vergleichen Sie Ihre Ergebnisse bei beiden Vorgehensweisen.

3 Gleichungen der Kugel

Unter einer **Kugel** versteht man die Menge aller Punkte des Raumes, die von einem vorgegebenen Punkt (dem **Mittelpunkt der Kugel**) denselben Abstand (**Radius**) haben [1]. Diese Eigenschaft führt dazu, dass eine Kugel immer gleich aussieht, egal aus welcher Richtung man sie betrachtet. Sie gilt deshalb als sehr harmonisch. Die bekannteste „Kugel" ist sicherlich die Erdkugel. Dabei handelt es sich jedoch nicht exakt um eine Kugel, denn der Abstand der Pole zum Erdmittelpunkt beträgt jeweils 6357 km, der mittlere Abstand von Punkten des Äquators zum Mittelpunkt hingegen 6378 km. Aufgrund der relativ geringen Abweichung fasst man die Erde dennoch meist als Kugel auf.

1

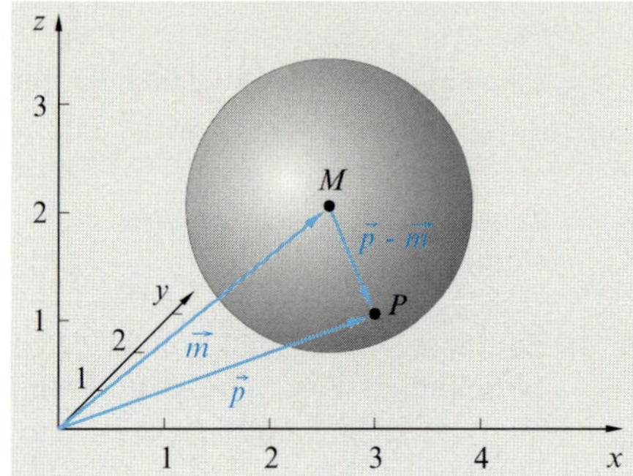

2

SATZ 1 Es sei k eine Kugel mit dem Radius r, dem Mittelpunkt $M(x_m; y_m; z_m)$ und dem Ortsvektor $\vec{m}$ des Mittelpunktes.

Für den Ortsvektor $\vec{p}$ eines beliebigen Punktes $P(x; y; z)$ der Kugel k gilt dann:

$(\vec{p}-\vec{m})^2 = r^2$ **(Vektorgleichung der Kugel k)** (1)

bzw.

$(x-x_m)^2+(y-y_m)^2+(z-z_m)^2 = r^2$ **(Koordinatengleichung der Kugel k).** (2)

1. Weisen Sie nach, dass die Gleichungen (1) und (2) zueinander äquivalent sind.

Die Gleichungen (1) und (2) sind Gleichungen für die Punkte auf der **Kugeloberfläche**, auch **Sphäre** genannt. Für die Punkte im Innern der Kugel gilt die Ungleichung $(\vec{p}-\vec{m})^2 < r^2$.

2. Geben Sie vektorielle Gleichungen für die Kugel k mit dem Mittelpunkt M und dem Radius r an und formen Sie diese Gleichungen in die Koordinatenform um.

a) $M(0; 0; 0), r = 3$ **b)** $M(-2; 4; 1), r = 11$ **c)** $M(-1{,}5; 2{,}5; 0), r = 1$

3. Überprüfen Sie, ob durch die folgenden Gleichungen Kugeln beschrieben werden und bestimmen Sie (falls möglich) Mittelpunkt und Radius.

a) $x^2+y^2+z^2+2x-4y+6z = 11$ **b)** $x^2+y^2+z^2+12x+10y+14z = -11$
c) $x^2+y^2+z^2-8x+22y+4z = -200$ **d)** $x^2+y^2+z^2+0{,}5x+2y-z = -1{,}25$

[1] Oft wird die Kugel auch definiert als Menge aller Punkte, deren Abstand vom Mittelpunkt kleiner oder gleich dem Radius ist (Vollkugel).

4. Überprüfen Sie, ob der Punkt P auf, innerhalb oder außerhalb der Kugel k mit dem Mittelpunkt M und dem Radius r liegt.

a) $M(0;\ 0;\ 0)$, $r = 6$, $P(-7;\ -4;\ 6)$
b) $M(-3;\ 4;\ -5)$, $r = 3$, $P(-1;\ 6;\ -6)$
c) $M(11;\ 32;\ -17)$, $r = 10$, $P(14;\ 29;\ -9)$
d) $M(-7;\ 8;\ 2)$, $r = 15$, $P(3;\ 3;\ -8)$

5. Für welche Parameter $t \in \mathbb{R}$ liegt der Punkt P auf der Kugel k?

a) $k\colon \begin{pmatrix} x \\ y \\ z \end{pmatrix}^2 = 64,\ P(t;\ -2t;\ 2)$
b) $k\colon \begin{pmatrix} x-4 \\ y+7 \\ z-1 \end{pmatrix}^2 = 49,\ P(1;\ -t;\ t)$

6. Bestimmen Sie den Radius r sowie eine vektorielle Gleichung und eine Koordinatengleichung der Kugel k mit dem Mittelpunkt M und dem Punkt $P \in k$.

a) $M(0;\ 0;\ 0),\ P(-1;\ -1;\ -1)$
b) $M(1;\ 2;\ 3),\ P(0;\ 0;\ 0)$
c) $M(4;\ -5;\ 6),\ P(8;\ 3;\ -2)$
d) $M\left(-\frac{1}{3};\ \frac{1}{2};\ -\frac{1}{6}\right),\ P\left(\frac{2}{3};\ \frac{1}{6};\ -\frac{1}{2}\right)$

7. Ermitteln Sie den Mittelpunkt und den Radius der Kugel k, die den Punkt $P(8;\ -8;\ 16)$ enthält und die x-y-Ebene in $O(0;\ 0;\ 0)$ berührt (Bild 3). Geben Sie eine vektorielle und eine Koordinatengleichung für k an.

8. Von einer Kugel k ist bekannt, dass ihr Mittelpunkt M auf der x-Achse liegt und dass sie von der x-Achse bei $x = 2$ geschnitten wird. Die Kugel geht durch den Punkt $P(7;\ 2;\ 1)$. Bestimmen Sie den Mittelpunkt und den Radius sowie eine Gleichung für k.

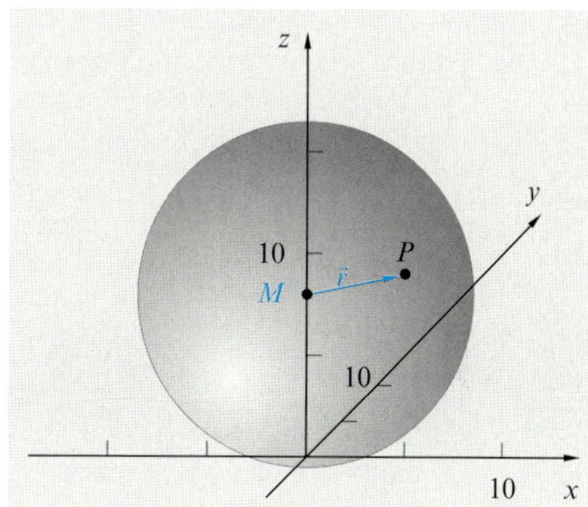

3

Bestimmung einer Gleichung einer Kugel durch vier gegebene Punkte

Um eine Kugel eindeutig zu bestimmen, werden vier Punkte benötigt, die nicht in einer Ebene liegen.

So wie in der Ebene jedes Dreieck einen eindeutig bestimmten Umkreis besitzt, gibt es für jeden Körper mit vier Ecken im Raum (d. h. für jedes Tetraeder) genau eine „Umkugel" (siehe Bild 4).

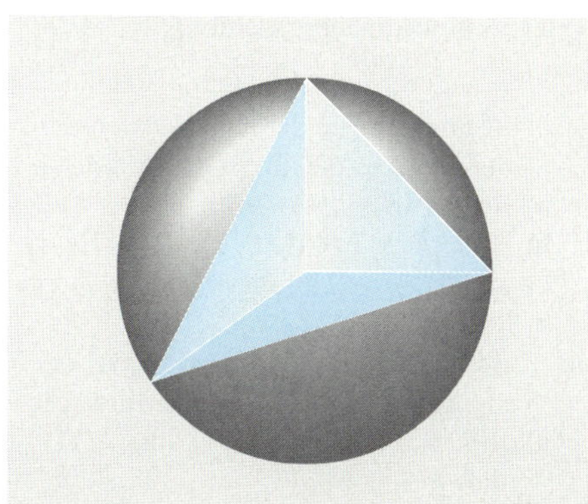
4

Beispiel 1 *Bestimmung einer Gleichung einer Kugel*

Gesucht ist eine Gleichung der Kugel k, die durch die Punkte $P(4;\,4;\,1)$, $Q(3;\,2;\,2)$, $R(0;\,0;\,-3)$ und $S(6;\,4;\,-1)$ verläuft.
Zu bestimmen sind der Radius r und die Koordinaten x_m, y_m und z_m des Mittelpunktes M von k. Dazu setzen wir die Koordinaten jedes der vier gegebenen Punkte in die Koordinatengleichung der Kugel k ein und erhalten folgendes Gleichungssystem:

$$\begin{array}{ll}
\text{(I)} & (4-x_m)^2+(4-y_m)^2+(1-z_m)^2 = r^2\\
\text{(II)} & (3-x_m)^2+(2-y_m)^2+(2-z_m)^2 = r^2\\
\text{(III)} & x_m^2 + y_m^2 + (-3-z_m)^2 = r^2\\
\text{(IV)} & (6-x_m)^2+(4-y_m)^2+(-1-z_m)^2 = r^2.
\end{array}$$

Durch Anwendung der binomischen Formeln und Sortieren ergibt sich daraus:

$$\begin{array}{ll}
\text{(I)} & x_m^2+y_m^2+z_m^2-8x_m-8y_m-2z_m = r^2-33\\
\text{(II)} & x_m^2+y_m^2+z_m^2-6x_m-4y_m-4z_m = r^2-17\\
\text{(III)} & x_m^2+y_m^2+z_m^2+6z_m = r^2-9\\
\text{(IV)} & x_m^2+y_m^2+z_m^2-12x_m-8y_m+2z_m = r^2-53.
\end{array}$$

Um die quadratischen Terme zu eliminieren, subtrahieren wir (II), (III) und (IV) jeweils von der Gleichung (I) und erhalten das lineare Gleichungssystem:

$$\begin{array}{lllll}
\text{(V)} = \text{(I)}-\text{(II)} & -2x_m-4y_m+2z_m=-16 & & \text{(V)} & x_m+2y_m-z_m=8\\
\text{(VI)} = \text{(I)}-\text{(III)} & -8x_m-8y_m-8z_m=-24 & \text{bzw.} & \text{(VI)} & x_m+y_m+z_m=3\\
\text{(VII)} = \text{(I)}-\text{(IV)} & 4x_m-4z_m=20 & & \text{(VII)} & x_m-z_m=5
\end{array}$$

sowie schließlich

$$\begin{array}{ll}
\text{(V)} & x_m+2y_m-z_m=8\\
\text{(VIII)} = \text{(V)}-\text{(VI)} & y_m-2z_m=5\\
\text{(IX)} = \text{(V)}-\text{(VII)} & 2y_m=3.
\end{array}$$

Die Lösung dieses Gleichungssystems ist $x_m = 3{,}25$, $y_m = 1{,}5$ und $z_m = -1{,}75$.

Durch Einsetzen in (I) erhalten wir daraus $r^2 = 14{,}375$ bzw. $r \approx 3{,}8$.

Eine Gleichung der Kugel k lautet also in vektorieller Form $\begin{pmatrix} x-3{,}25\\ y-1{,}5\\ z+1{,}75\end{pmatrix}^2 = 14{,}375$

oder als Koordinatengleichung $(x-3{,}25)^2+(y-1{,}5)^2+(z+1{,}75)^2 = 14{,}375$.

9. Bestimmen Sie die Koordinaten des Mittelpunktes, den Radius sowie eine Gleichung der Kugel k, die durch die Punkte A, B, C und D verläuft.

a) $A(3;\,0;\,0)$, $B(0;\,-3;\,0)$, $C(-2;\,1;\,2)$, $D(2;\,2;\,-1)$
b) $A(2;\,14;\,5)$, $B(4;\,10;\,7)$, $C(4;\,15;\,4)$, $D(7;\,15;\,3)$
c) $A(-5;\,-7;\,-11)$, $B(-1;\,-1;\,-7)$, $C(-2;\,-4;\,-3)$, $D(-8;\,0;\,-7)$

10. Bestimmen Sie die Koordinaten des Mittelpunktes sowie eine Gleichung der Kugel k mit dem Radius $r = 10$, die durch die Punkte A, B und C verläuft.

a) $A(9;\,8;\,3)$, $B(1;\,8;\,11)$, $C(-5;\,2;\,-5)$
b) $A(11;\,-10;\,0)$, $B(19;\,-4;\,-14)$, $C(17;\,-12;\,-8)$
c) $A(5;\,-18;\,16)$, $B(-3;\,-10;\,4)$, $C(13;\,-4;\,10)$

4 Kugelkoordinaten, Parametergleichung der Kugel

Punkte auf der Erdkugel werden in der Regel nicht durch kartesische Raumkoordinaten angegeben, sondern durch ihre Längen- und Breitenkoordinaten. Diesen Angaben liegen **Kugelkoordinaten** zugrunde:

- r ist der Abstand des Punktes P zum Koordinatenursprung.
  Definitionsbereich: $r \in \mathbb{R}$, $r \geq 0$
- λ ist der orientierte Winkel zwischen dem positiven Strahl der x-Achse und OP', wobei P' die Projektion von P auf die x-y-Ebene ist.
  Definitionsbereich: $-180° < \lambda \leq 180°$
- φ ist der orientierte Winkel zwischen den Strahlen OP' und OP.
  Definitionsbereich: $-90° \leq \varphi \leq 90°$

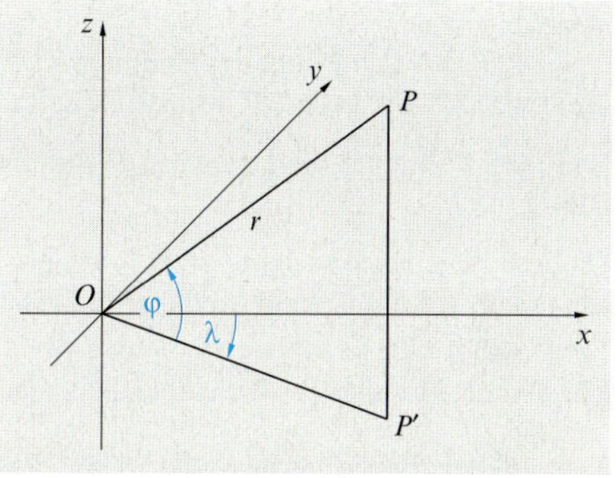

1

1. a) Warum ist es sinnvoll, die Definitionsbereiche der Koordinaten einzuschränken?

b) Bei der Beschreibung durch kartesische Koordinaten besteht zwischen den Punkten des Raumes und den Tripeln reeller Zahlen eine eineindeutige Abbildung.
Begründen Sie, dass bei der Beschreibung von Punkten durch Kugelkoordinaten zwar jedem Tripel (im angegebenen Definitionsbereich) eindeutig ein Punkt des Raumes zugeordnet wird, die umgekehrte Zuordnung jedoch nicht eindeutig ist. Geben Sie dazu Punkte an, die durch unterschiedliche Koordinatentripel beschrieben werden.

Für die Punkte auf einer Kugel mit dem Koordinatenursprung O als Mittelpunkt ist der Abstand r gleich dem Radius der Sphäre. Diese Punkte unterschieden sich also nur in Bezug auf die Koordinaten λ und φ:

Längenkoordinate (oder kurz Länge) λ und **Breitenkoordinate** (Breite) φ.

Dabei handelt es sich um die aus der Erdkunde bekannten geografischen Koordinaten.
Als x-y-Ebene (und damit als Bezugsebene für die Angaben der Breite) wird die Ebene des Erdäquators verwendet. Die geografische Länge wird ausgehend von dem Meridian durch den englischen Ort Greenwich bei London (Nullmeridian)[1] gemessen; die x-Achse verläuft daher durch den Schnittpunkt des Nullmeridians mit dem Äquator.

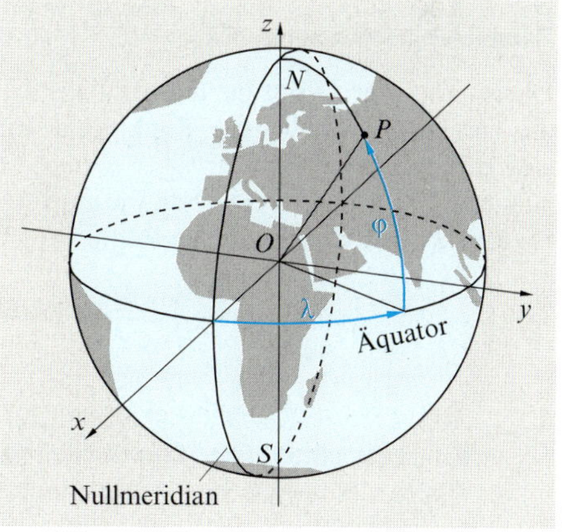

2

2. Beschreiben Sie die geografische Lage der Schnittpunkte der x-Achse, der y-Achse und der z-Achse mit dem Äquator bzw. dem Nullmeridian.

[1] abgeleitet von meridies (lat.) = Mittag, Süden; Verbindungslinie aller Orte, die gleichzeitig Mittag haben

SATZ 1 Sind r, λ, φ Kugelkoordinaten und x, y, z kartesische Koordinaten eines beliebigen Punktes P des Raumes, so gilt:
$x = r \cdot \cos\lambda \cdot \cos\varphi$, $y = r \cdot \sin\lambda \cdot \cos\varphi$, $z = r \cdot \sin\varphi$.

Beweis:
Es sei $P(P \neq O)$ ein Punkt des Raumes mit den Kugelkoordinaten $P(r, \lambda, \varphi)$ (vgl. Bild 1).
Das Dreieck OPP' ist bei P' rechtwinklig und es gilt: $|\overline{OP'}| = |\overline{OP}| \cdot \cos\varphi = r \cdot \cos\varphi$. (1)

Ist P'_x der Fußpunkt des Lotes von P' auf die x-Achse, so gilt in dem rechtwinkligen Dreieck $P'P'_xO$: $|\overline{OP'_x}| = |\overline{OP'}| \cdot \cos\lambda$. (2)

Da die Länge des Abschnitts $|\overline{OP'_x}|$ auf der x-Achse gerade der x-Koordinate des Punktes P entspricht, gilt mit (1) und (2) die erste Gleichung des Satzes 1:
$x = r \cdot \cos\varphi \cdot \cos\lambda$.
Für $P = O$ gilt wegen $r = 0$ die Gleichung ebenfalls.

3. Leiten Sie die zweite und dritte Gleichung des Satzes 1 her.

4. Leiten Sie die Umrechnungsformeln her, welche die Kugelkoordinaten eines Punktes $P(P \neq O)$ in Abhängigkeit von seinen kartesischen Koordinaten ausdrücken.

5. Berechnen Sie die kartesischen Koordinaten von Berlin ($\lambda = 13{,}4°$, $\varphi = 52{,}5°$) und von Melbourne ($\lambda = 144{,}7°$, $\varphi = -38{,}5°$) bezüglich des im Bild 1 dargestellten kartesischen Koordinatensystems.
Hinweis: Verwenden Sie als Erdradius 6370 km und als Koordinateneinheit 1 km.

Parametergleichung einer Kugel

Die geografischen Koordinaten von Punkten einer Kugel lassen sich als Parameter auffassen, die Ortsvektoren beliebiger Punkte der Kugel können in Abhängigkeit dieser Parameter angegeben werden.
Aus Satz 1 ergibt sich folgende Parametergleichung für den Ortsvektor $\vec{x}$ eines beliebigen Punktes P einer Kugel mit dem Radius r:

$$\vec{x} = \begin{pmatrix} x \\ y \\ z \end{pmatrix} = r \cdot \begin{pmatrix} \cos\lambda \cdot \cos\varphi \\ \sin\lambda \cdot \cos\varphi \\ \sin\varphi \end{pmatrix} \text{ mit } -180° < \lambda \leq 180° \text{ und } -90° \leq \varphi \leq 90°.$$

6. Zeigen Sie, dass sich durch Eliminieren der Parameter aus der Parametergleichung einer Kugel die gewöhnliche Koordinatengleichung einer Kugel in Mittelpunktslage ergibt.
Hinweis: Addieren Sie die drei quadrierten Einzelgleichungen.

7. Geben Sie eine Parametergleichung für die Kugel mit dem Radius 12 und dem Mittelpunkt $M(5; -7; 3)$ an.

8 a) Geben Sie (analog zur Parametergleichung der Kugel) eine Parameterdarstellung eines Kreises der x-y-Ebene in Mittelpunktslage mit dem Radius r an.
b) Geben Sie eine Parametergleichung eines Kreises mit dem Mittelpunkt $M(0; 0; 5)$ und dem Radius $r = 4$ an, der im Raum in einer zur x-y-Ebene parallelen Ebene liegt.

5 Lagebeziehungen von Kugel und Ebene

SATZ 1 Eine Kugel k und eine Ebene ε haben entweder einen Kreis oder einen Punkt oder keinen Punkt gemeinsam.

Beweis:
Wir fällen vom Mittelpunkt M der Kugel k (mit dem Radius r) das Lot auf die Ebene ε und bezeichnen den Fußpunkt dieses Lotes mit M' (vgl. Bild 1).
Wir betrachten nur den Fall $0 < |\overline{MM'}| < r$, k und ε haben dann mehr als einen Punkt gemeinsam.
Es gibt wenigstens zwei solcher Punkte, die wir mit P und Q bezeichnen.

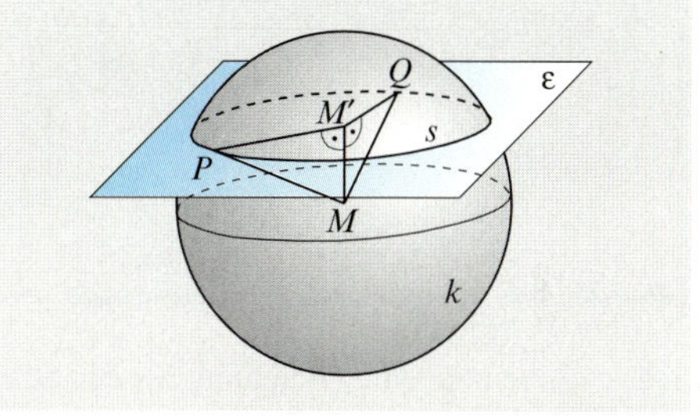

1

Die Dreiecke MPM' und MQM' sind kongruent, denn sie haben die Strecke $\overline{MM'}$ gemeinsam, die Strecken $\overline{MP}$ und $\overline{MQ}$ sind gleich lang (Radien der Kugel) und der Winkel bei M' ist jeweils ein rechter (laut Konstruktion von M'). Es gilt also $|\overline{M'P}| = |\overline{M'Q}|$.

Da die Punkte P und Q beliebig gewählt wurden, haben somit alle möglichen Schnittpunkte zwischen ε und k den gleichen Abstand zum Punkt M' und liegen damit auf einem Kreis s in der Ebene ε, dessen Mittelpunkt der Fußpunkt M' des Lotes vom Mittelpunkt M der Kugel auf die Ebene ε ist.

Umgekehrt gehört jeder Punkt des Kreises s auch der Kugel k an (Kongruenzsatz sws).

Beispiel 1 *Untersuchung der Lagebeziehungen von Kugel und Ebene*

Gesucht ist die Lagebeziehung

der Kugel k: $\begin{pmatrix} x-4 \\ y+7 \\ z \end{pmatrix}^2 = 9$ und der Ebene ε: $\vec{x} = \begin{pmatrix} 2 \\ 1 \\ 1 \end{pmatrix} + s\begin{pmatrix} 2 \\ 0 \\ -6 \end{pmatrix} + t\begin{pmatrix} -2 \\ 2 \\ 3 \end{pmatrix}$.

Der Abstand des Mittelpunktes M der Kugel von der Ebene ε ist zu berechnen.
Dazu benötigen wir für ε eine Gleichung in der Hesse'schen Normalform (siehe Abschnitt G3):

$$\frac{1}{7}\begin{pmatrix} 6 \\ 3 \\ 2 \end{pmatrix} \cdot \begin{pmatrix} x-2 \\ y-1 \\ z-1 \end{pmatrix} = 0.$$

Aus der Gleichung von k entnehmen wir den Mittelpunkt der Kugel: $M(4;\ -7;\ 0)$.
Der Abstand von M zu ε ist nach Satz 1, Seite 193:

$$d(M, \varepsilon) = \left| \frac{1}{7}\begin{pmatrix} 6 \\ 3 \\ 2 \end{pmatrix} \cdot \begin{pmatrix} 4-2 \\ -7-1 \\ -1 \end{pmatrix} \right| = 2.$$

Der Radius der Kugel k ist $r = \sqrt{9} = 3$.
Demnach ist der Abstand zwischen M und ε kleiner als der Radius der Kugel; k und ε schneiden sich also in einem Kreis.

Für die gegenseitige Lage einer Kugel k und einer Ebene ε gibt es drei Möglichkeiten:

1. Die Kugel k und die Ebene ε haben keinen Punkt gemeinsam, falls $d(M, \varepsilon) > r$.

2. Die Kugel k und die Ebene ε haben genau einen gemeinsamen Punkt, falls $d(M, \varepsilon) = r$.

3. Die Kugel k und die Ebene ε schneiden sich in einem Kreis, falls $d(M, \varepsilon) < r$.

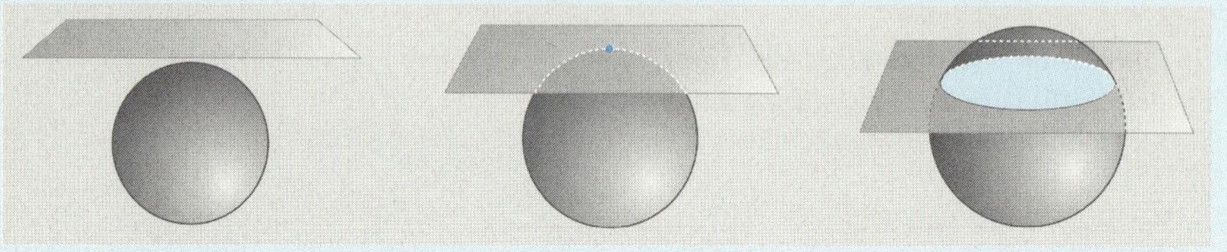

2

1.* Geben Sie eine Gleichung für den Schnittkreis aus Beispiel 1 an.

2. Überprüfen Sie, ob die Kugel k und die Ebene ε keinen Punkt, genau einen Punkt oder einen Schnittkreis gemeinsam haben.

a) $k\colon \begin{pmatrix} x-2 \\ y-2 \\ z-2 \end{pmatrix}^2 = 3, \quad \varepsilon\colon \vec{x} = \begin{pmatrix} 0 \\ 0 \\ 0 \end{pmatrix} + s\begin{pmatrix} 4 \\ 1 \\ 0 \end{pmatrix} + t\begin{pmatrix} -1 \\ 9 \\ 0 \end{pmatrix}$

b) $k\colon \begin{pmatrix} x-4 \\ y-1 \\ z+1 \end{pmatrix}^2 = \frac{16}{9}, \quad \varepsilon\colon \vec{x} = \begin{pmatrix} -11 \\ 13 \\ -3 \end{pmatrix} + s\begin{pmatrix} -4 \\ -3 \\ 2 \end{pmatrix} + t\begin{pmatrix} -1 \\ 2 \\ 6 \end{pmatrix}$

c) $k\colon x^2 + y^2 + z^2 - 14x + 6y - 22z = -79, \quad \varepsilon\colon -6x + 2y - 3z = -11$

d) $k\colon x^2 + y^2 + z^2 = 25, \quad \varepsilon\colon 12x - 5y + z = 45$

3. Untersuchen Sie die gegenseitige Lage der Kugel k und der Ebene ε.

a) k: Mittelpunkt $M(9; 4; -3)$, Radius $r = 5$; $\quad \varepsilon\colon x + 2y + 2z = -4$

b) k: Mittelpunkt $M(7; -3; 11)$, Radius $r = 10$; $\quad \varepsilon\colon \frac{2}{3}x + \frac{1}{3}y - \frac{2}{9}z = 2$

4. Bei welchen Werten für r haben die Ebene ε und die Kugel k mit dem Mittelpunkt M und dem Radius r genau einen Punkt oder einen Kreis gemeinsam, für welche Werte haben ε und k keine gemeinsamen Punkte?

a) $M(10; -21; -2), \quad \varepsilon\colon -2x + 6y - 3z = 14$ **b)** $M(1; 6; 2), \quad \varepsilon\colon x - 2y + 4z = 1$

5. Beweisen Sie folgende Aussage: Falls eine Ebene ε und eine Kugel k (Mittelpunkt M, Radius r) einen Schnittkreis s besitzen, so gilt für den Radius r' von s:

$r' = \sqrt{r^2 - (d(M, \varepsilon))^2}$, wobei $d(M, \varepsilon)$ der Abstand von M zur Ebene ε ist.

6. Bestimmen Sie den Radius des Schnittkreises der Kugel k (Mittelpunkt M, Radius r) mit der Ebene ε.

a) $M(5; 5; 3), \quad r = 6, \quad \varepsilon\colon z = -2$

b) $M(9; 4; -3), \quad r = 5, \quad \varepsilon\colon 0{,}5x + y + z = -2$

c) $M(10; -21; -2), \quad r = 25, \quad \varepsilon\colon -x + 3y - 1{,}5z = 7$

d) $M(1; 6; 2), \quad r = 1, \quad \varepsilon\colon x - 2y + 4z = 1$

7. Bestimmen Sie die Radien der Breitenkreise der Erde am Äquator ($\varphi = 0°$), am nördlichen Wendekreis ($\varphi = 23{,}5°$) und am nördlichen Polarkreis ($\varphi = 66{,}5°$).
Betrachten Sie dazu die Erde als Kugel mit einem Radius von 6370 km.

Beispiel 2 *Bestimmung des Mittelpunktes des Schnittkreises einer Ebene und einer Kugel*

Gesucht ist der Mittelpunkt des Schnittkreises

der Kugel k: $\begin{pmatrix} x-4 \\ y+7 \\ z \end{pmatrix}^2 = 9$ und der Ebene ε: $\vec{x} = \begin{pmatrix} 2 \\ 1 \\ 1 \end{pmatrix} + s\begin{pmatrix} 2 \\ 0 \\ -6 \end{pmatrix} + t\begin{pmatrix} -2 \\ 2 \\ 3 \end{pmatrix}$, $s, t \in \mathbb{R}$.

Um die Koordinaten des Mittelpunktes M' des Schnittkreises s einer Ebene ε und einer Kugel (Mittelpunkt M, Radius r) zu bestimmen, bietet es sich an, den Schnittpunkt der Geraden MM' mit der Ebene ε zu berechnen. Diese Gerade hat als Richtungsvektor einen Normalenvektor von ε.

Ein Normalenvektor der Ebene ε ist der Vektor $\begin{pmatrix} 6 \\ 3 \\ 2 \end{pmatrix}$.

Für die Gerade MM' erhalten wir die Parametergleichung $\vec{x} = \begin{pmatrix} 4 \\ -7 \\ 0 \end{pmatrix} + u\begin{pmatrix} 6 \\ 3 \\ 2 \end{pmatrix}$, $u \in \mathbb{R}$.

Als Schnittpunkt der Geraden MM' und der Ebene ε ergeben sich die Koordinaten des Mittelpunktes des Schnittkreises von k und ε: $M'(5{,}71; -6{,}14; 0{,}57)$.

8. Bestimmen Sie Mittelpunkt und Radius des Schnittkreises der Ebene ε und der Kugel k.

a) k: $\begin{pmatrix} x \\ y \\ z \end{pmatrix}^2 = 9$, ε: $\vec{x} = \begin{pmatrix} 2 \\ 2 \\ -3{,}5 \end{pmatrix} + s\begin{pmatrix} 1 \\ 1 \\ -4 \end{pmatrix} + t\begin{pmatrix} 0 \\ -1 \\ 2 \end{pmatrix}$

b) k: $\begin{pmatrix} x-4 \\ y-1 \\ z+1 \end{pmatrix}^2 = 2$, ε: $\vec{x} = \begin{pmatrix} 3 \\ 8 \\ 6 \end{pmatrix} + s\begin{pmatrix} 3 \\ 4 \\ 0 \end{pmatrix} + t\begin{pmatrix} 0 \\ 1 \\ 3 \end{pmatrix}$

c) k: $x^2 + y^2 + z^2 - 8x + 2y + 2z = -9$, $\quad \varepsilon$: $6x + 6y + 7z = -27$

9. Überprüfen Sie, ob die Kugel k die drei Koordinatenebenen schneidet. Bestimmen Sie gegebenenfalls Mittelpunkt und Radius des Schnittkreises.

a) k: $x^2 + y^2 + z^2 + 8x + 6y - 2z = -17$ **b)** k: $x^2 + y^2 + z^2 - 7x + 12y + 16z = -49$

Wir können nun Mittelpunkt und Radius des Schnittkreises einer Kugel und einer Ebene berechnen, die genaue Lage des Schnittkreises im Raum ist damit aber noch nicht festgelegt.
Ein Kreis mit dem Radius r, der in einer Ebene ε des Raumes liegt, kann durch eine Parametergleichung der Form

$$\vec{x} = \vec{m} + r \cdot \cos\varphi \cdot \vec{e_1} + r \cdot \sin\varphi \cdot \vec{e_2} \qquad (*)$$

mit $-180° < \varphi \leq 180°$ beschrieben werden, wobei $\vec{m}$ der Ortsvektor des Mittelpunktes M und $\vec{e_1}$, $\vec{e_2}$ zwei zueinander orthogonale Richtungsvektoren der Ebene ε sind, die beide den Betrag eins haben (vgl. Bild 3).

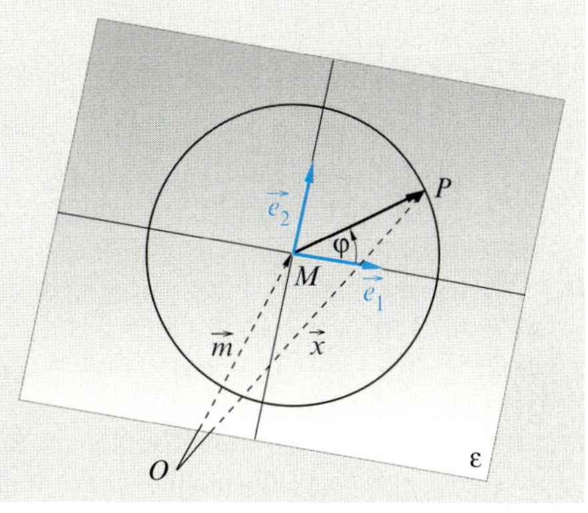

3

Beispiel 3 *Parametergleichung des Schnittkreises einer Ebene und einer Kugel*

Gesucht ist eine Parametergleichung des Schnittkreises der Kugel k und der Ebene ε mit

$$k\colon \begin{pmatrix} x-4 \\ y+7 \\ z \end{pmatrix}^2 = 9 \text{ und } \varepsilon\colon \vec{x} = \begin{pmatrix} 2 \\ 1 \\ 1 \end{pmatrix} + s\begin{pmatrix} 2 \\ 0 \\ -6 \end{pmatrix} + t\begin{pmatrix} -2 \\ 2 \\ 3 \end{pmatrix},\ s, t \in \mathbb{R}.$$

In Beispiel 1 bzw. 2 haben wir bereits Mittelpunkt M' und Radius r' des Schnittkreises berechnet: $M'(5{,}71; -6{,}14; 0{,}57)$, $r' = \sqrt{5}$.

Es kommt nun darauf an, die Lage des Schnittkreises im Raum genau anzugeben.

Dazu suchen wir zunächst zwei zueinander orthogonale Richtungsvektoren von ε und normieren diese später.

Als ersten der beiden Vektoren wählen wir einen der bereits gegebenen Spannvektoren von ε: $\overrightarrow{a_1} = \begin{pmatrix} 2 \\ 0 \\ -6 \end{pmatrix}$. Der zweite gesuchte Richtungsvektor muss nun senkrecht zu $\overrightarrow{a_1}$ sein und sich als Linearkombination der ursprünglich gegebenen Spannvektoren von ε darstellen lassen.

Es muss also gelten: $\overrightarrow{a_1} \cdot \overrightarrow{a_2} = \begin{pmatrix} 2 \\ 0 \\ -6 \end{pmatrix} \cdot \begin{pmatrix} a_{2_1} \\ a_{2_2} \\ a_{2_3} \end{pmatrix} = 0$ und es müssen reelle Zahlen λ und μ existieren mit $\overrightarrow{a_2} = \begin{pmatrix} a_{2_1} \\ a_{2_2} \\ a_{2_3} \end{pmatrix} = \lambda \begin{pmatrix} 2 \\ 0 \\ -6 \end{pmatrix} + \mu \begin{pmatrix} 2 \\ 2 \\ 3 \end{pmatrix}$.

Durch Einsetzen der zweiten Bedingung in die erste, ergibt sich die Gleichung
$(2\lambda - 2\mu)\,2 + (2\mu)\,0 + (-6\lambda + 3\mu)\,(-6\lambda) = 40\lambda - 22\mu = 0.$

Eine Lösung dieser Gleichung ist zum Beispiel $\lambda = 5{,}5$; $\mu = 10$.

Damit ergibt sich $\overrightarrow{a_2} = \begin{pmatrix} -9 \\ 20 \\ -3 \end{pmatrix}$.

Die Richtungsvektoren $\overrightarrow{a_1}$ und $\overrightarrow{a_2}$ müssen nun noch normiert werden:

$$\overrightarrow{e_1} = \frac{\overrightarrow{a_1}}{|\overrightarrow{a_1}|} = \frac{1}{\sqrt{40}}\begin{pmatrix} 2 \\ 0 \\ -6 \end{pmatrix};\ \overrightarrow{e_2} = \frac{\overrightarrow{a_2}}{|\overrightarrow{a_2}|} = \frac{1}{\sqrt{490}}\begin{pmatrix} -9 \\ 20 \\ -3 \end{pmatrix}.$$

Als Parametergleichung des Schnittkreises erhalten wir mithilfe der Gleichung (*), Seite 213

$$\vec{x} = \begin{pmatrix} 5{,}71 \\ -6{,}14 \\ 0{,}57 \end{pmatrix} + \frac{1}{\sqrt{8}} \cdot \cos\varphi \begin{pmatrix} 2 \\ 0 \\ -6 \end{pmatrix} + \frac{1}{\sqrt{98}} \cdot \sin\varphi \begin{pmatrix} -9 \\ 20 \\ -3 \end{pmatrix} \text{ mit } -180° < \varphi \leq 180°.$$

10. Bestimmen Sie eine Parametergleichung des Schnittkreises der Kugel k und der Ebene ε.

a) k: $M(1; 0; 5)$; $r = 2$, ε: $x = 2$

b) k: $M(-1; 6; 8)$; $r = 10$, ε: $z = 6$

c) k: $x^2 + y^2 + z^2 - 10x - 8y - 6z = 50$, ε: $y = 10$

11. Bestimmen Sie für die in Aufgabe 8, Seite 213 gegebenen Beispiele eine Parameterdarstellung des jeweiligen Schnittkreises der Kugel k und der Ebene ε.

6 Tangentialebenen an Kugeln

Die Erkenntnis, dass es sich bei der Erde nahezu um eine Kugel handelt, ist – menschheitsgeschichtlich betrachtet – recht jung. Sie begann sich erst im 16. Jahrhundert durchzusetzen (NIKOLAUS KOPERNIKUS, 1473–1543). Vorher wurde die Erde als „Scheibe" und als Zentrum des Universums aufgefasst, obwohl schon ARISTARCH VON SAMOS (320–250 v. Chr.) ein Planetensystem entworfen hatte, nach dem die Planeten Kugeln sind und sich um die Sonne bewegen. Der griechische Mathematiker ERATOSTHENES (276–194 v. Chr.) ging ebenfalls von der Kugelgestalt der Erde aus und konnte mit erstaunlicher Genauigkeit den Erdumfang berechnen.

Wie konnte sich die Auffassung, dass die Erde eine Scheibe ist, dennoch so lange halten? Dies liegt sicherlich daran, dass Menschen nur sehr kleine Teile der Erdoberfläche überblicken können, auf denen die Erde tatsächlich eine nahezu ebene Gestalt besitzt. Betrachtet man einen sehr kleinen Bereich um einen Punkt einer Kugeloberfläche, so schmiegt sich die Kugel sehr eng an eine Ebene – die **Tangentialebene** der Kugel in diesem Punkt (Bild 1) – an.

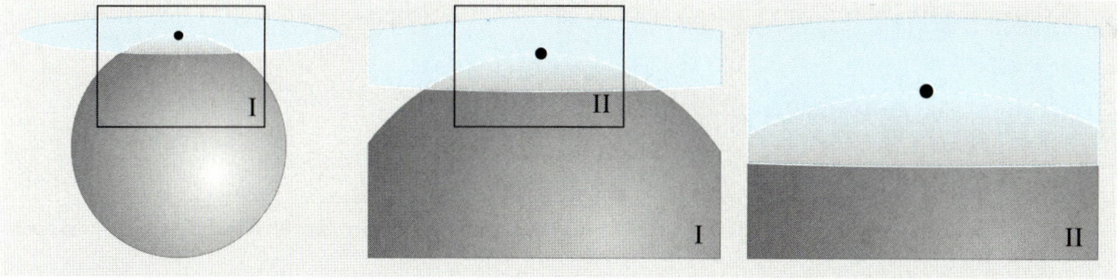

1

DEFINITION Eine Ebene ε, die mit einer Kugel k genau einen gemeinsamen Punkt P_0 besitzt, heißt **Tangentialebene an die Kugel k im Punkt P_0**.

Der Punkt P_0 heißt **Berührungspunkt** von ε und k.

Beispiel 1 *Gleichung einer Tangentialebene an eine Kugel*

Gesucht ist eine Gleichung der Tangentialebene ε an die Kugel

$k: \begin{pmatrix} x-1 \\ y-2 \\ z+1 \end{pmatrix}^2 = 225$ im Punkt $P_0(11;\ -8;\ -6)$.

Die Tangentialebene ε steht in P_0 senkrecht auf dem Radiusvektor, daher ist dieser ein Normalenvektor von ε.

Es ergibt sich die Normalengleichung

$$\varepsilon: \overrightarrow{MP_0} \cdot \overrightarrow{P_0P} = \begin{pmatrix} 10 \\ -10 \\ -5 \end{pmatrix} \cdot \begin{pmatrix} x-11 \\ y+8 \\ z+6 \end{pmatrix} = 0$$

bzw. in Koordinatenform $\varepsilon: 2x - 2y - z = 44$.

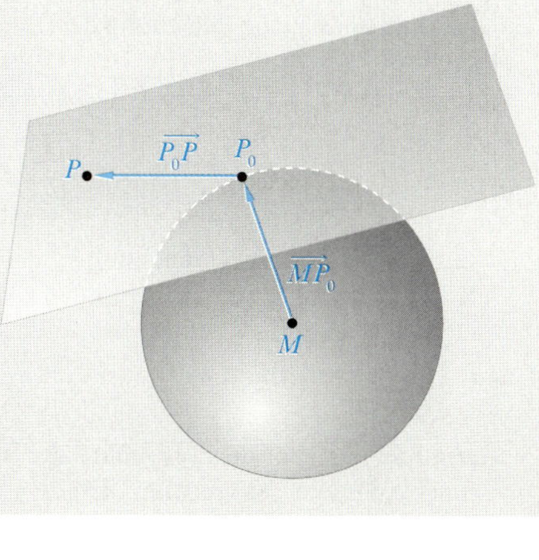

2

1. Bestimmen Sie eine Gleichung der Tangentialebene ε an die Kugel k im Punkt P_0.

a) $k\colon \begin{pmatrix} x+2 \\ y+4 \\ z-6 \end{pmatrix}^2 = 9,\ P_0(0;\ -2;\ 5)$ **b)** $k\colon \begin{pmatrix} x-9 \\ y+3 \\ z-8 \end{pmatrix}^2 = 25,\ P_0(13;\ 0;\ 8)$

2. Zeigen Sie, dass die Ebene ε eine Tangentialebene der Kugel k ist und bestimmen Sie den Berührungspunkt P_0 von k und ε.

a) $k\colon \begin{pmatrix} x-4 \\ y-2 \\ z-3 \end{pmatrix}^2 = 9,\ \varepsilon\colon -x-2y+2z=7$ **b)** $k\colon \begin{pmatrix} x-2 \\ y-2 \\ z-1 \end{pmatrix}^2 = 81,\ \varepsilon\colon -2x+2y-z=26$

Hinweis: Der Berührungspunkt ist der Schnittpunkt der Ebene ε mit der Geraden, die durch den Mittelpunkt M von k verläuft und einen Normalenvektor von ε als Richtungsvektor hat.

Für die Tangentialebenen an eine Kugel lässt sich folgende allgemeine Gleichung aufstellen:

SATZ 1 Die Tangentialebene ε an eine Kugel k mit dem Mittelpunkt $M(x_m;\ y_m;\ z_m)$ und dem Radius r im Punkt $P_0(x_0;\ y_0;\ z_0)$ lässt sich durch die vektorielle Gleichung

$\overrightarrow{MP_0} \cdot \overrightarrow{MP} = r^2$

oder durch die Koordinatengleichung

$(x-x_m)(x_0-x_m)+(y-y_m)(y_0-y_m)+(z-z_m)(z_0-z_m)=r^2$

darstellen.

3. Beweisen Sie Satz 1.
Orientieren Sie sich dabei an dem Beispiel auf Seite 215 und verallgemeinern Sie die dort genutzte Vorgehensweise. Als Vorlage für den Beweis des Satzes können Sie auch die Herleitung des Satzes über Gleichungen einer Tangente an einen Kreis (vgl. S. 203) nutzen.

4. Bestimmen Sie eine Gleichung der Tangentialebene ε im Punkt P_0 an die Kugel k mit dem Mittelpunkt M und dem Radius r.

a) $M(0;\ 0;\ 0),\ r=13,\ P_0(3;\ -4;\ 12)$ **b)** $M(1;\ 1;\ -1),\ r=\sqrt{35},\ P_0(4;\ 2;\ 4)$

c) $M(10;\ -5;\ 10),\ r=15,\ P_0(0;\ 0;\ 0)$ **d)** $M(4;\ 6;\ -11),\ r=\sqrt{48},\ P_0(8;\ 10;\ -7)$

5. Bestimmen Sie eine Gleichung der Tangentialebene ε an die Kugel k im Punkt P_0.

a) $k\colon x^2+y^2+z^2=3,\ P_0(-1;\ -1;\ -1)$

b) $k\colon x^2+y^2+z^2-2x-4y-6z=0,\ P_0(0;\ 0;\ 0)$

c) $k\colon x^2+y^2+z^2-8x+10y-12z=67,\ P_0(8;\ 3;\ -2)$

d) $k\colon x^2+y^2+z^2+\frac{2}{3}x-y+\frac{1}{3}z=\frac{5}{6},\ P_0\left(\frac{2}{3};\ \frac{1}{6};\ -\frac{1}{2}\right)$

6. Bestimmen Sie die Gleichungen der beiden Tangentialebenen ε_1 und ε_2 an die Kugel k, die zu der Ebene ε parallel sind.

a) $k\colon \begin{pmatrix} x-2 \\ y+3 \\ z-11 \end{pmatrix}^2 = 105,\ \varepsilon\colon x+2y+10z=0$ **b)** $k\colon \begin{pmatrix} x-2 \\ y-1 \\ z \end{pmatrix}^2 = 36,\ \varepsilon\colon 2x-y+2z=88$

Hinweis: Die Berührungspunkte der beiden Tangentialebenen mit k sind die Schnittpunkte der zu ε senkrechten Geraden, die durch den Mittelpunkt der Kugel verläuft.

Herleitung einer Gleichung einer Tangentialebene mithilfe der Differenzialrechnung

Ähnlich wie bei der Berechnung einer Gleichung für eine Kreistangente lässt sich auch eine Gleichung einer Tangentialebene an eine Kugel mithilfe von Ableitungen geeigneter Funktionen ermitteln. Der wesentliche Unterschied besteht dabei in der Tatsache, dass es sich bei der „oberen" und „unteren" Halbkugel um Gleichungen von *Funktionen mit zwei Variablen* handelt.

Die Ableitung von Funktionen zweier Variablen ist für uns nicht ohne Weiteres möglich. Wir werden deshalb im Folgenden das Problem der Ableitung einer Funktion zweier Variablen durch geometrische Überlegungen auf die Ableitung zweier Funktionen mit nur einer Variablen reduzieren.

Betrachten wir also eine Kugel k in Mittelpunktslage mit der Gleichung $x^2 + y^2 + z^2 = r^2$.
Wir erhalten als Funktionsgleichungen für die „obere" und „untere" Halbkugel:

$z = f_o(x; y) = \sqrt{r^2 - x^2 - y^2}$ sowie $z = f_u(x; y) = -\sqrt{r^2 - x^2 - y^2}$.

Gesucht ist eine Gleichung der Tangentialebene ε an die Kugel k im Punkt $P_0\,(x_0; y_0; z_0)$, der ohne Beschränkung der Allgemeinheit in der oberen Halbkugel liege (falls er in der unteren Halbkugel liegt, erfolgt die Herleitung analog). Für die folgenden Betrachtungen ist darüber hinaus wichtig, dass P_0 nicht in der x-y-Ebene liegt, also $z_0 \neq 0$ ist.

Wir betrachten nun zwei Ebenen ε_1 und ε_2, die beide den Punkt P_0 beinhalten.
ε_1 soll parallel zur x-z-Ebene verlaufen, ε_2 parallel zur y-z-Ebene. Das bedeutet, alle Punkte von ε_1 haben die y-Koordinate y_0 und alle Punkte von ε_2 haben die x-Koordinate x_0.

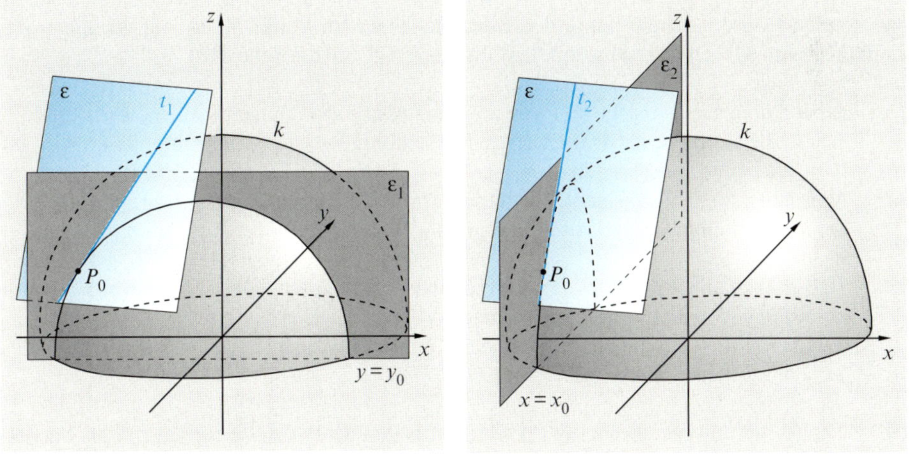

3

Die Ebenen ε_1 und ε_2 schneiden die Tangentialebene ε in jeweils einer Geraden t_1 bzw. t_2.

Die beiden Geraden t_1 und t_2 sind Tangenten an die Schnittkreise der Kugel k mit den Ebenen ε_1 und ε_2, also diejenigen Schnittkreise der Kugel k, für die $y = y_0$ bzw. $x = x_0$ gilt (Bild 3).

Die Funktionsgleichungen der entsprechenden Schnitt(halb-)kreise erhält man, indem man in die Gleichung der „oberen" Halbkugel für y den Wert y_0 bzw. für x den Wert x_0 einsetzt:
$f_1\,(x) = \sqrt{r^2 - x^2 - y_0^2}$; $f_2\,(x) = \sqrt{r^2 - x_0^2 - y^2}$.

Um die Anstiege der beiden Tangenten t_1 und t_2 zu erhalten, leiten wir nun die Funktionen f_1 und f_2 in gewohnter Weise nach x bzw. y ab und ermitteln den Wert der 1. Ableitung im Punkt $P_0 = (x_0; y_0; z_0)$ für $x_0^2 + y_0^2 \neq r^2$, also $z_0 \neq 0$:

$$f_1'(x) = -\frac{x}{\sqrt{r^2 - y_0^2 - x^2}}; \quad f_1'(x_0) = -\frac{x_0}{\sqrt{r^2 - y_0^2 - x_0^2}} = -\frac{x_0}{z_0}$$

$$f_2'(x) = -\frac{y}{\sqrt{r^2 - x_0^2 - y^2}}; \quad f_2'(x_0) = -\frac{y_0}{\sqrt{r^2 - x_0^2 - y_0^2}} = -\frac{y_0}{z_0}$$

Die Tangente t_1 hat also in der zur x-z-Ebene parallelen Ebene ε_1 den Anstieg $m_1 = -\frac{x_0}{z_0}$.

Das heißt der Vektor $\overrightarrow{a_1} = \begin{pmatrix} -z_0 \\ 0 \\ x_0 \end{pmatrix}$ ist ein Richtungsvektor der Tangente t_1.

Analog finden wir den Vektor $\overrightarrow{a_2} = \begin{pmatrix} 0 \\ -z_0 \\ x_0 \end{pmatrix}$ als einen Richtungsvektor der Tangente t_2.

Da die Tangenten t_1 und t_2 in der Tangentialebene ε liegen, sind ihre Richtungsvektoren zugleich Spannvektoren von ε. Als Parameterdarstellung der Tangentialebene erhalten wir daher:

$$\varepsilon: \begin{pmatrix} x \\ y \\ z \end{pmatrix} = \begin{pmatrix} x_0 \\ y_0 \\ z_0 \end{pmatrix} + p\overrightarrow{a_1} + q\overrightarrow{a_2} = \begin{pmatrix} x_0 \\ y_0 \\ z_0 \end{pmatrix} + p\begin{pmatrix} -z_0 \\ 0 \\ x_0 \end{pmatrix} + q\begin{pmatrix} 0 \\ -z_0 \\ y_0 \end{pmatrix} \text{ mit } p, q \in \mathbb{R}. \qquad (*)$$

Als parameterfreie Gleichung ergibt sich daraus:

$\varepsilon: x_0 x + y_0 y + z_0 z = r^2$, (**)

dies ist eine Koordinatengleichung der Tangentialebene im Punkt $P_0(x_0; y_0; z_0)$ mit $z_0 \neq 0$ an die Kugel in Mittelpunktslage mit dem Radius r (vgl. Satz 1, Seite 216).

7. Überprüfen Sie, ob sich die Parameterdarstellung der Tangentialebene ε (*) tatsächlich in die angegebene parameterfreie Darstellung von ε (**) überführen lässt.

8. Vollziehen Sie die einzelnen Schritte in der oben angeführten Herleitung für eine Kugel k in Mittelpunktslage mit dem Radius $\sqrt{50}$ und den Punkt $P_0(-5; -3; 4)$ nach.

9. In der oben angeführten Herleitung sind wir davon ausgegangen, dass sich der Punkt P_0 auf der „oberen" Halbkugel befindet.
Wie verändert sich die Herleitung, wenn man davon ausgeht, dass sich der Punkt P_0 auf der „unteren" Halbkugel befindet?

10. Die Herleitung der Gleichung (*) gilt nur für Punkte $P_0(x_0; y_0; z_0)$ mit $z_0 \neq 0$. An welchen Stellen der Herleitung wird diese Voraussetzung benötigt?
Warum gilt die Gleichung dennoch für alle Punkte der Kugel?

11. Bestimmen Sie eine Gleichung der Tangentialebene ε an die Kugel k im Punkt P_0.

a) $k: x^2 + y^2 + z^2 = 3,\ P_0(-1; -1; -1)$

b) $k: \begin{pmatrix} x \\ y \\ z \end{pmatrix}^2 = 169,\ P_0(3; 4; 12)$

c) $k: \begin{pmatrix} x \\ y \\ z \end{pmatrix}^2 = 14,\ P_0(-1; 2; 3)$

d) $k: x^2 + y^2 + z^2 = 12,\ P_0(-2; -2; 2)$

7 Die gegenseitige Lage zweier Kugeln

Für die gegenseitige Lage zweier Kugeln k_1 und k_2 im Raum sind – neben dem Fall, dass k_1 und k_2 identisch sind – die im folgenden Bild gezeigten Fälle möglich.

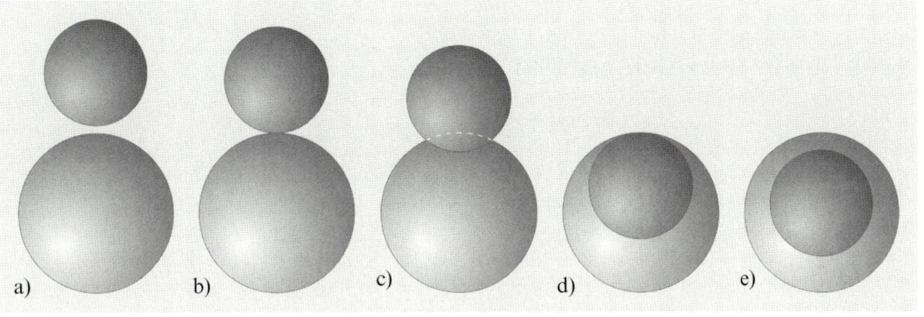

1

1. Es seien zwei Kugeln k_1 und k_2 mit den Radien r_1 und r_2 sowie den Mittelpunkten M_1 und M_2 gegeben. Geben Sie in Abhängigkeit von r_1 und r_2 sowie dem Abstand $|\overline{M_1 M_2}|$ der Mittelpunkte Bedingungen dafür an, dass k_1 und k_2

a) keinen gemeinsamen Punkt besitzen;
b) genau einen gemeinsamen Punkt besitzen;
c) mehrere gemeinsame Punkte besitzen.

2. Überprüfen Sie, ob die beiden Kugeln k_1 und k_2 keinen, einen oder mehrere gemeinsame Punkte besitzen.

a) k_1: $x^2+y^2+z^2+2x-4y+6z=11$, k_2: $x^2+y^2+z^2+0{,}5x+2y-z=-1{,}25$
b) k_1: $x^2+y^2+z^2+12x+10y+14z=-11$, k_2: $x^2+y^2+z^2-12x+4y+6z=-47$
c) k_1: $x^2+y^2+z^2=9$, k_2: $x^2+y^2+z^2+3x-5y=-7{,}5$

Falls sich zwei Kugeln k_1 und k_2 in genau einem Punkt berühren, so besitzen sie in diesem Punkt eine gemeinsame Tangentialebene. Diese ist zum Beispiel beim Billardspiel von Interesse. Stößt nämlich eine Kugel k_1 auf eine zweite Kugel k_2, so wird letztere senkrecht zu der gemeinsamen Tangentialebene beschleunigt (vgl. Bild 2).

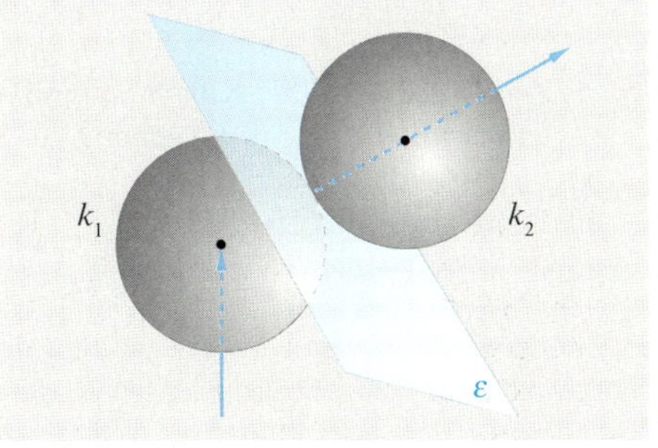

2

3. Zeigen Sie, dass die Kugeln k_1 und k_2 genau einen gemeinsamen Punkt besitzen. Bestimmen Sie die Koordinaten des Berührungspunktes und eine Gleichung der gemeinsamen Tangentialebene ε der beiden Kugeln in diesem Punkt.
Hinweis: Beachten Sie, dass die Tangentialebene orthogonal zu dem Verbindungsvektor der beiden Kugelmittelpunkte sein muss.

a) k_1: $M_1(0;\ 0;\ 0)$, $r_1=2{,}5$; k_2: $M_2(4;\ 3;\ 0)$, $r_2=2{,}5$
b) k_1: $M_1(1;\ 2;\ 3)$, $r_1=5$; k_2: $M_2(11;\ 12;\ 8)$, $r_2=10$

Falls zwei Kugeln mit verschiedenen Radien mehr als einen gemeinsamen Punkt besitzen, so liegen alle Schnittpunkte in einer Ebene ε auf einem Schnittkreis s (siehe Bild 3).

Da wir unter einer Kugel die Menge der Punkte der **Kugeloberfläche** verstehen, ist die Menge der Schnittpunkte eine **Kreislinie**.

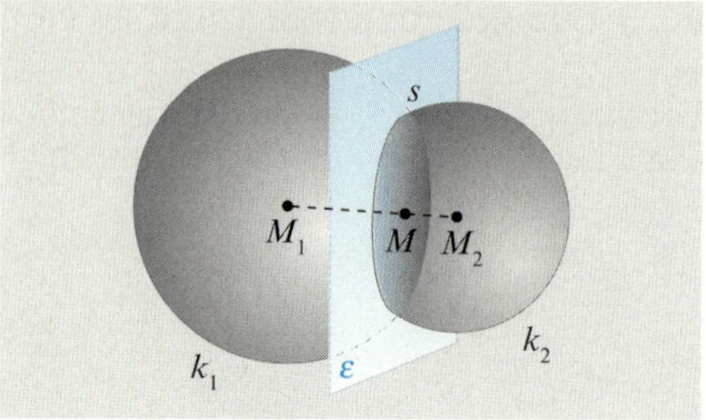

3

Beispiel 1 *Schnittebene zweier Kugeln*

Gesucht ist eine Gleichung der Schnittebene ε der Kugeln k_1 und k_2 mit

k_1: $M_1(0;\ -5;\ -6), r_1 = 25$ und k_2: $M_2(12;\ 19;\ 18), r_2 = 29$.

Wir überprüfen zunächst, ob sich k_1 und k_2 tatsächlich schneiden.

Wegen $|\overline{M_1 M_2}| = \sqrt{12^2 + 24^2 + 24^2} = 36$ gilt $|r_1 - r_2| < |\overline{M_1 M_2}| < r_1 + r_2$; die beiden Kugeln haben also einen Schnittkreis gemeinsam.

Wir stellen als nächstes Koordinatengleichungen für die Kugeln k_1 und k_2 auf:

k_1: $x^2 + y^2 + z^2 + 10y + 12z = 564$;

k_2: $x^2 + y^2 + z^2 - 24x - 38y - 36z = 12$.

Indem wir die beiden Kugelgleichungen gleichsetzen bzw. ihre Differenz $(k_1 - k_2)$ bilden, erhalten wir eine Koordinatengleichung der Schnittebene ε:

$24x + 48y + 48z = 552$.

Diese Gleichung lässt sich vereinfachen, indem auf beiden Seiten durch 24 dividiert wird. Wir erhalten also als eine Gleichung für die Schnittebene ε:

$x + 2y + 2z = 23$.

4. Zeigen Sie, dass die Kugeln k_1 und k_2 mehr als einen gemeinsamen Punkt besitzen und ermitteln Sie eine Gleichung der Schnittebene von k_1 und k_2.

a) k_1: $M_1(4;\ 5;\ 6), r_1 = 10$; k_2: $M_2(1;\ 1;\ -4), r_2 = 3$

b) k_1: $M_1(1;\ 3;\ 9), r_1 = 7$; k_2: $M_2(2;\ -1;\ 5), r_2 = 4$

c) k_1: $x^2 + y^2 + z^2 - 16x - 32y - 34z = -320$; k_2: $x^2 + y^2 + z^2 - 2x - 4y - 6z = 86$

Der Schnittkreis zweier Kugeln bestimmt die Schnittebene, d. h. der Schnittkreis der beiden Kugeln und der Schnittkreis jeder der Kugeln mit der Schnittebene stimmen überein.
Nachdem wir nun die Schnittebene (falls vorhanden) zweier Kugeln berechnen können, sind wir auch in der Lage, eine **Parametergleichung des Schnittkreises zweier Kugeln** zu ermitteln, und zwar ebenso wie für den Schnittkreis einer Kugel und einer Ebene (vgl. Beispiel 3, Seite 214).

5. Bestimmen Sie eine Parametergleichung des Schnittkreises der in Beispiel 1 (oben) gegebenen Kugeln.

6. Bestimmen Sie jeweils Mittelpunkt, Radius und eine Parameterdarstellung des Schnittkreises der in Aufgabe 4 gegebenen Kugeln.

8 Kugeln und Geraden

1. Wie lässt sich die gegenseitige Lage einer Kugel und einer Geraden bestimmen? Entwickeln Sie ein geeignetes Verfahren und wenden Sie es auf die Kugel k mit dem Mittelpunkt $M(1;\,1;\,1)$ und dem Radius $r = 1$ sowie die Gerade $g\colon \vec{x} = \begin{pmatrix} 3 \\ 2 \\ 2 \end{pmatrix} + t \begin{pmatrix} 1 \\ 1 \\ 0 \end{pmatrix}$ an.

Beispiel 1 *Bestimmung möglicher Schnittpunkte einer Kugel und einer Geraden*

Gesucht sind die Schnittpunkte (falls vorhanden) der Geraden $g\colon \vec{x} = \begin{pmatrix} 1 \\ 2 \\ -5 \end{pmatrix} + t \begin{pmatrix} 2 \\ 3 \\ 2 \end{pmatrix}$ und der Kugel k mit dem Mittelpunkt $M(-5;\,-4;\,-7)$ und dem Radius $r = 5$.

Schnittpunkte der Kugel k und der Geraden g sind diejenigen Punkte von g, deren Koordinaten die Gleichung $(\vec{p} - \overrightarrow{m})^2 = r^2$ der Kugel k erfüllen. Um die Parameter dieser Punkte zu berechnen, setzen wir die Parameterdarstellung der Geraden in die Kugelgleichung ein:

$$\left[\begin{pmatrix} 1 \\ 2 \\ -5 \end{pmatrix} + t \begin{pmatrix} 2 \\ 3 \\ 2 \end{pmatrix} - \begin{pmatrix} -5 \\ -4 \\ -7 \end{pmatrix}\right]^2 = 25.$$

Durch Vereinfachen dieser Gleichung erhält man: $t^2 + 4t + 3 = 0$.
Die Lösungen dieser Gleichung sind $t_1 = -1$ und $t_2 = -3$.

Durch Einsetzen dieser Parameter in die gegebene Gleichung von g ergeben sich die gesuchten Schnittpunkte von k und g: $S_1(-1;\,-1;\,-7)$, $S_2(-5;\,-7;\,-11)$.

2. Berechnen Sie (falls vorhanden) die Koordinaten der Schnittpunkte der Geraden g und der Kugel k mit dem Mittelpunkt M und dem Radius r.

a) $M(4;\,5;\,0)$, $r = 3\sqrt{3}$
$g\colon \vec{x} = \begin{pmatrix} 1 \\ 2 \\ -3 \end{pmatrix} + t \begin{pmatrix} 1 \\ 1 \\ 1 \end{pmatrix}$

b) $M(1;\,7;\,2)$, $r = \sqrt{2}$
$g\colon \vec{x} = \begin{pmatrix} 2 \\ 2 \\ -3 \end{pmatrix} + t \begin{pmatrix} 0 \\ 7 \\ -8 \end{pmatrix}$

c) $M(1;\,2;\,-1)$, $r = 15$
$g\colon \vec{x} = \begin{pmatrix} 21 \\ 2 \\ -6 \end{pmatrix} + t \begin{pmatrix} 1 \\ 1 \\ 0 \end{pmatrix}$

3. Gegeben sind eine Gerade $g\colon \vec{x} = \begin{pmatrix} 3 \\ 5 \\ 4 \end{pmatrix} + t \begin{pmatrix} -4 \\ 2 \\ -6 \end{pmatrix}$ und eine Kugel k, deren Mittelpunkt der Koordinatenursprung ist. Für welchen Radius r der Kugel haben g und k genau einen (keinen bzw. mehr als einen) gemeinsamen Punkt?

4. Bestimmen Sie die Schnittpunkte S_1 und S_2 der Kugel k mit der Geraden g und ermitteln Sie Gleichungen der Tangentialebenen ε_1 und ε_2 an k in S_1 und S_2.

$k\colon \begin{pmatrix} x-2 \\ y-1 \\ z-2 \end{pmatrix}^2 = 169$, $g\colon \vec{x} = \begin{pmatrix} 2 \\ 1 \\ 2 \end{pmatrix} + t \begin{pmatrix} 3 \\ -4 \\ 12 \end{pmatrix}$.

5. Begründen Sie, dass alle Geraden, die durch einen Punkt P_0 einer Kugel k verlaufen und mit k nur diesen einen Punkt gemeinsam haben, in einer Ebene (nämlich der Tangentialebene an k in P_0) liegen müssen.

ZUSAMMENFASSUNG

Kreisgleichungen in der Ebene

Vektorielle Gleichung: $(\vec{p} - \vec{m})^2 = r^2$
$\vec{m}$ – Ortsvektor des Mittelpunktes M
$\vec{p}$ – Ortsvektor eines Punktes P des Kreises
r – Radius des Kreises

Koordinatengleichung:
$(x - x_m)^2 + (y - y_m)^2 = r^2$
(mit $M(x_m;\, y_m)$ und $P(x;\, y)$)

Parametergleichung:

$$\vec{x} = \vec{m} + r \begin{pmatrix} \cos\varphi \\ \sin\varphi \end{pmatrix}$$

mit $-180° < \varphi \leq 180°$
r, φ-Polarkoordinaten

Kugelgleichungen im Raum

Vektorielle Gleichung: $(\vec{p} - \vec{m})^2 = r^2$
$\vec{m}$ – Ortsvektor des Mittelpunktes M
$\vec{p}$ – Ortsvektor eines Punktes P der Kugel
r – Radius der Kugel

Koordinatengleichung:
$(x - x_m)^2 + (y - y_m)^2 + (z - z_m)^2 = r^2$
(mit $M(x_m;\, y_m;\, z_m)$ und $P(x;\, y;\, z)$)

Parametergleichung:

$$\vec{x} = \vec{m} + r \begin{pmatrix} \cos\lambda \cdot \cos\varphi \\ \sin\lambda \cdot \cos\varphi \\ \sin\varphi \end{pmatrix}$$

mit $-180° < \lambda \leq 180°,\ -90° \leq \varphi \leq 90°$
r, λ, φ-Kugelkoordinaten

Lagebeziehungen eines Kreises *k* und einer Geraden *g*

- kein Schnittpunkt für $d(M, g) > r$
- genau ein Schnittpunkt für $d(M, g) = r$
- zwei Schnittpunkte für $d(M, g) < r$

Lagebeziehungen einer Kugel *k* und einer Ebene *ε*

- kein Schnittpunkt für $d(M, \varepsilon) > r$
- genau ein Schnittpunkt für $d(M, \varepsilon) = r$
- ein Schnittkreis für $d(M, \varepsilon) < r$

Gleichungen einer Tangente *t* an einen Kreis in Punkt $P_0(x_0;\, y_0)$

Vektorielle Gleichung: $\overrightarrow{MP_0} \cdot \overrightarrow{MP} = r^2$
Koordinatengleichung:
$(x - x_m)(x_0 - x_m) + (y - y_m)(y_0 - y_m) = r^2$

Gleichungen einer Tangentialebene *ε* an eine Kugel in Punkt $P_0(x_0;\, y_0;\, z_0)$

Vektorielle Gleichung: $\overrightarrow{MP_0} \cdot \overrightarrow{MP} = r^2$
Koordinatengleichung:

$$(x - x_m)(x_0 - x_m) + (y - y_m)(y_0 - y_m) + (z - z_m)(z_0 - z_m) = r^2$$

Lagebeziehungen zweier Kreise k_1 und k_2 in einer Ebene

- kein Schnittpunkt für $|\overline{M_1M_2}| > r_1 + r_2$ oder $|\overline{M_1M_2}| < |r_1 - r_2|$
- genau ein Schnittpunkt für $|\overline{M_1M_2}| = r_1 + r_2$ oder $|\overline{M_1M_2}| = |r_1 - r_2|$
- genau zwei Schnittpunkte für $|r_1 - r_2| < |\overline{M_1M_2}| < r_1 + r_2$
- identisch für $|\overline{M_1M_2}| = 0$ und $r_1 = r_2$

Lagebeziehungen zweier Kugeln k_1 und k_2 im Raum

- kein Schnittpunkt für $|\overline{M_1M_2}| > r_1 + r_2$ oder $|\overline{M_1M_2}| < |r_1 - r_2|$
- genau ein Schnittpunkt für $|\overline{M_1M_2}| = r_1 + r_2$ oder $|\overline{M_1M_2}| = |r_1 - r_2|$
- Schnittkreis für $|r_1 - r_2| < |\overline{M_1M_2}| < r_1 + r_2$
- identisch für $|\overline{M_1M_2}| = 0$ und $r_1 = r_2$

I

Kegelschnitte

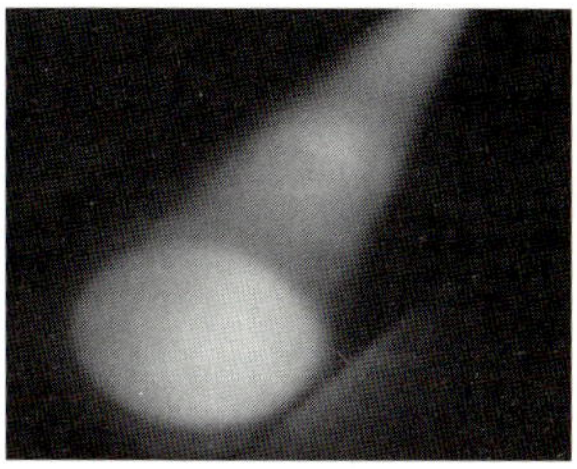
1

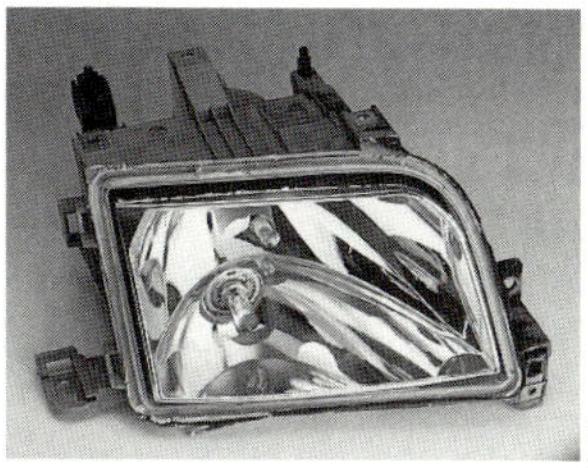
2

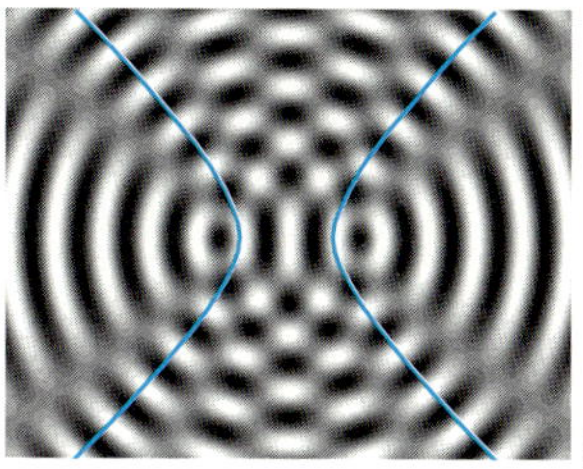
3

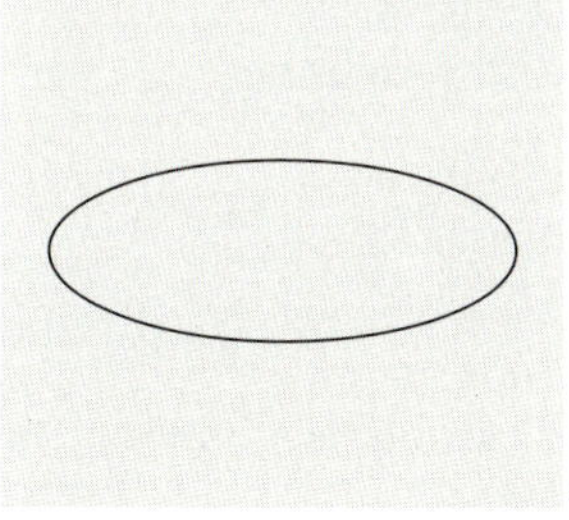
4

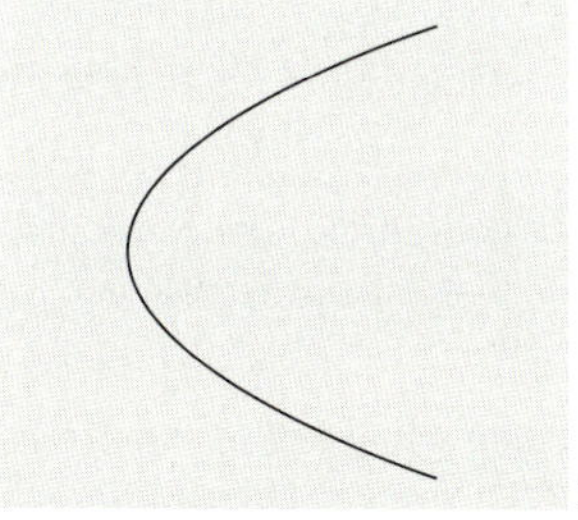
5

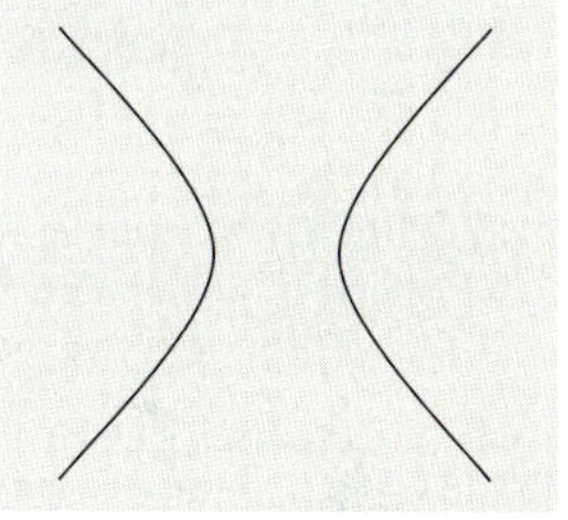
6

Täglich begegnen wir in unserer Umwelt Objekten und Erscheinungen, welche die Form von **Ellipsen**, **Parabeln** oder **Hyperbeln**[1] haben (siehe Bilder oben). So unterschiedlich diese Erscheinungen auch sind, lassen sie sich doch durch eine einzige Gruppe von Kurven beschreiben: die **Kegelschnitte**.

Im Mathematikunterricht der Mittelstufe wurden spezielle Parabeln und Hyperbeln schon als Graphen von Funktionen behandelt.

Zu Ellipsen, Parabeln und Hyperbeln gelangt man in der Mathematik auf sehr unterschiedlichen Wegen. Den Namen Kegelschnitte tragen diese Kurven, da man sie als Schnittfiguren von Ebenen und Kreiskegeln erhält. Ellipsen sind darüber hinaus Schnittfiguren zwischen Zylindern und Ebenen sowie Schrägbilder von Kreisen.

Schließlich lassen sich alle diese Kurven auch ausschließlich in einer Ebene durch bestimmte Abstandseigenschaften als so genannte **Ortskurven** beschreiben.

Egal welchen Weg man wählt, ob nun die Beschreibung als Schnittfiguren im Raum (Abschnitt I1) oder als Ortskurven in der Ebene (Abschnitt I2), immer erhält man dieselben Kurven: Ellipsen, Parabeln und Hyperbeln.

Im Folgenden werden weitere Eigenschaften dieser Kurven behandelt und Zusammenhänge zwischen ihnen aufgezeigt.

[1] Die Begriffe „Ellipse“, „Parabel“ und „Hyperbel“ stammen aus dem Griechischen. Sie sind abgeleitet von den Verben elleipein (fehlen lassen), paraballein (gleich setzen) und hyperballein (übertreffen).

1 Schnittfiguren einer Ebene und eines Kreiskegels

In der Mittelstufe wird ein **Kreiskegel** oft als „endliche“ Figur eingeführt, die aus einer kreisförmigen Grundfläche, einer Spitze S und allen Verbindungsstrecken zwischen der Spitze und Punkten des Grundkreises besteht. Bei einem **geraden Kreiskegel** wurde zusätzlich gefordert, dass die Spitze S senkrecht über dem Mittelpunkt des Grundkreises liegt (siehe Bild 1).
Für unsere Betrachtungen zu Kegelschnitten ist es notwendig, Kreiskegel als unbeschränkte Gebilde aufzufassen (siehe Bild 2).

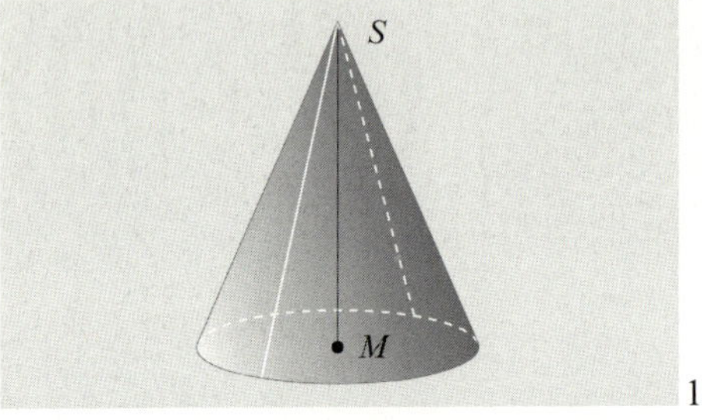

1

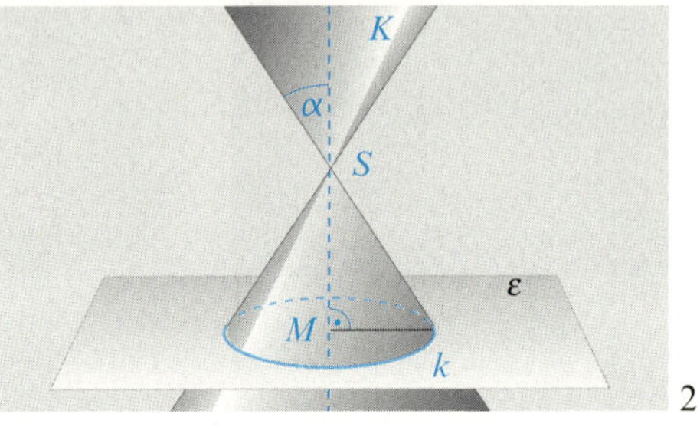

2

DEFINITION k sei ein Kreis, S ein Punkt, der mit k nicht in einer Ebene liegt.
Die Menge aller Geraden SP mit $P \in k$ heißt **Kreiskegel**.

Aus der Definition geht hervor, dass wir unter einem Kreiskegel eine Fläche verstehen. Die Punkte im Innern des Kegels werden von der Definition nicht erfasst.

Bemerkungen:
Der Punkt S heißt **Spitze**, der Kreis k **Grundkreis** des Kreiskegels K. Die Geraden durch S und durch die Punkte von k werden **Mantellinien** von K genannt. Die Gerade durch S und den Mittelpunkt M des Grundkreises ist die **Achse** von K. Steht die Achse eines Kreiskegels K senkrecht auf der Grundkreisebene ε, so ist K ein **gerader Kreiskegel**. Ist α der Winkel zwischen der Kegelachse und den Mantellinien, so heißt 2α **Öffnungswinkel** von K.
Aus der oben angegebenen Definition geht hervor, dass ein Kreiskegel in dem von uns verwendeten Sinne aus zwei **Kegelästen** besteht; es sich also um einen „Doppelkegel“ handelt.

1. Entwickeln Sie eine Definition für den Begriff eines geraden Kreiskegels um die Achse a mit der Spitze S und dem Öffnungswinkel 2α. Für die Definition sollen lediglich die Achse, die Spitze und der Öffnungswinkel, nicht aber der Grundkreis genutzt werden.

2. Ein gerader Kreiskegel lässt sich auch als Menge von (unendlich vielen) Kreisen auffassen. Leiten Sie eine Gleichung her, welche die Radien dieser Kreise in Abhängigkeit von ihrer „Höhe“ (z-Koordinate) und dem Öffnungswinkel des Kreiskegels ausdrückt.

3. Leiten Sie je eine Gleichung für den oberen und den unteren Ast eines geraden Kreiskegels mit dem Öffnungswinkel 2α her, dessen Spitze im Koordinatenursprung liegt und dessen Achse mit der z-Achse identisch ist.
Hinweis: Drücken Sie für jeden Punkt des Kreiskegels die z-Koordinate in Abhängigkeit von den zugehörigen x- und y-Werten aus.

Wir betrachten nun Schnittfiguren zwischen einem geraden Kreiskegel und einer Ebene. Diese Schnittfiguren werden als **Kegelschnitte** bezeichnet. Im folgenden Bild 3 sind die drei wichtigsten Arten von Kegelschnitten dargestellt: Ellipsen, Parabeln und Hyperbeln.

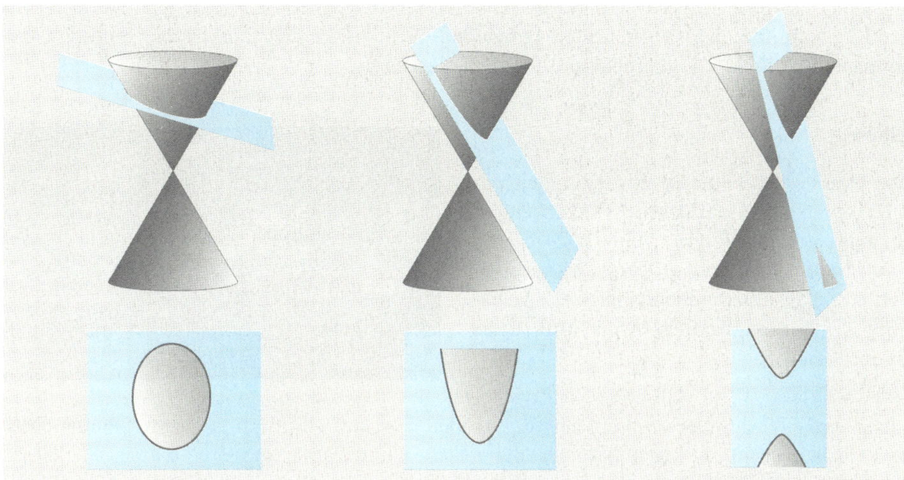

3

Welche Schnittfigur beim Schnitt eines Kreiskegels mit einer Ebene ε entsteht, hängt offenbar vor allem vom Öffnungswinkel des Kreiskegels (2α) und vom Winkel β zwischen der Kegelachse a und der Ebene ε ab (siehe Bild 4).
Weitere – in Bild 3 nicht dargestellte und auch weniger interessante – Schnittfiguren entstehen, wenn die Ebene ε durch die Spitze S des Kegels verläuft.

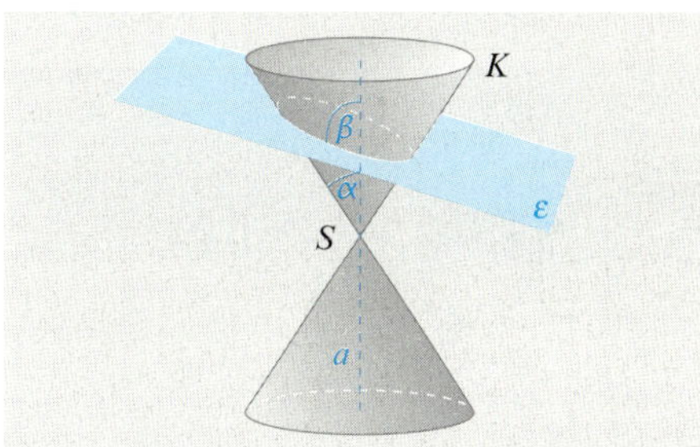

4

4. Stellen Sie systematisch – in Abhängigkeit von dem Winkel β zwischen einer Ebene ε und der Achse eines geraden Kreiskegels K – zusammen, welche Schnittfiguren zwischen K und ε entstehen (vgl. Bild 4). Betrachten Sie sowohl den Fall, dass ε durch die Kegelspitze verläuft als auch den Fall, dass die Kegelspitze nicht in ε liegt.

DEFINITION Eine Figur, die entsteht, wenn ein Kegel K von einer Ebene ε geschnitten wird, heißt **regulärer Kegelschnitt**, falls die Ebene ε nicht durch die Kegelspitze von K verläuft.

In den folgenden Lerneinheiten werden die regulären Kegelschnitte (Parabeln, Hyperbeln und Ellipsen) näher untersucht und Gleichungen für sie hergeleitet. Dabei liegt es nahe, Gleichungen durch Lösung eines (nichtlinearen) Gleichungssystems (bestehend aus einer Ebenengleichung und einer Gleichung des Kreiskegels) zu gewinnen. Da dieses Verfahren sehr kompliziert ist, untersuchen wir die Kegelschnitte zunächst unter einem anderen Gesichtspunkt, nämlich als so genannte **Abstandskurven**. Am Ende dieses Kapitels (Seite 242) werden wir dann nachweisen, dass die so eingeführten Kurven tatsächlich Kegelschnitte sind.

2 Die Kegelschnitte als Abstandskurven

Ellipsen, Hyperbeln und Parabeln können auch durch Abstandseigenschaften zu vorgegebenen Punkten (bzw. Punkten und Geraden) beschrieben werden. Aus derartigen Definitionen der Kegelschnitte, den so genannten **Ortsdefinitionen**, lassen sich dann relativ einfach Gleichungen für Ellipsen, Hyperbeln und Parabeln herleiten.

Ellipsen

Die Bahnen der Planeten und Kometen unserer Galaxis sind **Ellipsen**, in deren einem **Brennpunkt** die Sonne steht. Die Sonne zwingt aufgrund ihrer größeren Masse und der daraus resultierenden ungeheuren Anziehungskraft die Himmelskörper auf diese Bahnen (Bild 1).

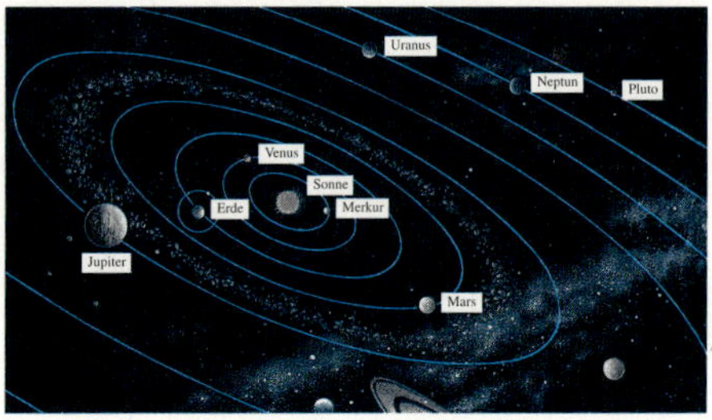

1

In früheren Jahrhunderten wurde häufig großer Wert auf elliptisch geformte Blumenbeete und Hecken gelegt, da regelmäßig gestaltete Gärten und Parks „modern" waren. Aus dieser Zeit stammt die „Gärtnerkonstruktion", eine Ellipsenkonstruktion, die der Gärtner mit zwei Pflöcken und einer straff gespannten Schnur ausführte (Bilder 2 und 3).

2

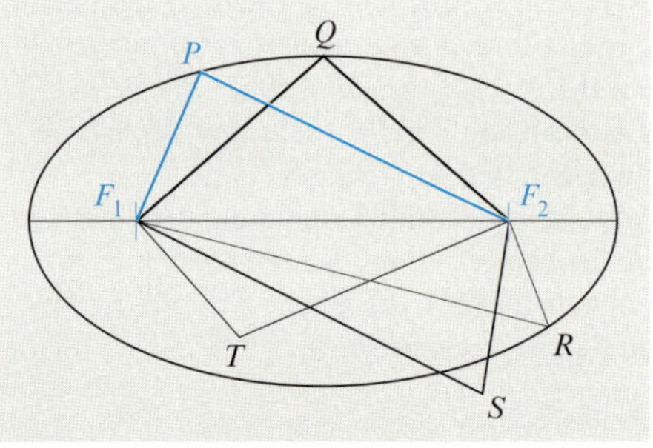

3

1. a) Beschreiben Sie die Gärtnerkonstruktion anhand der Bilder 2 und 3.

b) Erläutern Sie, wie man rechnerisch erkennen kann, ob ein Punkt zu einer derart konstruierten Ellipse gehört oder nicht.

c) Geben Sie zwei Ellipsenpunkte an, die möglichst weit voneinander entfernt sind. Welches ist der maximale Abstand zwischen zwei Ellipsenpunkten?

DEFINITION

F_1 und F_2 seien Punkte der Ebene ε und a eine reelle Zahl mit $2a > |\overline{F_1 F_2}|$.
Die Menge aller Punkte P der Ebene ε, für die $|\overline{F_1 P}| + |\overline{F_2 P}| = 2a$ gilt, heißt **Ellipse**.

Die Punkte F_1 und F_2 werden als **Brennpunkte**[1] der Ellipse bezeichnet.

[1] Die Bezeichnung der Brennpunkte mit F_1 bzw. F_2 hat ihren Ursprung im Lateinischen: focus (lat.) = Brennpunkt.

Bemerkungen:
Die Hälfte des Abstandes $|\overline{F_1 F_2}|$ zwischen den Brennpunkten F_1 und F_2 einer Ellipse heißt **lineare Exzentrizität**[1] e.
Der Mittelpunkt der Strecke $\overline{F_1 F_2}$ wird **Mittelpunkt** M der Ellipse genannt.
Diejenige Achse der Ellipse, die durch die Brennpunkte verläuft, heißt **Hauptachse**. Die zur Hauptachse senkrechte Achse durch den Mittelpunkt heißt **Nebenachse** (vgl. Bild 4).

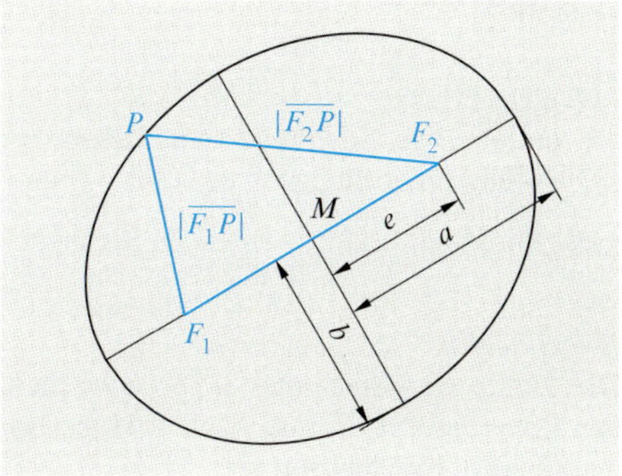

4

SATZ 1 Die Länge der Hauptachse beträgt $2a$.

SATZ 2 Für jede Ellipse mit der linearen Exzentrizität e, der Hauptachsenlänge $2a$ sowie der Länge $2b$ der Nebenachse gilt: $a^2 = e^2 + b^2$.

2. Beweisen Sie Satz 2.
Hinweis: Betrachten Sie für den Beweis einen Nebenscheitel S (Schnittpunkt der Ellipse mit der Nebenachse) und das rechtwinklige Dreieck MF_1S.

Die angegebene Definition der Ellipse nennt man auch **Ortsdefinition der Ellipse**.

Die Bezeichnung Ortsdefinition rührt daher, dass früher statt von „Punktmengen" von „geometrischen Orten" gesprochen wurde. Die Definition der Ellipse wurde also beispielsweise begonnen mit „Eine Ellipse ist der geometrische Ort aller Punkte ...".

Wie bereits erwähnt, kann man eine Ellipse auch als Schrägbild eines Kreises, als Schnittfigur eines Zylinders mit einer Ebene oder als Kegelschnitt definieren. Alle diese Definitionen beschreiben dieselbe geometrische Figur, was durch Äquivalenzbeweise nachgewiesen werden kann. Die hier gewählte Definition hat den Vorteil, dass aus ihr einfach Schlussfolgerungen abgeleitet werden können.

3. Warum muss in der Definition der Ellipse die Bedingung $|\overline{F_1 P}| + |\overline{F_2 P}| > |\overline{F_1 F_2}|$ gestellt werden? Welche Ergebnisse erhielte man für $|\overline{F_1 P}| + |\overline{F_2 P}| < |\overline{F_1 F_2}|$ bzw. $|\overline{F_1 P}| + |\overline{F_2 P}| = |\overline{F_1 F_2}|$?

4. Zeigen Sie, dass jeder Kreis eine Ellipse ist (vgl. mit obiger Definition). Überlegen Sie dazu, welche lineare Exzentrizität ein Kreis besitzt und welcher Zusammenhang zwischen dem Mittelpunkt des Kreises und den Brennpunkten der Ellipse besteht.

5. Begründen Sie mithilfe von Satz 2, dass die Nebenachse einer Ellipse niemals länger als die Hauptachse ist und es sich bei der Ellipse im Falle gleicher Länge von Haupt- und Nebenachse um einen Kreis handelt.

[1] Exzentrizität: das Abweichen, der Abstand vom Mittelpunkt

Hyperbeln

DEFINITION
F_1 und F_2 seien zwei Punkte einer Ebene ε und a eine positive reelle Zahl.
Die Menge aller Punkte P der Ebene ε mit $\left||\overline{F_1 P}| - |\overline{F_2 P}|\right| = 2a$ heißt **Hyperpel.**

Die Punkte F_1 und F_2 werden als **Brennpunkte** der Hyperbel bezeichnet.

Bemerkungen:
Die Hälfte des Abstandes $|\overline{F_1 F_2}|$ zwischen den Brennpunkten F_1 und F_2 einer Hyperbel heißt **lineare Exzentrizität** e.
Der Mittelpunkt M der Strecke $\overline{F_1 F_2}$ wird **Mittelpunkt** der Hyperbel genannt.
Die beiden Schnittpunkte S_1 und S_2 der Hyperbel mit der Geraden $F_1 F_2$ werden als **Scheitel** der Hyperbel, ihr Abstand mit $2a$ bezeichnet (vgl. Bild 5).

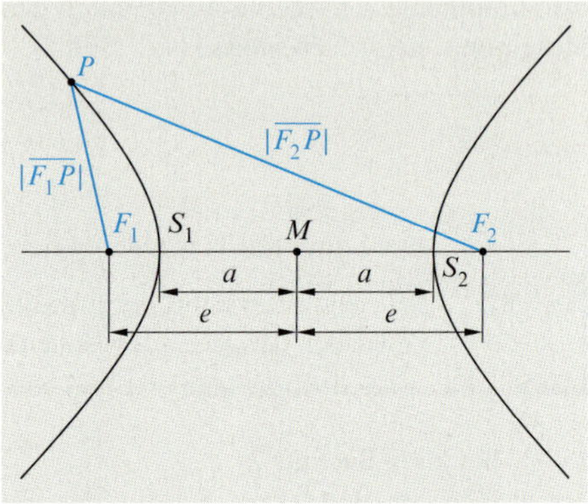

5

SATZ 3 Für jeden Punkt P einer Hyperbel mit den Brennpunkten F_1 und F_2 sowie den Scheitelpunkten S_1 und S_2 gilt:
$\left||\overline{F_1 P}| - |\overline{F_2 P}|\right| = 2\,|\overline{S_1 S_2}|$.

6. Beweisen Sie Satz 3.
Hinweis: Auch die Scheitelpunkte sind Punkte der Hyperbel.

Die Unterschiede zwischen den Definitionen der Hyperbel und der Ellipse fallen erst auf den zweiten Blick ins Auge (vergleichen Sie die angeführte Definition der Hyperbel mit der Definition der Ellipse auf Seite 226). Dennoch werden durch die beiden Definitionen völlig unterschiedliche Kurven beschrieben.

7. Konstruieren Sie punktweise die Hyperbel mit den gegebenen Werten.
a) $F_1(-5; 0)$, $F_2(5; 0)$, $\left||\overline{F_1 P}| - |\overline{F_2 P}|\right| = 6$
b) $F_1(-4; 0)$, $F_2(4; 0)$, $\left||\overline{F_1 P}| - |\overline{F_2 P}|\right| = 5$
c) $F_1(-2; 0)$, $F_2(4; 0)$, $\left||\overline{F_1 P}| - |\overline{F_2 P}|\right| = 4$
d) $F_1(3; 1)$, $F_2(11; 1)$, $\left||\overline{F_1 P}| - |\overline{F_2 P}|\right| = 5$

8. a) Warum ist in der Definition der Hyperbel die Bedingung $\left||\overline{F_1 P}| - |\overline{F_2 P}|\right| \neq 0$ notwendig?
b) Was für eine Figur erhält man für $\left||\overline{F_1 P}| - |\overline{F_2 P}|\right| = 0$?

9. Definieren Sie den Begriff der Hyperbel als Schnittfigur eines Kreiskegels mit einer Ebene (siehe Abschnitt I 1, Seite 225).

Parabeln

Parabeln sind Ihnen bereits als Graphen quadratischer Funktionen bekannt. Die Untersuchung dieser Kurven auf der Grundlage einer Ortsdefinition führt zu neuen interessanten geometrischen Eigenschaften von Parabeln, die beispielsweise der Wirkungsweise eines Parabolspiegels zugrunde liegen.

DEFINITION F sei ein Punkt und l eine Gerade einer Ebene ε.
Die Menge aller Punkte P der Ebene ε mit $|\overline{FP}| = d(P, l)$ heißt **Parabel.**

Bemerkungen:
Der Punkt F wird als **Brennpunkt**, die Gerade l als **Leitlinie** der Parabel bezeichnet.
Der Abstand p des Brennpunktes von der Leitlinie heißt **Halbparameter** der Parabel.
Die zur Leitlinie l senkrechte Gerade durch den Brennpunkt wird **Achse** und der Schnittpunkt S einer Parabel mit ihrer Achse **Scheitelpunkt** der Parabel genannt.

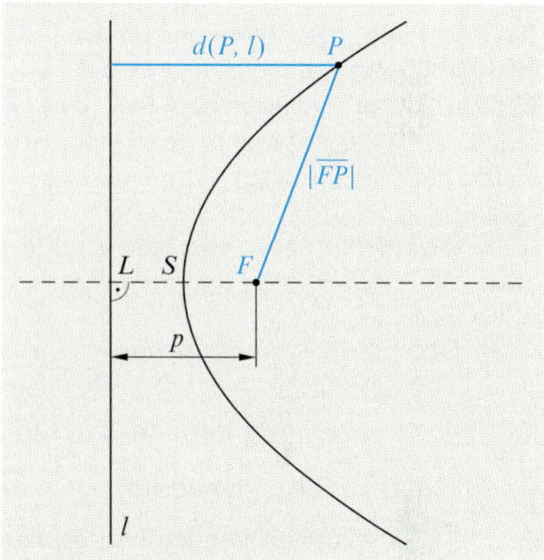

6

10. Ist es sinnvoll, in der Definition der Parabel zuzulassen, dass der Brennpunkt F der Leitlinie l angehört? Welche Punktmenge wird in diesem Fall durch die Definition beschrieben?

11. Konstruieren Sie punktweise die Parabel mit den gegebenen Werten.
a) $F(1; 0),\ l{:}\ x = -1$
b) $F(0; 0),\ l{:}\ y = 1$
c) $F(2; 1),\ p = 4,\ l \perp x$-Achse
d) $S(0; 1),\ l{:}\ y = x$

12. Definieren Sie den Begriff der Parabel als Schnittfigur eines Kreiskegels mit einer Ebene (siehe Abschnitt I 1).

13. Begründen Sie, dass jede Parabel symmetrisch zu ihrer Achse ist.

14. S sei der Scheitelpunkt einer Parabel. L sei der Schnittpunkt von Achse und Leitlinie.
Zeigen Sie, dass gilt: $|\overline{LS}| = |\overline{SF}| = \frac{p}{2}$.

15. Weisen Sie nach:
Die Länge der Sehne $\overline{P_1P_2}$ einer Parabel, die durch den Brennpunkt F dieser Parabel verläuft und senkrecht auf ihrer Achse steht, ist gleich dem Parameter $2p$ dieser Parabel.

16. Zeigen Sie:
Der Graph der Funktion f mit $f(x) = x^2$ ist eine Parabel mit dem Brennpunkt $F(0; \frac{1}{2})$ und der Leitlinie l mit $y = -\frac{1}{2}$.

3 Gleichungen der Kegelschnitte in spezieller Lage

Mittelpunktsgleichung einer Ellipse

Um eine Gleichung für eine Ellipse aufzustellen, wählen wir zunächst ein günstiges Koordinatensystem. Dazu legen wir die x-Achse auf die Hauptachse und die y-Achse auf die Nebenachse der Ellipse. Der Koordinatenursprung fällt dann mit dem Mittelpunkt der Ellipse zusammen (siehe Bild 1).

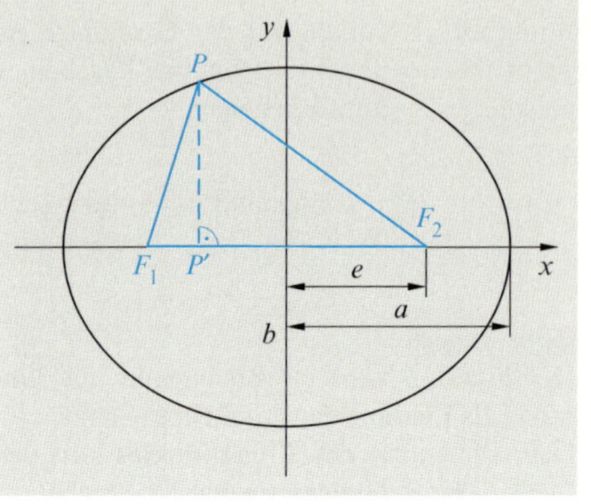

1

P sei ein Punkt der Ellipse und P' der Fußpunkt des Lotes von P auf die x-Achse.
Wir betrachten zunächst den Fall, dass P keiner der beiden Hauptscheitel (Schnittpunkte der Ellipse mit der Hauptachse) ist.

1. a) Weisen Sie nach, dass alle Punkte der oben beschriebenen Ellipse die Gleichung $\sqrt{y^2+(e-x)^2}+\sqrt{y^2+(e+x)^2}=2a$ erfüllen.

b) Überführen Sie die Gleichung aus a) in die Form $\frac{x^2}{a^2}+\frac{y^2}{b^2}=1$.

Aufgabe 1 zeigt, dass alle Punkte der oben beschriebenen Ellipse die Gleichung $\frac{x^2}{a^2}+\frac{y^2}{b^2}=1$ (*) erfüllen. Um nachzuweisen, dass diese Gleichung tatsächlich eine Gleichung der Ellipse ist, muss noch umgekehrt gezeigt werden, dass alle Punkte der betrachteten Ebene, deren Koordinaten die Gleichung (*) erfüllen, der Ellipse angehören. Dazu berechnen wir für einen beliebigen Punkt $Q(x;\, y)$ der Ebene die Abstände zu den Brennpunkten F_1 und F_2:

$$|\overline{QF_1}|=\sqrt{(x+e)^2+y^2}; \qquad |\overline{QF_2}|=\sqrt{(x-e)^2+y^2}.$$

Erfüllt der Punkt Q die Gleichung (*), so gilt $y^2=b^2\left(1-\frac{x^2}{a^2}\right)$ und wegen $b^2=a^2-e^2$:

$$y^2=a^2-e^2-x^2+\frac{e^2}{a^2}x^2.$$

Für die Abstände $|\overline{QF_1}|$ und $|\overline{QF_2}|$ kann deshalb geschrieben werden:

$$|\overline{QF_1}|=\sqrt{2ex+a^2+\frac{e^2}{a^2}\cdot x^2}; \qquad |\overline{QF_2}|=\sqrt{-2ex+a^2+\frac{e^2}{a^2}\cdot x^2} \quad \text{bzw.}$$

$$|\overline{QF_1}|=\pm\left(a+\frac{e}{a}\cdot x\right); \qquad |\overline{QF_2}|=\pm\left(a-\frac{e}{a}\cdot x\right).$$

Da in diesen beiden Gleichungen auf der linken Seite mit dem Abstand zweier Punkte stets eine positive Zahl steht, muss auf der rechten Seite das Vorzeichen so gewählt werden, dass sich rechts ebenfalls positive Werte ergeben. Da der Punkt $Q(x;\, y)$ der Gleichung (*) genügen soll, muss $\frac{x^2}{a^2}\le 1$ und somit $|x|\le a$ sein. Wegen $a^2=e^2+b^2$ muss weiterhin die Ungleichung $e<a$ gelten. Die beiden Ausdrücke in den Klammern sind also positiv und es ergibt sich:

$$|\overline{QF_1}|+|\overline{QF_2}|=a+\frac{e}{a}\cdot x+a-\frac{e}{a}\cdot x=2a.$$

Der Punkt Q ist also ein Punkt der betrachteten Ellipse. Damit ist nachgewiesen, dass Gleichung (*) alle Punkte der Ellipse und nur diese beschreibt. Es gilt daher der folgende Satz.

SATZ 1 Eine Ellipse, deren Mittelpunkt der Koordinatenursprung ist, deren Hauptachse auf der x-Achse und deren Nebenachse auf der y-Achse liegt, hat die Gleichung
$\frac{x^2}{a^2}+\frac{y^2}{b^2}=1$ (**Mittelpunktsgleichung der Ellipse**). (*)
Dabei ist a die halbe Länge der Haupt- und b die halbe Länge der Nebenachse.

Die Gleichung (*) heißt Mittelpunktsgleichung, da der Mittelpunkt der Ellipse und der Koordinatenursprung identisch sind.
Auf den ersten Blick kann es so erscheinen, als ob die Gleichung (*) nur zur Beschreibung spezieller Ellipsen – mit der geforderten Lage der Achsen und des Mittelpunktes – geeignet ist. Dennoch lässt sich die Gleichung für die Beschreibung jeder Ellipse anwenden. Dazu muss lediglich ein geeignetes Koordinatensystem gewählt werden (siehe z. B. Bild 2).

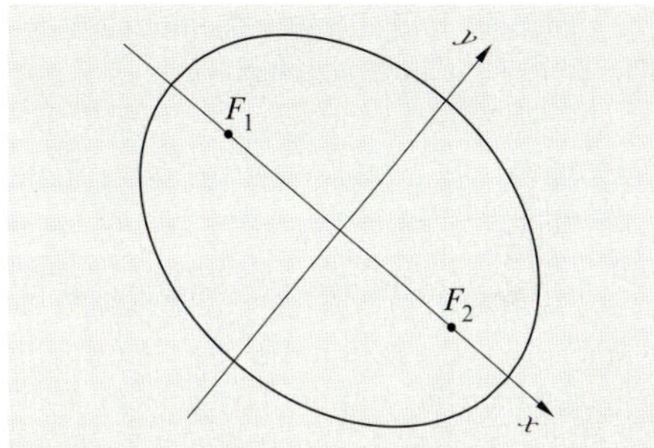

2

Beispiel 1 *Gleichung einer Ellipse*

Wir ermitteln die Gleichung der Ellipse mit den Brennpunkten $F_1(-4;\,0)$ und $F_2(4;\,0)$ sowie dem Ellipsenpunkt $P(4;\,6)$.

Die Länge der Hauptachse der Ellipse ergibt sich aus

$2a=|\overline{F_1P}|+|\overline{F_2P}|=\sqrt{8^2+6^2}+6=16.$

Für die lineare Exzentrizität e gilt: $2e=|\overline{F_1F_2}|=8$, also $e=4$.
Nach Satz 2 ist die halbe Länge der Nebenachse: $b=\sqrt{a^2-e^2}=\sqrt{48}=4\sqrt{3}\approx 6{,}9$.

Wegen Satz 3 ergibt sich $\frac{x^2}{64}+\frac{y^2}{48}=1$ bzw. $3x^2+4y^2=192$ als Gleichung der Ellipse.

2. Skizzieren Sie die Ellipse mit den folgenden gegebenen Stücken und stellen Sie jeweils eine Gleichung für die Ellipse auf.
a) $a=5, b=4$ **b)** $2e=8, 2a=10$ **c)** $2a=20, F_1(-8;\,0), F_2(8;\,0)$
d) $b=2, 2e=6$ **e)** $F_1(-2;\,0), F_2(2;\,0), P(2;\,3)$ – P liegt auf der Ellipse

3. a) Konstruieren Sie die Ellipse mit der Gleichung $\frac{x^2}{16}+\frac{y^2}{4}=1$.
b) Verschieben Sie die Ellipse um 3 Einheiten in x-Richtung und um 2 Einheiten in y-Richtung. Wie lautet die Gleichung der verschobenen Ellipse?

4. Beweisen Sie, dass für Punkte $P(x;\,y)$ innerhalb bzw. außerhalb einer Ellipse die Ungleichung $\frac{x^2}{a^2}+\frac{y^2}{b^2}<1$ bzw. $\frac{x^2}{a^2}+\frac{y^2}{b^2}>1$ gilt.
Hinweis: Beachten Sie, dass ein Punkt P innerhalb (außerhalb) der Ellipse liegt, falls ein Ellipsenpunkt P_0 existiert, der mit P auf einer Geraden durch den Mittelpunkt M der Ellipse liegt und von M einen größeren (kleineren) Abstand als P hat.

Mittelpunktsgleichung einer Hyperbel

Um eine Gleichung für eine Hyperbel aufzustellen, wählen wir wieder (wie bei der Ellipse, vgl. S. 230) ein günstiges Koordinatensystem: Der Koordinatenursprung soll mit dem Mittelpunkt der Hyperbel zusammenfallen, die x-Achse wird von der Geraden $F_1 F_2$ gebildet und die Mittelsenkrechte der Strecke $\overline{F_1 F_2}$ soll die y-Achse sein.

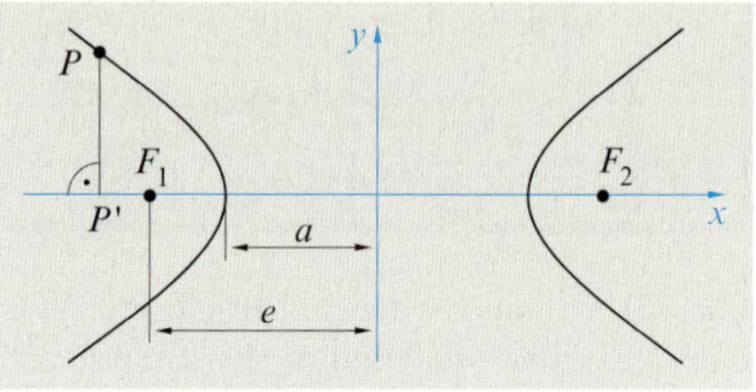

3

SATZ 2 Eine Hyperbel, deren Mittelpunkt der Koordinatenursprung ist und deren Brennpunkte auf der x-Achse liegen, hat die Gleichung

$\frac{x^2}{a^2} - \frac{y^2}{b^2} = 1$ **(Mittelpunktsgleichung der Hyperbel)**. (**)

Dabei ist a die Hälfte des Abstandes zwischen den beiden Scheiteln S_1 und S_2, e ist die lineare Exzentrizität der Hyperbel und für b gilt: $b = \sqrt{e^2 - a^2}$.

5. Beweisen Sie Satz 2. *Hinweis:* Nutzen Sie Bild 3 und orientieren Sie sich an der Herleitung der Ellipsengleichung (Seite 230).

6. Geben Sie eine Gleichung der Hyperbel an, die sich bezüglich eines kartesischen Koordinatensystems in Mittelpunktslage befindet und von der folgende Größen bekannt sind.

a) $2a = 6,\ 2b = 8$ **b)** $2a = 24,\ 2e = 26$ **c)** $a = 8,\ F_1(-6; 0),\ F_2(6; 0)$

d) $P_1(5; \frac{9}{4}),\ P_2(2\sqrt{6}; \frac{3}{2}\sqrt{2})$ **e)** $P_1(3; 2),\ P_2(4; 3)$ **f)** $P_1(\sqrt{3}; 4),\ P_2(0; -2)$

7. Gegeben ist die Ellipse mit der Gleichung $\frac{x^2}{8} + \frac{y^2}{5} = 1$. Stellen Sie eine Mittelpunktsgleichung der Hyperbel auf, deren Scheitel sich in den Brennpunkten und deren Brennpunkte sich in den Scheiteln der gegebenen Ellipse befinden.

8. Gesucht ist die Seite eines Quadrates, dessen Eckpunkte auf der Hyperbel mit der Gleichung $\frac{x^2}{a^2} - \frac{y^2}{b^2} = 1$ liegen. Für welche Hyperbeln lässt sich ein solches Quadrat finden?

9.* Zeigen Sie, dass der Graph der Funktion f mit $f(x) = \frac{1}{x}$ eine Hyperbel im Sinne der Definition Seite 228 ist, also durch eine Mittelpunktsgleichung der Form $\frac{x^2}{a^2} - \frac{y^2}{b^2} = 1$ beschrieben werden kann. Ermitteln Sie die lineare Exzentrizität dieser Hyperbel.
Hinweis: Wählen Sie ein neues Koordinatensystem, in dem die Hyperbelgleichung die gewünschte Form hat und drücken Sie die „alten" durch die „neuen" Koordinaten aus.

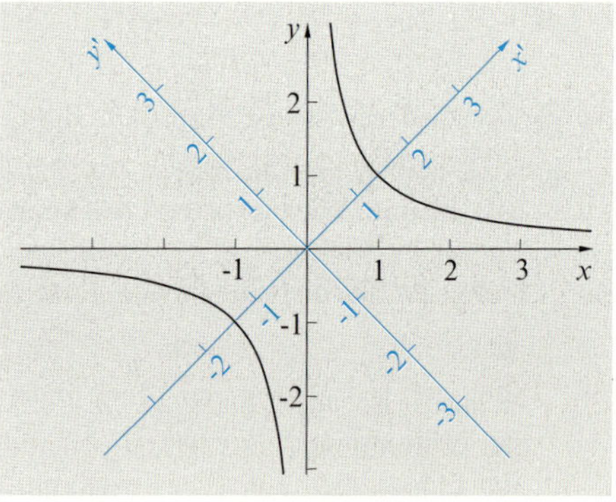

4

Scheitelpunktsgleichung einer Parabel

Um eine Gleichung für eine Parabel herzuleiten, wählen wir – wie bereits bei der Ellipse und der Hyperbel – ein geeignetes Koordinatensystem. Dazu legen wir die x-Achse auf die Achse der Parabel und den Koordinatenursprung auf ihren Scheitelpunkt. Die y-Achse verläuft dann parallel zur Leitlinie (siehe Bild 5). Da der Koordinatenursprung und der Scheitelpunkt bei dieser Wahl des Gleichungssystems identisch sind, nennt man eine auf diese Weise erhaltene Gleichung der Parabel eine **Scheitelpunktsgleichung**.

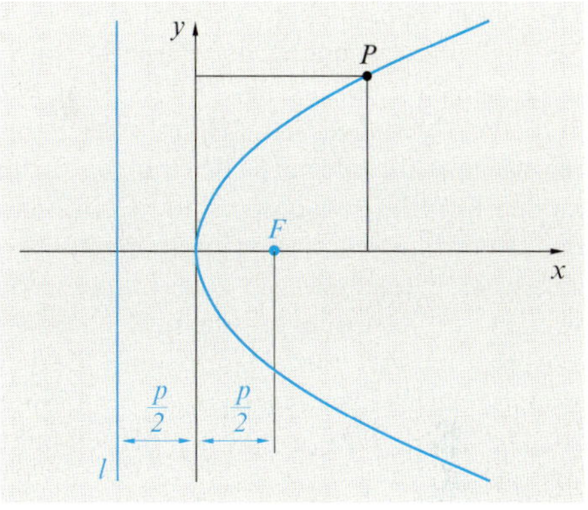

5

SATZ 3 Eine Parabel, deren Scheitelpunkt der Koordinatenursprung ist und deren Achse mit der x-Achse übereinstimmt, hat die Gleichung

$y^2 = 2px$ **(Scheitelpunktsgleichung der Parabel).** (***)

10. Beweisen Sie Satz 3.
Hinweis: Drücken Sie die Abstände $|\overline{PF}|$ und $d(P, l)$ durch p und die Koordinaten x und y des Punktes P aus (vgl. Bild 5). Leiten Sie dann aus der Definition der Parabel die Gleichung (***) her.

11. Stellen Sie die Scheitelpunktsgleichung der Parabel auf, deren Scheitelpunkt im Koordinatenursprung liegt, deren Leitlinie parallel zur y-Achse ist und für die folgende Angaben vorhanden sind:
a) $F(2; 0)$ **b)** $l: x = -3$ **c)** $F(-1; 0)$ **d)** $l: x = 10$

12. Wie viele Parabeln mit dem Halbparameter $p = 0{,}5$ gibt es, deren Scheitelpunkt im Ursprung liegt und deren Leitlinien parallel zur y-Achse verlaufen?
Geben Sie die Gleichung(en) dieser Parabel(n) an.

13. Stellen Sie jeweils die Scheitelpunktsgleichung der Parabel mit
a) $F(0; -3)$ **b)** $p = 0{,}25$ **c)** $F(0; 2)$ **d)** $p = 2$
auf, die symmetrisch bezüglich der y-Achse liegt und deren Scheitelpunkt der Koordinatenursprung ist.

14. Geben Sie die Koordinaten des Brennpunktes und eine Gleichung der Leitlinie für die durch folgende Gleichungen gegebenen Parabeln an.
a) $y^2 = 20x$ **b)** $y^2 = -x$ **c)** $y = x^2$ **d)** $x^2 = -0{,}5y$

15. Wie groß ist der Halbparameter der Parabel $y^2 = 2px$, wenn diese durch den Punkt P verläuft?
a) $P(5; 6)$ **b)** $P(-1; 2)$ **c)** $P(-3; -4)$ **d)** $P(0; 0)$

Gleichungen der regulären Kegelschnitte in achsenparalleler Lage zum Koordinatensystem

Die bisher behandelten Mittelpunktsgleichungen von Ellipsen und Hyperbeln sowie die Scheitelpunktsgleichung der Parabel setzen ein kartesisches Koordinatensystem in achsenparalleler Lage voraus, dessen Ursprung mit dem Mittelpunkt der betrachteten Ellipse oder Hyperbel (bzw. dem Scheitelpunkt der Parabel) zusammenfällt. Aus diesen Gleichungen leiten wir nun allgemeinere Gleichungen für reguläre Kegelschnitte her, deren Achsen parallel zu den Koordinatenachsen sind, deren Mittel- bzw. Scheitelpunkt aber nicht unbedingt mit dem Koordinatenursprung zusammenfällt.

Zunächst betrachten wir eine Ellipse. Wir wählen ein Koordinatensystem KS, dessen x-Achse parallel zur Haupt- und dessen y-Achse parallel zur Nebenachse der Ellipse ist. Die Ellipse habe in KS den Mittelpunkt $M(x_m; y_m)$.

Wir betrachten dazu ein Hilfskoordinatensystem KS′, dessen Achsen parallel zu denen von KS sind und dessen Ursprung mit dem Mittelpunkt der Ellipse zusammenfällt (Bild 6).

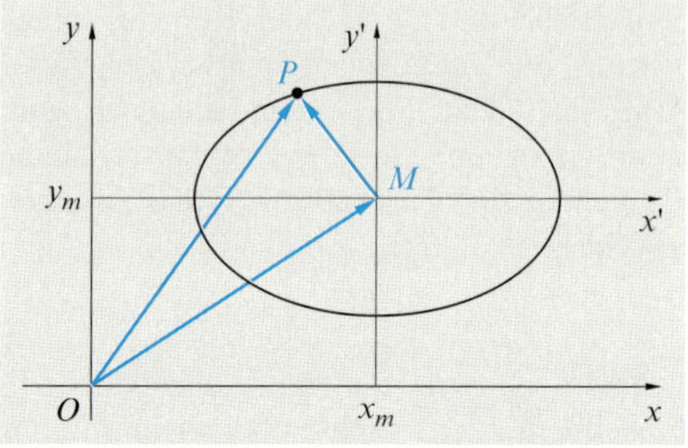

6

Im Hilfskoordinatensystem KS′ hat die betrachtete Ellipse die Mittelpunktsgleichung

$$\frac{x'^2}{a^2}+\frac{y'^2}{b^2}=1. \qquad (*)$$

Wegen $\overrightarrow{OP}=\overrightarrow{OM}+\overrightarrow{MP}$ bestehen zwischen den Koordinaten eines beliebigen Ellipsenpunktes P bezüglich KS und denen bezüglich KS′ die Beziehungen $x'=x-x_m$ und $y'=y-y_m$.
Wegen (*) erhält man als **Gleichung der Ellipse in achsenparalleler Lage**:

$$\frac{(x-x_m)^2}{a^2}+\frac{(y-y_m)^2}{b^2}=1.$$

16. Eine Ellipse berührt die x-Achse im Punkt $P_1(8; 0)$ und die y-Achse im Punkt $P_2(0; -5)$. Berechnen Sie die Längen der Achsen der Ellipse und geben Sie eine Gleichung dieser Ellipse an.

17. Leiten Sie eine Gleichung für eine Hyperbel in achsenparalleler Lage her, deren Mittelpunkt M die Koordinaten x_m und y_m hat.

18. Überprüfen Sie, ob durch die folgenden Gleichungen Ellipsen oder Hyperbeln beschrieben werden. Ermitteln Sie jeweils die Längen der Haupt- und Nebenachse, die lineare Exzentrizität e, sowie die Koordinaten des Mittelpunktes M und der Brennpunkte F_1, F_2.

a) $9x^2-16y^2+90x+32y-367=0$ **b)** $4x^2+3y^2-8x+12y-32=0$

c) $x=5-\frac{3}{4}\sqrt{y^2-4y-12}$ **d)** $y=-7+\frac{2}{5}\sqrt{-x^2+6x+16}$

19. Gegeben sind ein Koordinatensystem KS und eine Parabel mit dem Scheitelpunkt $S(x_s; y_s)$ bezüglich KS. Geben Sie eine Gleichung für eine beliebige Parabel an,

a) deren Achse parallel zur x-Achse von KS ist;

b) deren Achse parallel zur y-Achse von KS ist.

20. Bestimmen Sie die Koordinaten der Brennpunkte der gegebenen Parabeln.

a) $y^2=-5x$ **b)** $(y-3)^2=9(x-1)$ **c)** $(x-4)^2=-y$

4 Tangenten an Kegelschnitte

Tangenten an Ellipsen

Wir leiten im Folgenden mit Mitteln der Differenzialrechnung eine Tangentengleichung für eine Ellipse in Mittelpunktslage her.

Die Mittelpunktsgleichung der Ellipse $\frac{x^2}{a^2}+\frac{y^2}{b^2}=1$ bringen wir zunächst in die Form

$$y^2=b^2\left(1-\frac{x^2}{a^2}\right). \qquad (1)$$

Eine Ellipse ist kein Graph einer Funktion, jedoch lassen sich die „Halbellipsen“ ober- und unterhalb der x-Achse als Funktionsgraphen auffassen.

Aus (1) erhalten wir die folgenden Funktionsgleichungen für die obere bzw. untere Halbellipse (siehe Bild 1):

$$y=f_1(x)=b\sqrt{1-\frac{x^2}{a^2}} \qquad (2)$$

$$y=f_2(x)=-b\sqrt{1-\frac{x^2}{a^2}} \qquad (3)$$

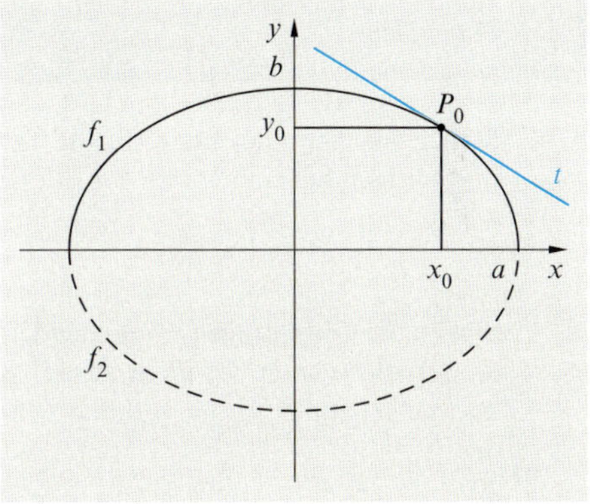

1

Durch Ableitungen der Funktion f_1 (unter Anwendung der Kettenregel) ergibt sich für den Anstieg der Tangente t an die obere Halbellipse im Punkt $P_0(x_0; y_0)$ für $x_0 \neq a$, $x_0 \neq -a$:

$$m=f_1'(x_0)=b\,\frac{1}{2\sqrt{1-\frac{x_0^2}{a^2}}}\cdot\left(-\frac{2}{a^2}\,x_0\right)=\frac{-b^2\,x_0}{a^2\,b\sqrt{1-\frac{x_0^2}{a^2}}}=-\frac{b^2}{a^2}\cdot\frac{x_0}{y_0}. \qquad (4)$$

Demnach wird die Tangente t an die (Halb-)Ellipse im Punkt $P_0(x_0; y_0)$ für $x_0 \neq a$, $x_0 \neq -a$ durch eine Gleichung der Form

$$y=t(x)=mx+n=-\frac{b^2}{a^2}\cdot\frac{x_0}{y_0}\,x+n \text{ beschrieben.} \qquad (5)$$

Durch Einsetzen von x_0 für x und von y_0 für y kann n bestimmt werden:

$$n=y_0+\frac{b^2}{a^2}\cdot\frac{x_0^2}{y_0}. \qquad (6)$$

Durch Einsetzen von (6) in (5) ergibt sich die folgende Gleichung:

$$y=-\frac{b^2}{a^2}\cdot\frac{x_0}{y_0}\,x+y_0+\frac{b^2}{a^2}\cdot\frac{x_0^2}{y_0}. \qquad (7)$$

Die Gleichung (7) nimmt durch beidseitige Multiplikation mit y_0 und Division durch b^2 sowie Anwendung der Ellipsengleichung (1) folgende Gestalt an:

$$\frac{y\,y_0}{b^2}+\frac{x\,x_0}{a^2}=\frac{y_0^2}{b^2}+\frac{x_0^2}{a^2}=1. \qquad (8)$$

1. Zeigen Sie, dass sich für Punkte der unteren Halbellipse ebenfalls die Tangentengleichung (8) herleiten lässt.

2. Die Herleitung der Tangentengleichung (8) gilt nur für Punkte $P_0(x_0;\, y_0)$ der Ellipse mit $x_0 \neq a$ und $x_0 \neq -a$.
Stellen Sie fest, an welchen Stellen der Herleitung diese Voraussetzung benötigt wurde und zeigen Sie, dass die Tangentengleichung (8) auch für die beiden Punkte der Ellipse $S_1\,(-a;\, 0)$ und $S_2\,(a;\, 0)$ gilt.

SATZ 1 Die Tangente an eine Ellipse mit der Gleichung $\frac{x^2}{a^2} + \frac{y^2}{b^2} = 1$ in einem Punkt $P_0(x_0;\, y_0)$ hat die Gleichung
$\frac{xx_0}{a^2} + \frac{yy_0}{b^2} = 1.$

3. Stellen Sie eine Gleichung für die Tangente an die gegebene Ellipse im Punkt P_0 auf und fertigen Sie eine Skizze der Ellipse und der Tangente an.

a) $\frac{x^2}{25} + \frac{y^2}{4} = 1,\ P_0(4;\, 1{,}2)$ **b)** $\frac{x^2}{2{,}25} + y^2 = 1,\ P_0\left(\sqrt{\frac{3}{4}};\, \sqrt{\frac{2}{3}}\right)$

4. Stellen Sie Gleichungen für die beiden Tangenten an die gegebene Ellipse an der Stelle x_0 auf. Berechnen Sie dazu zunächst die y-Koordinaten der beiden Ellipsenpunkte $P_{01}(x_0;\, y_{01})$ und $P_{02}(x_0;\, y_{02})$, die x_0 als x-Koordinate haben.

a) $\frac{x^2}{100} + \frac{y^2}{25} = 1,\ x_0 = -6$ **b)** $\frac{x^2}{400} + \frac{y^2}{225} = 1,\ x_0 = 16$

5. Leiten Sie eine Tangentengleichung für eine Ellipse in achsenparalleler Lage mit der Gleichung $\frac{(x-x_m)^2}{a^2} + \frac{(y-y_m)^2}{b^2} = 1$ her.

6.* Eine Ellipse lässt sich auch durch Streckung bzw. Stauchung eines Kreises entlang der x-Achse oder der y-Achse erzeugen. Das Bild einer Kreistangente bei einer derartigen Streckung oder Stauchung müsste dann eine Tangente an die entstehende Ellipse sein (siehe Bild 2).

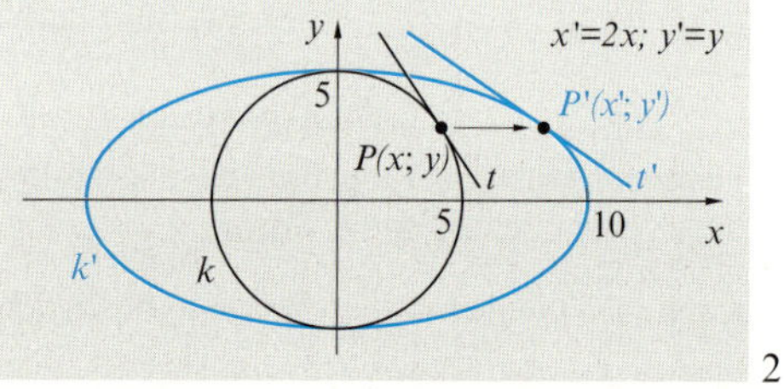

2

a) Stellen Sie eine Gleichung der Ellipse k' auf, die durch Verdopplung der x-Werte des Kreises k: $x^2 + y^2 = 5^2$ entsteht (Streckung entlang der x-Achse um den Faktor 2). Beachten Sie, dass für beliebige Punkte $P'(x';\, y')$ der Ellipse k' das Koordinatenpaar $\left(\frac{x}{2};\, y\right)$ eine Gleichung des Kreises k erfüllen muss.

b) Bestimmen Sie eine Gleichung der Tangente t an den Kreis im Punkt $P_0(3;\, 4)$.

c) Bestimmen Sie die Koordinaten des Bildpunktes P_0' des Punktes P_0 und des Bildes t' der Tangente t bei der genannten Streckung.

d) Ermitteln Sie nach Satz 6 die Gleichung der Ellipse k' im Punkt P_0' und vergleichen Sie Ihr Ergebnis mit dem aus Aufgabe c).

e) Der Ellipse k' werde eine Quadrat einbeschrieben. Berechnen Sie die Eckpunkte dieses Quadrates und bestimmen Sie die Tangenten in diesen Eckpunkten an die Ellipse k'. Welche Seitenlänge hat die durch die Tangentenabschnitte entstehende Raute (Rhombus).

Tangenten an Hyperbeln

Eine Tangentengleichung für Hyperbeln kann in ähnlicher Weise wie die Tangentengleichung für Ellipsen hergeleitet werden und entspricht dieser bis auf ein Vorzeichen.

SATZ 2 Die Tangente an eine Hyperbel mit der Gleichung $\frac{x^2}{a^2} - \frac{y^2}{b^2} = 1$ in einem Punkt $P_0(x_0; y_0)$ hat die Gleichung $\frac{x x_0}{a^2} - \frac{y y_0}{b^2} = 1$.

7. Beweisen Sie Satz 2. Orientieren Sie sich dabei an der Herleitung der Tangentengleichung für Ellipsen.

8. Stellen Sie eine Gleichung für eine Tangente an eine Hyperbel in achsenparalleler Lage mit der Gleichung $\frac{(x-x_m)^2}{a^2} + \frac{(y-y_m)^2}{b^2} = 1$ im Punkt $P_0(x_0; y_0)$ auf.

9. Stellen Sie eine Gleichung für die Tangente an die gegebene Hyperbel im Punkt P_0 auf, vereinfachen Sie diese so weit wie möglich und fertigen Sie eine Skizze mit der Hyperbel und der Tangente an.

a) $\frac{x^2}{64} - \frac{y^2}{16} = 1$; $P_0(10; -3)$ **b)** $\frac{(x-4)^2}{16} - \frac{(y-2)^2}{9} = 1$; $P_0(9; -0{,}25)$

10. Berechnen Sie mithilfe der quadratischen Ergänzung die Koordinaten des Mittelpunktes und die Längen a und b der halben Haupt- bzw. Nebenachse der gegebenen Hyperbel. Ermitteln Sie die Schnittpunkte zwischen der Hyperbel und der x-Achse sowie die Winkel α_1 und α_2, welche die Tangenten an die Hyperbel in diesen Punkten mit der x-Achse bilden.

a) $x^2 + 4x - 4y^2 - 24y = 36$ **b)** $2x^2 - 2x - y^2 + y = 0$

Tangenten an Parabeln

SATZ 3 Die Tangente an eine Parabel mit der Gleichung $y^2 = 2px$ in einem Punkt $P_0(x_0; y_0)$ hat die Gleichung $y y_0 = p(x + x_0)$.

11. Beweisen Sie Satz 3.
Hinweis: Bilden Sie die Ableitung der zur Parabel gehörenden quadratischen Funktion.

12. Berechnen Sie die Koordinaten des Punktes X der Parabel $y^2 = 12x$, in dem die Tangente an die Parabel mit der Symmetrieachse einen Winkel von 30° bildet.

13. Stellen Sie eine Gleichung der Tangente an die Parabel $y^2 = 2x$ auf, die

a) parallel zu der Geraden g: $2x - y = -5$ verläuft;

b) senkrecht auf der Geraden g: $x + y = 7$ steht.

14. Wie viele Tangenten an die Parabel mit der Gleichung $y^2 = 4x$ existieren, die durch den (außerhalb der Parabel liegenden) Punkt $P(3; -4)$ verlaufen?
Ermitteln Sie die Berührungspunkte jeder dieser Tangenten mit der Parabel und stellen Sie die Tangentengleichungen auf.

5 Besondere Eigenschaften der Kegelschnitte

Die Asymptoten der Hyperbel

In grafischen Darstellungen von Hyperbeln fällt auf, dass sie sich stark an Geraden annähern, wenn man weit vom Mittelpunkt entfernte Punkte betrachtet (siehe Bild 1).
Es liegt die Vermutung nahe, dass sich die Hyperbeln an die Geraden sogar beliebig weit annähern, je weiter man sich vom Mittelpunkt entfernt; dass diese Geraden also Asymptoten sind.

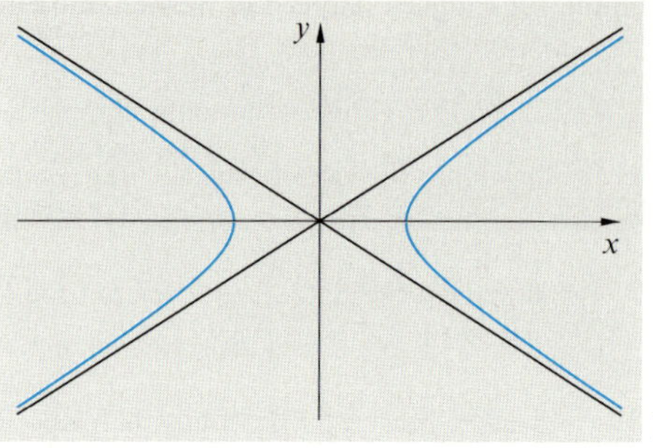

1

1. Wann ist eine Gerade Asymptote an einen Funktionsgraphen?
Wiederholen Sie den Begriff der Asymptote, den Sie im Zusammenhang mit Kurvendiskussionen kennen gelernt haben.

SATZ 1 Jede Hyperbel mit der Gleichung $\frac{x^2}{a^2} - \frac{y^2}{b^2} = 1$ besitzt zwei Asymptoten. Diese werden durch die Gleichungen $y = \frac{b}{a}\,x$ und $y = -\frac{b}{a}\,x$ beschrieben.

Für den Beweis von Satz 1 stellen wir die oberhalb bzw. unterhalb der x-Achse gelegenen Teile der Hyperbel als Graphen zweier Funktionen dar.

Aus der Hyperbelgleichung erhalten wir zunächst

$$y^2 = b^2\left(\frac{x^2}{a^2} - 1\right)$$

und daraus die Gleichungen der beiden gesuchten Funktionen f_1 und f_2:

$$f_1(x) = b\sqrt{\frac{x^2}{a^2} - 1}; \qquad f_2(x) = -b\sqrt{\frac{x^2}{a^2} - 1}.$$

2. Geben Sie den Definitionsbereich der Funktionen f_1 und f_2 an.

3. Beweisen Sie Satz 1. *Hinweis:* Berechnen Sie zunächst die (uneigentlichen) Grenzwerte der Funktionen f_1 und f_2 für $x \to \pm\infty$.

4. Stellen Sie Gleichungen für die beiden Tangenten an die gegebene Hyperbel an der Stelle x_0 auf. Bestimmen Sie weiterhin die Gleichungen der Asymptoten der Hyperbel und skizzieren Sie die Hyperbel mithilfe ihrer Scheitelpunkte und Asymptoten. Tragen Sie in die Skizze auch die von Ihnen bestimmten Tangenten ein.

a) $\frac{x^2}{16} - \frac{y^2}{9} = 1;\ x_0 = 5$ **b)** $\frac{x^2}{36} - \frac{y^2}{25} = 1;\ x_0 = -8$

5. Ermitteln Sie die Koordinaten der Schnittpunkte der Asymptoten der Hyperbel mit der Gleichung $x^2 - 3y^2 = 12$ mit dem Kreis, dessen Mittelpunkt im rechten Brennpunkt der Hyperbel liegt und der durch den Koordinatenursprung geht.

Die Brennpunkteigenschaft der Ellipse

Flüsterkabinett: Stehen zwei Personen in einem Raum mit elliptischer Grundfläche und gut schallreflektierenden Wänden auf den Brennpunkten der Ellipse, so kann die eine Person die Sprache der anderen Person auch dann deutlich verstehen, wenn diese sehr leise spricht (siehe Bild 2).
Die Ursache für dieses Phänomen besteht darin, dass alle Schallwellen, die von der sprechenden Person ausgehen und in Gesichtshöhe auf die Wand treffen, zu der anderen Person reflektiert werden.

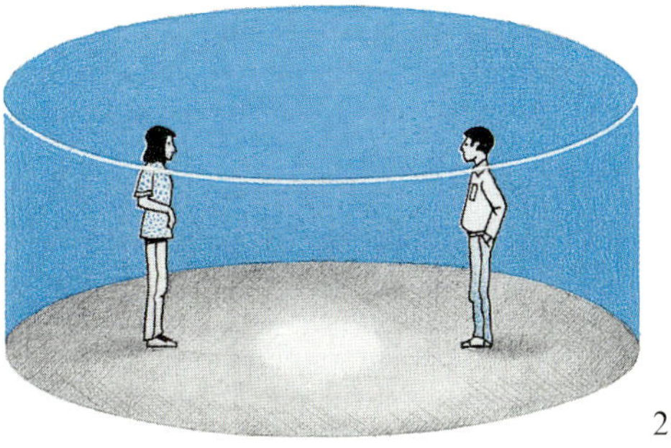

2

Nach dem Reflexionsgesetz ist der Einfallswinkel α (Winkel zwischen dem einfallenden Schall und der Senkrechten s auf die Wand) stets gleich dem Reflexionswinkel α' (Winkel zwischen dem reflektierten Schall und der Senkrechten) – (siehe Bild 3).

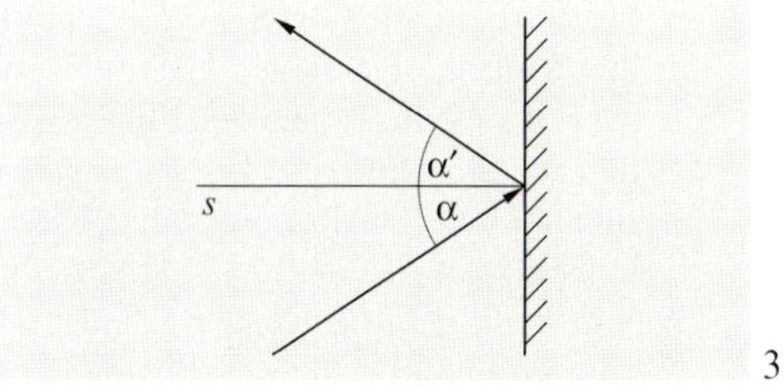

3

Das Reflexionsverhalten an einer Kurve kann durch die Reflexion an der Tangente (im Raum Tangentialebene) an die Kurve in dem betrachteten Punkt ausgedrückt werden.
Nach dem oben beschriebenen Phänomen müssten also die Geraden F_1P und F_2P, welche die beiden Brennpunkte einer Ellipse mit einem beliebigen Punkt P der Ellipse verbinden, mit der Senkrechten s auf die Tangente t im Punkt P gleich große Winkel α_1 und α_2 bilden. Natürlich sind dann auch die Winkel β_1 und β_2 der Geraden F_1P und F_2P mit der Tangente gleich groß (siehe Bild 4).

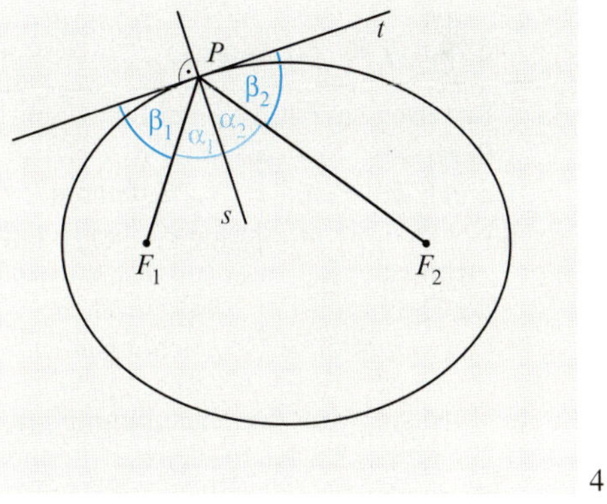

4

6. Skizzieren Sie die in Aufgabe 4, Seite 236 gegebenen Ellipsen sowie die Tangenten, für die sie in dieser Aufgabe Gleichungen ermittelt haben.
Verbinden Sie die Berührungspunkte der Tangenten jeweils mit beiden Brennpunkten und messen Sie die Winkel zwischen den Verbindungsstrecken und den Tangenten.

SATZ 2 Bei einer Ellipse werden die Strahlen, die von einem Brennpunkt ausgehen, so reflektiert, dass sie durch den anderen Brennpunkt verlaufen; für jeden Punkt P einer Ellipse sind also die Winkel, welche die Tangente mit den Geraden F_1P und F_2P einschließt, gleich groß.

7. Beweisen Sie Satz 2.
Hinweis: Gehen Sie folgendermaßen vor:
Stellen Sie zunächst eine Gleichung der Tangente t an die Ellipse im Punkt P_0 auf.
Ermitteln Sie für die Tangente t einen Normalenvektor $\vec{n}$.
Bilden Sie den Kosinus der Winkel zwischen den Vektoren $\overrightarrow{P_0 F_1}$ und $\vec{n}$ bzw. $\overrightarrow{P_0 F_2}$ und $\vec{n}$.
(vgl. Abschnitt F 2, Seite 169).
Begründen Sie, warum aus der Gleichheit der Kosinuswerte der beiden Winkel hier die Gleichheit der Winkel folgt.

8. Die Aussage von Satz 2 kann genutzt werden, um Tangenten an eine Ellipse mit bekannten Brennpunkten F_1 und F_2 in einem Punkt P_0 der Ellipse zu konstruieren. Geben Sie dafür eine Konstruktionsbeschreibung an.

9. Satz 2 kann auch auf elementargeometrischem Wege bewiesen werden. Dazu beweist man, dass die Senkrechte t auf der Winkelhalbierenden n des Winkels $\sphericalangle(F_1 P_0 F_2)$ in P_0 mit der Ellipse keinen weiteren Punkt außer P_0 gemeinsam hat. Die hierfür notwendige Hilfskonstruktion ist in Bild 5 dargestellt: Von F_2 wird das Lot auf t gefällt und vom Fußpunkt L dieses Lotes auf dem F_2 gegenüberliegenden Strahl der Geraden LF_2 eine zu $\overline{LF_2}$ kongruente Strecke $\overline{LF_2{}'}$ angetragen.

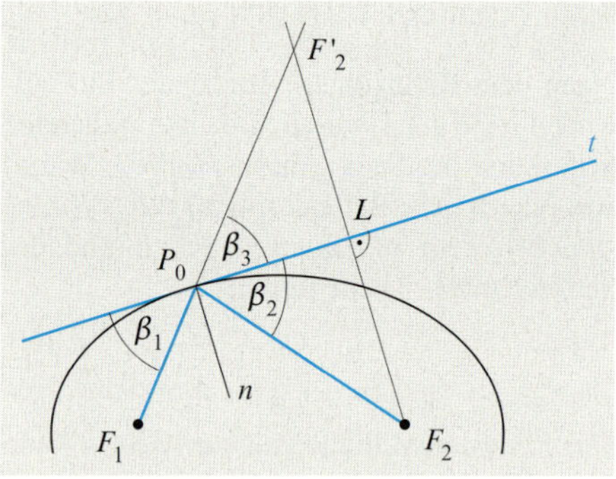

5

Beweisen Sie mit folgenen Beweisschritten, dass t Tangente an die Ellipse ist:

a) Begründen Sie, dass $\beta_1 = \beta_2 = \beta_3$ ist und leiten Sie daraus ab, dass die Gerade F_1P_0 durch den Punkt $F_2{}'$ verlaufen muss.

b) Nehmen Sie an, dass die Gerade t außer P_0 einen weiteren Punkt Q mit der Ellipse gemeinsam hat und führen Sie diese Annahme zum Widerspruch. Nutzen Sie dafür die Definition der Ellipse und die Ungleichung $|\overline{QF_1}| + |\overline{QF_2}| > |\overline{F_1F_2{}'}|$. (Begründen Sie, warum diese Ungleichung gilt.)

In der Medizin wird die Brennpunkteigenschaft der Ellipse bei Nierensteinzertrümmerern angewendet. Diese enthalten einen Reflektor, der Teil eines Rotationsellipsoids ist und zwei Elektroden, welche in einem Brennpunkt dieses Ellipsoids Stoßwellen erzeugen (Bild 6). Der Patient wird so gelagert, dass sich sein Nierenstein am zweiten Brennpunkt des Reflektors befindet. Dies führt dazu, dass die Stoßwellen (welche von den Elektroden ungerichtet ausgehen) auf den Nierenstein konzentriert werden. Dieser wird dadurch in sehr kleine Teile zertrümmert, die mit dem Harn den Körper verlassen.

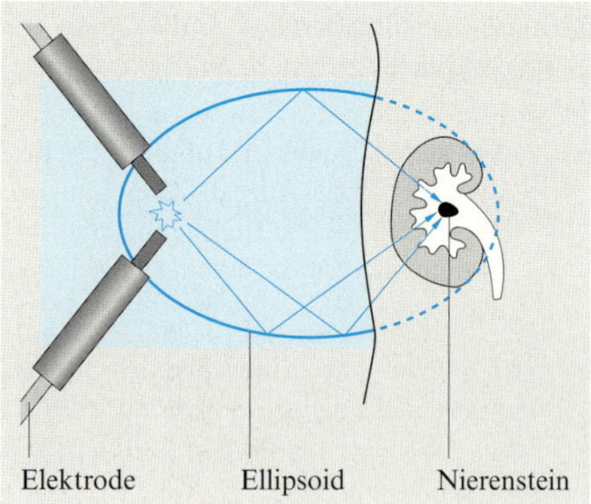

6

Die Brennpunkteigenschaft der Hyperbel

10. Skizzieren Sie die in Aufgabe 9 auf Seite 237 gegebenen Hyperbeln sowie ihre Tangenten. Verbinden Sie die Berührungspunkte der Tangenten jeweils mit beiden Brennpunkten und messen Sie die Winkel zwischen den entstehenden Verbindungsstrecken und den Tangenten. Fassen Sie Ihre gewonnene Erkenntnis als Satz über die Brennpunkteigenschaft von Hyperbeln zusammen. (Orientieren Sie sich bei der Formulierung an Satz 2, Seite 239.)

11. Beweisen Sie die von Ihnen in Aufgabe 10 formulierte Brennpunkteigenschaft. Zeigen Sie dazu, dass die Winkelhalbierende t des Winkels $\sphericalangle(F_1 P_0 F_2)$ in P_0 mit der Hyperbel keinen weiteren Punkt außer P_0 gemeinsam hat. Nutzen Sie Bild 7 und die Hinweise in Aufgabe 9.

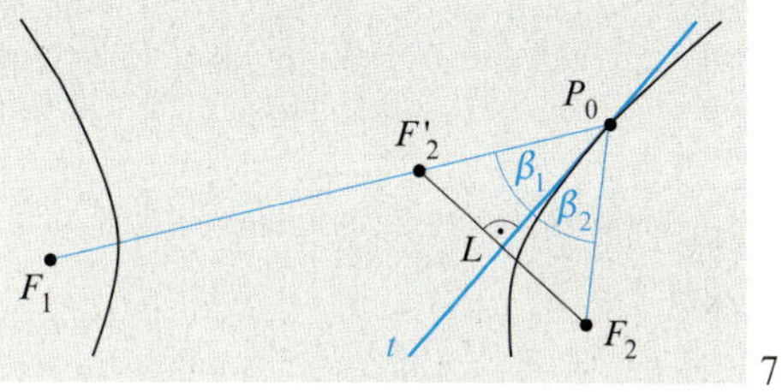

7

Die Brennpunkteigenschaft der Parabel

Im Jahre 1709 stellte der Alchimist JOHANN FRIEDRICH BÖTTGER in Meißen aus Feldspat, Kaolin und Quarzsand das erste europäische Porzellan her. Für das Brennen des Porzellans wird eine Temperatur von 1400 °C benötigt. Diese erzeugte Böttger mithilfe der Sonne und parabolisch geformter Hohlspiegel, welche die Sonnenstrahlen auf einen Punkt – den Brennpunkt – lenkten.

Offenbar werden also bei einer Parabel Parallelstrahlen zu Brennpunktstrahlen reflektiert (siehe Bild 8). Da der Strahlengang stets umkehrbar ist, werden Brennpunktstrahlen bei der Reflexion an einer Parabel zu Parallelstrahlen – eine Tatsache, die bei jedem Autoscheinwerfer Anwendung findet (siehe Bild 2).

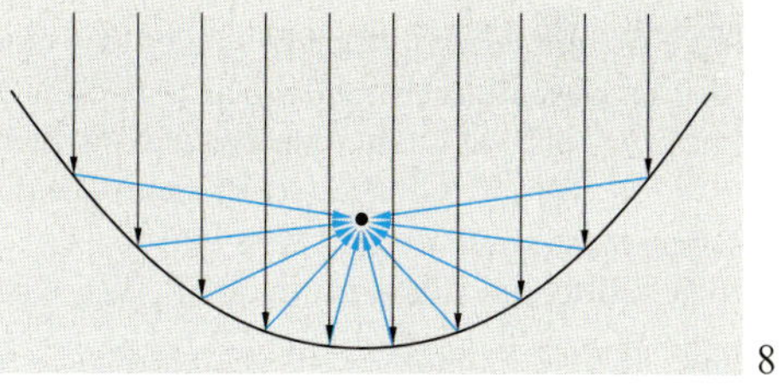
8

SATZ 3 Strahlen, die parallel zur Achse einer Parabel einfallen, werden an der Parabel so reflektiert, dass sie durch den Brennpunkt F gehen, d. h.: Die Tangente an eine Parabel in jedem ihrer Punkte P halbiert den Winkel zwischen der Geraden FP und der Parallelen zur Achse durch P.

12. Beweisen Sie Satz 3.
Hinweis: Zeigen Sie, dass die Mittelsenkrechte t der Strecke $\overline{FL}$ (Bild 9) mit der Parabel nur den Punkt P_0 gemeinsam hat, also Tangente an die Parabel in P_0 ist. Nutzen Sie Bild 9 und beweisen Sie, dass für beliebige von P_0 verschiedene Punkte Q der Geraden t gilt $|\overline{FQ}| > d(Q, l)$.

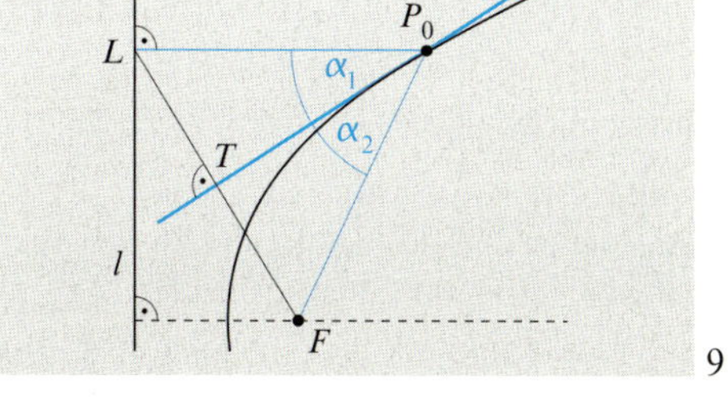

9

6 Allgemeine Scheitelgleichung der regulären Kegelschnitte

Wie bereits am Ende von Abschnitt I 1 angekündigt wurde, müssen wir noch zeigen, dass die in Abschnitt I 2 gegebenen Ortsdefinitionen von Ellipsen, Hyperbeln und Parabeln tatsächlich Kegelschnitte sind. Aus diesem Grunde werden wir im Folgenden eine Gleichung für die Schnittfigur eines Kegels und einer Ebene herleiten und zeigen, dass dadurch dieselben Kurven beschrieben werden wie durch die in Abschnitt I 3 hergeleiteten Gleichungen.

Gegeben seien ein Kreiskegel K und eine Ebene ε, die nicht durch die Spitze S des Kegels verläuft. Um die Herleitung einer Gleichung der Schnittfigur $K \cap \varepsilon$ mit vertretbarem Aufwand führen zu können, müssen wir eine sinnvolle Lage des Koordinatensystems festlegen.

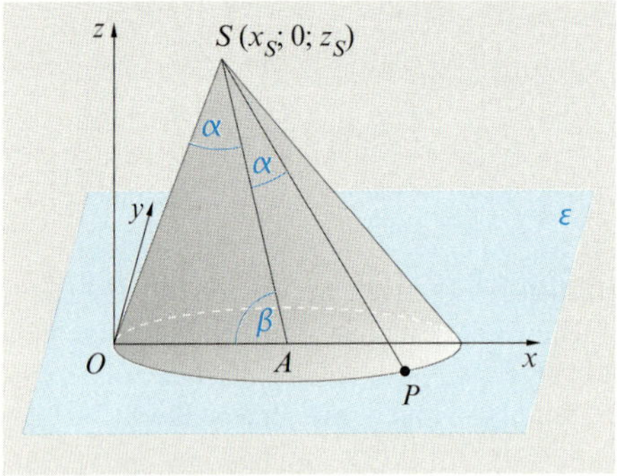

1

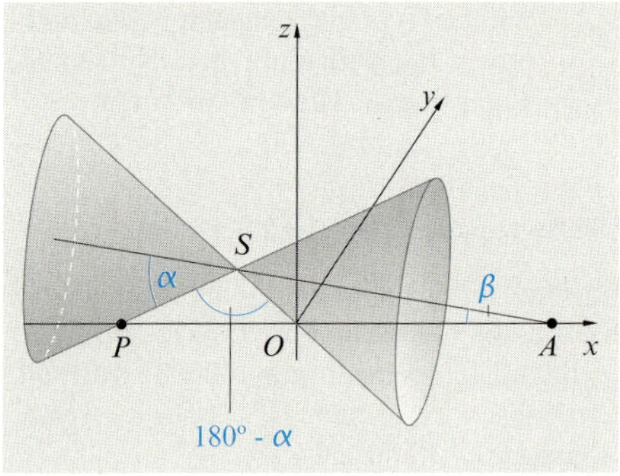

2

Als Koordinatenursprung O wählen wir einen Punkt von $K \cap \varepsilon$, der also von S verschieden ist. Die x-Achse sei die Gerade OA (wobei A der Schnittpunkt der Kegelachse mit ε ist); der Punkt A soll auf dem positiven Strahl der x-Achse liegen. Schließlich wählen wir als y-Achse die zur x-Achse senkrechte Gerade durch O in der Ebene ε und als z-Achse die durch O verlaufende und zu ε senkrechte Gerade (siehe Bild 1 für den Fall, dass ε nur eine Kegelhälfte und Bild 2 für den Fall, dass ε beide Kegelhälften schneidet).

1. Begründen Sie, dass die Kegelspitze S bezüglich des so festgelegten Koordinatensystems die y-Koordinate Null und jeder beliebige Punkt P des Kegelschnittes die z-Koordinate Null hat.

Ist P ein beliebiger Punkt der Schnittmenge $K \cap \varepsilon$, so ist $\sphericalangle(PSA) = \alpha$ (Bild 1) oder $\sphericalangle(PSA) = 180° - \alpha$ (Bild 2), wobei α der halbe Öffnungswinkel des Kegels ist.

Es gilt also: $\cos\alpha = \cos\sphericalangle(\overrightarrow{SP}, \overrightarrow{SA}) = \dfrac{\overrightarrow{SP} \cdot \overrightarrow{SA}}{|\overrightarrow{SP}| \cdot |\overrightarrow{SA}|}$

bzw. $\cos(180° - \alpha) = -\cos\alpha = \cos\sphericalangle(\overrightarrow{SP}, \overrightarrow{SA}) = \dfrac{\overrightarrow{SP} \cdot \overrightarrow{SA}}{|\overrightarrow{SP}| \cdot |\overrightarrow{SA}|}$.

Ist $\vec{n}$ der zu $\overrightarrow{SA}$ gleichgerichtete Einheitsvektor, so folgt daraus:
$\overrightarrow{SP} \cdot \vec{n} = |\overrightarrow{SP}| \cdot \cos\alpha$ bzw. $\overrightarrow{SP} \cdot \vec{n} = -|\overrightarrow{SP}| \cdot \cos\alpha$

Um beide Fälle mit einer Gleichung zu beschreiben, quadrieren wir: $(\overrightarrow{SP} \cdot \vec{n})^2 = |\overrightarrow{SP}|^2 \cdot \cos^2\alpha$.

Da O auch ein Punkt der Schnittmenge $K \cap \varepsilon$ ist, gilt auch: $(\overrightarrow{SO} \cdot \vec{n})^2 = |\overrightarrow{SO}|^2 \cdot \cos^2 \alpha$.
Wegen $\overrightarrow{SP} = \overrightarrow{SO} + \overrightarrow{OP}$ und damit $\overrightarrow{SP} \cdot \vec{n} = \overrightarrow{SO} \cdot \vec{n} + \overrightarrow{OP} \cdot \vec{n}$ folgt also:

$$|\overrightarrow{SP}|^2 \cdot \cos^2 \alpha = (|\overrightarrow{SO}| \cdot \cos \alpha + \overrightarrow{OP} \cdot \vec{n})^2. \qquad (*)$$

Um zur gesuchten Kegelschnittgleichung zu gelangen, setzt man für die Vektoren die entsprechenden Koordinatendarstellungen ein.

Wegen $S(x_S;\ 0;\ z_S)$ und $P(x;\ y;\ 0)$ ist $\overrightarrow{OS} = \begin{pmatrix} x_s \\ 0 \\ z_s \end{pmatrix}$, $\overrightarrow{OP} = \begin{pmatrix} x \\ y \\ 0 \end{pmatrix}$ und $\overrightarrow{SP} = \begin{pmatrix} x - x_s \\ y \\ -z_s \end{pmatrix}$.

Der Einheitsvektor $\vec{n}$ lässt sich durch $\vec{n} = \begin{pmatrix} x_n \\ 0 \\ z_n \end{pmatrix}$ (mit $x_n^2 + z_n^2 = 1$) darstellen.

Aus (*) ergibt sich also: $((x - x_s)^2 + y^2 + z_s^2) \cdot \cos^2 \alpha = (\sqrt{x_s^2 + y_s^2} \cdot \cos \alpha + x \cdot x_n)^2$.
Diese Gleichung lösen wir nun nach y auf und erhalten als Gleichung für einen beliebigen regulären Kegelschnitt:

$$y^2 = 2\left(\frac{x_n}{\cos \alpha}\sqrt{x_s^2 + z_s^2} + x_s\right) \cdot x + \left(\frac{x_n^2}{\cos^2 \alpha} - 1\right) \cdot x^2. \qquad (**)$$

Um diese Gleichung in einer übersichtlicheren Form schreiben zu können, schreiben wir ε für $\frac{x_n}{\cos \alpha}$ und p für $\varepsilon \cdot \sqrt{x_s^2 + z_s^2} + x_s$. Die Größe ε wird als **numerische Exzentrizität** und p als **Parameter eines Kegelschnittes** bezeichnet.

Aus Gleichung (**) ergibt sich damit:

Allgemeine Scheitelgleichung der regulären Kegelschnitte: $y^2 = 2px + (\varepsilon^2 - 1)\,x^2$

2. Zeigen Sie, dass für die numerische Exzentrizität eines Kegelschnittes $\varepsilon = \frac{\cos \beta}{\cos \alpha}$ gilt, wobei β der Schnittwinkel zwischen der Ebene und der Kegelachse sowie 2α der Öffnungswinkel des Kegels ist. Orientieren Sie sich dazu an Bild 1, Seite 242 und beachten Sie, dass x_n die x-Koordinate eines Einheitsvektors in Richtung der Kegelachse ist.

3. Führen Sie die in Aufgabe 4, Seite 225 erfolgte Fallunterscheidung anhand der numerischen Exzentrizität ε (also des Quotienten aus dem Schnittwinkel und der Hälfte des Öffnungswinkels) durch.
Hinweis: Unterscheiden Sie die Fälle $\varepsilon = 0$, $0 < \varepsilon < 1$, $\varepsilon = 1$ und $\varepsilon > 1$ und überlegen Sie jeweils, welche Schnittfigur entsteht.

4. Es soll nun in Abhängigkeit von der numerischen Exzentrizität ε untersucht werden, welche Kurven durch die allgemeine Scheitelgleichung beschrieben werden.
Formen Sie für jeden im Hinweis der Aufgabe 3 genannten Fall die allgemeine Scheitelgleichung so um, dass eine der in Abschnitt I 3 behandelten Gleichungen (Kreis, Ellipse, Hyperbel oder Parabel) entsteht. Geben Sie jeweils den Namen des Kegelschnittes und die Lage des Mittel- bzw. Scheitelpunktes der entsprechenden Kurve an.

Mit der Herleitung der allgemeinen Scheitelgleichung der regulären Kegelschnitte und den entsprechenden Umformungen dieser Gleichung in die bisher betrachteten Gleichungen von Kreisen, Ellipsen, Parabeln und Hyperbeln, haben wir die Rechtfertigung dafür erbracht, Kreise, Ellipsen, Parabeln und Hyperbeln als Kegelschnitte zu bezeichnen.

ZUSAMMENFASSUNG

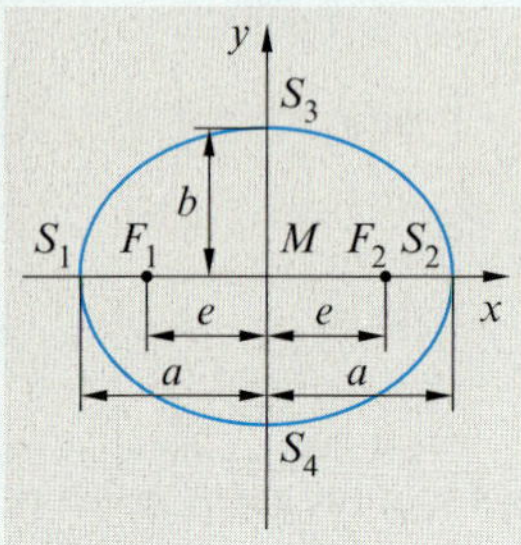

3

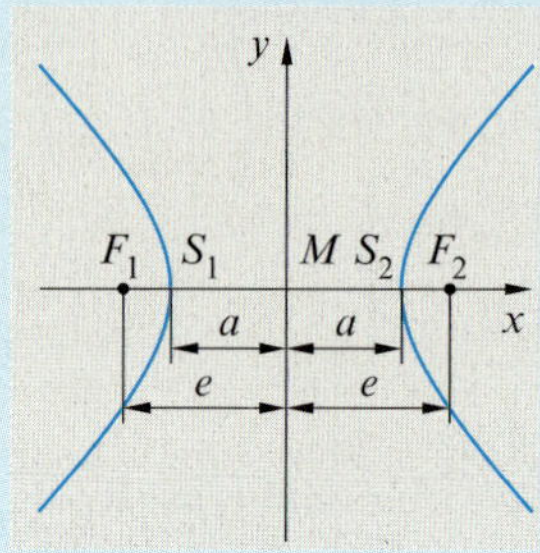

4

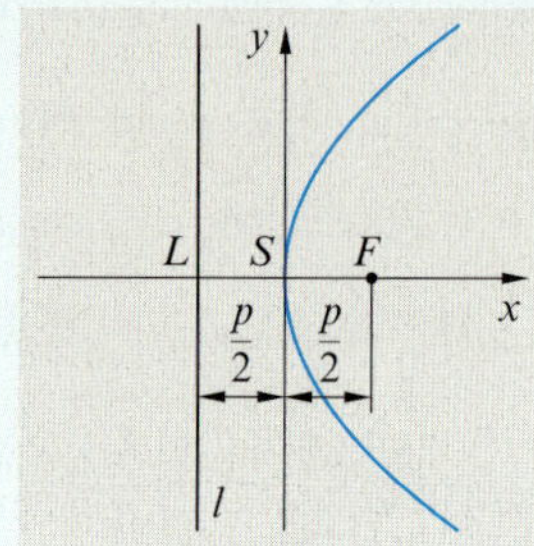

5

Ellipsen	Hyperbeln	Parabeln
F_1, F_2 – Brennpunkte $2a$ – Hauptachse, $2b$ – Nebenachse e – lineare Exzentrizität	F_1, F_2 – Brennpunkte $2a$ – Hauptachse, $2b$ – Nebenachse e – lineare Exzentrizität	F – Brennpunkt l – Leitlinie p – Halbparameter
Ortsdefinition		
F_1 und F_2 seien Punkte einer Ebene ε und a eine reelle Zahl mit $\lvert\overline{F_1 F_2}\rvert < 2a$. Die Menge aller Punkte $P \in \varepsilon$ mit $\lvert\overline{F_1 P}\rvert + \lvert\overline{F_2 P}\rvert = 2a$ heißt **Ellipse**.	F_1 und F_2 seien Punkte einer Ebene ε und a eine positive Zahl. Die Menge aller Punkte $P \in \varepsilon$ mit $\big\lvert\lvert\overline{F_1 P}\rvert - \lvert\overline{F_2 P}\rvert\big\rvert = 2a$ heißt **Hyperbel**.	F sei ein Punkt und l eine Gerade einer Ebene ε. Die Menge aller Punkte $P \in \varepsilon$ mit $\lvert\overline{PF}\rvert = d(P,l)$ heißt **Parabel**.
Gleichung des Kegelschnittes bei achsenparalleler Lage		
$\frac{(x-x_m)^2}{a^2} + \frac{(y-y_m)^2}{b^2} = 1$ bei Mittelpunktslage: $\frac{x^2}{a^2} + \frac{y^2}{b^2} = 1$	$\frac{(x-x_m)^2}{a^2} - \frac{(y-y_m)^2}{b^2} = 1$ bei Mittelpunktslage: $\frac{x^2}{a^2} - \frac{y^2}{b^2} = 1$	$(y-y_m)^2 = 2p(x-x_m)$ bei Scheitelpunktslage: $y^2 = 2px$
Tangentengleichung im Punkt $P_0(x_0; y_0)$ bei achsenparalleler Lage		
$\frac{(x-x_m)(x_0-x_m)}{a^2} +$ $\frac{(y-y_m)(y-y_m)}{b^2} = 1$ bei Mittelpunktslage: $\frac{x x_0}{a^2} + \frac{y y_0}{b^2} = 1$	$\frac{(x-x_m)(x_0-x_m)}{a^2} -$ $\frac{(y-y_m)(y-y_m)}{b^2} = 1$ bei Mittelpunktslage: $\frac{x x_0}{a^2} - \frac{y y_0}{b^2} = 1$	$(y-y_m)(y_0-y_m) =$ $p((x-x_m)+(x_0-x_m))$ bei Scheitelpunktslage: $y y_0 = p(x+x_0)$

Allgemeine Scheitelgleichung der regulären Kegelschnitte: $y^2 = 2px + (\varepsilon^2 - 1)\,x^2$

J

Lineare und affine Abbildungen

Wir konnten uns bisher davon überzeugen, dass es mithilfe von Vektoren, also mit analytischen Mitteln gelingt, geometrische Zusammenhänge einfach darzustellen und zu beweisen. In diesem Kapitel wollen wir nun mithilfe der Vektorrechnung geometrische Abbildungen beschreiben und deren Eigenschaften untersuchen. Dabei werden wir uns im Wesentlichen auf Abbildungen in der Ebene, also auf Abbildungen des $\mathbb{R}^2$ in sich, beschränken, da uns hier ein reichhaltiges Material an Beispielen aus dem bisherigen Geometrieunterricht, z.B. Verschiebungen, Achsen- oder Punktspiegelungen und Drehungen, zur Verfügung steht.

1 Abbildungen

1. **a)** Das Dreieck ABC mit $A(1;\,5)$, $B(-2;\,0)$, $C(3;\,0{,}5)$ soll um den Vektor $\begin{pmatrix} -2 \\ \sqrt{3} \end{pmatrix}$ verschoben werden. Welche Koordinaten haben die Bildpunkte A', B' und C'?

b) Welche Koordinaten erhält ein beliebiger Punkt $P(x_P;\,y_P)$ einer Ebene bei einer Verschiebung um den Vektor $\begin{pmatrix} a_1 \\ a_2 \end{pmatrix}$?

2. **a)** Zeichnen Sie in einem Koordinatensystem das im Bild 1 dargestellte Quadrat.

b) Drehen[1] Sie das Quadrat mit einem Winkel von 45° um den Koordinatenursprung.

c) Berechnen Sie die Koordinaten der Bilder der Eckpunkte des Quadrates.

***d)** Welche Koordinaten hat der Bildpunkt eines beliebigen Punktes $P(x_P;\,y_P)$ der Ebene bei einer Drehung von 45° um den Koordinatenursprung (vgl. Bild 2)?

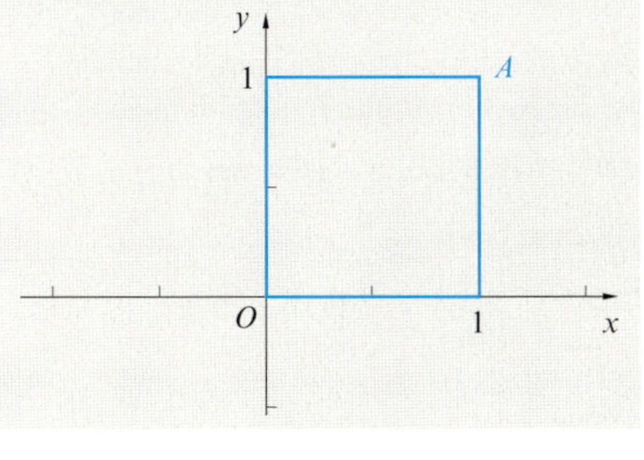

1

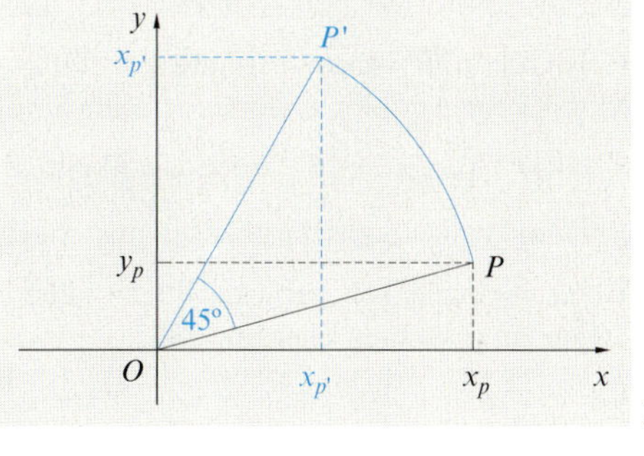

2

3. **a)** Drehen Sie das in Bild 1 dargestellte Quadrat mit einem Winkel von 90° um den Punkt $A(1;\,1)$. Berechnen Sie die Koordinaten der Bilder der Eckpunkte des Quadrates.

***b)** Welche Koordinaten hat der Bildpunkt eines beliebigen Punktes $P(x_P;\,y_P)$ der Ebene bei einer Drehung von 30° um $B(2;\,4)$?

[1] Wir wollen im Folgenden stets Drehungen im mathematisch positivem Drehsinn, also entgegengesetzt dem Uhrzeigersinn, betrachten.

4. **a)** Gegeben sei der Punkt $P(5;\ 6)$ der x-y-Koordinatenebene.
Welche Koordinaten hat der entsprechende Bildpunkt P' bei einer Spiegelung
(1) an der x-Achse;
(2) an der y-Achse;
(3) an der Geraden $y = x$;
(4) an der Geraden $\vec{x} = \begin{pmatrix} 3 \\ 4 \end{pmatrix} + t\begin{pmatrix} 1 \\ 2 \end{pmatrix}$?

***b)** Geben Sie die Koordinaten des Bildpunktes P' eines beliebigen Punktes $P(x_P;\ y_P)$ bei den in a) genannten Spiegelungen an.

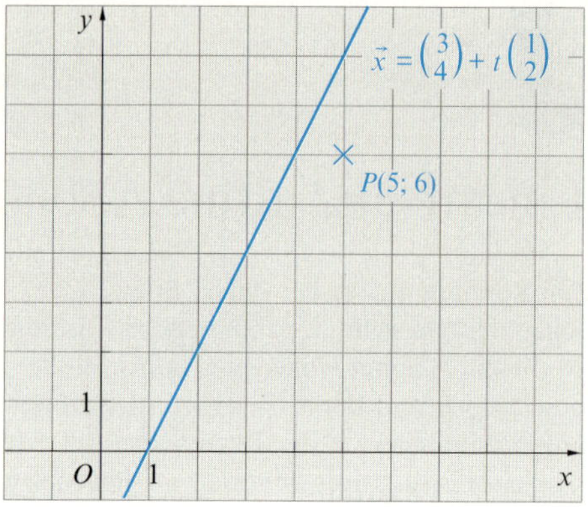

3

In den folgenden Lerneinheiten wird es u.A. auch darum gehen, Gleichungen für Abbildungen zu erstellen, mit deren Hilfe sich aus den Koordinaten eines beliebigen Punktes die Koordinaten des entsprechenden Bildpunktes berechnen lassen.

Um herauszufinden, welche Form solche Gleichungen haben könnten, betrachten wir noch einmal die Drehung um den Winkel α (vgl. Aufgaben 2 und 3).

Gegeben sei der Punkt $P(a;\ b)$, der um den Koordinatenursprung mit einem Winkel α gedreht werden soll (siehe Bild 4).

Gesucht sind die Koordinaten a' und b' des Bildpunktes P' bei dieser Abbildung in Abhängigkeit von den Koordinaten a und b des Punktes P und vom Drehwinkel α.

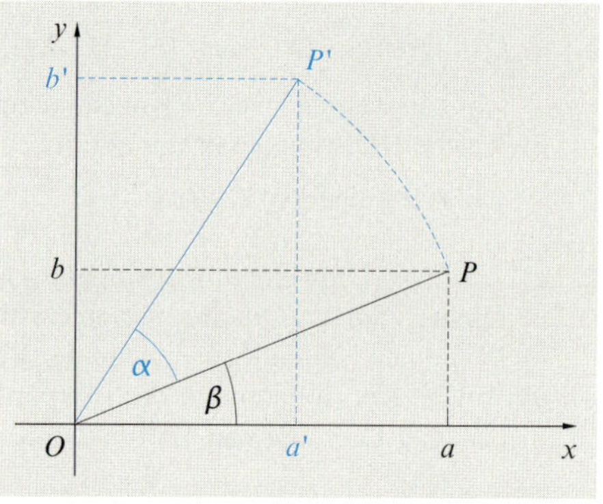

4

Es ist: $b' = |\overline{OP'}| \cdot \sin(\alpha + \beta)$ und $a' = |\overline{OP'}| \cdot \cos(\alpha + \beta)$.
Mithilfe der Additionstheoreme für die Sinus- und die Kosinusfunktion folgt daraus:

$$b' = |\overline{OP'}| \cdot (\sin\alpha \cdot \cos\beta + \cos\alpha \cdot \sin\beta) \text{ und } a' = |\overline{OP'}| \cdot (\cos\alpha \cdot \cos\beta - \sin\alpha \cdot \sin\beta). \quad (1)$$

Für den Winkel β gilt darüber hinaus: $\sin\beta = \frac{b}{|\overline{OP}|}$ bzw. $\cos\beta = \frac{a}{|\overline{OP}|}$.
Wenn wir zusätzlich berücksichtigen, dass $|\overline{OP}| = |\overline{OP'}|$ ist, ergeben sich damit aus (1) die folgenden gesuchten Gleichungen:

$$b' = a \cdot \sin\alpha + b \cdot \cos\alpha \text{ und } a' = a \cdot \cos\alpha - b \cdot \sin\alpha. \quad (2)$$

Der Punkt $P(a;\ b)$ wird also bei einer Drehung um den Winkel α um den Koordinatenursprung auf den Punkt $P'(a \cdot \cos\alpha - b \cdot \sin\alpha;\ a \cdot \sin\alpha + b \cdot \cos\alpha)$ abgebildet.

Mithilfe der Vektorschreibweise erhalten wir eine Gleichung für Drehungen in der Ebene:

$$\begin{pmatrix} a' \\ b' \end{pmatrix} = \begin{pmatrix} a\cos\alpha - b\sin\alpha \\ a\sin\alpha + b\cos\alpha \end{pmatrix} = \begin{pmatrix} \cos\alpha & -\sin\alpha \\ \sin\alpha & \cos\alpha \end{pmatrix} \cdot \begin{pmatrix} a \\ b \end{pmatrix}. \quad (*)$$

(Vergleiche dazu Matrizenschreibweise, Abschnitt D 2, Seite 101.)

Allgemein schreiben wir diese Abbildung $f\colon \mathbb{R}^2 \to \mathbb{R}^2$ in der Form:

$$f(\vec{x}) = \vec{x}' = \begin{pmatrix} a_{11} & a_{12} \\ a_{21} & a_{22} \end{pmatrix} \cdot \vec{x} \quad \text{oder} \quad f(\vec{x}) = \begin{pmatrix} x_1' \\ x_2' \end{pmatrix} = \begin{pmatrix} a_{11} & a_{12} \\ a_{21} & a_{22} \end{pmatrix} \cdot \begin{pmatrix} x_1 \\ x_2 \end{pmatrix}$$

und das bedeutet nichts anderes als: $x_1' = a_{11}\,x_1 + a_{12}\,x_2$ und $x_2' = a_{21}\,x_1 + a_{22}\,x_2$.

Durch die Matrix $F = \begin{pmatrix} a_{11} & a_{12} \\ a_{21} & a_{22} \end{pmatrix}$ wird dabei also jedem Vektor $\vec{x}$ des $\mathbb{R}^2$ ein Vektor $\vec{x}'$ des $\mathbb{R}^2$ zugeordnet, deshalb nennt man F auch **Abbildungsmatrix**.

5. Bestimmen Sie für die durch die gegebenen Matrizen beschriebenen Abbildungen je eine Gleichung.
Versuchen Sie, die Abbildung geometrisch zu interpretieren.

a) $\begin{pmatrix} 1 & 2 \\ 1 & 2 \end{pmatrix}$ **b)** $\begin{pmatrix} 0 & 1 \\ 1 & 0 \end{pmatrix}$ **c)** $\begin{pmatrix} -1 & 1 \\ 1 & -1 \end{pmatrix}$ **d)** $\begin{pmatrix} 1 & 2 \\ -3 & -4 \end{pmatrix}$

6. Schreiben Sie Ihre Ergebnisse der Aufgaben 1 b), 2 d) und 4 b) als Gleichungen in Matrizenschreibweise.

7. Welche Gleichungen gehören zu folgenden Abbildungen?

a) Verschiebung um den Vektor $\begin{pmatrix} 5 \\ -2 \end{pmatrix}$

b) Verschiebung um den Vektor $\begin{pmatrix} u \\ v \end{pmatrix}$

c) Spiegelung an der Geraden $y = x$

d) Spiegelung an der Geraden $x = 6$

e) Punktspiegelung am Koordinatenursprung

***f)** Punktspiegelung am Punkt $P(3;\, 4)$ (vgl. Bild 5)

g) zentrische Streckung mit dem Streckungfaktor 5 und dem Koordinatenursprung als Streckungszentrum

***h)** zentrische Streckung mit dem Streckungsfaktor a und dem Punkt $Z(x_Z;\, y_Z)$ als Streckungszentrum (vgl. Bild 6)

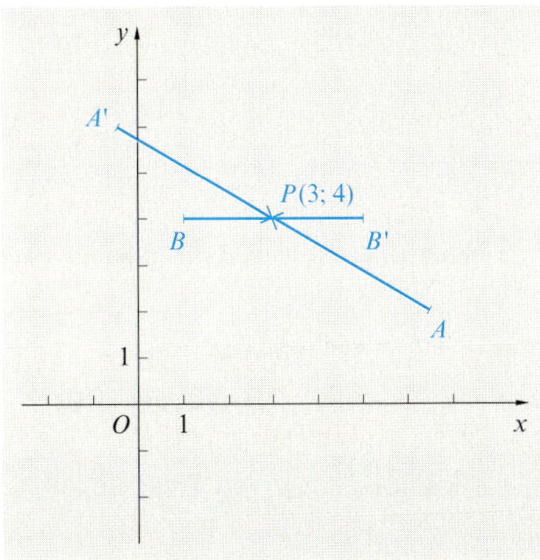

5

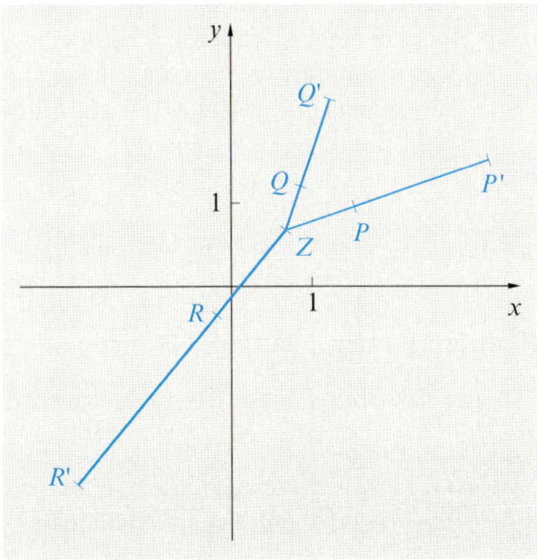

6

2 Lineare Abbildungen

Der Begriff der linearen Abbildung

1. Gegeben sei eine Abbildung f: $\mathbb{R}^2 \to \mathbb{R}^2$ mit $f(\vec{x}) = F \cdot \vec{x}$, wobei $F = \begin{pmatrix} 1 & -2 \\ 3 & -1 \end{pmatrix}$.

Für jeden Vektor $\vec{x} = \begin{pmatrix} x_1 \\ x_2 \end{pmatrix}$ gilt also: $f(\vec{x}) = \begin{pmatrix} 1 & -2 \\ 3 & -1 \end{pmatrix} \cdot \vec{x}$ oder anders geschrieben:

$x_1' = x_1 - 2x_2$ und $x_2' = 3x_1 - x_2$.

a) Wie sehen die Bilder der Vektoren $\vec{a} = \begin{pmatrix} a_1 \\ a_2 \end{pmatrix}$, $\vec{b} = \begin{pmatrix} b_1 \\ b_2 \end{pmatrix}$ und $\vec{a} + \vec{b} = \begin{pmatrix} a_1 + b_1 \\ a_2 + b_2 \end{pmatrix}$ unter f aus?

b) Finden Sie einen Zusammenhang zwischen den Bildern $f(\vec{a}), f(\vec{b})$ und $f(\vec{a} + \vec{b})$.

2. f mit $f(\vec{x}) = F \cdot \vec{x}$ sei eine Abbildung des $\mathbb{R}^2$ in sich mit der Abbildungsmatrix $F = \begin{pmatrix} 2 & 2 \\ 1 & -3 \end{pmatrix}$.

Wählen Sie einen beliebigen Vektor $\vec{a}$ und eine beliebige reelle Zahl r.
Bilden Sie den um r vervielfachten Vektor $\vec{a}$ durch f ab.
Bilden Sie den Vektor $\vec{a}$ durch f ab und vervielfachen Sie das Ergebnis um r.
Vergleichen Sie die Ergebnisse und formulieren Sie einen Zusammenhang.

3. f sei eine Abbildung des $\mathbb{R}^2$ in sich mit der Abbildungsmatrix $F = \begin{pmatrix} a_{11} & a_{12} \\ a_{21} & a_{22} \end{pmatrix}$.

a) Weisen Sie mithilfe der Regeln für das Rechnen mit Matrizen die Gültigkeit folgender Beziehung nach:
Für alle reellen Zahlen r und s und alle Vektoren $\vec{a}$ und $\vec{b}$ des $\mathbb{R}^2$ gilt:
$f(r \cdot \vec{a} + s \cdot \vec{b}) = r \cdot f(\vec{a}) + s \cdot f(\vec{b})$.

b) Veranschaulichen Sie sich die Zusammenhänge am Beispiel einer Spiegelung an einer Geraden $y = mx$.
Übernehmen Sie dazu das nebenstehende Bild und zeichnen Sie die Bildvektoren $\vec{a}'$, $\vec{b}'$, $(\vec{a} + \vec{b})'$ und $(r \cdot \vec{a})'$ ein.

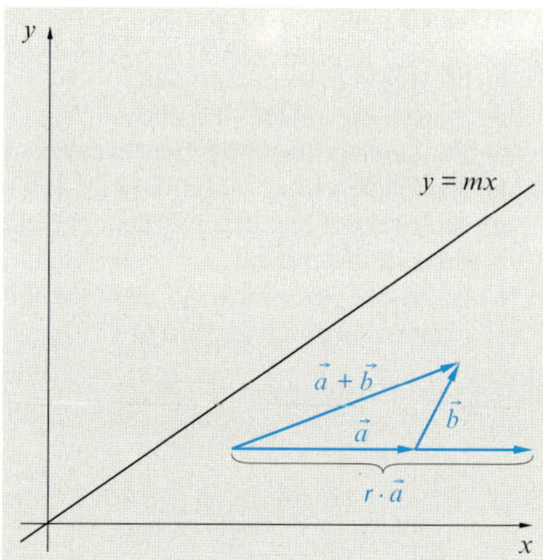

1

Abbildungen f: $\mathbb{R}^2 \to \mathbb{R}^2$, die mithilfe einer Matrix beschrieben werden können, haben zwei besondere Eigenschaften, die sich aus dem Rechnen mit Matrizen ergeben:

Für alle Vektoren $\vec{a}$ und $\vec{b}$ des $\mathbb{R}^2$ gilt: $f(\vec{a} + \vec{b}) = f(\vec{a}) + f(\vec{b})$ (**Additivität**).

Für alle Vektoren $\vec{a}$ des $\mathbb{R}^2$ und alle reellen Zahlen r gilt: $f(r \cdot \vec{a}) = r \cdot f(\vec{a})$ (**Homogenität**).

DEFINITION Eine Abbildung f: $\mathbb{R}^2 \to \mathbb{R}^2$ mit den Eigenschaften der Additivität und der Homogenität heißt **lineare Abbildung**.

Bekanntlich kann jeder Vektor $\vec{a} = \begin{pmatrix} a_1 \\ a_2 \end{pmatrix}$ des $\mathbb{R}^2$ als Linearkombination der Basisvektoren $\vec{e_1} = \begin{pmatrix} 1 \\ 0 \end{pmatrix}$ und $\vec{e_2} = \begin{pmatrix} 0 \\ 1 \end{pmatrix}$ dargestellt werden:
$\vec{a} = a_1 \vec{e_1} + a_2 \vec{e_2}$.
Bei einer linearen Abbildung f: $\mathbb{R}^2 \to \mathbb{R}^2$ muss dann gelten:
$f(\vec{a}) = a_1 f(\vec{e_1}) + a_2 f(\vec{e_2})$.
Das nebenstehende Bild veranschaulicht diesen Zusammenhang.

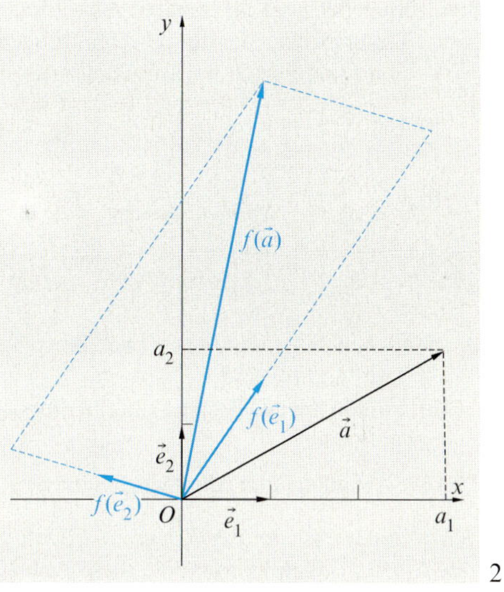

2

4. Beweisen Sie mithilfe der Definition, dass die Drehung um den Koordinatenursprung mit einem festen Winkel α eine lineare Abbildung ist.

5. Welche der folgenden Abbildungen sind lineare Abbildungen?
a) Spiegelung an der Geraden $y = x$
b) Verschiebung um den Vektor $\begin{pmatrix} 2 \\ 3 \end{pmatrix}$
c) Punktspiegelung am Koordinatenursprung
d) zentrische Streckung mit dem Streckungsfaktor 4 und dem Koordinatenursprung als Streckungszentrum
e) Streckung mit dem Faktor k ($k \in \mathbb{R}$, $k \geq 0$) in x-Richtung

6. a) Beweisen Sie, dass für jede lineare Abbildung f: $\mathbb{R}^2 \to \mathbb{R}^2$ und alle Vektoren $\vec{a} \in \mathbb{R}^2$ gilt: $f(-\vec{a}) = -f(\vec{a})$.
b) Beweisen Sie: Wird bei einer Abbildung f: $\mathbb{R}^2 \to \mathbb{R}^2$ der Nullvektor nicht auf den Nullvektor abgebildet, so ist es keine lineare Abbildung.

7. Untersuchen Sie, ob die folgenden durch Abbildungsvorschriften gegebenen Abbildungen f: $\mathbb{R}^2 \to \mathbb{R}^2$ linear sind.

a) $f(\vec{x}) = \vec{x}$ **b)** $f(\vec{x}) = -\vec{x}$ **c)** $f(\vec{x}) = \frac{1}{4}\vec{x}$

d) $f(\begin{pmatrix} x_1 \\ x_2 \end{pmatrix}) = \begin{pmatrix} 0 \\ x_2 \end{pmatrix}$ **e)** $f(\begin{pmatrix} x_1 \\ x_2 \end{pmatrix}) = \begin{pmatrix} x_1 \\ 0 \end{pmatrix}$ **f)** $f(\begin{pmatrix} x_1 \\ x_2 \end{pmatrix}) = \begin{pmatrix} 4x_1 \\ 0{,}5x_2 \end{pmatrix}$

g) $f(\begin{pmatrix} x_1 \\ x_2 \end{pmatrix}) = \begin{pmatrix} x_1 - 1 \\ x_2 + 4 \end{pmatrix}$ **h)** $f(\begin{pmatrix} x_1 \\ x_2 \end{pmatrix}) = \begin{pmatrix} x_1 + x_2 \\ x_2 - x_1 \end{pmatrix}$ **i)** $f(\begin{pmatrix} x_1 \\ x_2 \end{pmatrix}) = \begin{pmatrix} x_1^2 \\ x_2 \end{pmatrix}$

j) $f(\begin{pmatrix} x_1 \\ x_2 \end{pmatrix}) = \begin{pmatrix} x_1 \cdot x_2 \\ 3x_1 \end{pmatrix}$ **k)** $f(\begin{pmatrix} x_1 \\ x_2 \end{pmatrix}) = \begin{pmatrix} |x_1| \\ |x_2| \end{pmatrix}$ **l)** $f(\begin{pmatrix} x_1 \\ x_2 \end{pmatrix}) = \begin{pmatrix} \sqrt{x_1^2 + x_2^2} \\ x_2 \end{pmatrix}$

8. Gegeben sind die linearen Abbildungen f und g des $\mathbb{R}^2$ in sich.
Untersuchen Sie, ob die Abbildungen $f+g$, $f-g$ sowie die Nacheinanderausführung von f und g auch lineare Abbildungen darstellen.

a) $f\left(\begin{pmatrix} x_1 \\ x_2 \end{pmatrix}\right) = \begin{pmatrix} 3x_1 - x_2 \\ x_1 + 2x_2 \end{pmatrix}$, $g\left(\begin{pmatrix} x_1 \\ x_2 \end{pmatrix}\right) = \begin{pmatrix} x_1 + 5x_2 \\ x_1 + x_2 \end{pmatrix}$

b) $f\left(\begin{pmatrix} x_1 \\ x_2 \end{pmatrix}\right) = \begin{pmatrix} x_1 - 2x_2 \\ -2x_1 + x_2 \end{pmatrix}$, $g\left(\begin{pmatrix} x_1 \\ x_2 \end{pmatrix}\right) = \begin{pmatrix} x_1 + x_2 \\ x_1 + x_2 \end{pmatrix}$

c) $f\left(\begin{pmatrix} x_1 \\ x_2 \end{pmatrix}\right) = \begin{pmatrix} x_1 - x_2 \\ x_1 + x_2 \end{pmatrix}$, $g\left(\begin{pmatrix} x_1 \\ x_2 \end{pmatrix}\right) = \begin{pmatrix} x_1 + x_2 \\ x_1 - x_2 \end{pmatrix}$

9. a) Geben Sie mindestens zwei Beispiele für Abbildungen an, die nicht homogen und nicht additiv sind.

b) Finden Sie ein Beispiel für eine homogene, aber nicht additive Abbildung.

Lineare Abbildung und Abbildungsmatrix

Wir wenden uns nun der Frage zu, ob wir zu jeder linearen Abbildung des $\mathbb{R}^2$ in sich auch eine Matrix finden können, die diese Abbildung beschreibt. Dazu untersuchen wir zunächst die Struktur der zu einer linearen Abbildung gehörenden Matrix.

10. Zu einer linearen Abbildung f: $\mathbb{R}^2 \to \mathbb{R}^2$ gehöre die Matrix $F = \begin{pmatrix} 2 & 1 \\ -1 & 3 \end{pmatrix}$.

Finden Sie einen Vektor $\vec{x}$, der durch f auf einen Vektor $\vec{x}'$ abgebildet wird, der aus den Koordinaten des ersten (zweiten) Spaltenvektors der Abbildungsmatrix besteht.

SATZ 1 f: $\mathbb{R}^2 \to \mathbb{R}^2$ sei eine lineare Abbildung, die durch die Matrix $F = \begin{pmatrix} a_{11} & a_{12} \\ a_{21} & a_{22} \end{pmatrix}$ beschrieben wird.

Die erste Spalte $\begin{pmatrix} a_{11} \\ a_{21} \end{pmatrix}$ der Matrix F enthält die Koordinaten von $f(\vec{e_1})$

und die zweite Spalte $\begin{pmatrix} a_{12} \\ a_{22} \end{pmatrix}$ besteht aus den Koordinaten von $f(\vec{e_2})$,

wobei $\vec{e_1} = \begin{pmatrix} 1 \\ 0 \end{pmatrix}$ und $\vec{e_2} = \begin{pmatrix} 0 \\ 1 \end{pmatrix}$.

11. Beweisen Sie Satz 1.

12. Einen Vektor $\begin{pmatrix} a_1 \\ a_2 \end{pmatrix}$ kann man folgendermaßen in seine Komponenten zerlegen:

$\begin{pmatrix} a_1 \\ a_2 \end{pmatrix} = a_1 \begin{pmatrix} 1 \\ 0 \end{pmatrix} + a_2 \begin{pmatrix} 0 \\ 1 \end{pmatrix}$.

Zu einer linearen Abbildung f: $\mathbb{R}^2 \to \mathbb{R}^2$ gehöre die Matrix $F = \begin{pmatrix} 2 & 2 \\ 1 & -3 \end{pmatrix}$ und $\vec{a} = \begin{pmatrix} -2 \\ 5 \end{pmatrix}$ sei ein Vektor des $\mathbb{R}^2$.

Zerlegen Sie $\vec{a}$ in seine Komponenten und geben Sie das Bild der entsprechenden Summe von Vektoren bei der Abbildung f an.
Vergleichen Sie das Ergebnis mit dem Bild von $\vec{a}$ bei der Abbildung f.

Mithilfe von Satz 1 können wir nun die auf Seite 250 aufgeworfene Frage, ob es zu jeder linearen Abbildung eine entsprechende Matrix gibt, beantworten:

SATZ 2 Jede lineare Abbildung $f\colon \mathbb{R}^2 \to \mathbb{R}^2$ lässt sich durch eine Matrix der Form $\begin{pmatrix} a_{11} & a_{12} \\ a_{21} & a_{22} \end{pmatrix}$ charakterisieren.

Anmerkung:
Analog zu Abbildungen des $\mathbb{R}^2$ in sich wird durch eine Matrix der Form $\begin{pmatrix} a_{11} & a_{12} & a_{13} \\ a_{21} & a_{22} & a_{23} \\ a_{31} & a_{32} & a_{33} \end{pmatrix}$ eine lineare Abbildung des $\mathbb{R}^3$ in sich beschrieben.

Beweis zu Satz 2:
f sei eine lineare Abbildung und es sei $f(\overrightarrow{e_1}) = \begin{pmatrix} a_1 \\ a_2 \end{pmatrix}$ und $f(\overrightarrow{e_2}) = \begin{pmatrix} b_1 \\ b_2 \end{pmatrix}$.

Wir werden zeigen, dass die der Matrix $G = \begin{pmatrix} a_1 & b_1 \\ a_2 & b_2 \end{pmatrix}$ zugeordnete lineare Abbildung g mit der vorgegeben Abbildung f identisch ist.

Für einen beliebigen Vektor $\vec{x} = \begin{pmatrix} x_1 \\ x_2 \end{pmatrix}$ des $\mathbb{R}^2$ gilt:

$$\begin{aligned}
g(\vec{x}) &= g(x_1 \cdot \overrightarrow{e_1} + x_2 \cdot \overrightarrow{e_2}) \\
&= x_1 \cdot g(\overrightarrow{e_1}) + x_2 \cdot g(\overrightarrow{e_2}) && \text{(Additivität bzw. Homogenität linearer Abbildungen)} \\
&= x_1 \cdot \begin{pmatrix} a_1 \\ a_2 \end{pmatrix} + x_2 \cdot \begin{pmatrix} b_1 \\ b_2 \end{pmatrix} && \text{(nach Satz 1)} \\
&= x_1 \cdot f(\overrightarrow{e_1}) + x_2 \cdot f(\overrightarrow{e_2}) && \text{(nach Voraussetzung)} \\
&= f(x_1 \cdot \overrightarrow{e_1} + x_2 \cdot \overrightarrow{e_2}) && \text{(Additivität bzw. Homogenität linearer Abbildungen)} \\
&= f(\vec{x}),
\end{aligned}$$

es gilt also $f = g$.

13. a) Welche Matrix gehört zur identischen Abbildung id: $\mathbb{R}^2 \to \mathbb{R}^2$ mit $\text{id}(\vec{x}) = \vec{x}$ für alle $\vec{x} \in \mathbb{R}^2$?

b) Welche Matrix gehört zur „Nullabbildung" $o\colon \mathbb{R}^2 \to \mathbb{R}^2$ mit $o(\vec{x}) = \vec{o}$ für alle $\vec{x} \in \mathbb{R}^2$?

14. a) Eine Stauchung bzw. Streckung in x-Richtung ist eine lineare Abbildung (vgl. Aufgabe 5 e) auf Seite 249). Welche Abbildungsmatrix gehört zu einer solchen Abbildung?

b) Welche Abbildungsmatrix gehört zu einer Stauchung bzw. Streckung in y-Richtung?

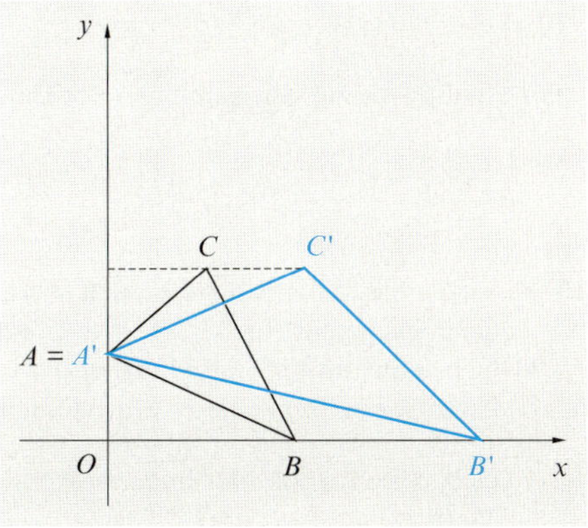

3

Beispiel 1 *Aufstellen einer Matrix zu einer linearen Abbildung*

Wir betrachten die Spiegelung $s\colon \mathbb{R}^2 \to \mathbb{R}^2$ an der durch die Gleichung $y = mx \ (m \in \mathbb{R})$ gegebenen Geraden g. Die Abbildung s ist offensichtlich eine lineare Abbildung (vgl. Aufgabe 3). Gesucht ist die zu s gehörende Abbildungsmatrix S_m.
Ein Richtungsvektor der Geraden g ist $\vec{a} = \begin{pmatrix} 1 \\ m \end{pmatrix}$, ein zu $\vec{a}$ orthogonaler Vektor ist $\vec{b} = \begin{pmatrix} -m \\ 1 \end{pmatrix}$ (vgl. Bild 4).
Laut Satz 1 ergibt sich die Abbildungsmatrix S_m aus $s(\vec{e_1})$ und $s(\vec{e_2})$.
Um $s(\vec{e_1})$ und $s(\vec{e_2})$ zu bestimmen, drücken wir $\vec{e_1}$ bzw. $\vec{e_2}$ als Linearkombination von $\vec{a}$ und $\vec{b}$ aus, denn die Bilder dieser Vektoren kennen wir: $s(\vec{a}) = \vec{a}$ bzw. $s(\vec{b}) = -\vec{b}$ (vgl. Bild 4).

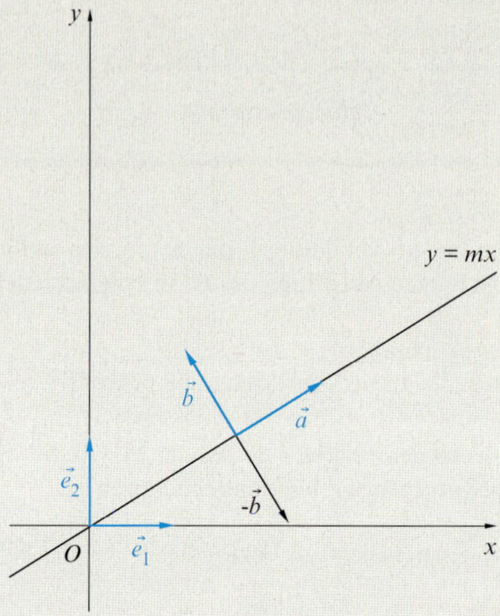

4

Im Falle $\vec{e_1}$ sind also reelle Zahlen p_1 und q_1 gesucht, für die gilt: $\begin{pmatrix} 1 \\ 0 \end{pmatrix} = p_1 \cdot \begin{pmatrix} 1 \\ m \end{pmatrix} + q_1 \cdot \begin{pmatrix} -m \\ 1 \end{pmatrix}$.
Es ergibt sich das LGS: (I) $1 = p_1 - q_1 m$; (II) $0 = p_1 m + q_1$
mit der Lösung: $p_1 = \frac{1}{1+m^2}$; $q_1 = \frac{-m}{1+m^2}$,
also $\vec{e_1} = \frac{1}{1+m^2} \cdot \begin{pmatrix} 1 \\ m \end{pmatrix} + \frac{-m}{1+m^2} \cdot \begin{pmatrix} -m \\ 1 \end{pmatrix}$.

Damit gilt: $s(\vec{e_1}) = s\left(\frac{1}{1+m^2} \cdot \begin{pmatrix} 1 \\ m \end{pmatrix} + \frac{-m}{1+m^2} \cdot \begin{pmatrix} -m \\ 1 \end{pmatrix}\right) = \frac{1}{1+m^2} \cdot s\left(\begin{pmatrix} 1 \\ m \end{pmatrix}\right) + \frac{-m}{1+m^2} \cdot s\left(\begin{pmatrix} -m \\ 1 \end{pmatrix}\right)$

$$= \frac{1}{1+m^2} \cdot \begin{pmatrix} 1 \\ m \end{pmatrix} + \frac{-m}{1+m^2} \cdot \begin{pmatrix} m \\ -1 \end{pmatrix} = \frac{1}{1+m^2} \cdot \begin{pmatrix} 1-m^2 \\ 2m \end{pmatrix}$$

Analog erhält man $s(\vec{e_2}) = \frac{1}{1+m^2} \cdot \begin{pmatrix} 2m \\ m^2-1 \end{pmatrix}$.

Wir erhalten die zur Spiegelung an der Geraden $g\colon y = mx$ gehörende Matrix:

$$S_m = \frac{1}{1+m^2} \cdot \begin{pmatrix} 1-m^2 & 2m \\ 2m & m^2-1 \end{pmatrix}.$$

15. a) Setzen Sie in der Matrix S_m den Wert $m = 0$ ein und veranschaulichen Sie die entstandene Spiegelung. Geben Sie eine Gleichung der Spiegelgeraden an.

b) Geben Sie die zur Spiegelung an der y-Achse gehörende Matrix S an. Handelt es sich bei dieser Matrix auch um einen Spezialfall von S_m?

16. Geben Sie für jede der linearen Abbildungen aus Aufgabe 7, Seite 249 die zugehörige Matrix an.

17. a) Die Abbildung zur Matrix $\begin{pmatrix} 1 & k \\ 0 & 1 \end{pmatrix}$ heißt **Scherung** in x-Richtung mit dem Faktor k ($k \in \mathbb{R}$).
Veranschaulichen Sie sich diese Abbildung anhand eines Quadrates in einem Koordinatensystem.
Beschreiben Sie die Abbildung mit Worten.

b) Beschreiben Sie die Abbildung zur Matrix $\begin{pmatrix} 1 & 0 \\ k & 1 \end{pmatrix}$.

Eigenschaften linearer Abbildungen

2-reihigen Matrizen (2 Spalten, 2 Zeilen) und 3-reihigen Matrizen (3 Spalten, 3 Zeilen) wird über ihre Determinanten eine reelle Zahl zugeordnet.

18. Berechnen und vergleichen Sie die Determinanten der Abbildungsmatrizen einer Drehung um den Koordinatenursprung mit dem Winkel α (vgl. Seite 246) und einer Spiegelung an der Geraden $y = m x$ ($m \in \mathbb{R}$) (vgl. Beispiel 1, Seite 252).

DEFINITION $f\colon \mathbb{R}^2 \rightarrow \mathbb{R}^2$ sei eine lineare Abbildung, F die zugehörige Matrix.
Wenn $\det F > 0$ ist, so heißt f **orientierungserhaltend**, wenn $\det F < 0$, so heißt f **orientierungsvertauschend**.

19. Machen Sie sich die Begriffe „orientierungserhaltend“ und „orientierungsvertauschend“ anhand einer Drehung bzw. Spiegelung plausibel (vgl. Aufgabe 18).

20. Welche der in Aufgabe 5, Seite 249 genannten Abbildungen sind orientierungserhaltend bzw. orientierungsvertauschend? Überlegen Sie Ihre Antwort zunächst ohne zu rechnen.

21. a) Ist eine Streckung in x- bzw. y-Richtung in jedem Fall orientierungserhaltend?

b) Ist eine Scherung in Richtung der x-Achse mit dem Faktor k ($k \in \mathbb{R}$) immer orientierungserhaltend?

Aus dem Geometrieunterricht ist bereits bekannt, dass viele der uns bekannten Abbildungen **umkehrbar** sind, d.h. zu einer Abbildung $f\colon \mathbb{R}^2 \rightarrow \mathbb{R}^2$ existiert dann eine Abbildung $f^{-1}\colon \mathbb{R}^2 \rightarrow \mathbb{R}^2$, die die „Wirkung“ der Abbildung f wieder aufhebt, d.h. für alle $\vec{x} \in \mathbb{R}^2$ gilt dann $f^{-1}(f(\vec{x})) = \vec{x}$ bzw. auch $f(f^{-1}(\vec{x})) = \vec{x}$.

Für die Drehung um den Koordinatenursprung mit dem Winkel α wäre die Umkehrabbildung beispielsweise die Drehung um den Koordinatenursprung mit dem Winkel $360° - \alpha$.

22. Stellen Sie für die jeweils angegebene lineare Abbildung die Matrix der entsprechenden Umkehrabbildung auf.

a) Drehung um den Koordinatenursprung mit dem Winkel α
b) Spiegelung an der Geraden $y = m x$ ($m \in \mathbb{R}$)
c) Streckung in x-Richtung mit dem Faktor k ($k \in \mathbb{R}$)
d) Streckung in y-Richtung mit dem Faktor k ($k \in \mathbb{R}$)
e) Scherung in x-Richtung mit dem Faktor k ($k \in \mathbb{R}$)
f) Scherung in y-Richtung mit dem Faktor k ($k \in \mathbb{R}$)

Beispiel 2 *Aufstellen der Matrix der Umkehrabbildung einer linearen Abbildung*

Die Matrix $F = \begin{pmatrix} 2 & 3 \\ 4 & -7 \end{pmatrix}$ gehöre zu einer linearen Abbildung $f\colon \mathbb{R}^2 \to \mathbb{R}^2$.

Gesucht ist die Matrix $F^{-1} = \begin{pmatrix} a_{11} & a_{12} \\ a_{21} & a_{22} \end{pmatrix}$ zur Umkehrabbildung f^{-1} von f, falls diese existiert.

Durch f wird einem Vektor $\vec{x} = \begin{pmatrix} x_1 \\ x_2 \end{pmatrix}$ ein Vektor $f(\vec{x}) = \begin{pmatrix} 2x_1 + 3x_2 \\ 4x_1 - 7x_2 \end{pmatrix}$ zugeordnet.

Die Umkehrabbildung f^{-1} soll nun dem Vektor $f(\vec{x})$ wieder den Vektor $\vec{x}$ zuordnen, es muss also gelten:

$$f^{-1}(f(\vec{x})) = f^{-1}\left(\begin{pmatrix} 2x_1 + 3x_2 \\ 4x_1 - 7x_2 \end{pmatrix}\right) = \begin{pmatrix} a_{11} & a_{12} \\ a_{21} & a_{22} \end{pmatrix} \cdot \begin{pmatrix} 2x_1 + 3x_2 \\ 4x_1 - 7x_2 \end{pmatrix} = \begin{pmatrix} x_1 \\ x_2 \end{pmatrix}.$$

Das führt auf das LGS:

(I) $2a_{11}x_1 + 3a_{11}x_2 + 4a_{12}x_1 - 7a_{12}x_2 = x_1$ bzw. (I) $x_1(2a_{11} + 4a_{12}) + x_2(3a_{11} - 7a_{12}) = x_1$

(II) $2a_{21}x_1 + 3a_{21}x_2 + 4a_{22}x_1 - 7a_{22}x_2 = x_2$ (II) $x_1(2a_{21} + 4a_{22}) + x_2(3a_{21} - 7a_{22}) = x_2$

Da diese Gleichungen für beliebige reelle Zahlen x_1 und x_2 gelten sollen, ergeben sich für $x_2 = 0$ bzw. $x_1 = 0$ folgende Bedingungen für die Terme in den Klammern:

(a) $2a_{11} + 4a_{12} = 1$ und (b) $3a_{11} - 7a_{12} = 0$ bzw.

(c) $2a_{21} + 4a_{22} = 0$ und (d) $3a_{21} - 7a_{22} = 1$.

Wegen (a) und (c) finden wir: $a_{11} = \frac{7}{26}$ und $a_{12} = \frac{3}{26}$.

Wegen (b) und (d) gilt: $a_{21} = \frac{4}{26}$ und $a_{22} = -\frac{2}{26}$.

Als Matrix der Umkehrabbildung von f ergibt sich also in diesem Fall: $F^{-1} = \frac{1}{26}\begin{pmatrix} 7 & 3 \\ 4 & -2 \end{pmatrix}$.

Falls die LGS, die sich für die Koeffizienten a_{11}, a_{12}, a_{21} und a_{22} ergeben, nicht lösbar sind, existiert auch keine solche Matrix, die Abbildung f ist dann nicht umkehrbar.

23. a) Vergleichen Sie die Strukturen der Matrix F^{-1} aus Beispiel 2 und der Matrix F.

b) Welchen allgemeinen Zusammenhang vermuten Sie zwischen der Abbildungsmatrix F einer linearen Abbildung $f\colon \mathbb{R}^2 \to \mathbb{R}^2$ und der Matrix F^{-1} der entsprechenden Umkehrabbildung (falls diese existiert). Begründen Sie Ihre Vermutung.

c) Welche Beziehung besteht zwischen det F und der Existenz der Umkehrabbildung?

24. Untersuchen Sie, ob die folgende, durch die Matrix F gegebene Abbildung f umkehrbar ist.

a) $F = \begin{pmatrix} 4 & 2 \\ 3 & 4 \end{pmatrix}$ **b)** $F = \begin{pmatrix} 2 & 4 \\ 0 & 0 \end{pmatrix}$ **c)** $F = \begin{pmatrix} \frac{1}{2} & \frac{1}{4} \\ 1 & 1 \end{pmatrix}$ **d)** $F = \begin{pmatrix} 0 & 3 \\ 3 & 0 \end{pmatrix}$

25. Für welche $t \in \mathbb{R}$ ist die durch F gegebene lineare Abbildung nicht umkehrbar?

a) $F = \begin{pmatrix} t & 2 \\ 3 & t+2 \end{pmatrix}$ **b)** $F = \begin{pmatrix} t-1 & t \\ -4 & t-1 \end{pmatrix}$ **c)** $F = \begin{pmatrix} -t & 2 \\ 2 & 1 \end{pmatrix}$ **d)** $F = \begin{pmatrix} 4t & 2 \\ 8t & 4 \end{pmatrix}$

26. Beweisen Sie: Wenn die beiden Spaltenvektoren einer zu einer linearen Abbildung $f\colon \mathbb{R}^2 \to \mathbb{R}^2$ gehörenden Matrix F linear abhängig sind, so ist f nicht umkehrbar.

3 Affine Abbildungen

Bei den bisher betrachteten linearen Abbildungen gilt für alle Vektoren $\vec{a}$ des $\mathbb{R}^2$:
Ist $\vec{a} = a_1\,\overrightarrow{e_1} + a_2\,\overrightarrow{e_2}$, so gilt $f(\vec{a}) = a_1 f(\overrightarrow{e_1}) + a_2 f(\overrightarrow{e_2})$.
Das bedeutet u. A. auch, dass der Nullvektor stets auf den Nullvektor abgebildet wird.
Im Folgenden wollen wir Abbildungen betrachten, bei denen der Nullvektor nicht unbedingt wieder auf den Nullvektor abgebildet wird.

Der Begriff der affinen Abbildung

1. a) Stellen Sie eine Gleichung für eine Verschiebung um den Vektor $\vec{c} = \begin{pmatrix} c_1 \\ c_2 \end{pmatrix}$ auf.

b) Ist eine Verschiebung um einen Vektor $\vec{c} = \begin{pmatrix} c_1 \\ c_2 \end{pmatrix}$ eine lineare Abbildung?

2. a) Eine Abbildung f bestehe in der Hintereinanderausführung einer Drehung um den Koordinatenursprung um 30° und einer Verschiebung um den Vektor $\vec{c} = \begin{pmatrix} 3 \\ 4 \end{pmatrix}$ (vgl. Bild 1). Stellen Sie eine Gleichung für die Abbildung f auf.

b) Stellen Sie eine Geichung für eine Hintereinanderausführung einer linearen Abbildung und einer Verschiebung auf.

c) Lässt sich eine einfache Verschiebung um einen Vektor $\vec{c} = \begin{pmatrix} c_1 \\ c_2 \end{pmatrix}$ auch durch die in b) aufgestellte Gleichung beschreiben?

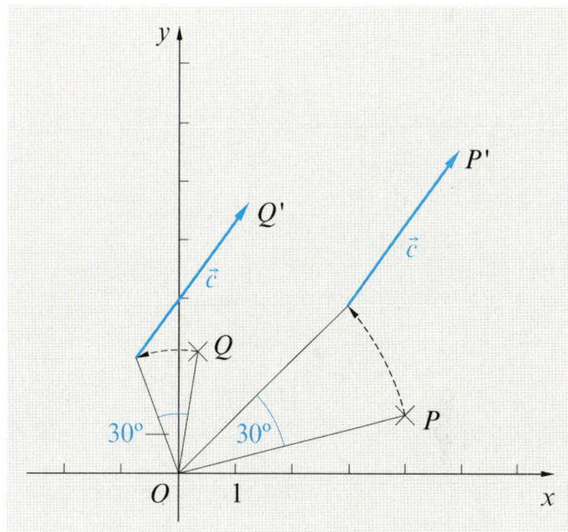

1

DEFINITION F sei eine Matrix der Form $\begin{pmatrix} a_{11} & a_{12} \\ a_{21} & a_{22} \end{pmatrix}$ mit $a_{11}, a_{12}, a_{21}, a_{22} \in \mathbb{R}$ und $\vec{c} = \begin{pmatrix} c_1 \\ c_2 \end{pmatrix}$ sei ein Vektor des $\mathbb{R}^2$.
Eine Abbildung f der Ebene in sich, die jedem Vektor $\vec{x}$ den Vektor $f(\vec{x}) = F \cdot \vec{x} + \vec{c}$ zuordnet, heißt affine[1] Abbildung.

Anmerkungen:
Eine affine Abbildung ist also eine Verknüpfung einer linearen Abbildung und einer Verschiebung.
Sind die Matrix $F = \begin{pmatrix} a_{11} & a_{12} \\ a_{21} & a_{22} \end{pmatrix}$ und der Vektor $\vec{c} = \begin{pmatrix} c_1 \\ c_2 \end{pmatrix}$ gegeben, so gilt für den Bildvektor $\vec{x}' = \begin{pmatrix} x_1' \\ x_2' \end{pmatrix}$ eines beliebigen Vektors $\vec{x} = \begin{pmatrix} x_1 \\ x_2 \end{pmatrix}$ die Gleichung: $\begin{pmatrix} x_1' \\ x_2' \end{pmatrix} = \begin{pmatrix} a_{11} & a_{12} \\ a_{21} & a_{22} \end{pmatrix} \cdot \begin{pmatrix} x_1 \\ x_2 \end{pmatrix} + \begin{pmatrix} c_1 \\ c_2 \end{pmatrix}$.
Das bedeutet: $x_1' = a_{11}\,x_1 + a_{12}\,x_2 + c_1$ und $x_2' = a_{21}\,x_1 + a_{22}\,x_2 + c_2$.

[1] affinis (lat.) = verwandt

3. Bestimmen Sie die Bilder der gegebenen Punkte bei der durch F und $\vec{c}$ gegebenen affinen Abbildung.
Zeichnen Sie die durch die Eckpunkte A, B, C und D gegebene Figur und die entsprechende Bildfigur.

a) $A(0;0)$, $B(1;0)$, $C(0;1)$, $D(1;1)$
$F=\begin{pmatrix}1&2\\2&1\end{pmatrix}$, $\vec{c}=\begin{pmatrix}1\\0\end{pmatrix}$

b) $A(1;-1)$, $B(-1;1)$, $C(-1;-1)$, $D(0;-1)$
$F=\begin{pmatrix}1&3\\2&-2\end{pmatrix}$, $\vec{c}=\begin{pmatrix}1\\-1\end{pmatrix}$

c) $A(-3;4)$, $B(4;-3)$, $C(-1;-2)$, $D(0;-2)$
$F=\begin{pmatrix}2&3\\-4&2\end{pmatrix}$, $\vec{c}=\begin{pmatrix}4\\-3\end{pmatrix}$

d) $A(-4;7)$, $B(3;6)$, $C(-2;-5)$, $D(0;-6)$
$F=\begin{pmatrix}7&-1\\4&0\end{pmatrix}$, $\vec{c}=\begin{pmatrix}0\\-1\end{pmatrix}$

4. Bestimmen Sie die Originalpunkte der gegebenen Bildpunkte bei der durch $F=\begin{pmatrix}2&-2\\0&-1\end{pmatrix}$ und $\vec{c}=\begin{pmatrix}1\\-2\end{pmatrix}$ gegeben affinen Abbildung.

$A'(1;1)$, $B'(0;1)$, $C'(1;0)$, $D'(0;0)$, $E'(2;-3)$, $F'(1;-2)$, $G'(1;-3)$, $H'(-3;1)$, $I'(3;9)$

5. Zeichnen Sie jeweils Original- und Bildfigur bei der durch F und $\vec{c}$ gegebenen affinen Abbildung und beschreiben Sie die Abbildung mit Worten.

a) $A(-1;0)$, $B(0;-1)$, $C(1;0)$, $D(0;1)$
$F=\begin{pmatrix}3&0\\0&3\end{pmatrix}$, $\vec{c}=\begin{pmatrix}4\\1\end{pmatrix}$

b) $A(0;0)$, $B(3;0)$, $C(3;3)$
$F=\begin{pmatrix}0&1\\1&0\end{pmatrix}$, $\vec{c}=\begin{pmatrix}0\\1\end{pmatrix}$

c) $A(3;-3)$, $B(-1;2)$, $C(-2;-5)$
$F=\begin{pmatrix}3{,}5&-2\\-7&4\end{pmatrix}$, $\vec{c}=\begin{pmatrix}-2\\-3\end{pmatrix}$

d) $A(-5{,}5;-1)$, $B(-2;-1)$, $C(-1;1)$, $D(-4{,}5;1)$
$F=\begin{pmatrix}-3&0\\4&2\end{pmatrix}$, $\vec{c}=\begin{pmatrix}2\\4\end{pmatrix}$

6. Gegeben seien affine Abbildungen durch eine Abbildungsmatrix F und einen Vektor $\vec{c}$. Stellen Sie jeweils eine Gleichung der Abbildung auf und überprüfen Sie, ob die Abbildung umkehrbar ist.

a) $F=\begin{pmatrix}3&4\\2&2\end{pmatrix}$, $\vec{c}=\begin{pmatrix}1\\1\end{pmatrix}$

b) $F=\begin{pmatrix}1&-1\\-2&2\end{pmatrix}$, $\vec{c}=\begin{pmatrix}3\\4\end{pmatrix}$

c) $F=\begin{pmatrix}1&0\\0&1\end{pmatrix}$, $\vec{c}=\begin{pmatrix}0\\0\end{pmatrix}$

d) $F=\begin{pmatrix}2&6\\-1&-3\end{pmatrix}$, $\vec{c}=\begin{pmatrix}5\\6\end{pmatrix}$

In der Analytischen Geometrie spielen **umkehrbare affine Abbildungen** eine wichtige Rolle. Sie haben deshalb einen besonderen Namen, sie werden **Affinität** genannt.

SATZ 1 F sei eine Matrix der Form $\begin{pmatrix}a_{11}&a_{12}\\a_{21}&a_{22}\end{pmatrix}$, wobei $a_{11}, a_{12}, a_{21}, a_{22} \in \mathbb{R}$, und $\vec{c}$ sei ein Vektor des $\mathbb{R}^2$.
Die zu F und $\vec{c}$ gehörende affine Abbildung ist genau dann umkehrbar, wenn die Spaltenvektoren von F linear unabhängig sind bzw. wenn $\det F = a_{11}a_{22} - a_{12}a_{21} \neq 0$.

7. Beweisen Sie Satz 1.
Hinweis: Vergleichen Sie Abschnitt D4 sowie Seite 254.

Bisher wurden affine Abbildungen durch eine Matrix und einen Verschiebungsvektor beschrieben. Affine Abbildungen können auch dadurch beschrieben werden, dass man für einige Punkte der Ebene die Bildpunkte vorgibt.

Beispiel 1 *Aufstellen einer Gleichung für eine affine Abbildung*

Gesucht ist eine Gleichung für die Drehung d von 270° um den Punkt $Z(1;\ 1)$.

Wir nehmen an, d ist eine affine Abbildung, d. h. es muss eine Abbildungsmatrix $F = \begin{pmatrix} a_{11} & a_{12} \\ a_{21} & a_{22} \end{pmatrix}$ und einen Vektor $\vec{c} = \begin{pmatrix} c_1 \\ c_2 \end{pmatrix}$ geben, sodass sich jeder Bildpunkt P' aus seinem Original P durch die Gleichung $\overrightarrow{OP'} = F \cdot \overrightarrow{OP} + \vec{c}$ ergibt.

Durch die Drehung von 270° um $Z(1;\ 1)$ werden die Punkte $Z(1;\ 1)$ und $O(0;\ 0)$ auf die Bildpunkte $Z'(1;\ 1)$ und $O'(0;\ 2)$ und die Punkte $A(1;\ 0)$ bzw. $B(0;\ 1)$ auf die Punkte $A'(0;\ 1)$ bzw. $B'(1;\ 2)$ abgebildet.

Wegen $d\left(\begin{pmatrix} 0 \\ 0 \end{pmatrix}\right) = \begin{pmatrix} 0 \\ 2 \end{pmatrix}$ muss nun gelten:

$$\begin{pmatrix} 0 \\ 2 \end{pmatrix} = \begin{pmatrix} a_{11} & a_{12} \\ a_{21} & a_{22} \end{pmatrix} \cdot \begin{pmatrix} 0 \\ 0 \end{pmatrix} + \begin{pmatrix} c_1 \\ c_2 \end{pmatrix}, \text{ also } \begin{pmatrix} c_1 \\ c_2 \end{pmatrix} = \begin{pmatrix} 0 \\ 2 \end{pmatrix}. \qquad (*)$$

Wegen $d\left(\begin{pmatrix} 1 \\ 0 \end{pmatrix}\right) = \begin{pmatrix} 0 \\ 1 \end{pmatrix}$ bzw. $d\left(\begin{pmatrix} 0 \\ 1 \end{pmatrix}\right) = \begin{pmatrix} 1 \\ 2 \end{pmatrix}$ muss mit (*) gelten

$$\begin{pmatrix} 0 \\ 1 \end{pmatrix} = \begin{pmatrix} a_{11} & a_{12} \\ a_{21} & a_{22} \end{pmatrix} \cdot \begin{pmatrix} 1 \\ 0 \end{pmatrix} + \begin{pmatrix} 0 \\ 2 \end{pmatrix} \text{ bzw. } \begin{pmatrix} 1 \\ 2 \end{pmatrix} = \begin{pmatrix} a_{11} & a_{12} \\ a_{21} & a_{22} \end{pmatrix} \cdot \begin{pmatrix} 0 \\ 1 \end{pmatrix} + \begin{pmatrix} 0 \\ 2 \end{pmatrix}.$$

Bei der Lösung der entsprechenden LGS ergibt sich $F = \begin{pmatrix} 0 & 1 \\ -1 & 0 \end{pmatrix}$.

Da sich der Ortsvektor eines jeden Punktes des $\mathbb{R}^2$ als Linearkombination von $\vec{e_1}$ und $\vec{e_2}$ darstellen lässt, gilt also für alle Punkte P des $\mathbb{R}^2$: $\overrightarrow{OP'} = \begin{pmatrix} 0 & 1 \\ -1 & 0 \end{pmatrix} \cdot \overrightarrow{OP} + \begin{pmatrix} 0 \\ 2 \end{pmatrix}$. (**)

Die Drehung von 270° um den Punkt $Z(1;\ 1)$ ist also eine affine Abbildung mit der Gleichung (**).

8. **a)** Welche Gleichung gehört zu einer Drehung von 45° um den Punkt $Z(-1;\ 0)$?
b) Welche Gleichung gehört zu einer Drehung mit einem Winkel α um den Punkt $Z(x_Z;\ y_Z)$?

9. Sind folgende Abbildungen affin? Stellen Sie gegebenenfalls eine entsprechende Gleichung auf.
a) Drehung von 30° um Koordinatenursprung und anschließende Verschiebung um den Vektor $\begin{pmatrix} 3 \\ 1 \end{pmatrix}$
b) Spiegelung an der Geraden g: $y = 3x$
c) Spiegelung an der Geraden h: $y = 5$

10. Wie viele Punkte (Bildpunkte) müssen vorgegeben werden, damit eine affine Abbildung festgelegt ist?

11. Gegeben seien die Punkte A, B, C und ihre Bildpunkte A', B', C' mit $A(0;\,0)$, $A'(1;\,0)$, $B(1;\,1)$, $B'(2;\,3)$, $C(-1;\,-2)$, $C'(-3;\,-4)$. Setzen Sie die entsprechenden Angaben in die Gleichung für affine Abbildungen $f(\overrightarrow{OP}) = F \cdot \overrightarrow{OP} + \vec{c}$ ein (vgl. Definition, Seite 255) und bestimmen Sie aus den entstehenden linearen Gleichungssystemen die Koeffizienten der Abbildungsmatrix F bzw. des Verschiebungsvektors $\vec{c}$.

12. Untersuchen Sie, ob es jeweils eine affine Abbildung gibt, die A, B, C auf A', B', C' abbildet. Geben Sie gegebenenfalls die Matrix F und den Vektor $\vec{c}$ an.
In welchen Fällen handelt es sich um Affinitäten?

a) $A(1;\,1)$, $B(-2;\,-2)$, $C(3;\,4)$, $A'(0;\,0)$, $B'(1;\,1)$, $C'(-1{,}5;\,2)$
b) $A(2;\,-3)$, $B(0;\,0)$, $C(2;\,3)$, $A'(-3;\,2)$, $B'(-1;\,-2)$, $C'(3;\,2)$
c) $A(1;\,0)$, $B(0;\,1)$, $C(1;\,1)$, $A'(-1;\,4)$, $B'(-3;\,4)$, $C'(2;\,4)$
d) $A(1;\,2)$, $B(0;\,1)$, $C(3;\,7)$, $A'(1;\,2)$, $B'(-1;\,-2)$, $C'(4;\,6{,}5)$

13. Geben Sie jeweils eine affine Abbildung an, die die Original- in die Bildfigur überführt.

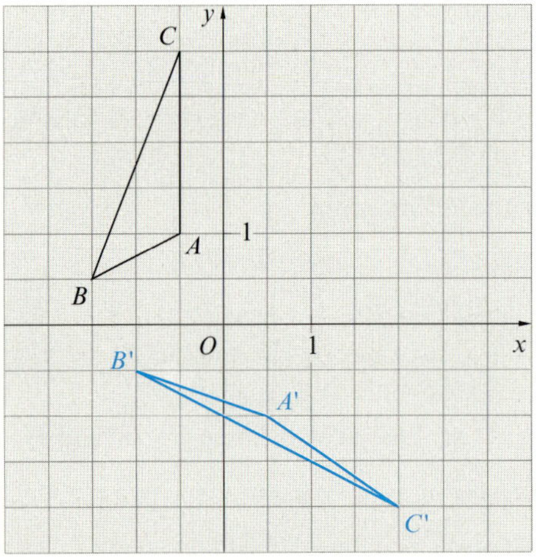

2

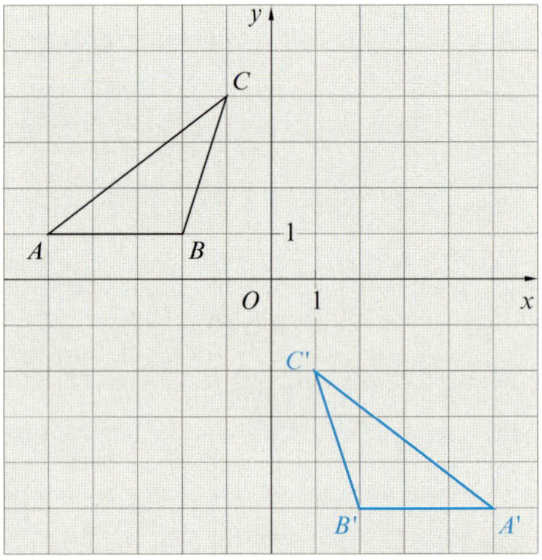

3

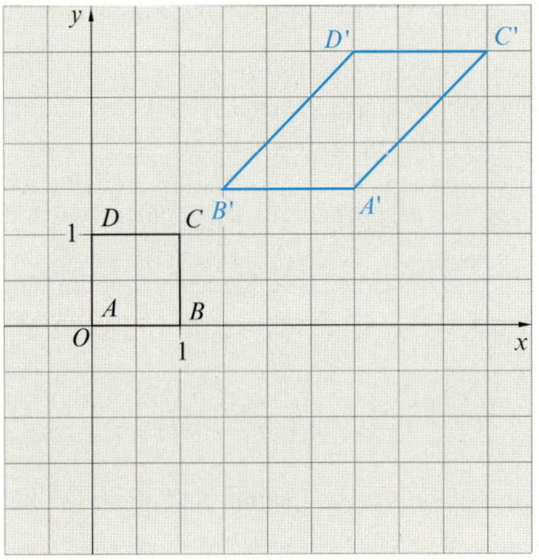

4

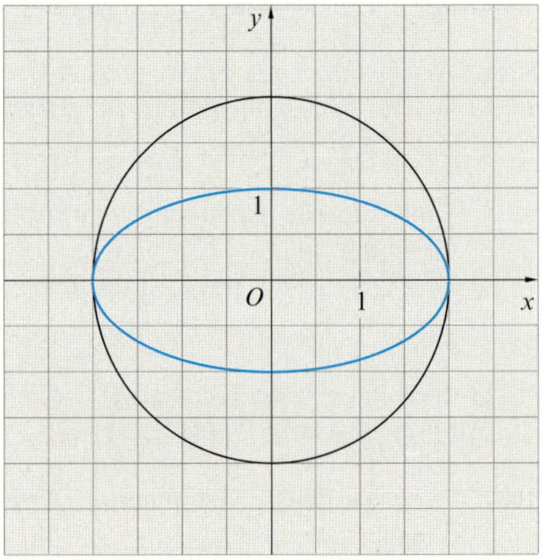

5

Beispiele für affine Abbildungen und deren Eigenschaften

14. Es seien folgende Punkte mit ihren Bildpunkten bei einer Abbildung f gegeben.

$Z(0; 2)$, $A(4; 0)$, $B(4; 2)$, $C(0; -2)$, $D(0; 2)$

$f(Z) = Z'(0; 2)$, $f(A) = A'(8; 0)$, $f(B) = B'(8; 6)$, $f(C) = C'(-4; -6)$, $f(D) = D'(-4; 6)$

a) Veranschaulichen Sie die Punkte und Bildpunkte in einem Koordinatensystem.

b) Begründen Sie, dass es sich bei der Abbildung f um eine zentrische Streckung handelt. Geben Sie das Streckungszentrum und den Streckungsfaktor an.

c) Ist f eine affine Abbildung? Geben Sie gegebenenfalls eine Gleichung für diese Abbildung an.

Eine **zentrische Streckung mit dem Streckungszentrum Z und dem Streckungsfaktor k** kann definiert werden als Abbildung $f\colon \mathbb{R}^2 \to \mathbb{R}^2$, die jeden Punkt $P \in \mathbb{R}^2$ auf den Punkt $P' = Z + k \cdot \overrightarrow{ZP}$ abbildet.

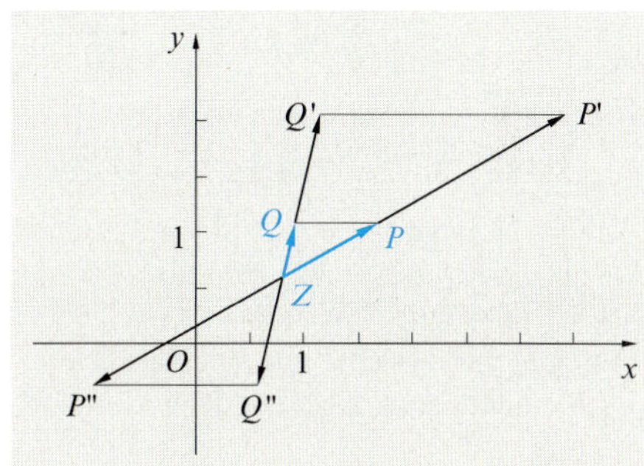

6

15. Beweisen Sie folgenden Satz:

Eine Abbildung $f\colon \mathbb{R}^2 \to \mathbb{R}^2$ ist genau dann eine zentrische Streckung mit dem Streckungszentrum Z und dem Streckungsfaktor k, wenn für alle Punkte $P \in \mathbb{R}^2$ gilt: $|\overrightarrow{Zf(P)}| = k|\overrightarrow{ZP}|$.

16. Beweisen Sie:

a) Das Streckungszentrum Z einer zentrischen Streckung wird stets auf sich selbst abgebildet.

b) Jede zentrische Streckung ist umkehrbar.

c) Das Bild einer Strecke bei einer zentrischen Streckung mit dem Streckungsfaktor k ist k-mal so lang wie die Originalstrecke.

17. Sind die folgenden Aussagen richtig? Korrigieren Sie gegebenenfalls.

a) Bei einer zentrischen Streckung ist das Bild eines Rechtecks ein Quadrat.

b) Bei einer zentrischen Streckung mit dem Streckungsfaktor k ist das Bild eines Quadrates ein Quadrat, dessen Flächeninhalt k-mal so groß ist, wie der des Ausgangsquadrates.

c) Bei einer zentrischen Streckung ist das Bild eines gleichschenkligen Trapezes ein gleichschenkliges Trapez.

d) Bei einer zentrischen Streckung wird ein Rechteck auf ein Parallelogramm abgebildet.

18. a) $M(1; 2)$ sei der Mittelpunkt von drei (konzentrischen) Kreisen mit den Radien $r_1 = 1{,}5$, $r_2 = 2{,}5$ und $r_3 = 3$. f sei die zentrische Streckung mit dem Streckungszentrum $Z(-1; -1)$ und dem Streckungsfaktor $k = 2$.

Ermitteln Sie zeichnerisch die Bilder der drei Kreise.

b) Welche Eigenschaften haben die Bilder von Kreisen bei zentrischen Streckungen?

Beispiel 1 *Beweis der Geradentreuheit zentrischer Steckungen*

Zu zeigen ist, dass jede zentrische Streckung geradentreu ist, d. h., dass eine Gerade stets wieder auf eine Gerade abgebildet wird.
Beweis:
Es seien A, B und P drei Punkte, die auf einer gemeinsamen Geraden liegen.
Die Bilder dieser Punkte bei einer zentrischen Streckung f mit dem Streckungszentrum Z und dem Streckungsfaktor k sind:

$A' = f(A) = Z + k \cdot \overrightarrow{ZA}$, $B' = f(B) = Z + k \cdot \overrightarrow{ZB}$, $P' = f(P) = Z + k \cdot \overrightarrow{ZP}$.

Für die Länge der Verbindungsvektoren zwischen Z und den Bildpunkten gilt damit:

$|\overrightarrow{ZA'}| = k \cdot |\overrightarrow{ZA}|$, $|\overrightarrow{ZB'}| = k \cdot |\overrightarrow{ZB}|$, $|\overrightarrow{ZP'}| = k \cdot |\overrightarrow{ZP}|$.

Damit gelten die Verhältnisse:

$k = |\overrightarrow{ZA'}| : |\overrightarrow{ZA}|$, $k = |\overrightarrow{ZB'}| : |\overrightarrow{ZB}|$, $k = |\overrightarrow{ZP'}| : |\overrightarrow{ZP}|$.

Aus der Umkehrung des Strahlensatzes folgt damit, dass $AP \parallel A'P'$ und $BP \parallel B'P'$.
Da aber die Geraden AP, BP und AB zusammenfallen (weil A, B und P auf einer Geraden liegen), gilt somit: $AB \parallel A'P'$ und $AB \parallel B'P'$.
Durch P' kann es aber nur eine Parallele zu AB geben, deshalb gilt: $A'P' = B'P'$.
A', B' und P' liegen also auf einer Geraden.

19. Das Teilverhältnis dreier, voneinander verschiedener, kollinearer Punkte A, B, C ist diejenige reelle Zahl r, für die gilt: $r = |\overline{AC}| : |\overline{BC}|$.
Beweisen Sie: Wenn drei Punkte P, Q und R auf einer Geraden liegen und ein Teilverhältnis t bilden, so liegen auch die entsprechenden Bildpunkte auf einer Geraden und bilden das Teilverhältnis t.

20. Beweisen Sie, dass für alle zentrischen Streckungen f und vier beliebige Punkte P, Q, R und S gilt:
Wenn es eine reelle Zahl t gibt, mit $|\overrightarrow{RS}| = t \cdot |\overrightarrow{PQ}|$, dann gilt auch $|\overrightarrow{f(R)f(S)}| = t \cdot |\overrightarrow{f(P)f(Q)}|$.

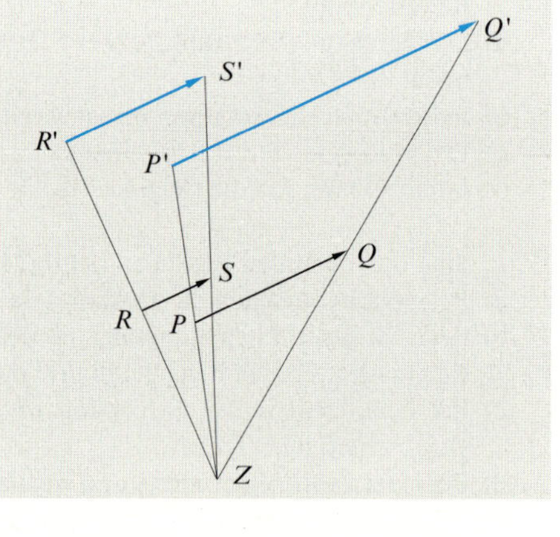

7

21. a) Ist jede Verschiebung eine affine Abbildung?
b) Ist jede Verschiebung eine Affinität?

22. Wie viele Punkte (Bildpunkte) sind notwendig, um eine Verschiebung eindeutig festzulegen? Begründen Sie Ihre Antwort.

23. Welche der in den Aufgaben 14 bis 20 bzw. in Beispiel 1 bewiesenen Eigenschaften zentrischer Streckungen gelten auch für Verschiebungen der Ebene mit dem Verschiebungsvektor $\vec{c} = \begin{pmatrix} c_1 \\ c_2 \end{pmatrix}$?

Ein weiteres Beispiel für affine Abbildungen sind **Parallelprojektionen der Ebene auf eine Gerade**.

Eine solche Abbildung lässt sich folgendermaßen definieren:
Es sei g eine Gerade der Ebene ε mit einem Richtungsvektor $\vec{w}$. Der Vektor $\vec{v}$ gehöre auch zu ε und sei linear unabhängig von $\vec{w}$. Zu jedem Punkt X von ε gibt es nun eine Gerade h durch X mit dem Richtungsvektor $\vec{v}$. Die Geraden g und h sind nicht parallel zueinander, weil $\vec{v}$ und $\vec{w}$ linear unabhängig sind, d. h. g und h besitzen genau einen Schnittpunkt. Dieser Schnittpunkt soll das Bild des Punktes X bei der Parallelprojektion auf die Gerade g entlang des Vektors $\vec{v}$ sein.

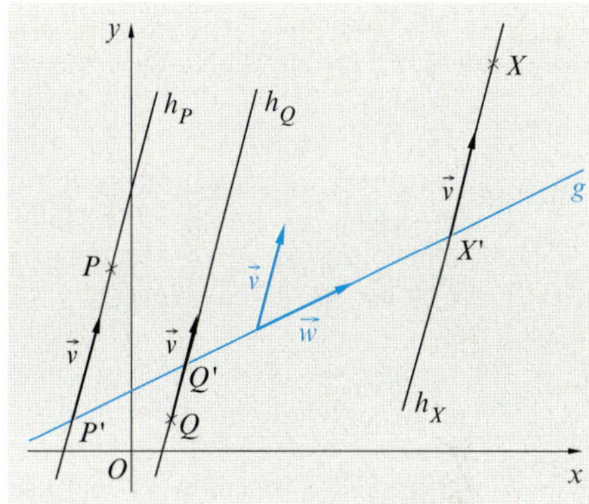

8

Die Gerade g heißt die **Bildgerade** der Parallelprojektion, die Geraden h heißen **Projektionsgeraden**. Falls $\vec{v}$ und $\vec{w}$ orthogonal sind, spricht man von **senkrechter Parallelprojektion**.

24. a) Weisen Sie nach, dass Parallelprojektionen auf eine Gerade affine Abbildungen sind.
b) Sind Parallelprojektionen auf eine Gerade umkehrbar? Beweisen Sie Ihre Aussage.

25. Welche der in den Aufgaben 14 bis 20 bzw. in Beispiel 1 bewiesenen Eigenschaften zentrischer Streckungen gelten auch für Parallelprojektionen auf eine Gerade?

26. Welche Eigenschaften haben die drei Beispiele für affine Abbildungen „Zentrische Streckung“, „Verschiebung“ bzw. „Parallelprojektion auf eine Gerade“ gemeinsam?

SATZ 2 Jede affine Abbildung f: $\mathbb{R}^2 \to \mathbb{R}^2$ ist geradentreu, d. h. eine Gerade wird stets auf eine Gerade abgebildet.

27. Beweisen Sie Satz 2. *Hinweis:* Orientieren Sie sich an Beispiel 1, Seite 260.

SATZ 3 Für jede umkehrbare affine Abbildung der Ebene auf sich gilt:
(1) Die Bilder zueinander paralleler Geraden sind zueinander parallel.
(2) Das Teilverhältnis dreier kollinearer Punkte bleibt erhalten.

Beweis:
zu (1): Es seien g und h zwei beliebige parallele Geraden.
Sind g und h identisch, so ist die Behauptung offensichtlich.
g und h seien also nicht identisch.
Wir nehmen an, die Bilder dieser Geraden g' und h' sind nicht parallel, schneiden sich also in einem Punkt P'. Der Punkt P, dessen Bildpunkt der Punkt P' ist, müsste dann sowohl auf der Geraden g als auch auf der Geraden h liegen. Da g und h aber parallel sind, ist das nicht möglich.

zu (2): Die drei Punkte A, B und C seien Punkte einer Geraden, die das Teilverhältnis t bilden und B liege zwischen A und C.
Ein Parallelogramm, dessen eine Diagonale die Strecke $\overline{AC}$ ist, wird bei einer affinen Abbildung wieder auf ein Parallelogramm abgebildet. Der Schnittpunkt M der beiden Diagonalen (Mittelpunkt der Strecke $\overline{AC}$) wird also auf den Mittelpunkt M' der Bildstrecke $\overline{A'C'}$ abgebildet. Bei fortgesetzter Halbierung der Strecke $\overline{AC}$ entsteht also eine fortgesetzte Halbierung der Bildstrecke $\overline{A'C'}$.
Durch geschicktes fortgesetztes Halbieren der Strecke $\overline{AC}$ lässt sich der Punkt B einschachteln und die affine Abbildung schachtelt entsprechend auf der Strecke $\overline{A'C'}$ den Punkt B' ein, der damit im gleichen Teilverhältnis zu A' und C' steht wie B zu A und C.

28. Überprüfen Sie, ob die Bilder zueinander orthogonaler Geraden bei einer umkehrbaren affinen Abbildung wieder zueinander orthogonale Geraden bilden.

29. Gegeben seien die Punkte $A(-6;\,0)$, $B(0;\,2)$ und $C(3;\,3)$.
Bestimmen Sie für die jeweils angegebenen Bildpunkte die entsprechende affine Abbildung und berechnen Sie das Bild des Punktes $D(5;\,6)$.

a) $A'(1;\,1)$, $B'(2;\,0)$, $C'(3;\,3)$ **b)** $A'(0;\,1)$, $B'(2;\,2)$, $C'(-2;\,-1)$

Wir wissen bereits, dass die Bilder A', B', C' dreier nicht kollinearer Punkte A, B, C eindeutig eine affine Abbildung f definieren. Das Erhaltenbleiben von Teilverhältnissen bei umkehrbaren affinen Abbildungen kann uns nun helfen, zu einem vierten Punkt D den entsprechenden Bildpunkt D' zu konstruieren.
Gegeben seien also drei Punkte A, B, C und ihre Bilder.

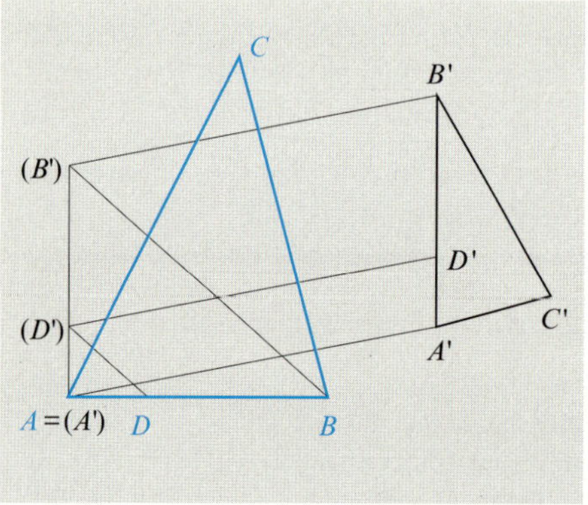

9

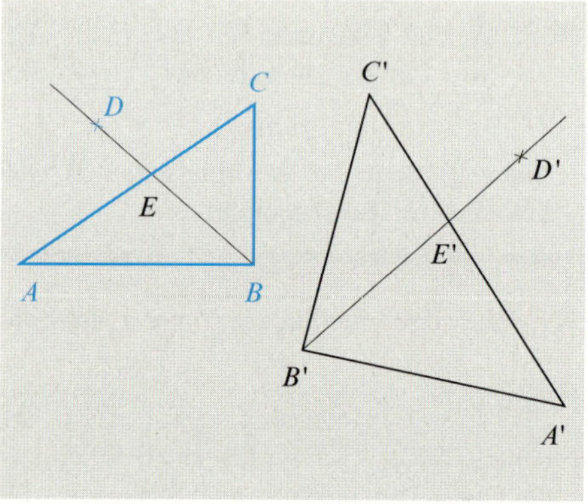

10

Liegt der Punkt D auf einer der Geraden AB, AC oder BC, so kann die Bildstrecke $\overline{A'B'}$, $\overline{A'C'}$ bzw. $\overline{B'C'}$ im gleichen Verhältnis geteilt werden, wie die Originalstrecke (vgl. Bild 9).
Liegt der Punkt D nicht auf einer der Geraden AB, AC oder BC, so schneidet die Gerade BD die Gerade AC in einem Punkt E. Nun konstruiert man zunächst das Bild E' (erster Fall) und anschließend das Bild D' (vgl. Bild 10).

30. Eine affine Abbildung sei folgendermaßen gegeben: Die Bilder der Punkte $A(1;\,1)$, $B(6;\,4)$, $C(3;\,7)$ seien $A'(11;\,6)$, $B'(14;\,19)$, $C'(17;\,7)$.
Konstruieren Sie die Bilder der Punkte $D(5;\,1)$ und $E(8;\,10)$.

Fixpunkte affiner Abbildungen

31. Durch eine affine Abbildung werden die Punkte $P(0;\ 9)$ und $Q(5;\ -6)$ auf sich selbst abgebildet. Das Bild des Punktes $R(4;\ 8)$ ist $R'(-2;\ -4)$.

a) Konstruieren Sie das Bild des Koordinatenursprungs bei der gegebenen affinen Abbildung.

b) Stellen Sie eine Gleichung für die gegebene Abbildung auf.

c) Berechnen Sie die Koordinaten des Bildpunktes des Koordinatenursprungs?

d) Geben Sie einen weiteren Punkt an, der auf sich selbst abgebildet wird.

***e)** Geben Sie alle Punkte an, die auf sich selbst abgebildet werden.

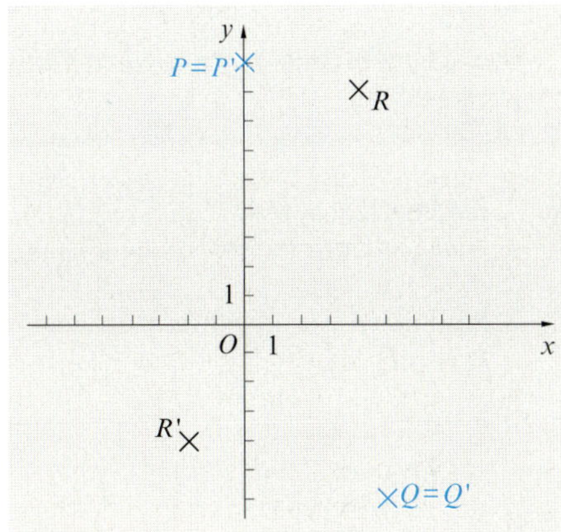

11

Einen Punkt, der durch eine affine Abbildung auf sich selbst abgebildet wird, nennt man **Fixpunkt** dieser affinen Abbildung.
Eine Gerade, die durch eine affine Abbildung auf sich selbst abgebildet wird, heißt **Fixgerade**.
Eine Gerade, von der jeder ihrer Punkte ein Fixpunkt ist, heißt **Fixpunktgerade**.

32. Bei einer affinen Abbildung wird jeder Punkt der y-Achse auf sich abgebildet und das Bild des Punktes $A(1;\ -4)$ ist der Punkt $A'(-3;\ 2)$.

a) Konstruieren Sie das Bild der Geraden AA'.

b) Konstruieren Sie das Bild des Punktes $B(5;\ 5)$.

c) Konstruieren Sie das Bild der Geraden AB.

d) Welcher Punkt wird auf den Punkt $C'(1;\ 0)$ abgebildet?

e) Geben Sie eine Gleichung der affinen Abbildung an.

33. Die Gerade g: $y = -3x$ sei Fixpunktgerade einer affinen Abbildung. Das Bild des Punktes $P(0;\ 3)$ sei $P'(-1;\ 0)$.

a) Konstruieren Sie die Bilder der Koordinatenachsen.

b) Konstruieren Sie das Bild der Geraden $y = x$ und der Geraden $y = x + 3$.

c) Auf welche Gerade wird eine Gerade $y = mx$ bzw. $y = mx + n$ abgebildet?

34. Beweisen Sie:

a) Wenn eine affine Abbildung zwei Fixpunkte besitzt, so besitzt sie auch eine Fixpunktgerade.

b) Wenn eine affine Abbildung drei Fixpunkte hat, die nicht auf einer Geraden liegen, so ist es die identische Abbildung.

c) Werden bei einer affinen Abbildung zwei nicht parallele Geraden auf sich selbst abgebildet, so ist ihr Schnittpunkt ein Fixpunkt dieser affinen Abbildung.

35. Wie viele Fixpunkte hat die affine Abbildung?

a) $\vec{x} = \begin{pmatrix} 1 & 1 \\ 2 & -2 \end{pmatrix} \vec{x} + \begin{pmatrix} 0 \\ 1 \end{pmatrix}$ **b)** $\vec{x} = \begin{pmatrix} 1 & 0 \\ 2 & 0 \end{pmatrix} \vec{x} + \begin{pmatrix} 0 \\ 0 \end{pmatrix}$ **c)** $\vec{x} = \begin{pmatrix} 1 & 2 \\ 3 & 4 \end{pmatrix} \vec{x} + \begin{pmatrix} 5 \\ 6 \end{pmatrix}$

SATZ 4 Eine affine Abbildung f: $\mathbb{R}^2 \rightarrow \mathbb{R}^2$ mit $f(\vec{x}) = \begin{pmatrix} a_{11} & a_{12} \\ a_{21} & a_{22} \end{pmatrix} \vec{x} + \begin{pmatrix} c_1 \\ c_2 \end{pmatrix}$ besitzt entweder keinen Fixpunkt, genau einen Fixpunkt, eine Fixpunktgerade oder f ist die identische Abbildung.

36. Beweisen Sie Satz 4.
Hinweis: Untersuchen Sie die Lösungsmenge des entsprechenden LGS.

37. Bestimmen Sie alle Fixpunkte der durch F und $\vec{c}$ gegebenen affinen Abbildung $f(\vec{x}) = F \cdot \vec{x} + \vec{c}$.

a) $F = \begin{pmatrix} 1 & 2 \\ 2 & 1 \end{pmatrix}, \vec{c} = \begin{pmatrix} 1 \\ 0 \end{pmatrix}$

b) $F = \begin{pmatrix} 1 & 3 \\ 2 & -2 \end{pmatrix}, \vec{c} = \begin{pmatrix} 1 \\ -1 \end{pmatrix}$

c) $F = \begin{pmatrix} 2 & 4 \\ -4 & 2 \end{pmatrix}, \vec{c} = \begin{pmatrix} 4 \\ -3 \end{pmatrix}$

d) $F = \begin{pmatrix} a & 2 \\ 2 & a \end{pmatrix}, \vec{c} = \begin{pmatrix} 0 \\ 0 \end{pmatrix}, a \in \mathbb{R}$

e) $F = \begin{pmatrix} 3 & 0 \\ 0 & 3 \end{pmatrix}, \vec{c} = \begin{pmatrix} 0 \\ 0 \end{pmatrix}$

f) $F = \begin{pmatrix} a & b \\ b & a \end{pmatrix}, \vec{c} = \begin{pmatrix} a \\ b \end{pmatrix}, a, b \in \mathbb{R}$

Kongruenz- und Ähnlichkeitsabbildungen als spezielle affine Abbildungen

38. Das Dreieck ABC mit den Eckpunkten $A(2; 3)$, $B(7; 2)$ und $C(4; 6)$ wird mit einem Winkel von 60° um den Punkt $D(1; 1)$ gedreht.

a) Stellen Sie eine Gleichung für diese Abbildung auf.

b) Auf welche Punkte werden die Punkte A, B und C abgebildet?

c) Vergleichen Sie die Seitenlängen sowie die Innenwinkel der Dreiecke ABC und $A'B'C'$.

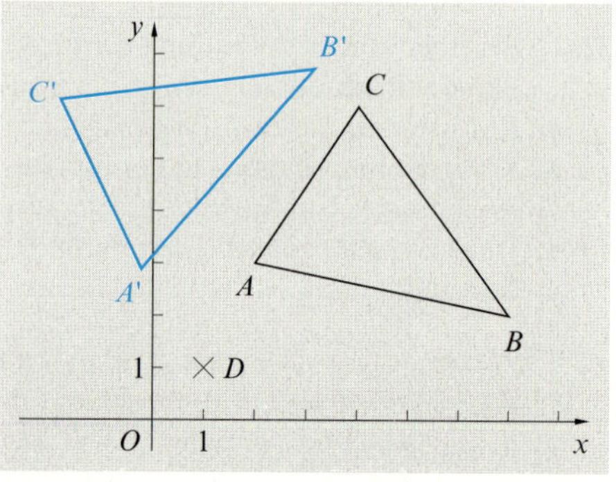

12

39. Wiederholen Sie Ihre Kenntnisse über Kongruenz- bzw. Ähnlichkeitsabbildungen. Orientieren Sie sich insbesondere an geometrischen Eigenschaften von Figuren, die bei den Abbildungen erhalten bleiben.

40. Welche der nachfolgend gegebenen Abbildungen sind Kongruenzabbildungen? Zeichnen Sie zunächst Original- und Bildfigur.

a) $A(-3; -1)$, $B(2; 1)$, $C(-1{,}5; 4)$ $\quad F = \begin{pmatrix} 1 & 0 \\ 0 & 1 \end{pmatrix}, \vec{c} = \begin{pmatrix} 5 \\ 3 \end{pmatrix}$

b) $A(0; 4)$, $B(5; 0)$, $C(7; 5)$ $\quad F = \begin{pmatrix} 1 & 2 \\ 3 & 4 \end{pmatrix}, \vec{c} = \begin{pmatrix} -2 \\ 0 \end{pmatrix}$

c) $A(-4; 0)$, $B(1{,}5; -2)$, $C(3; 2)$ $\quad F = \begin{pmatrix} 2 & 1 \\ 1 & -2 \end{pmatrix}, \vec{c} = \begin{pmatrix} 0 \\ 4 \end{pmatrix}$

Wir werden im Folgenden untersuchen, ob jede Ähnlichkeitsabbildung (und damit auch jede Kongruenzabbildung) eine affine Abbildung ist, d.h. wir müssen überprüfen, ob für jede winkeltreue[1] Abbildung f eine Gleichung der Form $f(\vec{x}) = \begin{pmatrix} a_{11} & a_{12} \\ a_{21} & a_{22} \end{pmatrix}\vec{x} + \begin{pmatrix} c_1 \\ c_2 \end{pmatrix}$ (*) existiert.

Sei nun f eine Ähnlichkeitsabbildung, also eine winkeltreue Abbildung.

Wir beschränken uns hier auf eine Abbildung f', bei der der Nullpunkt auf den Nullpunkt abgebildet wird. Jede Ähnlichkeitsabbildung f kann durch Verknüpfung mit einer Verschiebung in eine solche Abbildung f' überführt werden.

Es reicht damit aus, zu zeigen, dass es für f' eine Abbildungsmatrix $F = \begin{pmatrix} a_{11} & a_{12} \\ a_{21} & a_{22} \end{pmatrix}$ gibt, mit $f'(\vec{x}) = F \cdot \vec{x}$.

Gibt es eine solche Gleichung, so müssen u.A. auch die Bilder der orthogonalen Vektoren $\vec{e_1} = \begin{pmatrix} 1 \\ 0 \end{pmatrix}$ und $\vec{e_2} = \begin{pmatrix} 0 \\ 1 \end{pmatrix}$ orthogonal sein, also muss gelten $f(\vec{e_1}) \cdot f(\vec{e_2}) = 0$.

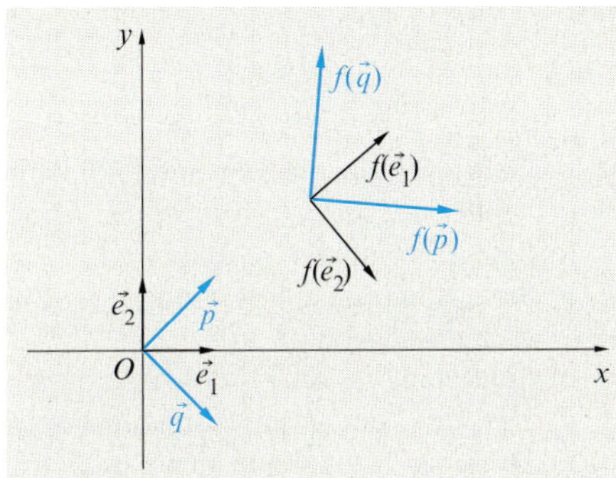

13

$f'(\vec{e_1}) = \begin{pmatrix} a_{11} & a_{12} \\ a_{21} & a_{22} \end{pmatrix} \cdot \begin{pmatrix} 1 \\ 0 \end{pmatrix} = \begin{pmatrix} a_{11} \\ a_{21} \end{pmatrix}$,

$f'(\vec{e_2}) = \begin{pmatrix} a_{11} & a_{12} \\ a_{21} & a_{22} \end{pmatrix} \cdot \begin{pmatrix} 0 \\ 1 \end{pmatrix} = \begin{pmatrix} a_{12} \\ a_{22} \end{pmatrix}$, also

$$f'(\vec{e_1}) \cdot f'(\vec{e_2}) = \begin{pmatrix} a_{11} \\ a_{21} \end{pmatrix} \cdot \begin{pmatrix} a_{12} \\ a_{22} \end{pmatrix} = a_{11}a_{12} + a_{21}a_{22} = 0. \qquad (1)$$

Auch die Bilder der orthogonalen Vektoren $\begin{pmatrix} 1 \\ 1 \end{pmatrix}$ und $\begin{pmatrix} 1 \\ -1 \end{pmatrix}$ müssen orthogonal sein.

Daraus ergibt sich für die Koeffizienten der Matrix die Bedingung:

$$a_{11}^2 - a_{12}^2 + a_{21}^2 - a_{22}^2 = 0. \qquad (2)$$

Aus den Bedingungen (1) und (2) ergibt sich:

$a_{12} = a_{21}$ und $a_{22} = -a_{11}$ oder $a_{12} = -a_{21}$ und $a_{22} = a_{11}$.

D.h. die Abbildungsmatrix F muss die Form $\begin{pmatrix} a_{11} & a_{12} \\ a_{12} & -a_{11} \end{pmatrix}$ oder $\begin{pmatrix} a_{11} & -a_{12} \\ a_{12} & a_{11} \end{pmatrix}$ haben.

Zu zeigen bleibt nun noch, dass bei der Abbildung f' mit

$f'(\vec{x}) = \begin{pmatrix} a_{11} & a_{12} \\ a_{12} & -a_{11} \end{pmatrix}\vec{x}$ bzw. $f'(\vec{x}) = \begin{pmatrix} a_{11} & -a_{12} \\ a_{12} & a_{11} \end{pmatrix}\vec{x}$ alle Winkel erhalten bleiben.

41. Beweisen Sie, dass die affinen Abbildungen $f(\vec{x}) = \begin{pmatrix} a & b \\ b & -a \end{pmatrix}\vec{x}$ bzw. $g(\vec{x}) = \begin{pmatrix} a & -b \\ b & a \end{pmatrix}\vec{x}$ winkeltreu sind.
Hinweis: Bilden Sie das Skalarprodukt zweier Vektoren $\vec{p}$ und $\vec{q}$ sowie das ihrer Bildvektoren $\vec{p}'$ und $\vec{q}'$. Errechnen Sie daraus jeweils den Winkel zwischen den Vektoren.

SATZ 5 Eine affine Abbildung ist genau dann eine Ähnlichkeitsabbildung, wenn ihre Abbildungsmatrix die Form $\begin{pmatrix} a & b \\ b & -a \end{pmatrix}$ oder die Form $\begin{pmatrix} a & -b \\ b & a \end{pmatrix}$ besitzt.

---
[1] Winkeltreu bedeutet, dass alle auftretenden Winkelgrößen bei der Abbildung erhalten bleiben.

42. Welche Bedingung muss für die Koeffizienten a und b der Abbildungsmatrix einer Ähnlichkeitsabbildung gelten, damit eine Kongruenzabbildung vorliegt?

43. Welche der folgenden Abbildungen sind Ähnlichkeitsabbildungen? Bestimmen Sie gegebenenfalls den Ähnlichkeitsfaktor.

a) $f(\vec{x}) = \begin{pmatrix} 1 & 1 \\ 1 & -1 \end{pmatrix}\vec{x} + \begin{pmatrix} 1 \\ 1 \end{pmatrix}$

b) $f(\vec{x}) = \begin{pmatrix} -3 & 0 \\ 0 & -3 \end{pmatrix}\vec{x}$

c) $f(\vec{x}) = \begin{pmatrix} -2 & 3 \\ -3 & 2 \end{pmatrix}\vec{x} + \begin{pmatrix} 4 \\ 3 \end{pmatrix}$

d) $f(\vec{x}) = \begin{pmatrix} \frac{1}{2} & \frac{1}{2}\sqrt{3} \\ \frac{1}{2}\sqrt{3} & -\frac{1}{2} \end{pmatrix}\vec{x} + \begin{pmatrix} 1 \\ 1 \end{pmatrix}$

e) $f(\vec{x}) = \begin{pmatrix} 4 & -1 \\ 1 & 4 \end{pmatrix}\vec{x} + \begin{pmatrix} 2 \\ 3 \end{pmatrix}$

f) $f(\vec{x}) = \begin{pmatrix} 4 & 1 \\ 1 & 4 \end{pmatrix}\vec{x}$

44. Geben Sie für die folgenden Ähnlichkeitsabbildungen jeweils eine Gleichung an und vergleichen Sie die Struktur der Abbildungsmatrix mit der aus Satz 5.

a) Spiegelung an der x-Achse

b) Spiegelung an der Geraden $y = 3x + 7$ und Verschiebung um den Vektor $\begin{pmatrix} 2 \\ 3 \end{pmatrix}$ (Schubspiegelung)

c) Spiegelung an der y-Achse und Streckung mit dem Faktor 4 (Spiegelstreckung)

d) Drehung von 30° um den Koordinatenursprung

e) Drehung von 45° um den Punkt $P(3;\ 6)$ und Streckung um den Faktor 0,5 (Drehstreckung)

f) Drehung von 90° um den Punkt $O(0;\ 0)$ und Verschiebung um den Vektor $\begin{pmatrix} 4 \\ 3 \end{pmatrix}$ (Schubdrehung)

g) zentrische Streckung mit dem Streckungsfaktor 5 und dem Streckungszentrum $Z(3;\ 3)$

h) zentrische Streckung mit dem Streckungsfaktor a und dem Streckungszentrum $Z(p;\ q)$

45. Die Bilder der Punkte $A(0;\ 0)$, $B(1;\ 0)$ und $C(0;\ 1)$ bei einer affinen Abbildung seien $A'(t+2;\ 2)$, $B'(2t-3;\ 4)$ bzw. $C'(t;\ t)$, d. h. für jede reelle Zahl t ist ein affine Abbildung f_t gegeben.

a) Stellen Sie eine Gleichung für die Abbildung f_t in Abhängigkeit von dem reellen Parameter t auf.

b) Für welche reellen Zahlen t ist f_t eine Ähnlichkeitsabbildung?

c) Für welche reellen Zahlen t ist f_t eine Kongruenzabbildung?

d) Für welche reellen Zahlen t besitzt f_t genau einen (keinen) Fixpunkt bzw. eine Fixpunktgerade?

46. Gegeben sei die affine Abbildung f_t mit dem reellen Parameter t, die durch die Gleichung $f_t(\vec{x}) = \begin{pmatrix} t & 1+t \\ 1-t & -t \end{pmatrix}\vec{x}$ gegeben ist.

a) Für welche reellen Zahlen t ist f_t eine Ähnlichkeitsabbildung?

b) Für welche reellen Zahlen t ist f_t eine Kongruenzabbildung?

c) Gibt es eine reelle Zahl t, für die das Bild der x-Achse die y-Achse ist?

d) Für welche reellen Zahlen t besitzt f_t genau einen (keinen) Fixpunkt bzw. eine Fixpunktgerade?

ZUSAMMENFASSUNG

Lineare Abbildungen

Definition

Eine Abbildung $f\colon \mathbb{R}^2 \to \mathbb{R}^2$ heißt genau dann linear, wenn:
- für alle Vektoren $\vec{a}$ und $\vec{b}$ des $\mathbb{R}^2$ gilt: $f(\vec{a}+\vec{b}) = f(\vec{a}) + f(\vec{b})$ (Additivität) und
- für alle Vektoren $\vec{a}$ des $\mathbb{R}^2$ und $r \in \mathbb{R}$ gilt: $f(r \cdot \vec{a}) = r \cdot f(\vec{a})$ (Homogenität).

Jede lineare Abbildung $f\colon \mathbb{R}^2 \to \mathbb{R}^2$ lässt sich durch eine Abbildungsmatrix der Form $\begin{pmatrix} a_{11} & a_{12} \\ a_{21} & a_{22} \end{pmatrix}$ beschreiben, d. h. es gilt: $f(\vec{x}) = \begin{pmatrix} x_1' \\ x_2' \end{pmatrix} = \begin{pmatrix} a_{11} & a_{12} \\ a_{21} & a_{22} \end{pmatrix} \cdot \vec{x}$ für alle $\vec{x} \in \mathbb{R}^2$ bzw. $x_1' = a_{11}x_1 + a_{12}x_2$ und $x_2' = a_{21}x_1 + a_{22}x_2$.

Dabei gilt: $\begin{pmatrix} a_{11} \\ a_{21} \end{pmatrix} = f\left(\begin{pmatrix} 1 \\ 0 \end{pmatrix}\right)$ und $\begin{pmatrix} a_{12} \\ a_{22} \end{pmatrix} = f\left(\begin{pmatrix} 0 \\ 1 \end{pmatrix}\right)$.

Wichtige Eigenschaften linearer Abbildungen

Der Nullvektor wird stets wieder auf den Nullvektor abgebildet.
Für jede lineare Abbildung $f\colon \mathbb{R}^2 \to \mathbb{R}^2$ und alle Vektoren $\vec{x} \in \mathbb{R}^2$ gilt: $f(-\vec{x}) = -f(\vec{x})$.
Eine lineare Abbildung ist umkehrbar, wenn die Spaltenvektoren der entsprechenden Abbildungsmatrix linear unabhängig sind, d. h. wenn $\det F \neq 0$.

Beispiele für lineare Abbildungen

Drehung um den Koordinatenursprung
Spiegelung an einer Geraden durch den Koordinatenursprung
Punktspiegelung am Koordinatenursprung
Zentrische Streckung mit dem Koordinatenursprung als Streckungszentrum

Affine Abbildungen

Definition

Eine affine Abbildung setzt sich zusammen aus einer linearen Abbildung und einer Verschiebung. Sie lässt sich darstellen in der Form: $f(\vec{x}) = \begin{pmatrix} x_1' \\ x_2' \end{pmatrix} = \begin{pmatrix} a_{11} & a_{12} \\ a_{21} & a_{22} \end{pmatrix} \cdot \vec{x} + \begin{pmatrix} c_1 \\ c_2 \end{pmatrix}$ für alle $\vec{x} \in \mathbb{R}^2$ bzw. $x_1' = a_{11}x_1 + a_{12}x_2 + c_1$ und $x_2' = a_{21}x_1 + a_{22}x_2 + c_2$.

Wichtige Eigenschaften affiner Abbildungen

Geraden werden auf Geraden abgebildet.
Das Teilverhältnis dreier kollinearer Punkte bleibt erhalten.
Die zu einer Abbildungsmatrix F und einem Vektor $\vec{c}$ gehörende affine Abbildung ist genau dann umkehrbar, wenn die Spaltenvektoren von F linear unabhängig sind bzw. wenn $\det F \neq 0$. (Eine umkehrbare affine Abbildung heißt Affinität.)

Beispiele für affine Abbildungen

Zentrische Streckung mit dem Streckungszentrum Z und dem Streckungsfaktor k
Verschiebung um einen Vektor $\vec{c}$
Parallelprojektion der Ebene auf eine Gerade
Verknüpfungen von Drehungen, Spiegelungen, Streckungen, Verschiebungen und Projektionen, z. B. Schubspiegelung, Drehspiegelung, Drehstreckung

K

Vermischte Aufgaben

1. a) Lösen Sie das lineare Gleichungssystem (LGS).

$$\begin{aligned} -5x_1 - 3x_2 + 2x_3 + x_4 &= 3 \\ -4x_1 + 4x_2 + 3x_3 - 2x_4 &= 5 \\ 6x_1 + x_2 - 2x_3 + 2x_4 &= -10 \\ -3x_1 + 5x_2 + 4x_3 - x_4 &= 3 \end{aligned}$$

b) Diskutieren Sie die Anzahl der Lösungen des LGS in Abhängigkeit von den Parametern a und b ($a, b \in \mathbb{R}$).

$$\begin{aligned} -5x_1 - 3x_2 + 2x_3 + x_4 &= -a \\ -4x_1 + 4x_2 + bx_3 - 2x_4 &= 5 \\ 6x_1 + x_2 - 2x_3 + 2x_4 &= -10 \\ -3x_1 + 5x_2 + 4x_3 - x_4 &= b \end{aligned}$$

c) Ist $L = \{(x_1; x_2; x_3; x_4) | (x_1; x_2; x_3; x_4) = (2; -16; 1; -37) + p\,(0; -7; -2; -17) \text{ mit } p \in \mathbb{R}\}$ Lösungsmenge des unterbestimmten LGS

$$\begin{aligned} -5x_1 - 3x_2 + 2x_3 + x_4 &= 3 \\ -4x_1 + 4x_2 + 3x_3 - 2x_4 &= 5\text{?} \end{aligned}$$

d) $(0; -7; -2; -17)$ sei ein Lösungs-4-Tupel eines homogenen LGS aus 4 Gleichungen mit 4 Variablen. Die ersten beiden Gleichungen dieses homogenen LGS lauten

$$\begin{aligned} -5x_1 - 3x_2 + 2x_3 + x_4 &= 0 \\ -4x_1 + 4x_2 + 3x_3 - 2x_4 &= 0 \end{aligned}$$

Geben Sie zwei weitere Gleichungen für ein solches homogenes LGS an.

2. a) Lösen Sie das unterbestimmte LGS

$$\begin{aligned} 2x_1 - 3x_2 - 3x_3 - 2x_4 &= 0 \\ x_1 + 3x_2 - 2x_3 - 8x_4 &= -7. \end{aligned}$$

b) Zeigen Sie, dass

$L_1 = \{(x_1; x_2; x_3; x_4) | (x_1; x_2; x_3; x_4) = (1; -2; 3; -0{,}5) + v\,(-5; 5; -11; 4) \text{ mit } v \in \mathbb{R}\}$

Lösungsmenge dieses LGS ist.

c) Es sei

$L_2 = \{(x_1; x_2; x_3; x_4) | (x_1; x_2; x_3; x_4) = (-14; 13; -30; 11{,}5) + p\,(3; -3; 6{,}6; -2{,}4) \text{ mit } p \in \mathbb{R}\}$.

Zeigen Sie, dass $L_1 = L_2$ gilt.

d) Gegeben ist das LGS

$$\begin{aligned} 2x_1 - 3x_2 - 3x_3 - 2x_4 &= 0 \\ -2x_1 + ax_2 + 4x_3 + 6x_4 &= b \\ x_1 + 3x_2 - 2x_3 - 8x_4 &= -7 \\ 4x_1 + 5x_2 + 5x_3 + 10x_4 &= 4. \end{aligned}$$

Geben Sie die Anzahl der Lösungen dieses LGS in Abhängigkeit von den reellen Parametern a und b an.

3. Eine Funktion f mit der Gleichung $y = f(x) = ax^3 + bx^2 + cx + d$ ($a, b, c, d \in \mathbb{R}, a \neq 0$)
(1) besitzt in $x = 1$ das lokale Extremum 0,
(2) besitzt an der Stelle $x = 2$ einen Wendepunkt.
(3) Die Wendetangente an dieser Stelle ($x = 2$) hat den Anstieg $m = -3$.

a) Geben Sie eine Funktionsgleichung für f an. Gibt es mehrere Funktionen 3. Grades, die die Eigenschaften (1), (2) und (3) besitzen?

b) Skizzieren Sie den Graphen von f.

c) Der Graph von f wird um eine Einheit in Richtung der x-Achse verschoben; die Funktion, die zum verschobenen Graphen gehört, sei g. Geben Sie eine Gleichung von g an.

d) Eine Funktion h mit $y = h(x) = ax^3 + bx^2 + cx + d$ ($a \neq 0$) erfülle die Bedingungen (1) und (2) aus Aufgabe a). Warum gibt es dann eine Funktionsschar h_k mit $k \in \mathbb{R}$, $k \neq 0$ mit diesen Eigenschaften?
Für welches k hat der Anstieg des Graphen von h_k an der Wendestelle den Wert $m = -6$? Wie lauten dann die Koordinaten des lokalen Minimums? Geben Sie für $k = -3$ die Nullstellen sowie die Koordinaten der Extrem- und Wendepunkte an.

4. Gegeben sind die Punkte $A(1; 4)$, $B(4; 1)$, $C(-3; 8)$, $D(-5; 5)$.

a) Geben Sie für die Geraden g_{AB} und g_{CD} je eine Gleichung in Parameterform bzw. ohne Parameter an.

b) Die Gerade g_{AB} schneidet die x-Achse in E, der Schnittpunkt der Geraden g_{CD} mit der x-Achse sei F. Berechnen Sie den Flächeninhalt des Dreiecks FEC.

c) G ($\neq F$) sei ein Punkt der x-Achse. Wie lauten die Koordinaten von G, wenn die Dreiecke FEC und CGF den gleichen Flächeninhalt haben?

d) Die Punkte A, B und $P_n(x_n; y_n)$ mit $P_1(1; y_1 > 5)$ erzeugen unendlich viele Dreiecke mit dem Flächeninhalt $A = 36$ (FE). Wie kann man alle Punkte P_n angeben, die in der gleichen Halbebene bzgl. g_{AB} wie P_1 liegen?
Ein Dreieck hat unter diesen unendlich vielen Dreiecken einen minimalen Umfang. Wie groß ist dieser Umfang? (Nachweis wird nicht verlangt.)

e) Das Dreieck EMN ist das Bild des Dreiecks ECF bei der zentrischen Streckung $(E; k)$ mit $k > 0$ und $A_{EMN} = \frac{4}{9} A_{ECF}$. Geben Sie die Koordinaten $(x; y)$ von N mit $y = 0$ und M an.

5. a) Von 2 Geraden ist bekannt: g_1: $y = \frac{1}{2}x + 3$, g_2: $y = -2x + n$, $g_2 \cap g_1 = \{A(2; 4)\}$.
Die Gerade g_1 schneidet die x-Achse in D, die y-Achse in C, die Gerade g_2 schneidet die x-Achse in E, die y-Achse in B, O sei der Koordinatenursprung.
Geben Sie eine Gleichung der Geraden g_2 an. Beweisen Sie, dass die Dreiecke DOC und ABC ähnlich sind.

b) Bei einer Verschiebung der Ebene auf sich sei die Gerade g_1' das Bild der Geraden g_1, der Bildpunkt von C sei $C'(0; y)$ mit $y > 0$. A' sei der Schnittpunkt von g_1' mit g_2 und D' der Schnittpunkt von g_1' mit der x-Achse. Die Verschiebung soll so erfolgen, dass die Dreiecke $OC'D'$ und $A'BC'$ kongruent sind. Geben Sie eine Gleichung der Bildgeraden g_1' an.

c) Das Dreieck EAD sei Bild des Dreiecks $EA'D'$ bei der zentrischen Streckung $(E; k)$. Geben Sie den Streckungsfaktor k an.

d) Ermitteln Sie den Flächeninhalt des Vierecks $DD'AA'$ auf drei verschiedenen Wegen:
(1) unter Ausnutzung der zentrischen Streckung,
(2) mithilfe der Trapezformel,
(3) durch Teildreiecke.

6. **a)** Stellen Sie die Geraden
$g_1\colon y = \frac{1}{3}x - 3$ und $g_2\colon y = -\frac{2}{3}x + 3$ im selben Koordinatensystem dar.

b) Ermitteln Sie die Koordinaten des Schnittpunkts F und den Schnittwinkel dieser beiden Geraden.

c) Die Gerade g_1 schneidet die y-Achse in B, g_2 schneidet die y-Achse in C.
Wie groß ist der Flächeninhalt des Dreiecks BFC?

d) Die Gerade g_3 verläuft durch $A(-3;\ -4)$ und schneidet die Gerade g_2 in $D(x;\ y)$ mit $x < 0$ so, dass der Flächeninhalt des Vierecks $ABCD$ 36 (FE) beträgt.
Geben Sie die Koordinaten von D an.
Geben Sie eine Gleichung der Geraden g_3 an.

e) Der Kreis h mit dem Mittelpunkt D und dem Radius $r = |\overline{DC}|$ schneidet die Gerade g_3 in E mit $y_E < y_D$.
Wie viel Prozent vom Flächeninhalt des Dreiecks AFD beträgt der Flächeninhalt des Kreisausschnittes CDE?
Geben Sie eine Gleichung des Kreises h an.

f) Eine Gerade g_4, die parallel zu g_2 verläuft, schneidet die y-Achse in H, das Dreieck CHD hat einen Flächeninhalt von 18 (FE).
Geben Sie eine Gleichung von g_4 an.

7. **a)** Die Gerade $g_1\colon y = \frac{1}{2}x + 4$ erzeugt mit beiden Koordinatenachsen ein Dreieck, wie groß ist dessen Flächeninhalt A?
Die Gerade g_1 wird so parallel verschoben, dass die Bildgerade g_1' mit beiden Achsen ein Dreieck erzeugt, dessen Flächeninhalt um 51% kleiner als A ist.
Ermitteln Sie eine Gleichung der Bildgeraden g_1', indem Sie eine zentrische Streckung benutzen. Überprüfen Sie Ihr Ergebnis nach einer anderen Methode.

b) Geben Sie die Gleichung einer Geraden g_t in Abhängigkeit vom Parameter t so an, dass der Flächeninhalt des von g_t und den beiden Achsen gebildeten Dreiecks t Prozent von A beträgt und g_t parallel zu g_1 ist.

c) Geben Sie die Gleichungen der Geraden $g_2, g_3, \ldots, g_8$ an, die alle den Punkt $P(4;\ 1)$ enthalten und für die gilt:
- $g_2 \perp g_1$;
- $g_3 \parallel g_1$;
- der Anstieg von g_4 ist $m = -\frac{2}{7}$;
- der Schnittpunkt von g_5 mit der y-Achse ist $A(0;\ 6)$;
- der Schnittpunkt von g_6 mit der x-Achse ist $B(-6;\ 0)$;
- der Schnittwinkel zwischen g_7 und g_5 beträgt 45°;
- g_3 und g_8 bilden mit der x-Achse ein Dreieck mit dem Inhalt $A = 10$ (FE).

d) Eine Gerade g_9 schneidet die Gerade g_1 in $Q(-10;\ -1)$ unter einem Winkel von 26,57°. Geben Sie eine Gleichung von g_9 an.

e) Die Punkte P und Q erzeugen mit den Punkten R und S ein Quadrat.
Geben Sie Koordinaten von R und S an.

f) Geben Sie Gleichungen für In- und Umkreis des Quadrates $PQRS$ an.

g) Untersuchen Sie, in welchem Verhältnis die Flächeninhalte von In- und Umkreis eines Quadrates stehen.

h) Der Punkt T bildet mit den Punkten P und Q ein gleichseitiges Dreieck.
Geben Sie Koordinaten von T an und berechnen Sie die Flächeninhalte von In- und Umkreis des Dreiecks.

8. **a)** Stellen Sie die Geraden in einem kartesischen Koordinatensystem dar:

g_1: $y = f_1(x) = \frac{2}{3}x + 3$, g_2: $y = f_2(x) = -\frac{1}{2}x - \frac{1}{2}$,

g_3: $y = f_3(x) = -2x - 21$, g_4: $y = f_4(x) = \frac{3}{5}x + 5$.

b) Die Gerade g_2 schneidet g_1 im Punkt S und g_4 im Punkt P. Die Gerade g_3 schneidet g_1 im Punkt M und g_4 im Punkt N.
Wie groß ist der Flächeninhalt des Vierecks $MSPN$?

c) Die Gerade g_2 wird von einer Geraden h im Punkt $P(3; -2)$ unter einem Winkel von 15° geschnitten.
Geben Sie eine Gleichung einer solchen Geraden an.

d) Die Gerade g_5 verläuft parallel zur Geraden g_2, M ist ein Punkt der Geraden g_5.
Geben Sie eine Gleichung der Geraden g_5 an.

e) Die Gerade g_1 schneidet die y-Achse in A, die Gerade g_6 hat mit der y-Achse den Punkt C gemeinsam. Außerdem gilt: $g_6 \perp g_1$, $g_6 \cap g_1 = \{B\}$, $A_{ABC} = 9{,}75$ (FE).
Geben Sie eine Gleichung einer solchen Geraden g_6 an.

9. **a)** Gegeben sind die Vektoren $\vec{v_1} = \begin{pmatrix} -1 \\ 0 \\ 3 \end{pmatrix}$, $\vec{v_2} = \begin{pmatrix} 1 \\ 1 \\ -2 \end{pmatrix}$, $\vec{v_3} = \begin{pmatrix} -3 \\ 2 \\ 22 \end{pmatrix}$.

Zeigen Sie, dass die Vektoren $\vec{v_1}$, $\vec{v_2}$ und $\vec{v_3}$ linear unabhängig sind.

b) Geben Sie die Vektoren $\vec{a} = \vec{v_1} - \vec{v_2} + 2\vec{v_3}$, $\vec{b} = \vec{v_1} - 3\vec{v_2}$, $\vec{c} = 3\vec{v_1} - 7\vec{v_2} + 2\vec{v_3}$ an.
Zeigen Sie, dass die Vektoren $\vec{a}$, $\vec{b}$ und $\vec{c}$ linear abhängig sind.

c) Hängt die lineare Abhängigkeit der Vektoren $\vec{a}$, $\vec{b}$ und $\vec{c}$ mit $\vec{a} = \vec{v_1} - \vec{v_2} + 2\vec{v_3}$, $\vec{b} = \vec{v_1} - 3\vec{v_2}$, $\vec{c} = 3\vec{v_1} - 7\vec{v_2} + 2\vec{v_3}$ von der Wahl der Vektoren $\vec{v_1}$, $\vec{v_2}$ und $\vec{v_3}$ ab?
Begründen Sie Ihre Aussage.

d) Es wird wieder vorausgesetzt, dass die Vektoren $\vec{v_1}$, $\vec{v_2}$ und $\vec{v_3}$ linear unabhängig sind.
Geben Sie einen Vektor $\vec{d} = r\vec{v_1} + s\vec{v_2} + t\vec{v_3}$ so an, dass die Vektoren $\vec{a}$, $\vec{b}$ und $\vec{d}$ jetzt auch linear unabhängig sind.

10. Gegeben sind folgende Vektoren aus dem $\mathbb{R}^3$, wobei $r \in \mathbb{R}$:

$\overrightarrow{OA} = \vec{a} = \begin{pmatrix} 1 \\ -2 \\ 3 \end{pmatrix}$, $\overrightarrow{OB} = \vec{b} = \begin{pmatrix} 4 \\ -5 \\ 7 \end{pmatrix}$, $\overrightarrow{OC} = \vec{c} = \begin{pmatrix} -2 \\ 2 \\ -1 \end{pmatrix}$,

$\overrightarrow{OD} = \vec{d_r} = \begin{pmatrix} -2 \\ r^2 \\ -r \end{pmatrix}$, $\overrightarrow{OE} = \vec{e} = \begin{pmatrix} 3 \\ -3 \\ 6 \end{pmatrix}$.

a) Zeigen Sie, dass die Vektoren $\vec{a}$, $\vec{b}$ und $\vec{c}$ linear unabhängig sind.

b) Zeigen, dass dann auch die Vektoren $3\vec{a} - 2\vec{b}$, $-\vec{a} + 2\vec{b} - 2\vec{c}$ und $2\vec{a} + 3\vec{b} + 2\vec{c}$ linear unabhängig sind.
Ist es immer so, dass aus der linearen Unabhängigkeit von $\vec{a}$, $\vec{b}$ und $\vec{c}$ die lineare Unabhängigkeit der Vektoren $3\vec{a} - 2\vec{b}$, $-\vec{a} + 2\vec{b} - 2\vec{c}$ und $2\vec{a} + 3\vec{b} + 2\vec{c}$ folgt?

c) Für welche r spannen die Vektoren $\vec{a}$, $\vec{b}$ und $\vec{d_r}$ einen dreidimensionalen Raum auf?

d) Untersuchen Sie das Schnittverhalten der Geraden AB und CD in Abhängigkeit vom Parameter r.

e) Untersuchen Sie das Schnittverhalten der Ebenen ε_1, die durch die Punkte A, B und E bestimmt ist und ε_2: $\vec{x} = \begin{pmatrix} 4 \\ -2 \\ 7 \end{pmatrix} + p\begin{pmatrix} -2 \\ -2 \\ 4 \end{pmatrix} + q\begin{pmatrix} 2 \\ -1 \\ -2 \end{pmatrix}$ mit $p, q \in \mathbb{R}$.

11. Gegeben sind zwei Punkte $A(3;\,4;\,-1)$ und $B(7;\,2;\,4)$ und zwei Geraden g_1 und g_2 durch:

$$g_1\colon \vec{x} = \begin{pmatrix}1\\2\\-4\end{pmatrix} + r\begin{pmatrix}2\\-1\\3\end{pmatrix},\quad g_2\colon x = \begin{pmatrix}5\\1\\2\end{pmatrix} + s\begin{pmatrix}2\\-5\\1\end{pmatrix} \text{ mit } r, s \in \mathbb{R}.$$

a) Untersuchen Sie die Lagebeziehung der Geraden g_1 und g_2 bzw. g_1 und AB.

b) Diskutieren Sie die Lagebeziehung der Geraden g_1 und $g_4\colon \vec{x} = \begin{pmatrix}a\\3\\-7\end{pmatrix} + p\begin{pmatrix}-4\\2\\b\end{pmatrix}$ mit $p \in \mathbb{R}$ in Abhängigkeit von den reellen Parametern a und b.

c) Bestimmen Sie die Spurpunkte der Geraden g_1 und g_2 und zeichnen Sie die Geraden in einem Koordinatensystem.

d) Ermitteln Sie den Abstand der Geraden g_1 und g_2 bzw. g_1 und AB.

12. Gegeben sind zwei Ebenen ε_1 und ε_2 mit:

$$\varepsilon_1\colon \vec{x} = \begin{pmatrix}1\\0\\-4\end{pmatrix} + r\begin{pmatrix}1\\-2\\5\end{pmatrix} + s\begin{pmatrix}-2\\1\\3\end{pmatrix} \text{ mit } r, s \in \mathbb{R} \text{ und}$$

$$\varepsilon_2\colon \vec{x} = \begin{pmatrix}-1\\1\\1\end{pmatrix} + p\begin{pmatrix}3\\-3\\2\end{pmatrix} + q\begin{pmatrix}-7\\8\\-2\end{pmatrix} \text{ mit } p, q \in \mathbb{R}.$$

a) Sind $P(-34;\,34;\,23)$ und $Q(56;\,-50;\,11)$ Punkte der Ebene ε_1?

b) Geben Sie eine parameterfreie Koordinatengleichung der Ebene ε_1 an.

c) Geben Sie für die Ebene ε_2 eine Normalengleichung an.

d) Untersuchen Sie die Lagebeziehung der beiden Ebenen ε_1 und ε_2.

e) In der Parametergleichung für die Ebene ε_2 werden die reellen Parameter a und b eingeführt, es gilt jetzt für $\varepsilon_{ab}\colon \vec{x} = \begin{pmatrix}-1\\1\\a\end{pmatrix} + p\begin{pmatrix}3\\-3\\2\end{pmatrix} + q\begin{pmatrix}-7\\8\\b\end{pmatrix}$.

Diskutieren Sie die Lagebeziehung der Ebenen ε_1 und ε_{ab} in Abhängigkeit von den reellen Parametern a und b.

f) Die Schnittgerade der Ebenen ε_1 und ε_3 sei $g\colon \vec{x} = \begin{pmatrix}0\\-1\\4\end{pmatrix} + r\begin{pmatrix}7\\-8\\9\end{pmatrix}$ mit $r \in \mathbb{R}$.

Zeigen Sie, dass die Ebene ε_1 wirklich die Gerade g enthält.
Geben Sie für eine solche Ebene ε_3 eine Gleichung an.

13. Gegeben sind im kartesischen Koordinatensystem die Punkte
$A(2;\,-4;\,5)$, $B(-4;\,1;\,2)$, $C(5;\,-4;\,-1)$, $D(6;\,-10;\,7)$.

a) Je drei der vier Punkte bilden ein Dreieck. Ist eines davon ein besonderes Dreieck?

b) Durch die Punkte A, B, C und D wird eine dreiseitige Pyramide festgelegt.
Wie groß ist das Volumen dieser Pyramide?

c) Berechnen Sie die Oberfläche der Pyramide $ABCD$.

d) Der Punkt D wird an der Ebene, die durch die Punkte A, B und C bestimmt ist, gespiegelt. Wie lauten die Koordinaten des Bildpunktes D'?

e) Durch die Punkte A, B, C und P_i $(i = 1, 2, \ldots)$ werden dreiseitige Pyramiden gebildet. Wie kann man alle Punkte P_i angeben, sodass die Pyramiden $ABCP_i$ das gleiche Volumen wie die Pyramide $ABCD$ haben?

f) Ein Punkt E bildet mit den Punkten A, B und C ein Trapez $ABCE$, der Flächeninhalt ist $A = \frac{45}{2}\sqrt{14}$. Geben Sie die Koordinaten von E an.

14. Gegeben sind die drei Geraden

$$g_1\colon \vec{x} = \begin{pmatrix} 1 \\ -2 \\ 4 \end{pmatrix} + r\begin{pmatrix} 5 \\ -1 \\ 3 \end{pmatrix},\ g_2\colon \vec{x} = \begin{pmatrix} 10 \\ 1 \\ -1 \end{pmatrix} + s\begin{pmatrix} -4 \\ 2 \\ -5 \end{pmatrix},\ g_3\colon \vec{x} = \begin{pmatrix} 3 \\ -5 \\ 7 \end{pmatrix} + t\begin{pmatrix} 14 \\ -7 \\ 17{,}5 \end{pmatrix},$$

wobei $r, s, t \in \mathbb{R}$.

a) Untersuchen Sie die Lagebeziehung von je zwei der Geraden g_1, g_2 und g_3.

b) Spannen je zwei dieser Geraden eine Ebene auf? Ist dies der Fall, geben Sie jeweils eine Gleichung der jeweiligen Ebene an.

c) Zeigen Sie, dass $A(-4;\ -1;\ 1)$, $B(36;\ -9;\ 25)$ auf der Geraden g_1 liegen und dass die Gerade g_2 durch $C(2;\ 5;\ -11)$ geht.
Der Punkt C zerlegt die Gerade g_2 in zwei Strahlen. Geben Sie für diese beiden Strahlen jeweils eine Gleichung an.

d) Für eine Ebene ε_1 gilt: $\varepsilon_1 \cap g_1 = \{D(16;\ -5;\ 13)\}$ und $g_1 \perp \varepsilon_1$.
Geben Sie eine Gleichung der Ebene ε_1 an.
Für eine Ebene ε_2 gilt: $\varepsilon_2 \parallel \varepsilon_1$ und $d(\varepsilon_1;\ \varepsilon_2) = \sqrt{560}$.
Geben Sie für solche Ebene ε_2 ebenfalls eine Gleichung an.

15. a) Die vier Geraden

$$g_1: \vec{x} = r\begin{pmatrix} 2 \\ 0 \\ 1 \end{pmatrix},\ g_2: \vec{x} = s\begin{pmatrix} 1 \\ 1 \\ 2 \end{pmatrix},\ g_3: \vec{x} = \begin{pmatrix} 3 \\ 1 \\ 3 \end{pmatrix} + t\begin{pmatrix} 1 \\ 1 \\ 2 \end{pmatrix},\ g_4: \vec{x} = \begin{pmatrix} -2 \\ 2 \\ 2 \end{pmatrix} + u\begin{pmatrix} 2 \\ 0 \\ 1 \end{pmatrix} \text{ mit}$$

$r, s, t, u \in \mathbb{R}$ erzeugen ein Viereck.
Warum kann man aus den Geradengleichungen schlussfolgern, um welches Viereck es sich handelt? Berechnen Sie die Koordinaten der Eckpunkte dieses Vierecks. (Der Schnittpunkt von g_1 und g_2 sei A, der von g_1 und g_3 B, der von g_3 und g_4 C und der von g_2 und g_4 D.)

b) Wie groß ist der Flächeninhalt des Vierecks $ABCD$?

c) Wie lang sind die Diagonalen des Vierecks $ABCD$? In welchem Punkt S schneiden die Diagonalen einander?

d) Eine Parallele zur Diagonalen BD durch $E(1;\ 0;\ 0{,}5)$ schneidet aus dem Viereck $ABCD$ ein Dreieck heraus. Wie viel Prozent der Vierecksfläche nimmt diese Dreiecksfläche ein? Berechnen Sie den prozentualen Anteil, indem Sie Ihre Kenntnis aus der Vektorrechnung oder der Trigonometrie ausnutzen. Überprüfen Sie Ihr Ergebnis elementargeometrisch, ohne die Flächeninhalte zu berechnen bzw. zu benutzen.

e) Das Viereck $ABCD$ sei Grundfläche zweier vierseitiger Pyramiden mit den Spitzen $P_1(8;\ 19;\ -9{,}5)$ bzw. $P_2(26;\ 29;\ 14{,}5)$. Vergleichen Sie das Volumen der Pyramiden $ABCDP_1$ und $ABCDP_2$.
Von der Spitze P_1 bzw. P_2 wird ein Lot auf die Ebene, in der das Viereck $ABCD$ liegt, gefällt. Was kann man zur Lage des Fußpunktes aussagen?

16. Gegeben sind die Punkte $A(-3;\ -2;\ 5)$, $B(2;\ -3;\ 3)$, $C(k;\ -3;\ 5)$ mit $k \in \mathbb{R}$.

a) Wie groß ist der Flächeninhalt des Dreiecks ABC, wenn $k = 4$ ist?

b) Berechnen Sie für $k = -10$ den Umfang des Dreiecks ABC.

c) Für welche k ist das Dreieck ABC gleichschenklig? Kann es auch gleichseitig sein?

d) Geben Sie alle k an, für die das Dreieck ABC rechtwinklig ist.

e) Wie viele Seitenlängen des Dreiecks können maximal ganzzahlig sein?

f) Geben Sie eine Gleichung einer Ebene ε_1 an, zu der die Punkte A und B symmetrisch liegen.

17. Gegeben sind die Punkte $A(3; -2; 5)$, $B(-4; 0; 2)$ und $C(-5; 8; -4)$.

a) Geben Sie die Koordinaten eines Punktes D so an, dass die Punkte A, B, C und D ein Parallelogramm bilden.

b) Wie groß ist der Flächeninhalt dieses Parallelogramms $ABCD$?

c) Beweisen Sie, dass für jedes Parallelogramm für den Flächeninhalt die Formel $A = \sqrt{a^2 b^2 - (a \cdot b)^2}$ gilt, wobei a und b linear unabhängige Vektoren sind und ein Parallelogramm aufspannen.
Überprüfen Sie Ihr Ergebnis von Aufgabe b) mithilfe dieser Formel.

d) Ein Punkt E liegt auf der Geraden AD mit $EA \perp EC$. Wie lauten die Koordinaten eines solchen Punktes?

e) Wie groß ist der Flächeninhalt des Vierecks $ABCE$?

18. Gegeben sind die Punkte $A(3; 4; 2)$, $B(5; 0; 7)$, $C(1; 1; 8)$.

a) Die Punkte A, B und C erzeugen mit dem Punkt D das Parallelogramm $ABCD$. Wie lauten die Koordinaten des Punktes D?

b) Wie groß sind die Innenwinkel im Parallelogramm $ABCD$.

c) Berechnen Sie den Flächeninhalt des Parallelogramms $ABCD$.

d) Geben Sie die Koordinaten des Schnittpunktes M der Diagonalen an.

e) Beweisen Sie mithilfe der Vektorrechnung, dass im Parallelogramm die Diagonalen einander halbieren.

19. Gegeben ist ein bei A rechtwinkliges Dreieck ABC mit den Punkten $A(5; -8)$, $B(13; -2)$ und $C(x; y)$ mit $y = x - 4$ $(x, y \in \mathbb{R})$. Die Mittelsenkrechten der Seite AB und der Seite BC schneiden einander im Punkt M, dem Mittelpunkt des Umkreises k_1 des Dreieckes ABC.

a) Ermitteln Sie die Koordinaten des Punktes C.

b) Geben Sie für den Kreis k_1 eine Gleichung an.

c) Wie viel Prozent vom Flächeninhalt A_{k1} des Kreises k_1 beträgt der Flächeninhalt A_{ABC} vom Dreieck ABC?

d) Zwei Parallelen t_1 und t_2 der Mittelsenkrechten der Dreiecksseite $AC(g_3)$ sind Tangenten an den Kreis k_1. Geben Sie jeweils eine Gleichung der Tangenten t_1 und t_2 an.

e) Ein weiterer Kreis k_2 ist durch die Gleichung $(x - 19)^2 + (y + 14)^2 = a^2$ mit $a \in \mathbb{R}$ gegeben. Für welche a schneiden die Kreise k_1 und k_2 einander in genau zwei Punkten, berühren sie einander in genau einem Punkt bzw. haben beide Kreise keinen gemeinsamen Punkt. Geben Sie die Koordinaten der Berührungspunkte P und Q an.

20. Gegeben ist die Kugel k_1 mit dem Mittelpunkt $M_1(0; 0; 0)$ und dem Radius $r_1 = 13$.

a) Die Gerade $g\colon \vec{x} = \begin{pmatrix} -1 \\ 2 \\ 0 \end{pmatrix} + p \begin{pmatrix} 2 \\ 1 \\ 6 \end{pmatrix}$ mit $p \in \mathbb{R}$ schneidet die Kugel in den Punkten P_1 und P_2. Geben Sie die Koordinaten dieser beiden Punkte an.

b) Geben Sie je eine Gleichung der Tangentialebenen ε_1 und ε_2 der Kugel in P_1 und P_2 an.

c) Unter welchem Winkel schneiden sich die Ebenen ε_1 und ε_2? Geben Sie eine Gleichung der Schnittgeraden g_2 an.

d) Wie groß ist der Abstand von P_1 zur Ebene ε_2 und von P_2 zur Ebene ε_1?

e) Die Kugel k_2 ist durch die Gleichung $x^2 + y^2 + z^2 + 18x + 24y - 72z + 1521 + a = 0$ mit $a \in \mathbb{R}$ gegeben. Geben Sie die Koordinaten des Mittelpunktes M_2 an.
Für welche a haben die Kugeln k_1 und k_2 genau einen Punkt gemeinsam?

21. Gegeben ist die Ebene $\varepsilon_1: 12x + 3y + 4z = 12$.

a) Eine Ebene ε_2 verlaufe parallel zur Ebene ε_1. Geben Sie eine Gleichung für ε_2 an. Wie kann man durch eine Gleichung alle zur Ebene ε_1 parallelen Ebenen erfassen?

b) Geben Sie für die Ebene ε_1 je eine Gleichung in Parameter bzw. Normalenform an.

c) Stellen Sie die Ebene ε_1 im Schrägbild im Koordinatensystem dar.

d) Untersuchen Sie die Lagebeziehung zwischen den Ebenen ε_1 und ε_3 mit

$$\varepsilon_3\colon \vec{x} = \begin{pmatrix} 2 \\ 3 \\ -2 \end{pmatrix} + r\begin{pmatrix} 2 \\ -1 \\ 3 \end{pmatrix} + s\begin{pmatrix} 2 \\ 0 \\ -1 \end{pmatrix} \text{ wobei } r, s \in \mathbb{R}.$$

e) Geben Sie für die Ebene ε_3 eine weitere Parametergleichung an, indem Sie einen anderen Stützvektor und andere, zu den gegebenen nicht parallel verlaufende Spannvektoren verwenden.

f) Die Koordinatengleichung einer Ebene ε sei $ax + by + 4z = 12$ mit $a, b \in \mathbb{R}$. Ist $a = 0$ oder $b = 0$, haben die Ebenen besondere Lagen im Koordinatensystem. Was lässt sich über Lage und Spurgeraden der Ebene für $a = b = 0$ aussagen? Zeichnen Sie diese Ebene in ein Koordinatensystem ein.

22. Es sei k_a eine Kugel mit dem Mittelpunkt $M(2;\ a;\ -1)$ mit $a \in \mathbb{R}$ und dem Radius $r = 3$.

a) Für welche Werte von a geht die Kugel durch den Koordinatenursprung O? Geben Sie eine Gleichung der Tangentialebene ε_1 in O für $a < 0$ an.

b) ε_2 sei eine zu ε_1 parallele Tangentialebene. Geben Sie die Koordinaten des Berührungspunktes der Ebene ε_2 mit der Kugel k_a (für $a < 0$ aus a)) an sowie eine Gleichung der Ebene ε_2. Wo liegen die Mittelpunkte aller Kugeln, die die Ebene ε_1 in O berühren? Wie lauten Gleichungen der Kugeln mit dem Radius $r = 12$?

c) Ermitteln Sie die Koordinaten der Schnittpunkte der Kugel k_{-2} ($M(2;\ -2;\ -1)$, $r = 3$) mit der Geraden $g\colon \vec{x} = \begin{pmatrix} 7 \\ -6 \\ -7 \end{pmatrix} + s\begin{pmatrix} 3 \\ -3 \\ -4 \end{pmatrix}$ mit $s \in \mathbb{R}$.

Wie lang ist die Strecke, die die Kugel k_{-2} aus der Geraden g herausschneidet?

d) $P(3;\ -4;\ -1)$ ist ein Punkt der Kugel k_{-2}: $(x-2)^2 + (y+2)^2 + (z+1)^2 = 9$. Geben Sie eine Gleichung der Tangente t an k_{-2} in P an, wenn $Q(3;\ 6;\ q) \in t$. Welche Gerade verläuft durch den Mittelpunkt der Kugel k_{-2} und ist parallel zur Tangente t?

23. Gegeben ist eine Kugel k_1: $x^2 + y^2 + z^2 + 16x - 6z - 242 = 0$

a) Geben Sie die Koordinaten des Mittelpunktes M_1 an. Wie groß ist der Radius r_1?

b) Eine weitere Kugel k_2 ist durch den Mittelpunkt $M_2(6;\ 5;\ -2)$ und den Radius $r_2 = 3$ gegeben. Zeigen Sie, dass die Kugeln einander in einem Kreis schneiden. Wie groß ist der Radius des Schnittkreises? Welche Koordinaten hat der Mittelpunkt des Schnittkreises?

c) Eine Kugel k_3 ($r_3 = 12$) berührt die Kugel k_2 im Punkt $A(5;\ 7;\ 0)$. Geben Sie eine Gleichung einer solchen Kugel an.

d) Gegeben ist eine Geradenschar g_a: $x = \begin{pmatrix} 2 \\ 7 \\ 3 \end{pmatrix} + s\begin{pmatrix} 1 \\ a \\ -2 \end{pmatrix}$ mit $s \in \mathbb{R}$.

Für welche a ist die jeweilige Gerade g_a Sekante, Tangente oder Passante für die Kugel k_2? Geben Sie die Koordinaten der Berührungspunkte B_1 und B_2 an.

e) Unter welchem Winkel schneiden die beiden Tangentialebenen ε_1 und ε_2 an die Kugel k_1 in den Punkten B_1 und B_2 einander?

24. Gegeben ist eine Ellipse ε mit der Gleichung $9x^2 - 36x + 25y^2 - 150y + 36 = 0$

a) Geben Sie die Ellipsengleichung in der Form $\frac{(x-c)^2}{a^2} + \frac{(y-d)^2}{b^2} = 1$ an, wobei $M(c;\, d)$ der Schnittpunkt der Haupt- und der Nebenachse ist.
Wie lauten die Koordinaten der Brennpunkte?

b) An die Ellipse wird jeweils eine Tangente in den Punkten $A(7;\, 3)$, $B(x;\, 0)$ und $C(x;\, \frac{4}{5}\sqrt{14} + 3)$ mit $x > 2$ gelegt. Geben Sie jeweils eine Gleichung der Tangente an.

c) Für diese Ellipse wird der größtmögliche Kreis ein- bzw. der kleinstmögliche Kreis umbeschrieben. In welchem Verhältnis stehen die Flächeninhalte des Inkreises, der Ellipse und des Umkreises? Verallgemeinern Sie in der Form:
$A_{Ki} : A_E : A_{Ku}$. (K_i-Inkreis, E-Ellipse, K_u-Umkreis).

d) Eine Hyperbel H: $\frac{x^2}{a^2} - \frac{y^2}{b^2} = 1$ geht durch den Brennpunkt $F(x;\, y)$ mit $x > 0$ und den Punkt $B(x;\, 0)$. Geben Sie eine Gleichung der Hyperbel an.

e) An die Hyperbel wird in $D(-6;\, -3)$ eine Tangente gelegt. Geben Sie die Koordinaten der Schnittpunkte mit beiden Asymptoten der Hyperbel an.

25. Gegeben ist die Parabel $P_1 : y^2 = 4x$.

a) Konstruieren Sie mindestens sechs Punkte dieser Parabel und zeichnen Sie die Parabel.

b) Im Punkt $P(9;\, y)$ mit $y > 0$ wird eine Tangente an die Parabel gezeichnet. Bestimmen Sie mithilfe der Differenzialrechnung den Anstieg und geben Sie eine Gleichung der Tangente an.

c) An die Parabel $P_2 : y^2 = 2px$ wird im Punkt $Q(x_1;\, y_1)$ mit $y > 0$ eine Tangente gezeichnet, die die x-Achse in R schneidet. Zeigen Sie, dass das Dreieck FQR gleichschenklig ist. (F sei der Brennpunkt der Parabel P_2.)

d) Die Gerade g mit der Gleichung $y = mx$ mit $m \in \mathbb{R}$ schneidet aus der Parabel P_1 eine Fläche heraus, der Inhalt dieses Flächenstückes beträgt $A = \frac{8}{3}$ (FE). Bestimmen Sie m.

e) Eine Parabel P_3 mit dem Scheitelpunkt $S(7;\, y)$ und dem Halbparameter $p = 4$ schneidet die Parabel P_1 in $M(x;\, 6)$ mit $x \in \mathbb{R}$. Geben Sie eine Gleichung der Parabel P_3 an.

26. Gegeben ist ein zusammengesetzter Körper $ABCDEFGHS$: auf einen Würfel $ABCDEFGH$ ist eine Pyramide mit $EFGH$ als Grundfläche gesetzt. Der Fußpunkt des Lotes von S ist der Schnittpunkt der Diagonalen des Quadrates $EFGH$.
Ferner ist bekannt: $A(0;\, 0;\, 0)$, $B(0;\, 4;\, 0)$, $G(-4;\, 4;\, 4)$, Volumen des zusammengesetzten Körpers: $V = 80$ (VE).

a) Geben Sie die Koordinaten der restlichen Eckpunkte dieses Körpers an.

b) Zeichnen Sie diesen Körper im Schrägbild im x-y-z-Koordinatensystem.

c) Wie lang sind die Flächen- und Raumdiagonalen des Würfels, die Seitenkanten der Pyramide und die Strecke $\overline{AS}$?

d) Wie groß ist die Oberfläche des zusammengesetzten Körpers?

e) Für welche a ($a \in \mathbb{R}$) schneidet die Gerade g_a: $\vec{x} = \begin{pmatrix} -2 \\ 0 \\ 2 \end{pmatrix} + r \begin{pmatrix} 0 \\ a \\ 2 \end{pmatrix}$ mit $r \in \mathbb{R}$ den Körper in zwei seiner quadratischen Seitenflächen?
Beschreiben Sie jeweils die Menge aller möglichen Schnittpunkte der Geraden g_a mit einer quadratischen Seitenfläche des Körpers durch eine Gleichung.

f) Für $a = 3{,}5$ schneidet die Gerade $g_{3,5}$ den Körper in einer Dreiecksseitenfläche im Punkt K. Geben Sie die Koordinaten des Punktes K an.

27. Gegeben sind die Geraden g: $\vec{x} = \begin{pmatrix} 10 \\ 2 \\ 8 \end{pmatrix} + r \begin{pmatrix} -1 \\ -1 \\ 4 \end{pmatrix}$ mit $r \in \mathbb{R}$ und die Punkte $A(0; -2; 0)$ und $B(3; 1; -12)$.

a) Zeigen Sie, dass die Gerade durch A und B parallel zur Geraden g verläuft und von g verschieden ist.

b) Welchen Abstand haben die Geraden g und AB?

c) Die Geraden g und AB bestimmen eine Ebene ε_1. Geben Sie für diese Ebene eine Gleichung in Parameter- und Normalenform an.

d) Die Ebene ε_1 schneidet die Koordinatenachsen in den Punkten A_1, A_2 und A_3. Diese Punkte und der Koordinatenursprung O seien die Eckpunkte einer dreiseitigen Pyramide. Berechnen Sie das Volumen dieser Pyramide.

e) Wie groß ist die Oberfläche dieser Pyramide?

f) Eine Ebene ε_2 verläuft orthogonal zur Ebene ε_1, die Gerade durch die Punkte A_1 und A_2 ist Schnittgerade. Geben Sie eine Gleichung solch einer Ebene ε_2 an.

28. Kepler formuliert in seinem 1. Planetengesetz:
„Planetenbahnen sind Ellipsen mit der Sonne in einem Brennpunkt."
Die Ellipsenform wird in der Astronomie durch die numerische Exzentrizität ε ($\varepsilon = \frac{e}{a}$) bestimmt ($a$ = große Bahnhalbachse, e = lineare Exzentrizität).
Die Werte für a, b und e werden häufig in Astronomischen Einheiten (AE) angegeben (1 AE $= 149{,}6 \cdot 10^6$ km).

a) Vom Jupiter ist bekannt: $a = 5{,}20$ AE, $b = 5{,}193$ AE.
Geben Sie die lineare Exzentrizität e und die numerische Exzentrizität ε an.

b) Vom Merkur ist bekannt: $a = 0{,}39$ AE, $\varepsilon = 0{,}2056$.
Um wie viele Kilometer unterscheiden sich der minimale Abstand zur Sonne (Periheldurchgang) vom maximalen Abstand zur Sonne (Apheldurchgang).

c) Pluto ist durchschnittlich $1{,}45 \cdot 10^9$ km weiter entfernt von der Sonne als Neptun. Kann Neptun zeitweise der sonnenfernste Planet sein?
Neptun: $a = 30{,}06$ AE, $b = 30{,}05$ AE
Pluto: $a = 39{,}75$ AE, $b = 38{,}54$ AE

d) Das 3. Keplersche Gesetz besagt:
„Die Quadrate der Umlaufzeiten der Planeten verhalten sich wie die 3. Potenzen ihrer mittleren Entfernung von der Sonne."
Diese Planetengesetze gelten auch für Kometen, sofern sie eine Ellipsenbahn um die Sonne haben. Der berühmte Komet Halley hatte 1948 mit 35 AE den größten Sonnenabstand, am 9.2.1986 erreichte er die geringste Sonnenentfernung. Wie viele Kilometer waren das?

29. Untersuchen Sie, ob die folgenden Mengen bzgl. der koordinatenweisen Addition bzw. Multiplikation mit einer reellen Zahl einen Vektorraum bilden. Wenn ja, geben Sie jeweils eine Basis und die Dimension an.

a) Gerade g_1 im $\mathbb{R}^2$ mit der Gleichung $4y + 3x = 0$

b) Gerade g_2 im $\mathbb{R}^2$ mit der Gleichung $4y + 3x - 5 = 0$

c) Ebene ε_1 im $\mathbb{R}^3$ mit der Gleichung $x + y - 6z + 1 = 0$

d) Ebene ε_2 im $\mathbb{R}^3$ mit der Gleichung $x + y - 4z = 0$

e) Menge der Drehungen um einen Punkt Z mit dem Drehwinkel α

f) Lösungsmenge des Gleichungssystems (I) $y - x = 0$ und (II) $y + x = 0$

30. Gegeben sei eine Drehung d_1 von 60° um den Koordinatenursprung. Eine Gerade g sei durch die Punkte $A(2; -4)$ und $B(5; -1)$ bestimmt.

a) Zeigen Sie, dass d_1 eine affine Abbildung ist, indem Sie die Abbildungsgleichung angeben.
Untersuchen Sie, ob d_1 auch eine lineare Abbildung ist.

b) Geben Sie die Abbildungsgleichung einer Drehung d_2 von 60° um den Punkt $Z(1; 1)$ an.
Kann man die Drehung d_2 als Nacheinanderausführung der Drehung d_1 und einer Verschiebung um den Vektor $m = \begin{pmatrix} 1 \\ 1 \end{pmatrix}$ interpretieren?

c) Geben Sie Fixpunkte bzw. Fixgeraden der Abbildungen d_2 und d_1 an.

d) Untersuchen Sie, ob die Nacheinanderausführung von d_1 und d_2 dieselbe Abbildung ergibt wie die Nacheinanderausführung von d_2 und d_1.

e) Geben Sie die Gleichung einer zum Bild der Geraden g bei der Drehung d_2 orthogonalen Geraden durch den Punkt $P(t; 0)$ $(t \in \mathbb{R})$ an.

f) Zeigen Sie:
Sind zwei Geraden g und h orthogonal, so sie auch ihre Bilder bei einer Drehung orthogonal.

31. Gegeben seien eine Matrix $F = \begin{pmatrix} 3 & -2 \\ -2 & t \end{pmatrix}$ $(t \in \mathbb{R})$, der Vektor $c = \begin{pmatrix} 3 \\ 3 \end{pmatrix}$, die Punkte $A(2; 2)$, $B(4; 0)$, $C(0; 5)$ und ein Kreis k mit dem Mittelpunkt $M(0; 0)$ und dem Radius $r = \frac{3}{2}$.

a) Für welche $t \in \mathbb{R}$ ist die Abbildung f_t mit $f_t(\vec{x}) = F\vec{x} + \vec{c}$ eine affine Abbildung?
Für welche $t \in \mathbb{R}$ ist die Abbildung f_t mit $f_t(\vec{x}) = F\vec{x} + \vec{c}$ eine Ähnlichkeitsabbildung?
Begründen Sie, dass die Abbildung f_t mit $f_t(\vec{x}) = F\vec{x} + \vec{c}$ für keinen Parameter t eine lineare Abbildung sein kann.

b) Konstruieren Sie das Bild des Dreiecks ABC bei der affinen Abbildung f_t für $t = \frac{3}{2}$.
Welche Eigenschaften der Originalfigur bleiben bei dieser Abbildung erhalten?

c) Ermitteln Sie die Fixpunkte bzw. (wenn vorhanden) die Fixpunktgeraden der Abbildung f_{-1}.
Gibt es einen Parameter $t \in \mathbb{R}$, sodass der Koordinatenursprung Fixpunkt der Abbildung f_t ist?

d) Der Kreis k hat 4 Schnittpunkte mit den Koordinatenachsen (K_1 bis K_4). Bestimmen Sie deren Bilder und das Bild des Mittelpunktes M bei der Abbildung f_{-1}.
Zeichnen Sie die Original- und Bildpunkte in ein Koordinatensystem.
Was für eine Figur bilden die Punkte K_1' bis K_4' bei dieser Abbildung? Begründen Sie Ihre Aussage.

e) Skizzieren Sie das Bild des Kreises k bei der Abbildung f_{-1} in demselben Koordinatensystem.
Beschreiben Sie das Bild.

f) Der Flächeninhalt des Quadrates $K_1 K_2 K_3 K_4$ und der Flächeninhalt der Figur $K_1' K_2' K_3' K_4'$ sind einfach zu berechnen.
Kann man aus dem Verhältnis dieser beiden Flächeninhalte und dem Flächeninhalt des Kreises k auf den Flächeninhalt der Figur k' schließen?
Hinweis: Zur Beantwortung dieser Frage sollen keine Flächeninhaltsberechnungen durchgeführt werden.

32. Eine Abbildung f_t mit $f_t(\vec{x}) = F\vec{x}$ mit dem reellen Parameter t sei durch die Matrix $F = \begin{pmatrix} 1 & t \\ 0 & -1 \end{pmatrix}$ gegeben.

a) Zeigen Sie, dass die Abbildung f_t für alle $t \in \mathbb{R}$ affin ist.

b) Untersuchen Sie, ob alle Abbildungen f_t einen gemeinsamen Fixpunkt haben.

c) Welche Gleichungen haben die Bildgeraden der Geraden g_1: $y = x$ und g_2: $y = -x$ bei der Abbildung f_{-1}? Zeichnen Sie die Geraden g_1, g_2, g_1' und g_2' in ein geeignetes Koordinatensystem (1 LE = 1 cm).

d) Geben Sie zwei Geraden h_1 und h_2 an, die senkrecht aufeinander stehen und deren Bilder bei der Abbildung g mit $f_t(\vec{x}) = \begin{pmatrix} 1 & 0 \\ 0 & -1 \end{pmatrix}\vec{x} + \begin{pmatrix} 2 \\ -1 \end{pmatrix}$ ebenfalls senkrecht aufeinander stehen.

e) Die Bilder der Geraden h_1 und h_2 aus Teilaufgabe d) bilden mit der Achseneinteilung 1 LE = 1 cm ein Koordinatensystem. Geben Sie zwei Gleichungen an, mit denen die Koordinaten eines beliebigen Punktes P bezüglich des ursprünglichen Koordinatensystemes in die Koordinaten von P bezüglich des neuen Koordinatensystemes überführt werden können.

f) Ein Kreis k hat bezüglich des ursprünglichen Koordinatensystems die Gleichung $(x-2)^2+(y+1)^2 = 25$. Geben Sie die Gleichung dieses Kreises bezüglich des neuen Koordinatensystems an.

33. In einem Koordinatensystem sind die Punkte $B(0; 1)$, $C(6; 0)$ und $O'(0; 6)$ gegeben. B und C sind Fixpunkte einer affinen Abbildung f, O' ist der Bildpunkt des Koordinatenursprungs $O(0; 0)$ bei der Abbildung f.

a) Ermitteln Sie eine Gleichung der affinen Abbildung f.

b) Ermitteln Sie eine Gleichung der durch die Punkte B und C bestimmten Geraden h_1 und zeigen Sie, dass alle Punkte dieser Geraden Fixpunkte der Abbildung f sind. Ermitteln Sie eine Gleichung der zu h_1 senkrechten Geraden h_2 durch den Punkt C.

c) Zeichnen Sie h_1 und h_2 in einem geeigneten Koordinatensystem.

d) Untersuchen Sie, ob es zwei Geraden g_1 und g_2 gibt, die durch den Punkt $P(-6; 0)$ gehen, die senkrecht aufeinander stehen und deren Bilder g_1' und g_2' bei der Abbildung f ebenfalls senkrecht aufeinander stehen.

34. Durch Bild 1 ist eine affine Abbildung gegeben, welche den Kreis k auf die Ellipse k' abbildet.

a) Geben Sie eine Gleichung, Fixpunkte bzw. Fixgeraden dieser Abbildung an. (Lesen Sie die dazu notwendigen Koordinaten aus dem Bild ab.)

b) Geben Sie eine Gleichung einer Abbildung g mit folgenden Eigenschaften an:
Das Bild des Kreises k ist eine Ellipse, die in Richtung der y-Achse um den Faktor k gestreckt ist.
Die x-Achse ist Fixpunktgerade der Abbildung g.

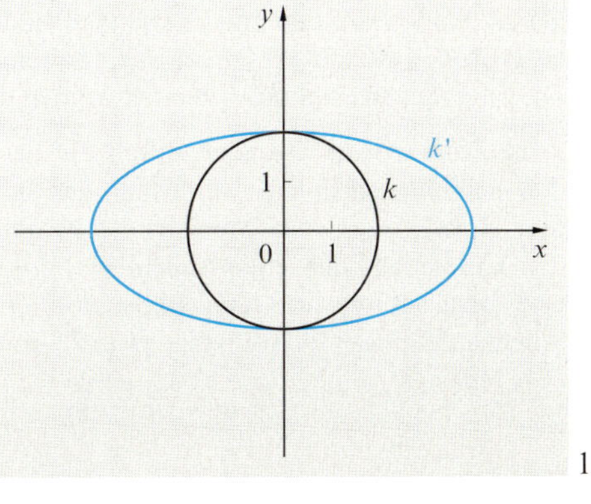

1

Anhang

1 Grafikfähige Taschenrechner und Taschencomputer

Grafikfähige Taschenrechner beherrschen sowohl das Zeichnen von Geraden als auch das symbolische Rechnen (Computer-Algebra-System). Darüber hinaus ist eine Software integriert, die es erlaubt, geometrische Konstruktionen durchzuführen. Mit gewissem Recht kann man in solchen Fällen von einem Taschencomputer (TC) sprechen.

Wir wollen im Folgenden die Arbeit mit einem Taschencomputer (hier der TI–92) anhand einiger Beipielaufgaben aus der Analytischen Geometrie demonstrieren.

Aufgabe 1: *Gegeben:* Punkte $P\,(-1{,}5;\,-0{,}5)$ und $Q\,(-0{,}5;\,0{,}5)$
Gesucht: Gerade durch P und Q und eine Gleichung dieser Geraden

Lösung: Zunächst stellen wir über die Tastenfolge ⟨APPS⟩, ⟨8⟩, ⟨3⟩ den Geometriebildschirm ein, wählen in dem sich öffnenden Fenster nach ⟨↓⟩ einen Namen für unseren Versuch (z.B. v1) und bestätigen mit zweimal ⟨ENTER⟩. Unter diesem Namen kann das erstellte Bild später wieder aufgerufen werden.

Mithilfe der Tastenfolge ⟨F8⟩, ⟨9⟩, ⟨→⟩, ⟨2⟩, ⟨ENTER⟩ wird ein Koordinatensystem erzeugt.

Nach ⟨F2⟩, ⟨1⟩ (= Point) verwandelt sich der Cursor in einen kleinen Bleistift, der mithilfe der Cursortasten an die Stelle geführt wird, wo der erste Punkt abgebildet werden soll.
Nach Bestätigung durch ⟨ENTER⟩ wird ein dicker Punkt markiert. Seine Koordinaten können wir uns über ⟨F6⟩, ⟨5⟩ und ein bestätigendes ⟨ENTER⟩ anzeigen lassen.

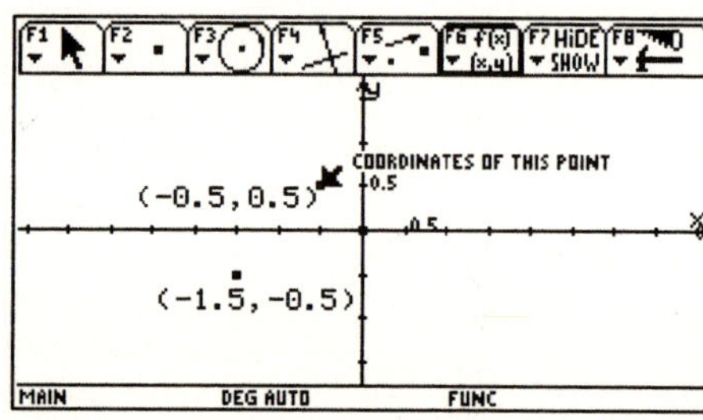

Der Befehl „Pointer“ aus dem Menü ⟨F1⟩ macht es möglich, die Lage eines Punktes zu korrigieren: Cursor auf den entsprechenden Punkt bewegen, Frage „This point?“ mit ⟨ENTER⟩ bestätigen, Taste „HAND“ gedrückt halten und Cursor-Tasten betätigen.
Die angezeigten Punktkoordinaten werden dabei automatisch verändert.

Zum Zeichnen der Geraden durch die beiden gezeichneten Punkte wählt man den Befehl „LINE“ aus dem Menü ⟨F2⟩, bewegt den Cursor auf den entsprechenden Punkt und bestätigt die auf dem Bildschirm erscheinende Frage „Thru[1] this point?“ mit ⟨ENTER⟩.

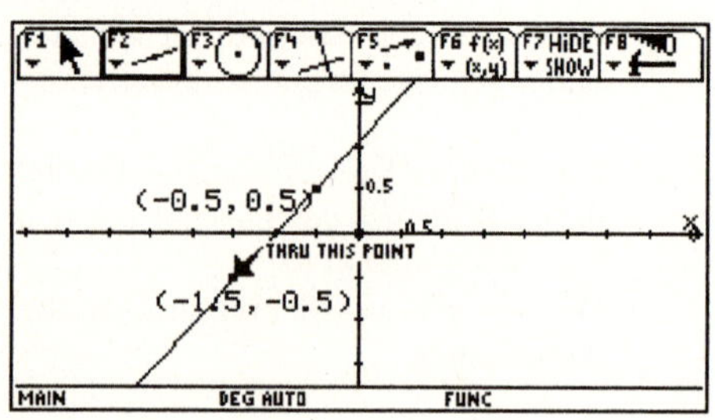

[1] amerikanische Schreibweise von through (engl.) = durch
Hinweis: Neuerdings kann man auf eine deutschsprachige Anzeige der Menüs umschalten.

Mit dem Befehl EQUATION & COORDINATES im Menü ⟨F6⟩ lassen sich die Koordinaten der Punkte, aber auch eine Gleichung der Geraden (wahlweise[1] in Normalform oder in allgemeiner Form) ermitteln.

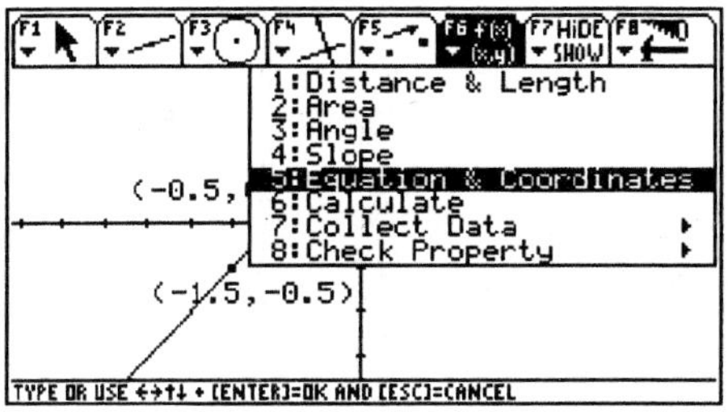

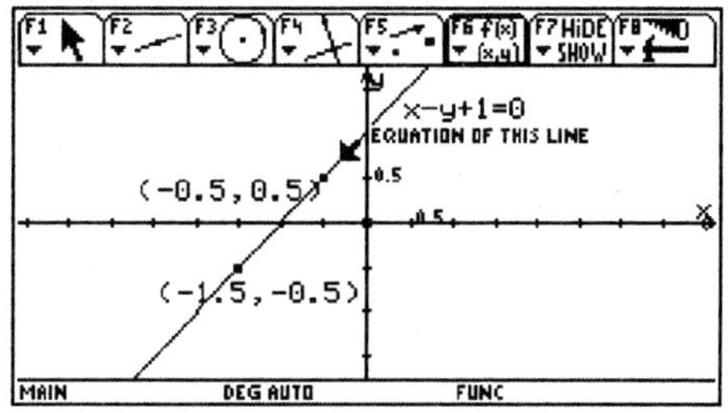

In gleicher Weise lassen sich weitere Befehle nutzen (über ein Menü abrufbar), um Analytische Geometrie per Mausklick zu betreiben.

Aufgabe 2: *Gegeben:* Punkt $Q\,(-0{,}5;\ 0{,}5)$ als Mittelpunkt eines Kreises k
Punkt $P\,(-1{,}5;\ -0{,}5)$ als Punkt dieses Kreises

Gesucht: *Kreis* k und eine Gleichung des Kreises
Schnittpunkt S der Geraden g durch P und Q mit k $(S \neq P)$
Tangente t an k im Punkt S und Tangentengleichung

Lösung: Nach ⟨F3⟩ und ⟨1⟩ (= Circle) wird der Cursor zum Punkt Q bewegt. Die Frage „This center point?“ wird mit ⟨ENTER⟩ bestätigt, ebenso die Frage „This radius point?“, nachdem der Cursor zuvor zu diesem Punkt P bewegt worden ist.

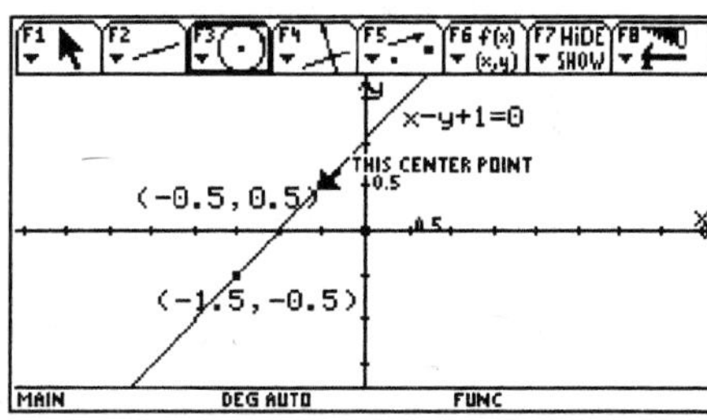

Wie im Falle der Geraden kann auch für Kreise die Darstellungsart der zugehörigen Gleichung selbst bestimmt und aufgerufen werden[2]:

k: $(x+0{,}5)^2 - (y+0{,}5)^2 = 1{,}4^2$ oder $x^2 + y^2 + 1x - 1y - 1{,}5 = 0$.

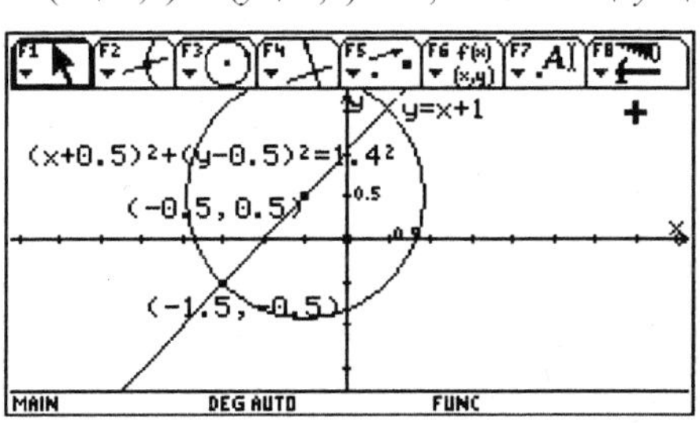

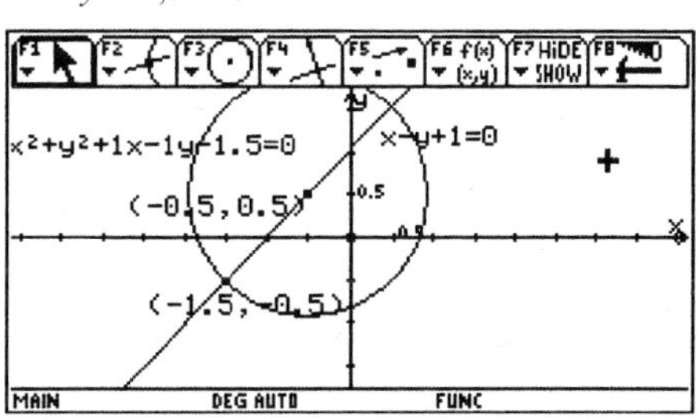

[1] ⟨F8⟩ und⟨9⟩: Line Equation ($y = ax + b$; $ax + by + c = 0$)
[2] Wegen der eingestellten Genauigkeit: $\sqrt{2} \approx 1{,}4$ bzw. $1{,}46 \approx 1{,}5$

Da g und k nach Konstruktion durch den Punkt $P\,(-1{,}5;\ -0{,}5)$ gehen, bestimmen wir den zweiten der beiden Schnittpunkte mithilfe des Befehls INTERSECTION POINT[1] (⟨F2⟩, ⟨3⟩). Nach der Abfrage, ob die ausgewählten Objekte die richtigen sind, werden die beiden Schnittpunkte „kreisförmig" hervorgehoben; die Koordinaten lassen wir uns anzeigen: $S\,(0{,}5;\ 1{,}5)$.

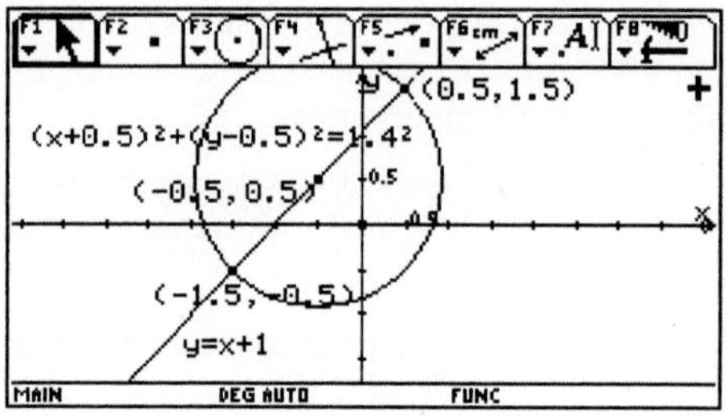

Um die Tangente t an den Kreis k im Punkt S (samt Gleichung) zu bestimmen, nutzen wir die Tatsache, dass t im Punkt S senkrecht auf g steht. Eine zu einer Geraden senkrechte Gerade wird mit dem Befehl PERPENDICULAR LINE[2] (⟨F4⟩, ⟨1⟩) erzeugt. EQUATION & COORDINATES (⟨F6⟩, ⟨5⟩) liefert dann die gewünschte Tangentengleichung für t: $y = -x + 2$.

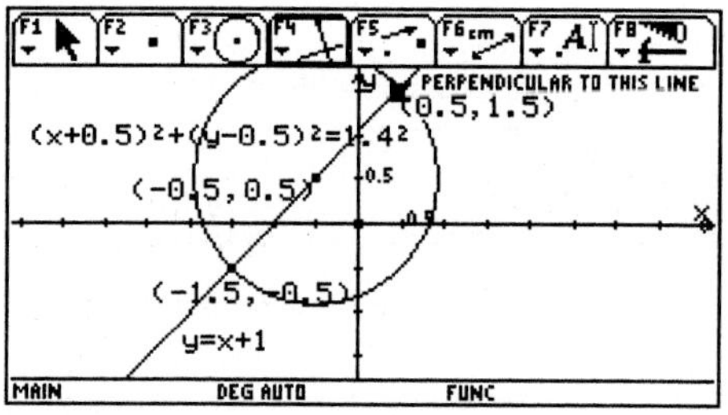

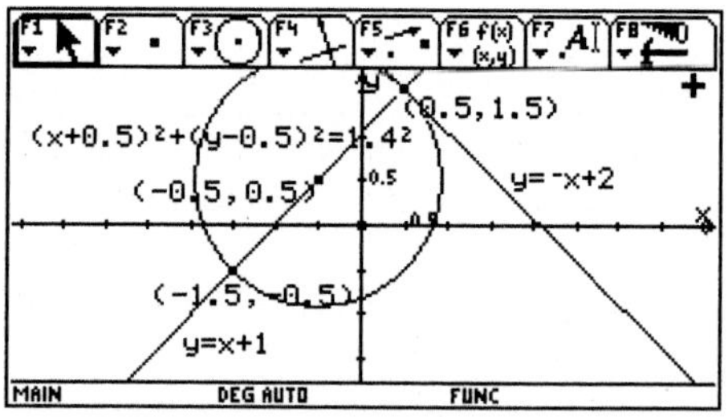

Lineare Gleichungssysteme (LGS) lassen sich auch mit einem Taschencomputer (TC) auf mehrere Weisen lösen. Im Abschnitt D2 (S. 102) haben wir die Befehle REF und RREF kennen gelernt, die die erweiterte Koeffizientenmatrix des LGS auf Dreiecks- bzw. Diagonalform bringen. Im Folgenden zeigen wir, wie mithilfe eines Taschencomputers ein solches LGS auch grafisch gelöst werden kann.

Aufgabe 3: *Gegeben:* (I) $2x - 3y = 4$
(II) $-x + 7y = -12$

Gesucht: Grafische Lösung des LGS

Lösung: Nach Auflösung der beiden linearen Gleichungen nach y mithilfe des SOLVE-Befehls wird der Funktionsterm $mx + n$ unmittelbar nach dem Befehl GRAPH eingegeben.
Nach ⟨ENTER⟩ schaltet sich automatisch der Graphikmodus ein und die Gerade wird gezeichnet.

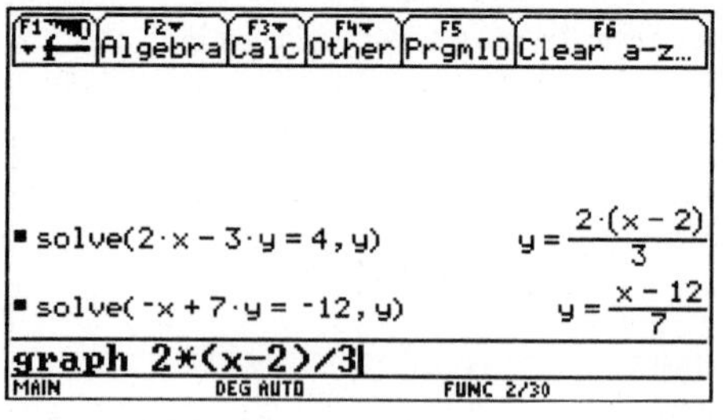

[1] intersection point (engl.) = Schnittpunkt
[2] perpendicular (engl.) = senkrecht

Eingabe: graph $\frac{2\cdot(x-2)}{3}$

Eingabe: graph $\frac{x-12}{7}$

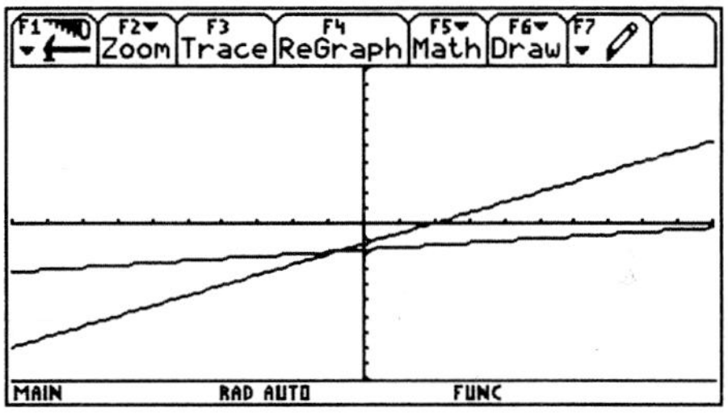

Mithilfe der Cursortasten kann der Cursor zum Schnittpunkt S der beiden Geraden geführt werden. Die Koordinaten xc und yc des Cursors werden ständig aktualisiert.

Neben der bereits im Abschnitt D1 (S. 91) angegebenen Möglichkeit, den Schnittpunkt zweier Geraden näherungsweise zu bestimmen (und die Genauigkeit dieser so ermittelten Lösung mithilfe der ZOOM-Technik (⟨F2⟩) weiter zu verbessern), nutzen wir den Befehl INTERSECTION (⟨F5⟩, ⟨5⟩), der die Koordinaten des Schnittpunktes direkt liefert.

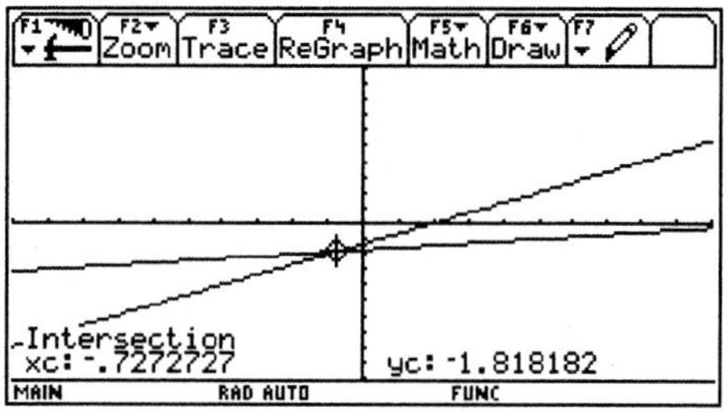

Nach Eingabe einer unteren und oberen Grenze (Lower Bound? bzw. Upper Bound?) für die x-Koordinate des Schnittpunktes S zeigt der TC die gewünschten Schnittpunktkoordinaten an: $S\,(-0{,}7272727;\ -1{,}818182)$.

Mithilfe der vom TC zur Verfügung gestellten Befehle lassen sich auch Vektoren darstellen und die Summe dieser beiden Vektoren, ihre Längen sowie der Winkel, den sie miteinander einschließen, ermitteln.

Aufgabe 4: *Gegeben:* $\overrightarrow{AB}, \overrightarrow{AC}$
Gesucht: $\overrightarrow{AB}+\overrightarrow{AC},\ |\overrightarrow{AB}|,\ |\overrightarrow{AC}|,\ |\overrightarrow{AB}+\overrightarrow{AC}|,\ \sphericalangle(\overrightarrow{AB}, \overrightarrow{AC})$

Lösung: Mit ⟨F2⟩, ⟨7⟩ rufen wir den Befehl VECTOR auf. Der ursprünglich kreuzförmige Cursor verwandelt sich daraufhin in einen Bleistift. Wir platzieren den Cursor an der gewünschten Stelle auf dem Bildschirm (Anfangspunkt A, ⟨ENTER⟩) und ziehen den Cursor zum Endpunkt B (⟨ENTER⟩, ⟨ESC⟩[1]).

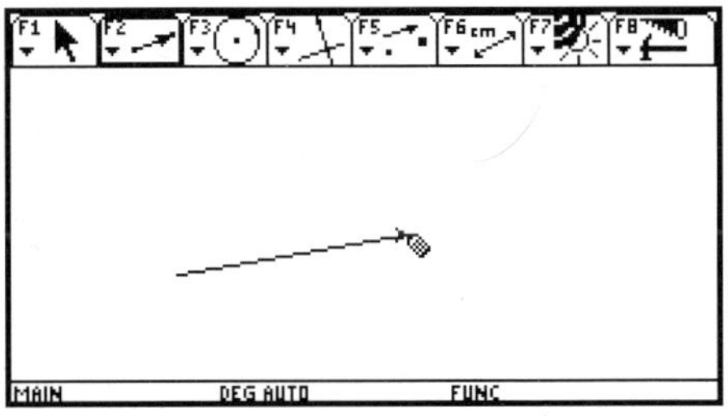

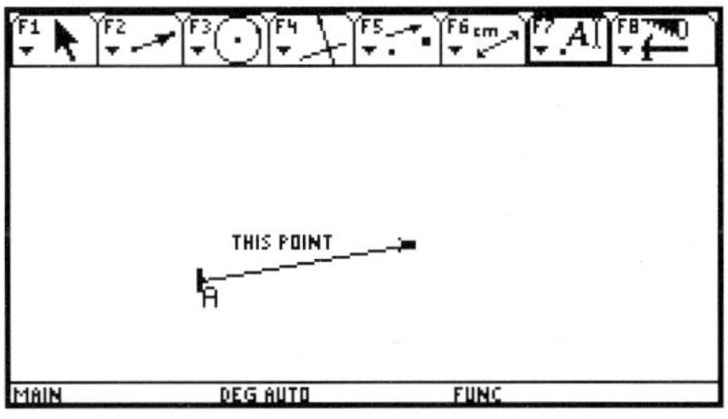

[1] escape (engl.) = flüchten; die ⟨ESC⟩-Taste bewirkt, dass der Befehl VECTOR wieder ausgeschaltet wird.

Mit dem Befehl LABEL (⟨F7⟩, ⟨4⟩) bezeichnen wir ein geometrisches Objekt. Führen wir den Cursor zum Anfangspunkt zurück, erscheint die Frage „This point?". Nach ⟨ENTER⟩ geben wir (in das sich öffnende Kästchen) den Großbuchstaben „*A*" ein. In gleicher Weise zeichnen wir den zweiten Vektor.

Die Länge der Vektoren erhalten wir über den Befehl DISTANCE & LENGTH (⟨F6⟩, ⟨1⟩). Gemäß Voreinstellung (mm, cm, m) erscheint die Maßzahl neben dem gezeichneten Objekt.
Um den von beiden Vektoren eingeschlossenen Winkel zu messen, rufen wir den Befehl ANGLE auf (⟨F6⟩, ⟨3⟩).

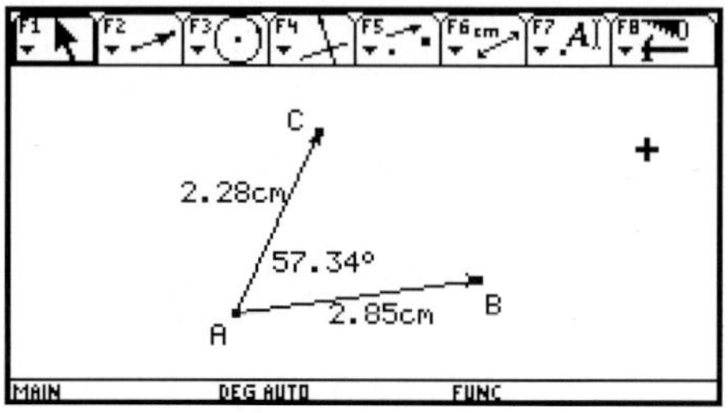

Die Summe zweier Vektoren wird mit dem Befehl VECTOR SUM aufgerufen (⟨F4⟩, ⟨7⟩). Anschließend lassen wir uns auch deren Länge anzeigen.

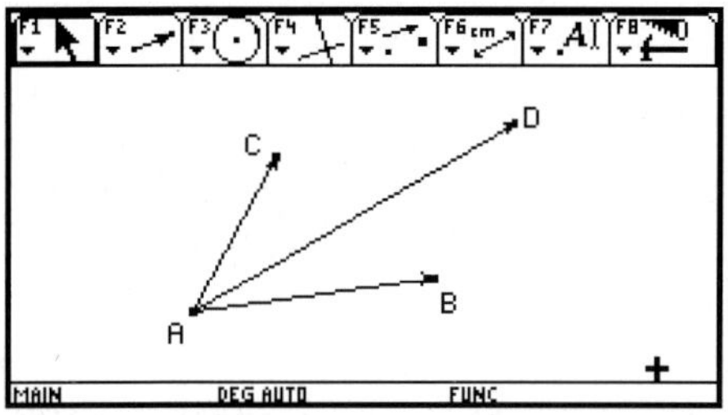

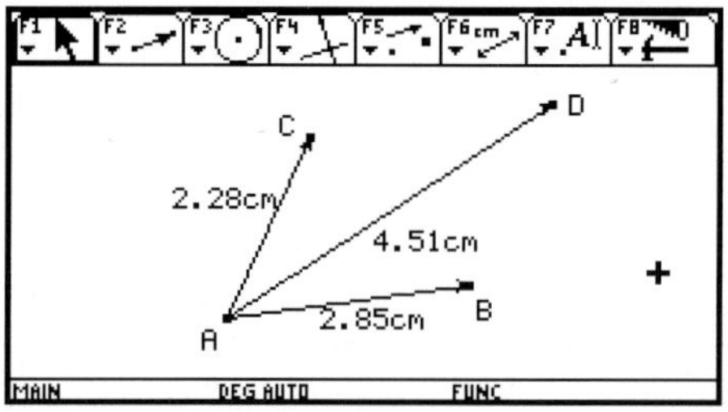

Mit Aufgabe 5 wird deutlich, wie eng sich die grafischen Möglichkeiten eines TC mit seiner Fähigkeit verknüpfen lassen, zugleich numerische und algebraische Umformungen vornehmen zu können.

Aufgabe 5: *Gegeben:* Geraden g_1, g_2 und g_3
mit g_1: $4x - 3y = 4$, g_2: $6x - y = 20$, g_3: $2x - 5y = 16$

Gesucht:
1. Dreieck *ABC*, dessen Eckpunkte die Schnittpunkte der Geraden sind; ferner
2. die Länge der Seiten,
3. die Winkel,
4. die (Länge der) Höhen[1],
5. die (Länge der) Seitenhalbierenden,
6. der Schwerpunkt,
7. die Mittelsenkrechten der Seiten,
8. der Umkreis,
9. der Flächeninhalt dieses Dreiecks *ABC*.

[1] Zumeist sind mit Höhen die Strecken gemeint, die von einem Eckpunkt bis zum Höhenfußpunkt auf der gegenüberliegenden Seite gehen. Geht es um den Höhenschnittpunkt, betrachtet man auch die Geraden, auf denen diese Höhen liegen, selbst als Höhen.

Lösung

1. Die Eckpunkte A, B, C des Dreiecks ABC

Rechnerische Lösung:
Wir lösen die drei LGS

a) (I) $4x - 3y = 4$ (II) $6x - y = 20$

b) (I) $4x - 3y = 4$ (III) $2x - 5y = 16$

c) (II) $6x - y = 20$ (III) $2x - 5y = 16$

mithilfe des Befehls RREF (siehe Abschnitt D2, S. 102).

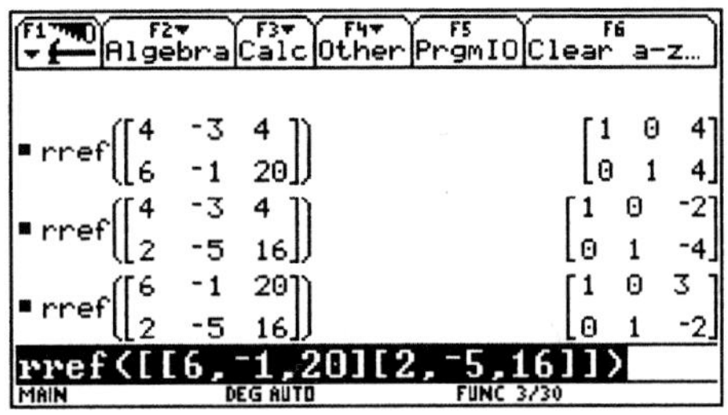

Daraus lesen wir als Lösungen (4; 4), (– 2; – 4) und (3; – 2) ab.
Das Dreieck hat also die Eckpunkte:

$A(4; 4)$, $B(3; -2)$ und $C(-2; -4)$.

Grafische Lösung:
Wir stellen die Gleichungen derart um, dass wir die Normalform $y = mx + n$ erhalten:

$$g_1\colon y = \frac{4}{3}x - \frac{4}{3}; \qquad g_2\colon y = 6x - 20; \qquad g_3\colon y = \frac{2}{5}x - \frac{16}{5}.$$

Ein dem Befehl GRAPH nachgestellter Funktionsterm wird unmittelbar gezeichnet. Mit dem Befehl INTERSECTION (⟨F5⟩, ⟨5⟩) lassen wir uns die drei Schnittpunkte anzeigen (vgl. Aufgabe 3); hier Punkt $C(-2; -4)$. Zur Beschriftung nutzen wir den Befehl TEXT im Menü ⟨F7⟩.

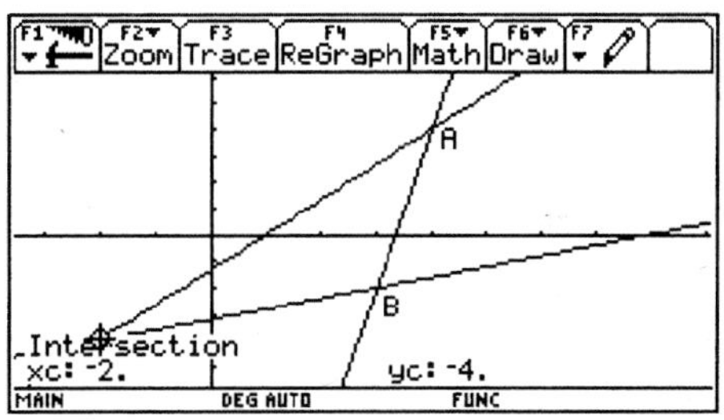

2. Die Seiten $\overline{AB}$, $\overline{AC}$, $\overline{BC}$ des Dreiecks ABC und ihre Längen $|\overline{AB}|$, $|\overline{AC}|$, $|\overline{BC}|$

Um die Länge der Seiten des Dreiecks ABC zu ermitteln, nutzen wir die Vektorrechnung und die hierfür im TC implementierten Befehle (Eingabe eines Vektors, NORM[1]).
Wegen $A(4; 4)$, $B(3; -2)$ und $C(-2; -4)$ und $\overrightarrow{AB} = B - A$ bzw. $B = A + \overrightarrow{AB}$ speichern wir mithilfe des Befehls ⟨STO ▸⟩ die Koordinaten der Eckpunkte A, B, C sowie der Vektoren $\overrightarrow{AB}$, $\overrightarrow{AC}$, $\overrightarrow{BC}$ wie folgt[2]:

[4, 4] → a
[3, –2] → b
[–2, –4] → c

Es gelten:

$$\overrightarrow{AB} = \begin{pmatrix} -1 \\ -6 \end{pmatrix}, \quad \overrightarrow{AC} = \begin{pmatrix} -6 \\ -8 \end{pmatrix},$$

$$\overrightarrow{BC} = \begin{pmatrix} -5 \\ -2 \end{pmatrix}$$

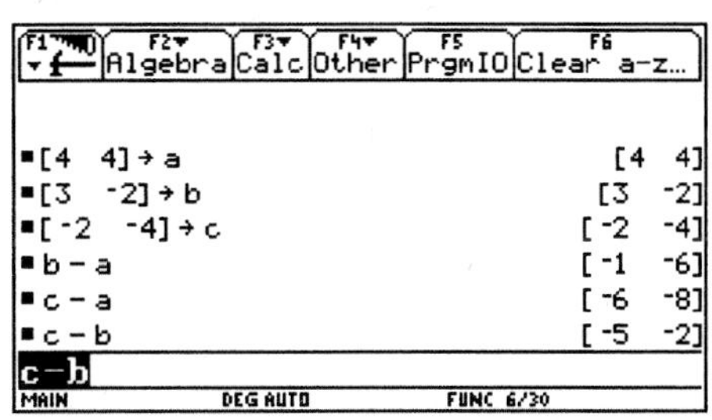

[1] liefert die Länge eines Vektors
[2] Die Taste ⟨STO ▸⟩ erzeugt auf dem Bildschirm einen einfachen Pfeil (→).

Mithilfe des Satzes des Pythagoras

$$|\overrightarrow{AB}| = \sqrt{(x_B - x_A)^2 + (y_B - y_A)^2}$$
$$= \sqrt{37} \approx 6{,}08$$

oder einfacher mithilfe des Skalarproduktes ermitteln wir die Länge der Seiten.

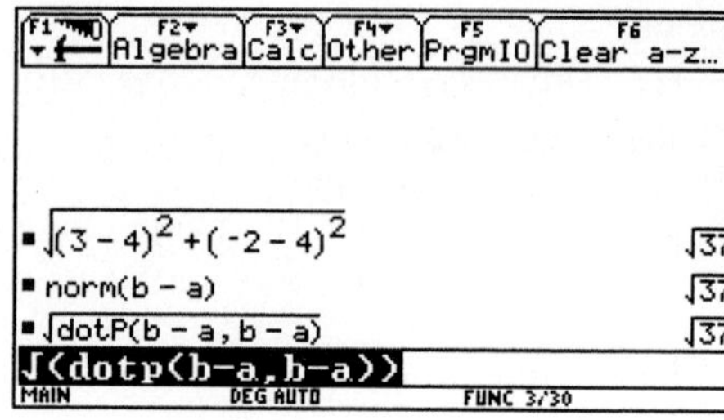

Der Befehl NORM ist wie folgt definiert:

norm $(\overrightarrow{AB}) = \text{norm}\,(B - A) = \sqrt{\overrightarrow{AB} \cdot \overrightarrow{AB}}$;

man kann natürlich auch direkt das Skalarprodukt „DOTP“ aufrufen und dann noch die Wurzel ziehen (vgl. Abschnitt F2, S. 167). Als Ergebnis erhalten wir

$|\overline{AB}| = |\overrightarrow{AB}| = \sqrt{37} \approx 6{,}1$; $|\overline{AC}| = |\overrightarrow{AC}| = 10$ und $|\overline{BC}| = |\overrightarrow{BC}| = \sqrt{29} \approx 5{,}4$.

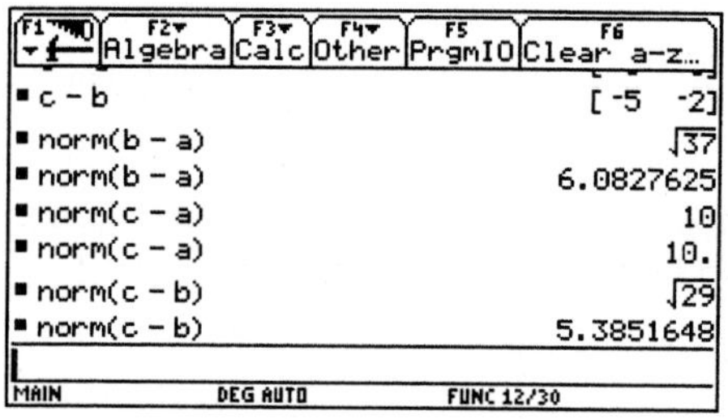

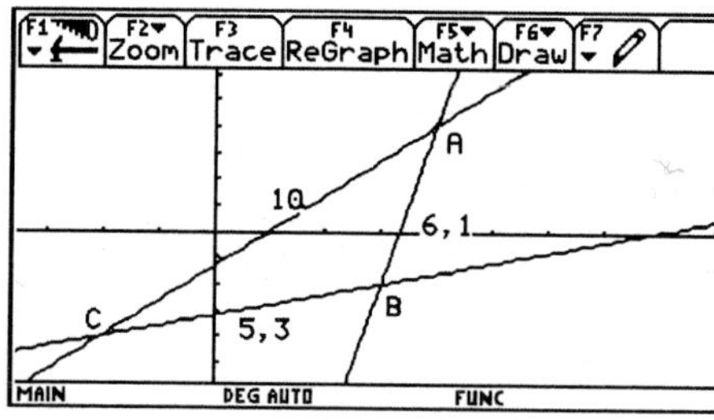

3. Die Winkel $\sphericalangle CAB$, $\sphericalangle ABC$, $\sphericalangle ACB$ des Dreiecks ABC

   Um die (Größe der) Winkel bestimmen zu können, brauchen wir wieder das Skalarprodukt (DOTP) der entsprechenden Vektoren. Die Arcuskosinus-Funktion wird durch COS^{-1} aufgerufen. Die genauen Werte interessieren uns hier nicht; deshalb rufen wir mit ⟨♦⟩⟨ENTER⟩ zusätzlich einen Näherungswert auf.

   $$\cos\alpha = \cos \sphericalangle CAB = \cos \sphericalangle(\overrightarrow{AC}, \overrightarrow{AB}) = \frac{\overrightarrow{AC} \cdot \overrightarrow{AB}}{|\overrightarrow{AC}| \cdot |\overrightarrow{AB}|}, \text{ also}$$

   $$\alpha = \sphericalangle CAB = \sphericalangle(\overrightarrow{AC}, \overrightarrow{AB}) = \arccos \frac{\overrightarrow{AC} \cdot \overrightarrow{AB}}{|\overrightarrow{AC}| \cdot |\overrightarrow{AB}|} \approx 27{,}4°.$$

   Analog gelten $\beta = \sphericalangle ABC \approx 121{,}3°$ und $\gamma = \sphericalangle ACB \approx 31{,}3°$.

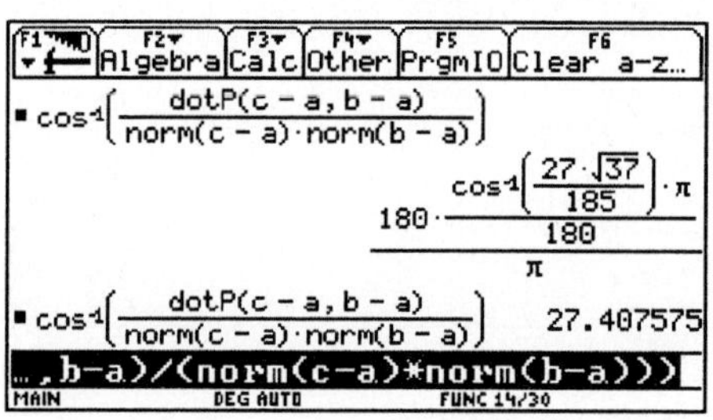

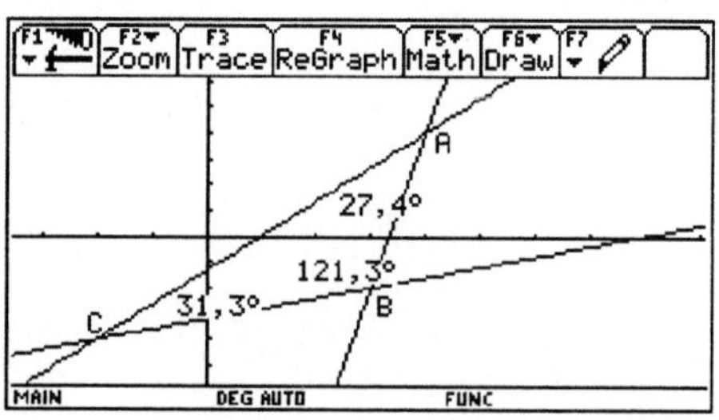

Da die Achsen unterschiedliche Maßstäbe haben, werden nicht die wahren Winkel angezeigt.

4. Die Höhen des Dreiecks ABC und ihre Längen $h_a = |\overrightarrow{DA}|$, $h_b = |\overrightarrow{EB}|$, $h_c = |\overrightarrow{FC}|$

Wir fassen die Höhen (mit den Fußpunkten D, E, F) als Vektoren auf:
$\overrightarrow{DA} = \overrightarrow{DB} + \overrightarrow{BA} = \lambda\,\overrightarrow{CB} + \overrightarrow{BA}$. Nach Voraussetzung gilt $\overrightarrow{DA} \perp \overrightarrow{CB}$, also muss das Skalarprodukt der beiden Vektoren null sein:
$0 = \overrightarrow{DA} \cdot \overrightarrow{CB} = (\lambda\,\overrightarrow{CB} + \overrightarrow{BA}) \cdot \overrightarrow{CB} = \lambda \cdot \overrightarrow{CB} \cdot \overrightarrow{CB} + \overrightarrow{BA} \cdot \overrightarrow{CB} = \lambda \cdot |\overrightarrow{CB}|^2 + \overrightarrow{BA} \cdot \overrightarrow{CB}$,

also $\lambda = -\dfrac{\overrightarrow{BA} \cdot \overrightarrow{CB}}{|\overrightarrow{CB}|^2} = -\dfrac{17}{29}$. Das liefert $\overrightarrow{DA} = -\dfrac{17}{29}\overrightarrow{CB} + \overrightarrow{BA} = \begin{pmatrix} -\frac{56}{29} \\ \frac{140}{29} \end{pmatrix}$, sodass die Höhe h_a (als Länge dieses Vektors) mit $h_a = \dfrac{28\sqrt{29}}{29} \approx 5{,}2$ (LE) ermittelt worden ist.

Analog erhalten wir $h_b = \dfrac{14}{5} = 2{,}8$ (LE) und $h_c = \dfrac{28\sqrt{37}}{37} \approx 4{,}6$ (LE).

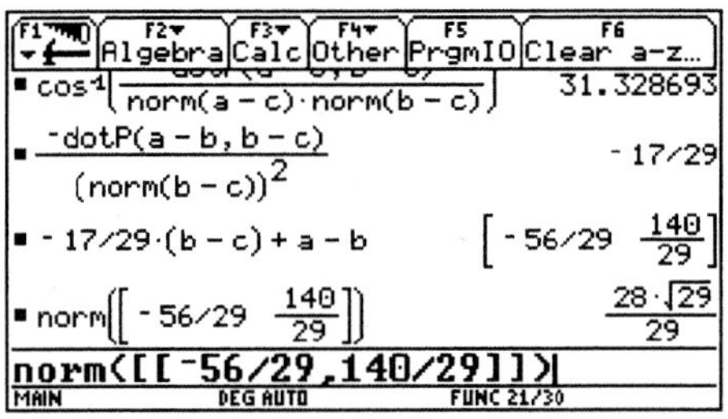

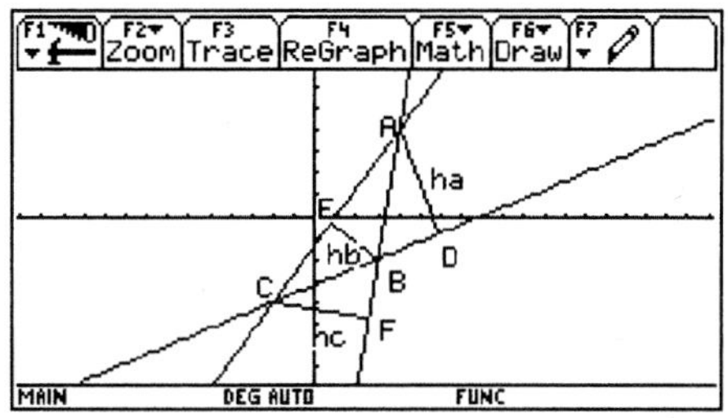

5. Die Seitenhalbierenden von ABC und ihre Längen $s_a = |\overrightarrow{AG}|$, $s_b = |\overrightarrow{BI}|$, $s_c = |\overrightarrow{CK}|$
Durch die Gleichungen $\overrightarrow{OI} = \frac{1}{2}(\overrightarrow{OA} + \overrightarrow{OC})$, $\overrightarrow{OG} = \frac{1}{2}(\overrightarrow{OB} + \overrightarrow{OC})$, $\overrightarrow{OK} = \frac{1}{2}(\overrightarrow{OA} + \overrightarrow{OB})$ sind die Seitenmitten unmittelbar gegeben. Mithilfe des Befehls NORM erhalten wir die jeweiligen Längen der Seitenhalbierenden:
$s_a = |\overrightarrow{AG}| \approx 7{,}8$ (LE), $s_b = |\overrightarrow{BI}| \approx 2{,}8$ (LE), $s_c = |\overrightarrow{CK}| \approx 7{,}4$ (LE).

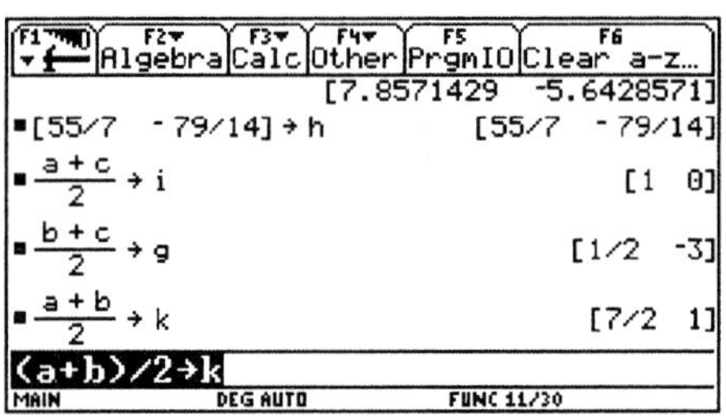

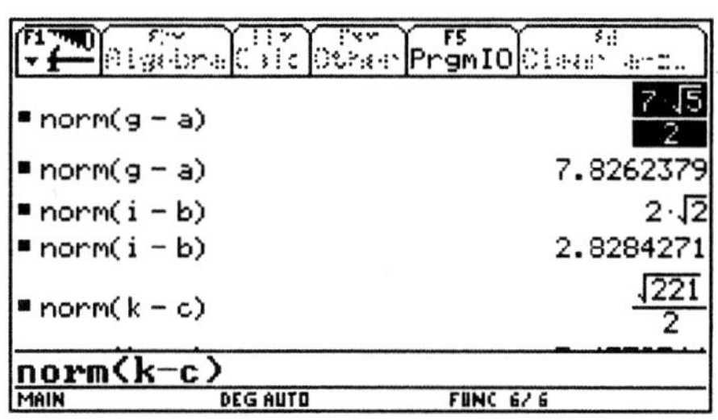

Als Nebenprodukt fällt ab, dass die Verbindungsstrecken der Seitenmitten parallel zu den jeweiligen Grundseiten sind; außerdem sind sie jeweils gerade halb so lang wie diese.
Beides lässt sich sofort aus den Vektorgleichungen ablesen:
$\overrightarrow{IG} = \frac{1}{2}\overrightarrow{AB}$, $\overrightarrow{KG} = \frac{1}{2}\overrightarrow{AC}$, $\overrightarrow{KI} = \frac{1}{2}\overrightarrow{CB}$.

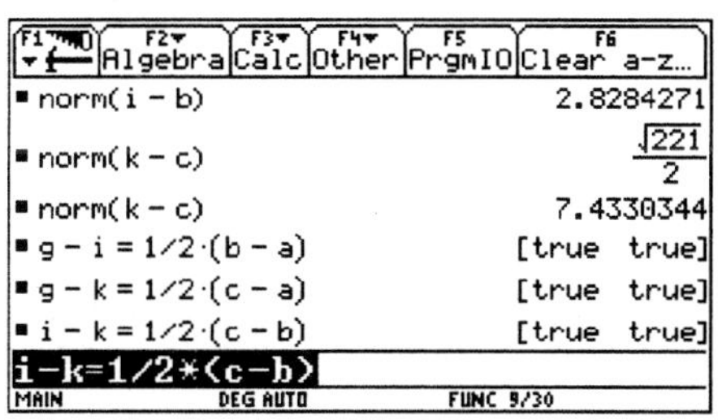

6. Der Schwerpunkt S ist der Schnittpunkt der Seitenhalbierenden. Für die Trägergeraden dieser Seitenhalbierenden stellen wir Vektorgleichungen (Parameterdarstellung) auf:
s_a: $\overrightarrow{OX} = \overrightarrow{OA} + p \cdot \overrightarrow{AG}$; s_b: $\overrightarrow{OX} = \overrightarrow{OB} + q \cdot \overrightarrow{BI}$; s_c: $\overrightarrow{OX} = \overrightarrow{OC} + r \cdot \overrightarrow{CK}$ $(p, q, r \in \mathbb{R})$

Als parameterfreie Gleichungen erhalten wir
s_a: $2x - y = 4$;
s_b: $x + y = 1$;
s_c: $10x - 11y = 24$.

Wir ermitteln den Schnittpunkt der Geraden, auf denen die Seitenhalbierenden s_a bzw. s_b liegen.

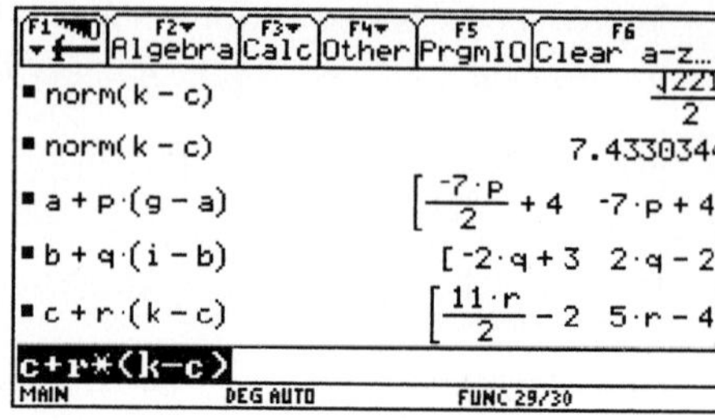

$s_a \cap s_b$: $\overrightarrow{OA} + p\,\overrightarrow{AG} = \overrightarrow{OB} + q\,\overrightarrow{BI}$ liefert die beiden Gleichungen $\frac{-7p}{2} + 4 = -2q + 3$ und $-7p + 4 = 2q - 2$, sodass wir das LGS (I) $\frac{-7}{2}p + 2q = -1$, (II) $-7p - 2q = -6$

zu lösen haben. Mittels RREF erhalten wir $p - q - \frac{2}{3}$. Eingesetzt, erhalten wir als Schwerpunkt $S\left(\frac{5}{3}; -\frac{2}{3}\right)$. Analog führen $s_a \cap s_c$ und auch $s_b \cap s_c$ auf denselben Punkt S.

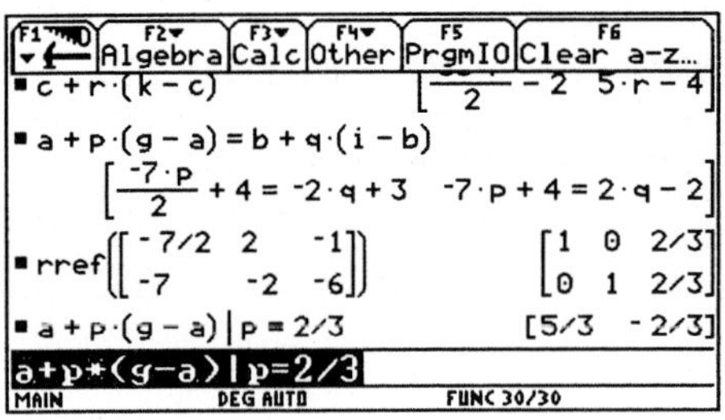

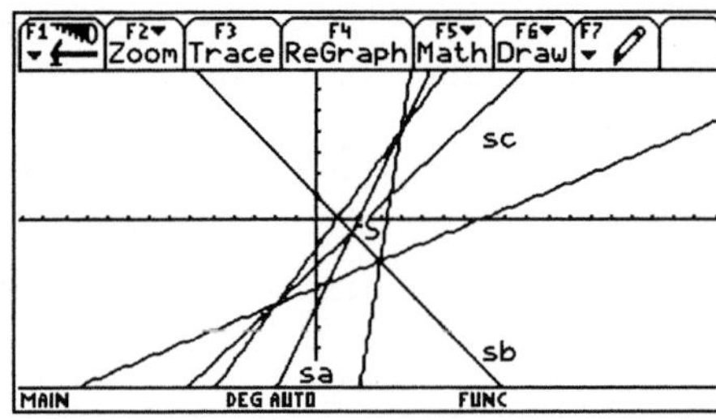

7. Die Mittelsenkrechten m_a, m_b, m_c der Seiten des Dreiecks ABC lassen sich besonders einfach mithilfe von Normalengleichungen darstellen.
m_a: $\overrightarrow{OX} = \overrightarrow{OG} + p \cdot \begin{pmatrix} 2 \\ -5 \end{pmatrix}$,
m_b: $\overrightarrow{OX} = \overrightarrow{OI} + q \cdot \begin{pmatrix} -8 \\ 6 \end{pmatrix}$,
m_c: $\overrightarrow{OX} = \overrightarrow{OK} + r \cdot \begin{pmatrix} 6 \\ -1 \end{pmatrix}$.

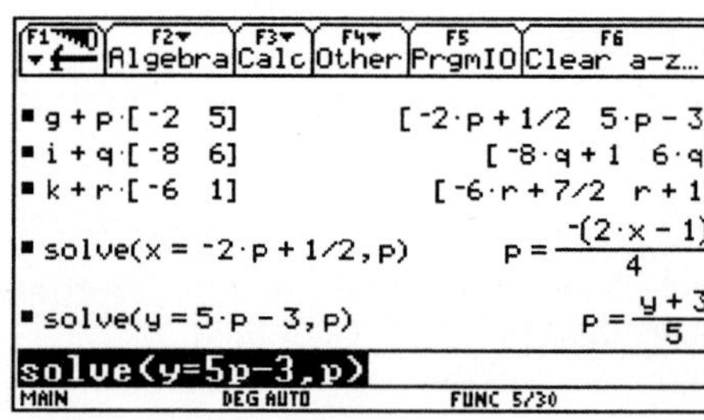

Die erste Normalengleichung liefert $x = -2p + \frac{1}{2}$ und $y = 5p - 3$; wir eliminieren p und erhalten als parameterfreie Gleichung m_a: $10x + 4y = -7$.
Analog erhält man die anderen beiden Normalengleichungen:
m_b: $3x + 4y = 3$; m_c: $2x + 12y = 19$.

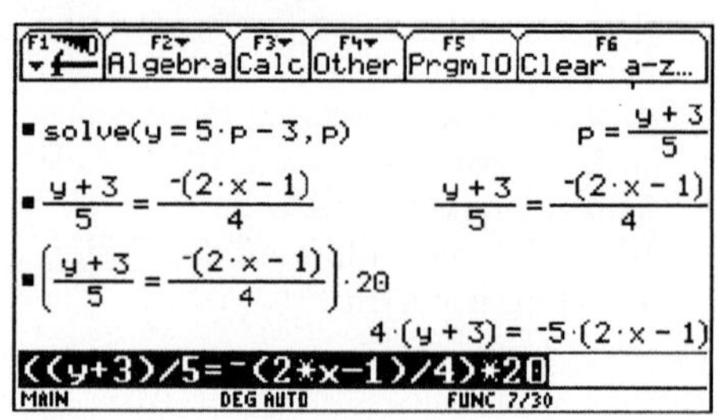

8. Der Umkreis des Dreiecks ABC

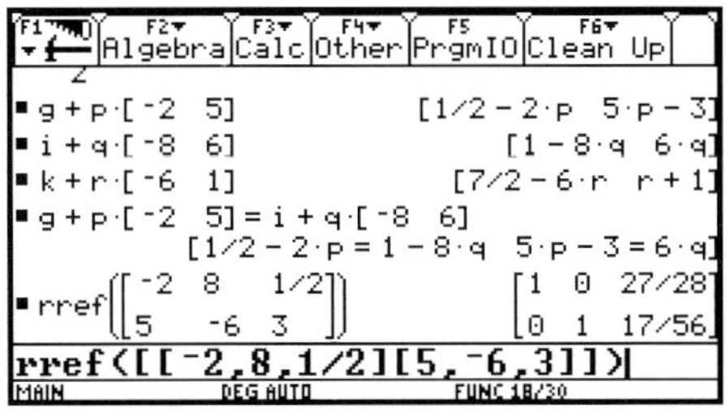

Der Mittelpunkt M des Umkreises k des Dreiecks ABC ist der Schnittpunkt der Mittelsenkrechten seiner Seiten. Wir ermitteln den Schnittpunkt der Geraden m_a und m_b:
Die Gleichung
$\overrightarrow{OG} + p\begin{pmatrix} 2 \\ -5 \end{pmatrix} = \overrightarrow{OI} + q\begin{pmatrix} -8 \\ 6 \end{pmatrix}$ liefert
$p = \frac{27}{28}$ bzw. $q = \frac{17}{56}$.
Daraus ergibt sich: $M\left(-\frac{10}{7}; \frac{51}{28}\right)$ bzw. näherungsweise $M(-1{,}4; 1{,}8)$.

Den Radius $|\overrightarrow{AM}| = \frac{5\sqrt{1073}}{28} \approx 5{,}8$ (LE) des Umkreises k ermitteln wir mithilfe des Befehls NORM.
Es ergibt sich die Kreisgleichung:
$\left(x + \frac{10}{7}\right)^2 + \left(y - \frac{51}{28}\right)^2 = \left(\frac{5\sqrt{1073}}{28}\right)^2$.

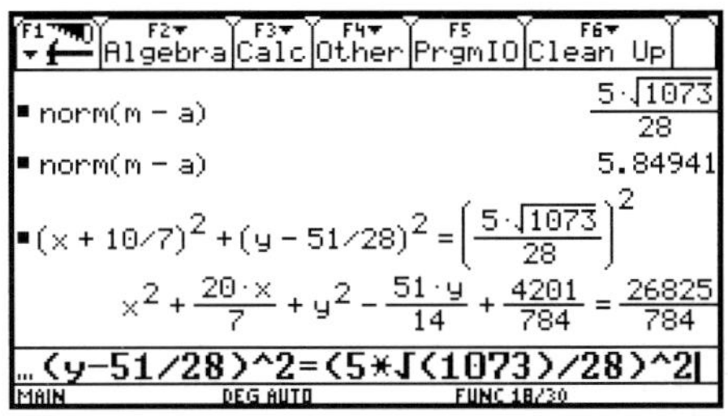

Soll der Umkreis grafisch dargestellt werden, zeichnet man erst die drei Geraden m_a, m_b und m_c (Teilaufgabe 7) mithilfe des Befehls DRAWFUNC.

Anschließend verfährt man wie in Aufgabe 2, Seite 281.

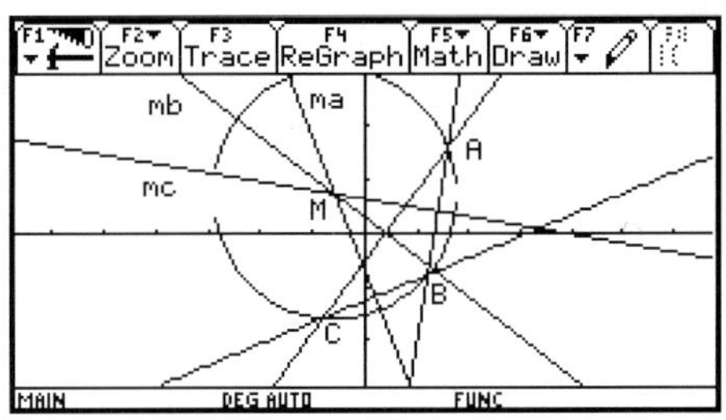

9. Der Flächeninhalt des Dreiecks ABC

Mit $A = \frac{|\overrightarrow{BC}| \cdot h_a}{2} = \frac{|\overrightarrow{AC}| \cdot h_b}{2} = \frac{|\overrightarrow{AB}| \cdot h_c}{2}$ erhalten wir $A = 14$ (FE).

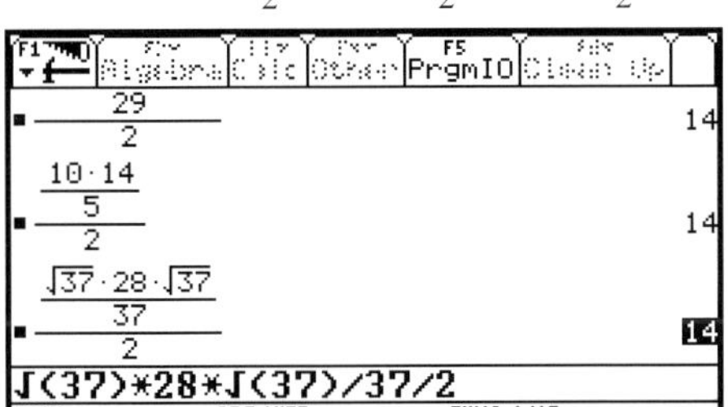

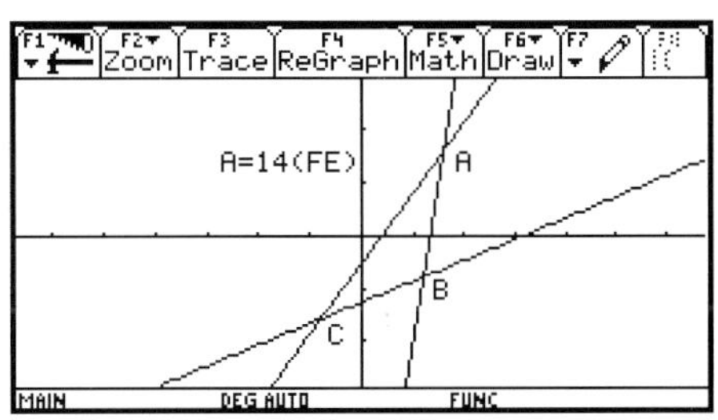

Ausblick: Die Punkte S und M definieren die Eulergerade, auf der auch der Höhenschnitt H liegt. Es gilt das Verhältnis: $|\overline{SM}| : |\overline{SH}| = 1:2$.
Der Mittelpunkt der Strecke $\overline{HM}$ ist der Mittelpunkt des Feuerbachkreises.

2 Analytische Geometrie und Computergrafik

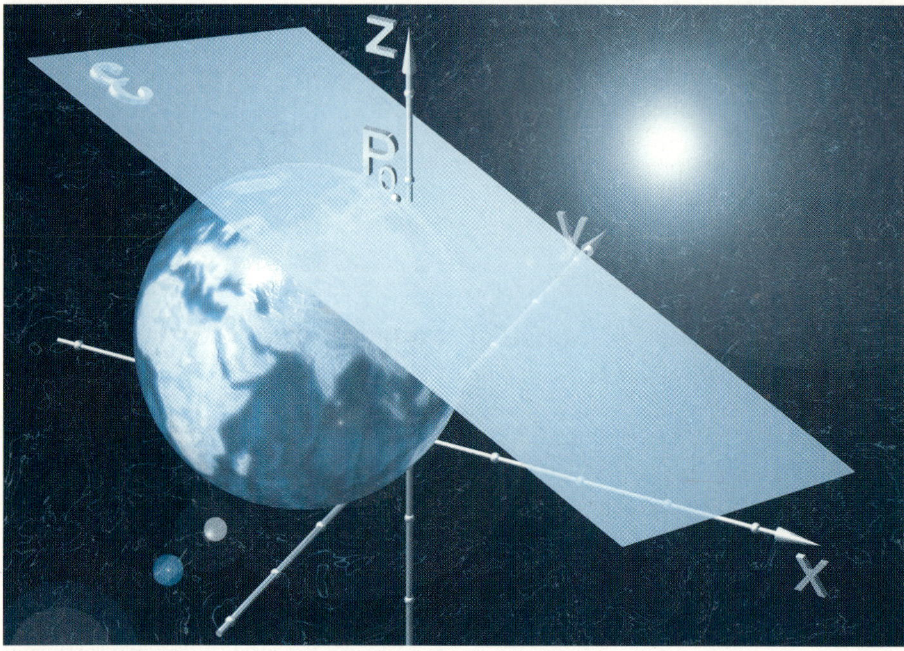

1

Um hochwertige Bilder dreidimensionaler Szenen herzustellen, werden sogenannte *Raytracing-Programme*[1] verwendet. Derartige Programme können sowohl der Wirklichkeit nachempfundene als auch abstrakte Bilder in fotorealistischer Qualität erzeugen (rendern).

Das Wort „fotorealistisch" ist dabei in doppeltem Sinne zu verstehen: Zum einen lassen sich Bilder in höchster Qualität (Detailschärfe und Farbbrillanz) „tracen", die selbst sehr guten Fotografien in nichts nachstehen. Zum anderen hat die Art und Weise der Bilderstellung mehr mit der Tätigkeit eines Fotografen als mit der eines Malers zu tun.

Bei Raytracing-Programmen wird mithilfe eines dreidimensionalen Koordinatensystems eine Szene von Objekten im Raum beschrieben, mit (virtuellen) Lampen beleuchtet und mit (ebenfalls virtuellen) Kameras fotografiert.

In der Realität nimmt unser Auge Lichtstrahlen wahr, die von Lichtquellen ausgehen und das Auge auf direktem, vor allem aber auf indirektem Wege – nach oft mehreren Reflexionen an verschiedenen Gegenständen – erreichen. Nun sind jedoch Verläufe von Lichtstrahlen generell umkehrbar. Genau dies macht man sich bei Raytracing zunutze. Von der virtuellen Kamera aus werden die Verläufe der Lichtstrahlen über ihren langen Weg (mit mehrfachen Reflexionen und Durchdringungen transparenter oder teilweise transparenter Körper) bis hin zu den Lichtquellen verfolgt. Raytracing-Programme berechnen dadurch automatisch Schatten und Spiegelungen.

[1] Das Wort „Raytracing" lässt sich mit „Strahl-Rückverfolgung" übersetzen.

Eine Raytracing-Software, mit der sich sehr gut hochwertige dreidimensionale Bilder herstellen lassen, ist das Programm „*Persistence of vision*" (POV-Ray)[1], das zudem frei verfügbar ist (sogenannte Freeware). Allerdings muss der Anwender alle Kameras, Lichtquellen und Objekte im Raum durch ihre Koordinaten und eine zum Teil beträchtliche Zahl von Parametern beschreiben.
Das folgende Beispiel einer sehr einfachen Szene soll dies verdeutlichen.

```
 (1)  background {colour rgb ⟨0, 0, 0⟩}
 (2)  global_settings {max_trace_level 10}
 (3)  camera {
 (4)        location ⟨0,0, 0,3, −2,5⟩
 (5)        look_at ⟨0,0, 0,0, 0,0⟩
 (6)        }
 (7)  light_source {⟨20, 10, −30⟩ color rgb ⟨0,8, 0,8, 1,0⟩}
 (8)  light_source {⟨−9, 4,5, 2⟩ color rgb ⟨1,0, 1,0, 1,0⟩}
 (9)  sphere {⟨0, 0, 0⟩ 1
(10)  texture {
(11)  pigment {color rgb ⟨0,4, 0,4, 1,0⟩}
(12)  finish {diffuse 0,6 phong 0,8 phong_size 60}
(13)  }
(14)  }
```

Gibt man diese Szene in das Programm ein[2], so erhält man das Bild in Abbildung 2.
Wir diskutieren jetzt, wie dieses Bild aus der obigen Beschreibung entsteht.

In Zeile (1) ist die Farbe des Bildhintergrundes (*background*) beschrieben: *rgb* ⟨*0, 0, 0*⟩. Farben werden in der Computergrafik durch Koordinaten angegeben; *rgb* bedeutet dabei rot-grün-blau. Jede Farbe kann aus diesen drei Grundfarben zusammengesetzt werden. Sind alle drei Werte Null, so geht vom Hintergrund kein Licht aus, er ist schwarz. Die maximale Beleuchtung entspricht den Werten *rgb* ⟨*1, 1, 1*⟩, damit wäre der Hintergrund völlig weiß.

2

In Zeile (2) wird festgelegt, dass jeder Lichtstrahl über bis zu 10 Reflexionen an oder Durchdringungen von (transparenten) Körpern verfolgt werden soll und dabei entstehende Spiegelungen berechnet werden sollen. Bei dieser einfachen Szene mit nur einem Körper ist das natürlich nicht notwendig, enthält eine Szene jedoch viele Objekte, so steigt mit wachsendem Wert für *max_trace_level* die Realitätsnähe des Bildes – allerdings auch die Rechenzeit.

---

[1] Das Bild auf Seite 290 wurde mit POV-Ray hergestellt. Allerdings kommt die Qualität derartiger Bilder aufgrund der verwendeten Drucktechnik (beschränkte Anzahl von Farben) hier nur eingeschränkt zur Geltung.

[2] Die Zahlen in Klammern am Anfang jeder Zeile dürfen nicht eingegeben werden. Sie dienen hier nur dazu um bei der Beschreibung auf die einzelnen Zeilen verweisen zu können.

In den Zeilen (3)–(6) wird die Position und Ausrichtung der Kamera beschrieben: Die Kamera befindet sich im Punkt $K(0; -2{,}5; 0{,}3)$ und ist auf den Koordinatenursprung $O(0; 0; 0)$ gerichtet.

Durch die Zeilen (7) und (8) wird die Position, Helligkeit und Farbe der Lichtquellen beschrieben, von denen zwei in der Szene enthalten sind (man sieht die Lichtquellen selbst nicht, aber die Glanzpunkte, die sie durch Reflexionen auf der Kugel hervorrufen). Die erste Lichtquelle (Zeile 7) befindet sich im Punkt $L_1(20; -30; 10)$, also weit hinter der Kamera. Sie ruft den im rechten Teil der Bildmitte sichtbaren Glanzfleck hervor und ihre Farbe ist hellblau (*rgb ⟨0,8, 0,8, 1,0⟩*; der Blauwert ist größer als die Rot- und Grün-Werte). Die Farbe der zweiten Lichtquelle (Zeile 8) ist weiß (*rgb ⟨1, 1, 1⟩*) und sie befindet sich „links oben".

Schließlich beschreiben die Zeilen (9)–(14) Position, Größe und Oberflächenbeschaffenheit der Kugel (des einzigen Körpers in dieser einfachen Szene). Durch *sphere{⟨0, 0, 0⟩* 1 wird festgelegt, dass die Kugel den Mittelpunkt $M(0; 0; 0)$ und den Radius 1 hat. Unter *texture* werden alle Oberflächeneigenschaften festgelegt. Die einfachste davon ist die Farbe, die in Zeile 11 definiert wird (mittleres Blau: *rgb ⟨0,4, 0,4, 1⟩*). Gegenstände können jedoch nicht nur einfache Farben haben, ihre Oberfläche kann komplizierte Farbverläufe aufweisen, die sich zum großen Teil mathematisch („prozedural") beschreiben lassen, wie zum Beispiel für Holz, Granit oder Marmor. In diesen Fällen kann die *pigment*-Anweisung aus mehreren Hundert Zeilen bestehen. In Abbildung 1 wurde die Oberfläche auf eine andere Art erzeugt: eine geeignete Karte der Erde wurde „um die Kugel gewickelt" (genauer: das Programm hat ein Bild der Erde mittels sphärischer Projektion auf die Kugel projiziert).

Für das Aussehen eines Körpers ist es äußerst wichtig, ob das Licht mehr diffus (in verschiedene Richtungen) oder gerichtet reflektiert wird. Diese Eigenschaften werden in Zeile (12) durch die Anweisungen hinter *finish* beschrieben. Der Wert *diffuse* gibt an, wie stark die ungerichtete Reflexion des Lichtes ist, während durch *phong* die gerichtete Reflexion beschrieben wird und *phong_size* die Größe des Glanzfleckes angibt. Das Computerprogramm berechnet für jeden Bildpunkt (Pixel) das Skalarprodukt zwischen dem von der Kamera aus zurückverfolgten Lichtstrahl und dem Normaleneinheitsvektor der Tangentialebene eines Körpers, auf den der Lichtstrahl trifft. Je kleiner dieses Skalarprodukt (und somit der Winkel zwischen Normalenvektor und Lichtstrahl) ist, desto heller wird ein Punkt dargestellt. Dieser gerichtete Anteil geht um so stärker ein, je größer der Wert für *phong* ist – bei hohen Werten wirken Körper sehr glatt (metallisch), während bei großen *diffuse*-Werten eine rauhere Oberfläche entsteht. Die Bilder 3 und 4 sind aus der oben abgedruckten Szenenbeschreibung nur durch Änderung der Werte von *diffuse*, *phong* und *phong_size* entstanden.

3

4

Wesentlich beeinflusst wird das Aussehen von Körpern auch durch Reflexionen von anderen Gegenständen (die in unserer einfachen Szene jedoch nicht vorhanden sind). Diese werden durch viele weitere *Textur-* (Oberflächen-) Parameter gesteuert.

Da es den Rahmen dieses Buches überschreiten würde, ausführlich den Umgang mit Grafiksoftware zu beschreiben, kann hierzu nur auf weitere Informationsquellen verwiesen werden, die es vor allem im Internet reichlich gibt (auch die für eigene Experimente benötigte Software kann dort kostenlos heruntergeladen werden). Einen Einstieg in Fragen der dreidimensionalen Computergrafik (und einschlägige Links – Verweise zu anderen Seiten) bietet die Homepage „Mathematik – Kunst – Virtual Reality":

http://www.snafu.de/~a.filler

Das Programm Persistence of vision (POV), welches für diesen Anhang genutzt wurde, kann kostenlos bezogen werden unter

http://www.povray.org/

Dort finden sich auch viele Informationen zu diesem Programm.
Einen sehr umfassenden Überblick zu dreidimensionaler Computergrafik bietet „The Ray-Tracing Homepage"

http://www.cm.cf.ac.uk/Ray.Tracing/

Von den genannten Seiten aus lassen sich auch über Links sehr viele Seiten über Raytracing (und Computergrafik überhaupt) finden – die weitaus meisten allerdings in englischer Sprache.

Register

A
Abbildung
– affine 255
  – Fixgerade 263
  – Fixpunkt 263
  – Fixpunktgerade 263
– lineare 248
  – orientierungserhaltend 253
  – orientierungsvertauschend 253
– Abbildungsmatrix 247
  Affinität 256
Abstand
– eines Punktes von einer Ebene 193
– von Punkten zu Geraden
  – im Raum 196
  – in der Ebene 21
– zweier Punkte 12
– windschiefer Geraden 197

B
Basis eines Vektorraums 58
–, kanonische 60
– Komponenten 58

C
Cramer'sche Regel 118

D
Determinanten 118
Dimension eines Vektorraums 58
Durchstoßpunkt 150

E
Ebenen
– parameterfreie Beschreibung 79
– Parametergleichung
  – in Dreipunkteform 75
  – in Punktrichtungsform 76
–, Spurgeraden von 162
Ebenengleichung
– allgemeine Form 80
– Koordinatengleichung 80
– in Hesse'scher Normalform 192
Ellipsen
– Brennpunkte 226
– Brennpunkteigenschaft 239
– lineare Exzentrizität 227
– Mittelpunktsgleichung 231
– Ortsdefinition 226
– Tangenten 235
Exzentrizität
–, lineare 227, 228
–, numerische 243

G
Gauß'scher Algorithmus 97
Gegenvektor 43
Geraden
–, einander schneidende 16, 17
–, identische 16, 17
–, orthogonale 20
–, parallele 16, 17
– parameterfreie Beschreibung 71
– Parametergleichung
  – in Punktrichtungsform 65
  – in Zweipunkteform 68
– Punktprobe 15, 68
–, Schnittpunkt zweier 16, 17
– Schnittwinkel 19
– Spurpunkte 156
– Steigungswinkel 18
–, windschiefe 17
Geradengleichung
–, allgemeine 15, 86
– in Achsenabschnittsform 15
– in Normalform 15
– in Punktrichtungsform 15
– in Zweipunkteform 15
grafikfähiger Taschenrechner 91, 102, 280

H
Hesse'sche Normalform 192
Hyperbeln
– Asymptoten 238
– Brennpunkte 228
– Brennpunkteigenschaft 241
– lineare Exzentrizität 228
– Mittelpunktsgleichung 232
– Ortsdefinition 228
– Tangenten 237

I
inverses Element 48

K
Kegelschnitte 223
– reguläre 225
– allgemeine Scheitelgleichung 243
kollineare Punkte 70
kollineare Vektoren 55
komplanare Punkte 78
komplanare Vektoren 55
Koordinatengleichung
– einer Ebene 80
– eines Kreises 201
– einer Kugel 206
– Tangente an einen Kreis 26, 204
– Tangentialebene 216
Kreis
– Tangente 26, 203
– Koordinatengleichung 23, 201
– Vektorgleichung 201
Kreiskegel 224
Kreuzprodukt 176
Kugel
– Koordinatengleichung 206
– Parametergleichung 209
– Vektorgleichung 206
– Tangentialebenen 215
Kugelkoordinaten 30, 209

L
Lagebeziehungen
– zwischen Geraden der Ebene 16
– zwischen Geraden im Raum 17, 144
– zwischen Gerade und Ebene 150
– zwischen Gerade und Kreis 25
– zwischen Kugel und Ebene 211
– zwischen Kugel und Gerade 221
– zwischen zwei Ebenen 158
– zwischen zwei Kugeln 219
Leitlinie 229
linear abhängig/unabhängig 57
lineare Exzentrizität 227, 228
Lineare Gleichungssysteme 89
–, homogene 107
–, inhomogene 107
– in Diagonalform 97
– in Matrizenschreibweise 101
– in Trapezform 103
– Koeffizientenmatrix 101
– Lösungsmenge 107
  – einparametrige 87
  – zweiparametrige 89
– mit Parametern 93
–, überbestimmte 103
–, unterbestimmte 103
lineare Optimierung
– grafisches Lösungsverfahren 133
– Maximumaufgabe 130
– Minimumaufgabe 131
– unlösbares Optimierungsproblem 139
– Zielfunktion 130
lineare Ungleichungen 125
Linearkombination 53
– Koeffizienten 53
–, triviale 53
Lösungsmenge 107
–, einparametrige 87
–, zweiparametrige 89

M
Matrix 101
Mittelpunktsgleichung
– Ellipse 231
– Hyperbel 232

N
neutrales Element 48
Normaleneinheitsvektor 192
Normalengleichungen
– von Ebenen 183
– von Geraden 182
Normalenvektor 183
numerische Exzentrizität 243

O
Optimierung 128
Ortsdefinition
– Ellipse 226
– Hyperbel 228
– Parabel 229
Ortskurve 223

P
Parabeln
– Brennpunkteigenschaft 241
– Leitlinie 229
– Ortsdefinition 229
– Scheitelpunktsgleichung 233
– Tangenten 237
Parameter eines Kegelschnittes 243
Parametergleichung
– der Kugel 210
– in Vektorschreibweise 64
– von Ebenen
  – in Dreipunkteform 75
  – in Punktrichtungsform 68
Passante 25
Pfeilklasse 32
Polarkoordinaten 29
Punktprobe
– an Ebenen 78
– an einer Strecke 69
– an einer Geraden 15, 68

R
Regel von Chasles 39
Regel von Sarrus 122
Repräsentanten 32
Richtungsvektor 65, 75

S
Scheitelgleichung, allgemeine 243
Scheitelpunktsgleichung einer Parabel 233
Schnittwinkel
– einer Geraden und einer Ebene 188
– zweier Geraden im Raum 186
– zweier Ebenen 190
Schleifender Schnitt 90
Sekante 25
Skalarprodukt
– geometrische Interpretation 172
– Koordinatendarstellung 165
– Skalarmultiplikation 165
Spannvektoren 75
Spatprodukt 179
Stützvektor
– einer Geraden 65
– einer Ebene 75

T
Tangenten
– an Ellipsen 235
– an Hyperbeln 237
– an Kreise 26, 204
– an Parabeln 237
Tangentialebenen 215
triviale Lösung 57

U
Unterraum eines Vektorraumes 51

V
Vektoren 32
– Addition 39, 40
– Assoziativgesetz 41, 46
– Betrag 36
– Differenz 44
– Distributivgesetz 46
– Dreiecksungleichung 192
– Einheitsvektor 37
– Gegenvektor 43
– Kommutativgesetz 41
– Koordinaten 35
–, kollineare 55
–, komplanare 55
– Komponenten 58
–, Länge von 36, 167
– lineare Abhängigkeit 57
– lineare Unabhängigkeit 57
– Linearkombination 53
– Nullvektor 37
– Orthogonalität 170
– Ortsvektor 35
– Repräsentanten 32
– Richtungsvektor 65, 75
– Subtraktion 44
– Summe 39
– Vervielfachen 45
–, Winkel zwischen zwei 168
Vektorgleichung
– eines Kreises 201
– einer Kugel 206
– Tangente an einen Kreis 204
– Tangentialebene an eine Kugel 216
Vektorprodukt 176
– geometrische Interpretation 178
Vektorraum 48
– Basis 58
– Dimension 58
– inverses Element 48
– neutrales Element 48
– Unterraum 51
Verschiebungspfeil 32

Z
Zielfunktion 130

Bildnachweis

E. Dorschel, Berlin (22/1, 22/2); V. Döring, Hohen Neuendorf (6/3, 31/2, 223/1, 223/2);
P. Kast/K. Hellwich, Ingenieurbüro für Karthographie, Schwerin (11/Karte);
Superbild, Berlin: Bach (144/1); Southern Stock (31/1); VWV-Archiv, Berlin (30/6, 51/2);
H. Wehner, Erfurt (18/1)